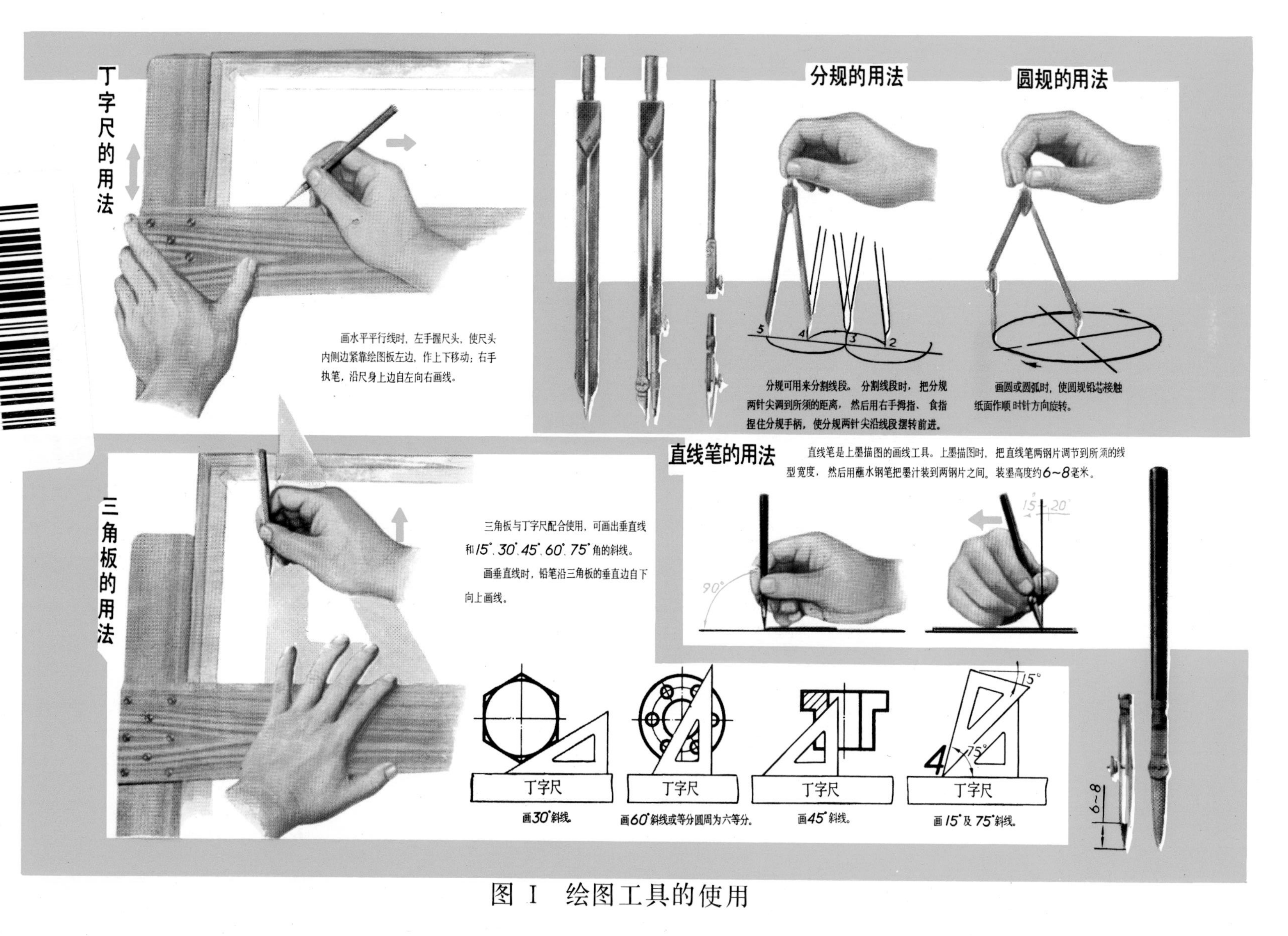
丁字尺的用法
画水平平行线时，左手握尺头，使尺头内侧边紧靠绘图板左边，作上下移动；右手执笔，沿尺身上边自左向右画线。
分规的用法
5
4
3
2
分规可用来分割线段。分割线段时，把分规两针尖调到所须的距离，然后用右手拇指、食指捏住分规手柄，使分规两针尖沿线段摆转前进。
圆规的用法
画圆或圆弧时，使圆规铅芯接触纸面作顺时针方向旋转。
直线笔的用法
直线笔是上墨描图的画线工具。上墨描图时，把直线笔两钢片调节到所须的线型宽度，然后用蘸水钢笔把墨汁装到两钢片之间。装墨高度约6~8毫米。
90°
15°
20°
三角板的用法
三角板与丁字尺配合使用，可画出垂直线和15°、30°、45°、60°、75°角的斜线。
画垂直线时，铅笔沿三角板的垂直边自下向上画线。
丁字尺
画30°斜线。
丁字尺
画60°斜线或等分圆周为六等分。
丁字尺
画45°斜线。
15°
75°
4
丁字尺
画15°及75°斜线。
6~8
U0188245

图 I 绘图工具的使用

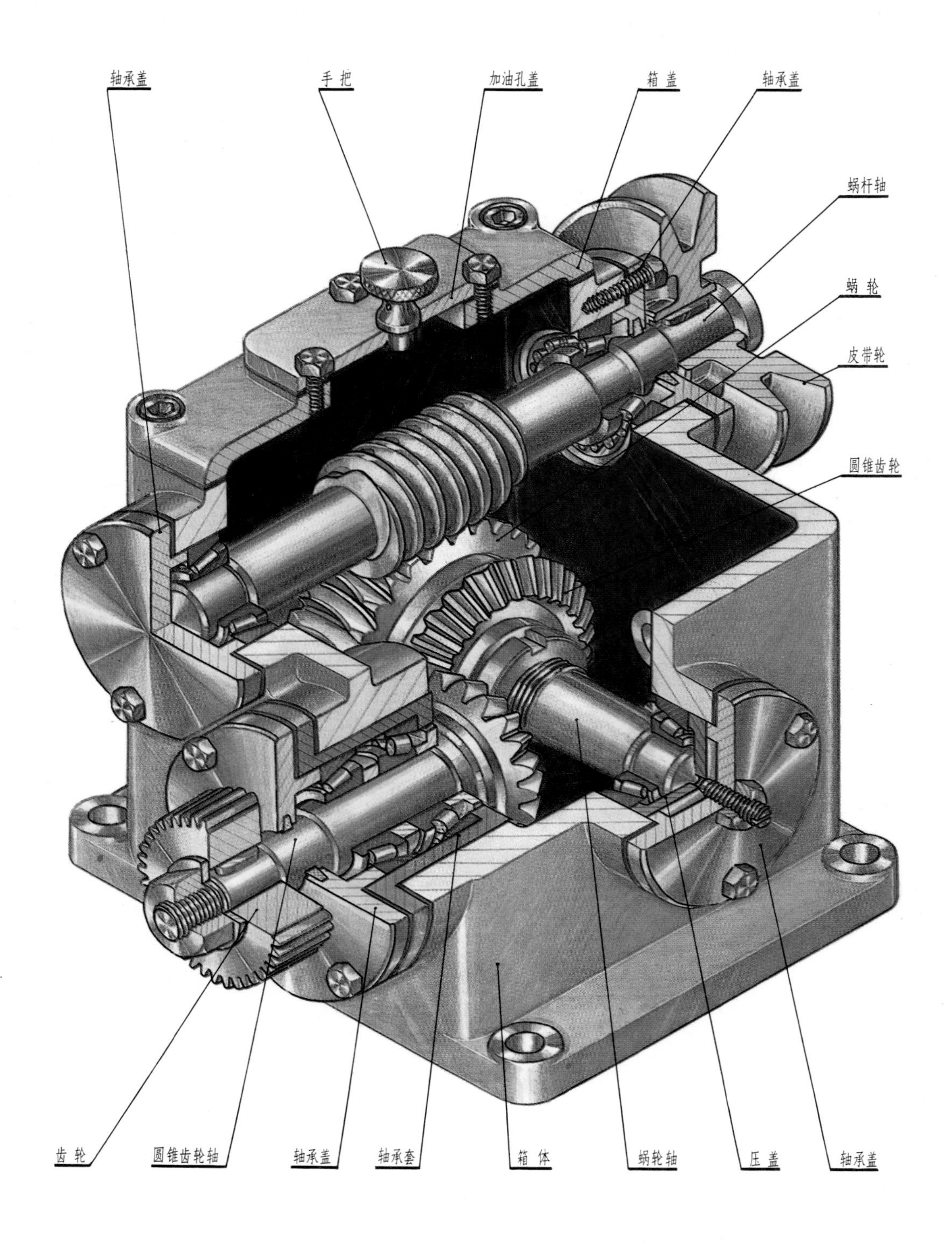

图II 减速箱结构图

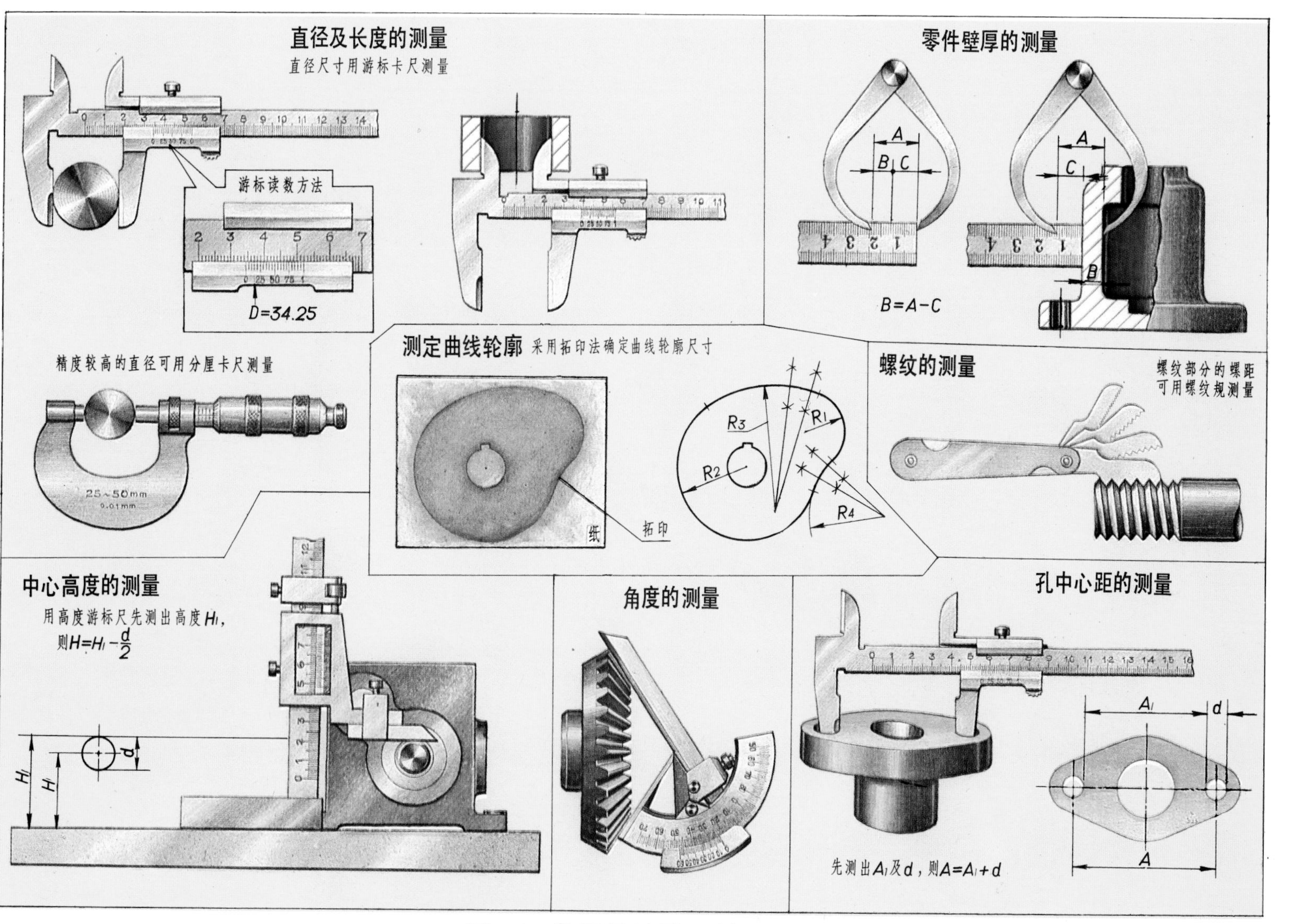

图III 常用量具及测量方法

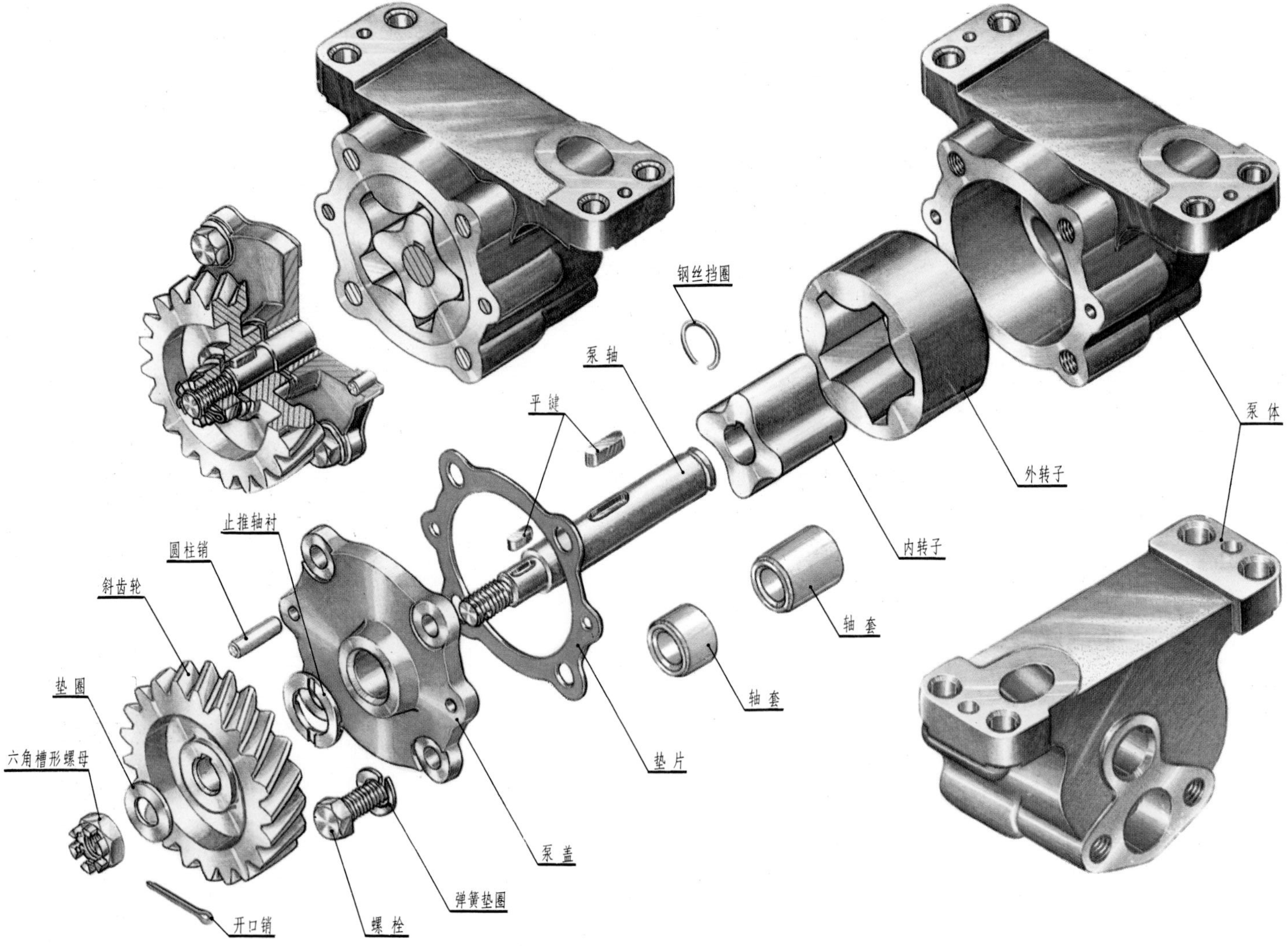

钢丝挡圈
泵轴
平键
泵体
外转子
内转子
止推轴衬
圆柱销
斜齿轮
轴套
轴套
垫片
垫圈
六角槽形螺母
泵盖
弹簧垫圈
开口销
螺栓

图IV 摆线转子泵结构图

普通高等教育“十一五”国家级规划教材

画法几何及工程制图

（第 七 版）

东华大学
朱 辉 单鸿波 曹 桄 金 怡 等编

上海科学技术出版社

图书在版编目(CIP)数据

画法几何及工程制图/朱辉等编.—7版.—上海:上海科学技术出版社,2013.8(2023.1重印)

ISBN 978-7-5478-1746-9

Ⅰ.①画... Ⅱ.①朱... Ⅲ.①画法几何—高等学校—教材②工程制图—高等学校—教材 Ⅳ.①TB23

中国版本图书馆CIP数据核字(2013)第086289号

画法几何及工程制图(第七版)

朱 辉 等编

上海世纪出版(集团)有限公司 出版、发行
上 海 科 学 技 术 出 版 社
(上海市闵行区号景路159弄A座9F-10F)
邮政编码 201101 www.sstp.cn
常熟市华顺印刷有限公司印刷
开本 787×1092 1/16 印张 24.5 插页 2
字数:560千字
1982年6月第1版
2013年8月第7版 2023年1月第53次印刷
印数:566 671—576 690
ISBN 978-7-5478-1746-9/TH·37
定价:37.00元

内 容 提 要

本书除绪论外，分 5 篇 18 章及附录。第 1 篇画法几何，分 5 章：点和直线，平面，投影变换，常用曲线与曲面，立体。第 2 篇制图基础，分 4 章：制图的基本知识与技能，组合体的视图，零件常用的表达方法，轴测投影图。第 3 篇零件图与装配图，分 5 章：零件图，极限与配合、几何公差，常用件，零件的连接，装配图。第 4 篇计算机绘图，分 2 章：计算机辅助二维图形的绘制，计算机辅助三维图形的绘制。第 5 篇其他图样，分 2 章：展开图，焊接图。

本书中配有较多的黑白润饰立体图和必要的彩色立体图。编者还另编了《画法几何及工程制图习题集》(第七版)，以配合本教材使用。

为了方便教师教学和学生自学，本书配有“《画法几何及工程制图》电子课件”供教师及学生参考，读者可扫描本页二维码获取。

本书可供高等学校机械类、近机类及与其有关专业的师生使用，也可供工科院校及有关工程技术人员参考。

第七版前言

自本书1982年6月第一版出版以来，历经40余年，先后在1986年、1992年、1997年、2003年、2007年分别出版了第二版、第三版、第四版、第五版、第六版。期间，经国家教育部审批，本书的第五版、第六版分别作为普通高等教育“十五”、“十一五”国家级规划教材。此次，第七版是在第六版的基础上，以教育部工程图学教学指导委员会制定的“普通高等院校工程图学课程教学基本要求”为依据，结合近年来课程教学内容的不断发展与更新、教学方法的不断改革与深化，以及诸多教师和学生所提出的宝贵意见和建议的基础上，对教材内容和编写方面做了较多的调整与修改，对某些内容做了精简，对计算机绘图、零件图、装配图等实用性内容进行了更新与补充，并采用了最新国家标准。与本书配套的《画法几何及工程制图习题集》(第七版)也做了相应的修改和补充，并与本书同期出版。编者殷切希望第七版在质量上能进一步提高，以满足广大读者和相关工科院校对本书的教学需要或参考需要。

参加本书第七版编写的有东华大学朱辉、单鸿波、曹桄、金怡、唐保宁、陈大复、王继成、孙志宏等诸位老师。曾经在前述各版参与编写的有：上海交通大学陆中和、冯泽华；同济大学张国威；华东理工大学潘鸿猷；上海大学吕海琮；上海理工大学盛焕鹏；上海海事大学孙景贤等。自本书出版以来，曾对本书进行审稿的有：浙江大学吴中奇；东南大学李思泮；合肥工业大学雷云青；山东理工大学郑大锡、张玉明、王敬言等。此外，曾经先后参与本书图稿绘制的有马和福、姜月玲、仲波、吴军平、周建亨、阎兆发、颜庆华、王立荣、吴娴、李海燕、何炳扬、孙俊娟、周凤满、田志军等。上海科学技术出版社徐锦华帮助绘制了部分彩色插图和书写了仿宋字体示例。此外，在本书出版历程中，东华大学的李恩光、毛立民、诸龙根、陈慧敏、莊幼敏、王晓红、徐青、周万红、邢肖、侯春杰、周尚锦、周亚勤、范金辉等同志给予了许多帮助、支持、关心和建议，编者对以上各位表示由衷的感谢！

特别感谢上海科学技术出版社的副总编辑魏晓峰，以及东华大学教务处处长吴良教授等对本书出版的大力支持！编者诚挚希望广大读者对本书继续予以关心和支持，并提出宝贵的意见和建议，你们的支持和建议是永葆质量的保证！

全体编者

2013年5月

目　　录

第2篇 制图基础

第3篇 零件图与装配图

第4篇　计算机绘图

第5篇 其他图样

附录

绪　论

0.1　本学科的研究对象、学习目的和方法

0.1.1　本学科的研究对象

图样与语言、文字一样都是人类表达、交流思想的工具。在工程技术中为了正确地表示出机器、设备及建筑物的形状、大小、规格和材料等内容，通常将物体按一定的投影方法和技术规定表达在图纸上，这称之为**工程图样**。在机械工程上常用的图样是**装配图**和**零件图**。在设计和改进机器设备时，要通过图样来表达设计思想和要求；在制造机器过程中，无论是制作毛坯还是加工、检验、装配等各个环节，都要以图样作为依据；在使用机器时，也要通过图样来帮助了解机器的结构与性能。因此，图样是设计、制造、使用机器过程中一种主要技术资料。“图样”被认为是工程界的一种“语言”。

随着计算机技术的普及与发展，产生了一门新的学科——**计算机图学**，它将促使制图技术发生根本性的变化。工程界与科学界将逐步用计算机绘图来代替手工绘图，从而大大地提高了绘图质量与速度，适应了当前实现物质生产和科技工作现代化的要求。因此每一个科技人员不仅要掌握图样的基本知识和投影理论，也必须掌握计算机绘图的理论、方法、知识和技能。图形的计算机信息也是工程界语言的一个重要组成部分。

由于图样在构思、设计、图解空间几何问题的过程中以及在分析、研究自然界和工程界的客观规律时得到广泛的应用，因此，它已成为解决科学技术问题的一种重要工具。

研究在平面上图示空间几何元素（点、线、面）和物体的原理与方法称为**图示法**。研究在平面上图解空间几何问题（定位、度量、轨迹等）的原理和方法称为**图解法**。

工程图学就是一门研究图示法和图解法以及根据工程技术的规定和知识（包括计算机绘图知识）来绘制和阅读工程图样的科学。

0.1.2　本课程的学习目的和目标

《画法几何及工程制图》课程是高等工科院校中一门既有理论，又有实践的重要技术基础课。通过学习正投影法的基本理论及其应用，培养学生具有绘图、看图和空间想象能力，其主要目标是：

(1) 培养空间想象能力、形象思维能力和空间分析能力。

(2) 培养空间形体的图示表达能力。

(3) 培养空间几何问题的图解能力。

(4) 培养绘制和阅读工程图样（主要是机械图样）的基本能力。

(5) 培养计算机绘图的应用能力。

在学习过程中逐步建立产品信息概念、设计构形概念和工程规范概念。随着后续课程

的学习以及实践经验的积累,逐步培养设计与绘制生产图样的能力。

0.1.3 本课程的学习方法

(1) 在学习本课程的理论基础部分即画法几何时,要把基本概念和基本原理理解透彻,做到融会贯通,这样才能灵活地运用这些概念、原理以及相应方法进行解题作图。

(2) 为了培养空间形体的图示表达能力,必须对物体进行几何分析和形体分析以及掌握它们在各种相对位置时的图示特点。随着对空间形体与平面图形之间关系的认识不断深化,从而逐步提高图示物体的能力。

(3) 为了培养空间几何问题的图解能力,必须根据已知条件,进行空间几何分析,明确解题思路,提出解题方法和步骤,再进行作图。有的习题有多种解题方法,应选择其中比较简捷的方法进行解题。

(4) 绘图和读图能力的培养主要通过一系列的绘图与读图实践。在实践中逐步地掌握绘图与读图方法,以及熟悉国家制图标准和有关技术标准。

(5) 在培养计算机绘图的应用能力时,要注意加强上机实践,这样才能逐步地掌握绘图软件的应用和操作技能,不断提高应用计算机绘图的熟练程度。

(6) 要注意培养自学能力。在自学中要循序渐进和抓住重点,把基本概念、基本理论和基本知识掌握好,然后深入理解有关理论内容和扩展知识面。

鉴于图样在工程技术中的重要作用,工程技术人员就不能画错和看错图样,否则会造成重大损失。因此在学习中要养成耐心细致的工作作风和树立严肃认真的学习态度。

0.2 投影的方法及其分类

0.2.1 投影的方法

物体在光线照射下,就会在地面或墙壁上产生影子。人们根据这种自然现象加以抽象研究,总结其中规律,提出投影的方法。如图 0-1,设光源 S 为**投射中心**,平面 P 为**投影面**,在光源 S 和平面 P 之间有一空间点 A,连线 SA 称为**投射线**,延长 SA 与 P 平面相交于 a 点,a 即为空间点 A 在投影面 P 上的**投影**。$\overrightarrow{SA}$称为**投射方向**。由于一条直线只能与平面相交于一点,因此当投射方向和投影面确定以后,点在该投影面上的投影是唯一的。但是,仅用点的一个投影并不能确定空间点的位置,如已知投影 b 点,在Sb投射线上的各个点 B_1, B_2, B_3…的投影都重影为 b。

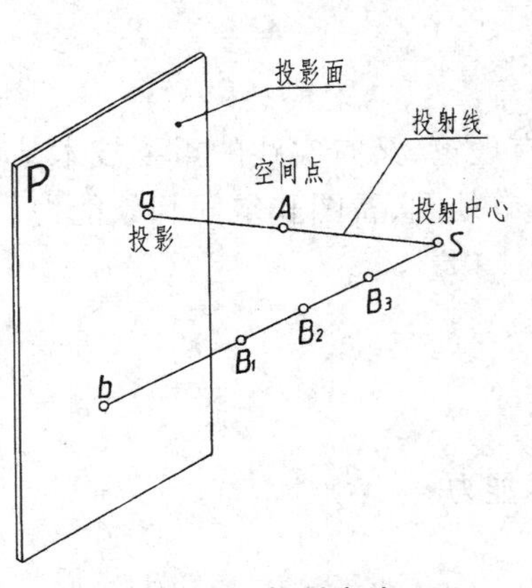

图 0-1 投影方法

这种使物体在投影面上产生图形的方法称为**投影法**。工程上常用各种投影法来绘制图样。

0.2.2 投影法的分类

投影法一般分为**中心投影法**和**平行投影法**两类:

0.2.2.1 中心投影法

投射线都通过投射中心的投射方法称为中心投影法(图 0-2)。

0.2.2.2 平行投影法

投射线都互相平行的投影方法称为平行投影法

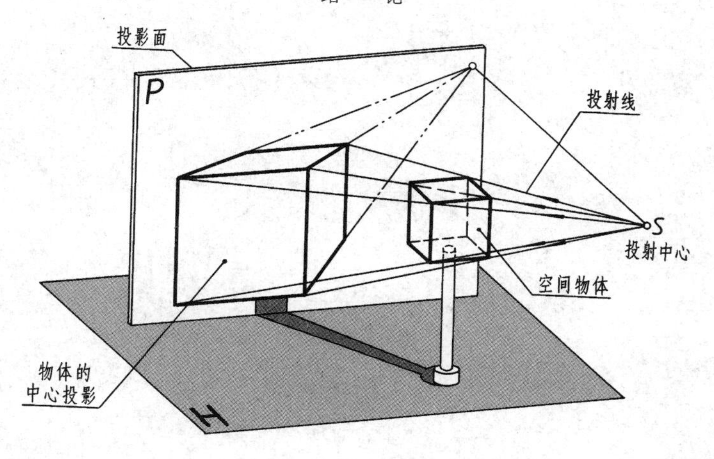

图 0-2 中心投影法

(图 0-3)。平行投影法可分为两种:

(1) 斜投影法:投射方向(或投射线)倾斜于投影面(图 3*a*)。

(2) 正投影法:投射方向(或投射线)垂直于投影面(图 3*b*)。

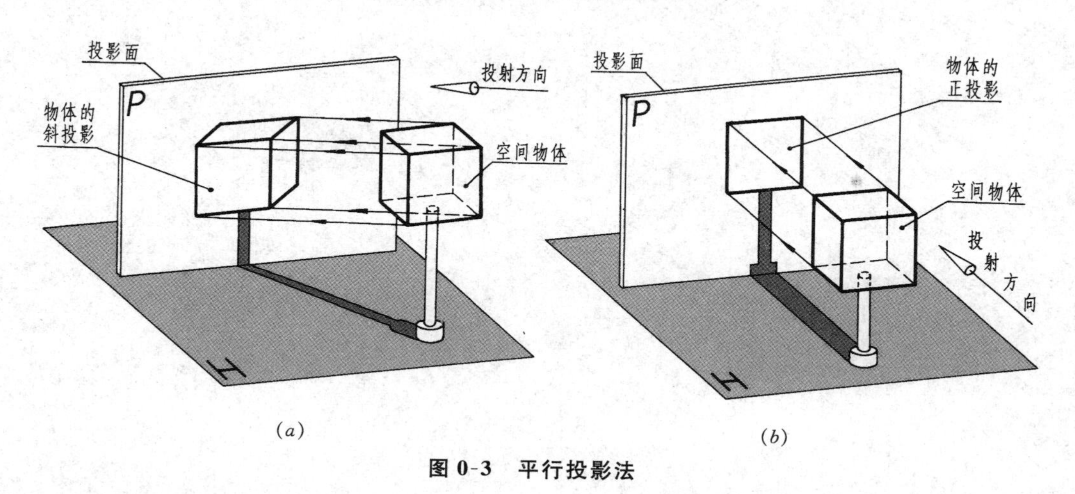

图 0-3 平行投影法

由于应用正投影法能在投影面上较正确地表达空间物体的形状和大小,而且作图也比较方便,因此在工程制图中得到广泛地应用。本书主要论述的正投影法。

第1篇 画法几何

第 1 章　点 和 直 线

为了正确而又迅速地画出物体的投影图或分析空间几何问题，必须首先研究与分析空间几何元素的投影规律和投影特性。本章重点讨论点和直线的投影性质和作图方法。

1.1　点 的 投 影

由前述的投影性质可知，仅用空间点在一个投影面上的投影无法确定空间点的位置，它需要由在不同投影面上的两个或三个投影来确定。在工程制图中通常取的这些投影面是互相垂直的。

1.1.1　点的三面投影图

如图 1-1*a* 所示为一个三投影面体系。处于正面直立位置的投影面称为**正投影面**，以 *V* 表示，简称 *V* 面；处于水平位置的投影面称为**水平投影面**，以 *H* 表示，简称 *H* 面；处于侧立位置的投影面称为**侧立投影面**，以 *W* 表示，简称 *W* 面。这样三个互相垂直的 *H*、*V*、*W* 面就组成一个三投影面体系。*H* 面、*V* 面的交线称为 ***X* 投影轴**，简称 X 轴；H 面、W 面的交线称为 ***Y* 投影轴**，简称 Y 轴；V 面与 W 面的交线称为 ***Z* 投影轴**，简称 Z 轴。三个投影轴的交点 O 称为该投影面体系的原点。

设有一空间点 A，分别向 H、V、W 面应用正投影法进行投射，即从 A 点作 H、V、W 面的垂线，即投射线。投射线与 H 面的交点称为 A 点的**水平投影**，以 a 表示；与 V 面的交点称为 A 点的**正面投影**，以 a′表示；与 W 面的交点称为 A 点的**侧面投影**，以 a″表示 * 。

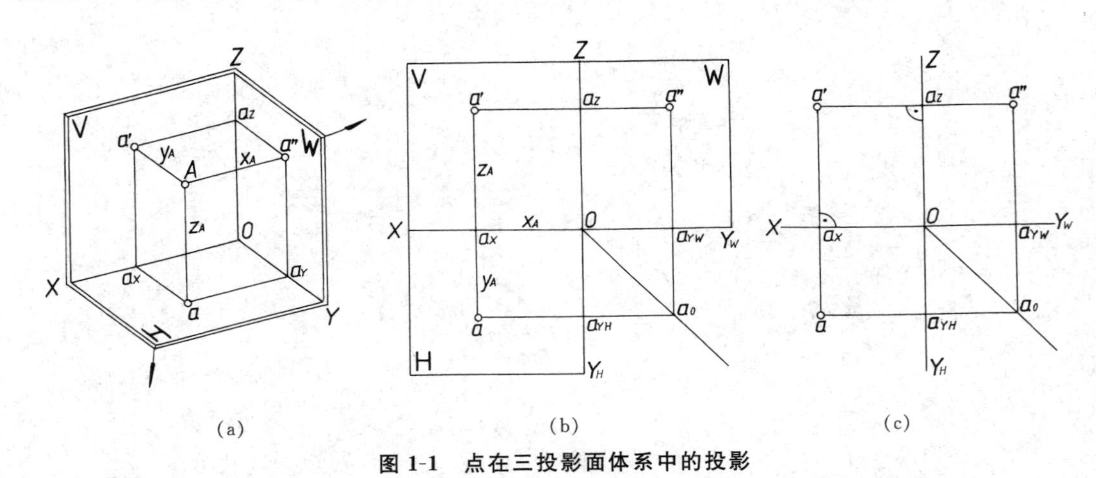

图 1-1　点在三投影面体系中的投影

* 今规定空间点用 *A*、*B*、*C* ⋯大写字母表示；水平投影用相应的小写字母，如 *a*、*b*、*c* ⋯表示；正面投影用相应的小写字母在右上角加一撇，如 *a*′、*b*′、*c*′ ⋯表示；侧面投影用相应的小写字母在右上角加两撇，如 *a*″、*b*″、*c*″ ⋯表示。

为了使三个投影位在同一平面上，通常将V面保持不动，将H面绕X轴向下旋转，将W面绕Z轴向右旋转，使它们与V面重合，即得点的**三面投影图**(图1-1b)。其中Y轴随H面旋转时，以Y_H表示；随W面旋转时，以Y_W表示。因为投影面可根据需要扩大，因此通常在投影图上只需画出其投影轴，可不必画出投影面的边界(图1-1c)。

1.1.2 点的直角坐标与三面投影的关系

如把三投影面体系看作空间直角坐标体系，则H、V、W面即为坐标面，X、Y、Z轴即为坐标轴，O点即为坐标原点。由图1-1可知，A点的三个直角坐标x_A、y_A、z_A即为A点分别到W、V、H面的距离，它们与A点的投影a、a′、a″的关系如下：

$$Aa'' = aa_Y = a'a_Z = Oa_X = x_A$$
$$Aa' = aa_X = a''a_Z = Oa_Y = y_A$$
$$Aa = a'a_X = a''a_Y = Oa_Z = z_A$$

由此可见：a由Oa_X和Oa_Y，即A点的x_A、y_A两坐标确定；a′由Oa_X和Oa_Z，即A点的x_A、z_A两坐标确定；a″由Oa_Y和Oa_Z，即A点的y_A、z_A两坐标确定。

所以，一空间点A(x_A, y_A, z_A)在三投影面体系中有惟一的一组投影(a, a′, a″)。反之，如已知A点的一组投影(a, a′, a″)即可确定该点在空间的坐标值以及该点的空间位置。

1.1.3 三投影面体系中的投影规律

由图1-1a可知，Aa_Xa'是个矩形，$a'a_X \perp X$轴，$aa_X \perp X$轴，H面经旋转后与V面重合，a、a′连线aa′一定垂直于X轴(图1-1b、c)。同理，W面经旋转后，a′、a″连线a′a″也一定垂直于Z轴。由此可得出三投影面体系中点的投影规律如下：

(1) 点的正面投影和水平投影的连线垂直X轴。这两个投影都反映空间点的x坐标，即

$$a'a \perp X\text{轴},\ a'a_Z = aa_{YH} = x_A$$

(2) 点的正面投影和侧面投影的连线垂直Z轴。这两个投影都反映空间点的z坐标，即

$$a'a'' \perp Z\text{轴},\ a'a_X = a''a_{YW} = z_A$$

(3) 点的水平投影到X轴的距离等于侧面投影到Z轴的距离。这两个投影都反映空间点的y坐标，即

$$aa_X = a''a_Z = y_A$$

如图1-1c，由于$Oa_{YH} = Oa_{YW}$，作图时可过O点作直角$\angle Y_HOY_W$的角平分线，它与Y_H或Y_W成45°，从a引X轴的平行线与角平分线相交于a_0，再从a_0引Y_W的垂线与从a′引Z轴的垂线相交，其交点即为a″。

根据点的投影规律，可由点的三个坐标值画出其三面投影图。同时，可以看出，任意两投影面(如V、H面或V、W面)中的两投影已能反映出该点的三个坐标，我们可根据点的两个投影作出第三投影。因此，有时也可采用两投影面体系中的投影，来表达空间几何元素或物体。

1.1.4 投影面和投影轴上点的投影

在特殊情况下，点也可以处于投影面上或投影轴上。如点的一个坐标为o，则点在相应

的投影面上；如点的两个坐标为o，则点在相应的投影轴上；如点的三个坐标为o，则点与原点重合。

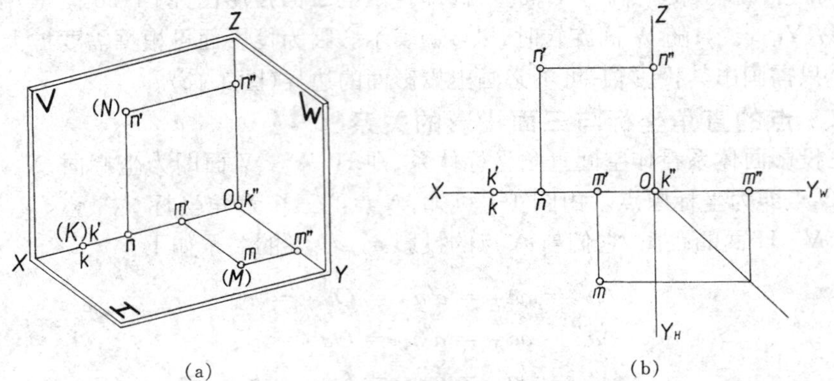

(a) (b)

图1-2 投影面和投影轴上点的投影

如图1-2所示，N点在V面上，其投影n′与N点重合，投影n、n″分别在X、Z轴上；M点在H面上，其投影m与M点重合，m′、m″分别在X、Y_W轴上。K点在X轴上，其投影k、k′与K点重合，k″与原点O重合。其他情况可依此类推。

由此可知，当点在投影面上，则点在该投影面上的投影与空间点重合，另两个投影分别在相应的投影轴上。当点在投影轴上，则该点的两个投影与空间点重合，即都在该投影轴上，另一个投影与原点重合。

【例1】 已知A点的坐标(20, 15, 10)，B点的坐标(30, 10, 0)，C点的坐标(15, 0, 0)，作出各点的三面投影图(图1-3)。

分析：由于$z_B = 0$，B点在H面上，又由于$y_C = 0$，$z_C = 0$，C点在X轴上。

作图：以下坐标值规定以毫米(mm)为单位。

① A点的投影：从O点向左在X轴上20处作垂线aa′，然后在aa′上从X轴向下和向上分别取$y_A = 15$和$z_A = 10$，求得a和a′，在过a′的X轴平行线上从Z轴右方取15即得a″。

② B点的投影：由于B点在H面上，因此b′、b″分别在X轴、Y_W轴上，可分别在X轴、Y_W轴上量取30、10得到b′、b″，然后求出b。

③ C点的投影：由于C点在X轴上，因此在X轴上量取15，即得c、c′，c″与原点O重合。

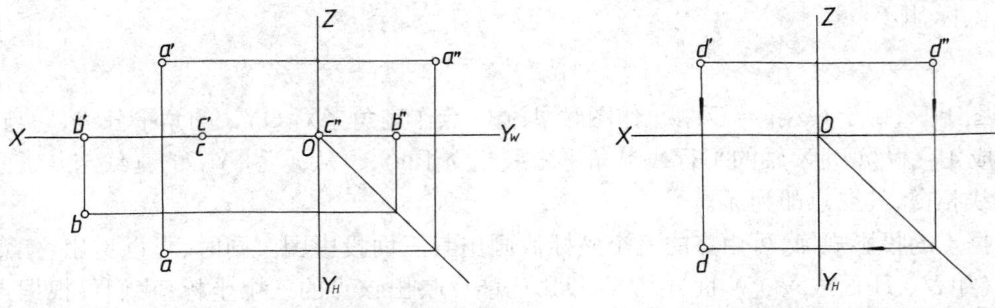

图1-3 根据点的坐标作投影图　　**图1-4 已知点的两投影求第三投影**

【例2】 已知D点的两个投影d′、d″，求出其第三投影d(图1-4)。

分析：由于已知D点的正面投影d′和侧面投影d″，则D点的空间位置可以确定，根据点的投影规律可作出其水平投影d。

作图:根据点的投影规律,水平投影 d 到 X 轴的距离等于侧面投影 d″到 Z 轴的距离。先从原点 O 作 Y_H、Y_W 的 45°分角线,然后从 d″引 Y_W 的垂线与分角线相交,再由交点作 X 轴的平行线与由 d′作出的 X 轴的垂线相交即得水平投影 d。

【例 3】 已知 A 点的三面投影图,画出其轴测图(图 1-5)。

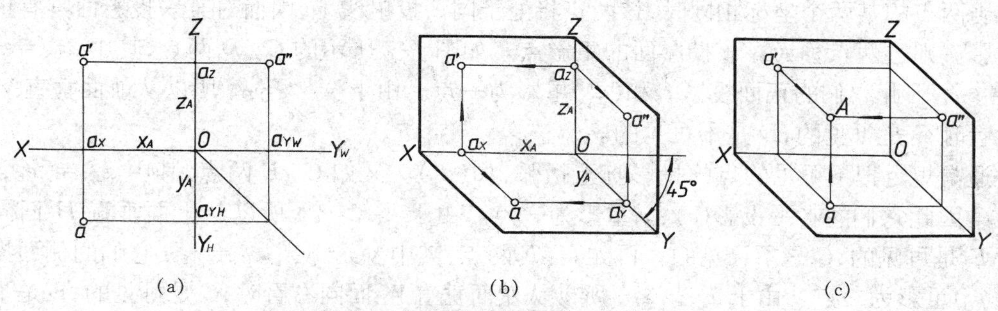

图 1-5　根据点的投影图画出轴测图

分析:根据 A 点的三面投影图(图 1-5a),即可确定 A 点的三个坐标(x_A, y_A, z_A),然后按坐标值作图。

作图:轴测图上的三根轴通常将 X 轴画成水平位置,Z 轴画成铅垂位置,Y 轴画成分别与 X、Z 轴成 135°,即与 X 轴的延长线成 45°(图 1-5b)。在相应轴上量取坐标 x_A, y_A, z_A,得到 a_X, a_Y, a_Z 三点,然后从这三个点分别作各轴的平行线得到三个交点即为 a, a', a'',再从 a, a', a''作各轴的平行线相交于一点,即得空间点 A(图 1-5c)。

1.2　两点的相对位置

1.2.1　两点的相对位置的确定

空间点的位置可以用绝对坐标(即空间点对原点 O 的坐标)来确定,也可以用相对于另一点的相对坐标来确定。两点的相对坐标即为两点的坐标差。如图 1-6 所示,已知空间点 $A(x_A, y_A, z_A)$和 $B(x_B, y_B, z_B)$,如分析 B 相对于 A 的位置,在 X 方向的相对坐标为 $(x_B - x_A)$,即这两点对 W 面的距离差。Y 方向的相对坐标为 $(y_B - y_A)$,即这两点对 V 面

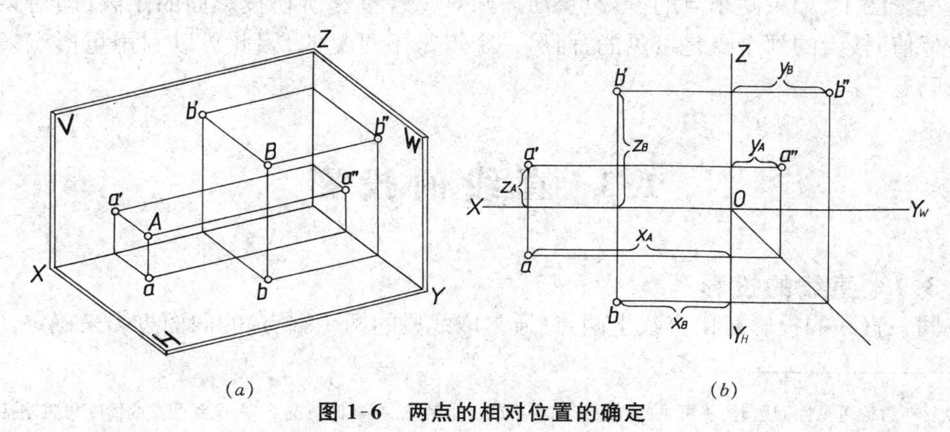

图 1-6　两点的相对位置的确定

的距离差。Z 方向的相对坐标为 $(z_B - z_A)$，即这两点对 H 面的距离差。由于 $x_A > x_B$，则 $(x_B - x_A)$ 为负值，即 A 点在左，B 点在右。由于 $y_B > y_A$，则 $(y_B - y_A)$ 为正值，即 B 点在前，A 点在后。由于 $z_B > z_A$，则 $(z_B - z_A)$ 为正值，即 B 点在上，A 点在下。

1.2.2 重影点的投影

当两点的某两个坐标相同时，该两点将处于同一投射线上，因而对某一投影面具有重合的投影。则这两点称为对该投影面的**重影点**。如图 1-7 所示的 C、D 两点，其中 $x_C = x_D$，$z_C = z_D$，因此它们的正面投影 c'和(d')重影为一点。由于 $y_C > y_D$，所以从前面垂直 V 面向后看时 C 是可见的，D 是不可见的。

通常规定把不可见的点的投影打上括弧，如(d')。又如 C、E 两点，其中 $x_C = x_E$，$y_C = y_E$，因此它们的水平投影(c)、e 重影为一点。由于 $z_E > z_C$，所以从上面垂直 H 面向下看时 E 是可见的，C 是不可见的。再如 C、F 两点，其中 $y_C = y_F$，$z_C = z_F$，它们的侧面投影 c''、(f'')重影为一点。由于 $x_C > x_F$，所以从左面垂直 W 面向右看时，C 是可见的，F 是不可见的。由此可见，对正投影面、水平投影面、侧投影面的重影点，它们的可见性，应分别是前遮后、上遮下、左遮右。此外，一个点在一个方向上看是可见的，在另一方向上去看则不一定是可见的，必须根据该点和其他点的相对位置而定。

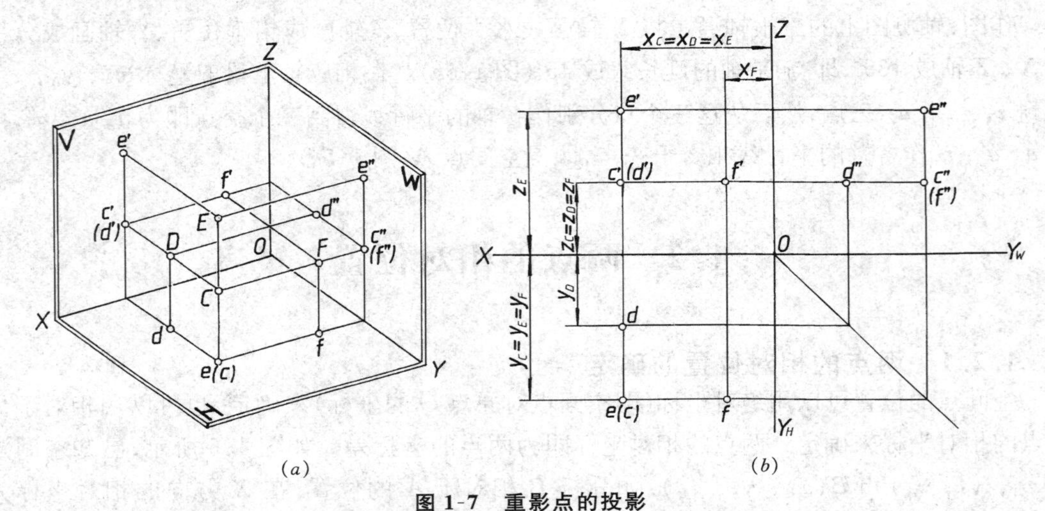

(a) (b)

图 1-7 重影点的投影

在投影图上，如果两个点的投影重合时，则对重合投影所在投影面的距离(即对该投影面的坐标值)较大的那个点是可见的，而另一个点是不可见的，因此可以利用重影点来判别可见性问题 *。

1.3 直线的投影

1.3.1 直线的投影

空间一直线的投影可由直线上两点(通常取线段的两个端点)的同面投影来确定。如图

* 今后在讨论可见性问题时，不可见的点投影的字母应加上括弧，在其他情况下，考虑到图文的清晰可省略括弧。

1-8所示的直线 AB,求作它的三面投影图时,可分别作出 A、B 两端点的投影(a, a', a'')、(b, b', b''),然后将其同面投影连接起来即得直线 AB 的三面投影图(ab, $a'b'$, $a''b''$)。

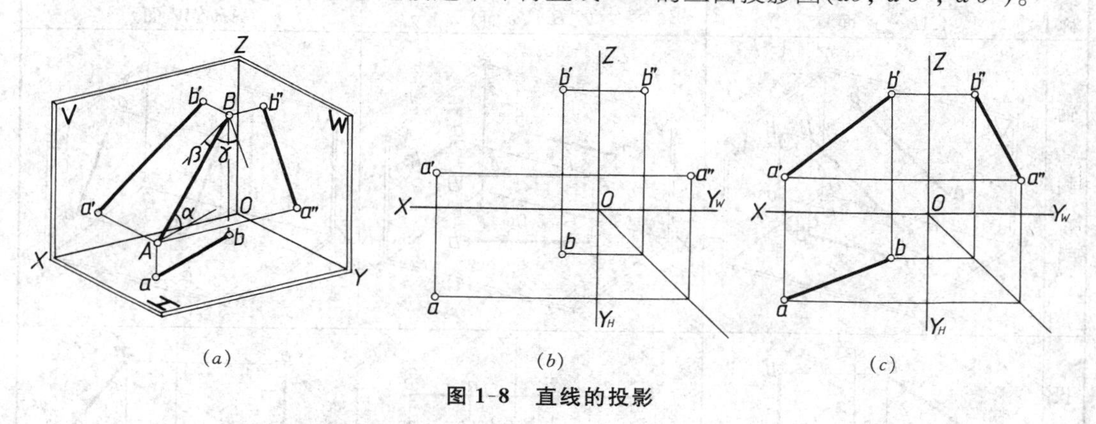

(a) (b) (c)

图 1-8 直线的投影

1.3.2 各类直线的投影特性

根据直线在三投影面体系中的位置可分为**投影面倾斜线**、**投影面平行线**和**投影面垂直线**三类。前一类直线称为**一般位置直线**,后两类直线称为**特殊位置直线**。它们具有不同的投影特性,现分述如下:

1.3.2.1 投影面倾斜线

与三个投影面都成倾斜的直线称为投影面倾斜线。如图 1-8 所示,AB 为倾斜线,设它对 H 面的倾角为 α,对 V 面的倾角为 β,对 W 面的倾角为 γ。可以看出直线的实长、投影长度和倾角之间的关系为:

$$ab = AB\cos\alpha,\ a'b' = AB\cos\beta,\ a''b'' = AB\cos\gamma$$

由上式可知,当直线处于倾斜位置时,由于 $0° < \alpha < 90°$, $0° < \beta < 90°$, $0° < \gamma < 90°$,因此直线的三个投影 ab、$a'b'$、$a''b''$,其长度均小于实长。并且各投影都与投影轴倾斜。

倾斜线的投影特性为:三个投影都与投影轴倾斜且都小于实长,各个投影与投影轴的夹角都不反映直线对投影面的倾角。

1.3.2.2 投影面平行线

平行于一个投影面而与另外两个投影面成倾斜的直线称为投影面平行线(表 1-1)。平行 V 面的称为**正平线**;平行 H 面的称为**水平线**;平行 W 面的称为**侧平线**。

以正平线 AB 为例,其投影特性为:

(1) 正面投影 $a'b'$ 反映直线 AB 的实长,它与 X 轴的夹角反映直线对 H 面的倾角 α,与 Z 轴的夹角反映直线对 W 面的倾角 γ。

(2) 水平投影 $ab \parallel X$ 轴,侧面投影 $a''b'' \parallel Z$ 轴,它们的投影长度小于 AB 实长。$ab = AB\cos\alpha$, $a''b'' = AB\cos\gamma$。

关于水平线和侧平线的投影及其投影特性可类似得出。

1.3.2.3 投影面垂直线

垂直于一个投影面即与另外两个投影面都平行的直线称为投影面垂直线(表 1-2)。垂直 V 面的称为**正垂线**;垂直 H 面的称为**铅垂线**;垂直 W 面的称为**侧垂线**。

以铅垂线 AB 为例,其投影特性为:

表 1-1　平行线的投影特性

名称	正平线（$AB /\!/ V$ 面）	水平线（$AB /\!/ H$ 面）	侧平线（$AB /\!/ W$ 面）
轴测图			
投影图			
投影特性	1. $a'b'=AB$。 2. V 面投影反映 α、γ。 3. $ab /\!/ OX$、$ab<AB$，$a''b'' /\!/ OZ$、$a''b''<AB$	1. $ab=AB$。 2. H 面投影反映 β、γ。 3. $a'b' /\!/ OX$、$a'b'<AB$，$a''b'' /\!/ OY_W$、$a''b''<AB$	1. $a''b''=AB$。 2. W 面投影反映 α、β。 3. $a'b' /\!/ OZ$、$a'b'<AB$，$ab /\!/ OY_H$、$ab<AB$

表 1-2　垂直线的投影特性

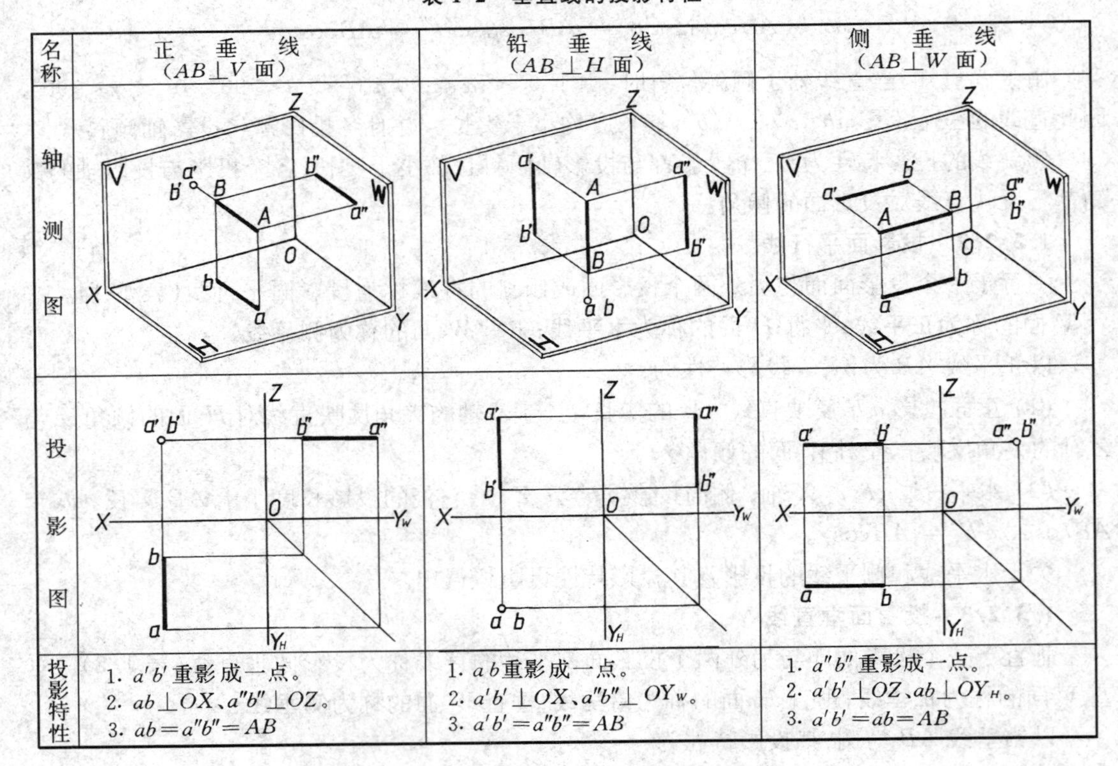

名称	正垂线（$AB \perp V$ 面）	铅垂线（$AB \perp H$ 面）	侧垂线（$AB \perp W$ 面）
轴测图			
投影图			
投影特性	1. $a'b'$ 重影成一点。 2. $ab \perp OX$、$a''b'' \perp OZ$。 3. $ab=a''b''=AB$	1. ab 重影成一点。 2. $a'b' \perp OX$、$a''b'' \perp OY_W$。 3. $a'b'=a''b''=AB$	1. $a''b''$ 重影成一点。 2. $a'b' \perp OZ$、$ab \perp OY_H$。 3. $a'b'=ab=AB$

(1) 水平投影 ab 重影为一点。

(2) 正面投影 $a'b' \perp X$ 轴，侧面投影 $a''b'' \perp Y_W$ 轴。$a'b'$、$a''b''$ 均反映实长。

关于正垂线和侧垂线的投影及其投影特性可类似得出。

1.4　直线段的实长和对投影面的倾角

由上得知，倾斜直线段的投影在投影图上不反映线段实长和对投影面的倾角。但在工程上，往往要求在投影图上用作图方法解决这类度量问题。

1.4.1　几何分析

图1-9a 所示为一处于 V/H 投影面体系中的倾斜线 AB。现过 A 作 $AB_1 \parallel ab$，即得一直角三角形 ABB_1。它的斜边 AB 即为其实长，$AB_1 = ab$，BB_1 即为两端点 A、B 的 z 坐标差 $(z_B - z_A)$，AB 与 AB_1 的夹角即为 AB 对 H 面的倾角 α。由此可见，根据倾斜线 AB 的投影，求实长和对 H 面的倾角，可归结为求直角三角形 ABB_1 的实形。

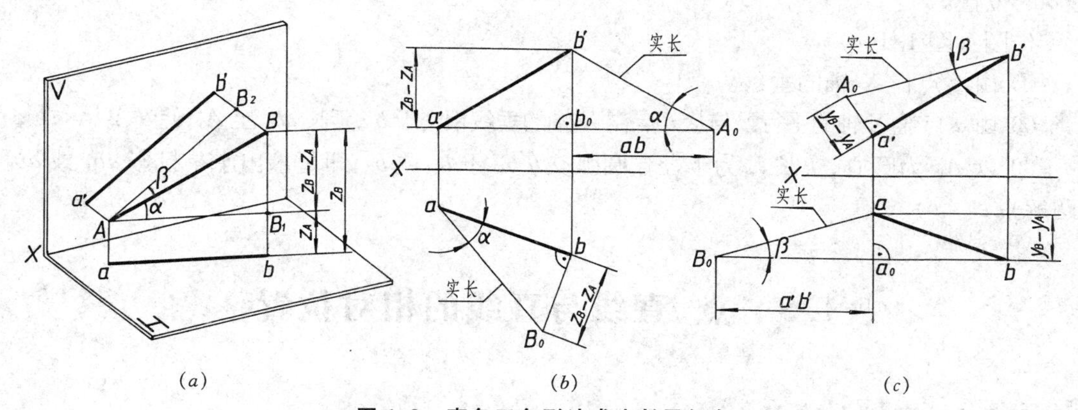

图1-9　直角三角形法求实长及倾角

如过 A 作 $AB_2 \parallel a'b'$，则得另一直角三角形 ABB_2。它的斜边 AB 即为实长，$AB_2 = a'b'$，BB_2 为两端点 A、B 的 y 坐标差 $(y_B - y_A)$，AB 与 AB_2 的夹角即为 AB 对 V 面的倾角 β。

1.4.2　作图方法

求直线 AB 的实长和对 H 面的倾角 α 可应用下列两种方式作图：

(1) 过 a 或 b(图1-9b 为过 b)作 ab 的垂线 bB_0，在此垂线上量取 $bB_0 = z_B - z_A$，则 aB_0 即为所求的直线 AB 的实长，$\angle B_0ab$ 即为 α 角。

(2) 过 a' 作 X 轴的平行线，与 $b'b$ 相交于 b_0 $(b'b_0 = z_B - z_A)$，量取 $b_0A_0 = ab$，则 $b'A_0$ 也是所求直线段的实长，$\angle b'A_0b_0$ 即为 α 角。

同理，如图1-9c 所示，以 $a'b'$ 为直角边，以 $y_B - y_A$ 为另一直角边，也可求出 AB 的实长，即 $b'A_0 = AB$，而 $\angle A_0b'a'$ 即为 AB 对 V 面的倾角 β。类似作法，过 b 作 X 轴的平行线，与 $a'a$ 的延长线相交于 a_0，量取 $a_0B_0 = a'b'$，则 $aB_0 = AB$，$\angle aB_0a_0$ 也反映 β 角。

直线对 W 面的倾角 γ 请读者自行求出。

【例】 已知直线 AB 的实长 L 和 $a'b'$ 及 a(图 1-10a、b)，求水平投影 ab。

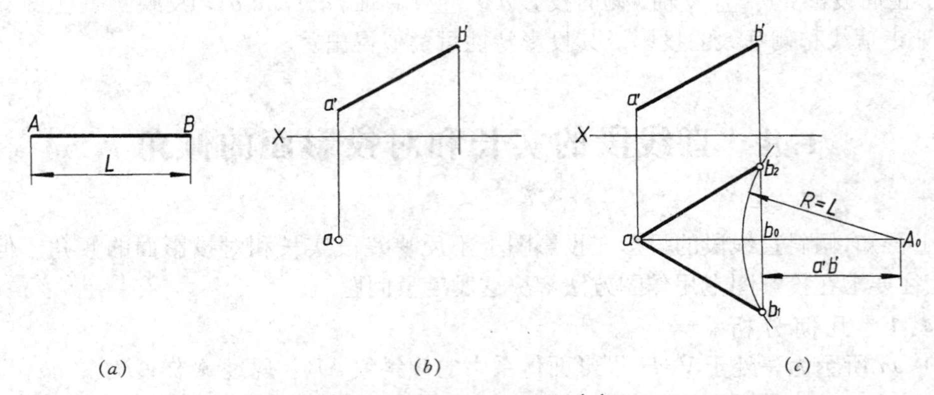

图 1-10　已知线段 AB 实长 L、正面投影 $a'b'$ 及 a，求水平投影 ab

分析：由已知 $a'b'$ 和实长 L 可组成一直角三角形，由此可求出坐标差 $y_B - y_A$，然后可确定 b 的位置。

作图：(图 1-10c)

① 由 b' 点作 X 轴的垂线。

② 由 a 点作 X 轴的平行线与从 b' 点作 X 轴的垂线相交于 b_0，延长 ab_0 至 A_0，使 $b_0A_0 = a'b'$。

③ 以 A_0 为圆心，实长 L 为半径作圆弧交 $b'b_0$ 于 b_1 或 b_2，即可求出水平投影 ab_1 或 ab_2(两解)。

1.5　点、直线与直线的相对位置

1.5.1　直线上的点

1.5.1.1　直线上点的投影

点在直线上，则点的各个投影必定在该直线的同面投影上；反之，点的各个投影在直线的同面投影上，则该点一定在直线上。如图 1-11 所示，直线 AB 上有一点 C，则 C 点的三面投影 c，c'，c'' 必定分别在直线 AB 的同面投影 ab，$a'b'$，$a''b''$ 上。

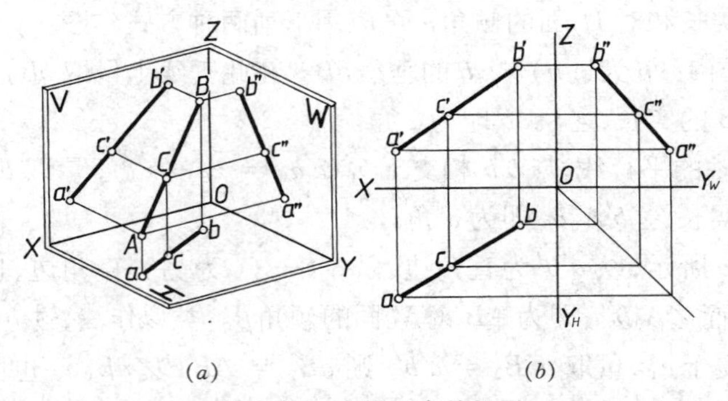

图 1-11　直线上点的投影

1.5.1.2 点分割线段成定比

点分割线段成定比，则分割两线段的各个同面投影之比等于其两线段之比。如 C 在线段 AB 上(图1-13)，它把线段 AB 分成 AC 和 CB 两段。根据投影的基本特性，线段及其投影的关系为：$AC : CB = ac : cb = a'c' : c'b' = a''c'' : c''b''$。

【例】 已知侧平线 AB 的两投影和直线上 S 点的正面投影 s'，求水平投影 s(图 1-12)。

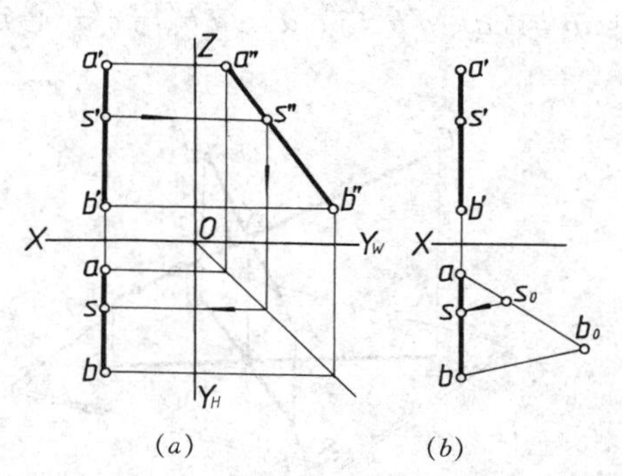

图 1-12 已知 s' 求水平投影

方法 1

分析：由于 AB 是侧平线，因此不能由 s' 直接在 $a'b'$ 上求出 s，但根据点在直线上的投影性质，s'' 必定在 $a''b''$ 上(图 1-12a)。

作图：

① 求出 AB 的侧面投影 $a''b''$，同时求出 S 点的侧面投影 s''。

② 根据点的投影规律，由 s''、s' 求出 s。

方法 2

分析：因为 S 点在 AB 直线上，因此必定符合 $a's' : s'b' = as : sb$ 的比例关系(图 1-12b)。

作图：

① 过 a 作任意辅助线，在辅助线上量取 $as_0 = a's'$，$s_0b_0 = s'b'$。

② 连接 b_0，b，并由 s_0 作 $s_0s \parallel b_0b$，交 ab 于 s 点，即为所求的水平投影。

1.5.2 两直线的相对位置

空间两直线的相对位置有三种情况：即两直线平行，两直线相交和两直线交叉。处于前两种情况的两直线位于同一平面上，故称为**同面直线**；后一种情况的两直线不位于同一平面上，故称为**异面直线**。

1.5.2.1 平行两直线

空间两平行直线的投影必定互相平行(图 1-13a)。因此平行两直线在投影图上的各组同面投影必定互相平行。如图 1-13b 所示，由于 $AB \parallel CD$，则必定 $ab \parallel cd$，$a'b' \parallel c'd'$，$a''b'' \parallel c''d''$。

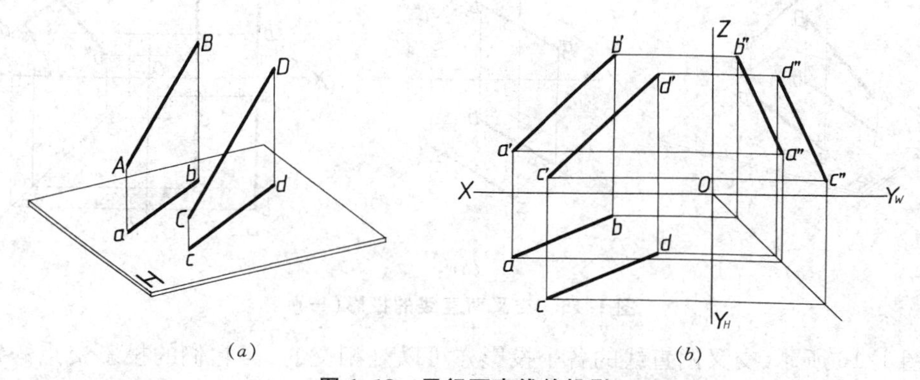

图 1-13 平行两直线的投影

反之，如果两直线在投影图上的各组同面投影都互相平行，则两直线在空间必定互相平行。

1.5.2.2 相交两直线

空间两相交直线的投影必定相交,且两直线交点的投影必定为两直线投影的交点(图1-14*a*)。因此,相交两直线在投影图上的各组同面投影必定相交,且两直线各组同面投影的交点即为两相交直线交点的各个投影。如图1-14*b*所示,由于AB与CD相交,交点为K,则ab与cd、$a'b'$与$c'd'$、$a''b''$与$c''d''$必定分别相交于k、k'、k'',且符合交点K的投影规律。

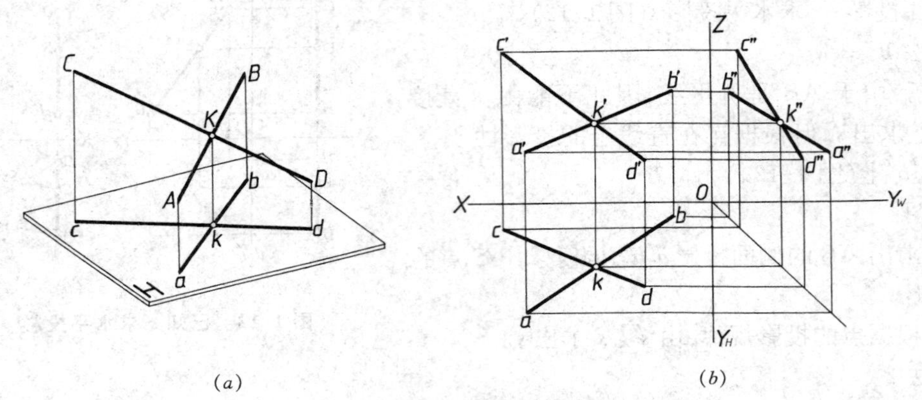

(*a*) (*b*)

图1-14 相交两直线的投影

反之,两直线在投影图上的各组同面投影都相交,且各组投影的交点符合空间一点的投影规律,则两直线在空间必定相交。

1.5.2.3 交叉两直线

既不平行又不相交的两直线称为交叉两直线。如图1-15所示,交叉两直线的投影可能会有一组或两组是互相平行,但决不会三面同面投影都互相平行。如图1-15*a*、*b*所示,AB、CD两直线的水平投影$ab \parallel cd$,但$a'b'$与$c'd'$不平行,因此两直线为交叉两直线。又如图1-15*c*所示,AB、CD两直线的水平投影ab、cd和正面投影$a'b'$、$c'd'$均互相平行,但AB、CD的侧面投影$a''b''$、$c''d''$不平行,因此AB、CD也为交叉两直线。

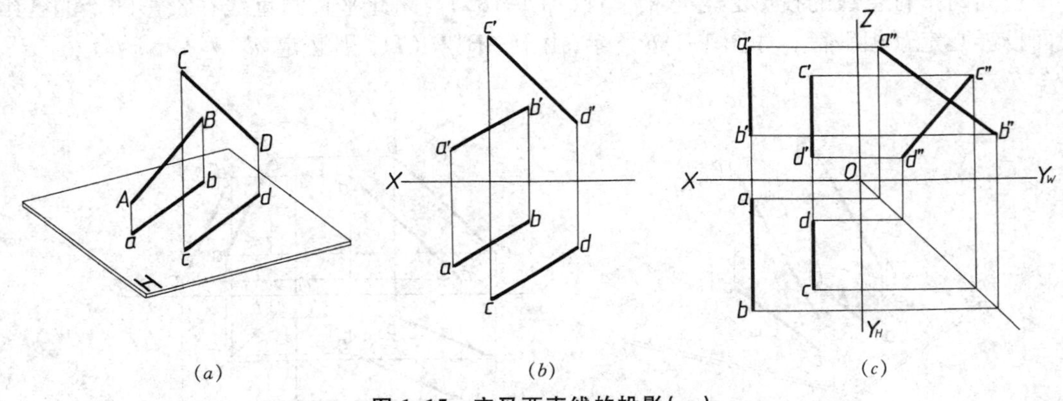

(*a*) (*b*) (*c*)

图1-15 交叉两直线的投影(一)

如图1-16所示,交叉两直线的各个投影亦可以是相交的,但它们的投影交点一定不符合同一点的投影规律。如图1-16*a*、*b*中可以看出,AB、CD两直线是交叉两直线,因为两直线的投影交点不符合同一点的投影规律,ab与cd的交点实际上是AB上的Ⅰ点和CD上的Ⅱ点这一对对H面的重影点的投影1(2),由于Ⅰ在Ⅱ之上,所以Ⅰ点是可见的,Ⅱ点是不可见的。同理，在图1-16b中$a'b'$和$c'd'$的交点是AB上的Ⅲ点和CD上的Ⅳ点这一对对V面的重影点的投影$3'(4')$，由于Ⅲ在Ⅳ之前，所以Ⅲ点是可见的，Ⅳ点是不可见的。如图1-16c所示，AB、CD两直线的正面投影和水平投影相交，但AB是侧平线，则一定要检查两直线的侧面投影的交点是否符合点的投影规律，由作图可知，两直线的各个投影交点不符合一点的投影规律，因此，AB、CD也为交叉两直线。

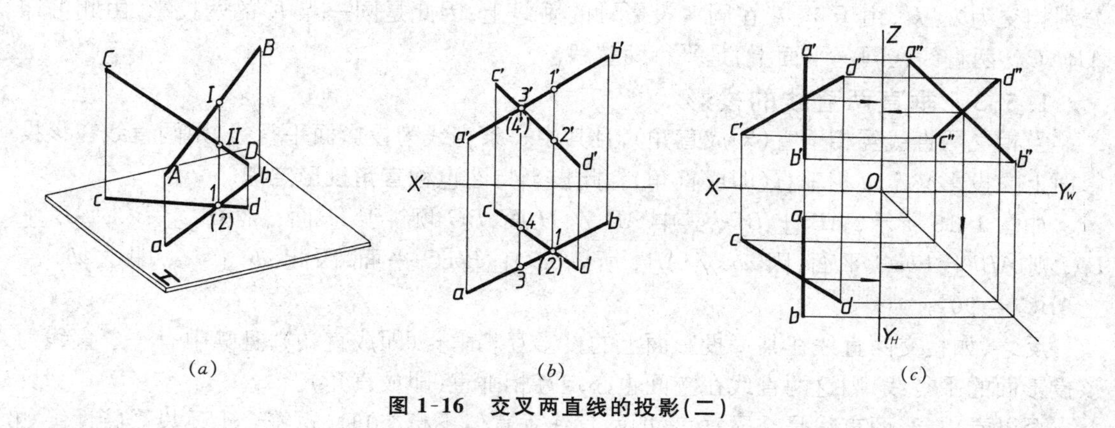

(a) (b) (c)

图1-16 交叉两直线的投影(二)

因此，一般情况下，如在两个投影面上两直线的投影都相交，且其交点符合点的投影规律，则两直线一定相交。如其中有一直线为投影面平行线时，则一定要检查两直线在该投影面上的投影交点是否符合点的投影规律。

除上述方法外，还可用下例方法来判别两直线的相对位置。

【例】 判别图1-17a所示的两侧平线AB、CD是平行两直线还是交叉两直线(不利用侧面投影)。

方法1(图1-17b)

分析：如两侧平线为平行两直线，则两平行线段之比等于其投影之比。反之，即使两投影之比等于其线段之比，还不能说明两线段一定平行，因为与H、V面成相同倾角的侧平线可以有两个方向，它们能得到同样比例的投影长度，所以在此情况下，还必须检查两直线是否同方向才能确定两侧平线是否平行。

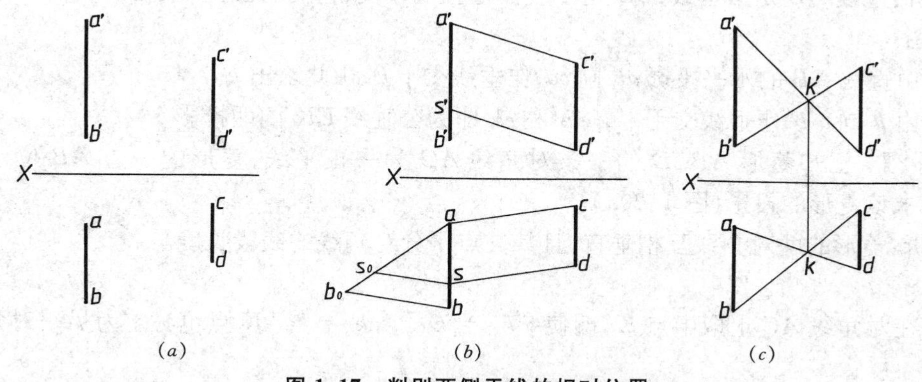

(a) (b) (c)

图1-17 判别两侧平线的相对位置

作图：先连接投影ac和$a'c'$，再过d和d'分别作直线ds // ac；$d's'$ // $a'c'$，得交点s

和 s'。从 a 引任一直线,在其上取 $as_0 = a's'$, $s_0b_0 = s'b'$, 由于 $as : sb = as_0 : s_0b_0$,也即 $as : sb = a's' : s'b'$。同时,可看出 AB、CD 两直线是同方向的,所以两侧平线是平行两直线。

方法 2(图 1-17c)

分析:如两侧平线为平行两直线,则可根据平行两直线决定一平面这一性质来判别。

作图:分别作直线 AD 和 BC 的两面投影 ad、$a'd'$ 和 bc、$b'c'$,这时 ad 与 bc、$a'd'$ 与 $b'c'$ 分别相交为 k、k',由于 k、k' 在同一投影轴的垂线上,因此是同一点 K 的两投影,由此可知 AB、CD 两直线在同一平面上,是平行两直线。

1.5.3 垂直两直线的投影

当相交两直线互相垂直(即成直角),且其中一条直线为投影面平行线,则两直线在该投影面上的投影必定互相垂直(即成直角)。此投影特性也称**直角投影定理**。

如图 1-18 所示, $AB \perp BC$, 其中 $AB \parallel H$ 面, BC 倾斜于 H 面,因 $AB \perp BC$, $AB \perp Bb$, 则 $AB \perp BbcC$ 平面,因 $ab \parallel AB$, 所以 $ab \perp BbcC$ 平面,因此 $ab \perp bc$, 即 $\angle abc = \angle ABC = 90°$。

反之,如相交两直线在某一投影面上的投影互相垂直(即成直角),且其中有一条直线为该投影面的平行线,则这两直线在空间也必定互相垂直(即成直角)。

可以看出,当两直线是交叉垂直(即两直线垂直但不相交)时,也符合上述投影特性。如图 1-18 中的水平线 AB 平行上移时,ab 与 cb 仍互相垂直。

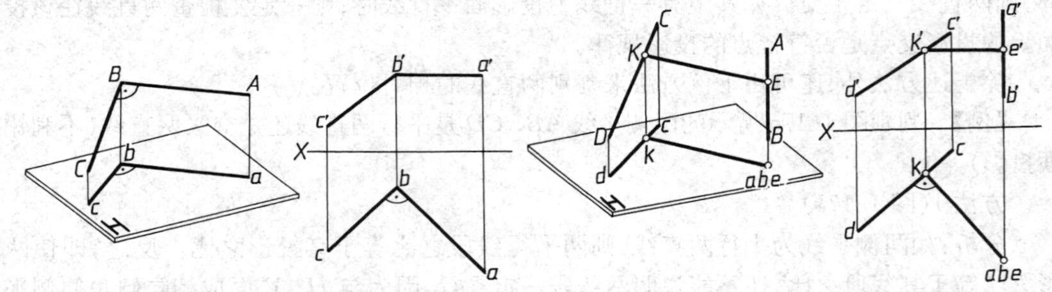

图 1-18 一直线平行投影面的垂直相交两直线的投影　　图 1-19 求 AB、CD 的公垂线

【例 1】 求 AB、CD 两直线的公垂线(图1-19)。

分析:直线 AB 是铅垂线,CD 是一般位置直线,所以它们的公垂线是一条水平线。

作图:

① 由直线 AB 的水平投影 ab 向 cd 作垂线交于 k,由此求出 k'。

② 由 k' 向 $a'b'$ 作垂线交于 e', $e'k'$ 和 ek 即为公垂线 EK 的两投影。

【例 2】 已知菱形 $ABCD$ 的一条对角线 AC 为一正平线,菱形的一边 AB 位于直线 AM 上,求该菱形的投影(图 1-20a)。

分析:菱形的两对角线互相垂直,且其交点平分对角线的线段长度。

作图:

① 在对角线 AC 上取中点 K,即使 $a'k' = k'c'$, $ak = kc$。K 点也必定为另一对角线的中点。

② AC 为正平线,故另一对角线的正面投影必定垂直 AC 的正面投影 $a'c'$。因此过 k' 作 $k'b' \perp a'c'$, 并与 $a'm'$ 交于 b',由 $k'b'$ 求出 kb(图 1-20b)。

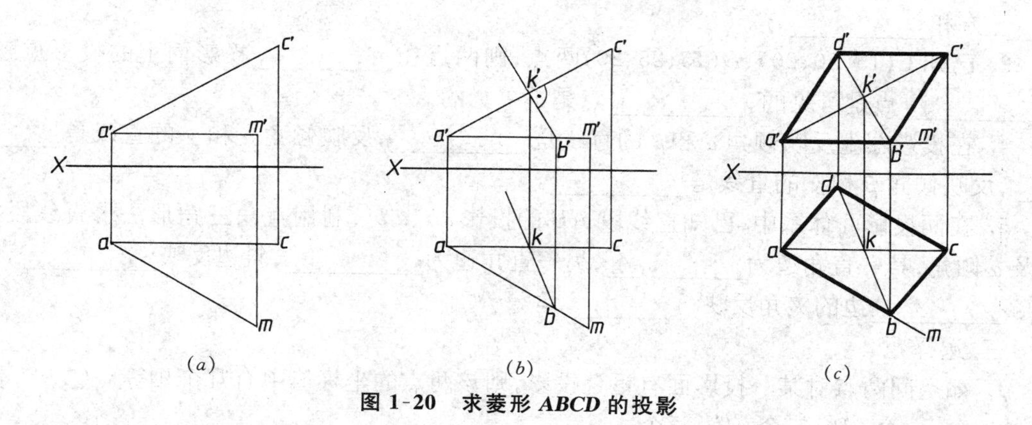

图 1-20　求菱形 *ABCD* 的投影

③ 在对角线 KB 的延长线上取一点 D,使 $KD=KB$, 即 $k'd'=k'b'$, $kd=kb$, 则$b'd'$ 和 bd 即为另一对角线 BD 的投影,连接各点即为菱形 $ABCD$ 的投影(图 1-20c)。

思考练习题

一、判断题

1. 工程制图中广泛应用的表达方法是正投影法。(　　)

2. 已知点的三个坐标(x,y,z),即可确定点在空间的位置。(　　)

3. 已知点的两个投影,不能确定点在空间的位置。(　　)

4. 点的一个投影与原点重合,则该点一定在投影轴上。(　　)

5. 点的两个投影分别在两个投影轴上,则该点一定在投影面上。(　　)

6. 点的三个投影有可能分别在三个投影轴上。(　　)

7. 倾斜线的三个投影都不反映实长和对投影面的倾角。(　　)

8. 一直线的两个投影分别平行两个投影轴,则该直线在空间一定平行该两投影轴组成的投影面。(　　)

9. 平行侧面的直线一定是侧平线。(　　)

10. 平行线有一个投影反映实长,垂直线有两个投影反映实长。(　　)

11. 点分割线段成定比,则分割线段的各个同面投影之比等于其两线段之比。(　　)

12. A 点的投影 a'、a''分别位于水平线 BC 的投影 $b'c'$、$b''c''$上,则 A 点一定在直线 BC 上。(　　)

13. 两侧平线 AB、CD 的水平投影 $ab \parallel cd$,正面投影 $a'b' \parallel c'd'$,则两直线在空间一定互相平行。(　　)

14. 两直线在三个投影面上的投影都相交,则两直线在空间一定相交。(　　)

15. 两直线在空间互相垂直,则在投影图上的投影也一定互相垂直。(　　)

二、填空题

1. A 点在三投影面体系中的投影规律为:(1)______________,(2)______________,(3)______________。

2. A、B 两点,如 $X_A>X_B$,$Y_A<Y_B$,$Z_A>Z_B$,则 A 点位置在 B 点的__________方,____

______方和__________方。

3. 已知 $C(15,20,20)$、$D(15$、25、$20)$两点，则两点在__________投影面上的投影重影，且__________点是可见的，__________点是不可见的。

4. 在投影图上反映倾角 α 和 β 的直线是__________，反映倾角 α 和 y 的直线是__________，反映倾角 β 和 y 的直线是__________。

5. 在两投影面体系中，已知直线段 AB 的投影 ab、$a'b'$，利用直角三角形法求直线段实长及 α 倾角，其一直角边为__________，另一直角边为__________，斜边反映__________，斜边与__________边的夹角反映__________角。

三、选择题

1. 如空间两点对某一投影面有重合投影，则该两点的坐标值中有几个相等。（　　）

A. 一个；B. 二个；C. 三个

2. AB 与 BC 垂直，BC 平行 V 面，则两直线在哪个投影面的投影互相垂直。（　　）

A. H 面；B. V 面；C. W 面

第2章　平　　面

平面是物体表面的重要组成部分，也是主要的空间几何元素之一。本章讨论平面及平面与其他空间几何元素之间相对位置的投影性质及作图方法。

2.1　平面的投影

2.1.1　平面的投影图

平面可由下列几何元素组来决定平面在空间的位置：

(1) 不在同一直线上的三个点。

(2) 一直线和直线外的一个点。

(3) 相交两直线。

(4) 平行两直线。

(5) 任意平面图形，如三角形、平行四边形、圆等。

因此，平面的投影可以用上述决定平面的任一几何元素组的投影来表达。

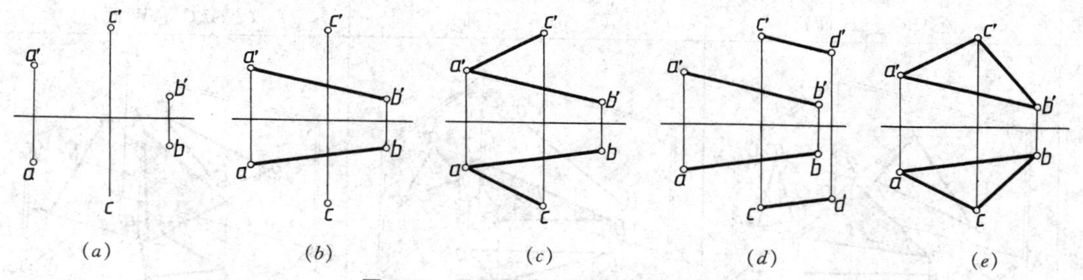

图 2-1　平面的表示法及其投影图

图 2-1 是用各几何元素组所表示的同一平面的投影图。显然，各几何元素组是可以互相转换的，如连接 AB 即可由图 2-1a 转换成图 2-1b；再连接 AC，又可转换成图 2-1c；如从 C 作直线 CD 平行 AB，则也可转换为图 2-1d；将 A、B、C 三点彼此连接又可转换成图 2-1e 等。从图中可以看出，不在同一直线上的三个点是决定平面位置的基本几何元素组。

2.1.2　各类平面的投影特性

根据平面在三投影面体系中的位置可分为**投影面倾斜面**、**投影面垂直面**和**投影面平行面**三类。前一类平面称为**一般位置平面**，后两类平面称为**特殊位置平面**。它们具有不同的投影特性，现分述如下：

2.1.2.1　投影面倾斜面

与三个投影面都处于倾斜位置的平面称为投影面倾斜面。如图 2-2 所示$\triangle ABC$ 与三个投影面都倾斜。因此它的三个投影$\triangle abc$、$\triangle a'b'c'$、$\triangle a''b''c''$均为面积小于实形面积而形状属于同一类型的形似图形，这些投影图形通常称为空间图形的类似形，即三角形的投影仍为三角形，四边形仍为四边形等。

由此可知，倾斜面的投影特性为：三个投影均为**类似形**，它们均不反映实形，也不反映该平面与投影面的倾角 α_1、β_1、γ_1。

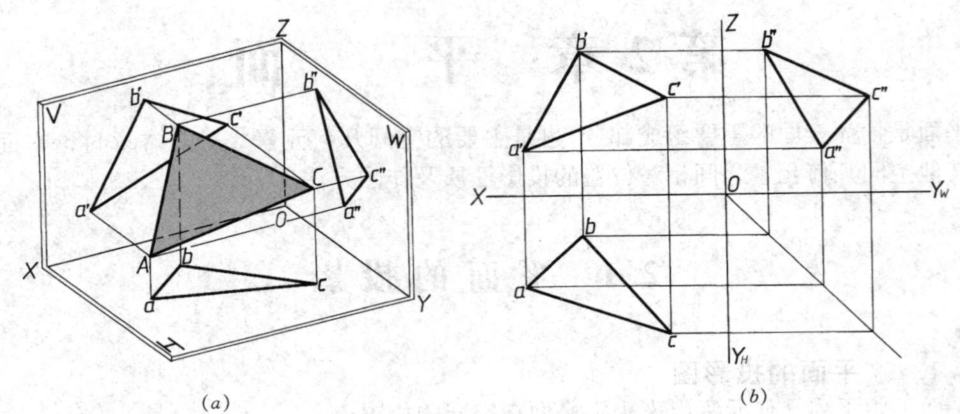

图 2-2　倾斜面的投影特性

2.1.2.2　投影面垂直面

垂直于一个投影面而与其他两个投影面成倾斜的平面称为投影面垂直面(表 2-1)。垂直于 H 面的称为**铅垂面**；垂直于 V 面的称为**正垂面**；垂直于 W 面的称为**侧垂面**。

表 2-1　垂直面的投影特性

名称	铅　垂　面 (△$ABC \perp H$ 面)	正　垂　面 (△$ABC \perp V$ 面)	侧　垂　面 (△$ABC \perp W$ 面)
轴测图	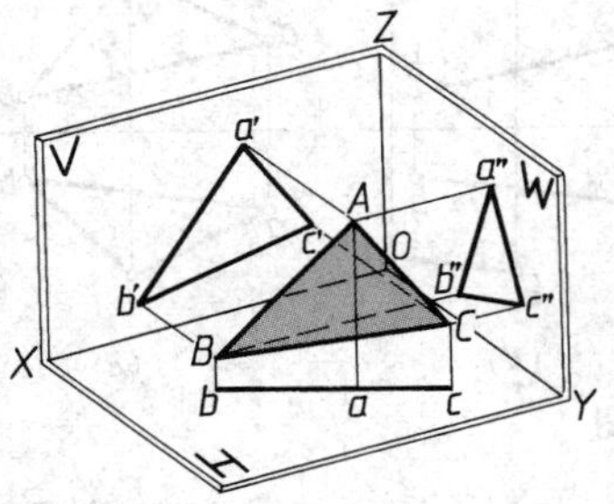	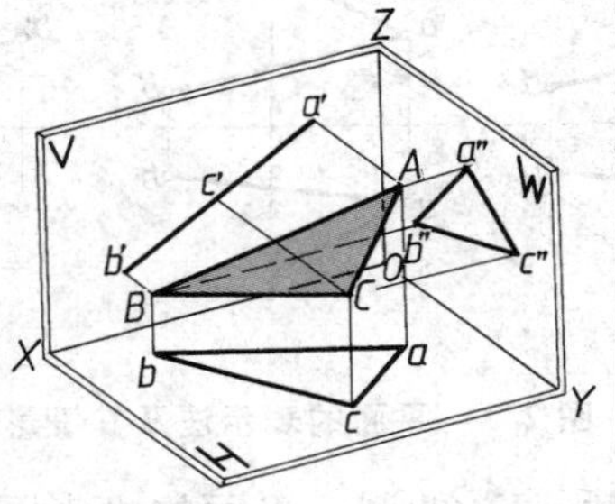	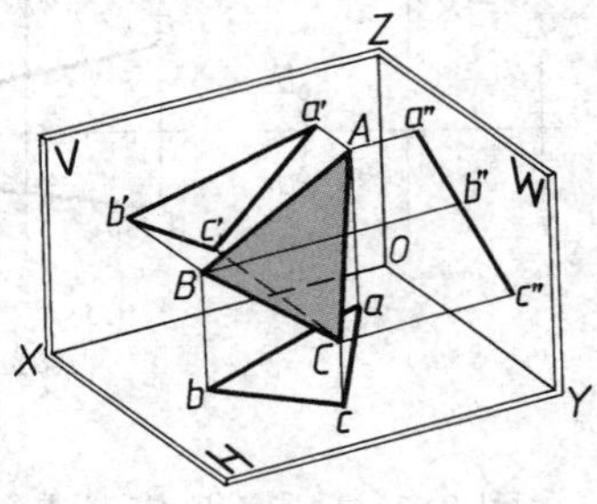
投影图	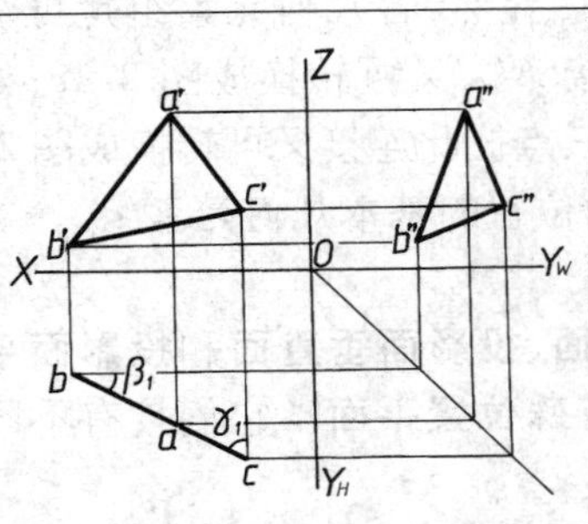	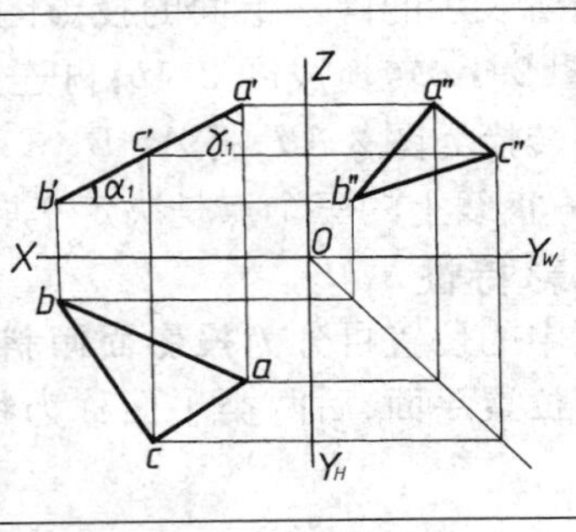	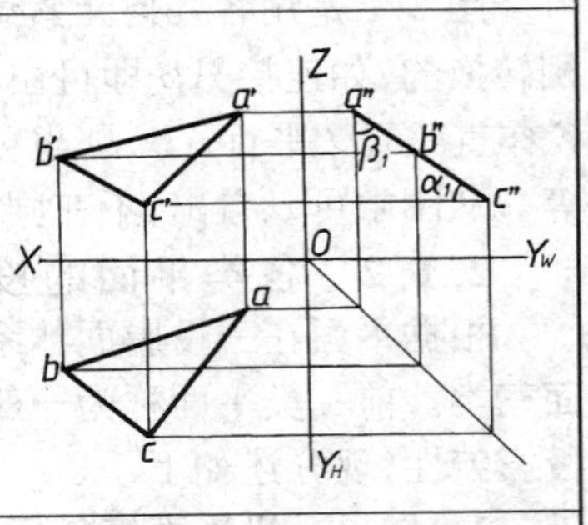
投影特性	1. abc 重影为一直线。 2. H 面投影反映 β_1、γ_1。 3. △$a'b'c'$、△$a''b''c''$为类似形	1. $a'b'c'$重影为一直线。 2. V 面投影反映 α_1、γ_1。 3. △abc、△$a''b''c''$为类似形	1. $a''b''c''$重影为一直线。 2. W 面投影反映 α_1、β_1。 3. △$a'b'c'$、△abc 为类似形

以铅垂面△ABC为例,其投影特性为:

(1) 水平投影abc重影为一直线,它与X轴的夹角反映平面与V面的倾角β_1;与Y_H轴的夹角反映平面与W面的倾角γ_1。

(2) 正面投影△$a'b'c'$和侧面投影△$a''b''c''$均为△ABC的类似形。

关于正垂面和侧垂面的投影及其投影特性可类似得出。

2.1.2.3　投影面平行面

平行于一个投影面也即垂直于其他两个投影面的平面称为投影面平行面(表2-2)。平行于H面的称为**水平面**;平行于V面的称为**正平面**;平行于W面的称为**侧平面**。

以水平面△ABC为例,其投影特性为:

(1) 水平投影△abc反映△ABC的实形。

(2) 正面投影$a'b'c'$和侧面投影$a''b''c''$重影为一直线,它们分别与X轴、Y_W轴平行。

关于正平面和侧平面的投影及其投影特性可类似得出。

表2-2　平行面的投影特性

名称	水平面 (△ABC // H面)	正平面 (△ABC // V面)	侧平面 (△ABC // W面)
轴测图	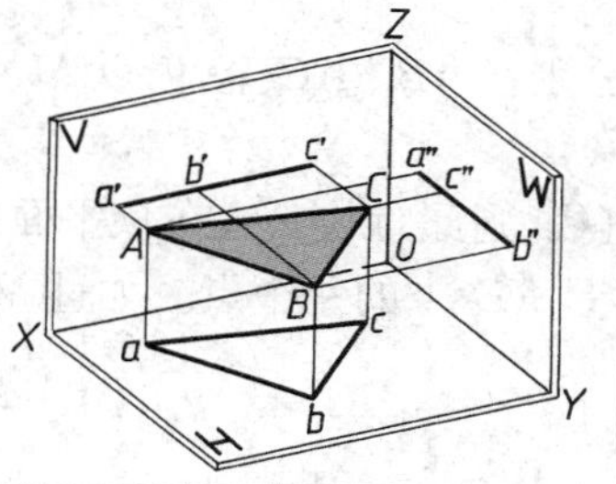	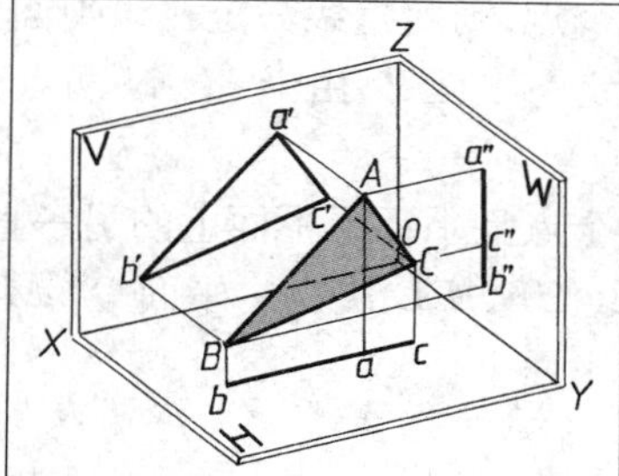	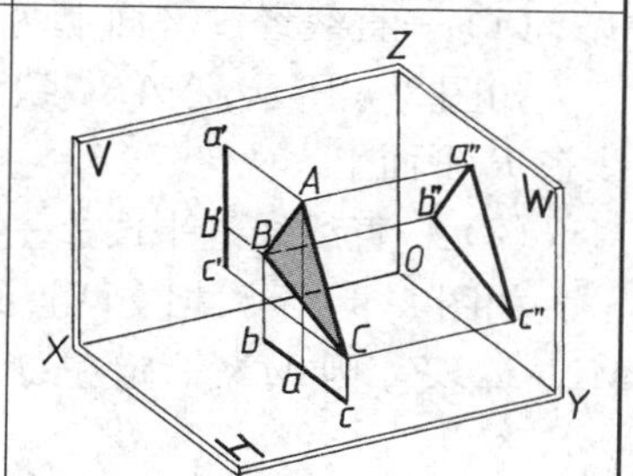
投影图	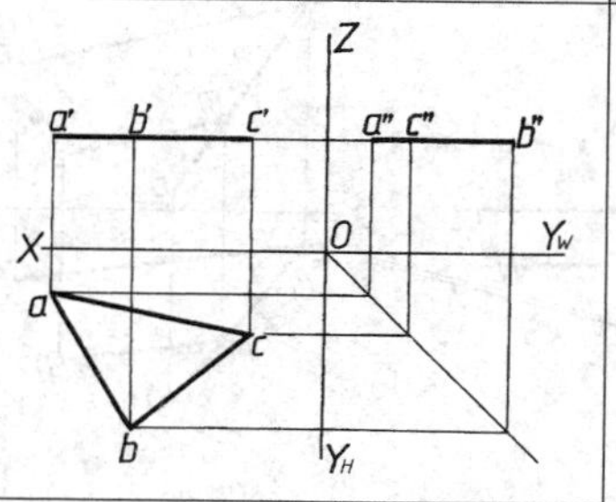	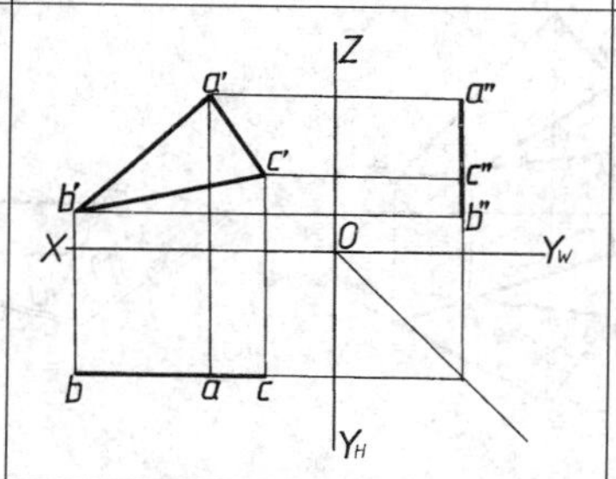	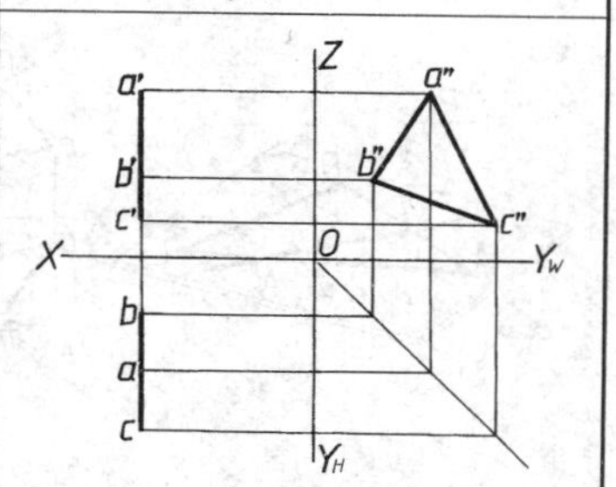
投影特性	1. △abc = △ABC。 2. $a'b'c'$与$a''b''c''$具有重影性。 3. $a'b'c'$ // OX、$a''b''c''$ // OY_W	1. △$a'b'c'$ = △ABC。 2. abc与$a''b''c''$具有重影性。 3. abc // OX、$a''b''c''$ // OZ	1. △$a''b''c''$ = △ABC。 2. $a'b'c'$与abc具有重影性。 3. $a'b'c'$ // OZ、abc // OY_H

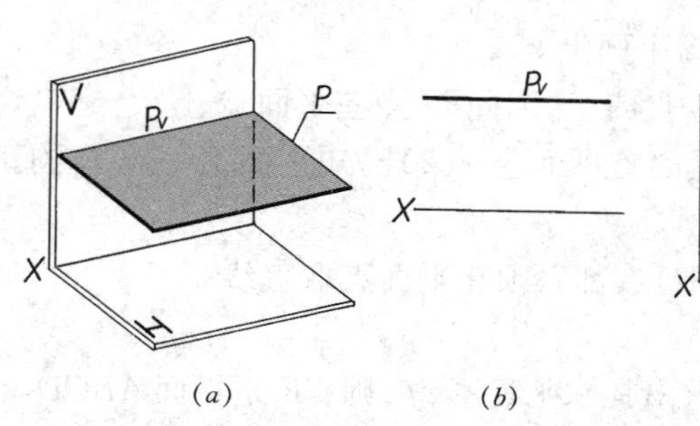

图2-3　利用具有重影性的P_V表示水平面

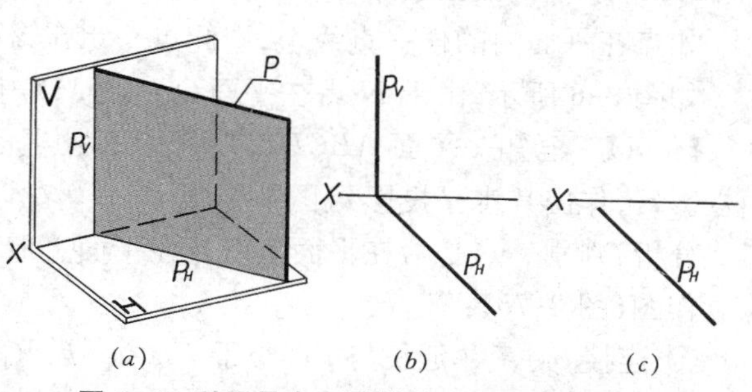

图2-4　利用具有重影性的P_H表示铅垂面

图 2-3 表示一水平面 P，其与 V 面的交线称为**正面迹线**，以 P_V 表示，可以看出，P_V // X 轴，且具有重影性，与 H 面没有交线，故不画出。

图 2-4 为一铅垂面 P，其与 H 面的交线称为**水平迹线**，以 P_H 表示，可以看出 P_H 具有重影性。P 与 V 面的交线 P_V 必定垂直 X 轴(图 2-4a、b)，由于 P_H 画出后，P_V 也可确定，因此一般情况下 P_V 可不画出，而仅画出具有重影性的 P_H(图 2-4c)。其他特殊位置平面的迹线表示可依此类推。

通常用迹线来表示的特殊位置平面作为辅助平面来求解空间图示与图解的问题。在本章 2.3 节及第 5 章讨论相交问题时将予以论述。

2.2 平面上的点和直线

2.2.1 平面上取直线和点

2.2.1.1 平面上取直线

(1) 一直线经过平面上两个点，则此直线一定在该平面上。

如图 2-5 所示，$\triangle ABC$ 决定一平面 P，由于 M、N 两点分别在 AB、AC 上，所以 MN 直线在 P 平面上。

(2) 一直线经过平面上一个点且平行于平面上的另一直线，则此直线一定在该平面上。

如图 2-6 所示，相交两直线 EF、ED 决定一平面 Q，M 是 ED 上的一个点。如过 M 作 MN // EF，则 MN 一定在 Q 平面上。

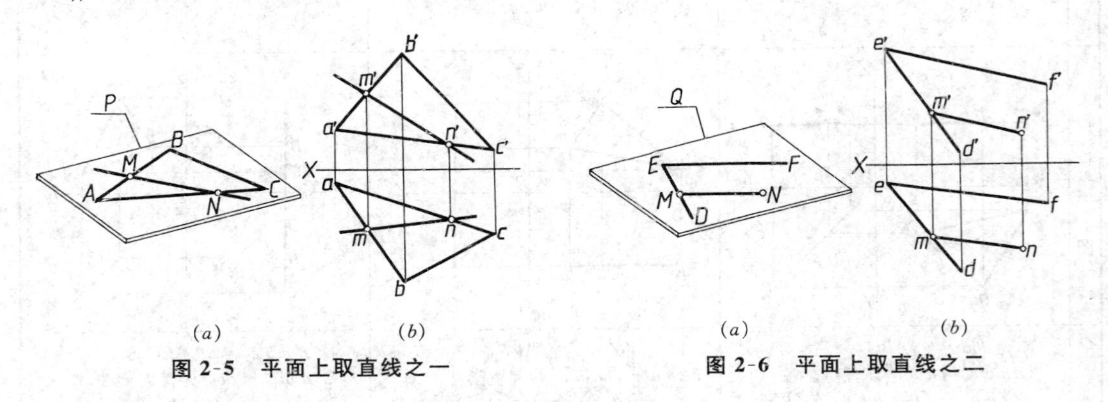

图 2-5 平面上取直线之一

图 2-6 平面上取直线之二

2.2.1.2 平面上取点

如点在平面内的任一直线上，则此点一定在该平面上。

如图 2-6 所示，由于 N 点在平面 Q 内的 MN 直线上，因此 N 点在平面 Q 上。

【例 1】 已知一平面 $ABCD$，(1)判别 K 点是否在平面上；(2)已知平面上一点 E 的正面投影 e'，作出其水平投影 e(图 2-7a)。

分析：判别一点是否在平面上以及在平面上取点，都必须在平面上取直线。

作图(图 2-7b)：

① 连接 c'、k' 并延长与 $a'b'$ 交于 f'，由 $c'f'$ 求出其水平投影 cf，则 CF 是平面 $ABCD$ 上的一条直线，如 K 点在 CF 上，则 k、k' 应分别在 cf、$c'f'$ 上。从作图中得知 k 不在 cf 上，所

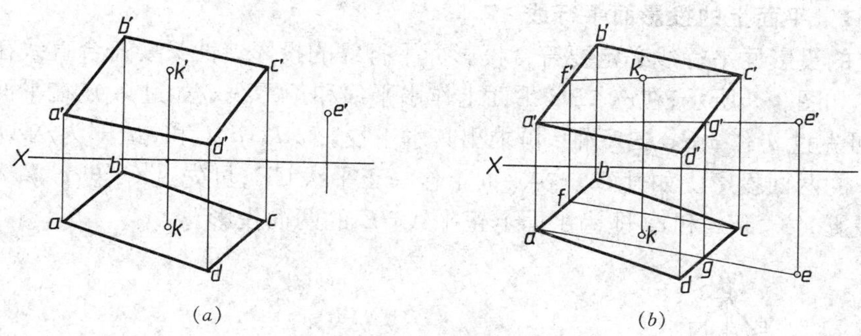

(a) (b)

图 2-7 平面上的点

以 K 点不在平面上。

② 连接 a'、e'与$c'd'$交于 g'，由 $a'g'$求出水平投影 ag，则 AG 是平面上的一条直线，如 E 点在平面上，则 E 应在 AG 上，所以 e 应在 ag 上。因此，过 e'作投影连线与 ag 延长线的交点 e 即为所求 E 点的水平投影。

由此可见，即使点的两个投影都在平面图形的投影轮廓线范围内，该点也不一定在平面上。即使一点的两个投影都在平面图形的投影轮廓线范围外，该点也不一定不在平面上。总之，要根据点、直线在平面上的从属关系及投影规律来进行作图，从而予以判别。

【例 2】 已知在平行四边形 $ABCD$ 上开一燕尾槽ⅠⅡⅢⅣ，要求根据其正面投影作出其水平投影(图 2-8a)。

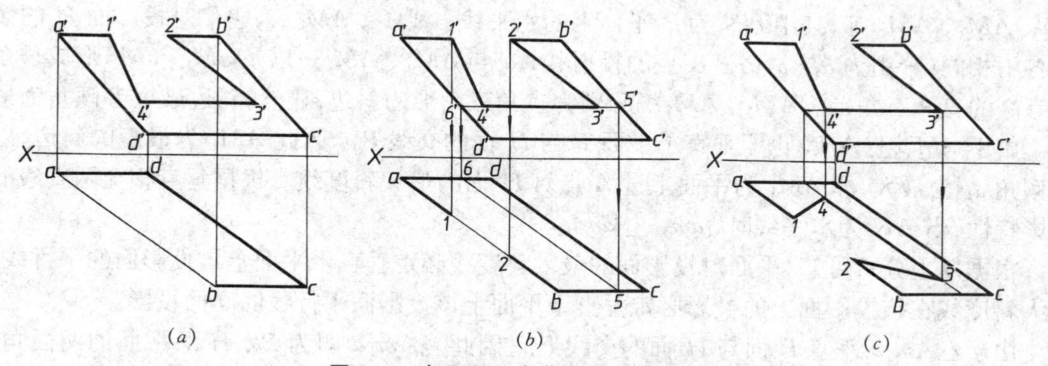

(a) (b) (c)

图 2-8 在平面上求燕尾槽的水平投影

分析：平面上燕尾槽的水平投影，可根据平面上取点、直线的方法作出。

作图：(图 2-8b、c)

① 由于Ⅰ、Ⅱ两点在 AB 上，则 1、2 在 ab 上。

② 延长 $3'4'$与$b'c'$、$a'd'$相交于 $5'$、$6'$，分别求出水平投影 5、6。由于Ⅴ、Ⅵ是平面上一直线，而 $5'6' /\!/ c'd'$，则 $56 /\!/ cd$。

③ Ⅲ、Ⅳ两点在ⅤⅥ上，因此 3、4 应在 56 上，可由 $3'$、$4'$作投影连线作出。

④ 连接 1-4-3-2 即得燕尾槽的水平投影。

2.2.2 平面上的特殊直线

平面上有各种不同位置的直线，它们对投影面的倾角各不相同。其中有两种直线的倾角较特殊，一是倾角最小(等于零度)，另一是倾角最大。前一种直线即为平面上的投影面平行线，后一种直线称为**最大斜度线**。下面分别讨论这两种直线的投影特性和作图方法。

2.2.2.1 平面上的投影面平行线

平面上的投影面平行线必定要符合投影面平行线的投影特性又要符合直线在平面上的投影关系。如图2-9所示,在△ABC平面上作水平线和正平线。如过A点在平面上作一水平线AD,可先过a'作$a'd'$ // X轴,再求出其水平投影ad。$a'd'$和ad即为△ABC平面上水平线AD的两面投影。如过C点在平面上作一正平线CE,可先过C作ce // X轴,再求出其正面投影$c'e'$。$c'e'$和ce即为平面上正平线CE的两面投影。

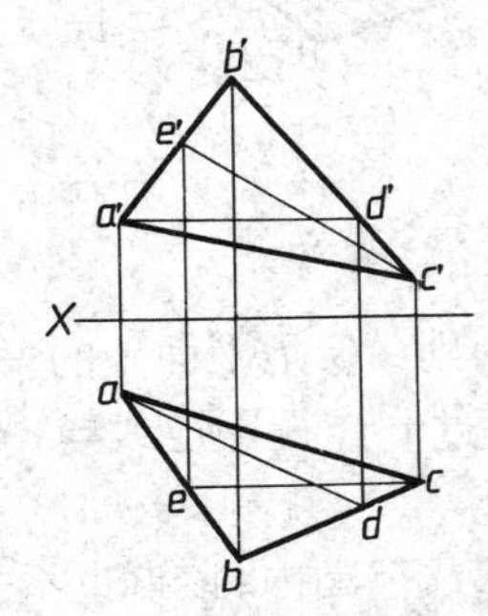

图2-9 平面上的投影面平行线

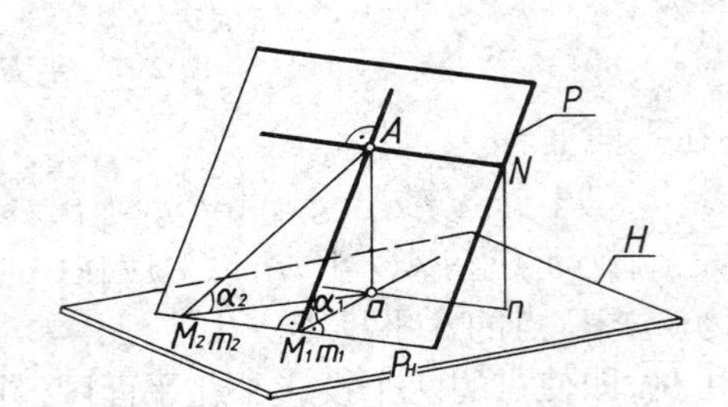

图2-10 平面上的最大斜度线

2.2.2.2 平面上的最大斜度线

平面上的最大斜度线除了必须符合直线在平面上的投影关系外,还必须符合直线对投影面的倾角为最大这一几何特性。图2-10所示,过P平面上A点可作一系列直线,如AN、AM_1、AM_2等,其中AN为P平面上的水平线。AM_1、AM_2…,它们对投影面H的倾角各不相同,分别为α_1、α_2…。A点的投射线Aa与AM_1、AM_2…以及aM_1、aM_2形成一系列等高的直角三角形。AM_1、AM_2…分别为直角三角形的斜边,显然,斜边最短者倾角为最大。由于$AM_1 \perp AN$,也即垂直于平面P与H面的交线P_H,因此AM_1为最短的斜边,它的倾角α_1为最大,即AM_1为平面上过A点对H面的最大斜度线。根据垂直相交两直线的投影特性,当AN为水平线时,$am_1 \perp an$。

根据以上分析可知,平面对投影面的最大斜度线必定垂直于平面上该投影面的平行线;最大斜度线在该投影面上的投影必定垂直于平面上该投影面平行线的同面投影。

由于△Am_1a垂直P面与H面的交线P_H,因此∠Am_1a即为P、H两平面的两面角。所以,平面对投影面的倾角即为平面上对该投影面的最大斜度线对同一投影面的倾角。后者可应用直角三角形法求出。在平面上可分别作出对H、V、W面的最大斜度线,因此可相应地求出该平面对H、V、W面的倾角α_1、β_1、γ_1。

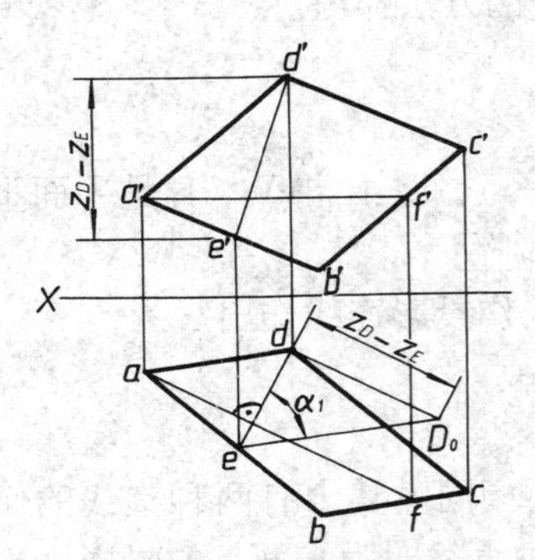

图2-11 求平行四边形对H面的倾角

【例】 求平行四边形$ABCD$对H面的倾角α_1(图2-11)。

分析:平面对H面的倾角,即为平面上对H面的最大斜度线对H面的倾角。

作图:

① 过平面$ABCD$上任一点,如A点,作平面上的水平线$AF(af,\ a'f')$。

② 过D点的水平投影d作$de \perp af$,再求出$d'e'$,DE即为平面上过D点对H面的最大斜度线。

③ 用直角三角形法求出 DE 对 H 面的倾角即为平面对 H 面的倾角 α_1。

2.3 直线、平面与平面的相对位置

直线、平面与平面的相对位置可分为平行、相交和垂直。

2.3.1 平行

2.3.1.1 直线与平面平行

如一直线与平面上任一直线平行，则此直线必定与该平面平行。如图 2-12 所示，直线 AB 平行 P 平面上某一直线 CD，则 AB 必定与 P 平面平行。

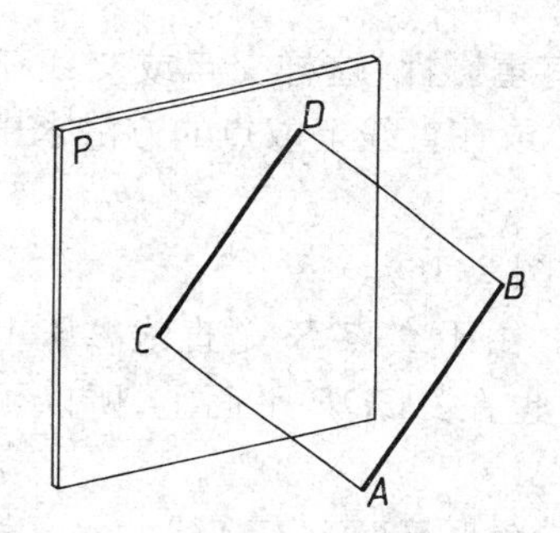

图 2-12 直线与平面平行

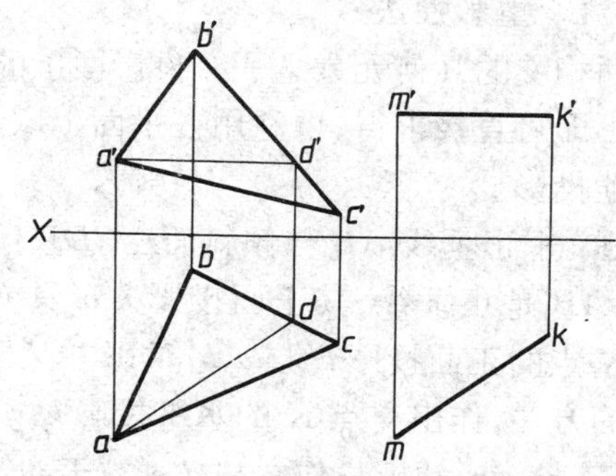

图 2-13 过 K 点作水平线平行△ABC

【例】 过已知点 K，作一水平线 KM 平行已知平面△ABC(图 2-13)。

分析：△ABC 上的水平线有无数条，但其方向只有一个，因此过 K 点作平行于△ABC 的水平线是惟一的。

作图：在△ABC 上作一水平线 AD，再过 K 点作 $KM \parallel AD$，即 $km \parallel ad$，$k'm' \parallel a'd'$，则 KM 为一水平线且平行于△ABC。

2.3.1.2 两平面平行

如一平面上的两相交直线，对应地平行于另一平面上的相交两直线，则这两平面必定互相平行。如图 2-14，相交两直线 AB、CD 在 P 平面上；相交两直线 A_1B_1、C_1D_1 在 Q 平面上，如 $AB \parallel A_1B_1$，$CD \parallel C_1D_1$，则 $P \parallel Q$。

如果两平面垂直同一投影面，则只要看两平面在所垂直的投影面上的投影是否平行，如平行，则两平面平行；反之，则不平行。

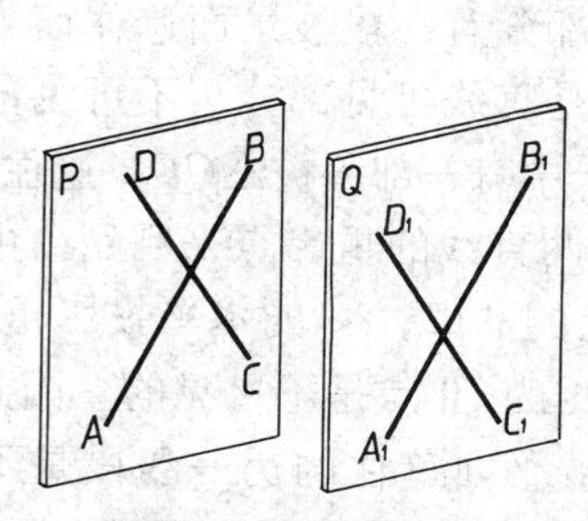

图 2-14 两平面平行

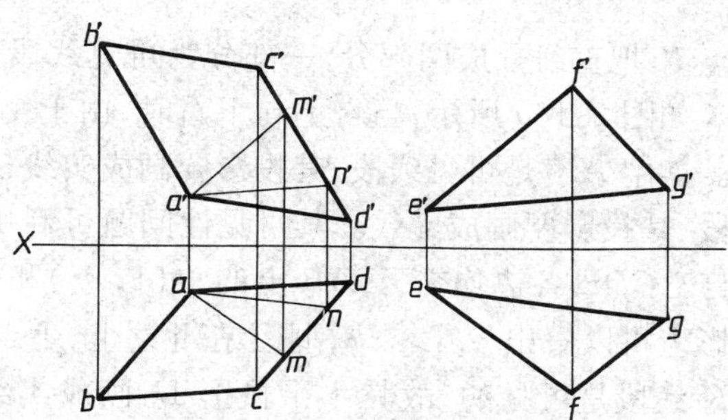

图 2-15 判别两平面是否平行

【例】 已知平面□$ABCD$和△EFG,试判别该两平面是否平行(图2-15)。

分析:可在任一平面上作相交两直线,如在另一平面上能找到与它们平行的相交两直线,则该两平面就互相平行。

作图:在平面□$ABCD$上过A点作相交两直线AM和AN,使$a'm' \parallel e'f'$,$a'n' \parallel e'g'$,再作出am和an,由于$am \parallel ef$,$an \parallel eg$,即$AM \parallel EF$,$AN \parallel EG$,所以平面□$ABCD \parallel$△EFG。

2.3.2　相交

直线与平面不平行时即相交,其交点是直线与平面的共有点。两平面不平行即相交,其交线是两平面的共有线。一般可先求出两个共有点,连接后即得两平面的共有线。下面论述求交点、交线的方法。

2.3.2.1　重影性法

如果两相交的几何元素之一在投影面上的投影具有重影性,这样交点或交线在该投影面上的投影即可直接求得,再利用在平面上取点、取直线或在直线上取点的方法求出交点或交线的其他投影。

【例1】 求正垂线AB与倾斜面△CDE的交点K(图2-16)。

分析:AB是正垂线,其正面投影$a'b'$具有重影性。由于交点K是直线AB上的一个点,因此,K点的正面投影k'与$a'b'$重影。又因交点K也在△CDE平面上,所以可利用平面上取点的方法,作出交点K的水平投影k。

作图:连接$c'k'$并延长使它与$d'e'$交于m',再作出三角形平面上CM线的水平投影cm,cm与ab的交点k即为所求K点的水平投影(图2-16b)。

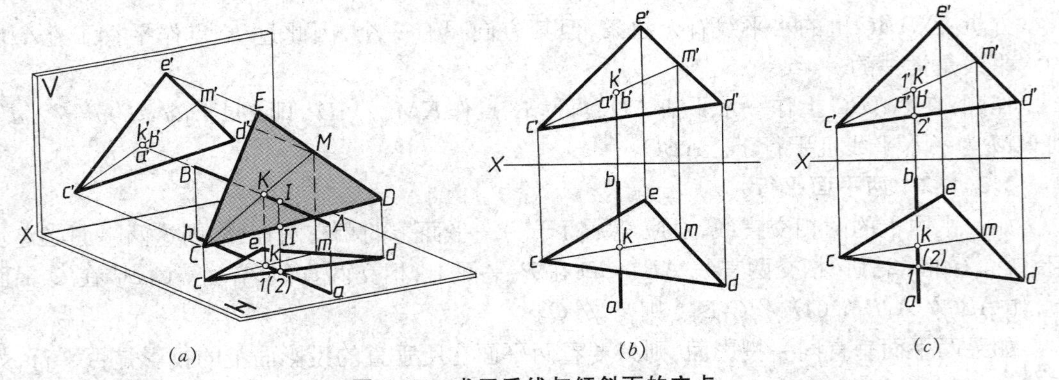

(a)　　(b)　　(c)

图2-16　求正垂线与倾斜面的交点

交点K把直线分成两部分,一部分为可见线段,另一部分有一段被平面遮住而为不可见线段。如图2-16a所示,当自上向下看时,由于交点K是直线可见部分与不可见部分的分界点。其中AK是可见线段,其投影要画成实线,而BK中有一部分被△CDE遮住,为不可见线段,其投影要画成虚线。其可见性问题可利用交叉两直线的重影点来判别。由于直线AB与△CDE各边均交叉,AB上的Ⅰ(1, 1′)和CD上的Ⅱ(2, 2′)的水平投影重影,从正面投影上可以看出$z_{\text{I}} > z_{\text{II}}$,即Ⅰ在Ⅱ之上,Ⅰ点是可见的,Ⅱ点是不可见的。因此,AB上的ⅠK线段是可见的,故其水平投影$1k$画成实线,而被平面遮住的另一线段是不可见的,其投影画成虚线。正面投影上AB重影为一点,故不需要判别其可见性(图2-16c)。

【例2】 求直线 AB 与铅垂面 $EFGH$ 的交点 K(图 2-17)。

分析:铅垂面的水平投影 $efgh$ 有重影性,故交点的水平投影 k 在 $efgh$ 上,又交点 K 也在直线 AB 上,故 k 也必定在 AB 的水平投影 ab 上,因此 K 点的水平投影 k 是 $efgh$ 和 ab 的交点,而 k' 必定在 $a'b'$ 上。

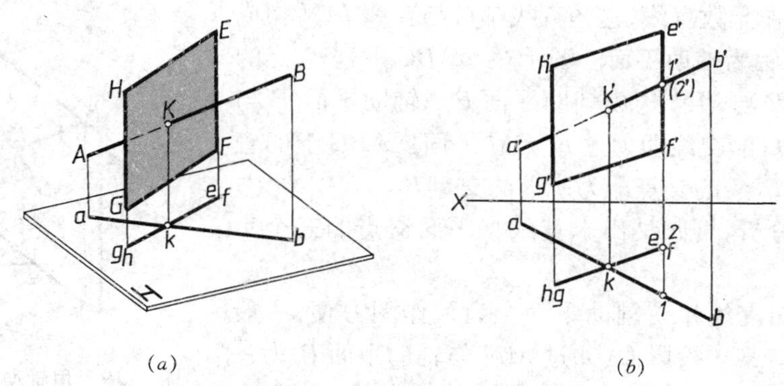

(a)　　(b)

图 2-17　求直线与铅垂面的交点

作图:$efgh$ 和 ab 的交点 k 即为 K 点的水平投影,从 k 作 X 轴的垂线与 $a'b'$ 交于 k',即为 K 点的正面投影。

直线 AB 上Ⅰ点与 EF 直线上Ⅱ点的正面投影重合,在水平投影上可以看出 $y_{\mathrm{I}} > y_{\mathrm{II}}$,因此Ⅰ在Ⅱ之前,Ⅰ点是可见的,所以 $k'b'$ 画成实线,过 k' 而被平面遮住的直线部分画成虚线。在水平投影上由于四边形 $EFGH$ 是铅垂面,其水平投影重影为一直线,故不需要判别其可见性。

【例3】 求正垂面▱$DEFG$ 与倾斜面△ABC 的交线 MN(图 2-18)。

分析:正垂面▱$DEFG$ 的正面投影 $d'e'f'g'$ 有重影性,故交线的正面投影必定在 $d'e'f'g'$ 上,又交线也在△ABC 上,由此可作出交线的水平投影。

作图:可用上例求交点的方法,依次求出△ABC 的 AB、AC 边与正垂面 $DEFG$ 的交点 $M(m, m')$ 和 $N(n, n')$,连线 $MN(mn, m'n')$ 即为两平面的交线。

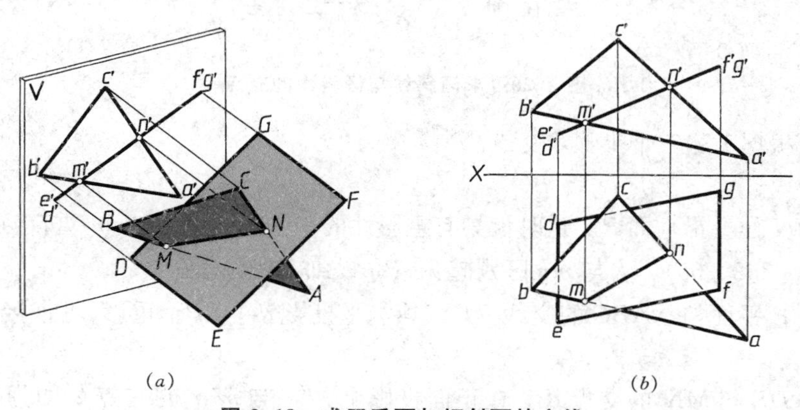

(a)　　(b)

图 2-18　求正垂面与倾斜面的交线

交线是可见部分与不可见部分的分界线,在水平投影上,△abc 的 $bcnm$ 部分应画成实线,另一部分在▱$defg$ 轮廓线范围内的应画成虚线。

2.3.2.2 辅助平面法

当相交两几何元素都不垂直于投影面时，就不能利用重影性法来作图。这时可利用作辅助平面的方法来求交点或交线。

先进行几何分析。如图2-19所示，直线MN与平面$\triangle ABC$相交，交点为K。过K点可在$\triangle ABC$上作无数直线，这些直线都可与直线MN构成一平面，该平面称为**辅助平面**。图示在$\triangle ABC$上过K点的直线为DE，DE与MN构成辅助平面P。辅助平面P与已知平面$\triangle ABC$的交线即为过K点在平面$\triangle ABC$上的直线DE，DE与MN的交点即为所求的交点K。

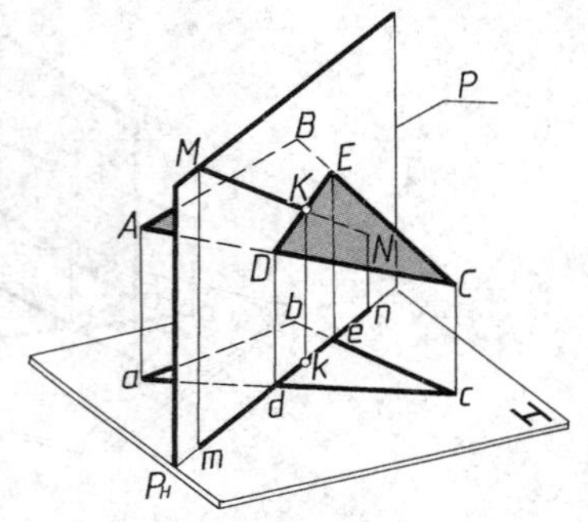

图2-19 用辅助平面法求交点

根据以上分析，可归纳出求直线与平面交点的三个步骤如下：

(1) 过已知直线作一辅助平面。为了作图方便，一般作辅助平面垂直某一投影面(如过MN作辅助平面P为一铅垂面)。

(2) 作出该辅助平面与已知平面的交线(如作P面与$\triangle ABC$的交线DE)。

(3) 作出该交线与已知直线的交点，即为已知直线与已知平面的交点(如DE与MN的交点K即为MN与$\triangle ABC$的交点)。

【例1】 求MN直线与$\triangle ABC$的交点K(图2-20a)。

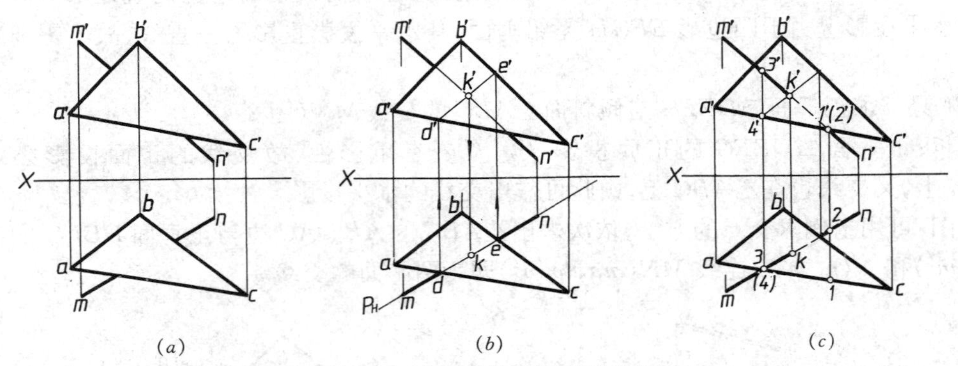

图2-20 求倾斜线与倾斜面的交点

分析：可根据上述三个步骤求交点。

作图：

① 过MN作一铅垂面P。这时使具有重影性的水平迹线P_H与mn重合(正面迹线P_V可省略不画)(图2-20b)。为与mn区别起见，P_H以细实线画出。

② 作出P平面与$\triangle ABC$的交线DE。其水平投影de与P_H重影，可直接确定。再由de求出$d'e'$。

③ 作出DE与MN的交点K。在正面投影上，$d'e'$与$m'n'$的交点k'即为所求交点K的正面投影。由k'可求出水平投影k。

④ 判别可见性。从图2-20c可以看出，AC线上的Ⅰ点与MN线上的Ⅱ点，其正面投影是重合投影。由于$y_{\text{Ⅰ}} > y_{\text{Ⅱ}}$，故Ⅰ点是可见的，Ⅱ点是不可见的，所以线段$K$Ⅱ的正面投影

$k'(2')$应画成虚线。同理,MN 线上的Ⅲ点与 AC 线上的Ⅳ点,其水平投影为重合投影。由于 $Z_Ⅲ > Z_Ⅳ$,所以Ⅲ点是可见的,Ⅳ点是不可见的。因此 KⅢ的水平投影 $k3$ 应为实线。

两平面相交有两种情况:一种是一个平面全部穿过另一个平面称为**全交**(图 2-21a);另一种是两个平面的棱边线互相穿过称为**互交**(图 2-21b)。如将图 2-21a 中的△ABC 向右平行移动,即为图 2-21b 所示的互交情况。这两种相交情况的实质是相同的,因此求解方法也相同。仅由于平面图形有一定范围,因此相交部分也有一定范围。

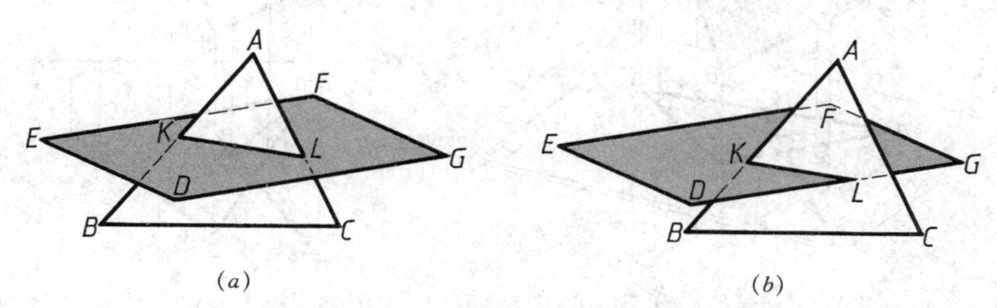

图 2-21　两平面相交的两种情况

【例 2】　求△ABC 与▱$DEFG$ 的交线 KL(图 2-22a)。

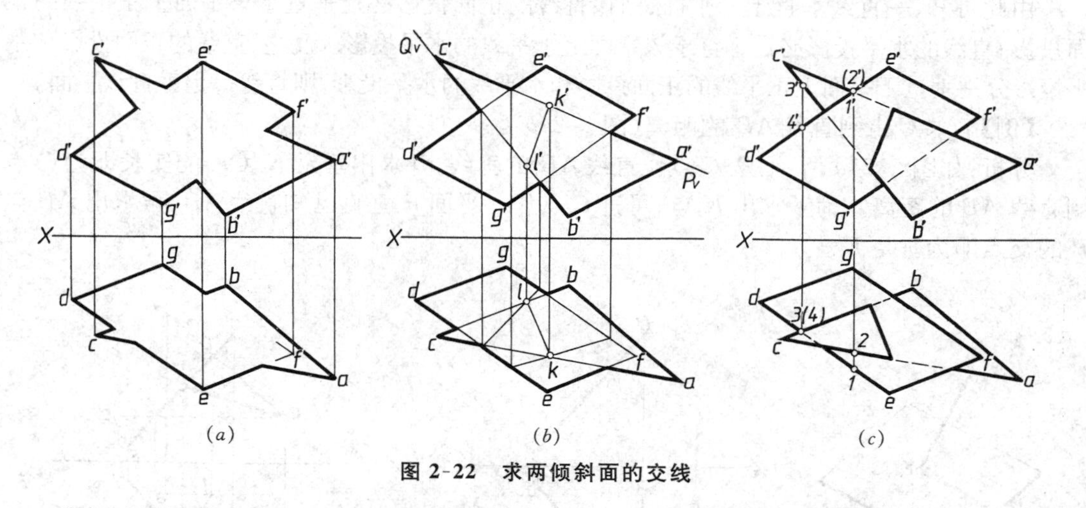

图 2-22　求两倾斜面的交线

分析:选取△ABC 的两条边 AC 和 BC,分别作出它们与▱$DEFG$ 的交点,连接两交点即为所求的交线。

作图:

① 利用辅助平面 P、Q(此处均为正垂面)分别求出直线 AC、BC 与▱$DEFG$ 的交点 K(k, k')和 L(l, l')(图 2-22b)。

② 连线 kl 和 $k'l'$即为所求交线 KL 的两投影(图 2-22b)。

③ 判别可见性,完成作图(图 2-22c)。

2.3.3　垂直

2.3.3.1　直线与平面垂直

直线与平面垂直,则直线垂直平面上的任意直线(过垂足或不过垂足)。反之,直线垂直平面上的任意两条相交直线,则直线垂直该平面。

如图 2-23,直线 MK 垂直平面△ABC,其垂足为 K。如过 K 点作一水平线 AD,则

$MK \perp AD$，根据直角投影定理，则 $mk \perp ad$。再过 K 点作一正平线 EF，则 $MK \perp EF$，同理 $m'k' \perp e'f'$。

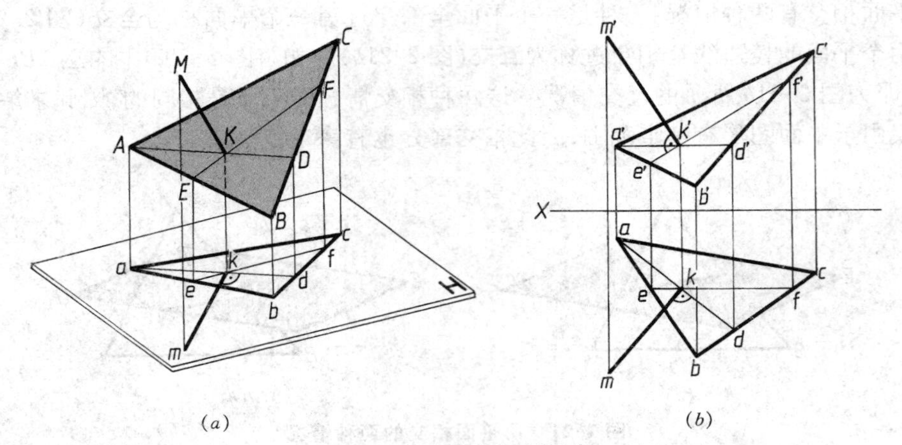

图 2-23 直线与平面垂直

由此可知，一直线垂直于一平面，则该直线的正面投影必定垂直于该平面上正平线的正面投影；直线的水平投影必定垂直于该平面上水平线的水平投影。反之，直线的正面投影和水平投影分别垂直于平面上正平线的正面投影和水平线的水平投影，则直线一定垂直该平面。

【例】 求 C 点到直线 AB 的距离(图 2-24b)。

分析：如图 2-24a 所示，从 C 点作直线 AB 的垂线，并求出垂足 K，CK 的实长即为 C 点到直线 AB 的距离。为了求出 K 点，可过 C 点作一平面 P 垂直已知直线 AB，再求出 AB 与 P 的交点即为垂足 K。

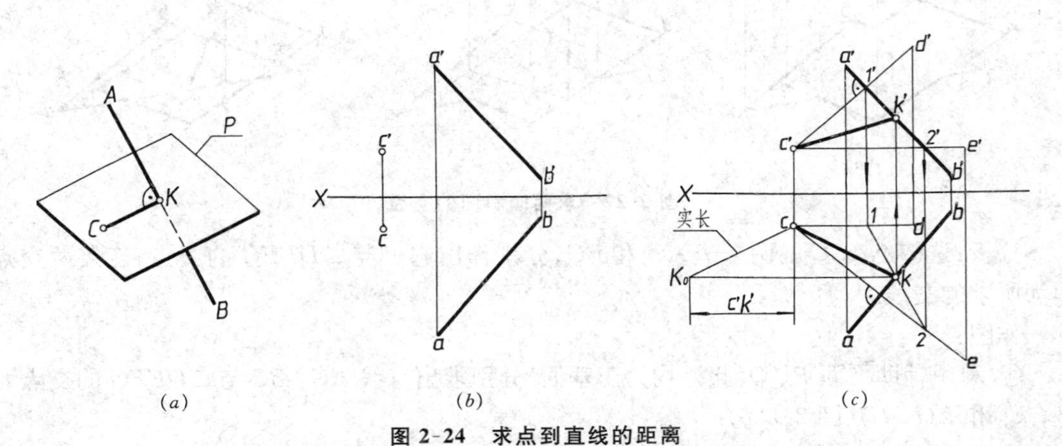

图 2-24 求点到直线的距离

作图(图 2-24c)：

① 过 C 点作正平线 CD，使 $c'd' \perp a'b'$，再过 C 点作水平线 CE，使 $ce \perp ab$，则 CD 和 CE 两直线组成的平面 P(即 DCE 平面)一定垂直 AB。

② 求出 AB 和平面 $P(DCE)$的交点 $K(k, k')$。

③ 连线 ck、$c'k'$即为 CK 的两投影。再用直角三角形法求出其实长，即为 C 点到 AB 直线的距离。

2.3.3.2　两平面垂直

如直线垂直一平面,则包含这直线的一切平面都垂直于该平面。反之,如两平面互相垂直,则从第一平面上的任意一点向第二平面所作的垂线,必定在第一平面内。

如图2-25所示,由于直线AK垂直P面,则包含AK的Q面和R面都垂直P面。如在Q面上取一点B向P面作垂线BE,则BE一定在Q面内。

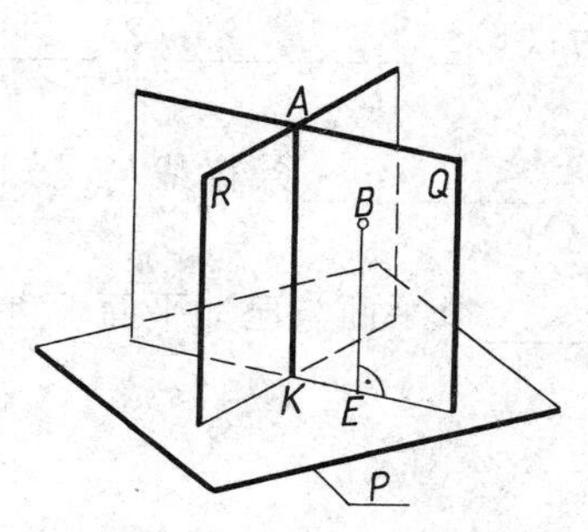

图2-25　两平面垂直

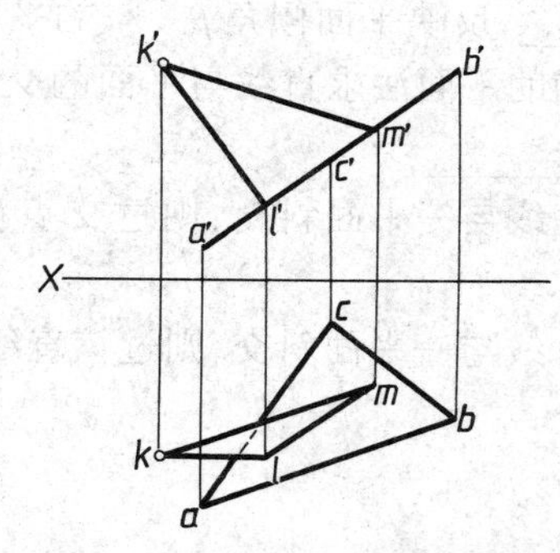

图2-26　过已知点作平面垂直正垂面

【例】　已知正垂面$\triangle ABC$和K点,要求过K点作一平面垂直$\triangle ABC$(图2-26)。

分析:只要过K点作直线垂直$\triangle ABC$,则包含该直线的所有平面都垂直$\triangle ABC$。

作图:由于$\triangle ABC$为正垂面,则过K点对$\triangle ABC$的垂线KL必定为正平线,其正面投影$k'l' \perp a'b'c'$,水平投影$kl \parallel X$轴。再过K点作任一直线KM,则KM、KL两相交直线所决定的平面一定垂直$\triangle ABC$。由于KM是任取的,因此过K点可作无数个平面垂直$\triangle ABC$。

思考练习题

一、判断题

1. 投影面倾斜面的投影都是类似形,不反映实形和对投影面的倾角。(　　)
2. 垂直面有一个投影具有重影性,平行面有两个投影具有重影性。(　　)
3. 倾斜面上可以有直线平行某一投影面。(　　)
4. 倾斜面上可以有直线垂直某一投影面。(　　)
5. 垂直V面的平面都是垂直面。(　　)
6. 过一条倾斜线可作一个铅垂面。(　　)
7. 过一条倾斜线可作一个水平面。(　　)
8. 在两投影面体系中,一点的两个投影都处于平面的边框图形内,则该点一定在平面内。(　　)
9. 平面上对V面的最大斜度线必定垂直于平面的正平线。(　　)
10. 平面对投影面的倾角就是平面上对该投影面的最大斜度线的倾角。(　　)
11. 一直线平行一平面,则该直线一定平行平面上的所有直线。(　　)
12. 一平面上有两条直线都平行同一投影面,则该平面一定平行该投影面。(　　)
13. 一铅垂线与一倾斜面相关,交点的水平投影与直线的水平投影重影。(　　)

14. 水平面与正垂面的交线是正垂线。(　　)

15. 铅垂面与侧垂面的交线是侧垂线。(　　)

16. 两倾斜面的交线一定是倾斜线。(　　)

二、填空题

1. 在投影图上反映平面倾角 α_1、β_1 的平面是__________,反映平面倾角 α_1、γ_1 的平面是__________,反映平面倾角 β_1、γ_1 的平面是__________。

2. 用辅助平面法求直线与平面的交点,其步骤为:(1)____________(2)____________(3)____________。

3. 一直线与一平面斜交,则过交点在平面上可作__________条直线与已知直线垂直相关。

4. 一直线与一平面斜交,则过该直线可作__________个平面与已知平面垂直相交。

第3章　投影变换

通过前两章中对直线和平面的投影分析可知，当直线或平面相对于投影面处于特殊位置（平行或垂直）时，其投影具有重影性，根据这一特性就能容易地解决定位问题（如求交点、交线等）和度量问题（如反映线段实长、平面实形以及相应的倾角等）。如图 3-1a 所示$\triangle ABC$为正平面，$\triangle a'b'c'$反映$\triangle ABC$的实形。图 3-1b 所示矩形平面 $ABCD$ 为正垂面，其垂线 KM 为正平线，其正面投影 $m'k'$ 反映 M 点到 $ABCD$ 平面的距离。图 3-1c 所示水平线 KL 为交叉两直线 AB、CD 的公垂线，$k'l'$ 反映两交叉直线 AB、CD 之间的距离。图 3-1d 所示$\triangle ABC$与四边形 $BCDE$ 均为铅垂面，两平面的水平投影的夹角 θ 反映两平面的夹角。

由此，将几何元素与投影面的相对位置变换成处于有利解题位置的方法称为**投影变换**。本章主要讨论其投影规律与作图方法。

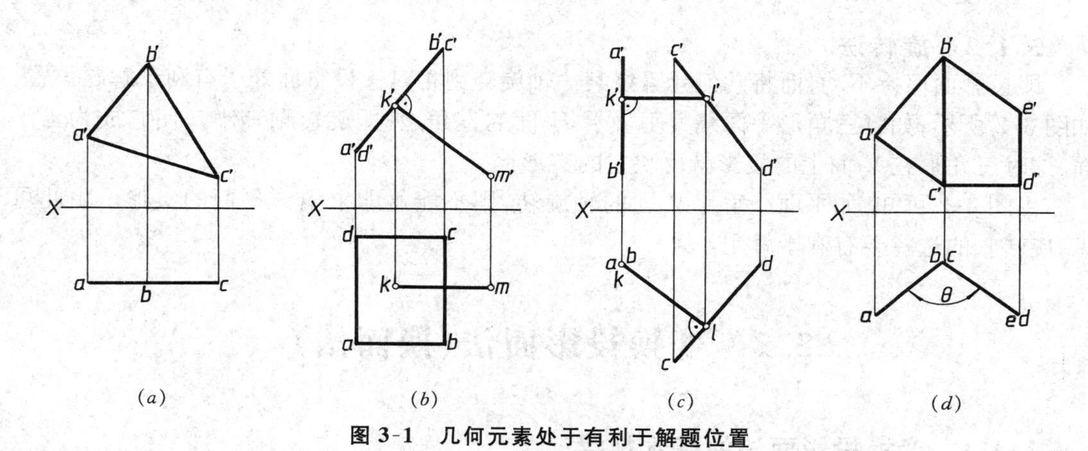

图 3-1　几何元素处于有利于解题位置

3.1　投影变换的方法

当直线或平面处于不利于解题位置时，通常可采用下列两种方法进行投影变换，使变换后的相对位置有利于解题。

3.1.1　变换投影面法（换面法）

即几何元素保持不动，而改变投影面的位置，使新的投影面与几何元素处于有利于解题位置。如图 3-2 所示为一处于铅垂位置的三角形平面，它在 V/H 体系中不能反映实形。现作一与 H 面垂直的新投影面 V_1 平行于三角形平面，组成新的投影面体系 V_1/H，再将三角形平面向 V_1 面进行投影，这时三角形在 V_1 面上的投影反映该平面的实形。

由此可知，新投影面的选择应符合以下两个条件：

(1) 新投影面必须处于有利于解题位置。

(2) 新投影面必须垂直于原来投影面体系中一个不变投影面，以组成一个新的两投影面体系。

前一条件是解题需要，后一条件是只有这样才能应用两投影面体系中的投影规律。

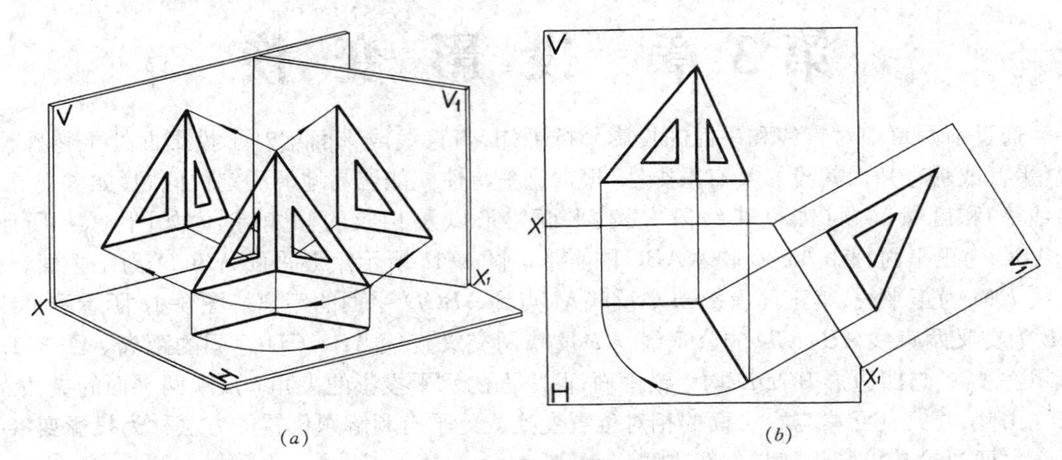

图 3-2 投影变换的方法

3.1.2 旋转法

即投影面保持不动，而将几何元素绕某一轴旋转到相对于投影面处于有利于解题位置。如图 3-2 所示，如将三角形平面绕其垂直于 H 面的直角边(即旋转轴)旋转，使它成为正平面，这时三角形在 V 面上的投影就反映它的实形。

由图 3-2 可知，如平面绕垂直 V 面的轴旋转，则不能立即求出该平面的实形。由此可见，旋转轴的选择要有利于解题。

3.2 变换投影面法(换面法)

3.2.1 变换投影面法的基本规律

点是最基本的几何元素，因此必须首先研究点的变换规律。

3.2.1.1 点的一次变换

如图 3-3*a* 所示，A 点在 V/H 体系中，它的两个投影为 a、a'，若用一个与 H 面垂直的

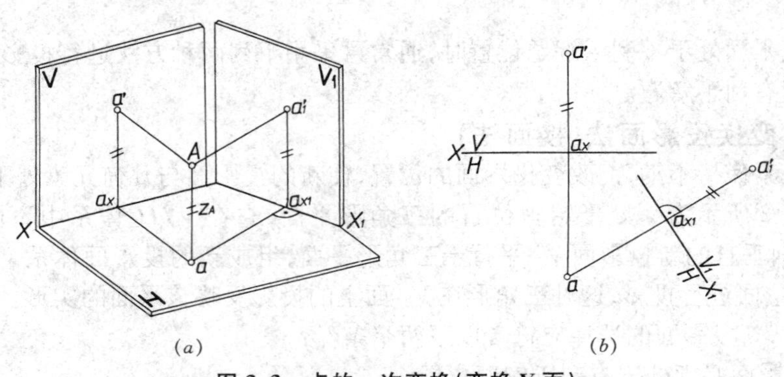

图 3-3 点的一次变换(变换 V 面)

新投影面 V_1* 代替 V 面，建立新的 V_1/H 体系，V_1 面与 H 面的交线称为新的投影轴，以 X_1 表示。由于 H 面为不变投影面，所以 A 点的水平投影 a 的位置不变，称之为不变投影。而 A 点在 V_1 面上的投影为新投影 a_1'。由图可以看出，A 点的各个投影 a、a'、a_1' 之间的关系如下：

(1) 在新投影面体系中，不变投影 a 和新投影 a_1' 的连线垂直于新投影轴 X_1，即 $aa_1' \perp X_1$ 轴。

(2) 新投影 a_1' 到新投影轴 X_1 的距离，等于原来(即被代替的)投影 a'到原来(即被代替的)投影轴 X 的距离。即 A 点的 z 坐标在变换 V 面时是不变的，即 $a_1'a_{X1}=a'a_X=Aa=z_A$。

根据上述投影之间关系，点的一次变换的作图步骤如下(图 3-3b)：

① 作新投影轴 X_1，以 V_1 面代替 V 面形成 V_1/H 体系(X_1 轴与 a 点的距离以及 X_1 轴的倾斜位置与 V_1 面对空间几何元素的相对位置有关，可根据作图需要确定)。

② 过 a 点作新投影轴 X_1 的垂线，得交点 a_{X1}。

③ 在垂线 aa_{X1}上截取 $a_1'a_{X1}=a'a_X$，即得 A 点在 V_1 面上的新投影 a_1'。

如图 3-4 所示，B 点在 V/H 体系中的投影为 b、b'，现用一个垂直于 V 面的新投影面 H_1 代替 H 面，形成新投影面体系V/H_1，这时 B 点在 V/H_1 体系中的投影为 b'、b_1。同理，B 点的各个投影 b、b'、b_1 之间的关系如下：

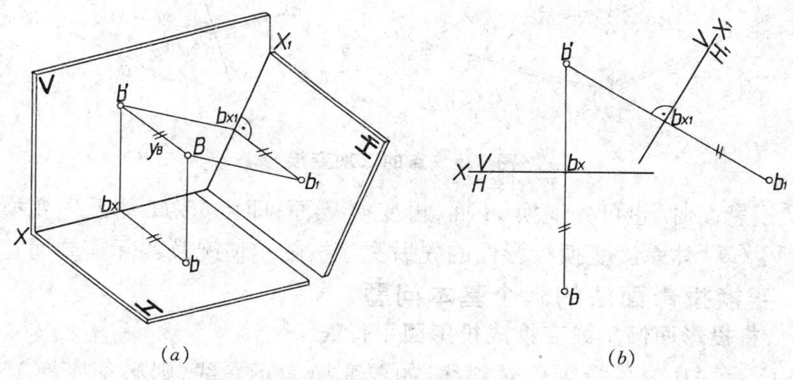

图 3-4 点的一次变换(变换 H 面)

(1) $b_1b' \perp X_1$ 轴。

(2) $b_1b_{X1}=bb_X=Bb'=y_B$。

其作图步骤与变换 V 面时相类似。

综上所述，点的变换投影面法的基本规律可归纳如下：

(1) 不论在新的或原来的(即被代替的)投影面体系中，点的两面投影的连线垂直于相应的投影轴。

(2) 点的新投影到新投影轴的距离等于原来的投影到原来投影轴的距离。

3.2.1.2 点的二次变换

由于新投影面必须垂直于原来体系中的一个投影面，因此在解题时，有时变换一次还不能解决问题，而必须变换二次或多次。这种变换二次或多次投影面的方法称为**二次变换**或

* V_1、H_1 表示变换一次后的新投影面；X_1 表示变换一次后的新投影轴。投影符号也是如此标记。

多次变换。

在进行二次或多次变换时，由于新投影面的选择必须符合前述两个条件，因此不能同时变换两个投影面，而必须变换一个投影面后，在新的两投影面体系中再变换另一个未被代替的投影面。即轮流进行投影面变换。

二次变换的作图方法与一次变换的完全相同，只是将作图过程重复一次而已。如图3-5所示为点的二次变换，其作图步骤如下：

① 先变换一次，以 V_1 面代替 V 面，组成新体系 V_1/H，作出新投影 a_1'。

② 在 V_1/H 体系基础上，再变换一次，这时如果仍变换 V_1 面就没有实际意义，因此第二次变换应变换前一次变换中未被代替的投影面，即以 H_2* 面来代替 H 面组成第二个新体系 V_1/H_2，这时 $a_1'a_2 \perp X_2$ 轴，$a_2a_{X2}=aa_{X1}$。由此作出新投影 a_2。

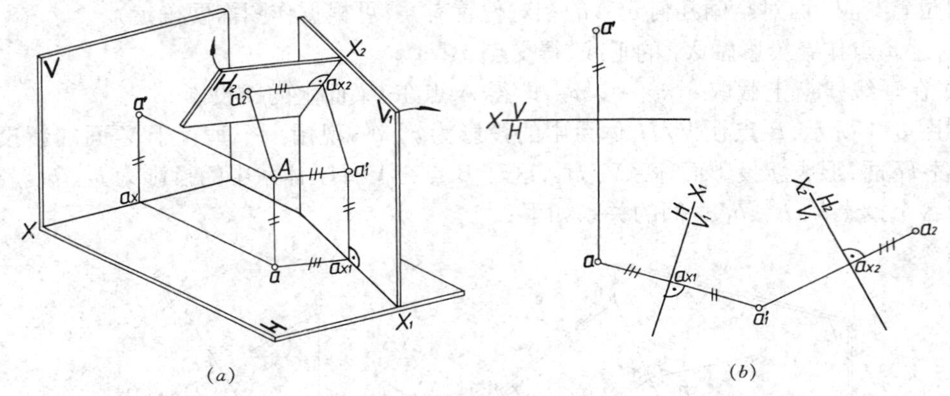

图3-5　点的二次变换

二次变换投影面时，也可先变换 H 面，再变换 V 面；即由 V/H 体系先变换成 V/H_1 体系，再变换成 V_2/H_1 体系。变换投影面的先后次序按图示情况及实际需要而定。

3.2.2　变换投影面法的六个基本问题

3.2.2.1　将投影面倾斜线变换成投影面平行线

如图3-6所示，AB 为一投影面倾斜线，如要变换为正平线，则必须变换 V 面使新投影

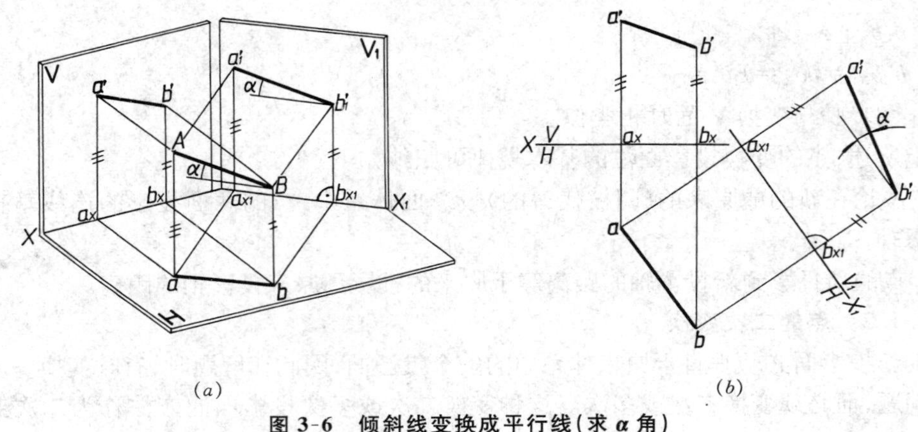

图3-6　倾斜线变换成平行线（求 α 角）

---

* V_2、H_2 表示变换二次后的新投影面；X_2 表示变换二次后的新投影轴。投影符号也是如此标记。

面 V_1 平行 AB，这样 AB 在 V_1 面上的投影 $a_1'b_1'$ 将反映 AB 的实长，$a_1'b_1'$ 与 X_1 轴的夹角反映直线对 H 面的倾角 α。具体作图步骤如下：

① 作新投影轴 $X_1 /\!/ ab$。

② 分别从 a、b 作 X_1 轴的垂线，与 X_1 轴交于 a_{X1}、b_{X1}，然后在垂线上量取 $a_1'a_{X1} = a'a_X$，$b_1'b_{X1} = b'b_X$，得到新投影 a_1'、b_1'。

③ 连接 a_1'、b_1' 得投影 $a_1'b_1'$，它反映 AB 的实长，与 X_1 轴的夹角反映 AB 对 H 面的倾角 α。

如果要求出 AB 对 V 面的倾角 β，则要作新投影面 H_1 平行 AB，即 AB 在 V/H_1 体系中为水平线。作图时作 X_1 轴 $/\!/ a'b'$，如图 3-7 所示。

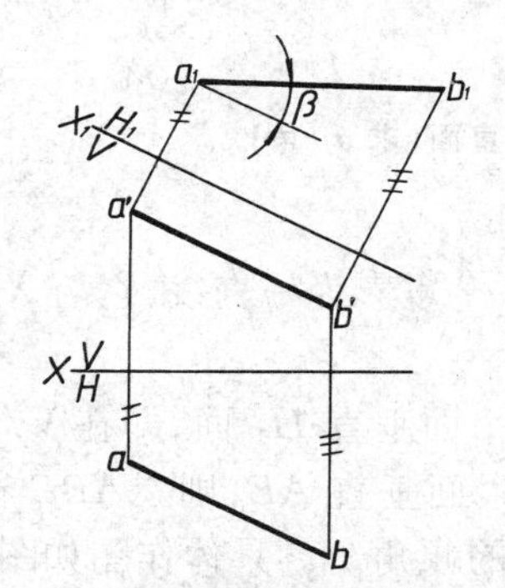

图 3-7 倾斜线变换成平行线(求 β 角)

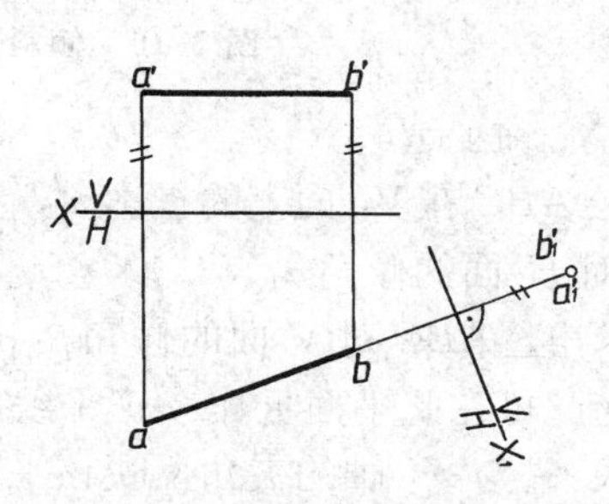

图 3-8 平行线变换成垂直线

3.2.2.2 将投影面平行线变换成投影面垂直线

如图 3-8 所示，AB 为一水平线，要变换成投影面垂直线。根据投影面垂直线的投影特性，反映实长的投影必定为不变投影，只要变换正面投影，即作新投影面 V_1 垂直 AB，作图时作 X_1 轴 $\perp ab$，则 AB 在 V_1 面上的投影重影为一点 $a_1'b_1'$。在 V_1/H 体系中 AB 即为正垂线。

3.2.2.3 将投影面倾斜线变换成投影面垂直线

由上述两个基本问题可知，将投影面倾斜线变换成投影面垂直线，必须经过二次变换，第一次将投影面倾斜线变换成投影面平行线；第二次将投影面平行线变换成投影面垂直线。如图 3-9 所示，AB 为一投影面倾斜线，如先变换 V 面，使 V_1 面 $/\!/ AB$，则 AB 在 V_1/H 体系中为投影面平行线；再变换 H 面，作 H_2 面 $\perp AB$，则 AB 在 V_1/H_2 体系中为投影面垂直线。其具体作图步骤如下：

① 先作 X_1 轴 $/\!/ ab$，求得 AB 在 V_1 面上的新投影 $a_1'b_1'$。

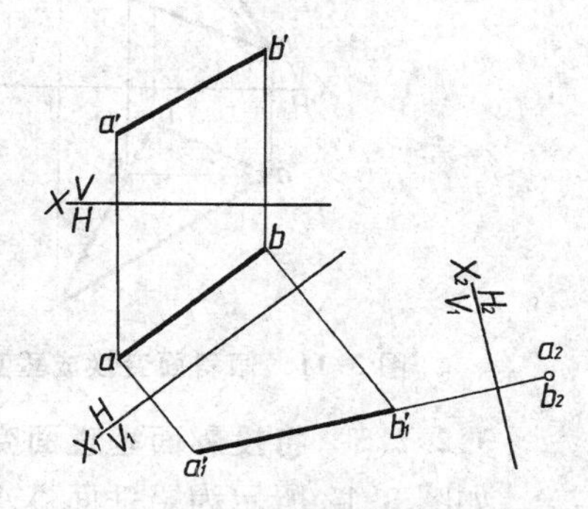

图 3-9 倾斜线变换成垂直线

② 再作 X_2 轴 $\perp a_1'b_1'$，得出 AB 在 H_2 面上的投影 a_2b_2，这时 a_2 与 b_2 重影为一点。

3.2.2.4 将投影面倾斜面变换成投影面垂直面

如图 3-10 所示，$\triangle ABC$ 为投影面倾斜面，如要变换为正垂面，则必须取新投影面 V_1 垂直 $\triangle ABC$，又垂直 H 面。为此可在 $\triangle ABC$ 上先作一水平线，然后作 V_1 面与该水平线垂直，由此 V_1 面也一定与 $\triangle ABC$ 垂直，这时平面在 V_1/H 体系中为正垂面。其作图步骤如下：

① 在 $\triangle ABC$ 上作水平线 CD，其投影为 $c'd'$ 和 cd。

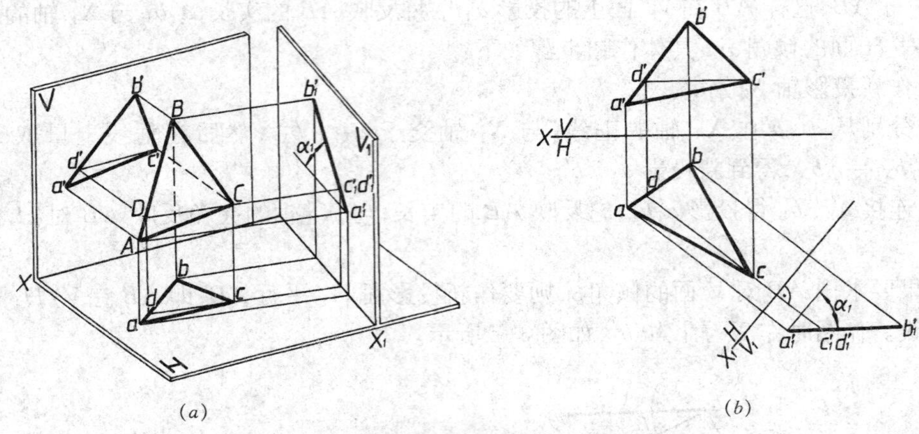

图 3-10 倾斜面变换成垂直面(求 α_1 角)

② 作 X_1 轴⊥cd。

③ 作△ABC 在 V_1 面上的投影 $a_1'b_1'c_1'$，而 $a_1'b_1'c_1'$ 重影为一直线，它与 X_1 轴的夹角即反映△ABC 对 H 面的倾角 α_1。

如要求出△ABC 对 V 面的倾角 β_1，则必须使平面垂直 H_1 面，即在 V/H_1 体系中为一铅垂面。为此可在此平面上作一正平线 AE，作 H_1 面垂直 AE，则△ABC 在 H_1 面上的投影为一直线，它与 X_1 轴的夹角反映该平面对 V 面的倾角 β_1。具体作图如图 3-11 所示。

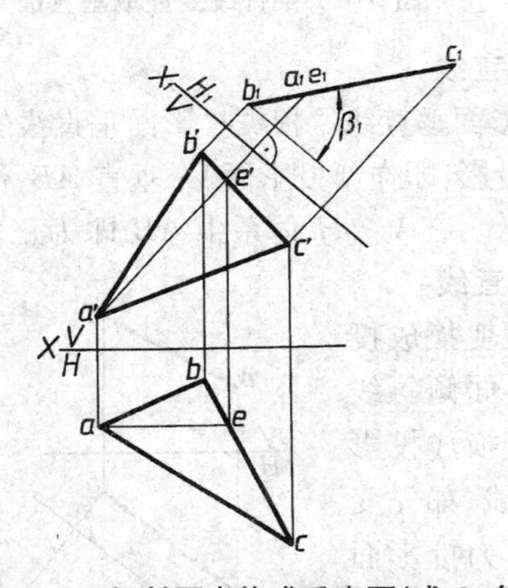

图 3-11 倾斜面变换成垂直面(求 β_1 角)

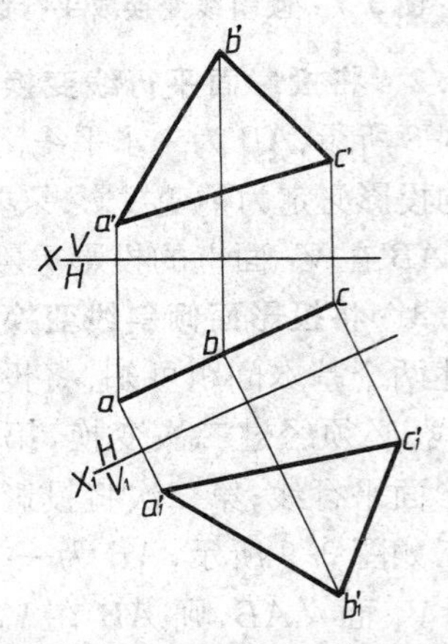

图 3-12 垂直面变换成平行面

3.2.2.5 将投影面垂直面变换成投影面平行面

如图 3-12 所示为铅垂面△ABC，要求变换成投影面平行面。根据投影面平行面的投影特性，重影为一直线的投影必定为不变投影，因此必须变换 V 面，使新投影面 V_1 平行△ABC。作图时取 X_1 轴$/\!/abc$，则△ABC 在 V_1 面上的投影△$a_1'b_1'c_1'$ 反映实形，即△ABC 在 V_1/H 体系为正平面。

3.2.2.6 将投影面倾斜面变成投影面平行面

由前两种变换可知，将倾斜面变换成投影面平行面必须经过二次变换，即第一次将投影面倾斜面变换成投影面垂直面；第二次再将投影面垂直面变换成投影面平行面。如图 3-13 所示，先将△ABC 变换成垂直 H_1 面；再变换成使△ABC 平行 V_2 面。具体作图步骤如下：

① 在△ABC上取正平线AE，作新投影面$H_1 \perp AE$，即作X_1轴$\perp a'e'$，然后作出△ABC在H_1面上的新投影$a_1b_1c_1$，它重影成一直线。

② 作新投影面V_2平行△ABC，即作X_2轴$/\!/ a_1b_1c_1$，然后作出△ABC在V_1面上的投影△$a_2'b_2'c_2'$。△$a_2'b_2'c_2'$反映△ABC的实形。

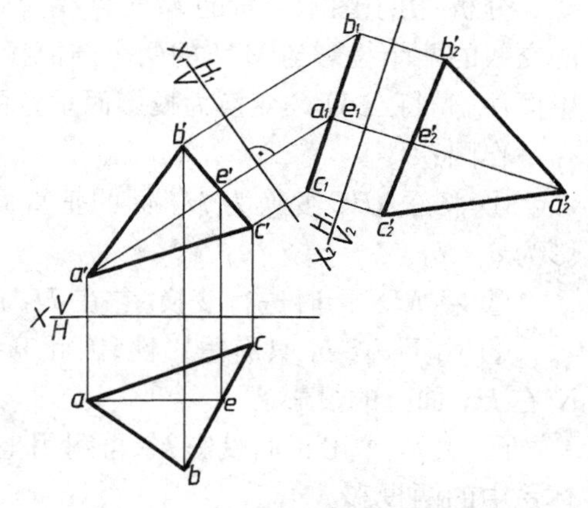

图 3-13 倾斜面变换成平行面

3.2.3 变换投影面法的应用实例

【例1】 求C点到AB直线的距离(图3-14)。

分析：点到直线的距离就是点到直线的垂线实长。如图3-14a，为便于作图，可先将直线AB变换成投影面平行线，然后利用直角投影定理从C点向AB作垂线，得垂足K，再求出CK实长。也可将直线AB变换成投影面垂直线，C点到AB的垂线CK为投影面平行线，在投影图上反映实长。

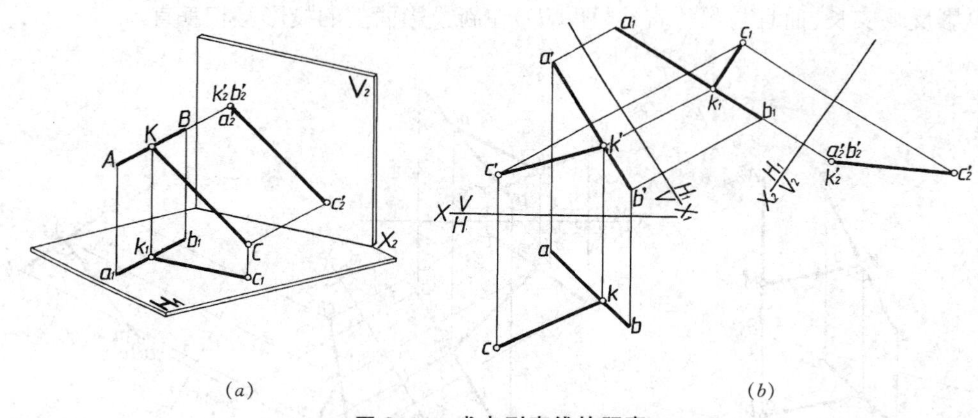

(a) (b)

图 3-14 求点到直线的距离

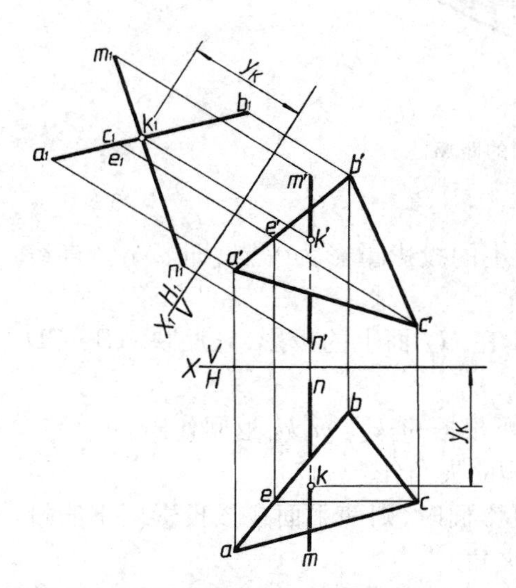

图 3-15 求侧平线与倾斜面的交点

作图(图3-14b)：

① 先将直线AB变换成H_1面的平行线。C点在H_1面上的投影为c_1。过c_1作$c_1k_1 \perp a_1b_1$，再求出$c'k'$、ck，如求出CK实长即为所求距离。

② 如再将直线AB变换成V_2面的垂直线，AB及其上的K在V_2面上的投影$a_2'b_2'$及k_2'重影为一点，C点在V_2面上的投影为c_2'。连接c_2'、k_2'得CK在V_2面上的投影$c_2'k_2'$。

③ 由于$c_1k_1 /\!/ X_2$轴，因此在V_2/H_1体系中$CK /\!/ V_2$面，因此$c_2'k_2'$反映C点到AB直线的距离CK的实长。

【例2】 求侧平线MN与△ABC的交点K(图3-15)。

分析：由于图示位置的 MN 直线为侧平线，用辅助平面法求交点时，辅助平面与$\triangle ABC$的交线的两个投影与 MN 的两个同面投影均重合，因此其交点不能直接作出。如用变换投影面法，先将$\triangle ABC$ 变换为投影面垂直面，然后利用重影性法求出其交点。

作图：

① 将$\triangle ABC$ 变换为 H_1 面的垂直面(亦可变换为 V_1 面的垂直面)，它在 H_1 面上的投影为 $a_1c_1b_1$。

② 将 MN 同时进行变换，它在 H_1 面上的投影为 m_1n_1。

③ 由于 $a_1c_1b_1$ 具有重影性，因此 m_1n_1 与 $a_1c_1b_1$ 的交点 k_1 即为 MN 与$\triangle ABC$ 的交点 K 在 H_1 面上的投影。

④ 由 k_1 求出正面投影 k'，再利用坐标 y_k 求出水平投影 k。k'、k 即为交点K 在 V/H 体系中的两投影。

【例 3】 求交叉两直线 AB、CD 间的距离(图 3-16)。

分析：两交叉直线间的距离即为它们之间公垂线的长度。如图 3-16a 所示，如将两交叉直线之一(此处为 AB)变换成投影面垂直线，则公垂线 KM 必平行于新投影面，在该投影面上的投影反映实长，而且与另一直线(即 CD)在新投影面上的投影互相垂直。

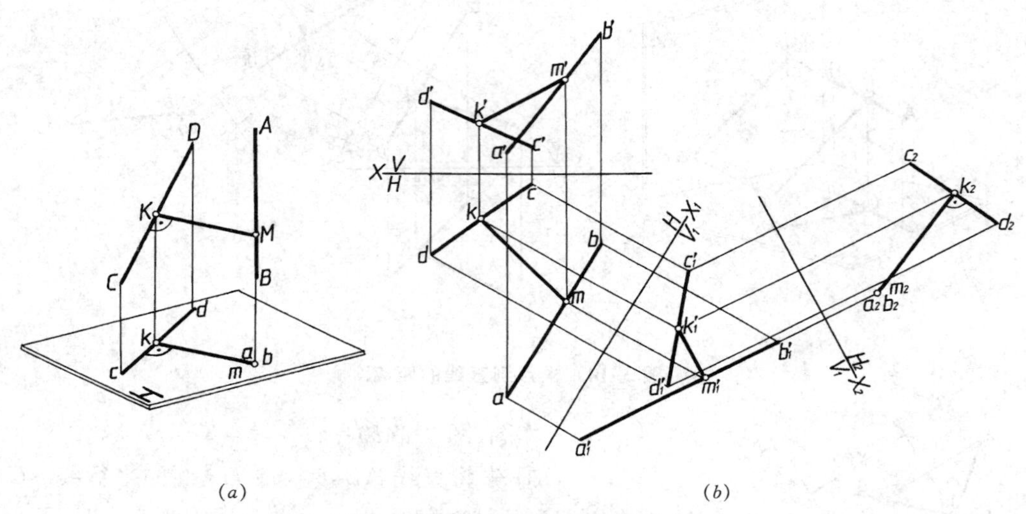

(a) (b)

图 3-16 求两交叉直线间的距离

作图(图 3-16b)：

① 将 AB 经过二次变换成为垂直线，其在 H_2 面上的投影重影为一点，即 a_2b_2。直线 CD 也随之变换，在 H_2 面上的投影为 c_2d_2。

② 从 a_2b_2 作 $m_2k_2 \perp c_2d_2$，m_2k_2 即为公垂线 MK 在 H_2 面上的投影，它反映 AB、CD 间的距离实长。

如要求出 MK 在 V/H 体系中的投影 mk、$m'k'$，可根据 m_2k_2、$m'_1k'_1$ 返回作出。

【例 4】 求变形接头两侧面 $ABCD$ 和 $ABFE$ 之间的夹角(图 3-17)。

分析：由图 3-1d 得知，当两平面的交线垂直于投影面时，则两平面在该投影面上的投影为两相交直线，它们之间的夹角即反映两平面间的夹角。

作图(图 3-17b)：

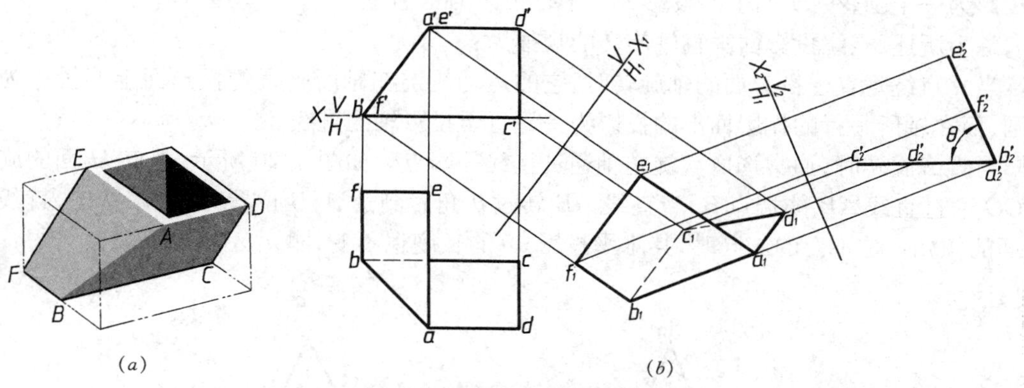

(a) (b)

图 3-17 求变形接头两侧面间的夹角

① 将平面 $ABCD$ 与 $ABFE$ 的交线 AB 经二次变换成为对 V_2 面的垂直线。

② 平面 $ABCD$ 和 $ABFE$ 在 V_2 面上的投影分别重影为直线段 $a'_2b'_2c'_2d'_2$ 和 $a'_2b'_2f'_2e'_2$。

③ 上述两直线段的夹角 $\angle e'_2a'_2c'_2$ 即反映变形接头两侧面间的夹角 θ。

3.3 旋 转 法

3.3.1 旋转法的基本规律

论述旋转法的基本规律，首先要讨论点的旋转规律。我们通常取旋转轴垂直于投影面。如图 3-18a 所示 A 点绕垂直 H 面的轴 OO 旋转，A 点的旋转轨迹为一圆。该圆所在的平面 P 垂直于轴 OO，由于轴线垂直 H 面，所以 P 平面是水平面，A 点的轨迹在 H 面上的投影反映实形，即以 o 为圆心、oa 为半径的一个圆，在 V 面上的投影为一平行于 X 轴的直线。如 A 点绕 OO 轴转动某一角度 θ 而到达新位置 A_1 时，则它的水平投影 a 也同样转过一 θ 角而到达 a_1，而其正面投影 a' 则沿平行于 X 轴的方向移动到 a'_1 位置(图 3-18b)。

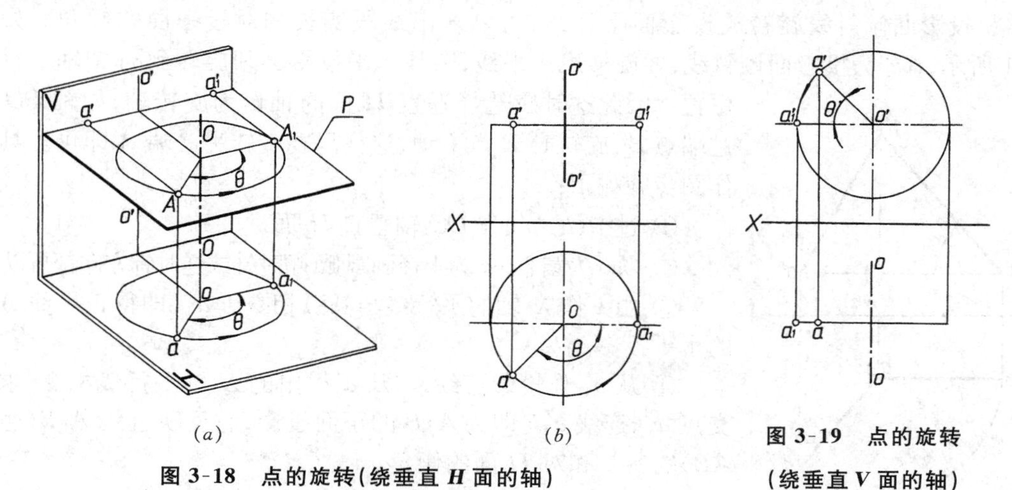

(a) (b)

图 3-18 点的旋转(绕垂直 H 面的轴)

图 3-19 点的旋转(绕垂直 V 面的轴)

图 3-19 为 A 点绕垂直于 V 面的轴线旋转时的投影变化情况。它的运动轨迹在 V 面上

的投影为一个圆，在 H 面上的投影为一平行于 X 轴的直线。

综上所述，点绕投影面垂直轴旋转的规律为：

当一点绕垂直于投影面的轴旋转时，它的运动轨迹在轴所垂直的投影面上的投影为一个圆，而在轴所平行的投影面上的投影为一平行于投影轴的直线。

当直线旋转时，通常选取其旋转轴通过直线一端点。如图 3-20 所示，垂直 H 面的旋转轴 OO 通过直线 AB 的端点 B，当直线 AB 转过 θ 角后到达 A_1B 位置时，可以看出，直线对 H 面的倾角 α 是不变的。同时，其水平投影 ab 的长度也不变，即 $a_1b=ab$。

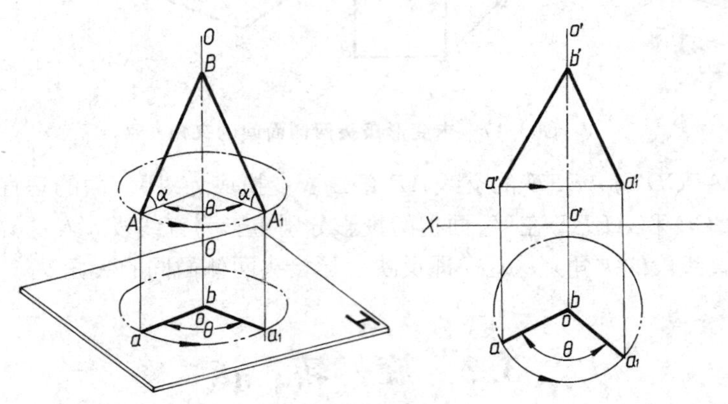

图 3-20 直线的旋转

同理，当直线绕过 B 点且垂直 V 面的旋转轴旋转时，直线 AB 对 V 面的倾角 β 是不变的，其正面投影的长度也一定保持不变。

当平面绕垂直某一投影面的轴旋转时，由于平面上各点必定是绕同一轴、按同一方向、旋转同一角度，因此平面对该投影面的倾角保持不变，平面在该投影面上的投影形状也一定保持不变。

3.3.2 旋转法的六个基本问题

3.3.2.1 将投影面倾斜线旋转成投影面平行线

将投影面倾斜线旋转成投影面平行线，可以求出线段实长和对投影面的倾角。如图 3-21 所示，AB 为投影面倾斜线，要旋转成正平线，则其水平投影必须旋转到与 X 轴平行的位置。因此这时应选择垂直 H 面的轴作为旋转轴，如轴 OO 通过端点 B，旋转时 B 点不动，这样只要旋转另一端 A 即可。具体作图步骤如下：

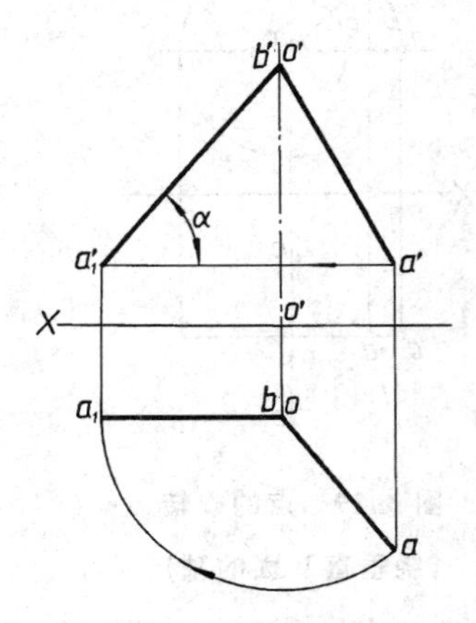

图 3-21 倾斜线旋转成平行线

① 过 $B(b、b')$ 作 OO 轴垂直 H 面。

② 以 o 为圆心，oa 为半径画圆弧(顺时针或逆时针方向都可以)。

③ 由 b 作 X 轴的平行线与圆弧相交于 a_1，即得正平线 A_1B 的水平投影 a_1b。

④ 从 a_1 作投影连线，与从 a' 引出的 X 轴平行线相交，求出交点 a_1'，连线 $a_1'b'$ 即为 A_1B 的正面投影，它反映直线 A_1B(也即 AB)的实长和对 H 面的倾角 α。

3.3.2.2 将投影面平行线旋转成投影面垂直线

图 3-22 所示为一正平线 AB，要旋转成投影面垂直线，则

反映实长的正面投影 $a'b'$ 必须旋转成垂直 X 轴，因此应选择垂直 V 面的轴为旋转轴。如 OO 轴通过 B 点，当旋转后的投影 $a_1'b'$ 垂直 X 轴时，水平投影 a_1b 重影为一点。$a_1'b'$、a_1b 即为铅垂线 A_1B 的两个投影。

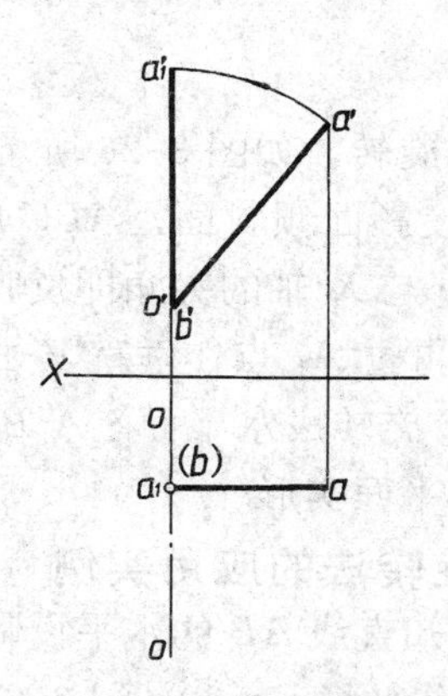

图 3-22　平行线旋转成垂直线

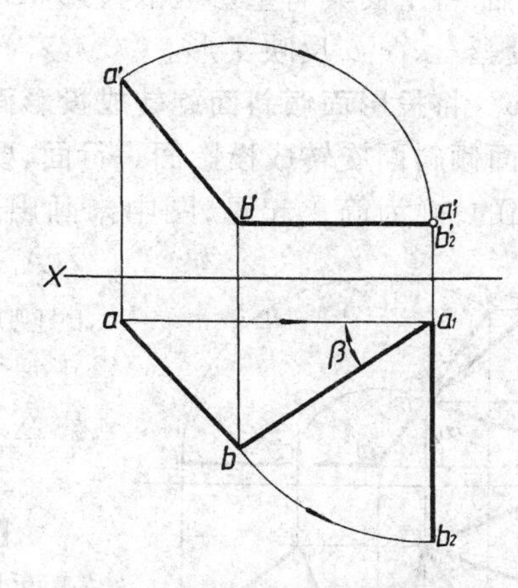

图 3-23　倾斜线旋转成垂直线

3.3.2.3　将投影面倾斜线旋转成投影面垂直线

由以上两个基本问题可知，要将投影面倾斜线旋转成投影面垂直线要经过二次旋转。如图 3-23 所示 AB 直线先绕过 B 点并垂直 V 面的轴（为简化起见，图中未画出此轴）旋转成水平线 A_1B，其水平投影 a_1b 反映直线实长和对 V 面的倾角 β。然后再绕过 A_1 点并垂直 H 面的轴旋转，使水平线 A_1B 旋转成为正垂线 A_1B_2。由此可知，二次旋转时，必须交替选用垂直 H 面和 V 面的旋转轴，如同二次换面中必须交替变换 H 面和 V 面一样。

3.3.2.4　将投影面倾斜面旋转成投影面垂直面

将投影面倾斜面旋转成投影面垂直面，可以求出平面对投影面的倾角。如图 3-24 所示，$\triangle ABC$ 为投影面倾斜面，要旋转成铅垂面并求出 β_1 角，则必须在平面上有一直线将它旋转成铅垂线。由前述可知，正平线经一次旋转即可旋转成铅垂线。因此先在 $\triangle ABC$ 上取一正平线 CN，将它绕过 C 点的正垂轴 OO 旋转成铅垂线 CN_1，再将 A、B 两点绕同一轴、按同一方向、旋转 N 点转过的同一角度至 A_1、B_1 两点位置，这时 $\triangle a_1'c'b_1'$ 与原来的 $\triangle a'cb'$ 形状相同，而 a_1cb_1 必定重影为一直线，即 $\triangle A_1B_1C$ 为铅垂面。a_1cb_1 与 X 轴的夹角即反映平面对 V 面的倾角 β_1。

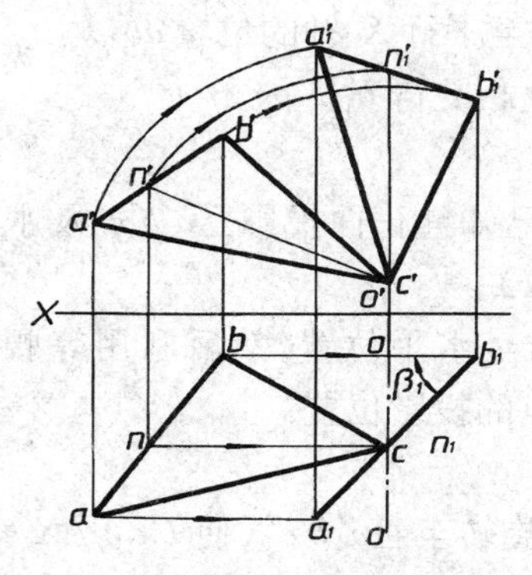

图 3-24　倾斜面旋转成垂直面

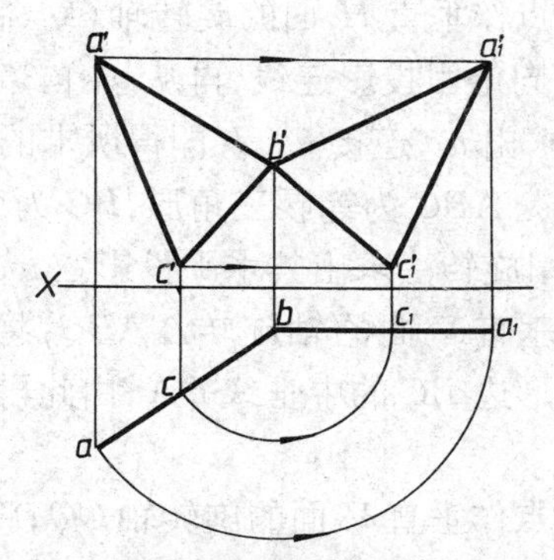

图 3-25　垂直面旋转成平行面

3.3.2.5 将投影面垂直面旋转成投影面平行面

如图3-25所示△ABC为一铅垂面要旋转成正平面。作图时可过B点作垂直H面的轴作为旋转轴，将平面具有重影性的投影acb旋转至平行X轴a_1c_1b，此时△A_1C_1B为正平面，其正面投影△$a_1'c_1'b'$反映实形。

3.3.2.6 将投影面倾斜面旋转成投影面平行面

将投影面倾斜面旋转成投影面平行面，要经过二次旋转。如图3-26所示，先通过C点作垂直H面的轴(为简化起见，图中未画出此轴)，将投影面倾斜面△ABC旋转成正垂面△A_1B_1C，$a_1'b_1'c'$与X轴的夹角即反映平面对H面的倾角α_1，然后再过A_1点作垂直V面的旋转轴，将正垂面△A_1B_1C旋转成水平面△$A_1B_2C_2$，其水平投影△$a_1b_2c_2$反映平面实形。

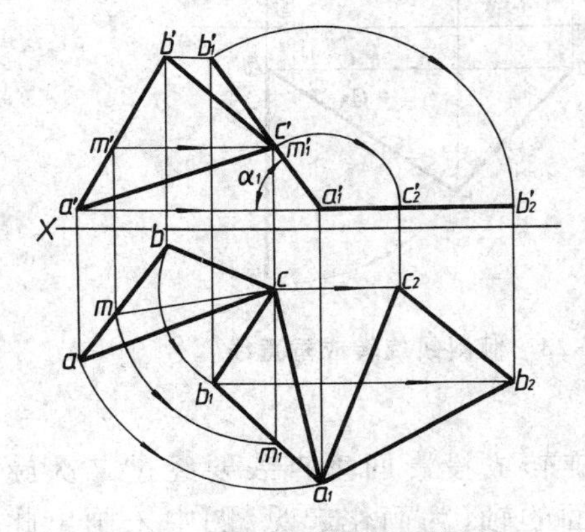

图3-26 倾斜面旋转成平行面

3.3.3 旋转法的应用实例

【例1】 已知直线AB的水平投影ab及点A的正面投影a'，直线倾角$\alpha=30°$(图3-27a)，用旋转法作出其正面投影$a'b'$(图3-27b)。

分析：反映α角的直线为正平线，因此首先将直线旋转成正平线，然后返回来求出b'点。

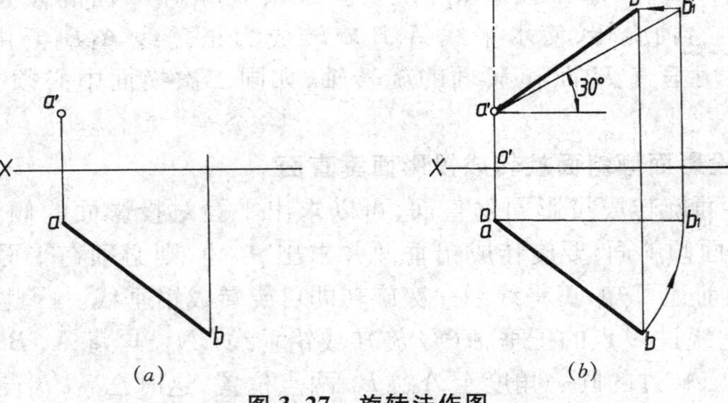

图3-27 旋转法作图

作图：

① 过A点作垂直H面的旋转轴OO，将ab旋转至平行X轴的位置ab_1。

② 从b_1向上引投影连线，再从a'作30°斜线与之相交得b_1'。

③ 返回求出b'，连接a'、b'即得所求的正面投影$a'b'$。

【例2】 △ABC为等腰三角形，BC为底边。现已知其正面投影△$a'b'c'$及水平投影bc(图3-28a)，用旋转法求出其水平投影△abc(图3-28b)。

分析：绕垂直V面的轴旋转△ABC，将BC旋转至水平位置，然后利用等腰三角形特性，作出三角形边BC的中垂线DA，由此再确定A点的投影位置。

作图：

① 过B点作垂直V面的旋转轴OO，将△$a'b'c'$旋转至△$a_1'b'c_1'$，使$b'c_1'$∥X轴。

② 作出水平投影bc_1，然后作bc_1的中垂线d_1a_1。

③ 再返回作出 a 点，连接之即得水平投影$\triangle abc$。

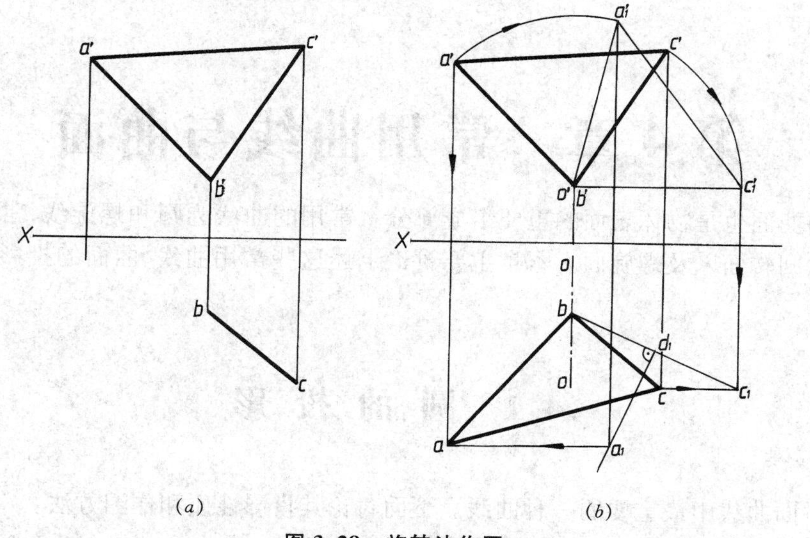

(a) (b)

图 3-28 旋转法作图

思考练习题

一、判断题

1. 在 V/H 体系中，当变换投影面时，新投影到新投影轴的距离等于被变换投影到原来投影轴的距离。(　　)

2. 应用变换投影面法时，必须交替变换 H 或 V 投影面。(　　)

3. 倾斜线经过一次变换可变为平行线，再变换一次可变为垂直线。(　　)

4. 倾斜面经过一次变换可变为平行面，再变换一次可变为垂直面。(　　)

5. 求两条平行倾斜线之间的距离，只需将它们变换成投影面平行线，则两平行线投影之间的距离即为所求的距离。(　　)

6. 求两平面的夹角，可将两平面的交线变换成投影面垂直线，即两平面均变换成垂直面，则它们具有重影性的投影的夹角即为所求两平面的夹角。(　　)

7. 应用旋转法旋转平面时，必须绕同一轴、按同一方向旋转同一角度。(　　)

二、填空题

一点绕垂直 H 面的轴旋转，点的轨迹是一个__________，轨迹的水平投影是__________，轨迹的正面投影是__________。

第4章　常用曲线与曲面

曲线与曲面也是物体表面的重要组成部分。常用的曲线为圆和螺旋线，常用的曲面为柱面、锥面、回转面以及螺旋面。本章主要讨论上述这些常用曲线、曲面的投影性质和作图方法。

4.1　圆的投影

圆是平面曲线中最重要的一种曲线。下面讨论其投影性质和作图方法。

4.1.1　处于特殊位置时圆的投影与作图方法

当圆平行于某一投影面，则在该投影面上的投影反映实形，其他两投影重影为直线段，其长度为圆的直径 D。

当圆垂直于某一投影面，则在该投影面上的投影重影为一直线段，其长度为圆的直径 D；它在其他两投影面上的投影为椭圆（圆的类似形）。如图4-1所示圆的所在平面为一铅垂面，因此圆的水平投影重影为一直线段，长度等于圆的直径 D；它的正面投影为一椭圆，其长轴为圆的铅垂直径 CD 的投影 $c'd'$，长度等于圆的直径 D，短轴为圆的水平直径 AB 的投

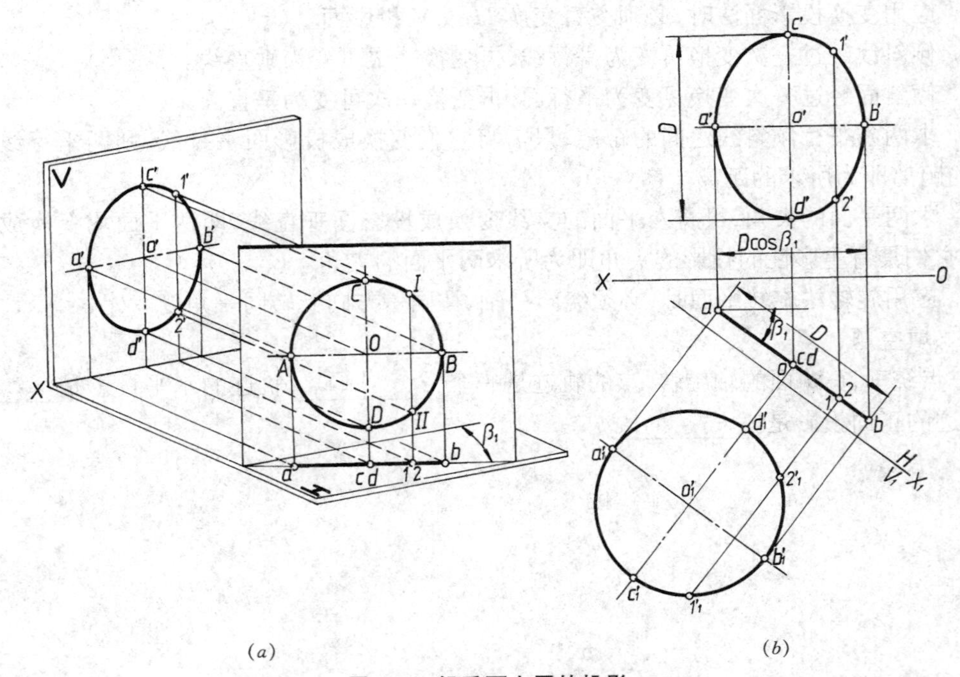

(a)　　　　　　(b)

图4-1　铅垂面上圆的投影

影 $a'b'$，长度等于 $AB\cos\beta_1 = D\cos\beta_1$。作图时短轴长度可根据投影关系作出，求出椭圆长短轴后，即可作出椭圆。其画法见第6章6.3节中图6-38、图6-39所示及有关论述。

椭圆也可利用求出椭圆上若干点连接而成（图4-1b）。如在 V_1 面上求出圆的实形，将圆上的各点（如Ⅰ、Ⅱ等）应用投影变换规律作出椭圆上的点（如1′、2′等）。

圆在 W 面上的投影也为椭圆，其作图方法与上述相同，此处从略。

4.1.2　处于一般位置时圆的投影与作图方法

当圆处于一般位置时，圆的各个投影均为椭圆，其作图方法如下：

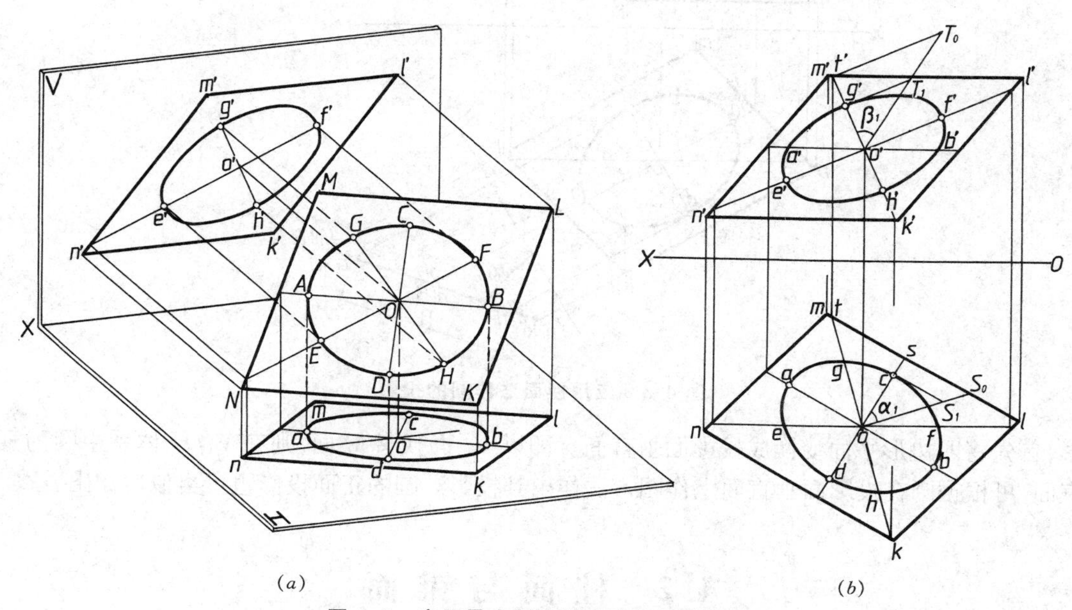

图4-2　应用最大斜度线方法作圆的投影

4.1.2.1　应用最大斜度线方法作图

如图4-2所示，直径为 D 的圆在倾斜面□$MNKL$ 上，它在 V 面和 H 面上的投影均为椭圆。投影面上椭圆的长轴位于过圆心 O 的该投影面平行线的投影上，其短轴位于过圆心 O 的该投影面最大斜度线的投影上。

如水平投影中椭圆的长轴位于水平线 AB 的水平投影 ab 上，长轴的长度等于圆的直径 D，可直接作出。椭圆的短轴位于过圆心 O 对 H 面的最大斜度线 CD 的水平投影 cd 上，由于 $CD\perp AB$，因此 $cd\perp ab$。短轴的长度应先求出对 H 面的最大斜度线的倾角 α_1，$cd = CD\cos\alpha_1 = D\cos\alpha_1$。作图时，先根据水平投影 os（S 为 CD 与 ML 边的交点）求出其实长 oS_0 与 α_1 角，然后在 oS_0 上取 $oS_1 = \dfrac{D}{2}$，作 $S_1c \parallel S_0s$，与 os 相交于 c，oc 即为短轴长度之半。

同理，正面投影中椭圆的长轴位于正平线 EF 的正面投影 $e'f'$ 上，其长度也等于 D，其短轴位于过圆心 O 的对 V 面的最大斜度线 GH 的正面投影 $g'h'$ 上，由于 $GH\perp EF$，因此 $g'h'\perp e'f'$。同样，求椭圆短轴的长度要先求出对 V 面的最大斜度线的倾角 β_1，$g'h' = GH\cos\beta_1 = D\cos\beta_1$。作图方法与上述相类似。

4.1.2.2　应用变换投影面法作图

上图所示圆的投影也可利用变换投影面法来作出其长短轴（图4-3）。如作圆的水平投

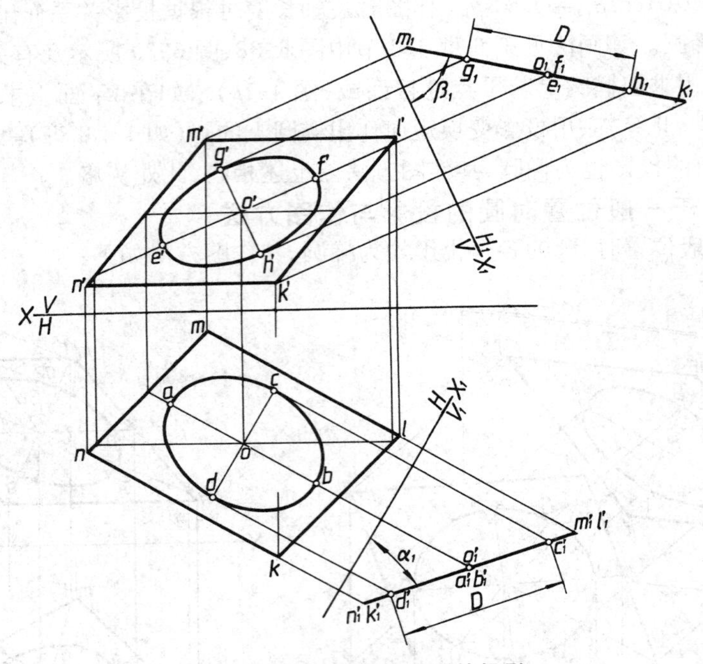

图 4-3　应用换面法作圆的投影

影，首先将四边形平面变换成投影面垂直面。即以 V_1 面代替 V 面，则在 V_1/H 体系中圆为垂直面，可根据圆在投影面垂直面上作图方法作出其投影。圆的正面投影也可类似地作出。

4.2　柱面与锥面

曲面为一动线在空间连续运动而形成的轨迹。该动线称为**母线**。母线的任一位置称为该曲面上的**素线**，无限接近的相邻两素线称为**连续两素线**。用来控制母线运动的一些点、线和面称为**导点**、**导线**和**导面**。柱面和锥面是以直线为母线的两种常用曲面。

4.2.1　柱面

4.2.1.1　柱面的形成

一直母线沿着一曲导线运动且始终平行于直导线而形成的曲面称为柱面。曲导线可以是闭合的，也可以是不闭合的。如图 4-4*a* 所示，直线ⅠⅡ为母线，Q 为曲导线，AB 为直导线。当母线ⅠⅡ沿着曲导线 Q 运动，且平行直导线 AB，所形成的曲面即为柱面。由于柱面上连续两素线是平行两直线，能组成一平面，因此柱面是一种可展直线面。

4.2.1.2　柱面的表示法

在投影图上表达柱面一般要画出导线及曲面的外形轮廓线，必要时还要画出若干素线。如图 4-4*b* 所示，导线 Q 为平行于 H 面的圆，导线 AB 为一般位置直线。表示这一柱面时，可先画出 Q 的正面投影和水平投影，Q 即为柱面的顶圆。其底圆通常选取平行于顶圆 Q，顶圆和底圆的圆心连线 OO 即为该柱面的轴线，轴线必定平行于直导线 AB。由于素线的方向可由轴线控制，因此直导线 AB 可以不再画出。最后画出柱面的外形轮廓线，如在正面投

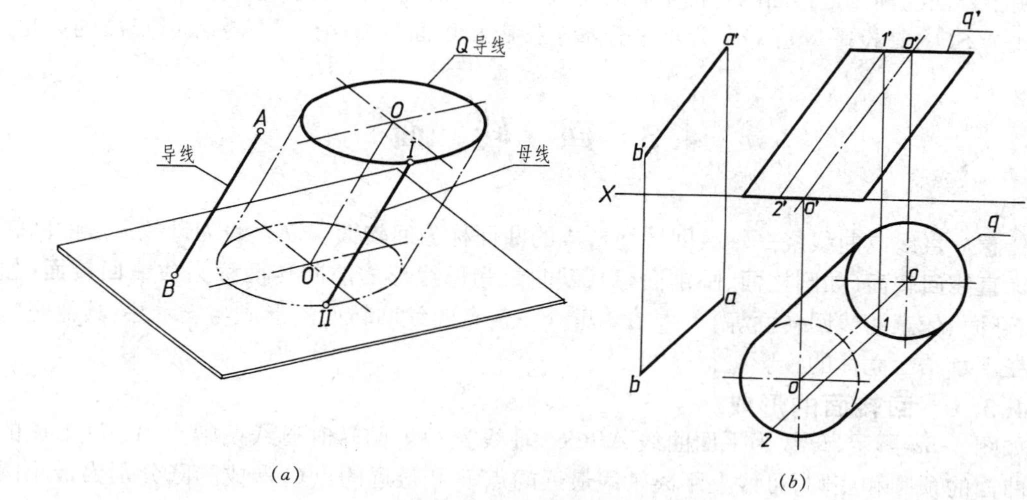

(a)　(b)

图 4-4　柱面的形成和投影

影上，顶圆和底圆上最左、最右点投影的连线，即为前后曲面转向线的投影；在水平投影上为两圆的公切线，它们是上、下曲面转向线的投影。这些外形轮廓线均应平行于轴线的同面投影。

4.2.2　锥面

4.2.2.1　锥面的形成

一直母线沿一曲导线运动且始终通过一定点而形成的曲面称为**锥面**。该定点称为导点，即为锥面顶点。如图 4-5*a* 所示，直线 *S*Ⅰ为母线，*Q* 为曲导线，*S* 为导点。当母线 *S*Ⅰ沿着曲导线 *Q* 运动，且始终通过导点 *S*，所形成的曲面即为锥面。由于锥面上相邻两素线必定为过锥顶的相交两直线，因此锥面也是一种可展直线面。

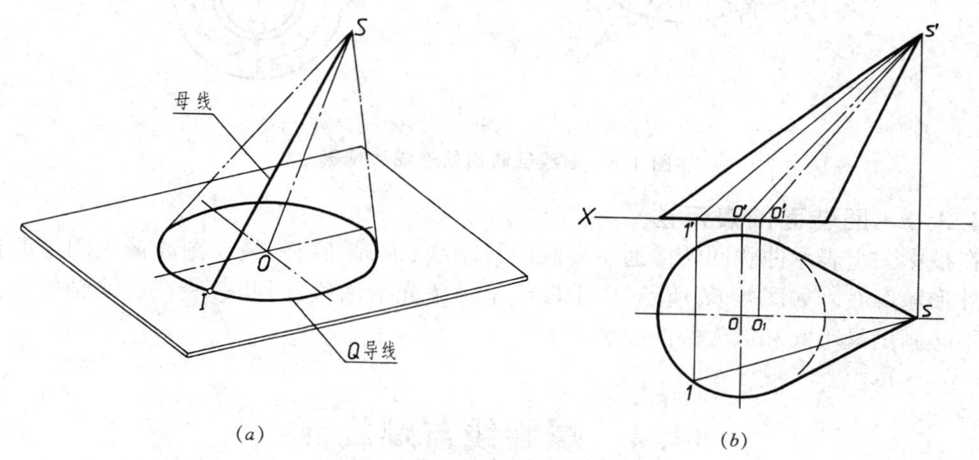

(a)　(b)

图 4-5　锥面的形成和投影

4.2.2.2　锥面的表示法

在投影图上表达锥面一般只要画出导点(锥顶)、导线及曲面的外形轮廓线，必要时还要画出若干素线。如图 4-5*b* 所示，导线 *Q* 为一水平圆，导点 *S* 和导圆的中心 *O* 的连线为一正平线。分别作出 *S* 点和 *Q* 圆的两个投影，然后作出其外形轮廓线，也就是锥面转向轮廓线的投影。

由于锥面的轴线是锥面两对称平面的交线，在图示情况下，SO 连线并不是锥面的轴线，而其轴线为 SO_1，其投影 so_1、$s'o'_1$ 分别平分水平投影和正面投影两外形轮廓线所形成的夹角。

4.3 回 转 面

任意一直线或曲线绕一轴线回转而形成的曲面称为**回转面**。以直线为母线形成的回转面称为**直线回转面**(如圆柱面、圆锥面等)；以曲线为母线形成的回转面称为**曲线回转面**(如球面、环面、任意曲线回转面等)。本节着重介绍任意曲线回转面的形成与表示法，其他回转面将在下章结合立体的投影进行介绍。

4.3.1 回转面的形成

如图 4-6*a* 所示，母线为平面曲线 $ABCD$，轴线为 OO，回转时母线两端点 A、D 形成的圆为曲面的顶圆和底圆，母线上距离轴线最近的点 B 和最远的点 C 形成的圆分别为最小圆(喉圆)和最大圆(赤道圆)。

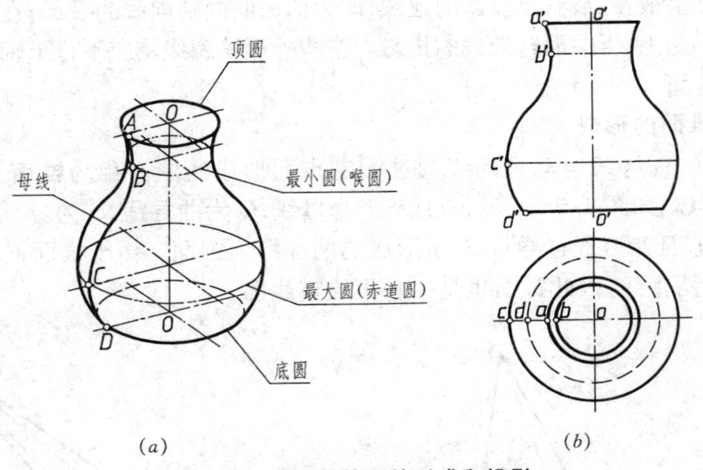

图 4-6 曲线回转面的形成和投影

4.3.2 回转面的表示法

在投影图上表示曲线回转面通常要画出其轴线、顶圆、底圆、最小圆和最大圆等的投影及其外形轮廓线。如图 4-6*b* 所示，由于母线是一条光滑曲线，因此一般在反映轴线的投影图上不必画出最小圆和最大圆的投影。

4.4 螺旋线与螺旋面

圆柱螺旋线和圆柱螺旋面是工程上常用的曲线和曲面。本节讨论其形成与作图方法。

4.4.1 圆柱螺旋线

4.4.1.1 圆柱螺旋线的形成

一动点在正圆柱表面上绕其轴线作等速回转运动，同时沿圆柱轴线方向作等速直线运动，则动点在圆柱表面上形成的轨迹称为**圆柱螺旋线**。如图 4-7*a* 所示 A 点的轨迹即为圆柱螺旋线。A 点旋转一圈沿轴向移动的距离(如 A_0A_{12})称为**导程**(S)。

当以右手的四指表示点的旋转方向，拇指表示轴向移动方向，则形成的螺旋线称为**右旋螺旋线**。当以左手的四指表示点的旋转方向(即与上述旋转方向相反)，拇指表示轴向移动方向(即与上述轴向移动方向相同)，则形成的螺旋线称为**左旋螺旋线**。

当圆柱的轴线为铅垂线时，我们从前垂直向后看，右旋螺旋线的可见部分为自左向右上升的，如图 4-7*a*、*b* 所示。而左旋螺旋线则为自右向左上升的。

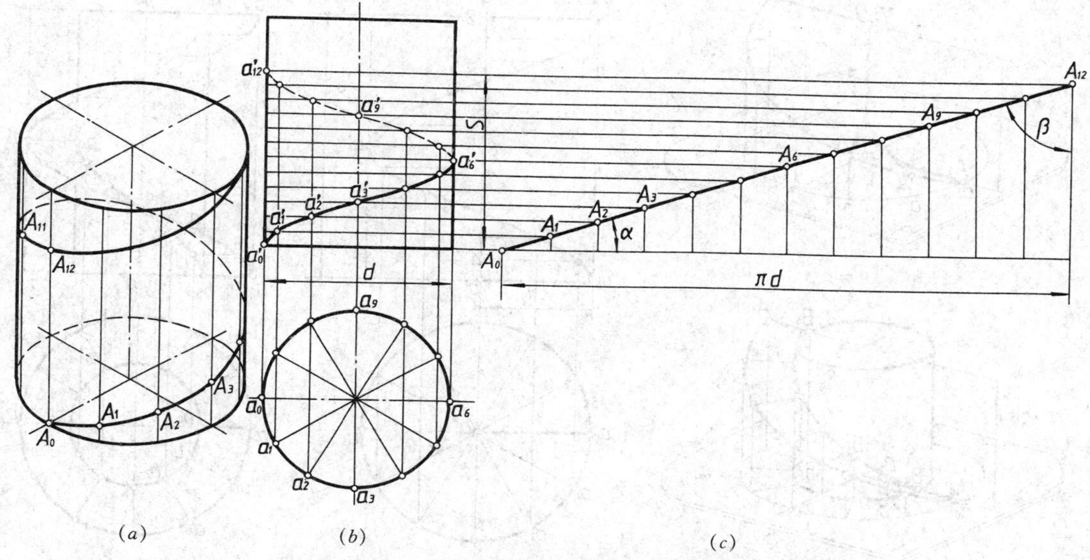

图 4-7　圆柱螺旋线的形成、投影和展开

4.4.1.2　圆柱螺旋线的投影作图方法

圆柱直径为 d，导程为 S 的右旋螺旋线，其投影的作图步骤如下(图 4-7*b*)：

① 作出直径为 d 的圆柱面的两投影，然后将其水平投影(圆)和正面投影上的导程分成相同的等分(图中为 12 等分)。

② 从导程上各分点作水平线，再从圆周上各分点作垂直投影连线，它们相应的交点，如 a'_0、a'_1、a'_2…即为螺旋线上各点的正面投影。

③ 依次光滑地连接这些点的投影即得螺旋线的正面投影，在可见圆柱面上的螺旋线是可见的，其投影画成实线；在不可见圆柱面上的螺旋线是不可见的，其投影画成虚线。螺旋线的水平投影重影在圆柱面的水平投影圆周上。

如将圆柱表面展开，则螺旋线随之展成一直线(图 4-7*c*)。该直线为直角三角形的斜边，底边为圆柱面圆周的周长(πd)，高为螺旋线的导程(S)。显然螺旋线的一个导程的长度为 $\sqrt{(\pi d)^2+S^2}$。直角三角形斜边与底边的夹角 α 称为螺旋线的升角。

$$\alpha = \operatorname{arctg}\frac{S}{\pi d}$$

斜边与另一直角边的夹角称为**螺旋角**，以 β 表示，由此可见 $\alpha+\beta=90°$。

4.4.2　正螺旋面

4.4.2.1　正螺旋面的形成

一直母线沿着曲导线为圆柱螺旋线及直导线为圆柱轴线运动,且始终垂直轴线(也即平行于轴线所垂直的平面)而形成的曲面称为**正螺旋面**。如图 4-8*a* 所示,圆柱轴线为铅垂线,直母线运动时始终垂直轴线,也即平行于 H 面。由于相邻两素线是交叉两直线,因此正螺旋面是一种不可展的直线面。

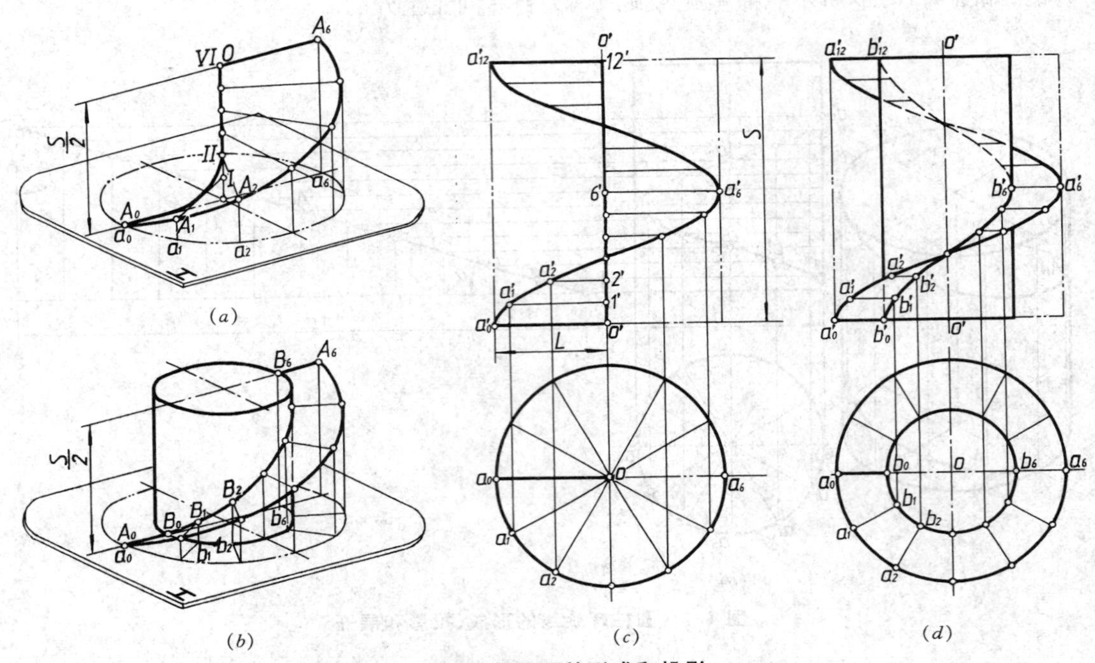

图 4-8　正螺旋面的形成和投影

4.4.2.2　正螺旋面的表示法

投影图上一般要画出曲导线(螺旋线)、直导线(轴线)以及若干直素线,如图 4-8*c* 所示。作图时先画出轴线 OO 及螺旋线的投影,如螺旋线的导程为 S,母线的长度为 L,将导程 S 内的轴线和螺旋线分成相同的若干等分,对应点的连线即为正螺旋面的若干素线 OA_0、ⅠA_1、ⅡA_2…(其长度均等于 L)的投影。导程为 S 的圆柱螺旋线的投影也是正螺旋面的外形轮廓线。

如另一同轴线的圆柱面与正螺旋面相交,其交线 $B_0B_1B_2$…为另一圆柱螺旋线,它与原来的螺旋线具有相同的导程,但圆柱面直径较小,故其螺旋线的升角较大,如图 4-8*b* 所示。图4-8*d*为其投影图。

正螺旋面常用于螺旋输送机的推进器(图 4-9)。

4.4.3　斜螺旋面

4.4.3.1　斜螺旋面的形成

一直母线沿着曲导线为圆柱螺旋线及直导线为圆柱轴线运动,且始终与轴线成相同夹角(也即与轴线所垂直的平面成相同倾角)而形成的曲面称为**斜螺旋面**。如图 4-10 所示,直素线 OA_0、ⅠA_1、ⅡA_2…与 H 面的倾角均为 α 角。如以 OA_0 为直母线绕轴线旋转形成一圆锥面,由于圆锥面上的每一条素线均与 H 面成 α 角,因此斜螺旋面上的每一条素线必与圆

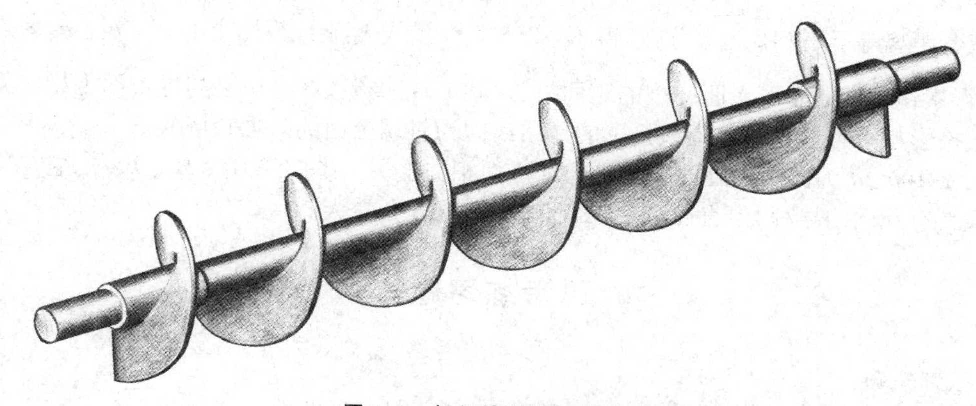

图 4-9　螺旋输送机的推进器

锥面上某一相应素线平行，所以上述圆锥面又称为斜螺旋面的**导锥面**。由于相邻两素线是交叉两直线，因此斜螺旋面也是一种不可展的直线面。

4.4.3.2　斜螺旋面的表示法

在投影图上一般要画出曲导线(螺旋线)、直导线(圆柱轴线)以及若干直素线，同时要画出其外形轮廓线，在正面投影上即为直素线投影的包络线。如图 4-10c 所示，作图时，首先画出轴线、螺旋线以及导锥面的投影。各条素线的作图方法如下：从 A_0 点的正面投影 a_0' 作与 X 轴成 α 角的直素线投影 $o'a_0'$，此也即为导锥面上的最左素线的投影。从轴上的 o' 点依

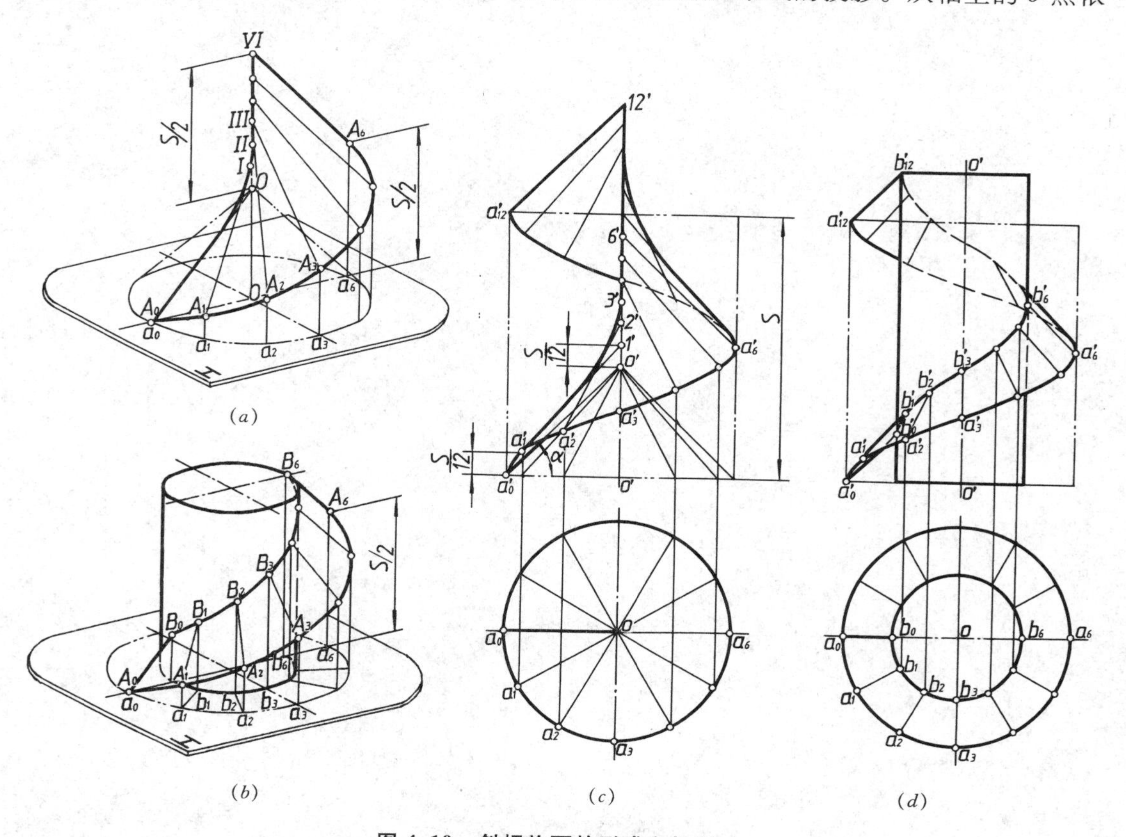

(a)　(b)　(c)　(d)

图 4-10　斜螺旋面的形成和投影

次截取各距离等于$\frac{S}{12}$(12为等分数)得$1'$、$2'$、$3'$…点,与螺旋线投影上的a'_1、a'_2、a'_3…点连接,即得素线ⅠA_1、ⅡA_2、ⅢA_3…的正面投影,其$1'a'_1$、$2'a'_2$、$3'a'_3$…必与导锥面上相应素线的正面投影相平行。作这些素线投影的包络线即为斜螺旋面的外形轮廓线。

图4-10b、d为此斜螺旋面与同轴的圆柱面相交于另一螺旋线B_0、B_1、B_2…,它与原来螺旋线具有相同的导程,但直径较小,因而螺旋线的升角较大。

思考练习题

一、判断题

1. 柱面与锥面的连续两素线在同一平面上,因此是可展曲面。(　　)

2. 正螺旋面与斜螺旋面的连续两素线不在同一平面上,因此是不可展曲面。(　　)

二、填空题

1. 直径为D的圆垂直V面,圆的正面投影是__________,水平投影是__________。

2. 直径为D的圆处于倾斜位置,它的H、V投影均为__________,椭圆的长轴都等于__________,短轴分别等于__________和__________。

3. 表达曲线回转面,通常要画出其__________、__________、__________、__________、__________的投影及其外形轮廓线。

第 5 章　立　　体

立体表面是由若干面所组成。表面均为平面的立体称为**平面立体**；表面为曲面或平面与曲面的立体称为**曲面立体**。在投影图上表示一个立体，就是把这些平面和曲面表达出来，然后根据可见性原理判别哪些线条是可见还是不可见，再把这些线条的投影分别画成实线或虚线，即可得到立体的投影图。

本章内容是在讨论点、线、面投影的基础上进一步论述立体的投影及其作图方法。

5.1　平 面 立 体

5.1.1　平面立体的投影

平面立体主要有棱柱、棱锥等。在投影图上表示平面立体就是把组成立体表面的平面表示出来，也就是把组成这些平面的直线和点表示出来，然后判别其可见性，把看得见的直线投影画成实线；把看不见的直线投影画成虚线。

5.1.1.1　棱柱

(1) 棱柱的投影。图 5-1 所示为一正六棱柱，其顶面、底面是正六边形，均为水平面，它们的水平投影反映实形，正面及侧面投影均重影为一直线。棱柱有六个矩形棱面，前后棱面为正平面，它们的正面投影反映实形，水平及侧面投影均重影为一直线。棱柱的其他四个棱面均为铅垂面，其水平投影均重影为直线，正面及侧面投影均为类似形。

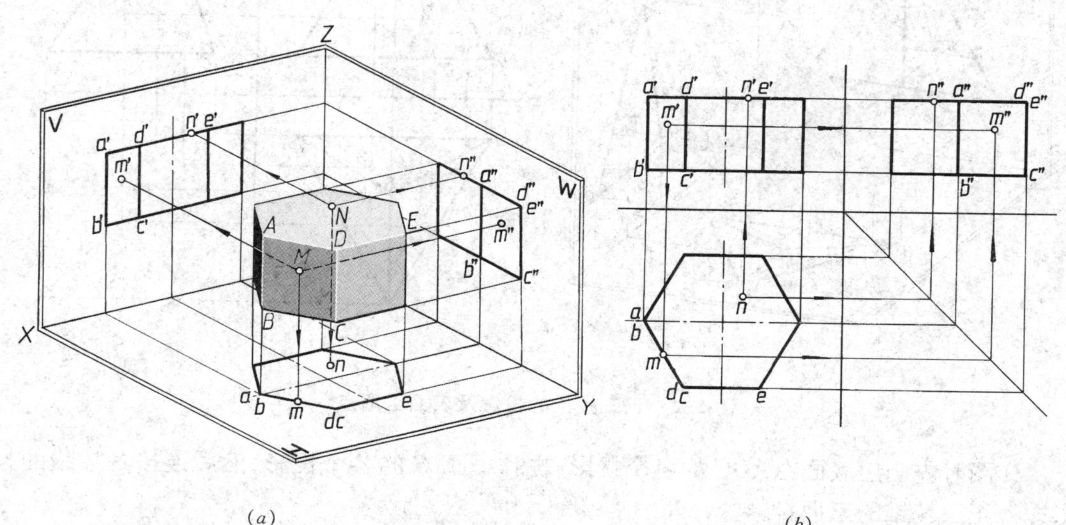

图 5-1　正六棱柱的投影及表面上取点

棱线 AB 为铅垂线，水平投影 ab 重影为一点，正面投影 $a'b'$ 和侧面投影 $a''b''$ 均反映实长。顶面的边 DE 为侧垂线，侧面投影 $d''e''$ 重影为一点，水平投影 de 和正面投影 $d'e'$ 均反映实长。底面的边 BC 为水平线，水平投影 bc 反映实长，正面投影 $b'c'$ 和侧面投影 $b''c''$ 均小于实长。其余线条可类似进行分析。

作图时可先画出正六棱柱的水平投影正六边形，然后再根据投影规律作出其他两个投影。

(2) 棱柱表面上取点。在平面立体表面上取点，其原理和方法与平面上取点相同。由于图 5-1 所示正六棱柱的各个表面都处于特殊位置，因此在表面上取点可利用重影性原理作图。

如已知棱柱表面上 M 点的正面投影 m'，要求作出其他两投影 m、m''。由于 M 点是可见的，因此 M 点必定在 $ABCD$ 棱面上。而 $ABCD$ 棱面为铅垂面，水平投影 $abcd$ 有重影性，因此 m 必定在 $abcd$ 上。根据 m' 和 m 即可求出 m''。又如已知 N 点的水平投影 n，由于 N 点是可见的，因此 N 点必定在顶面上。而顶面的正面投影和侧面投影都具有重影性，因此 n'、n'' 必定在顶面的同面投影上。

5.1.1.2 棱锥

(1) 棱锥的投影。如图 5-2 所示为一正三棱锥，锥顶为 S，底面△ABC 为一水平面，水平投影△abc 反映实形，其他两投影均重影为一直线。棱面△SAB、△SBC 是倾斜面，它们的各个投影均为类似形。棱面△SAC 为侧垂面，其侧面投影 $s''a''c''$ 重影为一直线。底边 AB、BC 为水平线，CA 为侧垂线，棱线 SB 为侧平线，SA、SC 为倾斜线，它们的投影可根据不同位置直线的投影特性进行分析。

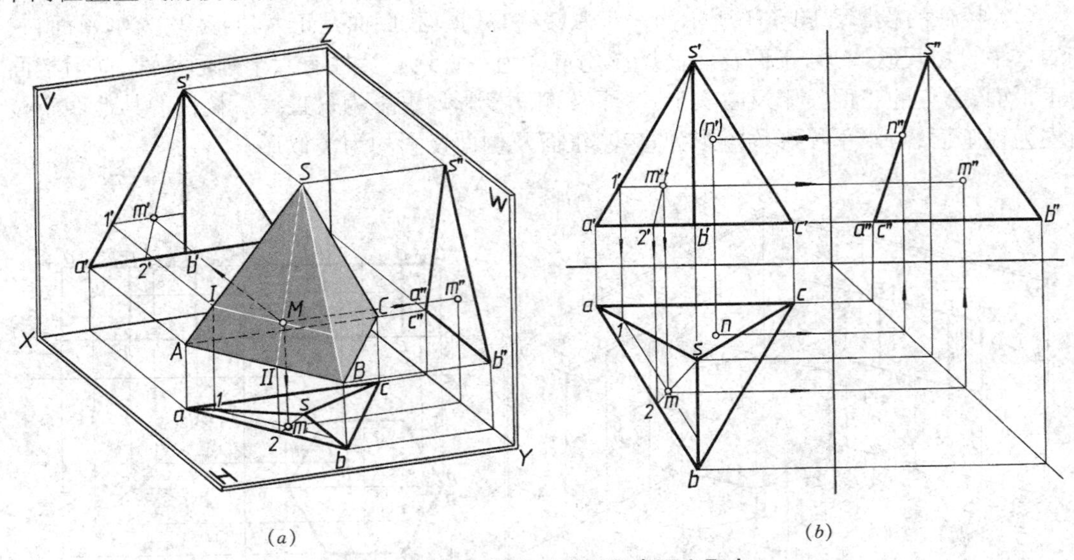

图 5-2 正三棱锥的投影及表面上取点

作图时先画出底面△ABC 的各个投影，再作锥顶 S 的各个投影，然后连接各棱线的投影即得正三棱锥的三面投影。

(2) 棱锥表面上取点。如已知 M 点的正面投影 m'，求作其他两投影。由于 M 点是可见的，因此在棱面△SAB 上，过 M 点在△SAB 上作 AB 的辅助平行线 ⅠM，即作 $1'm' \parallel a'$

b'，再作 $1m/\!/ab$，求出 m，再根据 m、m' 求出 m''。也可过锥顶 S 和 M 点作一辅助线 SⅡ，然后求出 M 点的水平投影 m。又已知 N 点的水平投影 n，显然，N 点在侧垂面△SAC 上，因此 n'' 必定在 $s''a''c''$ 上，由 n、n'' 可求出 (n')。

5.1.2 根据已知条件作平面立体的投影

如图 5-3*a* 所示，已知一直三棱柱的底面△ABC 的两投影，棱柱的棱线长度为 L，要求作出其投影图。由于直三棱柱的棱线互相平行且与底面垂直，所以各棱面也与底面垂直。作直三棱柱的投影图，先作出与底面垂直的棱线投影位置及其投影长度。投影位置可根据直线与平面垂直的投影原理作出，投影长度可根据已知实长 L，用直角三角形法作出。图 5-3*b* 表示另一底面上的顶点 F 的求法。取 $AD = BE = CF$，从而求出顶点 D 和 E，连接各点的投影，即得直三棱柱的投影(图 5-3*c*)。

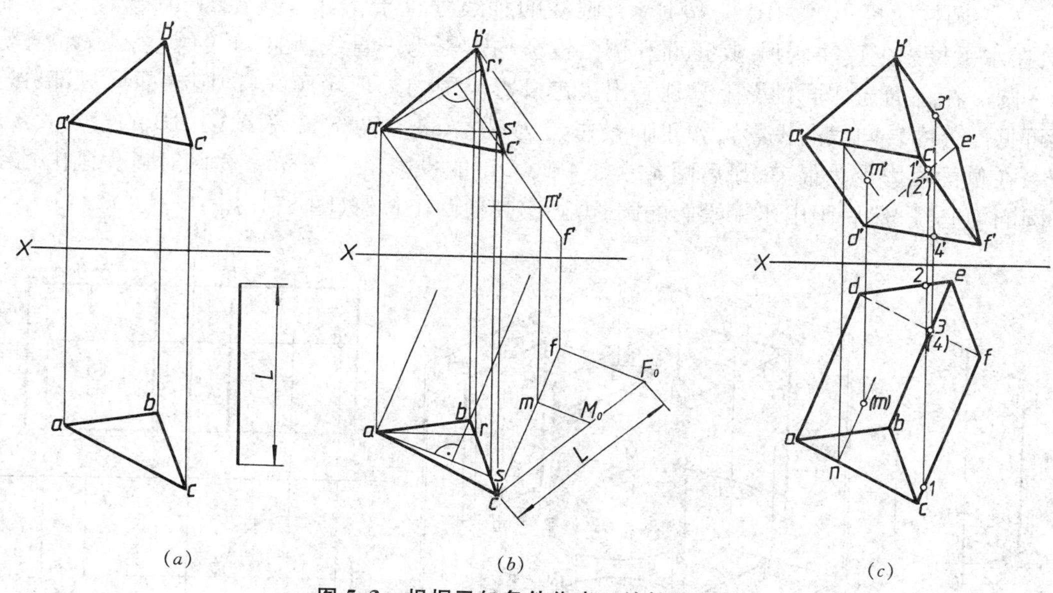

图 5-3 根据已知条件作直三棱柱的投影

关于平面立体投影图上的可见性问题一般可根据以下两条原则来判别：

(1) 立体表面的组成直线的两端点是可见的，如该直线上还有一点也是可见的，则该直线为可见的；如直线上有一点不可见，则整条直线也为不可见。点的可见性可由一对重影点来判别。

(2) 立体上组成平面的各条直线是可见的，如该平面上还有一点是可见的，则平面是可见的；如平面上有一点不可见，则整个平面也为不可见。

如图 5-3*c* 所示，利用重影点Ⅰ、Ⅱ判别出正面投影上边线 DE 为不可见，$d'e'$ 画成虚线，包含 DE 的两平面 $ABDE$ 和 DEF 也为不可见。利用重影点Ⅲ、Ⅳ判别水平投影上边线 DF 为不可见，df 画成虚线，包含 DF 的两平面 $ACDF$ 和 DFE 也为不可见。

在棱柱表面上取点也可取辅助直线来作出。如图 5-3*c* 所示已知 M 点的水平投影 (m)，要求作出 m'。由于 M 点为不可见，因此在棱面 $ACFD$ 上，取棱线的平行线 MN 作为辅助线，即 $mn/\!/ad$，$m'n'/\!/a'd'$，由此作出 m'。

5.2 曲面立体

5.2.1 曲面立体的投影

工程中常用的曲面立体是回转体，主要有圆柱、圆锥、球、环、组合回转体等。在投影图上表示回转体就是把组成立体表面的回转面或平面和回转面表示出来，然后判别其可见性。

5.2.1.1 圆柱

圆柱表面由圆柱面和两端圆平面所组成。圆柱面是一直母线绕与之平行的轴线回转而成(图 5-4*a*)。

(1) 圆柱的投影。如图 5-4*b* 所示，圆柱的轴线垂直于 *H* 面，其顶圆和底圆均为水平面，在水平投影上反映实形，其正面和侧面投影均重影为一直线，圆柱面的水平投影也重影为一圆。在正面与侧面投影上分别画出决定投影范围的外形轮廓线(即圆柱面可见部分与不可见部分的转向线的投影)，如正面投影上为最左、最右两条素线 *AA*、*BB* 的投影 $a'a'$、$b'b'$；在侧面投影上为最前、最后两条素线 *CC*、*DD* 的投影 $c''c''$、$d''d''$。作图时可先画出轴线和圆的中心线，然后画出水平投影的圆，再画出其他两个投影(图 5-4*c*)。

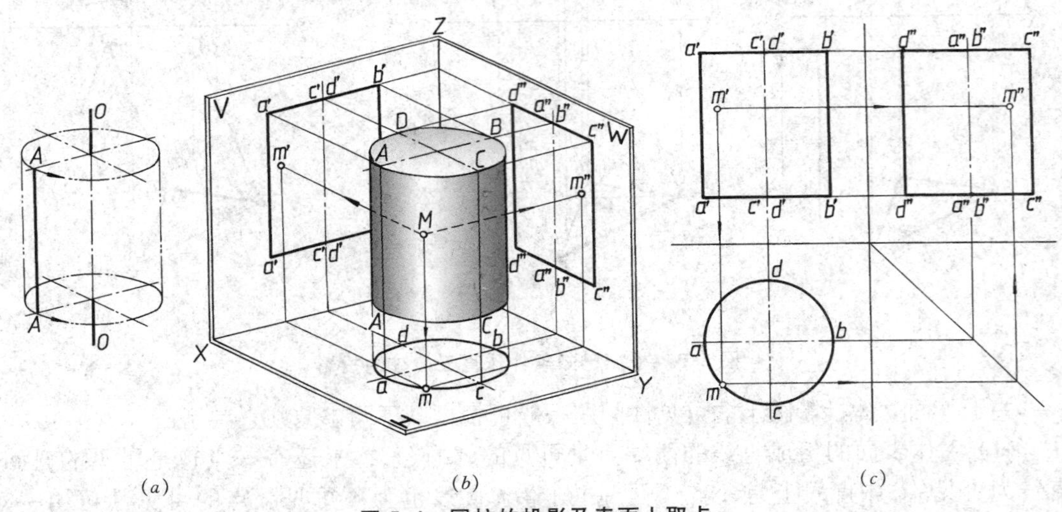

(*a*) (*b*) (*c*)

图 5-4 圆柱的投影及表面上取点

(2) 圆柱表面上取点。可根据在圆柱面上或圆平面上取点的方法来作图。如图 5-4*c* 所示，已知 *M* 点的正面投影 m'，由于 *M* 点是可见的，因此 *M* 点必定在前半圆柱面上，水平投影 *m* 必定落在具有重影性的前半水平投影圆上。由 *m*、m' 可求出 m''。

5.2.1.2 圆锥

圆锥表面由圆锥面和底圆所组成。圆锥面是一直母线绕与之相交的轴线回转而成(图 5-5*a*)。

(1) 圆锥的投影。如图 5-5*b* 所示，圆锥轴线垂直于 *H* 面，底圆为水平面，它的水平投影反映实形，其正面和侧面投影均重影为一直线。对圆锥面要分别画出决定其投影范围的外形轮廓线，如正面投影上为最左、最右两条素线 *SA*、*SB* 的投影 $s'a'$、$s'b'$，在侧面投影上为最前、最后两条素线 SC、SD 的投影 $s''c''$、$s''d''$。作图时，先画出轴线和圆的中心线，然后画出底圆的各个投影，锥顶的投影，再分别画出外形轮廓线，即完成圆锥的各个投影(图 5-5c)。

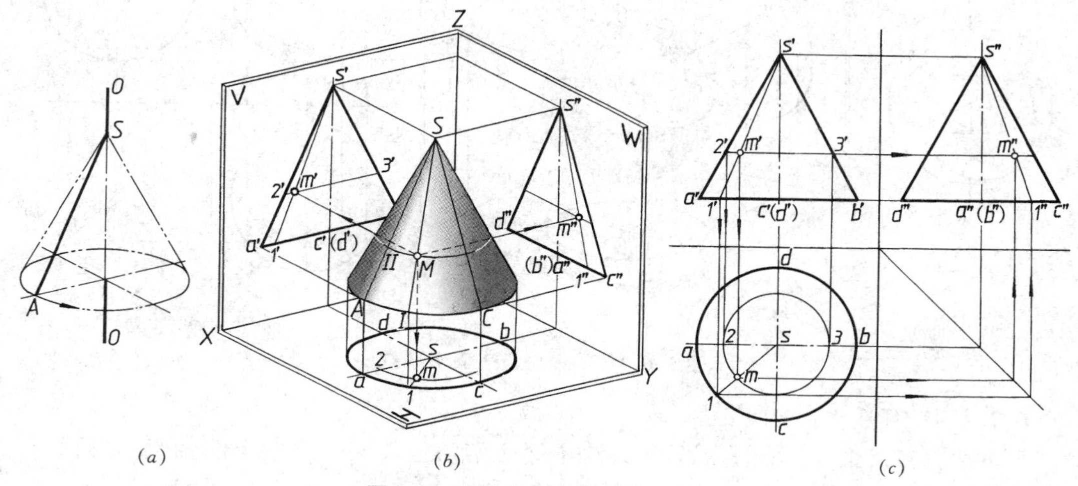

(a) (b) (c)

图 5-5 圆锥的投影及表面上取点

(2) 圆锥表面上取点。可根据圆锥面的形成特性来作图。如图 5-5c 所示，已知圆锥面上 M 点的正面投影 m'，可采用下列两种方法求出 M 点的水平投影 m 和侧面投影 m''。

方法 1：辅助素线法

过锥顶 S 和 M 点作一辅助素线 SⅠ，根据已知条件可以确定 SⅠ的正面投影 $s'1'$，然后作出它的水平投影 $s1$ 和侧面投影 $s''1''$，再根据点在直线上的投影性质由 m' 求出 m 和 m''。

方法 2：辅助圆法

过 M 点，作一平行于底面的水平辅助圆，该圆的正面投影为过 m' 且平行于 $a'b'$ 的直线 $2'3'$，它的水平投影为一直径等于 $2'3'$ 的圆，m 必定在此圆周上，由 m' 求出 m，再由 m'、m 求出 m''。

5.2.1.3 球

球的表面是球面。球面是一个圆母线绕过圆心且与圆在同一平面上的轴线回转而成(图 5-6a)。

① 球的投影。如图 5-6b 所示，球的三个投影均为圆，其直径与球直径相等，但三个投影面上的圆是不同的转向线的投影。正面投影上的圆是平行于 V 面的最大圆 D(区分前、后球面的转向线)的投影；水平投影上的圆是平行于 H 面的最大圆 E(区分上、下球面的转向线)的投影；侧面投影上的圆是平行于 W 面的最大圆 F(区分左、右球面的转向线)的投影。作图时可先确定球心的三个投影，然后画出中心线，再画出三个与球等直径的圆，即得球的三面投影图。

② 球面上取点。如图 5-6c 所示，已知球面上 M 点的水平投影 m，要求出其 m' 和 m''。可过 M 点作一平行于 V 面的辅助圆，它的水平投影为 12，正面投影为直径等于 12 的圆，m' 必定在该圆上。由 m 可求得 m'，由 m 和 m' 可求出 m''。显然，M 点在前半球面上，因此从前垂直向后看是可见的；同理，M 点在左半球面上，从左垂直向右看也是可见的。

当然，也可作平行于 H 或 W 面的辅助圆来作图，可以自行分析。

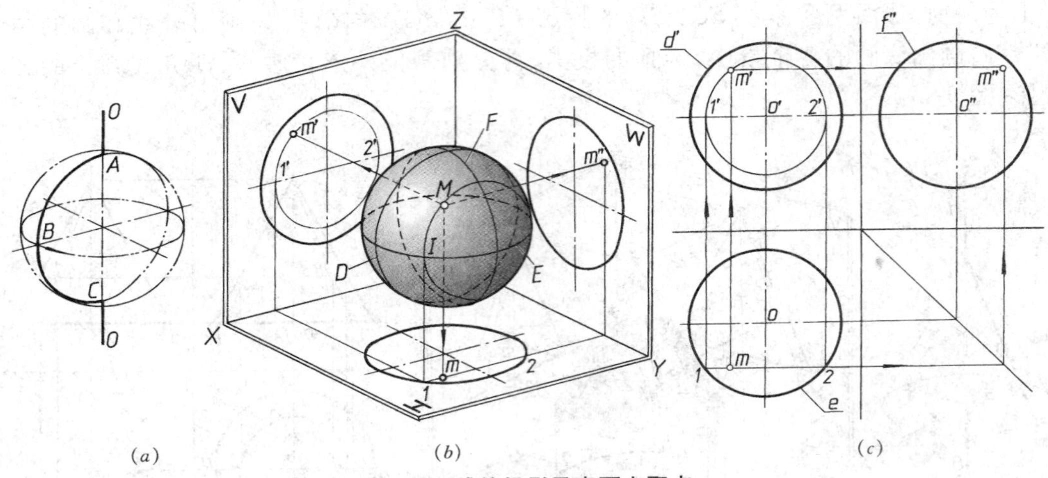

(a)　　(b)　　(c)

图 5-6　球的投影及表面上取点

5.2.1.4　环

环的表面是环面。环面是一圆母线绕不通过圆心但在同一平面上的轴线回转而形成(图 5-7*a*)。

(1) 环的投影。如图 5-7*b* 所示,环面轴线垂直于 *H* 面。在正面投影上左、右两圆是圆环面上平行于 *V* 面的 *A*、*B* 两圆(区分前后环面的转向线)的投影;侧面投影上两圆是圆环面上平行于 *W* 面的 *C*、*D* 两圆(区分左、右环面的转向线)的投影;水平投影上画出环面上最大圆和最小圆(区分上、下环面的转向线)的投影;在正面和侧面投影上顶、底两直线是环面最高、最低圆(区分内、外环面的转向线)的投影。作图时要先画出环面的轴线、中心圆和中心线,然后作出各个投影。

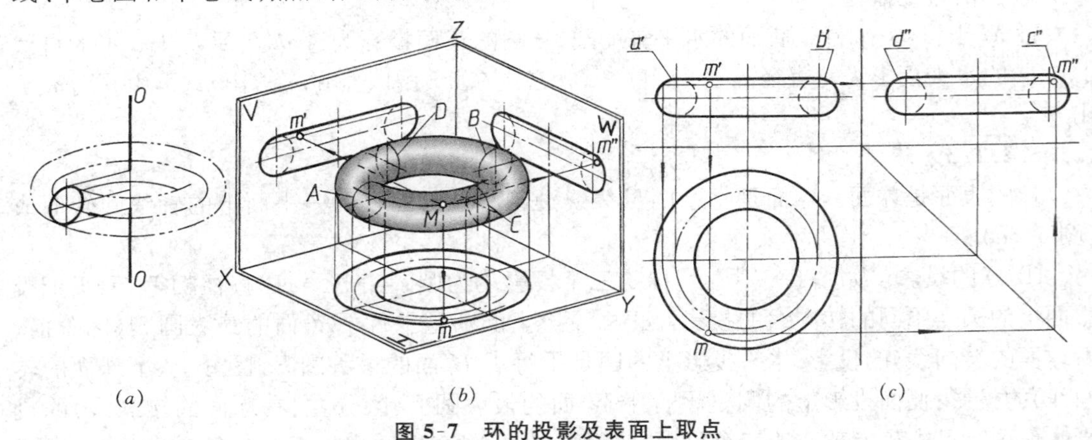

(a)　　(b)　　(c)

图 5-7　环的投影及表面上取点

(2) 环面上取点。如图 5-7*c* 所示,已知环面上 *M* 点的正面投影 m',可采用过 *M* 点作平行于水平面的辅助圆,求出 *m* 和 m''。

5.2.1.5　组合回转体

实际的回转物体往往由上述圆柱、圆锥、球、环等全部或部分组合而成。如图 5-8 所示为一阀杆,它的表面由圆柱面(母线为 *AB*)、环面(母线为 *BC*,它是内环面的一部分)、平面(由垂直于轴线的 *CD* 直线形成)、圆锥面(母线为 *DE*)、圆柱面(母线为 *EF*)以及上、下圆平面等组合而成。在画组合回转体时,在不同的投影面上要画出不同的外形轮廓线。对各形体光滑过渡处的轮廓线有的不必画出,如图5-8中C圆的水平投影及B圆的正面投影。

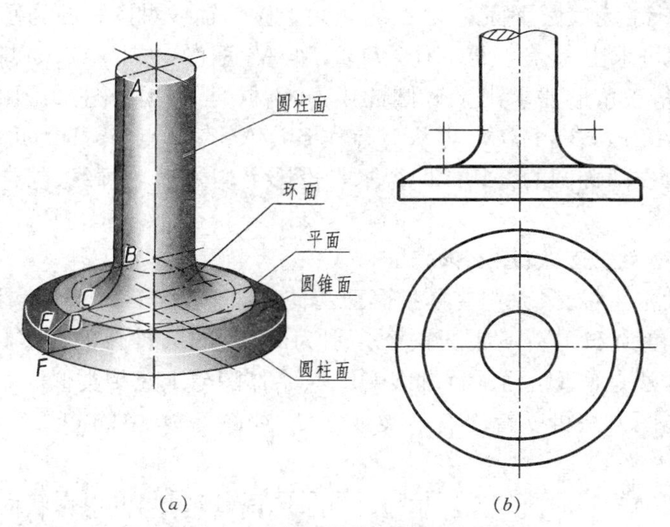

(a) (b)

图5-8 组合回转体(阀杆)的投影

5.2.2 根据已知条件作曲面立体的投影

如图5-9a所示,已知一圆锥台的轴线OL的两投影,上、下底圆的直径分别为d、D,圆锥台高度为H,下底圆的中心在O点。

圆锥台的作图方法有二:

5.2.2.1 综合法(图5-9b)

由于圆锥台底圆面垂直轴线,而轴线为一般位置直线,则底圆亦为一般位置平面。因

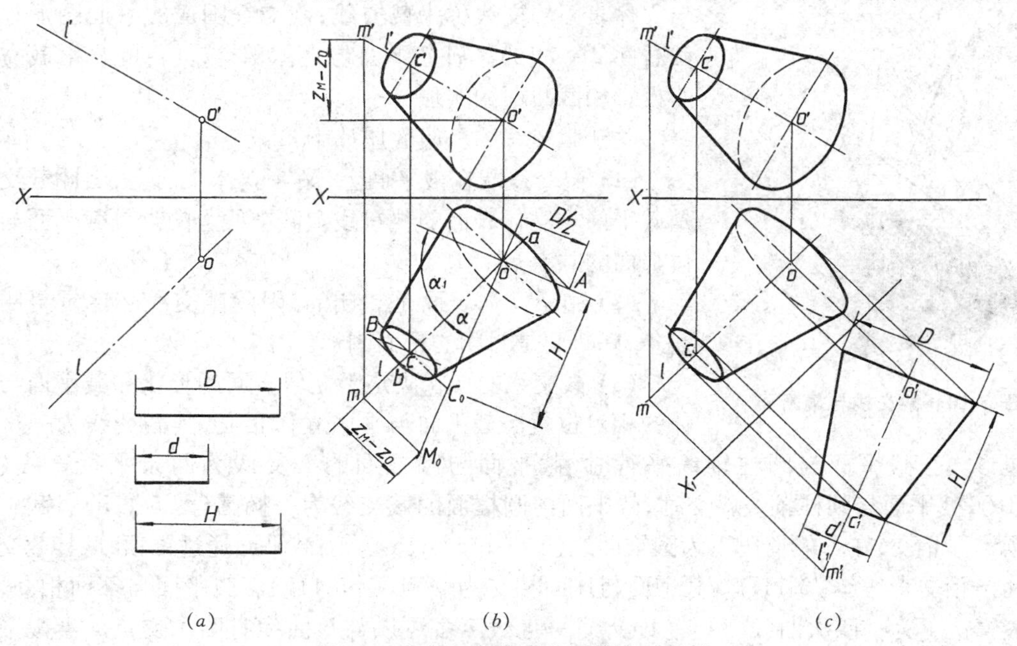

(a) (b) (c)

图5-9 根据已知条件作圆锥台的投影

此，它的两个投影均为椭圆，在水平投影上其长轴为底圆面上一条水平直径的投影，它与轴线的水平投影 ol 垂直，长度等于圆的直径 D；其短轴与长轴垂直，即与轴线的水平投影重合，长度为 $D\cos\alpha_1$，α_1 为底圆平面对 H 面的倾角。显然轴线对投影面的倾角 α 和 α_1 之和为 90°，作出 α 角后即可求出 α_1 角。取 $oA = D/2$，作 Aa 垂直 ol 得 a 点，oa 即为短轴之半。再根据高度 H 用直角三角形法求出上底圆的中心 C，同理，可作出上底圆的水平投影椭圆。作图时可作 $cB//oA$，取 $cB = d/2$，再从 B 点作 Bb//Aa 得 b 点，cb 即为短轴之半。作出上、下底圆的投影后再作两椭圆的公切线即得水平投影上的外形轮廓线，同样方法可作出圆锥台的正面投影。

5.2.2.2 变换投影面法(图 5-9c)

如作圆锥台的水平投影，先用变换投影面法使 V_1 面平行于 OL 轴线，即作 $X_1//ol$，然后在 V_1 面上作出高度为 H，上、下底圆直径分别为 d、D 的圆锥台的投影，再作出其水平投影。正面投影的作法是使 H_1 面平行轴线 OL，其余作图与上述相类似。

从上述两种作图方法可以看出有其类似之处，如图 5-9b 中的 oC_0 线相当于图 5-9c 中的 $o_1'c_1'$ 线。

由于曲面的转向线将曲面分成可见与不可见两部分，因此可根据转向线的投影即外形轮廓线来判别投影图上的可见性问题。

5.3 平面与立体相交

5.3.1 一般性质

平面与立体相交，可以认为是立体被平面截切。因此，该平面通常称为**截平面**；截平面与立体表面的交线称为**截交线**；截交线围成的平面图形称为截断面(图 5-10)。研究平面与立体相交，其目的是求截交线的投影和截断面的实形。

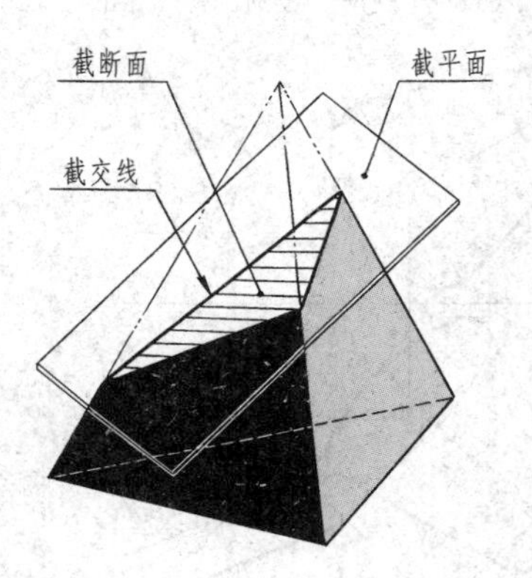

图 5-10 截交线与截断面

关于截交线的一般性质如下：

(1) 截交线既在截平面上，又在立体表面上，因此截交线是截平面与立体表面的共有线。截交线上的点是截平面与立体表面的共有点。

(2) 由于立体表面是封闭的，因此截交线必定是封闭的线条，截断面是封闭的平面图形。

(3) 截交线的形状决定于立体表面的形状和截平面与立体的相对位置。截平面与平面立体相交，其截交线为一平面多边形。当截平面与圆柱轴线平行时，截平面与圆柱面的截交线为两条平行直线(图 5-11a)；截平面与圆柱轴线斜交时，截平面与圆柱面的截交线为一椭圆(图 5-11b)。截平面与圆锥面相交，在一般情况下为圆锥曲线(图 5-11c、d、e)。当截平面通过锥顶时，其截交线为两条相交直线(图 5-11f)。截平面与球面相交为一圆(图 5-11g)。截平面与环面相交，在一般情况下为一四次曲线(图 5-11h)，即一直线至多可以与该曲线有四个交点。当截平面通过环面轴线或垂直环面轴线时，其截交线为两个圆。

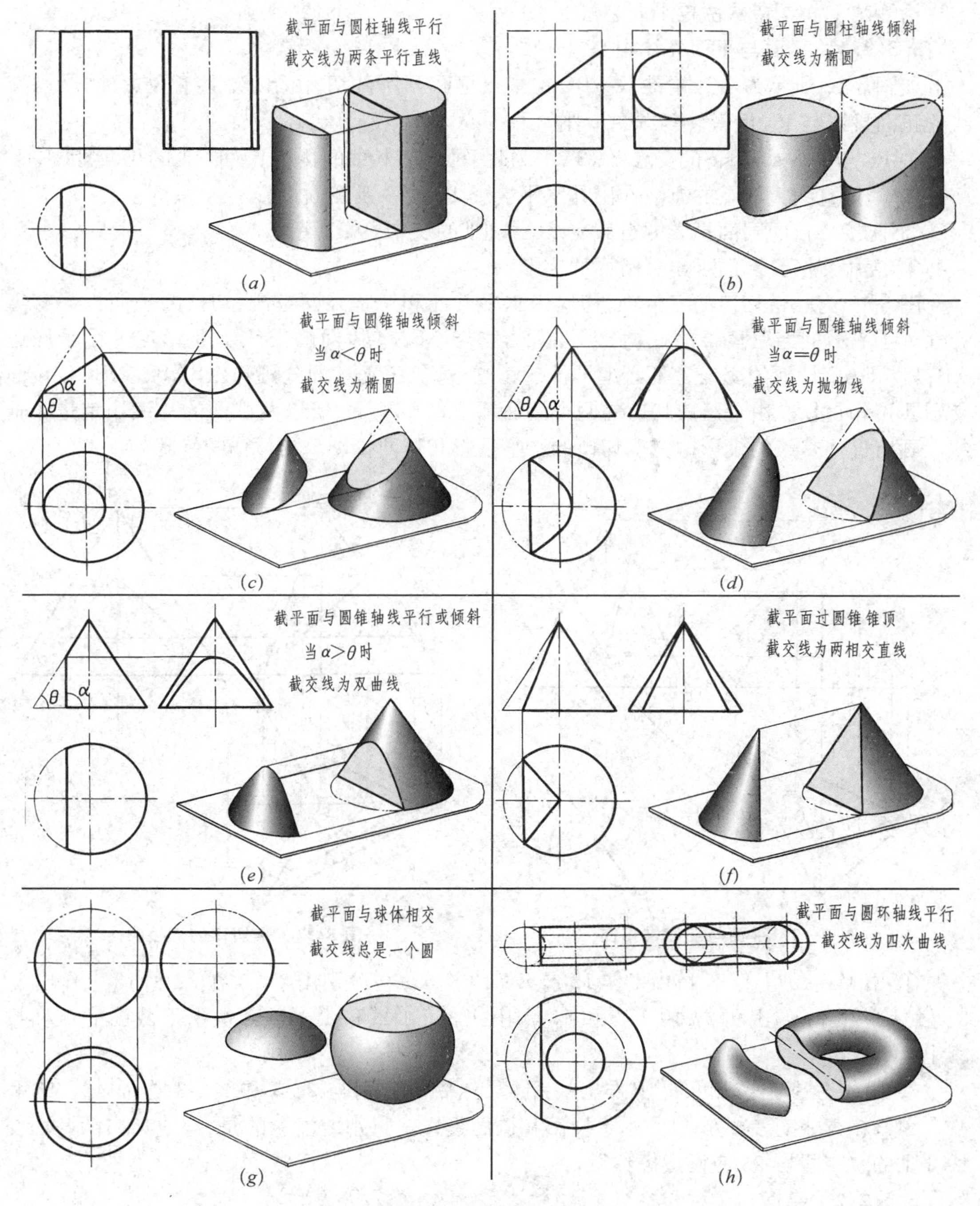

图 5-11 平面与曲面的交线

5.3.2 作图方法

根据截交线的性质,求截交线可归结为求截平面与立体表面的共有点、线的问题。由于物体上绝大多数的截平面是特殊位置平面,因此可利用重影性原理来作出其共有点、线。如果截平面为一般位置平面时,也可利用投影变换方法使截平面变换为特殊位置平面,因此本书讨论的截平面是特殊位置平面。

5.3.2.1　平面与平面立体相交

如图 5-12 所示为一三棱锥 S-ABC 被一正垂面 P 所截切，由于 P_V 具有重影性，所以交线的正面投影与 P_V 重影。其作图步骤如下：

① P_V 与 s′a′、s′b′、s′c′的交点 1′、2′、3′为截平面与各棱线的交点Ⅰ、Ⅱ、Ⅲ的正面投影。

② 根据直线上取点的方法作出其水平投影 1、2、3 及侧面投影 1″、2″、3″。

③ 连接各点的同面投影即得截交线△ⅠⅡⅢ的三个投影。

④ 应用变换投影面求出截断面的实形。

图 5-13 为一带切口的三棱锥，切口由水平截面和正垂截面组成，切口的正面投影有重影性。水平截面与三棱锥的底面平行，因此它与△SAB 棱面的交线ⅠⅡ必定平行于底边 AB；与△SAC 棱面的交线ⅠⅢ必定平行于底边 AC。正垂截面分别与△SAB、△SAC 棱面交于ⅡⅣ和ⅢⅣ。由于组成切口的两个截面都垂直于 V 面，所以两截面的交线一定是正垂线。画出这些交线的投影即完成切口的水平投影和侧面投影。具体作图步骤如下：

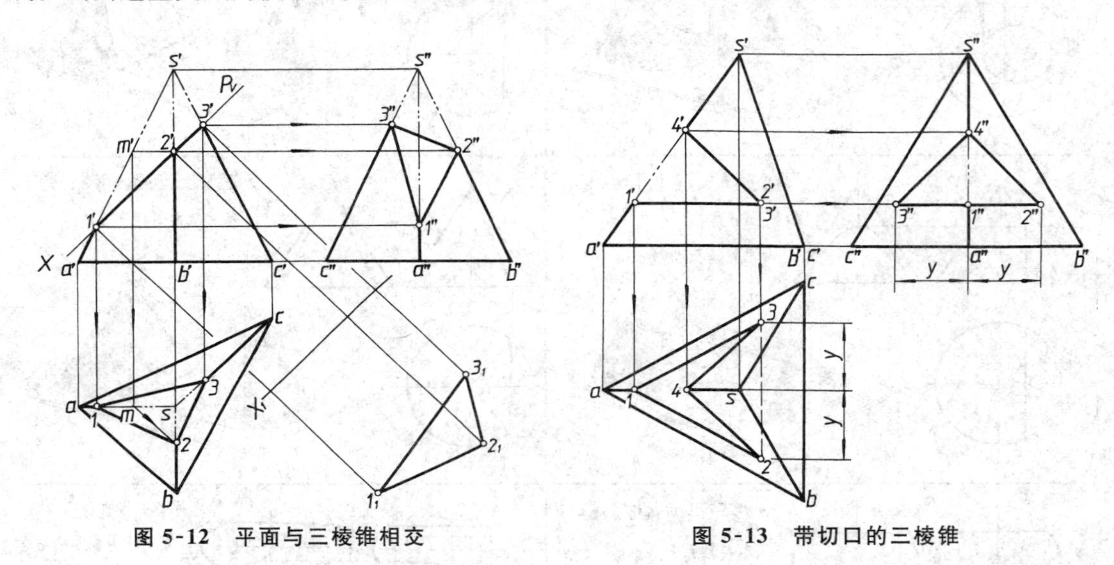

图 5-12　平面与三棱锥相交　　　　图 5-13　带切口的三棱锥

① 由 1′在 *sa* 上作出 1，由 1 作 12 // *ab*；13 // *ac*；再分别由 2′、3′在 12 和 13 上作出 2、3。由 1′2′和 12 作出 1″2″；由 1′3′和 13 作出 1″3″。1″2″和 1″3″重合在水平截面的侧面投影上。

② 由 4′分别在 *sa* 和 *s″a″*上作出 4 和 4″，然后再分别与 2、3 和 2″、3″连成 42、43 和 4″2″、4″3″。至此已完成切口的水平投影和侧面投影。特别要注意的是，组成切口两截面交线ⅡⅢ的水平投影 23 应画成虚线。

5.3.2.2　平面与圆柱相交

如图 5-14 所示为圆柱被正垂面截切，由于平面与圆柱轴线斜交，因此截交线为一椭圆。截交线的正面投影重影为一直线，水平投影则与圆柱面的水平投影(圆)重影，其侧面投影可根据投影规律和圆柱面上取点的方法求出。其具体作图步骤如下：

① 先作出特殊点。对于椭圆首先要找出长短轴的四个端点。长轴的端点Ⅰ、Ⅴ是椭圆的最低点和最高点，位于圆柱面的最左、最右两素线上；短轴的端点Ⅲ、Ⅶ是椭圆的最前点

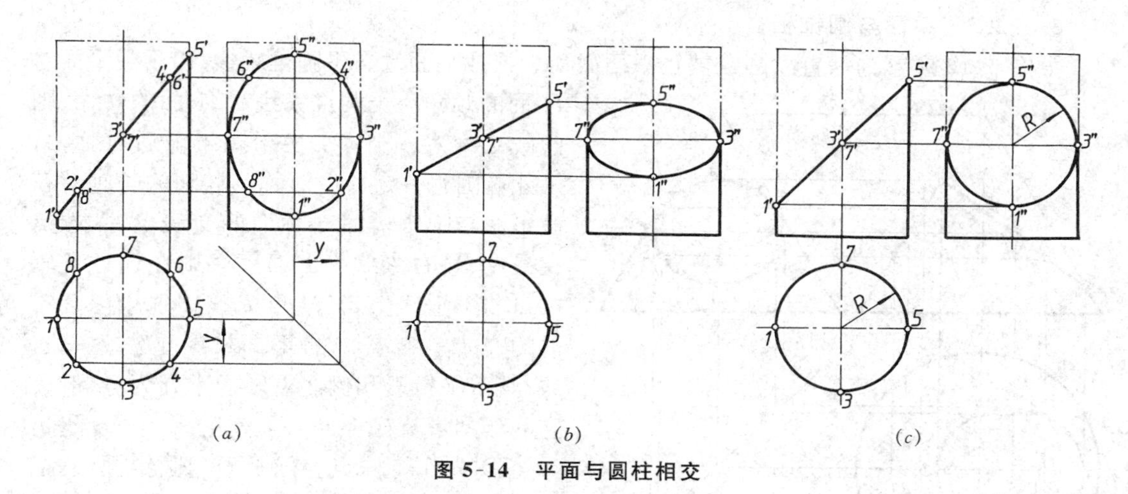

图 5-14　平面与圆柱相交

和最后点，分别位于圆柱面的最前、最后素线上。这些点的水平投影是 1、5、3、7，正面投影是 1′、5′、3′、7′，按投影规律作出侧面投影 1″、5″、3″、7″，根据这些特殊点即可确定截交线的大致范围。

② 再作出适当数量的一般点。如取Ⅱ(2，2′)、Ⅳ(4，4′)、Ⅵ(6，6′)、Ⅷ(8，8′)等点，其侧面投影为 2″、4″、6″、8″。

③ 将这些点的投影依次光滑地连接起来，即得截交线的投影。

上述的截平面与 H 面的倾角大于 45°，因此在侧面投影上 1″5″大于 3″7″；如截平面对 H 面的倾角小于 45°，则侧面投影上 1″5″小于 3″7″。这时形成的椭圆投影如图 5-14b 所示。如倾角等于 45°，则 1″5″等于 3″7″，这时截交线的侧面投影为圆，其半径即为圆柱面半径(图 5-14c)。

图 5-15 所示为冲模切刀上的截交线的投影。切刀头部的形状可认为是由平面截切圆柱面而成。刀头的前部被一个平行于圆柱轴线的平面切去一块，它与圆柱面的截交线为一对平行直线。刀刃部分是由两个对称的平面斜切而成，截交线为两个不完整的椭圆。

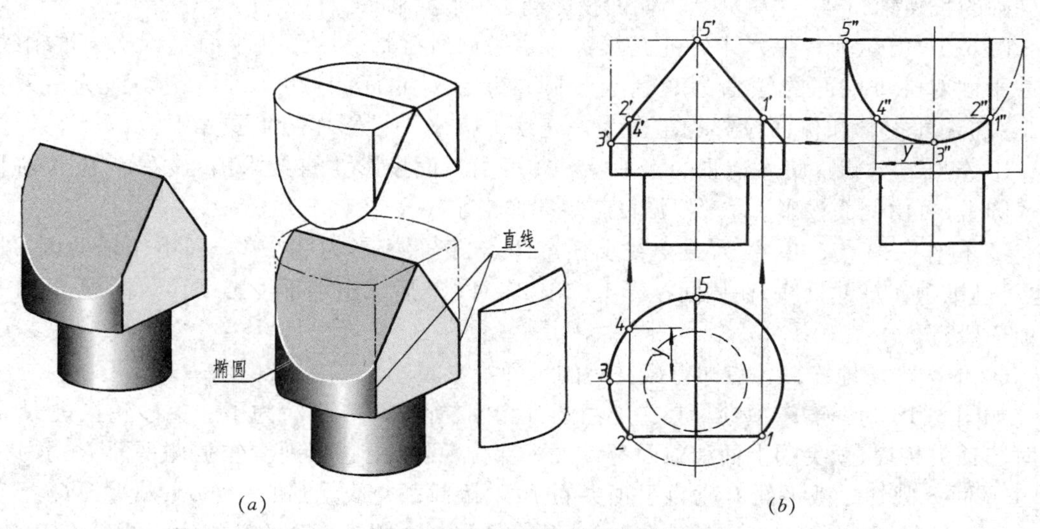

图 5-15　冲模切刀的截交线

5.3.2.3 平面与圆锥相交

如图5-16所示为一直立圆锥被正垂面截切。该截平面倾斜于圆锥轴线，由于截平面对*H*面的倾角小于圆锥素线对*H*面的倾角，因此截交线为一椭圆。由于圆锥前后对称，所以此椭圆也一定前后对称。椭圆的长轴就在截平面与圆锥前后对称面的交线上，其端点在最左、最右素线上。而短轴则在通过长轴中点的正垂线上，其端点为该正垂线与圆锥面的交点。截交线的正面投影重影为一直线，其水平投影和侧面投影通常亦为一椭圆。它的作图步骤如下：

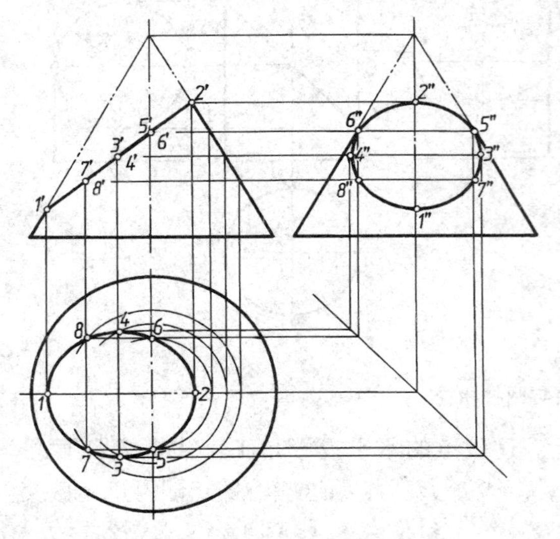

图5-16 正垂面与圆锥相交

① 先作特殊点。截平面与圆锥面最左、最右素线交点的正面投影为1′、2′，由1′、2′可求出1、2和1″、2″。1′2′、12和1″2″就是空间椭圆长轴Ⅰ Ⅱ的三面投影。

取1′2′的中点，即为空间椭圆短轴Ⅲ Ⅳ有重影性的正面投影3′4′。过3′4′按圆锥面上取点的方法作辅助水平圆，作出该水平圆的水平投影，由3′、4′在其上求得3、4，再由此求得3″、4″。3′4′、34和3″4″即为空间椭圆短轴Ⅲ Ⅳ的三面投影。

截平面与圆锥面最前、最后素线的交点为Ⅴ、Ⅵ，因此其侧面投影5″、6″必定是截交线的侧面投影与圆锥面侧面外形轮廓线的切点。

② 再作一般点。为了准确地作出截交线，还需作出若干一般点。如取截交线上Ⅶ、Ⅷ点。其正面投影为7′、8′，作辅助水平圆求出水平投影7、8，由此再求出侧面投影7″、8″。

③ 依此连接各点即得截交线的水平投影与侧面投影。由图可见，12、34分别为水平投影椭圆的长短轴；3″4″、1″2″分别为侧面投影椭圆的长短轴。

图5-17所示为一呈水平轴的圆锥被一水平面所截切。由于截平面平行于圆锥轴线，即截平面对圆锥底面的倾角为90°，大于圆锥素线对底面的倾角，因此截交线为一双曲线，它的正面投影和侧面投影均重影为一直线。其水平投影作图步骤如下：

① 先作特殊点。最左点Ⅲ的水平投影3可由正面投影3′直接求出；最右点Ⅰ、Ⅴ在圆锥底圆上，可由侧面投影1″、5″根据投影规律作出水平投影1、5。

② 再作一般点。Ⅱ、Ⅳ为截交线上任意两点，正面投影为2′、4′。利用作辅助侧平圆（也可过锥顶作辅助直线）在侧面投影上求出2″、4″，然后求出水平投影2、4。同理，可作出其他一般点。

③ 依次光滑地连接各点即得截交线的水平投影。

如图5-18为一磨床顶尖。其头部由圆锥和圆柱两部分组成，为了避免砂轮在进刀、退刀时与顶尖相撞，顶尖的上面和前面都铣去一部分，可以把它分别看作被侧平面*P*、水平面*Q*、正平面*S*截切。截平面*P*垂直于顶尖的轴线，因此截交线是圆的一部分；截平面*Q*、*S*平行顶尖的轴线，因此圆柱部分的截交线为两条平行直线，圆锥部分的截交线为两条不完整的双曲线。两双曲线的交点*A*的侧面投影*a*″可首先确定，然后可根据圆锥面上取点的方法确

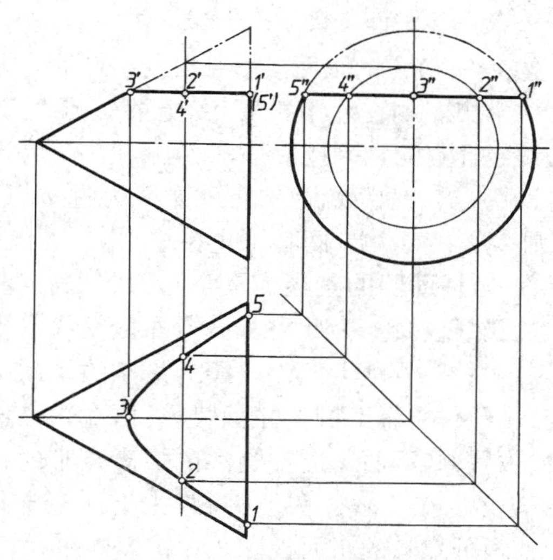

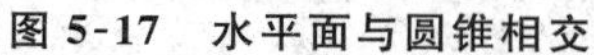

图 5-17 水平面与圆锥相交

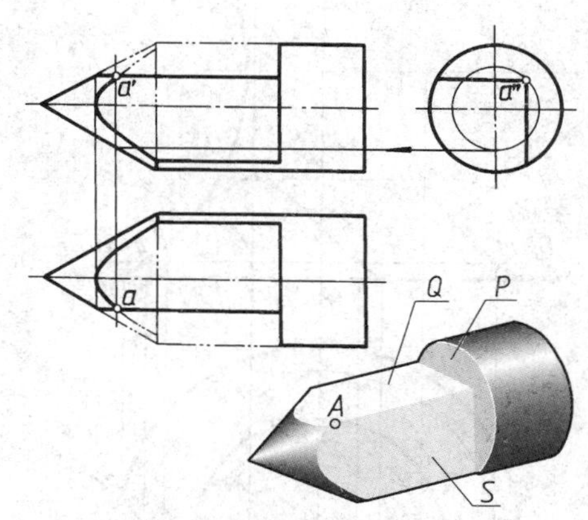

图 5-18 磨床顶尖的截交线

定 a'和 a,其他作图方法与图 5-17 所示相同。

5.3.2.4 平面与球相交

球被截平面截切后所得的截交线都是圆。如果截平面是投影面平行面,在该投影面上的投影为圆的实形,其他两投影重影成直线,长度等于截交圆的直径(图 5-11g)。如果截平面是投影面垂直面,截交线在该投影面的投影为一直线,其他两投影均为椭圆。

如图 5-19 所示为一球被正垂面截切,截交线的正面投影重影为一直线,且等于截交圆的直径,水平投影为一椭圆。它的作图步骤如下:

① 先作特殊点。水平椭圆短轴的端点 1、2 由正面投影 $1'$、$2'$作出。长轴端点 3、4 由 $1'2'$的中点 $3'4'$通过作辅助水平圆作出(图 5-19a)。球的水平外形轮廓线是球面上平行于 H 面的最大圆的投影,该最大圆与截平面的交点Ⅴ、Ⅵ的正面投影为 $5'$、$6'$,由此可作出其水平投影 5、6(图 5-19b),水平投影椭圆必定在 5、6 点与外形轮廓线相切。

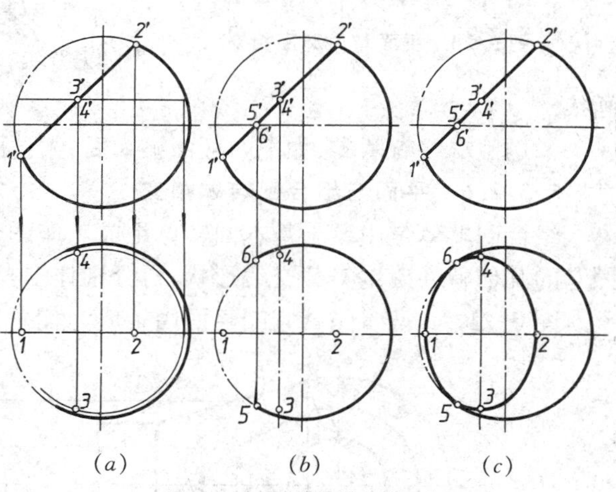

图 5-19 正垂面与球相交

② 为作图正确起见,可再作若干一般点。为简化起见此处从略。

③ 根据以上作出各点光滑连接之,即为球的截交线的水平投影椭圆(图 5-19c)。

5.3.2.5 平面与环面相交

如图 5-20 所示为一铅垂面 P 与内环面相交。由于截平面与环面轴线平行,因此截交线为一四次曲线,它的正面投影亦为一四次曲线,水平投影为与 P_H 重影的一直线段 15。其正面投影作图步骤如下:

① 截交线上最低点Ⅰ、Ⅴ的水平投影 1、5 即为截平面与环面底圆的水平投影的交点,

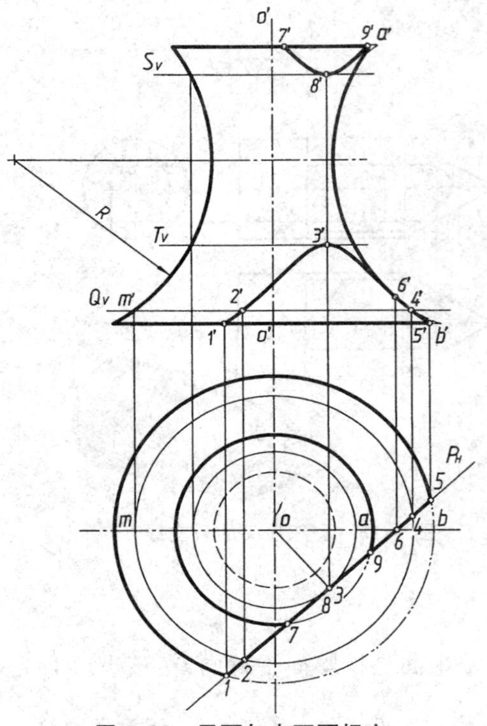

图 5-20 平面与内环面相交

由此可求出其正面投影 1′、5′。

② 其一般点的正面投影可根据在环面上取点的方法求出。如在水平投影 15 上取一点 2,即为截交线上Ⅱ点的水平投影,以 o 为圆心,$o2$ 为半径作辅助圆,其水平截面的正面迹线为过 m' 点的 Q_V,则 2′必在 Q_V 上,同时 4′也在 Q_V 上。

③ 当辅助圆的直径为最小时,则可确定曲线上点的极限位置。为此可从 o 点作截交线水平投影 15 的垂线,得垂足 3, $o3$ 即为最小的辅助圆的半径,由此作出辅助圆的正面投影,即在正面迹线 T_V 的位置,则下面一支截交线的最高点Ⅲ的正面投影 3′必定在 T_V 上。同理可作出上面一支截交线上的最低点Ⅷ的正面投影 8′在正面迹线 S_V 上。

④ 环面的转向轮廓线 AB 与截平面 P 的交点Ⅵ,其水平投影 6 为 ab 与 P_H 的交点,其正面投影 6′即在正面外形轮廓线 $a'b'$ 上。

⑤ 由于环面的右前方部分被截去,其截交线水平投影 15 的右下方为截去部分,圆弧 $\overset{\frown}{15}$ 画成假想线,即双点画线,正面投影 $6'b'$ 也画成双点画线。

本例截交线有两支,如把内环面扩大后,则这两支曲线必定是上下对称的。

5.3.2.6 平面与组合回转体相交

组合回转体是由若干基本回转体组成。作图时首先要分析各部分的曲面性质,然后按照它的几何特性确定其截交线形状,再分别作出其投影。

图 5-21 为一连杆头,它的表面由轴线为侧垂线的圆柱面、圆锥面和球面组成。前后各

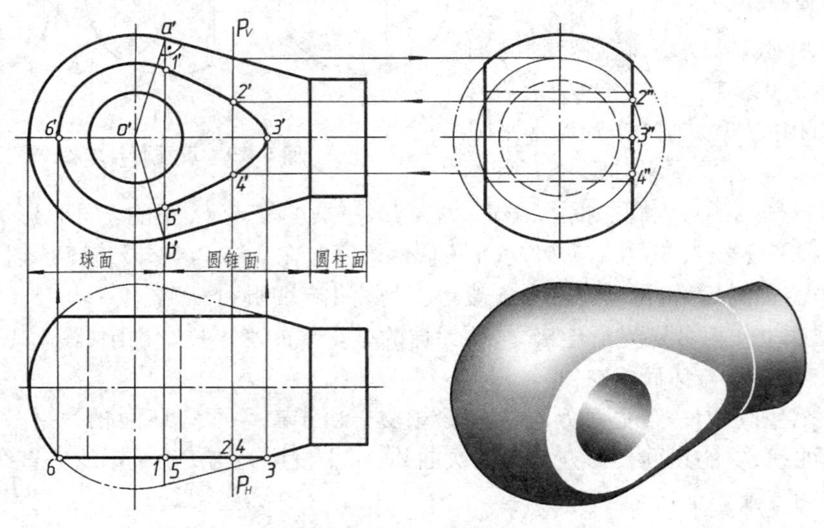

图 5-21 平面与组合回转体(连杆头)的截交线

被对称的正平面截切,球面部分的截交线为圆;圆锥面部分的截交线为双曲线;圆柱面部分未被截切。作图时先要在图上确定球面与圆锥面的分界线。从球心 o' 作圆锥面正面外形轮廓线的垂线得交点 a'、b',连线 $a'b'$ 即为球面与圆锥面的分界线。以 $o'6'$ 为半径作圆,即为球面的截交线。该圆与 $a'b'$ 线相交于 $1'$、$5'$ 点,此即为截交线上圆与双曲线的连接点。然后按照图 5-17 所示方法画出圆锥面上的截交线(双曲线),即完成连杆头上截交线的正面投影。

5.4 平面立体与曲面立体相交

5.4.1 一般性质

两立体表面的交线称为**相贯线**。平面立体与曲面立体的相贯线即为平面立体的有关平面与曲面立体表面的各段交线的组合。平面立体的棱边线与曲面立体表面的交点称为**贯穿点**,它们是各段截交线之间的连接点。如图 5-22*a* 所示为一假想的直三棱柱与圆锥相交,其相贯线实际上是棱柱的表面与圆锥面的交线的组合,*AB*、*BC*、*CA* 棱面与圆锥面的交线分别为圆、一对直线和椭圆。这些截交线之间的连接点即为 *B*、*C* 棱线对圆锥面的贯穿点Ⅰ、Ⅱ、Ⅲ、Ⅳ。

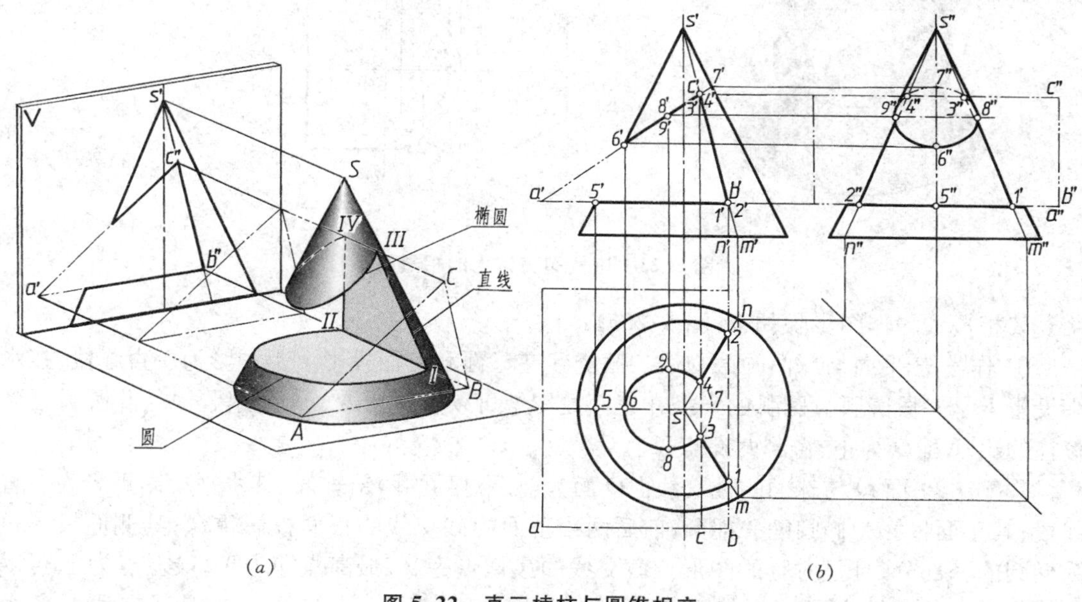

图 5-22 直三棱柱与圆锥相交

5.4.2 作图方法

根据以上分析,可知平面立体与曲面立体的求法即为求截交线与贯穿点。

将图 5-22*a* 所示的立体画出投影图,其作图步骤如下(图 5-22*b*):

① 求 *BC* 棱面对圆锥面的截交线。由于 *BC* 棱面通过锥顶,故截交线为一对直线段,其端点Ⅰ、Ⅱ、Ⅲ、Ⅳ即为 *B*、*C* 棱线对圆锥面的贯穿点。其交线的正面投影 $1'3'$、$2'4'$ 与 $b'c'$ 重影,作辅助线 *SM*、*SN*,求出其水平投影 13、24 以及侧面投影 $1''3''$、$2''4''$。

② 求 *AB* 棱面与圆锥面的截交线。由于 *AB* 棱面为水平面,与圆锥面的截交线为圆弧

($\widehat{\text{ⅠⅤⅡ}}$),其水平投影$\widehat{152}$反映实形。

③ 求 AC 棱面与圆锥面的截交线。由于 AC 棱面为正垂面,与圆锥面的截交线为椭圆的一部分。椭圆长轴为ⅥⅦ,短轴为ⅧⅨ,其正面投影重影为一直线段。水平投影与侧面投影可分别求出其长短轴而作出椭圆投影;或作出椭圆上的若干点,连接后也可作出椭圆投影。

如图 5-23*a* 所示为一进气阀壳体,其头部为一六棱柱与半球相交,它可以看作是六棱柱的若干平面如顶面 P、侧面 Q、T 与半球面相交,其交线都是圆弧。由于顶面 P 是水平面,其水平投影反映圆弧实形;侧面 Q 为铅垂面,其截交圆的正面和侧面投影均为椭圆弧;侧面 T 为侧平面,其截交圆的侧面投影反映实形。

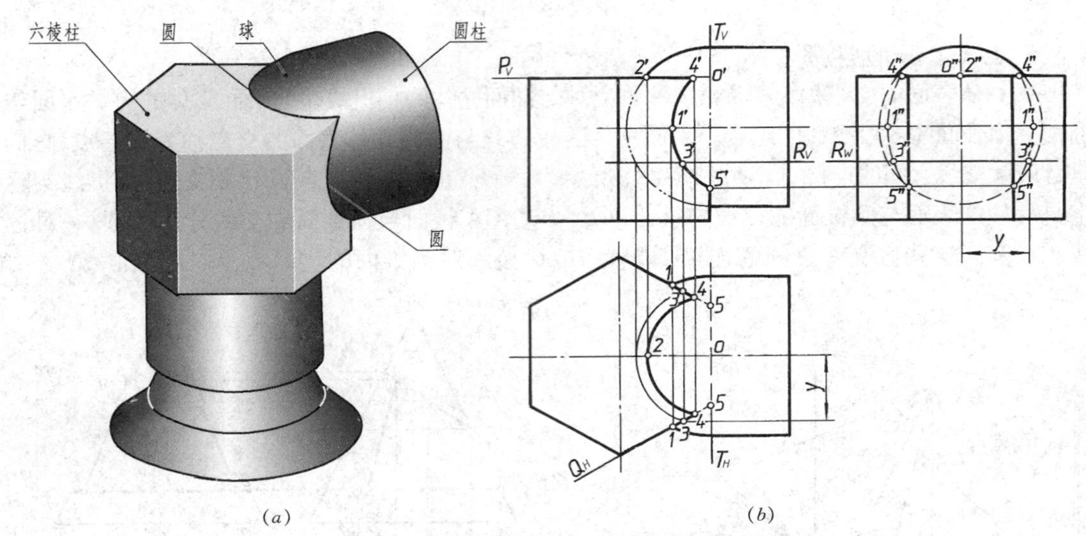

图 5-23　进气阀壳体上的相贯线

其相贯线的作图步骤如下(图 5-23*b*):

① 作出 P 平面与球面的截交线。截交线在正面和侧面投影上都重影为一直线段,在水平投影上是一段圆弧。圆弧的半径在正面投影上可以直接量取,等于线段 $o'2'$,此圆弧画到棱柱的铅垂面 Q 为止,得到两交点Ⅳ。

② 作出平面 Q 与球面的截交线。Q 面为前后对称的两铅垂面,其水平投影重影为一直线段;其正面投影为椭圆的一部分,前后两铅垂面的截交线的正面投影重合;其侧面投影也为椭圆的一部分,且呈对称的图形。截交线的最低点为Ⅴ,最高点即为Ⅳ,最左点为Ⅰ,可以直接作出。对一般点可应用辅助平面,如 R 面,求得Ⅲ点,连接各点即得截交线的各个投影。

③ 作出 T 平面与球面的截交线。T 面为侧平面,其截交位置恰巧为球与圆柱的分界处,因此截交圆弧的直径即为球直径,也即圆柱直径,其侧面投影 $5''5''$ 反映圆弧实形。

由上可知,Ⅳ点为六棱柱顶面的边线(即 P、Q 面的交线)与球面的贯穿点。Ⅴ点为六棱柱的侧面棱线与球面的贯穿点。

求出截交线的投影后,然后判别其可见性。

5.5　两曲面立体相交

5.5.1　两曲面立体相交所得相贯线的性质与类型

两曲面立体相交,其相贯线的一般性质如下:

(1) 两曲面立体的相贯线是两曲面立体表面的共有线,也是两相交曲面立体的分界线。相贯线上的所有点都是两曲面立体表面的共有点。

(2) 由于立体的表面是封闭的,因此相贯线在一般情况下是封闭的线条。当两立体的表面处在同一平面上时,两表面在此平面部位上没有共有线,即相贯线是不封闭的。

(3) 相贯线的形状决定于曲面的形状、大小及两曲面之间的相对位置。一般情况下是空间曲线,在特殊情况下可以由平面曲线或直线组成。

两曲面立体相交,其相贯线的类型如下:

(1) 在一般情况下,两个二次曲面的相贯线是空间四次曲线,即它与平面相交至多可以有四个交点。如图 5-24*a* 所示,圆柱面与圆锥面的相贯线 K 为空间四次曲线,它的水平投影 k 为平面四次曲线。

(2) 当两个二次曲面具有公共对称面时,则相贯线在平行于公共对称面的投影面上的投影重影为一条二次曲线*。如图 5-24*a* 所示,圆柱面与圆锥面的公共对称面平行 V 面,因此相贯线 K 的正面投影 k' 为二次曲线。

(3) 当两个二次曲面均与同一球面相切时,则这两个二次曲面的相贯线分解为两条二次曲线。如图 5-24*b* 所示,圆柱面与圆锥面与同一球面相切,其相贯线分解为两个椭圆 K_1、K_2;当两曲面的公共对称面平行于 V 面时,这一对椭圆的正面投影为一对相交直线 k_1'、k_2'。

(4) 两个共轴线的回转面的相贯线为垂直于轴线的圆。如图 5-24*c*。当圆锥面与球面共轴相交时,其相贯线为垂直于圆锥面轴线的两个圆 K_1、K_2;当轴线平行于 V 面时,其正面投影为一对平行直线 k_1'、k_2'。

(5) 两个共锥顶的二次锥面的相贯线为一对相交直线,两个轴线平行的二次柱面的相贯线为一对平行直线。如图 5-24*d* 所示相贯线为一对相交直线 SA、SB;如图 5-24*e* 所示相贯线为一对平行直线 AB、CD。

5.5.2　作图方法

5.5.2.1　重影性法

当相交的两曲面立体中有一个圆柱面,其轴线垂直于投影面时,该圆柱面的投影为一个圆,且具有重影性,即相贯线上的各个点在该投影面上的投影一定重影在该圆上,其他投影可根据表面上取点的方法作出。

如图 5-25*a* 所示为铅垂圆柱与水平圆柱相交,其相贯线的水平投影重影在铅垂圆柱的水平投影圆上,侧面投影重影在水平圆柱的侧面投影圆上,已知相贯线的两个投影即可求出

---

* 轴线相交的两个具有公共对称面的二次曲面的相贯线在平行于公共对称面的投影面上的投影一般情况下是一双曲线。轴线平行的两个具有公共对称面的二次曲面的相贯线在平行于公共对称面的投影面上的投影一般情况下是一条抛物线。由于过球心的任意直线均可认为是球面的轴线,因此球面与另一个二次曲面均可认为是轴线平行的两个二次曲面。

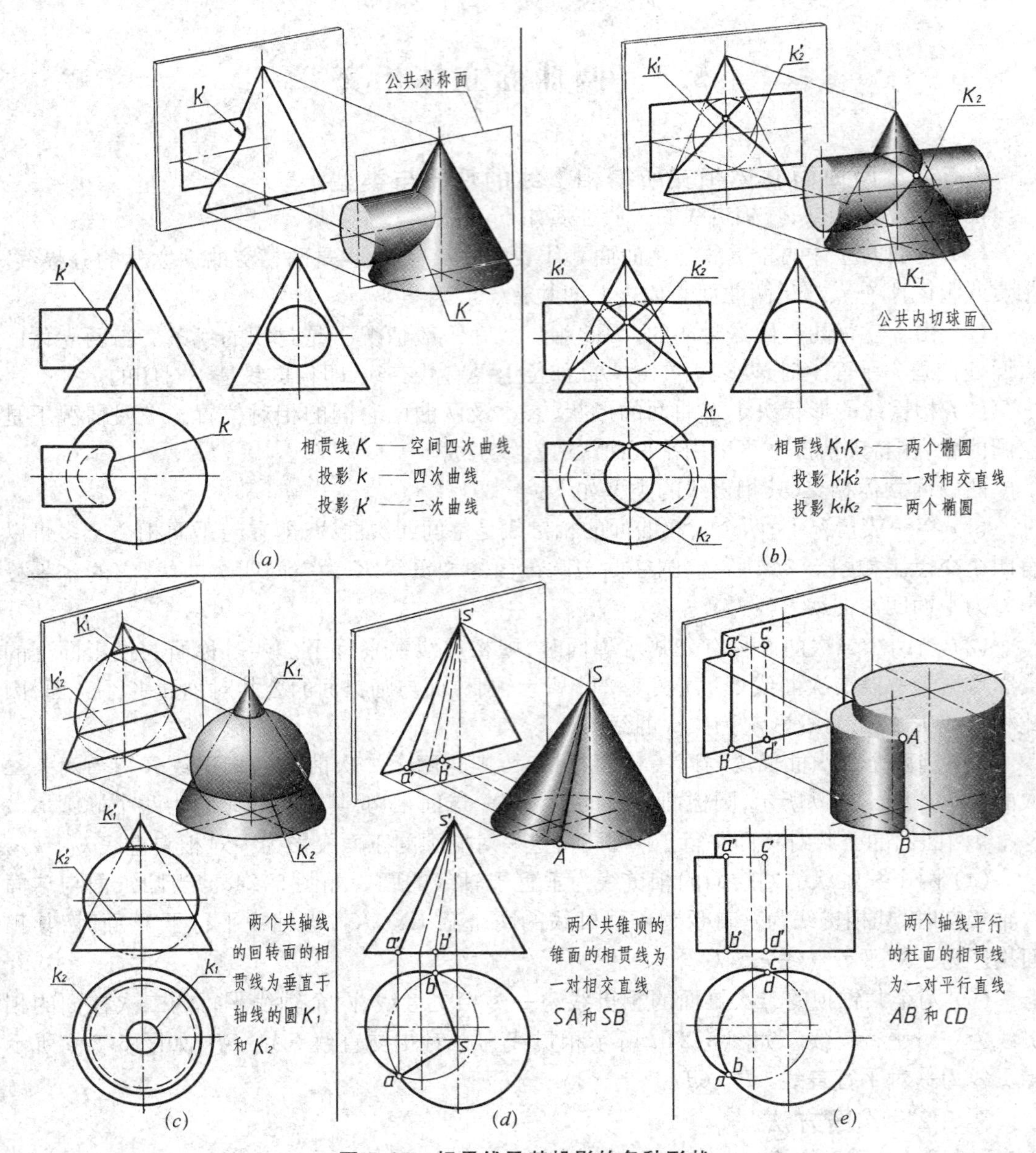

图 5-24 相贯线及其投影的各种形状

其正面投影。由于两圆柱轴线相交且其公共对称面平行于 V 面，因此相贯线的正面投影为双曲线。其作图步骤如下：

① 先作特殊点。Ⅰ点是铅垂圆柱面最前素线与水平圆柱面的交点，它是最前点也是最下点(对上面一支曲线而言)，$1'$可根据 1、$1''$求得；Ⅱ、Ⅲ点为铅垂圆柱面最左素线和最右素线与水平圆柱面的交点，它们是最高点 $2'$、$3'$可直接在图上作出。

② 再作一般点。在铅垂圆柱面的水平投影圆上取 4、5 点，它们是相贯线上Ⅳ、Ⅴ两点的水平投影，两点的侧面投影 $4''$、$5''$重影在水平圆柱的侧面投影上，其正面投影 $4'$、$5'$可根据投影规律作出。

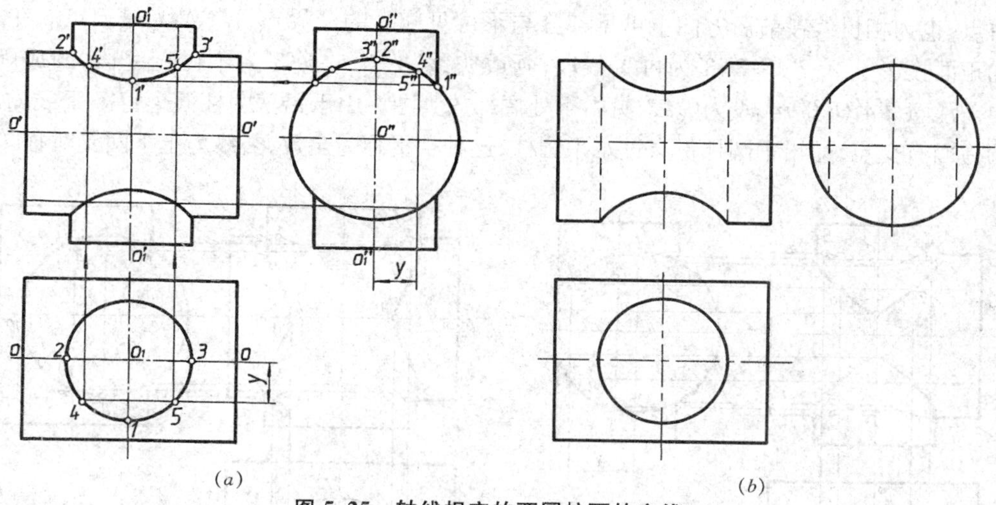

(a)　　(b)

图 5-25　轴线相交的两圆柱面的交线

③ 顺次光滑地连接 2′、4′、1′、5′、3′等点即为相贯线的正面投影。

由于上下对称，故下面一支相贯线的正面投影为上述所求曲线的对称图形。

图 5-25*b* 所示为铅垂圆柱孔贯穿水平圆柱，则相贯线是水平圆柱面上的孔口曲线。其作图方法与图 5-25*a* 相同，但需要作出铅垂圆柱孔的外形轮廓线，因是看不见线段，故画成虚线。

如上述铅垂圆柱面的直径与水平圆柱面的直径相等且切于同一球面时，即球面直径即为圆柱面直径，这时相贯线分解为两个椭圆，它们的正面投影为一对相交直线(图 5-26*a*)。此两相交直线从理论上讲是图 5-25 所示双曲线的渐近线。

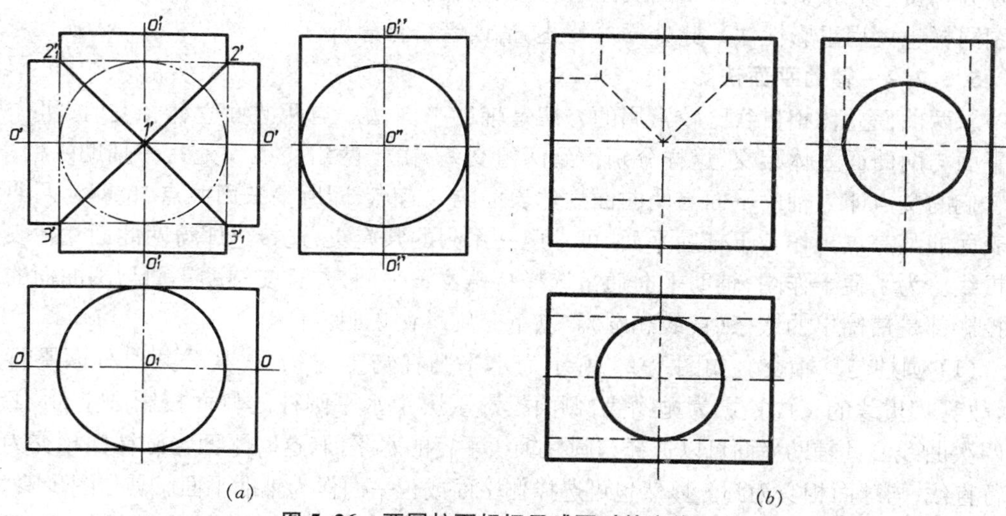

(a)　　(b)

图 5-26　两圆柱面相切于球面时的交线

图 5-26*b* 所示为长方体内有一水平圆柱孔及一铅垂圆柱孔。由于两孔的直径相同，因此交线的投影亦为一对相交直线；由于铅垂圆柱孔未打穿整个长方体，仅打到水平圆柱孔上半部为止，因此交线投影(一对直线)也仅画出一半；由于是不可见线段，故画成虚线。

如铅垂圆柱向前平移，这时两圆柱在前后位置上不具有公共对称面，因此相贯线的正面投影为四次曲线(图 5-27)，它也可用重影性法求出。这时Ⅰ为最前点，Ⅵ为最后点，Ⅱ、Ⅲ为最左、最右点,也为相贯线在前后方向上可见部分与不可见部分的分界点,Ⅳ、Ⅴ为最高点。在相贯线的正面投影上 2′-7′-1′-8′-3′为可见线段,画成实线;2′-4′-6′-5′-3′为不可见线段,画成虚线。其中需注意 2′4′(5′3′)线段为虚线,见右下处局部放大图。由于铅垂圆柱面上每条素线均与水平圆柱面有交点,即铅垂圆柱贯穿过水平圆柱,这种相贯称为**全贯**,交线为上下两支对称图形。

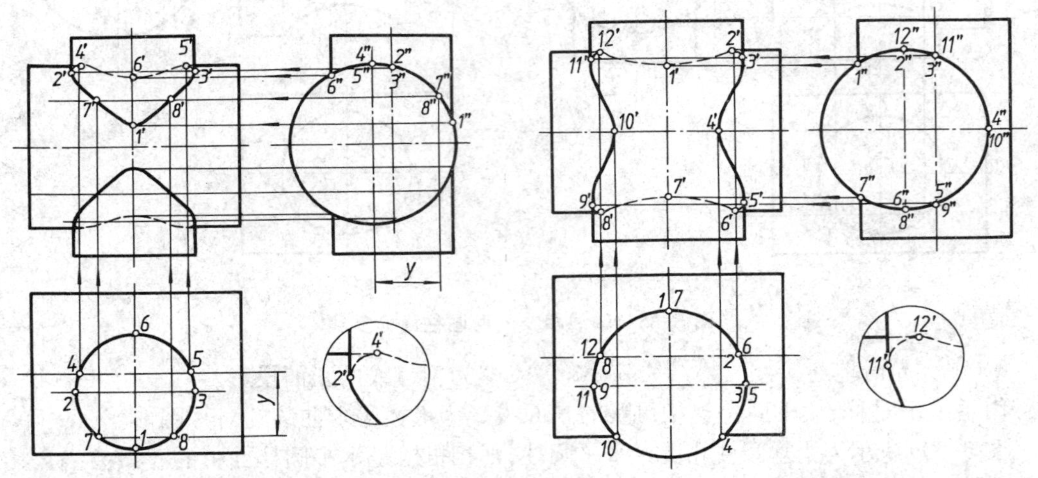

图 5-27 轴线垂直交叉的两圆柱面的交线(全贯)　**图 5-28 轴线垂直交叉的两圆柱面的交线(互贯)**

如铅垂圆柱继续向前平移,或圆柱直径增大,如图 5-28 所示。这时铅垂圆柱面上只有部分素线与水平圆柱面有交点,而水平圆柱面也只有部分素线与铅垂圆柱面有交点,这种相贯称为互贯。其相贯线为一条四次曲线,其正面投影为一条上下左右对称的四次曲线。其作图同样也可用重影性法。此处不再赘述,请读者自行分析。

5.5.2.2 辅助平面法

求两曲面立体相贯线比较常用的方法是辅助平面法。当两曲面立体相交时,可作一辅助平面与两曲面立体相交,这样分别得到两组交线,由于两组交线同处在一辅助平面上,因此它们的交点即为辅助平面与两曲面立体表面的共有点,即所谓**三面共点**,也即为两曲面立体表面的共有点。作若干辅助平面,可求出一系列的共有点,连接之即得两曲面立体表面的相贯线。为了便于作图,辅助平面通常选择特殊位置平面,并且使辅助平面与两曲面的交线的投影都是最简单的线条(直线和圆)。以下分别举例说明。

(1) 圆柱与球相交。如图 5-29 所示为水平圆柱与半球相交,其公共对称面平行于 V 面,故其相贯线的正面投影为抛物线,侧面投影重影于水平圆柱的侧面投影圆上,水平投影为四次曲线。其辅助平面可以选择与圆柱轴线平行的水平面,这时平面与圆柱面相交为一对平行直线,与球面相交为圆。显然也可选择侧平面或正平面作为辅助平面。其作图步骤如下:

① 先作可直接求出的特殊点。Ⅰ、Ⅳ为最高点和最低点,也是最右点和最左点,可以直接作出。

② 再作一般点。此处取水平面 P 作为辅助平面,它与圆柱面相交为一对平行直线,与球面相交为圆,直线与圆的交点Ⅱ、Ⅵ即为辅助平面 P、圆柱面、球面的共有点,也即相贯线上的点,其水平投影为 2、6。由此,可求出正面投影 2′、6′,这是一对重影点的重合投影。

③ 如过圆柱面轴线作辅助水平面 Q,则与圆柱面相交为最前和最后素线,与球面相交

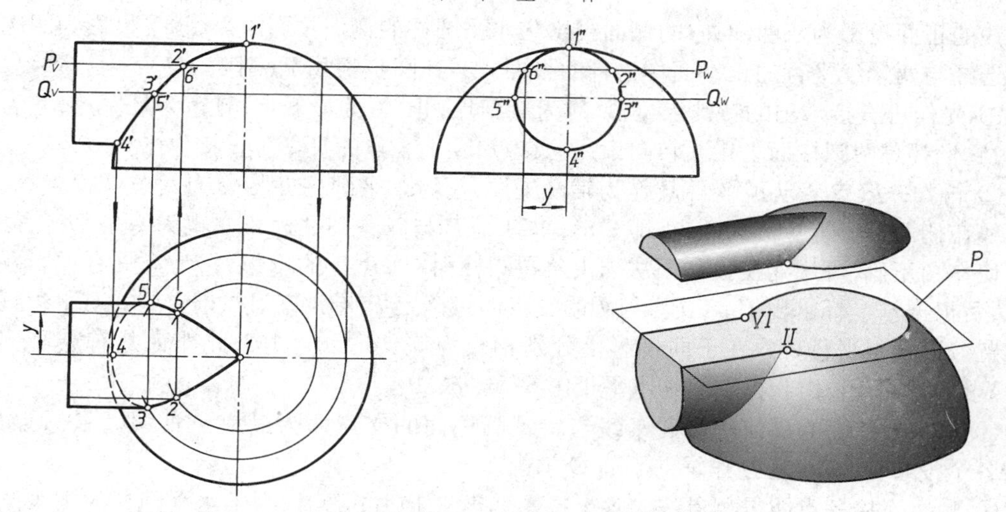

图 5-29 水平圆柱与球相交

为圆,它们的水平投影相交在 3、5 点,此即为相贯线水平投影曲线的可见部分与不可见部分的分界点,其正面投影为 3′、5′。

④ 按相贯线在侧面投影中所显示的各点顺序,连接各点的水平投影和正面投影即得相贯线的各投影。其连接顺序为Ⅰ-Ⅱ-Ⅲ-Ⅳ-Ⅴ-Ⅵ-Ⅰ。

⑤ 判别可见性。其原则是:两曲面的可见部分的交线才是可见的;否则是不可见的。如Ⅲ-Ⅳ-Ⅴ在圆柱面的下半部分,因此其水平投影为不可见,3-4-5 画虚线,其余线段画成实线。

(2) 圆柱与圆柱斜交。如图 5-30*a* 所示为两正圆柱斜交,其公共对称面平行于 *V* 面,故

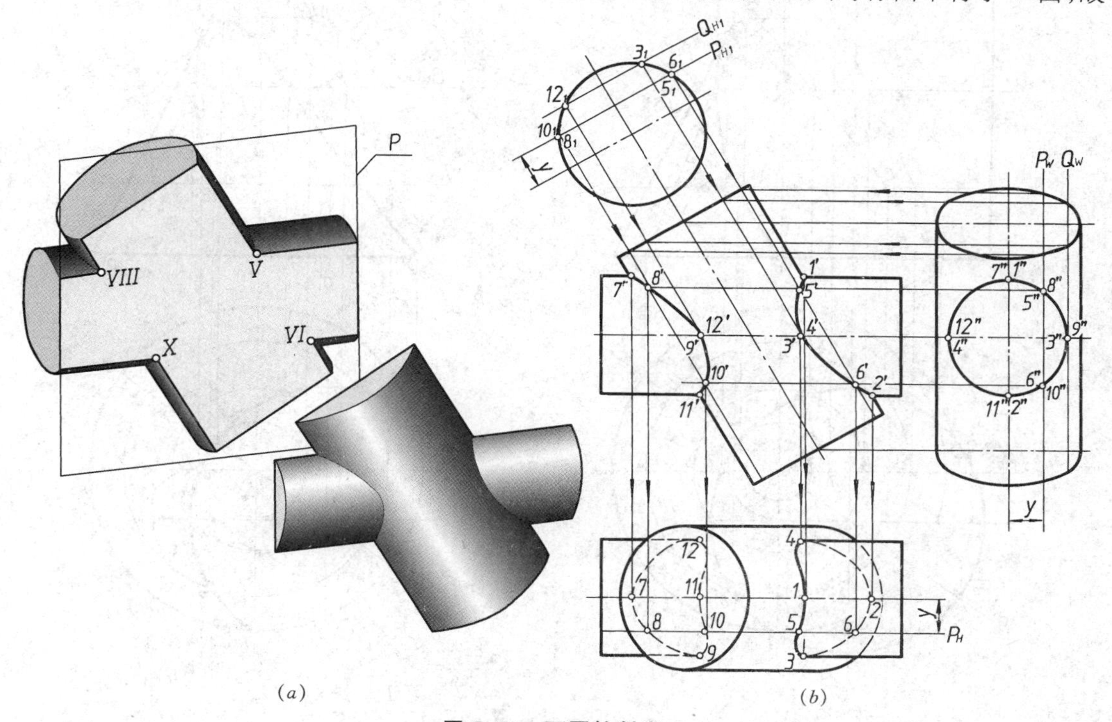

(*a*) (*b*)

图 5-30 两圆柱斜交

相贯线的正面投影为双曲线；它的侧面投影与水平圆柱的侧面投影重影，水平投影为四次曲线。选择与两轴线平行的正平面作为辅助平面。其作图步骤如下(图 5-30*b*)：

① 先作可直接求出的特殊点。Ⅰ、Ⅶ为最高点，Ⅱ、Ⅺ为最低点；Ⅶ也为最左点，Ⅱ为最右点；它们都是两圆柱面上正面转向素线的交点，以上各点的投影可直接作出。

② 再作一般点。以正平面 P 作为辅助平面，它与水平圆柱面相交为两条平行直线，这两直线在侧面投影上重影为两点，即 8″5″、10″6″。P 与斜置圆柱面相交也为两条平行直线，为了使作图正确，可用变换投影面法求出斜置圆柱面在 H_1 上的投影，它为一具有重影性的圆，然后根据 y 坐标求出 P_{H1}，P_{H1} 与圆的交点即可确定 P 与斜置圆柱相交的一对平行直线的位置。这两组平行直线在正面投影上分别相交为 5′、6′、8′、10′，此即为共有点Ⅴ、Ⅵ、Ⅷ、Ⅹ的正面投影，由此再求出其水平投影 5、6、8、10。

③ 水平圆柱面的最前和最后素线与斜置圆柱面的交点即为最前点Ⅲ、Ⅸ，最后点Ⅳ、Ⅻ的各个投影，同样可通过作辅助平面 Q 求出。

④ 顺次连接各点即得相贯线的各个投影。当从上往下看时，由于水平圆柱的上半圆柱面和斜置圆柱的上半圆柱面是可见的，因此其交线Ⅳ-Ⅰ-Ⅴ-Ⅲ是可见的，水平投影 4-1-5-3 线段画成实线，其他均为不可见，而画成虚线。

(3) 圆柱与圆锥偏交。如图 5-31*a* 所示为圆柱与圆锥偏交。由于圆柱与圆锥的底面在同一平面上，因此在底面上没有交线，相贯线是不封闭的空间四次曲线，其水平投影与圆柱的水平投影圆重影，其正面投影为四次曲线。其辅助平面可选择过锥顶的铅垂面，也可选择

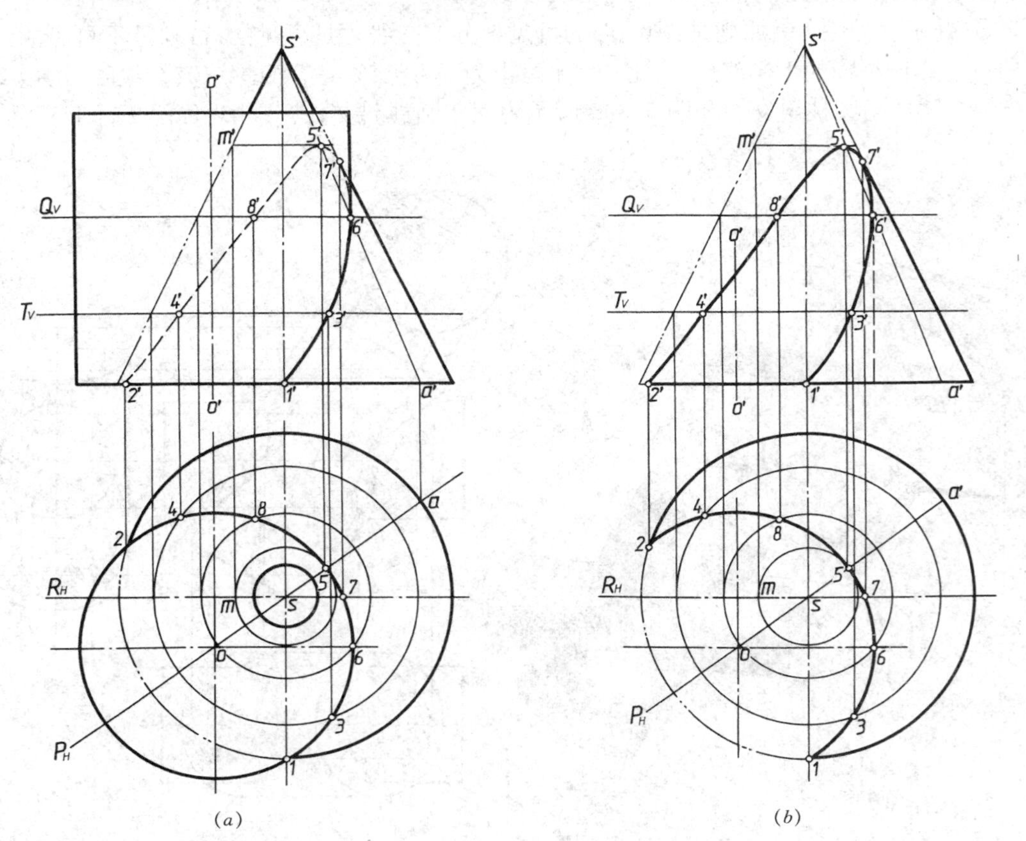

图 5-31　圆柱与圆锥偏交

垂直轴线的水平面，它们与两曲面的交线及其投影均为圆或直线。其作图步骤如下：

① 先作可直接求出的特殊点。两曲面的底圆都在同一水平面上，它们的交点Ⅰ、Ⅱ为最低点，可以直接在图上作出。

② 再作一般点。作辅助水平面 T，截切两曲面的交线均为圆，它们的水平投影的交点3、4即为共有点Ⅲ、Ⅳ的水平投影，由此可求出其正面投影3′、4′。

③ 当辅助水平面与圆锥面截切到的圆和与圆柱面截切到的圆相切时，这时辅助水平面的位置是最高位置，其切点Ⅴ也是最高点。可先作出其水平投影5，然后由圆锥面上取点的方法求出正面投影5′。该点投影也可过圆柱轴线与锥顶 S 作辅助铅垂面 P 求出。

④ 圆柱面的最右素线与圆锥面的交点Ⅵ，其水平投影6可直接作出，其正面投影6′可通过作辅助水平面 Q 作出。

⑤ 圆锥面的最右素线与圆柱面的交点Ⅶ，可作过锥顶 S 的辅助正平面 R 作出，在正面投影上它是相贯线的投影与圆锥面外形轮廓线的切点。

⑥ 顺次连接各点即得相贯线的投影。由于圆柱面前半部分的相贯线Ⅰ-Ⅲ-Ⅵ是可见的，因此1-3-6线段画成实线，其余线段均为虚线。

如将圆柱取去，相当于在圆锥上挖一圆柱面槽，其投影如图5-31*b*所示。原来相贯线上不可见部分线段的投影2′-4′-8′-5′-7′-6′成为可见线段的投影，应画成实线。

5.5.2.3　辅助球面法

如图5-32所示为圆柱面与圆锥面斜交。当用辅助水平面时，它与圆锥面的交线为圆，

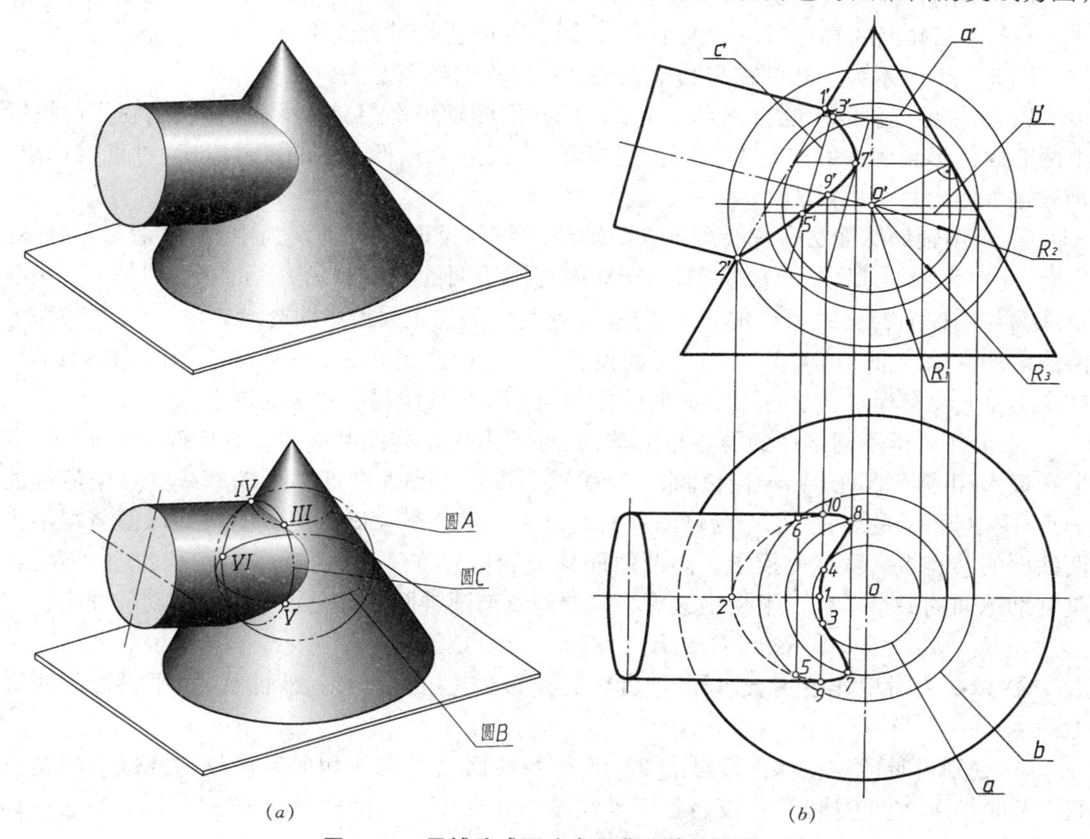

(*a*)　　(*b*)

图5-32　用辅助球面法求两曲面的相贯线

而与圆柱面的交线为椭圆,如用辅助正平面时,它与圆柱面相交为一对平行直线,但与圆锥面相交为双曲线。椭圆、双曲线都不属于简单曲线,因此上述立体相贯情况不适合应用辅助平面法求两曲面的共有点。而在此情况下,应用辅助球面法就有利于方便作图。

辅助球面法是应用球面作为辅助面。应用辅助球面法的基本原理为:当球面与回转面相交,且球心在回转面轴线上时,其交线为垂直于回转轴的圆;若回转面的轴线平行于某一投影面时,则该圆在该投影面上的投影为一垂直于轴线的直线段,该直线段就是球面与回转面两外形轮廓线的交点连线(见图 5-24*c*)。如两回转面相交,以两轴线的交点作为球心作一球面,则球面与两回转面的交线均为圆,由于两圆均在同一球面上,因此两圆的交点即为两回转面的共有点。

如图 5-32*a* 所示,以圆柱面和圆锥面两轴线的交点为球心,以适当半径作一球面,该球面与圆锥面相交为 A 圆和 B 圆,与圆柱面相交为 C 圆。A 圆、B 圆与 C 圆的交点Ⅲ、Ⅳ、Ⅴ、Ⅵ即为圆柱面与圆锥面的共有点,即相贯线上的点(图 5-32*a* 下图)。如球面的半径变化则可求出一系列的共有点,顺次连接后即为所求的相贯线。为了能直接作出共有点的投影,应使相交两圆的投影均为直线,因此两回转面轴线所决定的平面,即它们的公共对称面应平行于某一投影面。

根据以上分析,应用辅助球面法的条件是:

(1) 相交两曲面都是回转面。

(2) 两回转面轴线相交。

(3) 两回转面的轴线所决定的平面,即两曲面的公共对称面平行于某一投影面。

图 5-32*b* 所示为上述圆柱与圆锥斜交时相贯线的作图方法。其步骤如下:

① 先作可直接求出的特殊点。由于两回转面的轴线是相交且平行于 V 面,在正面投影上两曲面外形轮廓线的交点 $1'$、$2'$是相贯线上最高点Ⅰ、最低点Ⅱ的正面投影,可直接作出,相应地可作出其水平投影 1、2。

② 应用辅助球面法作一般点。以两轴线的正面投影的交点 o'为中心,取适当半径 R_3 作圆,此即为辅助球面的正面投影,作出球面与圆锥面的交线圆 A、B 的正面投影 a'、b'以及球面与圆柱面的交线圆 C 的正面投影 c',这两组圆的正面投影的交点 $3'(4')$、$5'(6')$即为两曲面的共有点Ⅲ、Ⅳ、Ⅴ、Ⅵ的正面投影。为图面清楚起见,分别与 $3'$、$5'$重影的$(4')$、$(6')$在图上没有标出。共有点的水平投影 3、4、5、6 可作相应的辅助水平圆求出。

③ 再作若干不同半径的同心辅助球面,可求出一系列的共有点。作图时,球面半径应取在最大和最小辅助球面半径之间,一般由球心投影 o'到两曲面外形轮廓线交点中最远的一点(图中为 $2'$)的距离 R_1 即为辅助球面的最大半径。半径比这更大的辅助球面将得不到两曲面的共有点。从球心投影 o'向两曲面外形轮廓线作垂线,两垂线中较长的一个 R_2 就是辅助球面的最小半径。半径比这更小的球面就与圆锥面没有交线。因此辅助球面半径 R 必须在 R_1、R_2 之间,即 $R_2 \leqslant R \leqslant R_1$。

④ 依次光滑地连接各点,即得相贯线的投影。其正面投影为双曲线,水平投影为四次曲线。

⑤ 判别可见性。在水平投影上 9、10 是圆柱面最前素线和最后素线与圆锥面的交点Ⅸ、Ⅹ的投影,它们是可见线段与不可见线段的分界点。右面部分的连线 9-7-3-1-4-8-10 为可见线段,画成实线,其余线段画成虚线。

由此可见,应用辅助球面法可以在一个投影上完成相贯线在该投影面上投影的全部作图,因此这是它的独特优点。

思考练习题

一、判断题

1. 平面与立体相交,其交线一定是封闭线条。( )

2. 平面与曲面立体相交,其交线一定是平面曲线。( )

3. 两曲面立体相交,其交线一定是封闭曲线。( )

4. 两曲面立体相交,其交线一定是空间曲线。( )

5. 轴线相交且切于同一球面的两个二次曲面,其交线为两条二次曲线。( )

6. 两曲面立体相交,只有当两曲面立体均为可见部分时,其交线才是可见的。( )

二、填空题

1. 在投影图上表示立体就是把组成立体表面的__________和__________表示出来,并判别其__________。

2. 平面截交圆柱面,其截交线可能为__________、__________和__________。

3. 平面截交圆锥面,其截交线可能为__________、__________、__________、__________和__________。

4. 应用辅助平面法求两曲面立体的交线,其辅助平面的选择原则是____。

5. 应用辅助球面法求两面立体的交线的条件是:(1)__________,(2)__________,(3)__________。

三、选择题

1. 具有公共对称面且轴线相交的两个二次曲面(如圆柱面或圆锥面),其交线在平行公共对称面的投影面上的投影是( )。

A. 椭圆; B. 抛物线; C. 双曲线

2. 具有公共对称面的球面与另一个二次曲面(如圆柱面或圆锥面),其交线在平行公共对称面的投影面上的投影是( )。

A. 椭圆; B. 抛物线; C. 双曲线

第2篇　制图基础

第6章　制图的基本知识与技能

技术图样被公认为是工程界中的一种语言。机械图样是设计、制造与维修机器等过程中必不可少的技术资料。要正确地绘制机械图样，必须遵守国家标准的各项规定，必须学会正确地使用绘图工具，掌握合理的绘图方法和步骤。

6.1　国家标准的部分内容简介

为了便于进行生产和技术交流，我国的国家标准对技术图样中的各项内容均作了统一的规定。国家标准(简称"国标")的代号为"GB"(GB是"国标"两字的拼音缩写)或"GB/T"，前者表示"强制性标准"，后者表示"推荐性标准"。上述两种标准，只要是相应的国家标准化行政管理部门批准发布的标准，都是正式标准，都必须严格地贯彻与执行。

当前，我国有关制图的国家标准有：由国家质量监督检验检疫总局发布的国家标准《技术制图》和国家标准《机械制图》，它们均为推荐性标准。技术制图是比机械制图、建筑制图等各专业制图高一层次的制图标准，适用于工程界各专业领域。以《技术制图》名义发布的标准，各不同专业的制图均必须遵循。但为了适应各专业领域自身的特点，如机械专业等，还制订相应的《机械制图》等标准，在不违背《技术制图》标准中基本规定的前提下，作出必要的技术性的具体补充。如本章介绍的《图线》和第8章中介绍的《视图》、《剖视图和断面图》等，均为两类标准同时贯彻执行的例子。本章介绍的图线标准摘自《GB/T17450-1998　技术制图　图线》和《GB/T4457.4-2002　机械制图　图样画法　图线》。以上的"17450"和"4457.4"为标准顺序号，"1998"和"2002"为标准批准的年号。本章介绍的尺寸注法都是摘自《GB/T4458.4-2003　机械制图　尺寸注法》。有些《技术制图》标准可直接贯彻于机械制图中，因此就不再制定相应的《机械制图》标准。如本章介绍的其他几种标准，相应地摘自《GB/T14689-2008　技术制图　图纸幅面和格式》、《GB/T10609.1-2008　技术制图　标题栏》、《GB/T14690-1993　技术制图　比例》和《GB/T14691-1993　技术制图　字体》。

国家标准的内容很多，除本章介绍的几种外，其余有关内容将在以后的各章中分别介绍。

6.1.1　图纸幅面和格式

绘制技术图样时，应优先采用表6-1所规定的基本幅面，其格式如图6-1所示。

表6-1　图纸幅面　(mm)

幅面代号	A0	A1	A2	A3	A4
$B\times L$	841×1189	594×841	420×594	297×420	210×297
e	20		10		
a	25				
c	10			5	

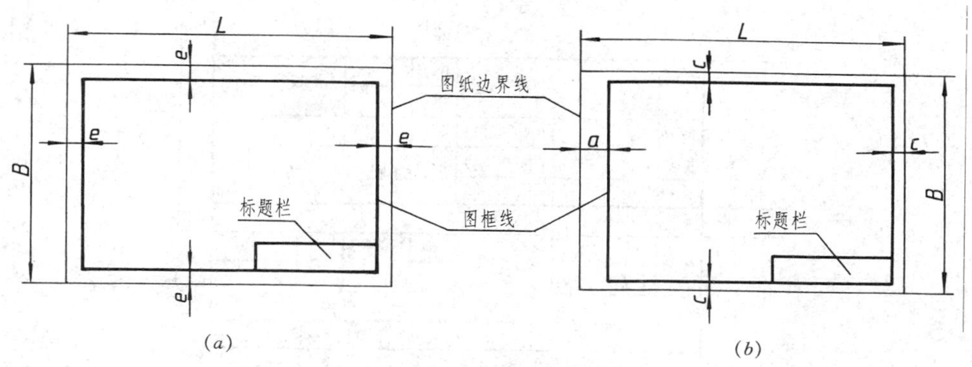

图 6-1　图纸幅面和图框格式

在图纸上必须用粗实线画出图框，其格式分为不留装订边(图 6-1*a*)和留有装订边(图 6-1*b*)两种。在图框的右下角应画出标题栏，标题栏中的文字方向一般为看图的方向。

6.1.2　标题栏

国家标准规定的生产上用的标题栏格式如图 6-2 所示，一般均印好在图纸上，不必自己绘制。标题栏的右边部分为名称及代号区，左下方为签字区，左上方为更改区，中间部分为其他区，包括材料标记、比例等内容。

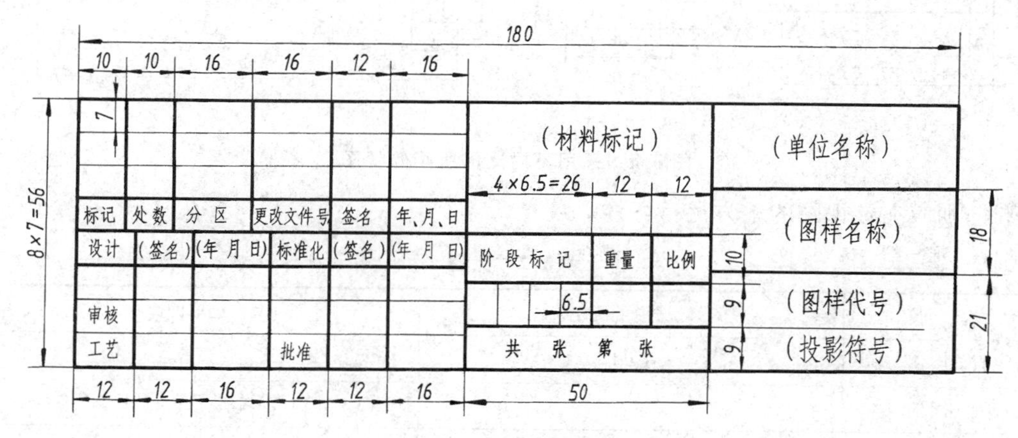

图 6-2　标题栏的格式

在学校的制图作业中，以及本书中的零件图和装配图上，为了节省时间和幅面，建议采用图 6-3 所示的简化标题栏。

6.1.3　比例

绘制图样时采用的比例，为图中图形与实际机件相应要素的线性尺寸之比。比值为 1 的比例称为**原值比例**，即 1∶1(图 6-4*a*)；比值小于 1 的比例称为**缩小比例**，如 1∶2 等(图 6-4*b*)；比值大于 1 的比例称为**放大比例**，如 2∶1 等(图 6-4*c*)。但在标注尺寸时，仍应按机件的实际尺寸标注，与绘图的比例无关(图 6-4)。

国家标准规定，当需要按比例绘制图样时，应由表 6-2 规定的系列中选取适当的比例，或采用表中比值的 10^n 倍数(n 为正整数)，如 $1:2\times10^n$、$5\times10^n:1$ 等。绘制同一机件的各个视图一般应采用相同的比例，并在标题栏的比例一栏中填写。若某个视图需采用不同的

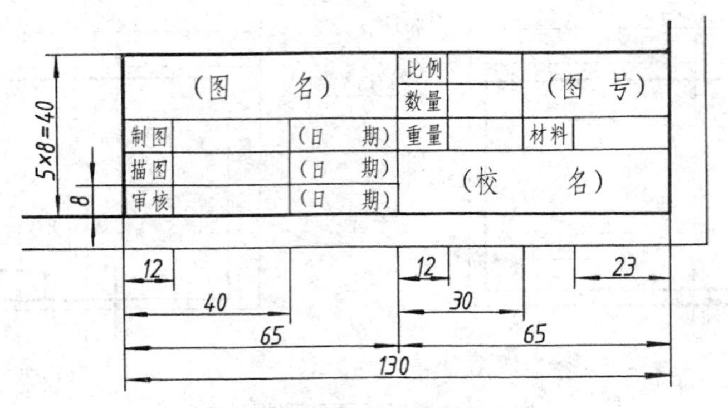

图 6-3 简化标题栏

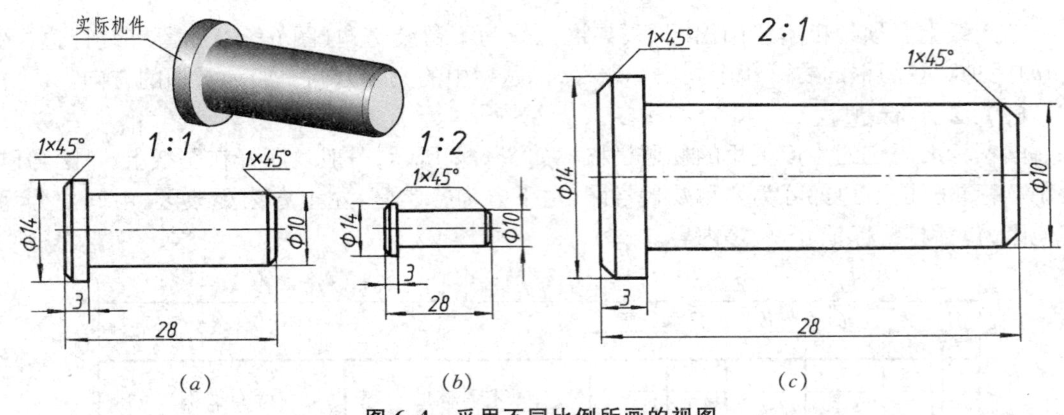

图 6-4 采用不同比例所画的视图

比例时,则应在该视图的上方另行标注。

表 6-2 比例

种 类	应选取的比例	允许选取的比例
原值比例	1∶1	
缩小比例	1∶2 1∶5 1∶10	1∶1.5 1∶2.5 1∶3 1∶4 1∶6
放大比例	5∶1 2∶1	4∶1 2.5∶1

6.1.4 字体

图样中书写的汉字、数字、字母都必须做到:字体工整、笔画清楚、间隔均匀、排列整齐。字体高度(用 h 表示)的公称尺寸系列为 1.8, 2.5, 3.5, 5,7, 10, 14, 20mm。字体高度代表字体的号数。

汉字应写成长仿宋体字,并应采用国家正式公布推行的简化字。汉字的高度 h 不应小于 3.5,其字宽一般为 $h/\sqrt{2}$。图 6-5 为 10 号与 7 号长仿宋体汉字示例。

字母和数字分 A 型和 B 型。A 型字体的笔画宽度(d)为字高(h)的 1/14, B 型字体的笔画宽度(d)为字高(h)的 1/10。在同一图样上,只允许选用一种形式的字体。字母和数字可写成斜体和直体。斜体字的字头向右倾斜,与水平基准线成 75°。用作指数、分数、极限偏差、注脚等的数字及字母,一般应采用小一号的字体。图 6-6 为 B 型斜体字母、数字及字

字体工整 笔画清楚 间隔均匀 排列整齐

横平竖直　结构均匀　注意起落　填满方格

技术制图机械电子汽车航空船舶

土木建筑矿山井坑港口纺织服装

图 6-5　长仿宋体汉字示例

ABCDEFGHIJKLMNOPQRSTUVWXYZ

abcdefghijklmnopqrstuvwxyz

12345678910　I II III IV V VI VII VIII IX X

R3　2×45°　M24-6H　Φ60H7　Φ30g6

$Φ20^{+0.021}_{0}$　$Φ25^{-0.007}_{-0.020}$　*Q235*　*HT200*

图 6-6　B 型斜体字母、数字及字体的应用示例

体的应用示例。

6.1.5　图线

6.1.5.1　线型及其应用

在国家标准《技术制图　图线》中，对适用于各种技术图样中的图线，分为粗线、中粗线和细线三种，宽度比例为 4∶2∶1。其线型的种类也甚多，这里仅介绍机械图样上常使用的线型。在国家标准《机械制图　图样画法　图线》中，规定在机械图样上，只采用粗线和细线两种线宽，它们之间的比例为 2∶1。图线宽度和图线组别如表 6-3 所示，它们的选择应根据图样的类型、尺寸、比例和缩微复制的要求确定。制图中优先采用的图线组别为 0.5 和 0.7 两种。

表 6-3　图线宽度和图线组别　(mm)

图线组别	0.25	0.35	0.5*	0.7*	1	1.4	2
粗线宽度	0.25	0.35	0.5	0.7	1	1.4	2
细线宽度	0.13	0.18	0.25	0.35	0.5	0.7	1

注：表中的 * 表示优先采用的组别。

表 6-4 为在机械图样上常用的几种图线的名称、线型、图线粗细及其一般应用，供绘图时选用。

表 6-4 线型及其应用

图线名称	线型	图线粗细	一般应用
粗实线		粗线	① **可见棱边线** ② **可见轮廓线** ③ 相贯线 ④ 螺纹牙顶线及螺纹长度终止线 ⑤ 剖切符号用线
细虚线	4~5 ≈1	细线	① **不可见棱边线** ② **不可见轮廓线**
细实线		细线	① **尺寸线及尺寸界线** ② **剖面线** ③ 过渡线 ④ 指引线和基准线 ⑤ 重合断面的轮廓线 ⑥ 螺纹的牙底线
细点画线	15~20 ≈3	细线	① **轴线** ② **对称中心线** ③ 孔系分布的中心线 ④ 剖切线
细双点画线	15~20 ≈5	细线	① **相邻辅助零件的轮廓线** ② 可动零件处于极限位置时的轮廓线 ③ 剖切面前的结构的轮廓线
波浪线		细线	① **断裂处的边界线** ② **视图与剖视图的分界线**
双折线			
粗点画线		粗线	限定范围表示线
粗虚线		粗线	允许表面处理的表示线

初学制图阶段所遇到的图线用途，主要为表 6-4 一般应用中用黑体字表示的几种，必须首先掌握好。图 6-7 为上述几种图线的应用举例。在图示零件的视图上，粗实线表达该零件的可见棱边线及可见轮廓线，细虚线表达不可见棱边线（或轮廓线），细实线表达尺寸线、

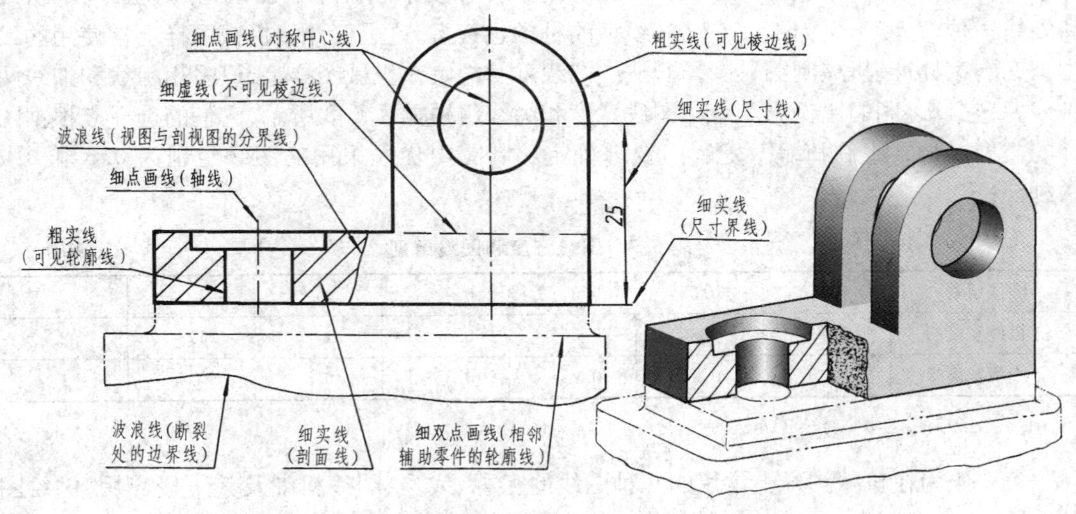

图 6-7 图线及其应用

尺寸界线及剖面线,波浪线表达断裂处的边界线及视图与剖视图的分界线(双折线和波浪线的用途相同,但在一张图样上,一般只采用同一种线型),细点画线表达轴线及对称中心线,细双点画线表达相邻辅助零件的轮廓线。

6.1.5.2 图线的画法

(1) 在同一图样中,同类图线的宽度应一致。细虚线、细点画线及细双点画线的画线长度和间隔应各自大致相等,其长度可根据图形的大小决定。为了学习方便,建议按表6-4中所标注的画线长度及间隔进行作图。

(2) 细虚线、细点画线等应恰当地相交于画线处(图6-8)。绘制圆的对称中心线时,圆心应为画线的交点。细点画线的首末两端应是画线而不是点,且应超出图形外2~5mm。在较小的图形上绘制细点画线或细双点画线有困难时,可用细实线代替。当细虚线与细虚线、或细虚线与粗实线相交时,应该是画线相交;当细虚线是粗实线的延长线时,在连接处应断开,也即从间隔开始。

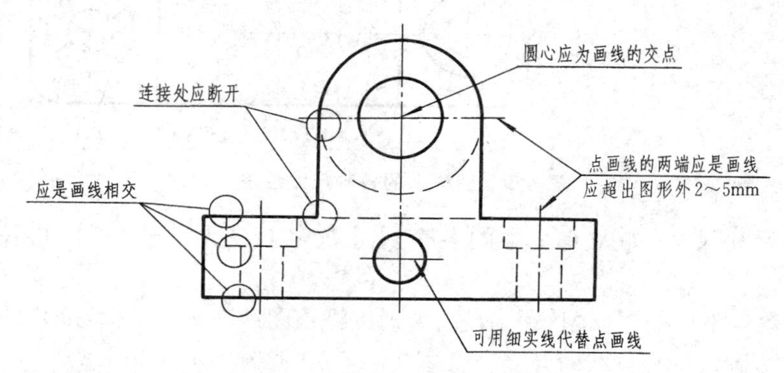

图6-8 细点画线与细虚线的画法

6.1.6 尺寸注法

图样上必须标注尺寸以表达零件的各部分大小,如图6-9所示。国家标准规定了标注尺寸的一系列规则和方法,绘图时必须遵守。

6.1.6.1 基本规则

(1) 机件的真实大小应以图样上所注的尺寸数值为依据,与图形的大小及绘图的准确度无关。

(2) 图样中(包括技术要求和其他说明)的尺寸,以毫米为单位时,不需标注单位符号(或名称),如采用其他单位,则应注明相应的单位符号。

(3) 机件的每一尺寸,一般只标注一次,并应标注在反映该结构最清晰的图形上。

6.1.6.2 尺寸的组成

一个完整的尺寸,应包括尺寸线、尺寸界线、尺寸数字和尺寸线终端(箭头或斜线),如图6-9中的长度尺寸66。

6.1.6.3 尺寸数字

(1) 线性尺寸的数字一般应注写在尺寸线的上方(图6-9),也允许注写在尺寸线的中断处。

(2) 线性尺寸数字的方向,一般应按图6-10所示的方向注写,并尽可能避免在图

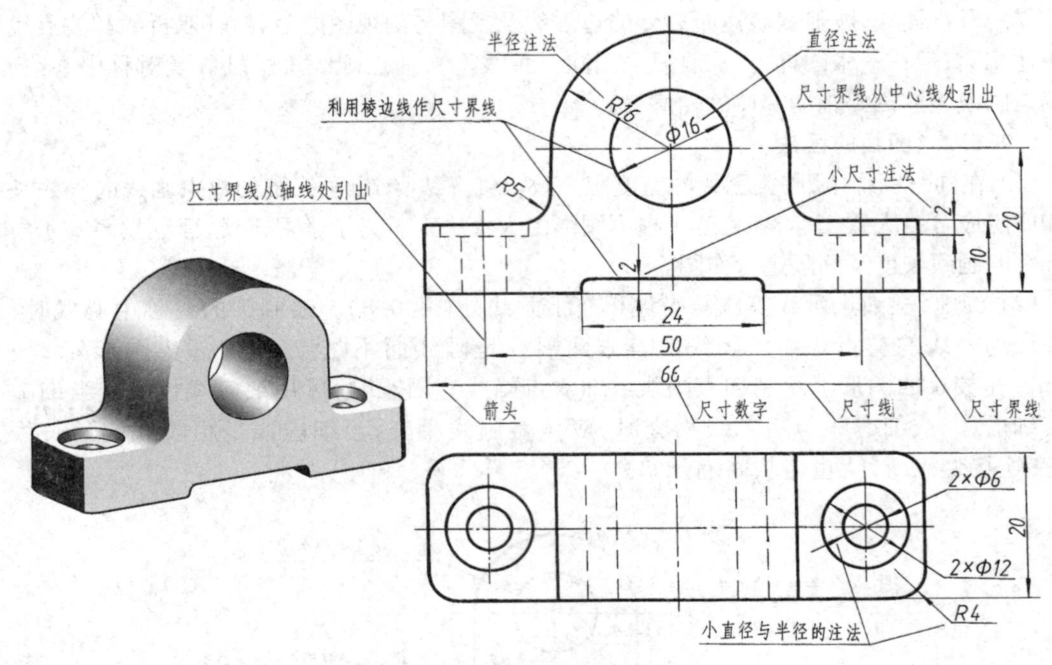

图 6-9 图样上的各种尺寸注法

示 30°范围内标注尺寸，如图 6-9 中的各个尺寸数字。当无法避免时，可按图 6-11 的形式标注。

(3) 尺寸数字不可被任何图线所通过，否则应将该图线断开，如图 6-9 中的 *R*16 和 ϕ16 处分别将粗实线圆及细点画线断开。

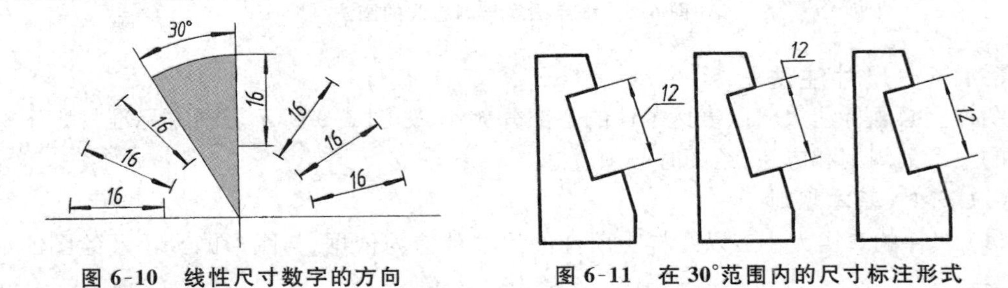

图 6-10 线性尺寸数字的方向

图 6-11 在 30°范围内的尺寸标注形式

6.1.6.4 尺寸线和尺寸界线

(1) 尺寸线和尺寸界线均用细实线绘制。标注线性尺寸时，尺寸线应与所标注的线段平行。尺寸界线应由图形的棱边线或轮廓线、轴线或对称中心线处引出，也可利用棱边线或轮廓线、轴线或对称中心线作尺寸界线(图 6-9)。

(2) 尺寸线不能用其他图线代替，一般也不得与其他图线重合或画在其延长线上。

(3) 同一图样中，尺寸线与轮廓线以及尺寸线与尺寸线之间的距离应大致相等(图 6-9)，一般以不小于 5mm 为宜。

(4) 尺寸界线一般应与尺寸线垂直，必要时才允许倾斜(图 6-12)。

(5) 在用圆弧光滑过渡处标注尺寸时，必须用细实线将棱边线或轮廓线延长，从它们的交点处引出尺寸界线(图 6-12)。

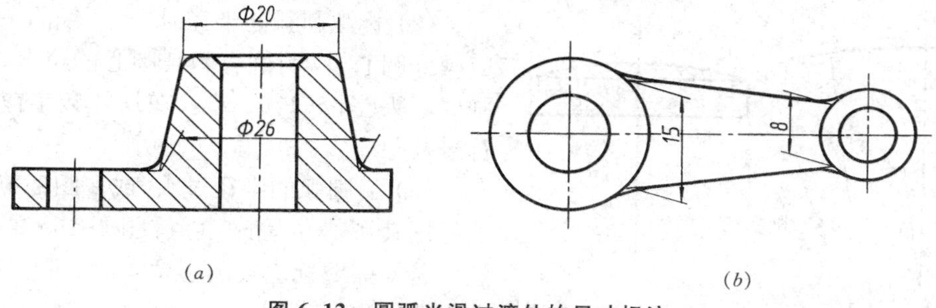

(a)　(b)

图 6-12　圆弧光滑过渡处的尺寸标注

6.1.6.5　尺寸线的终端

(1) 尺寸线的终端可以有两种形式。机械图样中一般采用箭头作为尺寸线的终端，以表明尺寸的起止，其尖端应与尺寸界线相接触。图 6-13*a* 为箭头及图线的放大图，以表示箭头的形式及画法。图中尺寸 d 为粗实线的宽度。土建图上的尺寸线终端一般画成 45° 斜线(图6-13*b*)，图中尺寸 h 为尺寸数字的高度，这时尺寸线与尺寸界线应相互垂直。

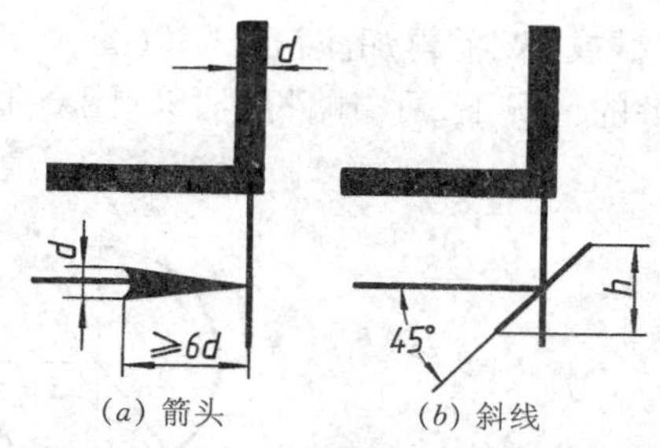

(a) 箭头　(b) 斜线

图 6-13　尺寸线终端的两种形式的放大图

(2) 箭头应尽量画在两尺寸界线的内侧。对于较小的尺寸，在没有足够的位置画箭头或注写数字时，也可将箭头或数字放在尺寸界线的外侧或将数字引出标注，如图 6-9 中注有“小尺寸注法”的两处和图 6-14*a*。当遇到连续几个较小的尺寸时，允许用圆点或斜线代替箭头(图 6-14*b*、*c*)。

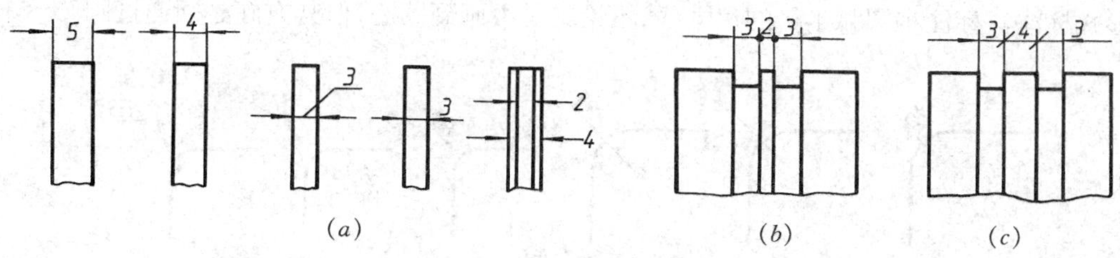

(a)　(b)　(c)

图 6-14　小尺寸的注法

6.1.6.6　圆的直径和圆弧半径的注法

(1) 标注圆的直径时，尺寸线应通过圆心，尺寸线的两个终端应画成箭头(图 6-15*a*)，在尺寸数字前应加注符号“ϕ”。当图形中的圆只画出一半或略大于一半时，尺寸线应略超过圆心，此时仅在尺寸线的一端画出箭头(图 6-15*b*)。

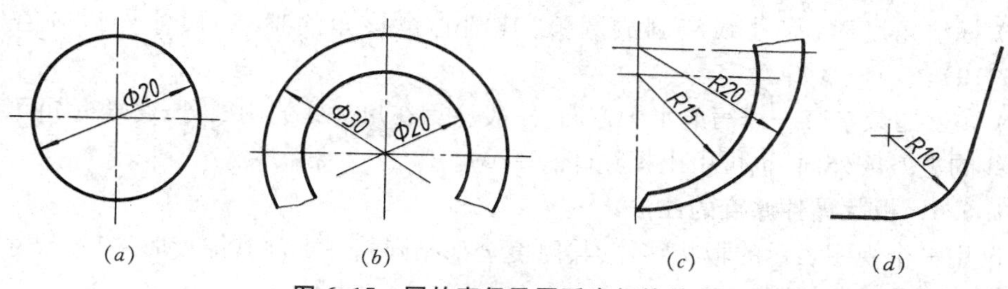

(a)　(b)　(c)　(d)

图 6-15　圆的直径及圆弧半径的注法

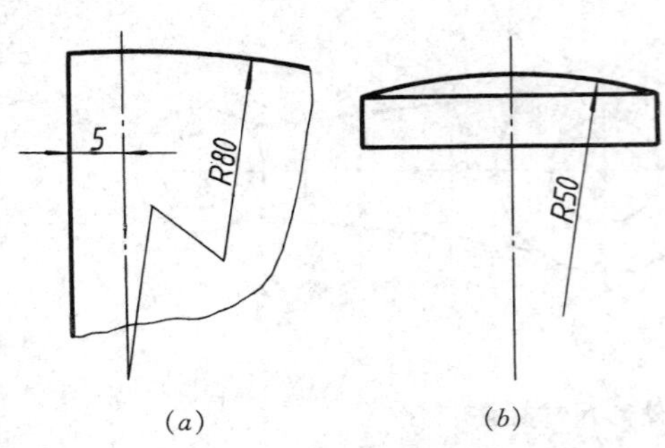

(a)　(b)

图 6-16　大圆弧半径的注法

(2) 标注圆弧的半径时,尺寸线的一端一般应画到圆心,以明确表明其圆心的位置,另一端画成箭头(图 6-15*c*、*d*)。在尺寸数字前应加注符号"*R*"。

(3) 当圆弧的半径过大,或在图纸范围内无法标出其圆心位置时,可按图 6-16*a* 的形式标注。若不需要标出其圆心位置时,可按图 6-16*b* 的形式标注。

(4) 标注球面的直径或半径时,应在符号"ϕ"或"*R*"前再加注符号"*S*"(图 6-17*a*、*b*)。但对于有些轴及手柄的端部等,在不致引起误解的情况下,可省略符号"*S*"(图 6-17*c*)。

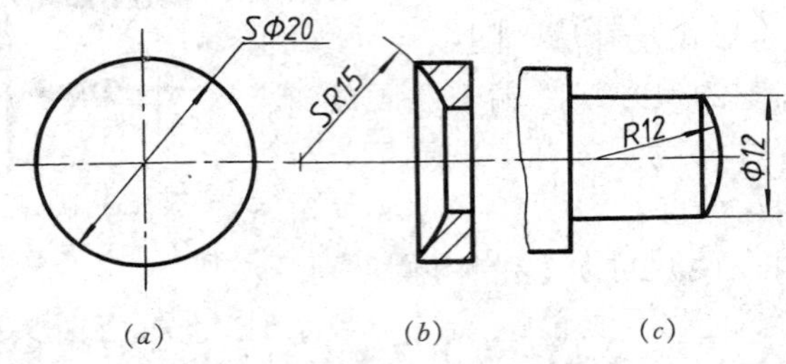

(a)　(b)　(c)

图 6-17　球面直径与半径的注法

(5) 在图形上直径较小的圆或圆弧,在没有足够的位置画箭头或注写数字时,可按图 6-18 的形式标注。标注小圆弧半径的尺寸线,不论其是否画到圆心,但其方向必须通过圆心。

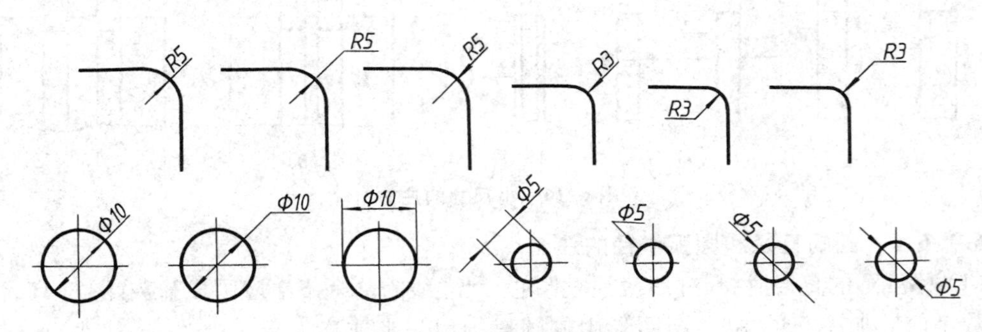

图 6-18　小直径与半径的注法

6.1.6.7　角度的注法

(1) 标注角度时,尺寸线应画成圆弧,其圆心是该角的顶点,尺寸界线应沿径向引出(图 6-19)。

(2) 角度的数字应一律写成水平方向,一般注写在尺寸线的中断处,必要时也可以注写在尺寸线的上方或外面,也可引出标注(图 6-20)。

6.1.6.8　板状零件厚度的注法

当仅用一个视图表示的板状零件(其厚度全部相同),在标注其厚度时,可在尺寸数字前加注符号"*t*"(图 6-21)。

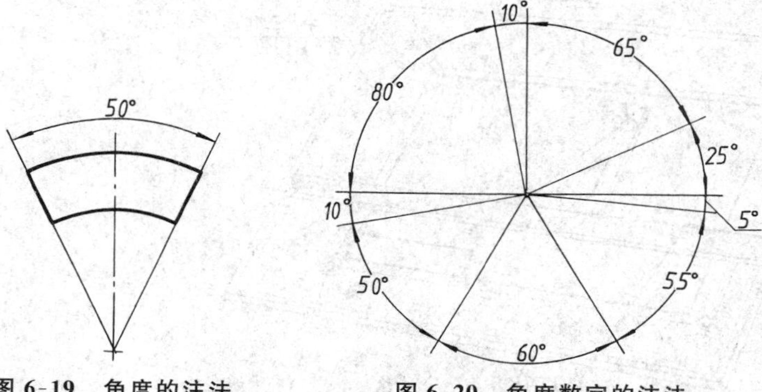

图 6-19　角度的注法

图 6-20　角度数字的注法

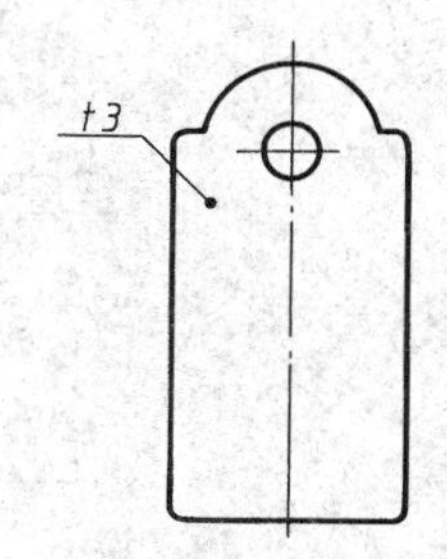

图 6-21　板状零件厚度的注法

标注尺寸时，必须符合上述的各项规定。图 6-22 为一平面图形的尺寸标注的正误对比。图 6-22*a* 的尺寸标注是正确的；图 6-22*b* 为初学者经常容易犯的错误，图中将所有错误之处用数字编号指出。①②线性尺寸数字的方向不符规定。③尺寸线不得画在棱边线的延长线上。④角度的数字应一律写成水平方向。⑤线性尺寸的数字应注写在尺寸线的上方。⑥标注圆弧半径的尺寸线方向必须通过圆心。⑦尺寸数字的方向不符规定。⑧应尽可能避免在图 6-10 所示 30°范围内标注尺寸。⑨尺寸线不能用其他图线（细点画线）代替或与其重合。⑩标注圆弧半径时，应在尺寸数字前加注符号“*R*”。

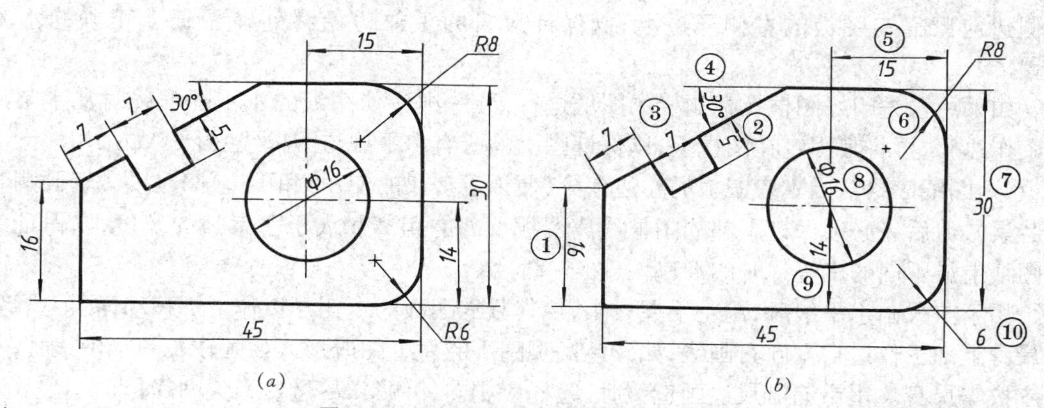

图 6-22　平面图形尺寸标注的正误对比

6.2　绘图工具及使用

要准确而又迅速地绘制图样，必须正确合理地使用绘图工具，经常进行绘图实践，不断总结经验，才能逐步提高绘图的基本技能。

手工绘图时常用的普通绘图工具主要有：图板、丁字尺、三角板、绘图仪器（主要是圆规、分规、直线笔等）、比例尺、曲线板、量角器等（图 6-23 和彩色插页图Ⅰ）。此外还需要有铅笔、橡皮、胶带纸、削笔刀、擦图片和写字模板等绘图用品。现将几种常用的绘图工具、用品及其使用方法分别介绍如下：

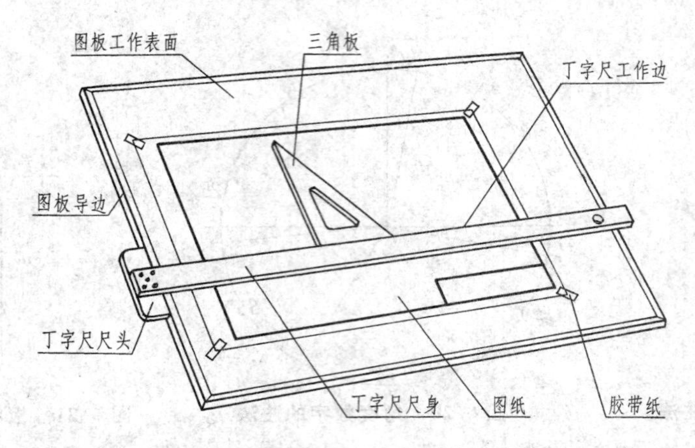

图 6-23 图板、丁字尺、三角板与图纸

6.2.1 图板

绘图时必须用胶带纸将图纸固定在图板上(图 6-23),图板的工作表面必须平坦。图板左右的导边必须平直,以保证与丁字尺尺头的内侧边准确接触。

6.2.2 丁字尺

丁字尺是用来画图纸上水平线的。丁字尺由尺头和尺身组成(图 6-23),尺头与尺身的结合必须牢固。丁字尺尺头的内侧边及尺身的工作边都必须平直,使用时尺头的内侧边应紧靠在图板的左侧导边上,以保证尺身的工作边始终处在图纸上正确的水平位置。

如采用预先印好图框及标题栏的图纸进行绘图,则应使图纸的水平图框线对准丁字尺的工作边后,再将其固定在图板上,以保证图上的所有水平线与图框线平行。如采用较大的图板,则图纸应尽量固定在图板的左边部分(便于丁字尺的使用)和下边部分(以减轻画图时的劳累),但后者必须保证下部的图框线离图板下部的距离稍大于丁字尺的宽度,以保证绘制图纸上最下面的水平线时的准确性(图 6-23)。

用丁字尺画水平线时,用左手握尺头,使其紧靠图板的左侧导边作上下移动,右手执笔,沿尺身上部工作边自左向右画线,如彩色插页图Ⅰ的左上图所示。如画较长的水平线时,左手应按牢尺身。用铅笔沿尺边画直线时,笔杆应稍向外倾斜,尽量使笔尖贴靠尺边。

6.2.3 三角板

绘图时要准备一副三角板(45°角和 30°、60°角各一块),三角板与丁字尺配合使用,可画出垂直线和 15°、30°、45°、60°、75°等角度的倾斜线。

画垂直线时,将三角板的一直角边紧靠在丁字尺尺身的工作边上,铅笔沿三角板的垂直边自下向上画线,如彩色插页图Ⅰ的左下图所示。用 30°、60°角的三角板与丁字尺配合使用,可画出与水平线成 30°、60°的倾斜线,也可把圆周 6 等分或 12 等分。用 45°角的三角板与丁字尺配合使用,可画出与水平线成 45°的倾斜线,也可把圆周 8 等分。用一副三角板与丁字尺配合使用,还可画出与水平线成 15°或 75°的倾斜线,如彩色插页图Ⅰ的中下图所示。

利用一副三角板还可以画任意已知直线的平行线或垂直线。图 6-24a 表示作已知直线 AB 的平行线 CD 的方法,图 6-24b 表示作已知直线 EF 的垂直线 GH 的方法。

图 6-24　用一副三角板画已知直线的平行线和垂直线

6.2.4　分规

分规是用来量取线段和分割线段的工具。为了准确地度量尺寸，分规的两针尖应平齐。分割线段时，将分规的两针尖调整到所需的距离，然后用右手拇指、食指捏住分规手柄，使分规两针尖沿线段交替作为圆心旋转前进，如彩色插页图Ⅰ的右上图所示。

6.2.5　圆规

圆规是画圆及圆弧的工具。圆规的一条腿上具有肘形关节，可装铅笔插腿或直线笔插腿，称为活动腿，分别用来画铅笔圆或墨线圆。铅笔插腿内可装入软或硬两种铅芯，通过调换铅芯，以适应绘制粗、细两种不同图线的要求。铅芯露出长度约 5～6mm，并且要经常磨削。圆规的两腿合拢时，针尖应比铅芯或直线笔的尖端稍长。画圆时，先张开圆规的两条腿，使钢针与铅芯间的距离等于所画圆的半径，然后将钢针轻轻插入圆心，用右手拇指与食指捏住圆规顶端手柄，使圆规铅芯接触纸面作顺时针方向旋转，即画成一圆。画大直径的圆，须使用接长杆。使用圆规时，尽可能使钢针和铅芯垂直于纸面，特别在画大圆或使用直线笔头画圆时更应如此，如彩色插页图Ⅰ的右上图所示。

6.2.6　绘图铅笔

一般采用的木质绘图铅笔，其末端印有铅笔硬度的标记。绘图时应同时准备 2H、H、HB 铅芯的铅笔数支，绘制粗实线一般用 HB 的铅笔，绘制各种细线及画底稿可用稍硬铅笔（H 或 2H），写字、画箭头可用 H 或 HB 铅笔。画底稿及绘制各种细线的铅芯宜在砂皮上磨尖；绘制粗实线的铅芯，其端部应磨得稍粗些，使所画的图线的粗细能达到符合要求的宽度。铅芯长度最好为 6～8mm。装在圆规铅笔插腿中的铅芯的磨法，也应这样。

6.2.7　比例尺

常见的比例尺形状为三棱柱体，故又名三棱尺。在尺的三个棱面上分别刻有 6 种不同比例的刻度尺寸，按照这 6 种比例作图时，尺寸数值可直接从相应的刻度上量取。

6.2.8　直线笔

直线笔是上墨或描图的画线工具。上墨或描图时，把直线笔的两片笔舌调节到所需的图线宽度，然后用蘸水钢笔把墨汁装入两片笔舌之间，装墨高度约 6～8mm。正确的执笔方法应当使直线笔的两片笔舌同时接触纸面，并使直线笔杆稍向画线的移动方向倾斜，如彩色插页图Ⅰ的右下图所示。

6.2.9　曲线板

曲线板是用来画非圆曲线的工具，其轮廓线由多段不同曲率半径的曲线组成（图 6-25）。作图时，先徒手用铅笔轻轻地把曲线上一系列的点顺次地连接起来，然后选择曲线

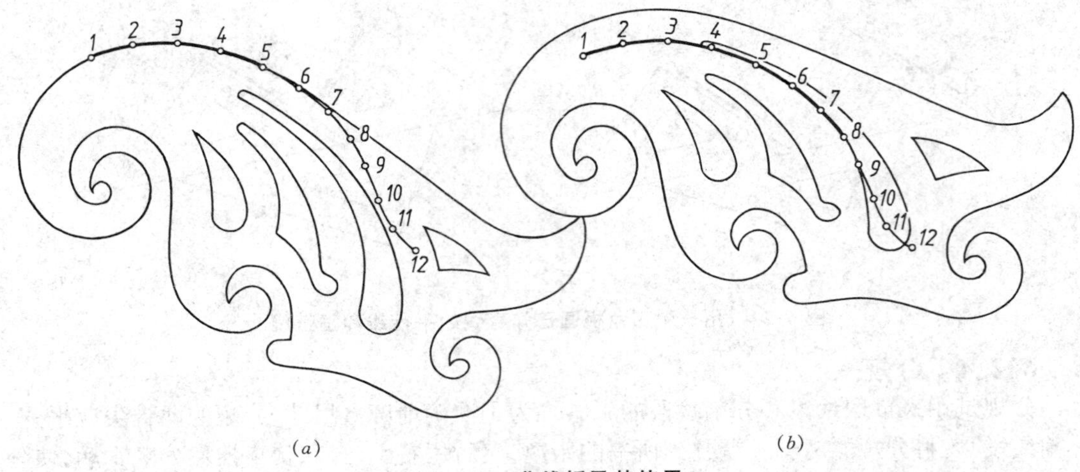

图6-25　曲线板及其使用

板上曲率合适的部分与徒手连接的曲线贴合，并将曲线描深。每次连接应至少通过曲线上三个点，并注意每画一段线，都要比曲线板边与曲线贴合的部分稍短一些，这样才能使所画的曲线光滑地过渡。

除以上各种最基本的绘图工具外，为提高绘图效率，还可使用各种绘图机。常见的钢带式绘图机和导轨式绘图机，它们都具有固定在机头上的一对相互垂直的纵横直尺，在移动时可始终保持平行，以绘制图上所有的垂直线与水平线；机头还可以作360°转动以绘制任意角度的斜线。它能代替丁字尺、三角板、量角器等绘图工具，从而使绘图效率大为提高。

由计算机控制的自动绘图机是新一代的先进绘图机，它是利用计算机及其外部设备，输入图形的信息，生成、处理、存储、显示和绘制图形。近年来计算机绘图的发展极为迅速，应用也愈来愈广泛，从而在各生产部门已逐步代替其他各种绘图机。本书在第四篇中将专门详细介绍其工作原理与绘图方法。

6.3　几何作图

在绘制机械图样过程中，常会遇到等分线段和圆周、作正多边形、画斜度和锥度、圆弧连接以及绘制椭圆等的几何作图问题。

6.3.1　等分线段与作正多边形

6.3.1.1　等分已知直线段

图6-26表示等分已知直线段的一般作图法。如欲将已知直线段 AB 五等分，则可过其一个端点 A 任作一直线 AC，用分规以任意相等的距离在 AC 上量得1、2、3、4、5各等分点(图6-26a)，然后连接5-B，并过各等分点作5-B 的平行线，即得 AB 上的各等分点 $1'$、$2'$、$3'$、$4'$(图6-26b)。

6.3.1.2　用试分法等分直线段或圆周

实际制图时，为了提高速度和避免较多的作图线，常采用试分法等分直线段或圆周。现以等分直线段为例，将已知直线段 AB 三等分(图6-27)。先将分规张开到约为 AB 的三分

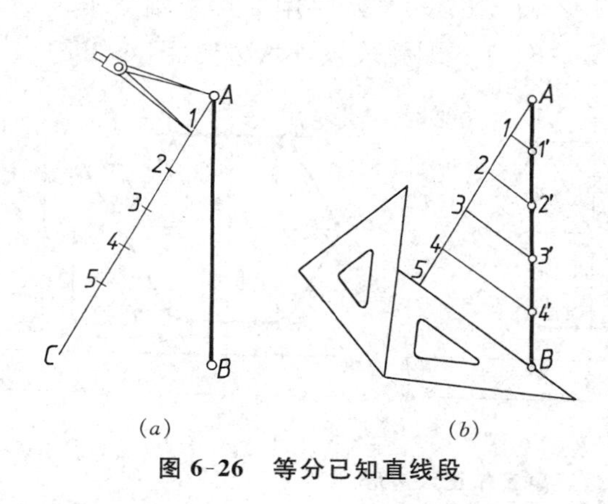

图 6-26　等分已知直线段

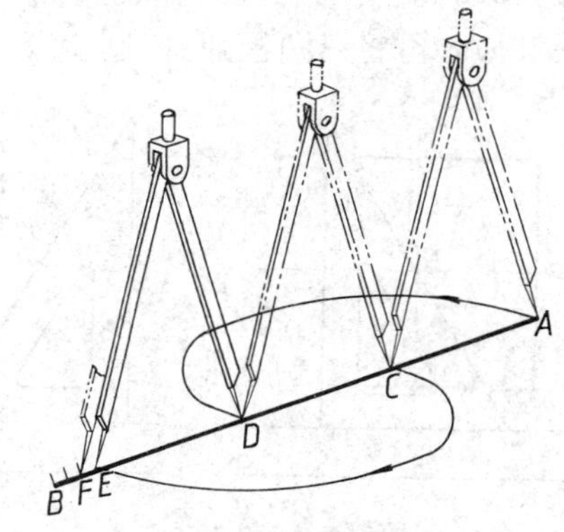

图 6-27　用试分法等分线段

之一左右(用目测法估计),如 AC,然后在 AB 直线上试分。如试分的距离短了,分规针脚最后落在 E 点上,则可将分规过 E 点的一条腿张大到剩下距离 EB 的 1/3 左右,即 F 点,再以 DF 长度重新试分。反之,如试分的距离大了,则应将分规两针脚间距离缩小该差距的 1/3 后再试分。如第二次试分结果还不准确,则可再重复上述操作。一般有了经验后,只要试分 1～2 次即能迅速而准确地完成等分。

同样道理,也可在一圆周上用试分法将圆周进行任意等分,读者可按上述办法自己进行试分练习。如欲作已知圆的内接正多边形,只要先用试分法将该圆周作相应的等分,然后依次连接各等分点即完成该正多边形。

6.3.1.3　用三角板和丁字尺直接作正六边形

机械图样中最常遇到的正多边形即为正六边形。在实际制图时,人们习惯于使用 30°—60°三角板与丁字尺配合,根据已知条件直接作出正六边形,其外接圆也可省略不画。具体作法如下:

① 已知正六边形对角线的距离 D。过正六边形的中心 O 画出其对称中心线。取 $O1 = O4 = D/2$,过点 1、4 作与水平成 60°的斜线(图 6-28a)。将三角板翻身,画另两条 60°斜线,再使三角板的斜边通过中心 O,作出点 2 和 5(图 6-28b)。再过点 2 和 5 用丁字尺直接作水平线 2-3 和 5-6,即完成该正六边形(图 6-28c)。

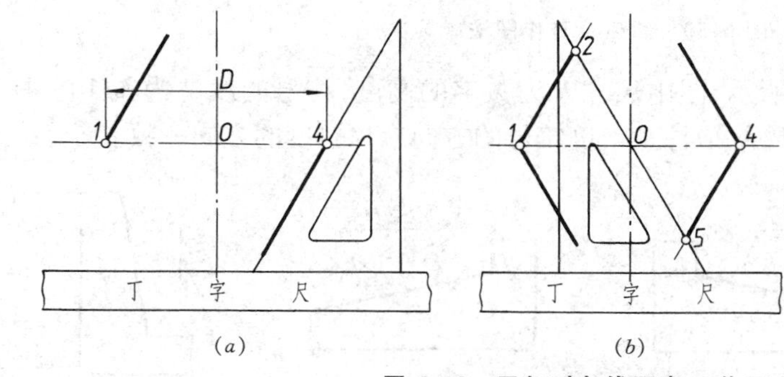

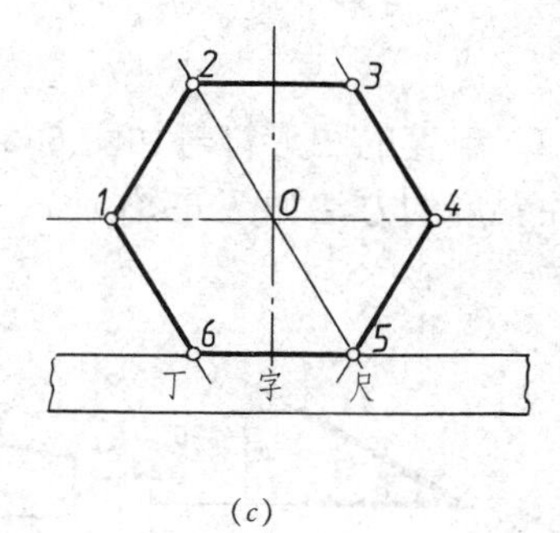

(a)　(b)　(c)

图 6-28　已知对角线距离 D 作正六边形

② 已知正六边形的对边距离 S。过正六边形的中心 O 画出其对称中心线,并对称地量取 $S/2$ 距离,画出上、下两水平边。再使与水平成 60°的三角板斜边通过中心 O 而画出 1、4

点(图 6-29a)。将三角板翻身,过 1、4 点作 1-2 和 4-5 线,与水平中心线分别交于 2、5 点(图 6-29b)。再将三角板翻身,过 2、5 点作线 2-3、5-6 即完成该正六边形(图 6-29c)。

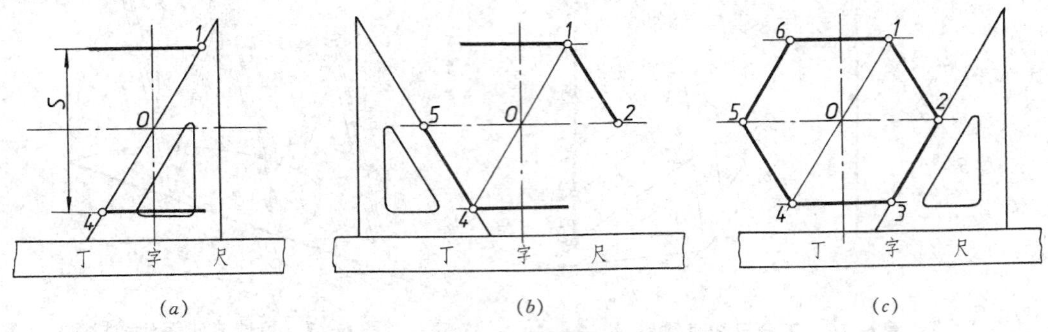

图 6-29　已知对边距离 S 作正六边形

6.3.2　斜度和锥度

6.3.2.1　斜度

斜度是指一直线或平面对另一直线或平面的倾斜程度,其大小用该两直线或两平面间夹角的正切来表示(图 6-30a),即:

$$斜度 = H/L = \mathrm{tg}\alpha$$

制图中一般将斜度值化为 $1:n$ 的形式进行标注。图 6-30b 所示物体的左部具有斜度为 1∶5 的斜面。作该物体的正面投影时,先按其他有关尺寸作出它的非倾斜部分的轮廓(图6-30c),再过 A 点作水平线,用分规任取一个单位长度 AB,并使 $\overline{AC} = 5\,\overline{AB}$。过 C 点作垂线,并取 $CD = AB$,连 AD 即完成该斜面的投影(图 6-30d)。

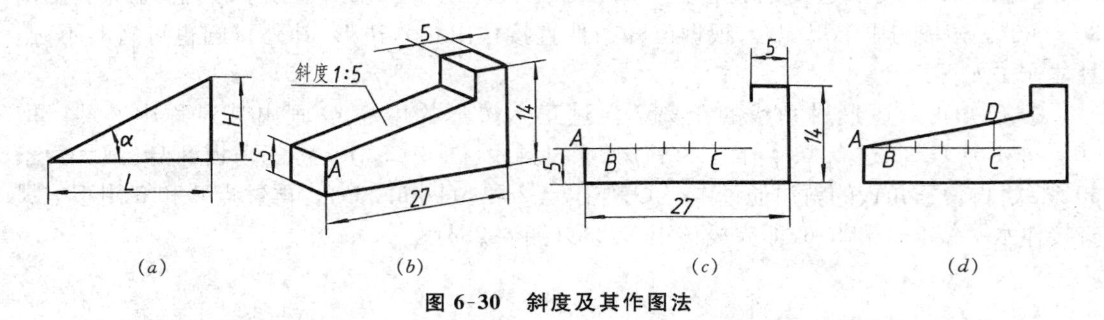

图 6-30　斜度及其作图法

斜度的图形符号如图 6-31a 所示,图中尺寸 h 为数字的高度,符号的线宽为 $h/10$。标注斜度的方法如图 6-31b、c、d 所示,应注意斜度符号的方向应与斜度的方向一致。

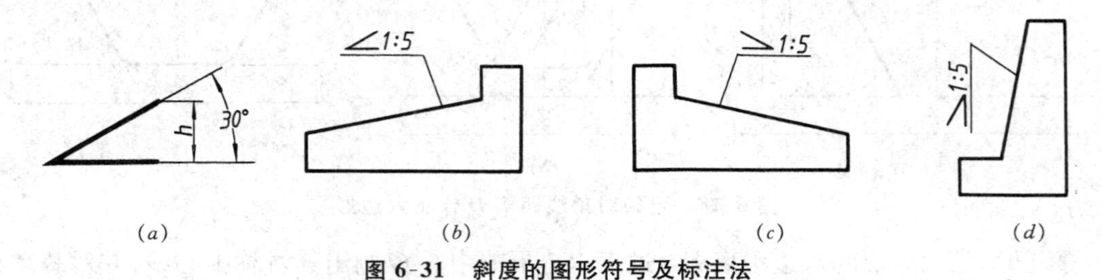

图 6-31　斜度的图形符号及标注法

6.3.2.2　锥度

正圆锥体的锥度为最大圆锥直径 D 与圆锥总长 L' 之比，圆锥台的锥度为最大圆锥直径 D 与最小圆锥直径 d 之差 $(D-d)$ 与圆锥台长度 L 之比(图 6-32*a*)，即：

$$锥度 = D/L' = (D-d)/L = 2\mathrm{tg}(\alpha/2)$$

式中　α——圆锥角。

在制图中一般将锥度值化为 1∶n 的形式进行标注。如图 6-32*b* 所示圆锥台具有 1∶3 的锥度。作该圆锥台的正面投影时，先根据圆锥台的尺寸 25 和 ϕ18 作出 AO 和 FG 线，过 A 点用分规任取一个单位长度 AB，并使 $\overline{AC} = 3 \cdot \overline{AB}$ (图 6-32*c*)，过 C 作垂线，并取 $\overline{DE} = 2 \cdot \overline{CD} = \overline{AB}$，连 AD 和 AE，并过 F 和 G 点作线分别相应地平行于 AD 和 AE(图 6-32*d*)，即完成该圆锥台的投影。

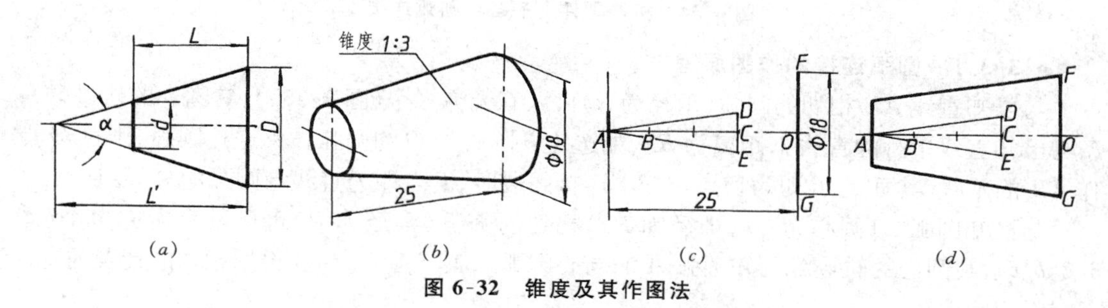

(*a*)　(*b*)　(*c*)　(*d*)

图 6-32　锥度及其作图法

锥度的图形符号如图 6-33*a* 所示，图中 h 为数字的高度，符号的线宽也为 $h/10$，该符号应配置在基准线上。锥度的标注方法如图 6-33*b*、*c*、*d* 所示。表示圆锥的图形符号和锥度应靠近圆锥轮廓标注，基准线应通过指引线与圆锥的轮廓素线相连，基准线应与圆锥的轴线平行，图形符号的方向应与圆锥方向相一致。

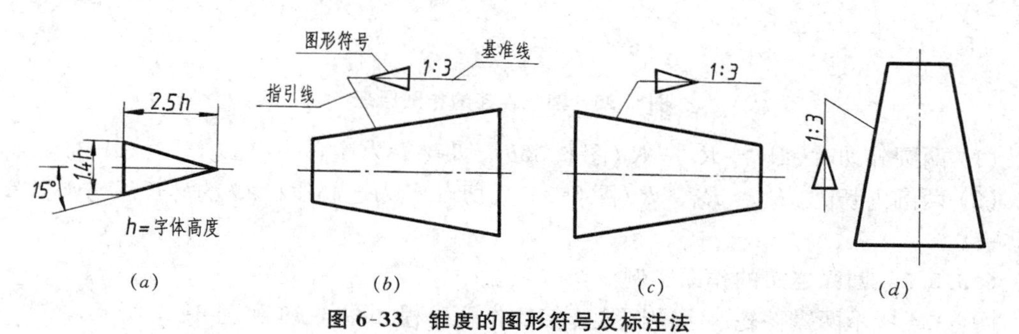

(*a*)　(*b*)　(*c*)　(*d*)

图 6-33　锥度的图形符号及标注法

6.3.3　圆弧连接

绘制机器零件轮廓时，常会遇到从一线段(直线或圆弧)经过圆弧光滑地过渡到另一线段的情况，称之为圆弧连接，其实质就是使圆弧与直线或圆弧与圆弧相切(图 6-34)。图形上按已给尺寸可以直接作出的线段称为已知线段。图 6-34*a*，*b* 中，除标注半径的四个圆弧外的其余线段均为已知线段。图 6-34*a* 中的 $R8$ 和 $R10$ 以及图 6-34*b* 中的 $R40$ 和 $R18$ 这四个圆弧的圆心位置和起迄范围在图中均未明确表明，但能根据与已知线段光滑相切的条件，用几何作图的方法求出这些圆弧的圆心位置以及它们与已知线段的切点，这种连接圆弧称之为连接线段。

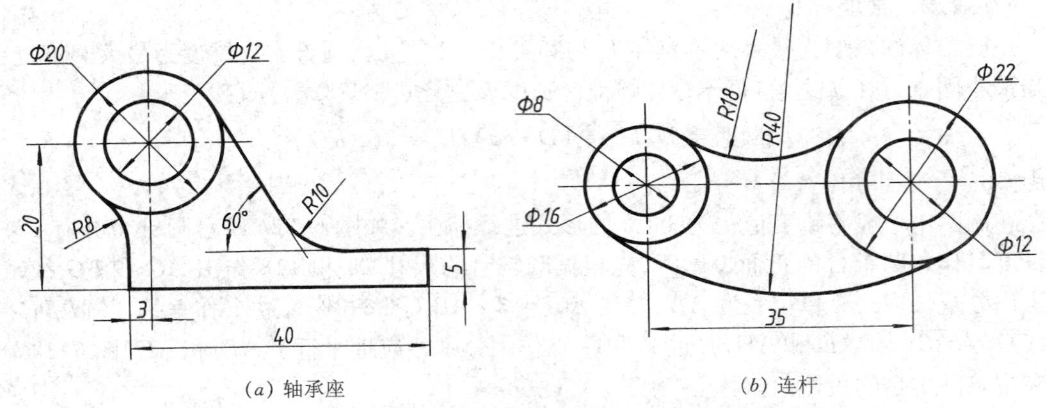

(*a*) 轴承座　　(*b*) 连杆

图 6-34　机器零件上的各种圆弧连接

6.3.3.1　圆弧连接的作图原理

与已知直线 AB 相切的圆弧(半径为 R)可以有无穷多个(图 6-35*a*),其圆心的轨迹是一条与已知直线平行的直线 l,距离为 R。如选定以圆心为 O 的圆弧作为连接圆弧,则过 O 点作 AB 的垂线,其垂足 T 即为切点。描深连接线段时,T 点即为直线与圆弧的分界点。

与已知圆弧 A(圆心为 O_A,半径为 R_A)相切的圆弧(半径为 R)也可以有无穷多个(图 6-35*b*、*c*),其圆心的轨迹为已知圆弧 A 的同心圆弧 l,其半径 R_l 则要根据相切的情况而定。

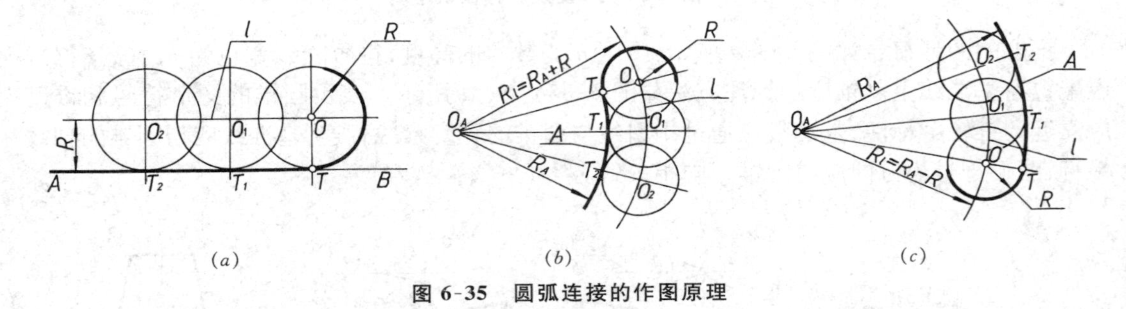

(*a*)　(*b*)　(*c*)

图 6-35　圆弧连接的作图原理

(1) 两圆外切时,$R_l = R_A + R$ (图 6-35*b*),切点 T 为连心线 O_AO 与圆弧 A 的交点。

(2) 两圆内切时,$R_l = R_A - R$ (图 6-35*c*),切点 T 为连心线 O_AO 的延长线与圆弧 A 的交点。

6.3.3.2　圆弧连接的作图实例

图 6-34 所示两零件轮廓上的圆弧连接的作图过程如图 6-36 和图 6-37 所示。

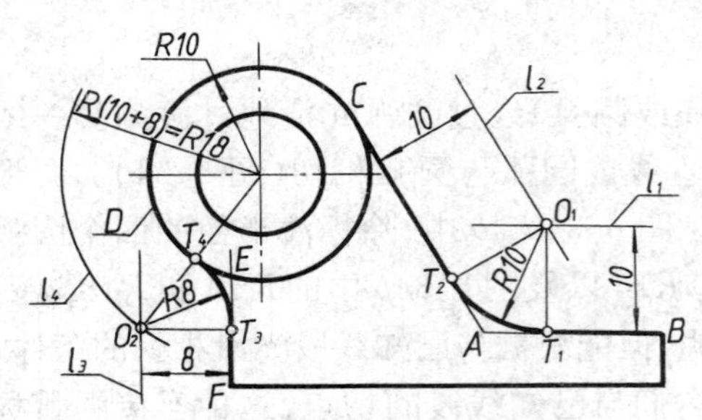

图 6-36　轴承座上的圆弧连接作图法

图 6-36 右端 $R10$ 处为连接圆弧与两条已知直线 AB 和 AC 同时相切。根据图 6-35*a* 的作图原理,该圆心应为两条轨迹 l_1 和 l_2 的交点 O_1。过 O_1 分别作 AB 和 AC 的垂线,两垂足 T_1 和 T_2 即为切点,从而作出该连接圆弧。

图 6-36 左端 $R8$ 处为连接圆弧与已知直线 EF 和已知圆弧 D 同时相切。根据图 6-35*a* 和 *b* 的作图原理,该圆心应为两条轨迹 l_3 和 l_4 的

交点 O_2。再分别作连接圆弧与直线 EF 的切点 T_3 以及与已知圆弧 D 的切点 T_4，从而作出该连接圆弧。

图 6-37*a* 为图 6-34*b* 所示连杆上部 $R18$ 处的作图法，该连接圆弧与两已知圆弧 A 和 B 同时外切；图 6-37*b* 为该连杆下部 $R40$ 处的作图法，该连接圆弧与两已知圆弧 A 和 B 同时内切。根据图 6-35*b* 和 *c* 的作图原理，可分别求得两连接圆弧的圆心 O_1 和 O_2 以及切点 T_1、T_2、T_3、T_4。具体作图过程如图 6-37 所示，读者可自行分析。

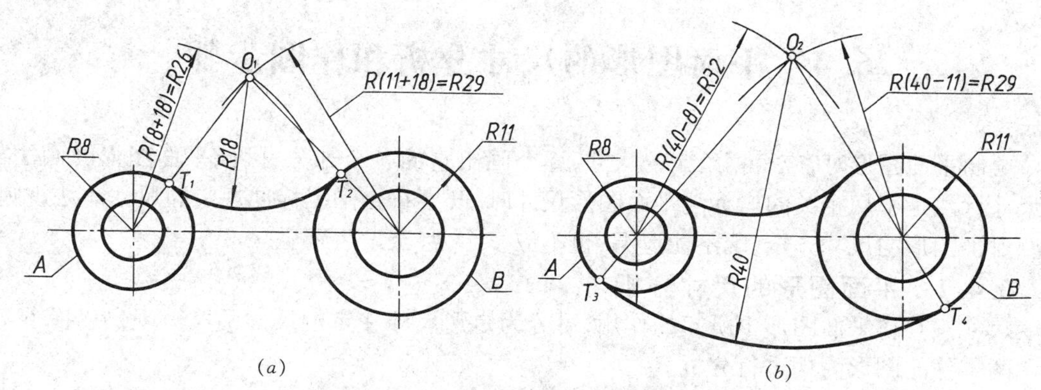

图 6-37　连杆上的圆弧连接作图法

6.3.4　椭圆及其近似画法

在工程图样上常会遇到绘制各种非圆的平面曲线，如椭圆、抛物线、双曲线、渐开线、阿基米德螺线等。在机械图样上遇到最多的平面曲线为椭圆，本书介绍椭圆的两种常用的画法。

6.3.4.1　同心圆法

已知椭圆的长轴 AB 和短轴 CD(图 6-38)，分别以 AB 和 CD 为直径作两同心圆，再过中心 O 作一系列放射线与两圆相交，过大圆上各交点 Ⅰ、Ⅱ …引垂线，过小圆上各交点 1、2 …作水平线，与相应的垂线交于 M_1、M_2…各点。用曲线板光滑连接以上各点即完成椭圆的作图。

用此法求得的 M_1、M_2…点均为椭圆在理论上正确的点，但在使用曲线板连接时，实际上很难做到该椭圆的左、右和上、下完全对称。

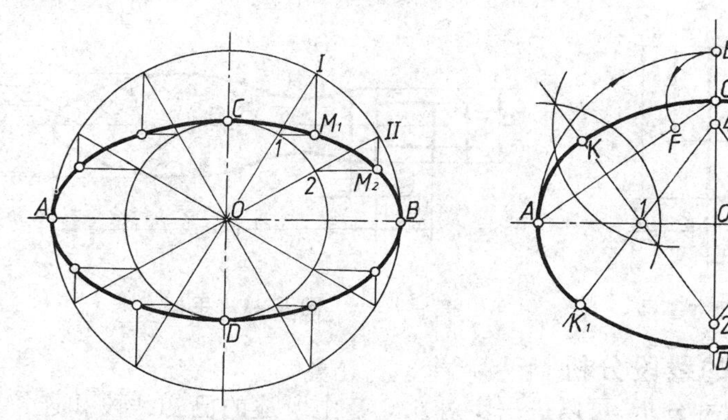

图 6-38　同心圆法作椭圆　　**图 6-39　四心近似法作椭圆**

6.3.4.2　四心近似法

已知椭圆的长轴 AB 和短轴 CD(图 6-39)，连 AC，在 OC 上取 $OE=OA$，再在 AC 上取

$CF = CE$，接着作 AF 的垂直平分线与长、短轴分别交于1、2两点，再作出其对称点3、4。以2、4为圆心，$\overline{2C} = \overline{4D}$ 为半径画两段大圆弧，以1、3为圆心，$\overline{1A} = \overline{3B}$ 为半径画两段小圆弧，四段圆弧相切于 K、K_1、N、N_1 点而构成一近似椭圆。

用此法作出的图形，实质上并不是椭圆，而是四段圆弧的连接图形。但由于其与正确椭圆非常接近，而且作图简便，能保证近似椭圆的对称性，因而在实际绘制椭圆时，基本上都采用此近似方法。

6.4 平面图形的尺寸分析和作图步骤

绘制平面图形时，应根据给定的尺寸，逐个画出它的各个部分，因此平面图形的画法与其尺寸标注是密切相关的。标注平面图形尺寸时，既要符合国家标准规定的尺寸注法规则，又要保证图形的尺寸齐全，既不能遗漏，也不应多余，甚至发生矛盾。

6.4.1 平面图形的尺寸分析

尺寸按其在平面图形中所起的作用，可分为定形尺寸和定位尺寸两类。现仍以图6-34所示两零件的图形为例进行分析。

(1) 定形尺寸。确定平面图形上各线段或线框形状大小的尺寸称为**定形尺寸**。如图6-34*a*的矩形块尺寸40和5、同心圆的直径 ϕ12和 ϕ20、两个连接圆弧的半径 *R*10和 *R*8、斜线的倾斜角度60°和图6-34*b*中的四个直径和两个半径。

(2) 定位尺寸。确定平面图形上各线段或线框间相对位置的尺寸称为**定位尺寸**。如图6-34*a*中确定左上方同心圆与下部矩形块间上下方向的定位尺寸20和左右方向的定位尺寸3，以及图6-34*b*中确定两同心圆的圆心之间距离的定位尺寸35。

标注尺寸的起点称为基准。从图6-34可看出，一般平面图形中常用较大圆的中心线或较长的直线作为基准线。对于对称图形，常将其对称中心线作为基准，如图6-40所示图形的左右对称，其长度方向的尺寸24、40、70的注法即体现以对称中心线为基准。

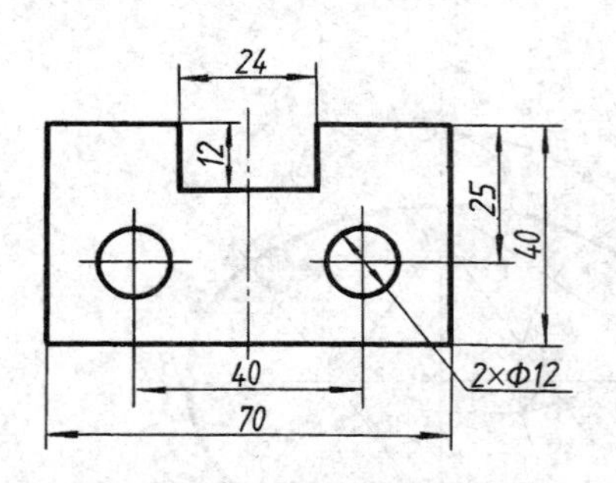

图6-40 对称图形的尺寸基准

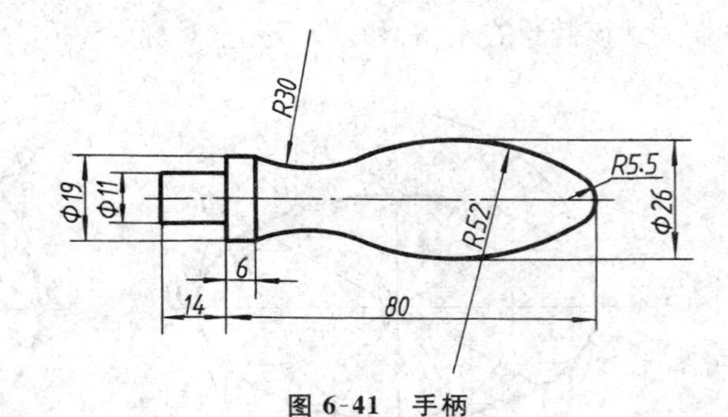

图6-41 手柄

6.4.2 平面图形的线段分析

通过对平面图形的尺寸分析，可以进一步对6.3节中所述的已知线段和连接线段给予更确切的定义。凡是定形尺寸和定位尺寸齐全的线段称为已知线段，画图时应先画出这些已知线段。有些线段只有定形尺寸而无定位尺寸，一般要根据与其相邻的两个线段的连接关系，用几何作图的方法将它们画出，称之为**连接线段**。

对有些图形，往往还具有介于上述两者之间的线段，称为**中间线段**。这种线段往往具有定形尺寸，但定位尺寸不全，画图时应根据与其相邻的一个线段的连接关系画出。如图 6-41 所示手柄，根据定形尺寸 ϕ19、ϕ11、14 和 6 可画出其左边的两个矩形图形，根据尺寸 80 和 *R*5.5 可画出右边的小圆弧 *R*5.5，以上均为已知线段。大圆弧 *R*52 的圆心位置尺寸只有在垂直方向可根据尺寸 ϕ26 确定，而水平方向无定位尺寸，应根据此圆弧与已知 *R*5.5 圆弧内切的条件作出，故称之为中间线段(中间圆弧)。*R*30 的圆弧只给出半径，但根据它通过 ϕ19 和 6 确定的矩形右端的一个顶点，同时又与 *R*52 大圆弧外切的两个连接条件可作出，故称之为连接线段。

6.4.3　平面图形的作图步骤

现以图 6-41 所示手柄为例，在对其线段分析的基础上，具体作图步骤如下(图 6-42)：

① 定出图形的基准线，画已知线段(图 6-42*a*)。

② 画中间线段 *R*52(图 6-42*b*)。

③ 画连接线段 *R*30(图 6-42*c*)。

④ 擦去多余的作图线，按线型要求加深图线，完成全图(图 6-42*d*)。

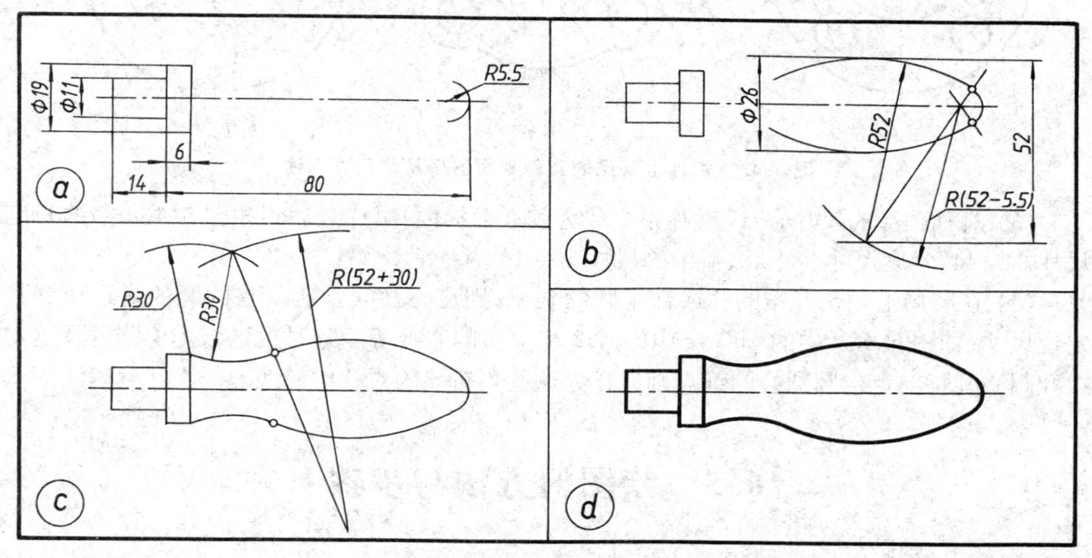

图 6-42　手柄的画图步骤

6.4.4　平面图形的尺寸标注示例

图 6-43 为机件上常见的几种平面图形及其尺寸标注示例。平面图形在标注尺寸时，应注意以下几点：

(1) 对整个圆或大于半圆的圆弧一般标注其直径，小于或等于半圆的圆弧一般标注其半径。但当对称或均匀分布的两个或多个圆弧为同一个圆的组成部分时，则仍应标注其直径，如图 6-43*b* 中的 ϕ44，*c* 中的 ϕ70 和 *e* 中的 ϕ56 等。

(2) 图形上对称或均匀分布的圆角或长槽，一般只要标注其中一个的尺寸即可，也不必标注其数量，如图 6-43*a* 中的 *R*10，*c* 中的槽宽 10 和 *e* 中的 *R*9、*R*6 等。但对于对称或均匀分布的圆孔，为了考虑到钻孔时的方便，一般应标注该圆孔的数量，如图 6-43*a* 和 *d* 中的 4 × ϕ10 等。

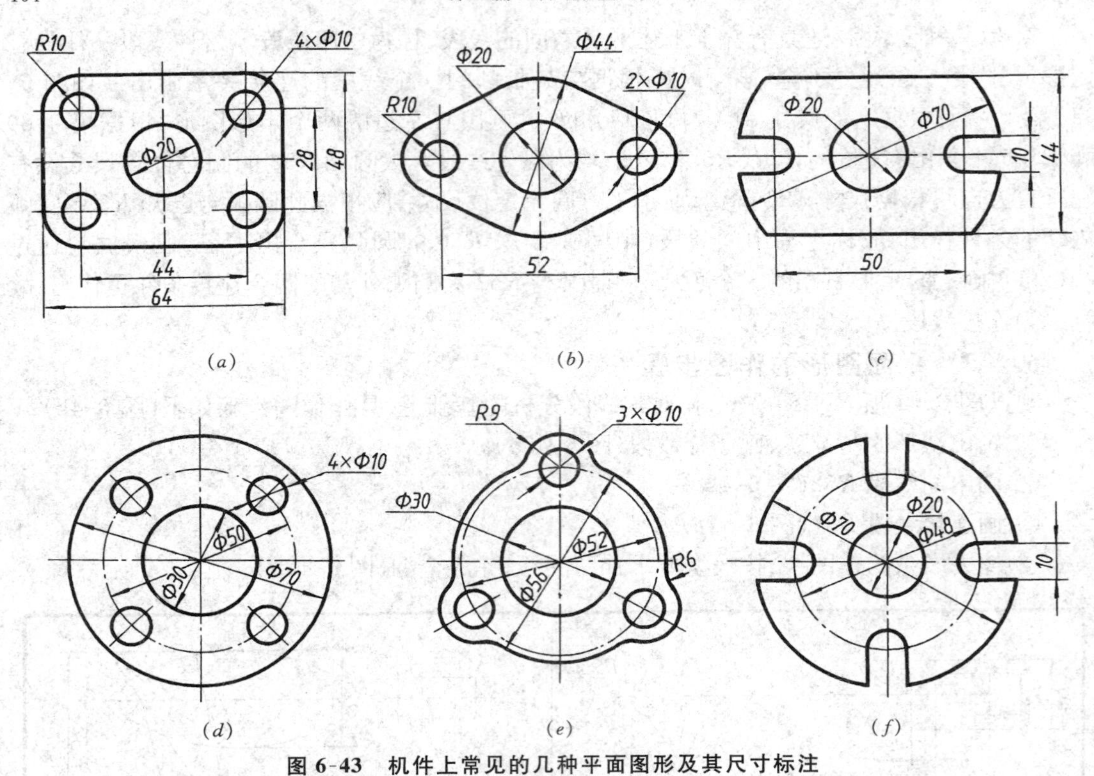

图 6-43 机件上常见的几种平面图形及其尺寸标注

(3) 对称图形的尺寸,应以对称中心线为基准而标注其总的尺寸,如图 6-43*a* 中的长度尺寸 64、44,宽度尺寸 28、48, *c* 中的尺寸 50、10、44 等。

(4) 在圆周上均匀分布的孔或带半圆的长槽,则应标注其圆心所在的圆的直径作为其定位尺寸,如图 6-43*d* 中的 ϕ50, *e* 中的 ϕ52 和 *f* 中的 ϕ48 等。这时应以该定位圆以及过均布孔圆心并指向定位圆圆心的细点画线作为这些均布孔的对称中心线。

6.5 绘图的方法与步骤

6.5.1 仪器辅助绘图

用绘图仪器及工具,在图纸上准确绘图的步骤如下:

① 准备工作。绘图前应准备好必要的绘图工具和用品,整理好工作地点,熟悉和了解所画的图形,将图纸固定在图板的适当位置,使丁字尺和三角板移动比较方便。

② 图形布局。图形在图纸上的布局应匀称、美观,并考虑到标题栏及标注尺寸的地位。

③ 轻画底稿。用较硬的铅笔(如 2H)准确地、很轻地画出底稿。画底稿应从中心线或主要的棱边线或轮廓线开始作图。底稿画好后应仔细校核,改正所发现的错误并擦去多余的线条。

④ 描深。常选用 HB 铅笔描深粗实线,用 H 铅笔描各种细线。圆规的铅芯要选得比铅笔的铅芯软一些。应首先描深所有的圆及圆弧,对同心圆弧应先描小圆弧,再由小到大顺次描其他圆弧。当有几个圆弧连接时,应从第一个开始依次描深,才能保证相切处连接光

滑。然后从图的左上方开始，顺次向下描深所有的水平粗实线，再顺次向右描深所有垂直的粗实线，最后描深倾斜的粗实线。

其次，按描粗实线的顺序，描深所有的细虚线、细点画线及细实线（包括尺寸线和尺寸界线）。

⑤ 画箭头、注写尺寸数字、写注解文字、填写标题栏。

6.5.2　徒手绘图

徒手画草图是要求不用绘图仪器和工具，靠目测的比例，徒手所画出的图样。在绘制设计草图或在工厂现场进行测绘时，都采用这种徒手绘图。对徒手绘制的草图，仍应基本做到图形正确、图线粗细分明，且目测比例应尽可能接近实物。徒手绘图是工程技术人员的一项重要的基本技能，要经过不断实践才能逐步提高。

徒手画直线时，常将小手指靠着纸面，以保证线条画得直。徒手绘图时，图纸不必固定，因此可以随时转动图纸，使欲画的直线正好是顺手方向。图 6-44*a* 表示欲画一条较长的水平线 *AB*，在画线过程中眼睛应盯住线段的终点 *B*，而不应盯住铅笔尖，以保证所画直线的方向；同样在画垂直线 *AC* 时（图 6-44*b*），眼睛应注意终点 *C*。

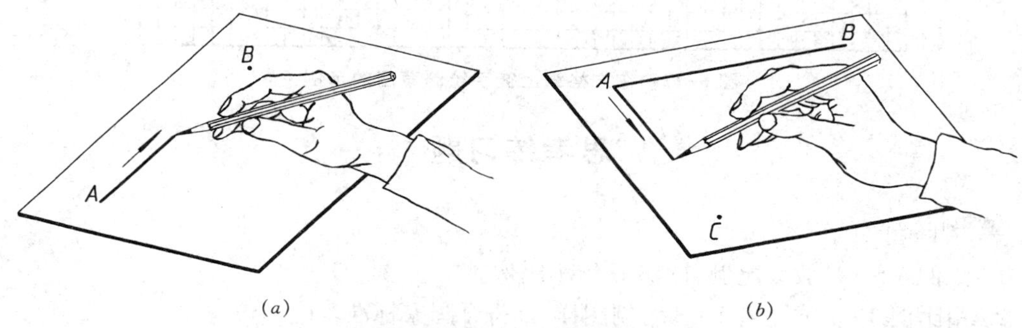

(*a*)　　(*b*)

图 6-44　徒手画直线的姿势与方法

当画 30°、45°、60°等常见的角度线时，可根据两直角边的近似比例关系，定出两端点，然后连接两点即为所画的角度线（图 6-45）。

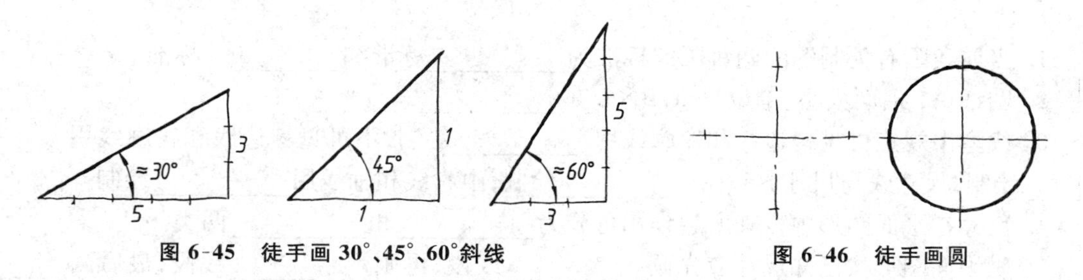

图 6-45　徒手画 30°、45°、60°斜线　　**图 6-46　徒手画圆**

徒手画圆时，应先作两条互相垂直的中心线，定出圆心。再根据直径大小，用目测估计半径的大小后，在中心线上截得四点，然后便可画圆（图 6-46）。对于较大的圆，还可再画一对 45°的斜线，按半径在斜线上也定出四个点，然后通过该八个点徒手连接成圆。

在方格纸上进行徒手画，可大大提高绘图的质量。一般使用 5mm×5mm 一格的方格纸，格子线印成淡黄色或浅绿色的细线。利用方格纸可以很方便地控制图形各部分的大小比例，并保证各个视图之间的投影关系。图 6-47 为在方格纸上徒手画出物体的三个视图草图的示例。画图时，应尽可能使图形上主要的水平、垂直轮廓线以及圆的中心线与方格纸上的线条重合，这样有利于图形的准确。

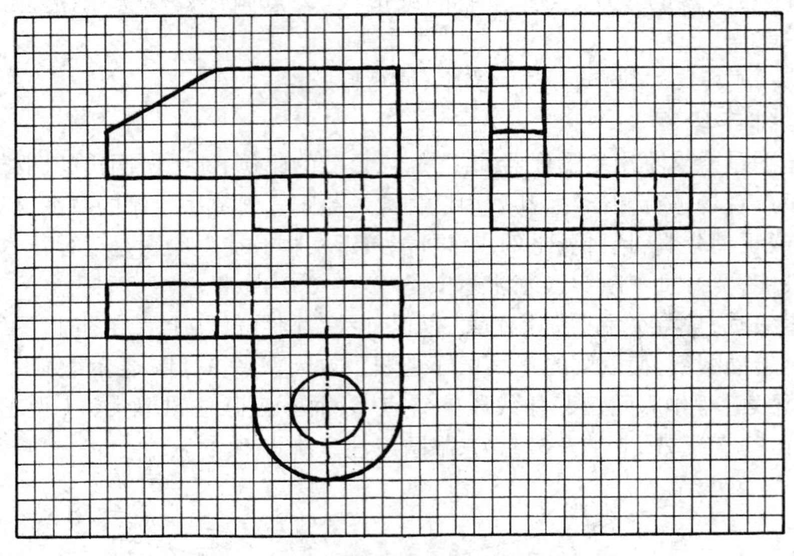

图 6-47 在方格纸上徒手绘制草图的示例

思考练习题

一、判断题

1. 比例 5∶1 是放大比例，1∶5 是缩小比例。(　　)
2. 用比例 3∶1 或比例 1∶3 绘制图样，都符合国家标准。(　　)
3. 尺寸数字可注在尺寸线的上方、下方或中断处。(　　)
4. 标注角度、数字一律按水平方向书写。(　　)
5. 圆弧连接时，两圆弧的中心及两圆弧的相切点应在一直线上。(　　)

二、填空题

1. 当前我国有关制图的两种国家标准为__________标准和__________标准。
2. 图纸 A1 幅面大小(单位 mm)$B \times L$ 是__________。
3. 线型中规定可见棱边线和轮廓线用__________绘制，不可见棱边线和轮廓线用__________绘制，尺寸线与尺寸界线用__________绘制，中心线和轴线用__________绘制。
4. 尺寸在平面图形中按其所起作用可分为__________和__________两类。
5. 画平面图形按已知尺寸应先画__________线段，再画__________线段，最后画__________线段。

三、选择题

1. 图纸 A4 幅面大小是 A1 幅面大小的(　　　　)。

   A. 1/4；B. 1/2；C. 1/8

2. 一张 A1 图纸相当于几张 A3 图纸大小(　　　　)。

   A. 2 张；B. 4 张；C. 6 张

3. 图样上的汉字应写成(　　　　　　)。

A. 仿宋体；B. 长仿宋体；C. 楷体

4. 粗实线的宽度为 b 时，其细实线的宽度约为(　　　　　　)。

A. $b/2$；B. $b/3$；C. $b/4$

5. 细双点画线的主要用途是(　　　　　　)。

A. 断裂处的边界线；B. 相邻辅助零件的轮廓线；C. 对称中心线

6. 波浪线的主要用途是(　　　　　　)。

A. 中断线；B. 断裂处的边界线；C. 限定范围表示线

7. 半径尺寸 20mm 的球体，其尺寸标注应为(　　　　　　)。

A. 球 $R20$；B. $R20$(球)；C. $SR20$

第 7 章　组合体的视图

7.1　三视图的形成与投影规律

7.1.1　三视图的形成

在绘制机械图样时,根据有关标准和规定,采用正投影法将物体向投影面投射所得的图形称为**视图**。在三投影面体系中可得到物体的三个视图,其正面投影称为**主视图**、水平投影称为**俯视图**、侧面投影称为**左视图**(图 7-1)。

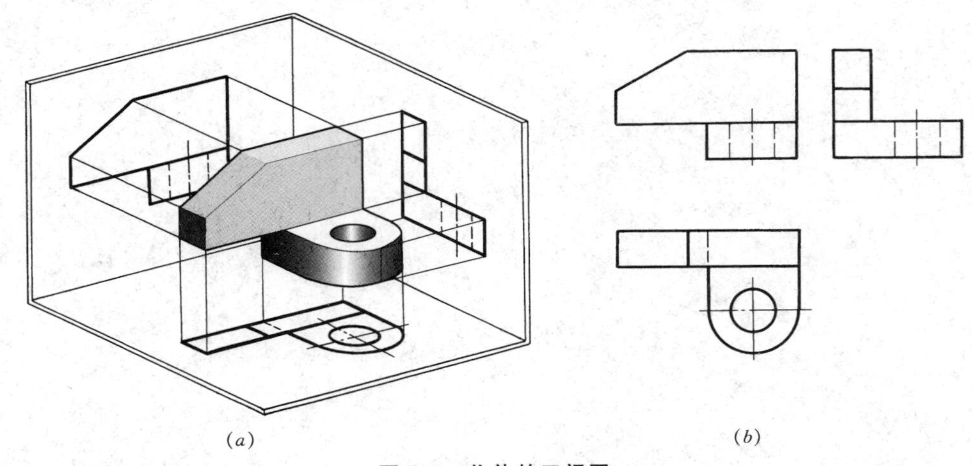

(*a*)　　(*b*)

图 7-1　物体的三视图

由于在工程图上,视图主要用来表达物体的形状,而没有必要表达物体与投影面间的距离,因此在绘制视图时不必画出投影轴;为了使图形清晰,也不必画出投影间的连线,如图 7-1*b* 所示。通常视图间的距离可根据图纸幅面、尺寸标注等因素来确定。

7.1.2　三视图的位置关系和投影规律

虽然在画三视图时取消了投影轴和投影间的连线,但三视图间仍应保持第 1 篇中所述的各投影之间的位置关系和投影规律。如图 7-2 所示,三视图的位置关系为:俯视图在主视图的下方、左视图在主视图的右方。按照这种位置配置视图时,国家标准规定一律不标注视图的名称。

对照图 7-1*a* 和图 7-2,还可以看出:

主视图反映了物体上下、左右的位置关系,即反映了物体的高度和长度;

俯视图反映了物体左右、前后的位置关系,即反映了物体的长度和宽度;

左视图反映了物体上下、前后的位置关系,即反映了物体的高度和宽度。

由此可得出三视图之间的投影规律为：

主、俯视图——长对正；

主、左视图——高平齐；

俯、左视图——宽相等。

“长对正、高平齐、宽相等”是画图和看图必须遵循的最基本的投影规律。不仅整个物体的投影要符合这个规律，物体局部结构的投影亦必须符合这个规律。在应用这个投影规律作图时，要注意物体的上、下、左、右、前、后六个部位与视图的关系(图 7-2)。如俯视图的下面和左视图的右边都反映物体的前面，俯视图的上面和左视图的左边都反映物体的后面。因此在俯、左视图上量取宽度时，不但要注意量取的起点，还要注意量取的方向。

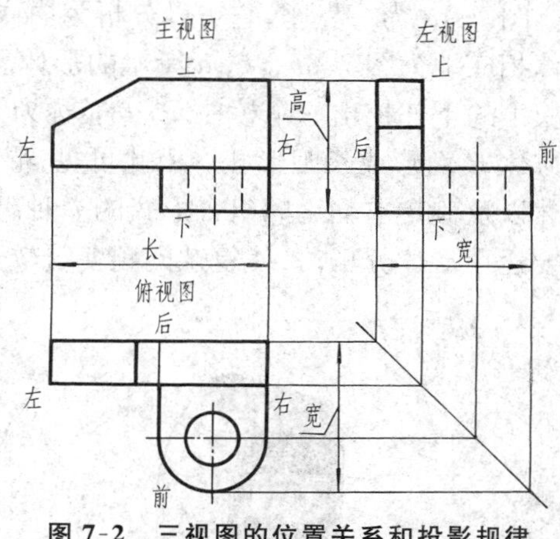

图 7-2　三视图的位置关系和投影规律

7.2　组合体的形体分析、投影特征及画法

大多数机器零件都可以看作是由一些基本形体经过结合、切割、开槽、穿孔等方式组合而成的形体称为**组合体**。

7.2.1　形体分析的概念

构成组合体的基本形体可以是一个完整的基本几何体(如棱柱、棱锥、圆柱、圆锥、球等)，也可以是一个不完整的基本几何体或是它们的简单组合。图 7-3 为零件上常见的一些基本形体的例子，熟悉这些基本形体及其三视图，将对画和看组合体的视图有很大帮助。

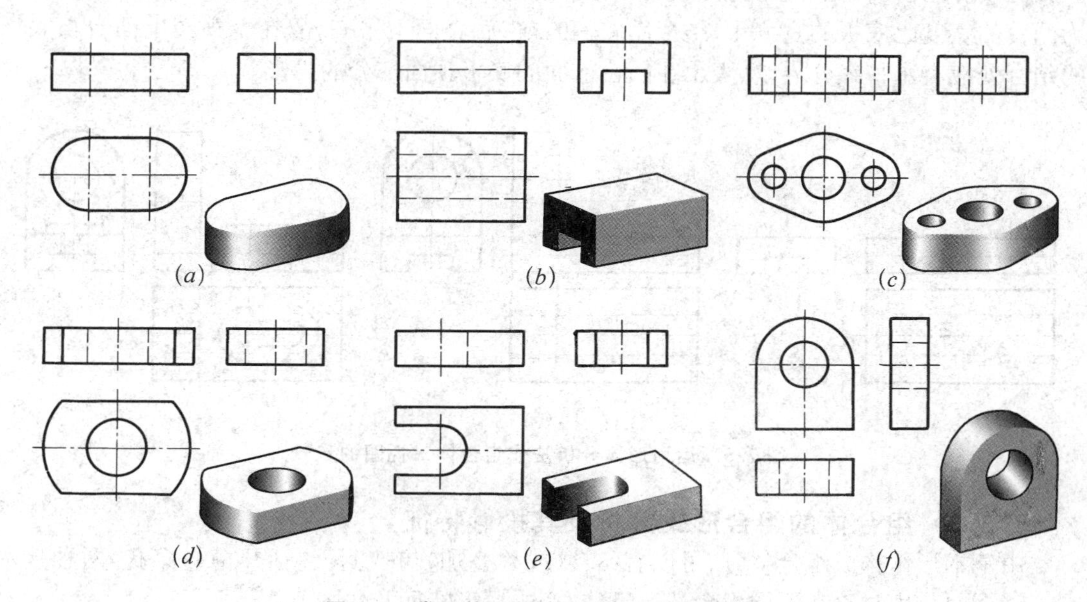

图 7-3　常见的一些基本形体及其三视图

图 7-4*a* 为一支座，它可以分析为由底板Ⅰ、竖板Ⅱ和凸台Ⅲ所组成(图 7-4*b*)，这三个形体相应地为图 7-3*b*、*f*、*a* 所示的形体。竖板Ⅱ中间的孔可看成是从中挖出一个圆柱 *P*；底板Ⅰ的下部挖出一个棱柱 *Q*，一般称为开槽；底板Ⅰ和凸台Ⅲ结合后，从中挖出一个圆头长方体 *R* 而形成长圆形孔。由此可见，形体分析的方法就是把物体分析成一些简单的基本形体以及确定它们之间组合形式的一种思维方法。在学习画视图、看视图和标注尺寸时，经常要运用形体分析法，使复杂问题变得较为简单。

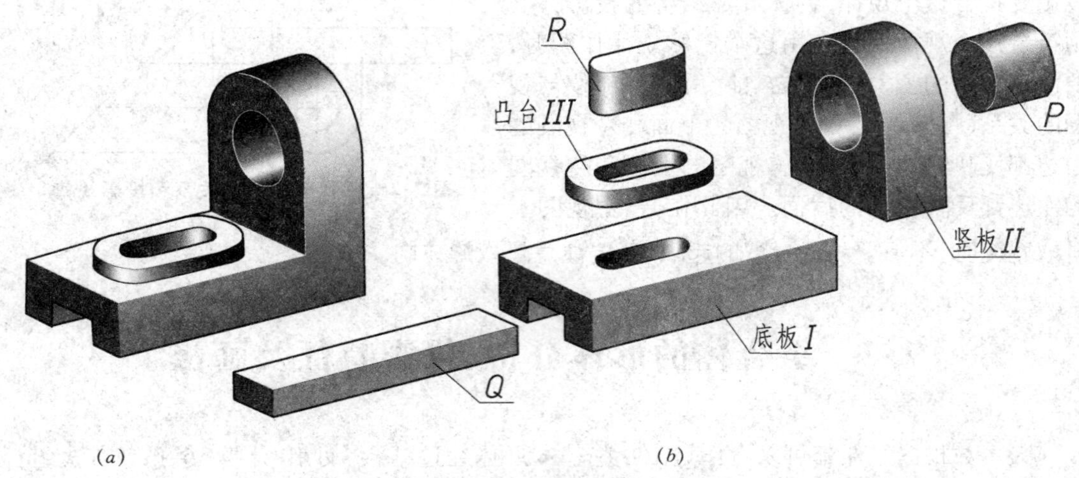

图 7-4 支座及其形体分析

图 7-5 表示如何运用形体分析法作出图 7-4 所示组合体的三视图。图 7-5*a* 表示首先画出底板Ⅰ的三视图。图 7-5*b* 表示在底板右端加上竖板Ⅱ后的三视图。由于竖板与底板的宽度相同，它们的前后表面平齐而为同一个平面，因此在主视图上两个形体的结合处就不应该画线。图 7-5*c* 表示在底板中部加上凸台Ⅲ、中间再开一个长圆形通孔后的三视图。因为凸台的宽度比底板的宽度小，结合后它们的前、后表面不平齐，故在主视图上凸台与底板的结合处应有水平线分界，以表示在凸台前面的底板顶面部分的投影。

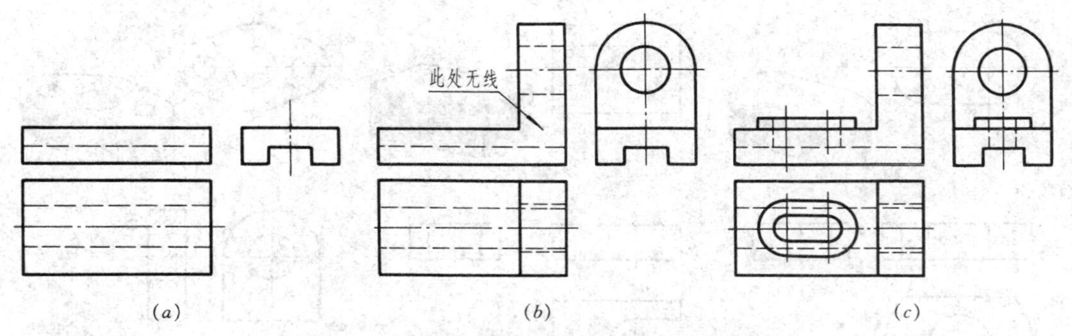

图 7-5 运用形体分析法作组合体三视图的步骤

7.2.2 组合体的组合形式分析及其投影特征

由基本形体构成组合体时，可以有结合(或称叠加)与切割(包括开槽与穿孔)两种基本形式。下面分别讨论在不同组合情况下，它们的投影特征及作图方法。

7.2.2.1　基本形体的结合

基本形体间的结合，可以有简单结合、相切、相交三种情况。图7-4所示各形体间的结合，称为简单结合。

图7-6所示两形体表面产生相切。所谓相切，即指两形体表面光滑过渡，在相切处就不存在轮廓线。作图时，应先在俯视图上找到切点a和b，在主、左视图上相切处不要画线，物体左下方底板的顶面在主、左视图上的投影，应画到切点A、B的投影为止。

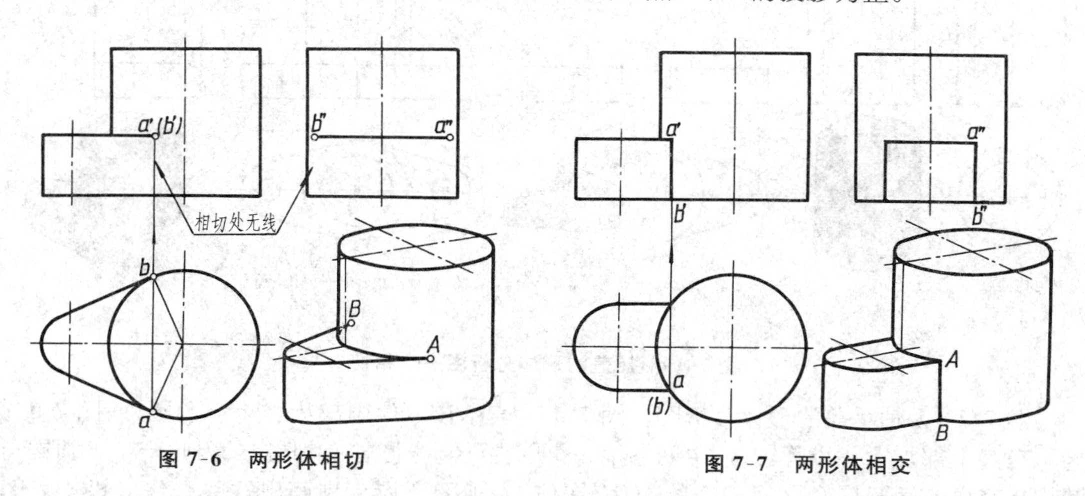

图7-6　两形体相切　　**图7-7　两形体相交**

图7-7所示两形体表面相交而产生交线称为相交。作图时应先在俯视图上找到交点a和b，从而作出交线在主视图上的投影$a'b'$，底板顶面在主视图上的投影也相应画到a'点为止。

图7-8所示的阀杆是一个组合回转体，它上部的圆柱面和环面相切，环面又与圆锥顶部平面相切，因此在视图上的相切处均不要画线。图7-9为两个不同形状的压铁，它们的左侧面均由两圆柱面相切而成，在主视图上重影成两相切的圆弧。可通过此两圆弧的切点作切线，则此切线即表示两圆柱面公切平面的投影。若此公切平面平行或倾斜于投影面，则相切处在该投影面上的投影就没有线条，如图7-9a；若公切平面垂直于投影面，如图7-9b在俯视图上就应该画线。

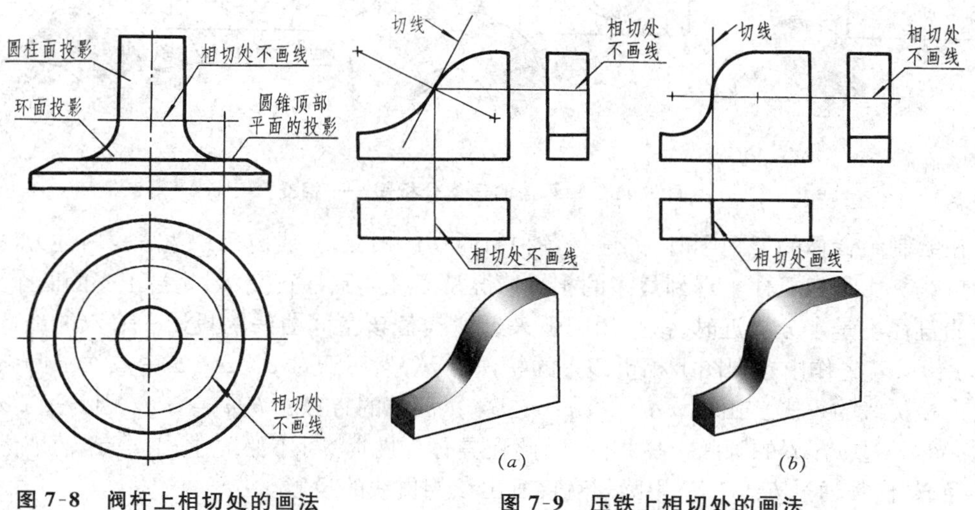

图7-8　阀杆上相切处的画法　　**图7-9　压铁上相切处的画法**

图 7-10 和图 7-11 为两个零件的作图实例。图 7-10 为压盖的形体分析图。图 7-10*a* 表示了该零件中间的空心圆柱；压盖左、右两端的底板和空心圆柱相切，图 7-10*b* 中仅表示了其左端的底板；图 7-10*c* 表示了该两种形体结合成压盖的三视图，其相切处的投影特征与图 7-6 所述相同。

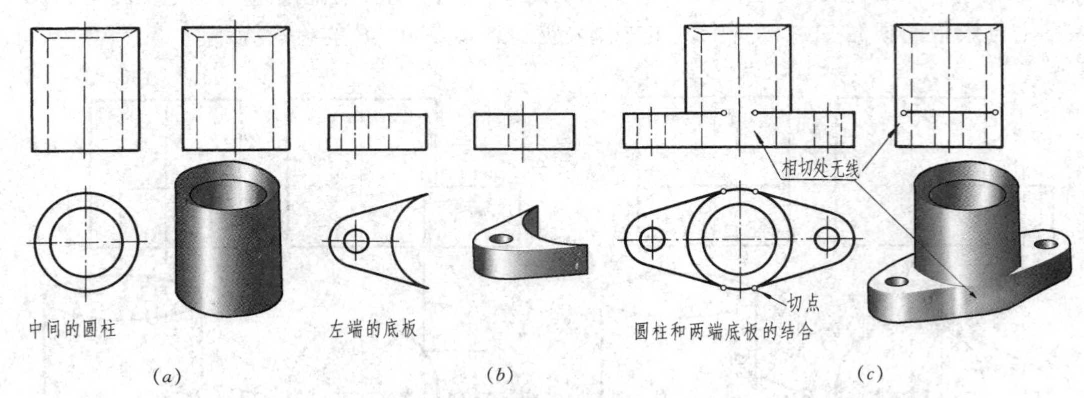

图 7-10 压盖的形体分析图——相切

图 7-11 为轴承盖的形体分析图。图 7-11*a* 表示该零件中部为半个空心圆柱；图 7-11*b* 表示在其上部加上一个圆锥台，中间钻了一个圆柱孔与半圆柱孔相贯穿，因此产生了圆锥与圆柱相交以及两圆柱孔之间相交的交线，在俯、左视图上应分别画出这些交线的投影。图 7-11*c* 表示该零件的左、右加上两块半圆头带孔的平板搭子后，其顶面与半圆柱面相交而产生交线的作图过程。

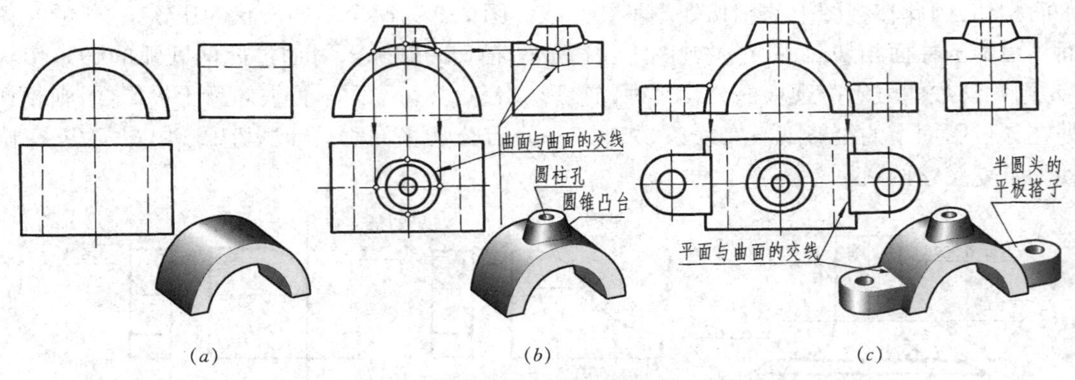

图 7-11 轴承盖的形体分析图——相交

在绘制组合体的三视图时，如遇到各种曲面立体相交，一般应采用第五章所述方法作出其相贯线。由于在机件上遇到最多的相贯情况是圆柱与圆柱正交，因此当正交的两个大、小圆柱的直径不是十分接近时，常采用圆弧来近似代替该空间曲线的投影——双曲线。如图 7-12 所示，若先作出左视图上相贯线上的特殊点 a''，然后通过 c''、a''、b''三点作一圆弧即近似作为相贯线的投影。由于 $a'd' = c''b'' = D$（小圆柱的直径），$b'm = a''n$，因此过 $c''a''b''$的圆弧必然与过 $a'b'd'$ 的圆弧半径相同，因此在具体作图时，可不必先求出 a''点，而取大圆柱的半径 R，使其通过 b''、c''点，用圆规直接画出该相贯线的投影。

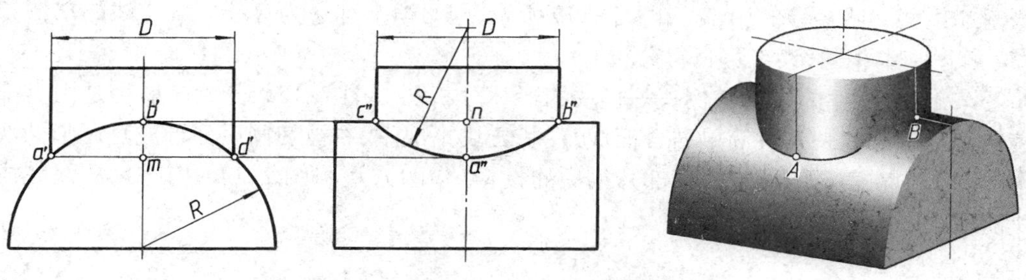

图 7-12　两圆柱正交相贯线的近似画法

7.2.2.2　基本形体被切割、开槽与穿孔

基本形体被切割、开槽与穿孔时，随着截切面的位置不同，变化甚多。以下举几个在零件中最常见的基本情况。

(1) 平面立体被切割、开槽与穿孔。图 7-13a 所示四棱柱的前后棱面 P 均为侧垂面，被水平面 R 和侧平面 Q 所切割。先作出切割后的主视图与左视图。水平面 R 与前、后棱面 P 的交线 AB 和 CD 均为侧垂线，应先找出其在左视图上的投影——点 $a''b''$ 和 $c''d''$，再按宽相等的投影规律，作出交线在俯视图上的投影 ab 和 cd。

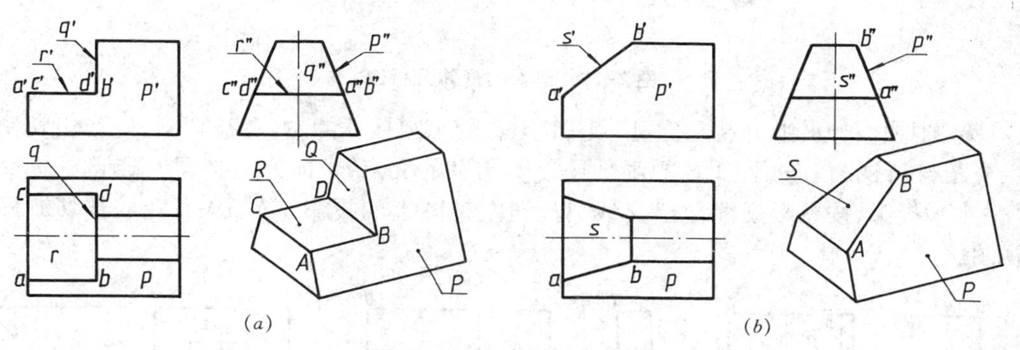

图 7-13　四棱柱体被切割

图 7-13b 为同样的四棱柱被正垂面 S 所斜切，由于平面 S 和 P 分别在主、左视图上具有重影性，因此它们的交线 AB 在主、左视图上的投影 $a'b'$ 和 $a''b''$ 分别与 s' 和 p'' 重影。按投影规律便能作出该交线在俯视图上的投影 ab。

如切割的部位从四棱柱的左上方移到中上方，如图 7-14a 所示，则习惯上称之为开槽。

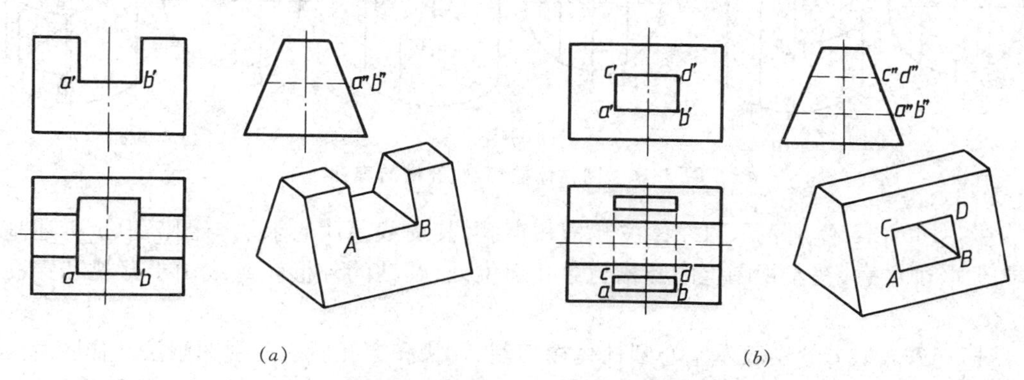

图 7-14　四棱柱体被开槽与穿孔

如切割部位移到四棱柱的中部，如图 7-14*b* 所示，则习惯上称之为穿孔。其交线的求法与图 7-13*a* 所述基本相同，读者可自行分析。

图 7-15 为零件的应用实例——垫块的形体分析图。图 7-15*a* 表示该垫块是由上部的四棱锥台和下部的长方块简单结合而成，在长方块下部左、右被切割后而形成燕尾形凸块的投影。图 7-15*b* 表示四棱锥台顶部开槽后的投影(作图方法与图 7-14*a* 相同)，从而完成该垫块的三视图。

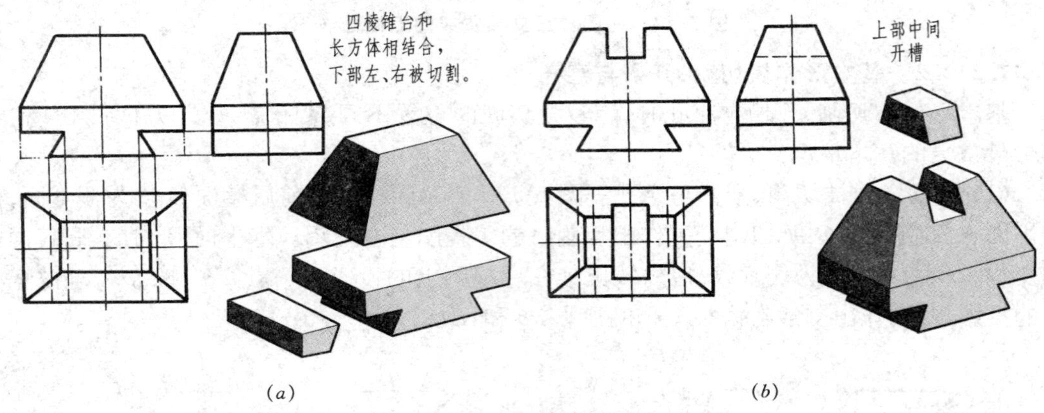

图 7-15 垫块的形体分析图

(2) 圆柱体被切割、开槽与穿孔。图 7-16*a* 所示圆柱体的左、右被切割，先作出切割后的主视图与俯视图。侧平面 P 的水平投影 p 与圆的交点 ab 即为截平面 P 与圆柱面交线 AB 的水平投影，按投影规律作出交线 AB 在左视图上的投影 $a''b''$，从而完成被切割后的左视图。

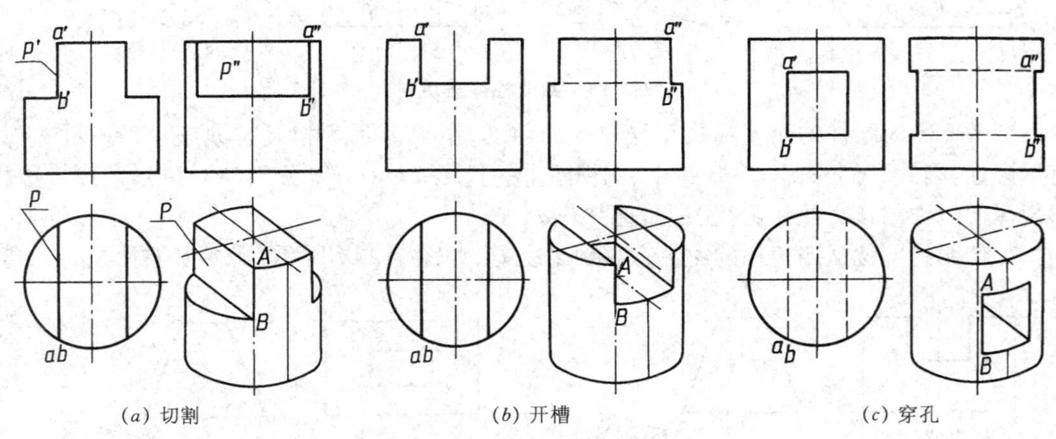

(*a*) 切割　　(*b*) 开槽　　(*c*) 穿孔

图 7-16 圆柱体被切割、开槽与穿孔

图 7-16*b* 和 *c* 分别表示圆柱体被开槽和穿孔，其交线 AB 的求法与图 7-16*a* 所述基本相同，但必须注意，在左视图上的开槽与穿孔部位处，圆柱的外形轮廓线由于开槽和穿孔而不存在了。

图 7-17*a*、*b*、*c* 分别表示空心圆柱体被切割、开槽和穿孔后的三视图画法。作图时应分别作出切割平面与外圆柱表面及内圆柱表面(即圆柱孔)的交线 AB 及 CD 的投影，其作法

与图 7-16 相似，读者可在图 7-17 上对照轴测图仔细分析其内、外圆柱面上的交线求法，以及在左视图上，圆柱及圆柱孔的外形轮廓线的存在与否的问题。

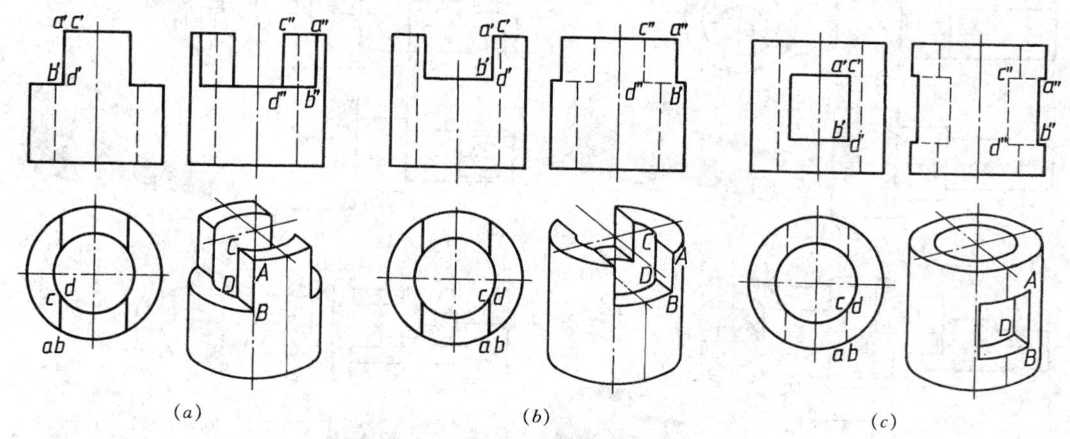

图 7-17　空心圆柱体被切割、开槽与穿孔

图 7-18a 表示一个水平空心圆柱的中间垂直穿一小圆柱孔，可按图中所示求出特殊点 a'和 b'后，作出其内、外相贯线的投影，也可用图 7-12 所述方法用圆规直接画出。图 7-18b 表示该空心圆柱左边垂直开一个圆头长方形槽，其右边半个圆孔形成的相贯线与图 7-18a 相同，左边长方槽形成的交线的作法与图 7-17b 所述相同。

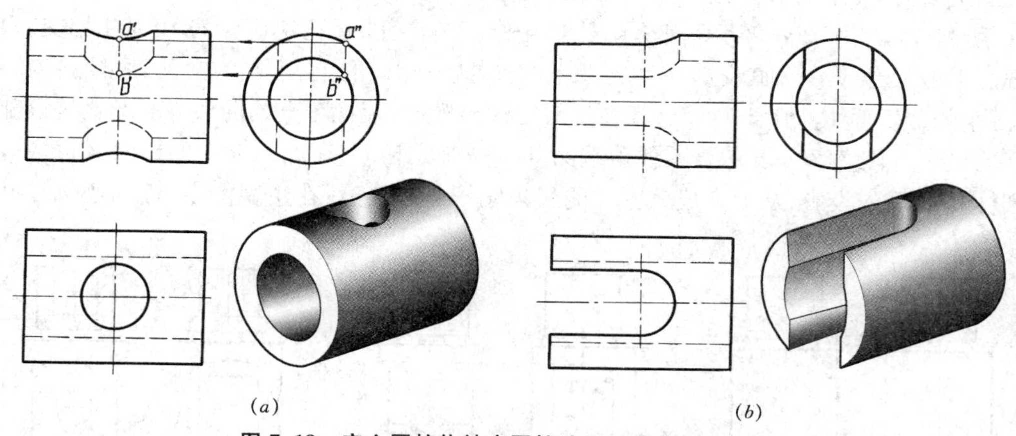

图 7-18　空心圆柱体被穿圆柱孔及开圆头长方形槽

图 7-19 和图 7-20 为两个零件的应用实例。图 7-19 为偏心销轴的形体分析图。图 7-19a 表示该销轴基本上是由三段圆柱沿轴向简单结合而成，其中左端的小圆柱向下偏心。图 7-19b 表示小圆柱的左上方被水平面 P 和侧平面切割，并穿一垂直小孔，俯视图上的截交线可根据左视图上的尺寸 y_1 作出，在主视图上要画出垂直小孔与小圆柱面正交的相贯线的投影。图 7-19c 表示大、中圆柱的前后分别被正平面 Q 和 R 以及侧平面所切割，因此可按图中箭头所示作出截交线在主视图上的投影。由于两形体被同一个正平面切割，因此在主视图上，在截交线范围内两形体的结合处就不再有线，如图中的箭头所指。图 7-19d 表示大圆柱的右端开水平槽后产生截交线，它在俯视图上的投影可根据左视图上的尺寸 y_2 作出。

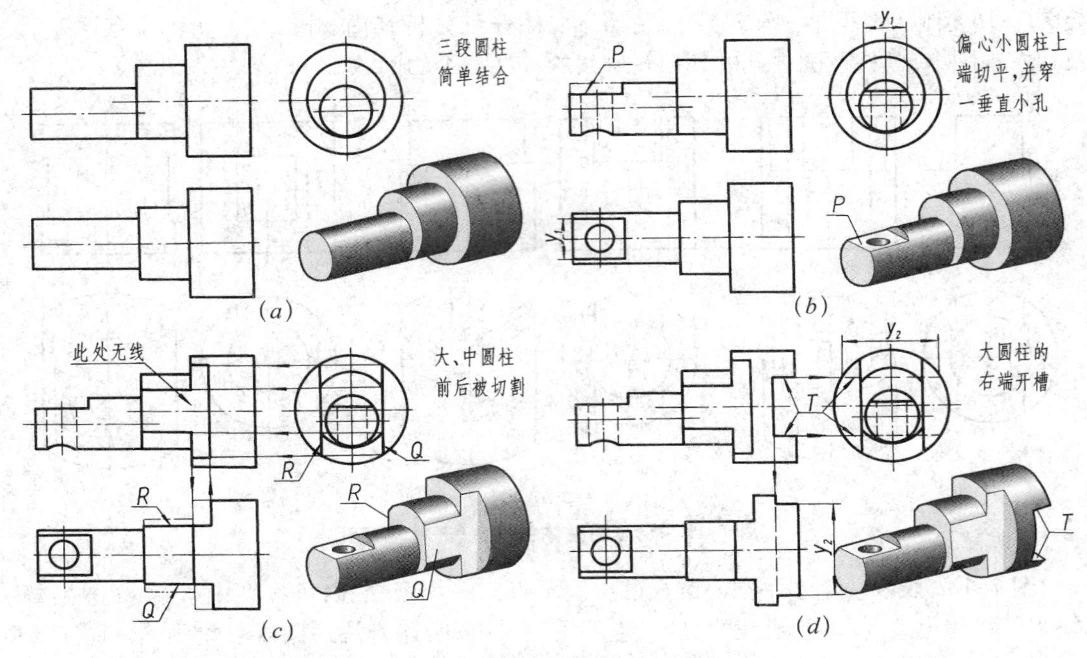

图 7-19　偏心销轴的形体分析图

图 7-20 为靠堵的形体分析图。图 7-20*a* 表示该零件基本上是由同轴的三段圆柱 *A*、*B*、*C* 所组成。图 7-20*b* 表示下部大圆柱 *C* 中穿了一个孔 *D*，孔的侧面 *Q* 和圆柱相交，根据俯视图上的尺寸 *y* 作出截交线在左视图上的投影。孔 *D* 的上、下底为向前、后倾斜的斜面(如图中的侧垂面 *P*)，由于斜面与圆柱的截交线是椭圆，主视图上的曲线 $b'a'd'$ 就是该部分椭圆的投影。图 7-20*c* 表示该零件上端又开了一个方槽 *E*、在大圆柱中间横向又贯穿一个小圆柱孔 *F* 后的投影，从而完成该零件的三视图。必须注意：在主视图上，横向小圆柱孔 *F*

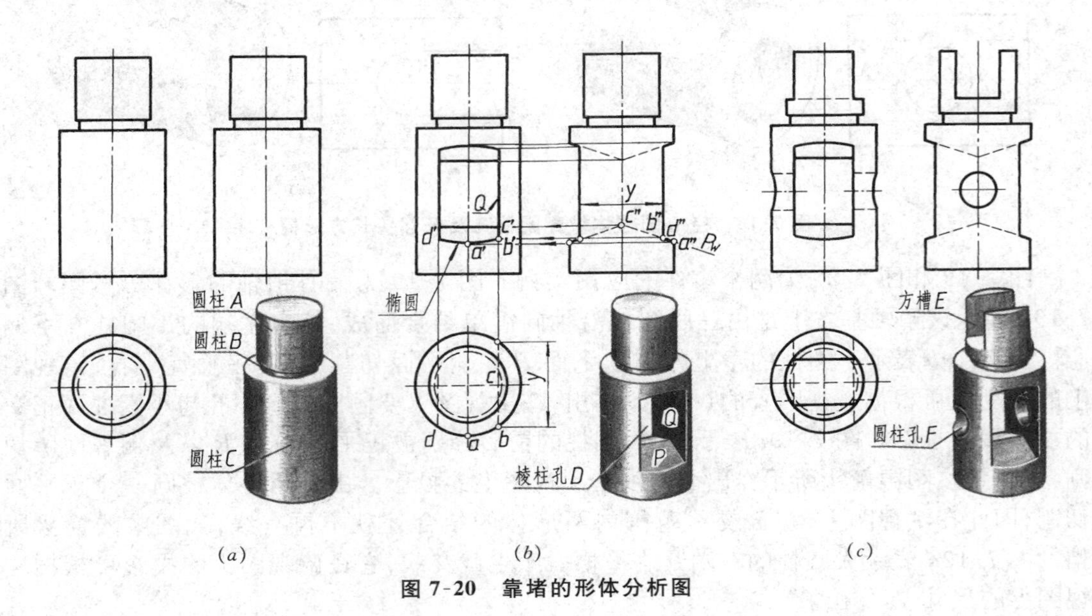

图 7-20　靠堵的形体分析图

和圆柱 C 的相贯线投影为曲线，而中间棱柱孔 D 的侧面 Q 在主视图上有重影性，因此孔 F 与 Q 面交线的投影重影成直线，不能画成曲线。

7.2.3　组合体视图的画法

现以图 7-21a 所示的支架为例，说明组合体视图的画法。

7.2.3.1　形体分析

图 7-21b 为支架的形体分析图。该零件可分析为由六个基本形体所组成。支架的中间为一直立空心圆柱，下部是一扁空心圆柱，它们之间是简单结合。左下方的底板的前、后侧面与直立空心圆柱相切。左上方的肋与底板间也是简单结合，肋和右上方的搭子的前、后侧面均与直立空心圆柱相交而产生交线，肋的左侧斜面与直立空心圆柱相交产生的交线是曲线(椭圆的一小部分)。前方的水平空心圆柱与直立空心圆柱垂直相交，两孔穿通，产生两圆柱正交的相贯线。画支架的三视图时，必须注意上述的各种组合形式的投影特性。

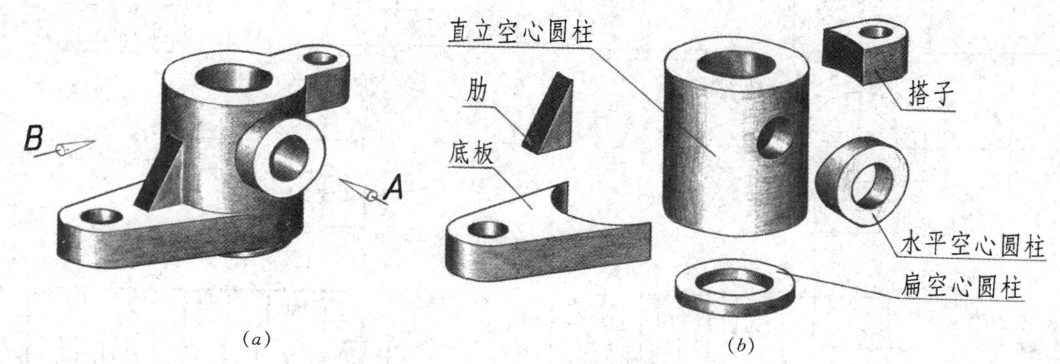

图 7-21　支架及其形体分析

7.2.3.2　选择主视图

在三视图中，主视图是最主要的视图，因此主视图的选择甚为重要。选择主视图时，通常将物体放正，即使物体的主要平面(或轴线)平行或垂直于投影面。一般选取最能反映物体结构形状特征的视图作为主视图。如图 7-21 所示的支架，通常将直立空心圆柱的轴线放成铅垂位置，并把肋、底板、搭子的对称平面放成平行于投影面的位置。显然，选取 A 方向作为主视图的投影方向最好，因为组成该支架的各基本形体及它们间的相对位置关系在此方向表达最为清晰，因而最能反映该支架的结构形状特征。如选取 B 方向作为主视图的投影方向，则搭子全部变成虚线；底板、肋的形状以及它们与直立空心圆柱间的位置关系也没有像 A 方向那样清晰，故不应选取 B 方向的投影作为主视图。

7.2.3.3　画图步骤

首先要选择适当的比例和图纸幅面，然后布置视图的位置，确定各视图主要中心线或定位线的位置。开始画视图的底稿时，应按形体分析法，从主要的形体(如直立空心圆柱)着手，按各基本形体之间的相对位置，逐个画出它们的视图。为了提高绘图速度和保证视图间的投影关系，对于各个基本形体，应该尽可能做到三个视图同时画。完成底稿后，必须经过仔细检查，修改错误或不妥之处，然后按各种图线的要求进行描深。具体作图步骤如图 7-22 所示。

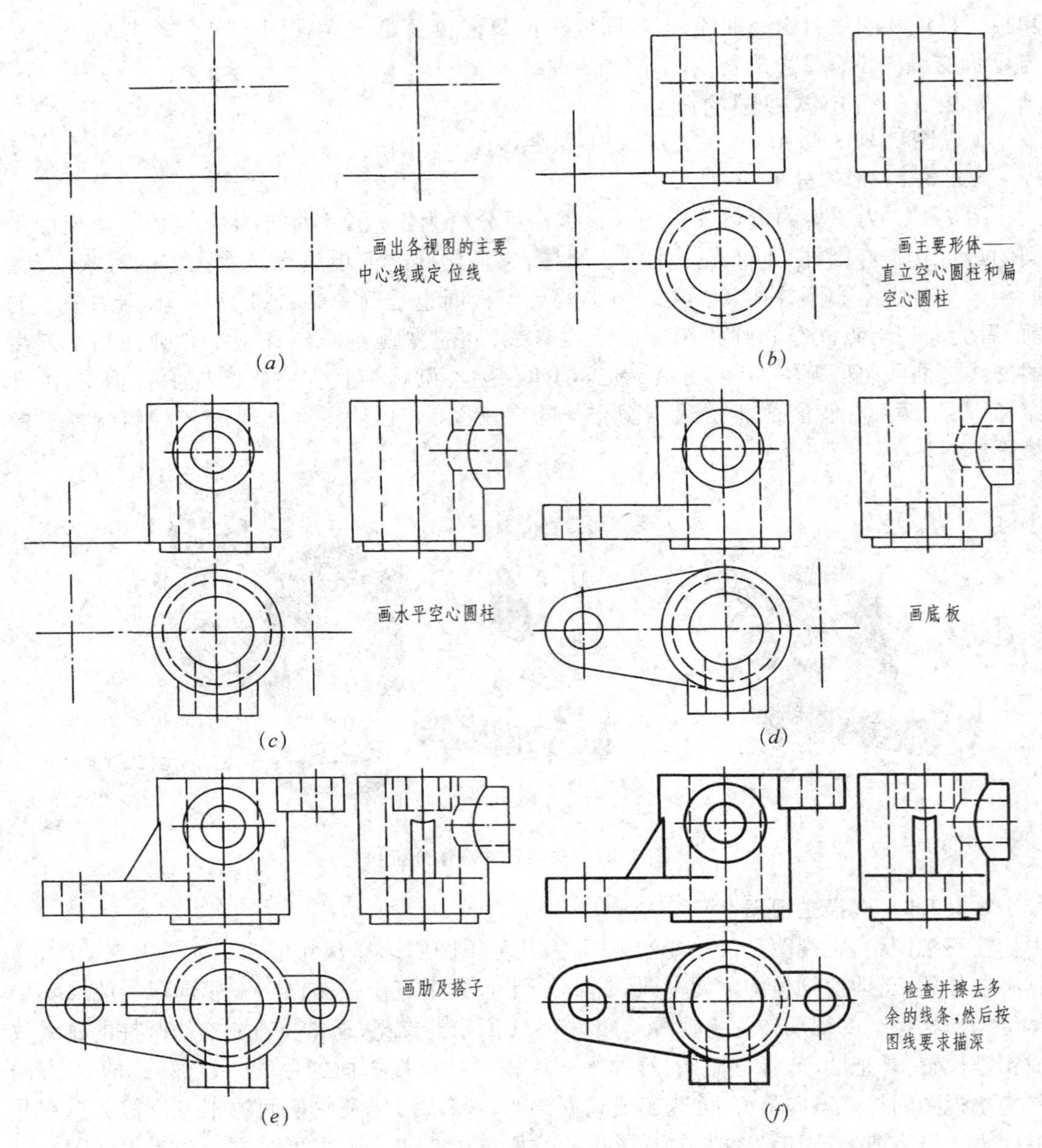

图 7-22 支架的画图步骤

7.3 组合体视图上的尺寸标注

视图主要表达物体的形状,物体的真实大小则是根据图上所标注的尺寸来确定的,加工时也是按照图上的尺寸来制造的。标注尺寸时应做到以下几点:

(1) 尺寸标注要符合标准。所注尺寸应符合国家标准中有关尺寸注法的规定。

(2) 尺寸标注要完整。所注尺寸必须把组成物体各形体的大小及相对位置完全确定下来,不允许遗漏尺寸,一般也不要有重复尺寸。

(3) 尺寸安排要清晰。尺寸的安排应恰当,以便于看图、寻找尺寸和使图面清晰。

(4) 尺寸标注要合理。尺寸标注应尽量考虑到设计与工艺上的要求。

在第六章中已介绍了国家标准有关尺寸注法的规定,本节主要叙述如何使尺寸标注完整和安排清晰。至于标注尺寸要合理的问题,将在第 3 篇中给予介绍。

7.3.1　基本形体的尺寸标注

要掌握组合体的尺寸标注,必须先了解基本形体的尺寸标注方法。图 7-23 表示三个常见的平面基本形体的尺寸标注,如长方块必须标注其长、宽、高三个尺寸(图 7-23*a*);正六棱柱应标注其高度及正六边形的对边距离(图 7-23*b*);四棱锥台应标注其上、下底面的长、宽及高度尺寸(图 7-23*c*)。

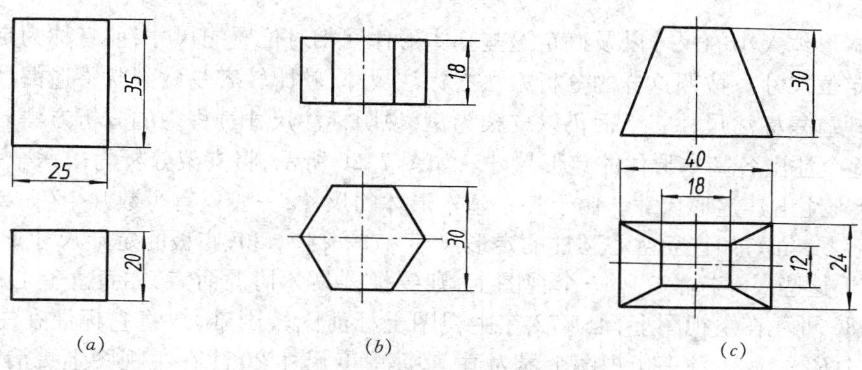

图 7-23　平面基本形体的尺寸标注

图 7-24 表示四个常见的回转面基本形体的尺寸标注,如圆柱体应标注其直径及轴向长度(图 7-24*a*);圆锥台应标注两底圆直径及轴向长度(图 7-24*b*);球体只需标注一个直径(图 7-24*c*);圆环只需标注两个尺寸,即母线圆及中心圆的直径(图 7-24*d*)。

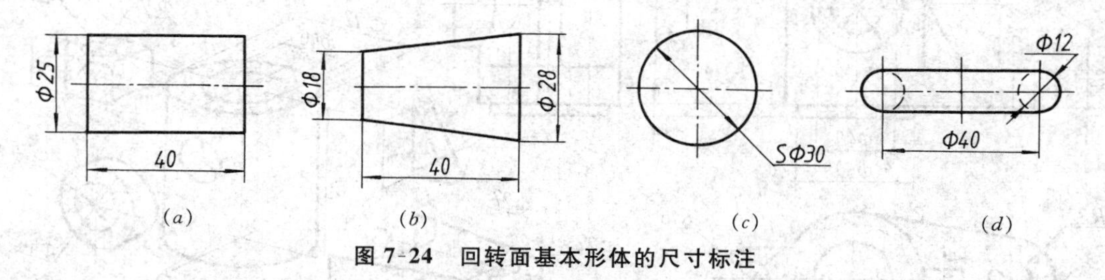

图 7-24　回转面基本形体的尺寸标注

当在基本形体上遇到切割、开槽及相贯时,除标注出其基本形体的尺寸外,对切割与开槽,还应标注出截平面位置的尺寸(图 7-25*a*);对相贯的两回转面形体,应以其轴线为基准标注两形体的相对位置尺寸(图 7-25*b*)。根据上述尺寸,其截交线及相贯线便自然形成,因此不应在这些交线上标注尺寸。如图 7-25 中在尺寸线上画有“×”的四个错误尺寸,既是多余,且又与其他尺寸发生矛盾,因此均不应该标注出。

7.3.2　组合体的尺寸标注

7.3.2.1　尺寸标注要完整

要达到尺寸完整的要求,应首先按形体分析法将组合体分解为若干基本形体,再注出表

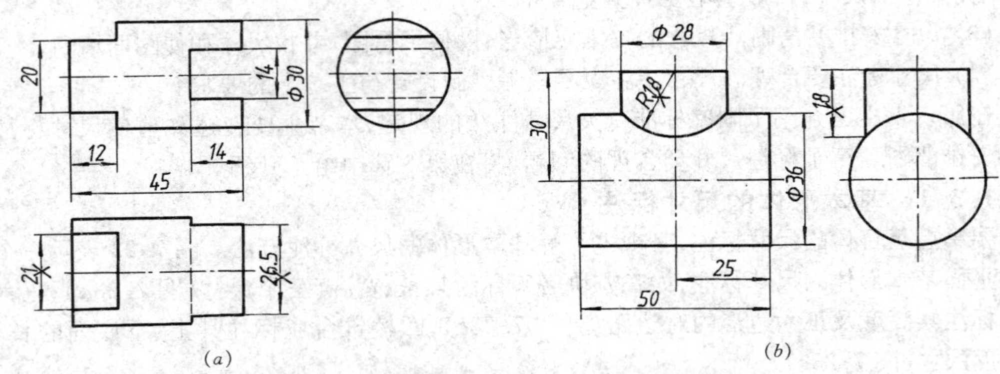

(a)　　(b)

图7-25　基本形体上遇到切割、开槽及相贯时的尺寸标注

示各个基本形体大小的尺寸以及确定这些基本形体间相对位置的尺寸，前者称为**定形尺寸**，后者称为**定位尺寸**。按照这样的分析方法去标注尺寸，就比较容易做到既不遗漏尺寸，也不会无目的地重复标注尺寸。下面仍以支架为例，说明标注尺寸过程中的分析方法。

(1) 逐个注出各基本形体的定形尺寸。如图7-26所示，将支架分析为由六个基本形体组成后，分别注出其定形尺寸。由于每个基本形体的尺寸，一般只有少数几个（如2～4个），因而比较容易考虑，如直立空心圆柱的定形尺寸 $\phi72$、$\phi40$、80，底板的定形尺寸 $R22$、$\phi22$、20等。至于这些尺寸标注在哪一个视图上，则要根据具体情况而定，如直立空心圆柱的尺寸 $\phi40$ 和80可注在主视图上，但 $\phi72$ 在主视图上标注比较困难，故将它标注在左视图上。底板的尺寸 $R22$、$\phi22$ 注在俯视图上最为适宜，而厚度尺寸20注在主视图上更清晰。其余各形体的定形尺寸，请读者自行分析。

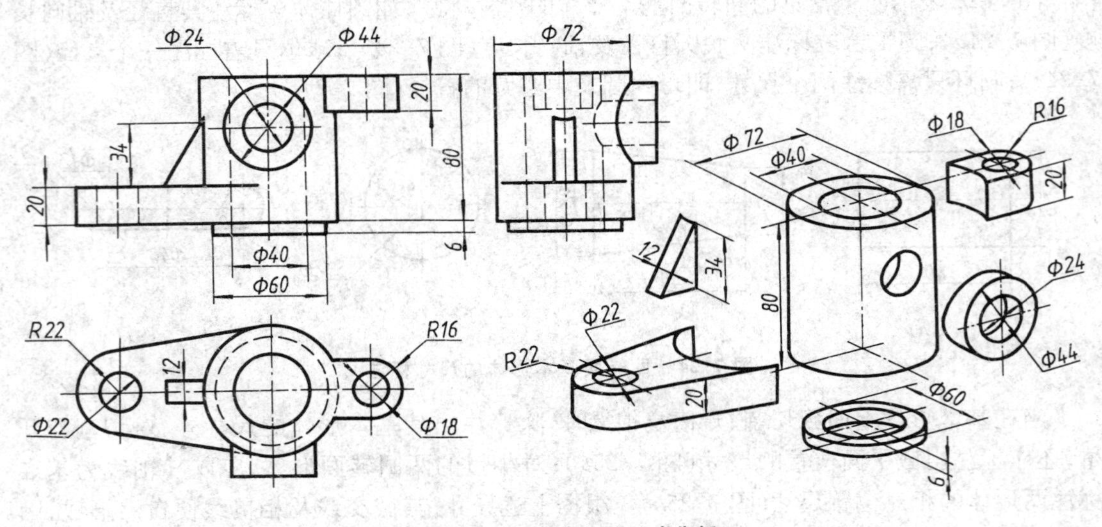

图7-26　支架的定形尺寸分析

(2) 标注出确定各基本形体之间相对位置的定位尺寸。图7-26中虽然标注了各基本形体的定形尺寸，但对整个支架来说，还必须再加上定位尺寸，这样尺寸才完整。图7-27表示了这些基本形体之间的五个定位尺寸，如直立空心圆柱与底板孔、肋、搭子孔之间在左右方向的定位尺寸80、56、52，水平空心圆柱与直立空心圆柱在上下方向的定位尺寸28以及前后方向的定位尺寸 48。一般来说,两形体之间在左右、上下,前后方向均应考虑是否有定位尺寸。但当形体之间为简单结合(如肋与底板的上下结合)或具有公共对称面(如直立空心圆柱与水平空心圆柱在左右方向对称)的情况下,在这些方向就不再需要定位尺寸。

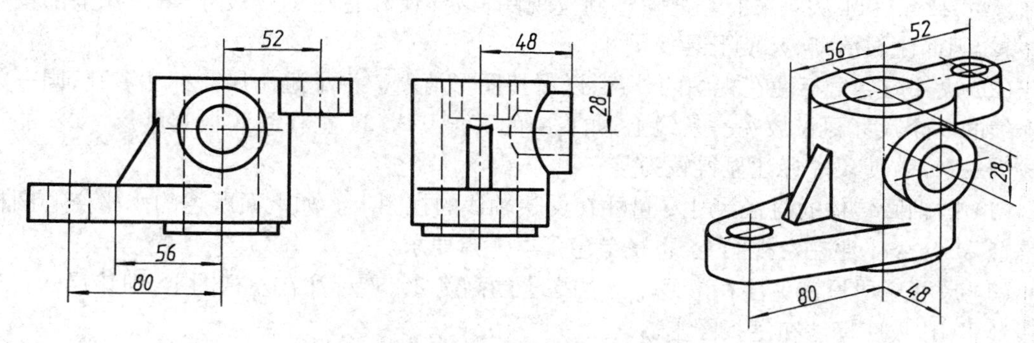

图 7-27　支架的定位尺寸分析

通过以上的分析,将图 7-26 和图 7-27 上的尺寸合起来,则支架上所必需的全部尺寸都标注完整了。

(3) 为了表示组合体外形的总长、总宽、总高,一般应标注出相应的总体尺寸。按上述分析,尺寸虽然已经标注完整,但考虑总体尺寸后,为了避免重复,还应作适当地调整。如图 7-28 中,尺寸 86 为总体尺寸,注上这个尺寸后就与直立空心圆柱的高度尺寸 80、扁空心圆柱的高度尺寸 6 重复,因此应将尺寸 6 省略。有时当物体的端部为同轴线的圆柱和圆孔(如底板的左端、搭子的右端等的形状),则有了定位尺寸后,一般就不再注其总体尺寸。如图 7-28 中注了定位尺寸 80 和 52,以及圆弧半径 $R22$ 和 $R16$ 后,就不要注总长尺寸。

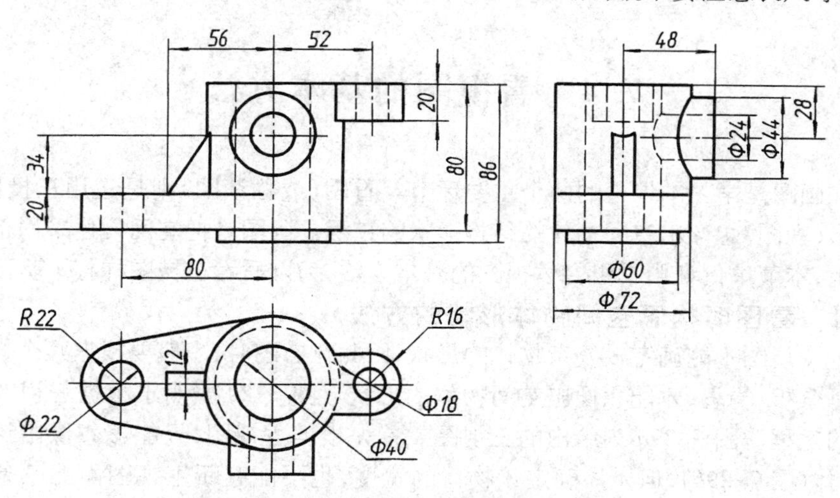

图 7-28　经过调整后的支架尺寸标注

7.3.2.2　尺寸安排要清晰

上面的分析仅达到了尺寸完整的要求。但为了便于看图,使图面清晰,还应将某些尺寸的安排进行适当的调整,如图 7-28 所示。安排尺寸时应考虑以下各点。

(1) 尺寸应尽量标注在表示形体特征最明显的视图上。如图 7-28 所示肋的高度尺寸 34 注在主视图上比注在左视图上要好;水平空心圆柱的定位尺寸 28 注在左视图上比注在主视图上要好；又如搭子的定形尺寸 $R16$ 和 $\phi18$ 应注在表示该部分形状最明显的俯视图上。

(2) 同一形体的尺寸应尽量集中标注在一个视图上。如图 7-28 中，将水平空心圆柱的定形尺寸 $\phi24$、$\phi44$ 从原来的主视图移到左视图，这样便和它的定位尺寸 28、48 全部集中在一起，因而比较清晰，又便于寻找尺寸。

(3) 尺寸应尽量标注在视图的外部，以保持图形清晰。为了避免尺寸标注零乱，同一方向连续的几个尺寸尽量放在一条线上，如将肋的高度尺寸 34 左移到底板高度尺寸 20 的上面成为一条线，使尺寸标注显得较为整齐。

(4) 同轴回转体的直径尺寸尽量注在反映轴线的视图上。如上面所述的水平空心圆柱的直径 $\phi24$、$\phi44$ 注在左视图上，也是考虑了这一点要求。

(5) 尺寸应尽量避免注在虚线上。如搭子的高度 20，若标注在左视图上，则该尺寸将从虚线处引出，故应标注在主视图上。

(6) 尺寸线、尺寸界线与轮廓线应尽量避免彼此间的相交。如直立空心圆柱的直径 $\phi72$ 可以注在主视图或左视图上，但若注在主视图上会产生尺寸界线与底板或搭子的轮廓线相交，影响图面的清晰，因此将该尺寸注在左视图上较恰当。同时又考虑到和扁空心圆柱的直径 $\phi60$ 集中在一起，故将此两个直径全注在左视图的下面，并将较小的尺寸 $\phi60$ 注在里面(靠近视图)、较大的尺寸 $\phi72$ 注在外面，以避免尺寸线和尺寸界线相交。又如定位尺寸 56，若标注在主、俯视图之间，则尺寸界线要与底板的轮廓线相交，因此该尺寸还是标注在主视图上方和尺寸 52 并列成一条线较为清晰。

在标注尺寸时，有时会出现不能兼顾以上各点的情况，必须在保证尺寸完整、清晰的前提下，根据具体情况，统筹安排，合理布置。

7.4 看视图的基本方法

看图和画图是学习本课程的两个重要环节。看图(或称读图)则是运用正投影原理，根据平面图形(视图)想像出空间物体的结构形状的过程。画图是把空间物体采用正投影法表达在平面上，本节举例说明看组合体视图的基本方法，为以后看机械图样打下基础。

7.4.1 看图时构思空间物体形状的方法

通常一个视图不能确定较复杂物体的形状，因此在看图时，一般要根据几个视图运用投影规律进行分析、构思，才能想像出空间物体的形状。图 7-29 表明了根据三视图构思出该物体形状的过程。图 7-29*a* 为给出的三视图。首先根据主视图，只能够想像出该物体是一个 ⌋ 形物体(图 7-29*b*)，但无法确定该物体的宽度，也不能判断主视图内的三条虚线和一条实线是表示什么。在上面构思的基础上，进一步观察俯视图并进行想像(图 7-29*c*)，即能确定该物体的宽度，以及其左端的形状为前、后各有一个 45°的倒角，中间开了一个长方形槽。但右端直立部分的形状仍无法确定。最后观察左视图并进一步想像(图 7-29*d*)，便能确定右端是一个顶部为半圆形的竖板，中间开了一个圆柱孔(在主、俯视图上用虚线表示)。经过这样构思与分析，从而完整地想像出该物体的形状。

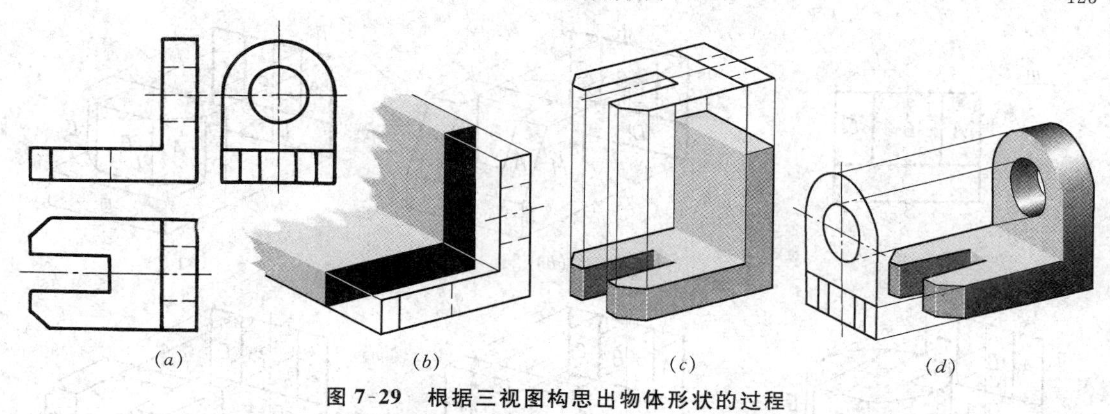

图 7-29　根据三视图构思出物体形状的过程

图 7-30*a*～*d* 给出四组视图，它们的主视图均相同，图 *a*、*b* 的左视图也相同，图 *a*、*c* 的俯视图也相同，但它们却是四种不同形状物体的投影。图 *a*、*b*、*c* 为立方体的左上方被切割掉了一块，而图 *d* 却为立方体的左上方向前凸出了一块，因而在俯、左视图上均相应地出现了虚线。由此可见，看图时必须将几个视图结合起来，互相对照，同时进行分析，这样才能正确地想像出该物体的形状。

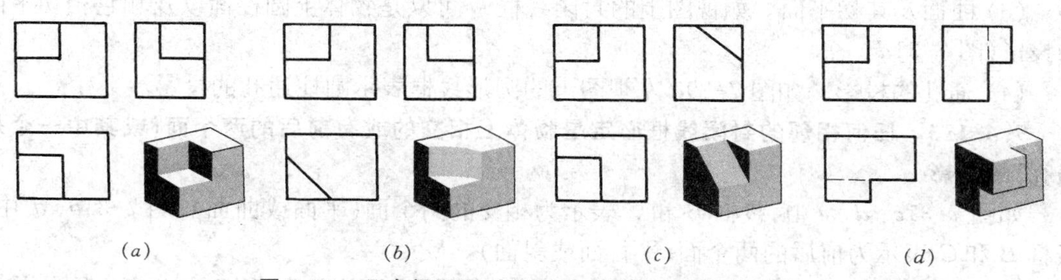

图 7-30　几个视图同时分析后才能确定物体的形状

为了正确、迅速地看懂视图和培养空间思维能力，还应当通过看图实践，逐步提高空间构思能力。如图 7-31*a* 仅给出了物体的一个视图，因而可以构思出它可能是很多种不同形状物体的投影，图 7-31*b*～*f* 仅表示了其中五种物体的形状。随着空间物体形状的改变，则在同样一个主视图上，它的每条线以及每个封闭线框所表示的意义也随之变化。分析图 7-31 所示的例子，可以看出以下三点性质：

7.4.1.1　每一条线可以是物体上下列要素的投影

(1) 两表面的交线的投影。如视图上的直线 l，可以是物体上两平面交线的投影(图 7-31*c*)或平面与曲面交线的投影(图 7-31*d*、*e*)。

(2) 垂直面的投影。如视图上的直线 l 和 m，可以是物体上相应的侧平面 L 和 M 的投影(图 7-31*b*)。在视图上，上述两种线统称为棱边线。

(3) 曲面的轮廓线。如视图上的直线 m，可以是物体上圆柱的转向素线的投影(图7-31*d*)。

7.4.1.2　每一封闭线框可以是物体上不同位置平面、曲面或通孔的投影

(1) 平面。如视图上的封闭线框 A(图线围成的封闭图形)可以是物体上的平行面的投影(图 7-31*e*、*f*)，或斜面的投影(图 7-31*b*、*c*)。

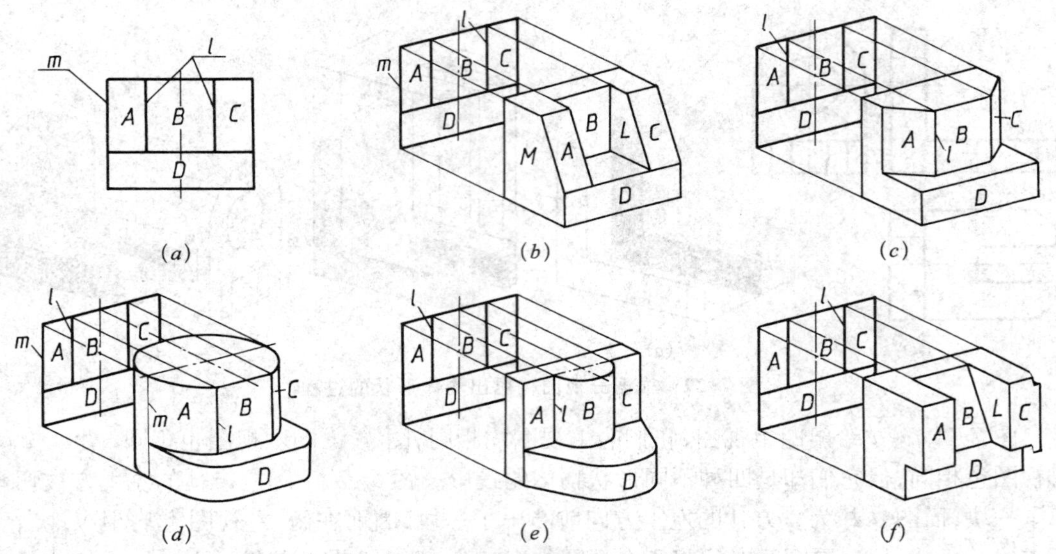

图 7-31 根据一个视图构思物体的各种可能形状

(2) 曲面。如视图上的封闭线框 A 也可以是物体上圆柱面的投影(图 7-31d)。

(3) 曲面及其切平面。如视图上的封闭线框 D 可以是物体上圆柱面以及和它相切平面的投影(图 7-31d、e)。

(4) 通孔的投影。如图 7-29a 左视图上的圆形线框表示圆柱通孔的投影。

7.4.1.3 任何相邻的封闭线框必定是物体上相交的或有前后的两个面(或其中一个是通孔)的投影

如图 7-31c、d、e 中,线框 B 和 C 表示为相交的两个面(平面或曲面);图 7-31b、f 中,线框 B 和 C 表示为前后的两个面(平行面或斜面)。

上述性质在看图中非常有用,它可以帮助我们提高构思的能力,下面在分析看图的具体方法中还要进一步运用它。

7.4.2 形体分析法

形体分析法是看视图的最基本方法。通常从最能反映物体形状特征的主视图着手,分析该物体是由哪些基本形体所组成以及它们的组合形式;然后运用投影规律,逐个找出每个形体在其他视图上的投影,从而想像出各个基本形体的形状以及各形体之间的相对位置关系,最后想像出整个物体的形状,这种分析过程称为形体分析法。

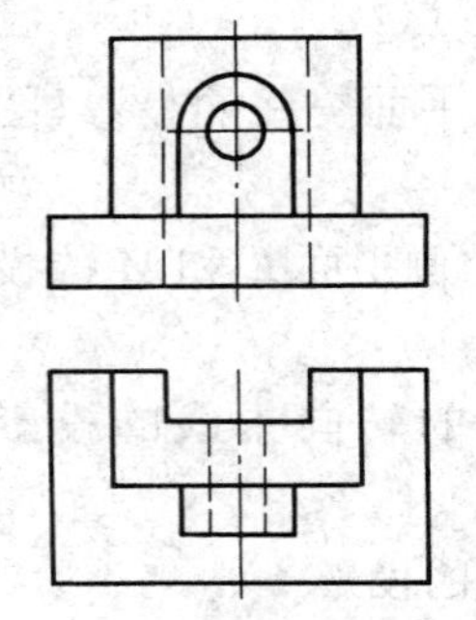

图 7-32 支座的主、俯视图

在学习看图时,常采用给出两视图,在想像出该物体形状的基础上,补画出其第三个视图,这是提高看图能力的一种重要学习手段。

图 7-32 所示为一支座的主、俯视图,要求看懂后并补画出其左视图。图 7-33 表示其看图与补图的分析过程。结合主、俯视图大致可看出它由三个部分组成,图 7-33a 表示该支座的下部为一长方板,根据其高度和宽度可先补画出该长方板的左视图。图 7-33b 表示在长方板的上、后方的另一个长方块的投影并画出它的左视图。图 7-33c 表示在上部长方块前方的一个顶部为半圆形的凸块的投影及其左视图。图 7-33d 为以上三个形体组合,并在后部开槽,凸块中间穿孔后,

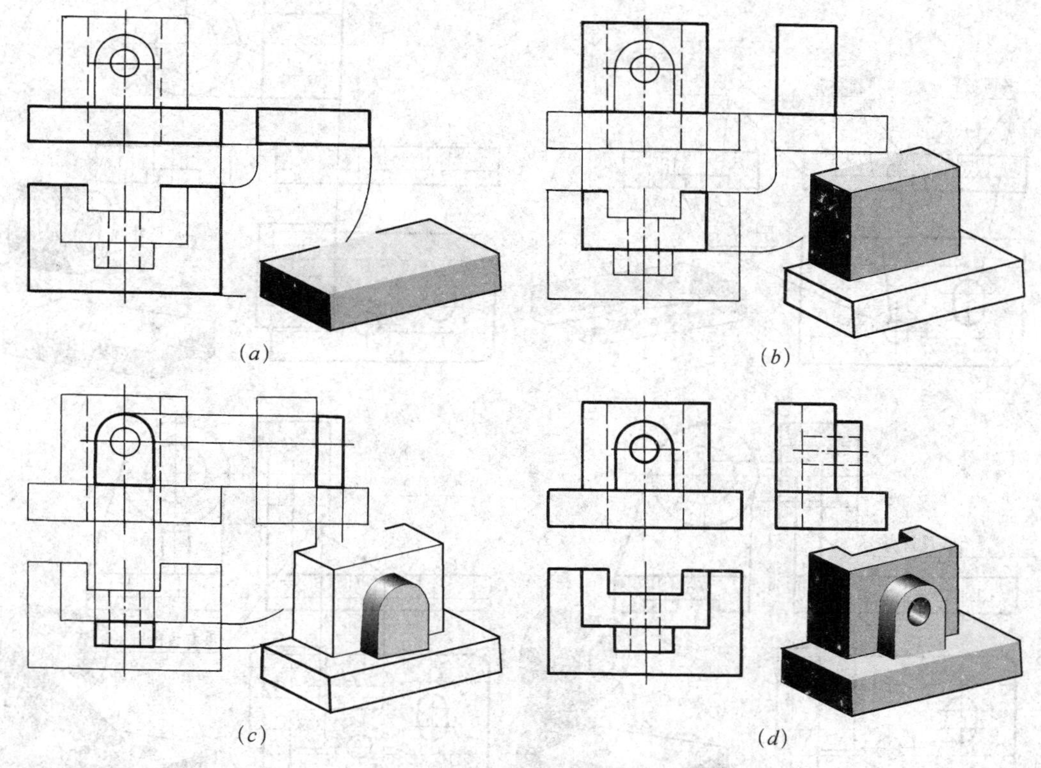

图 7-33 支座的看图及补图分析——形体分析法

该支座完整的三视图。

图 7-34 所示为一轴承座的三视图，它的形状较复杂，必须结合其三个视图才能将它看懂。从主视图上大致可看出它由四个部分所组成。

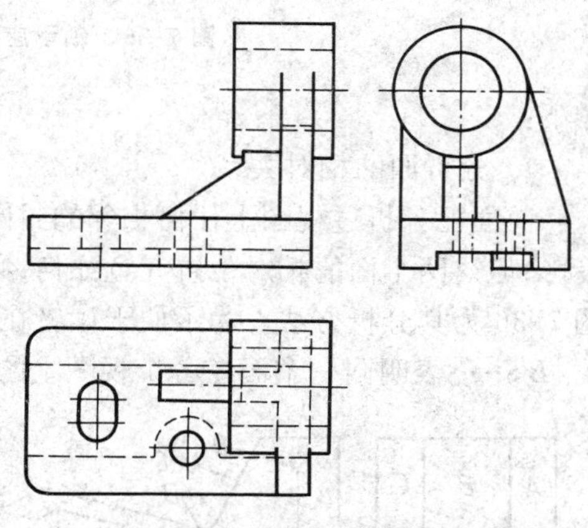

图 7-34 轴承座的三视图

图 7-35 中分别表示轴承座四个组成部分的看图分析过程。图 7-35*a* 表示其下部底板的投影。它是一个左端带圆角的长方形板，底部开槽，槽中有一个半圆形搭子，中间有一个圆孔；板的左边还有一个长圆形孔。图7-35*b*表示其右上方是一个空心圆柱，从俯、左视图可看出它偏在底板的后方。图 7-35*c* 表示在底板和空心圆柱之间加进一个竖板，由于它们结合成一整体，在图中用箭头表明了连接处原有线条的消失以及相切和相交处的画法与投影关系。图 7-35*d* 表示在空心圆柱、竖板和底板间增加一块肋，图中也用箭头表明了连接成整体后原有线段的消失以及肋与空心圆柱间产生的交线。这样逐个分析形体，最后就能想像出轴承座的整体形状。

7.4.3 线面分析法

看图时，在采用形体分析法的基础上，对局部较难看懂的地方，还经常需要运用画法几何中的点、线、面投影规则来帮助看图，这种看图分析过程称为线面分析法。现举例说明

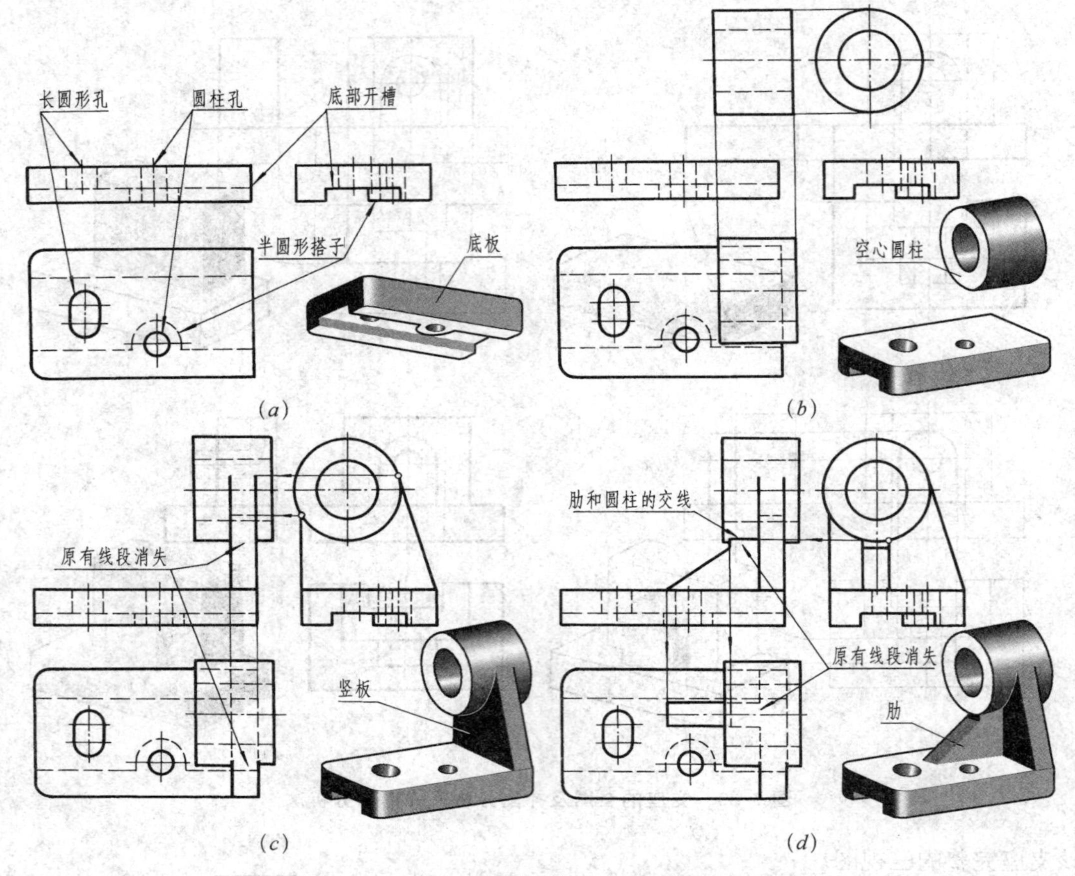

图 7-35 轴承座的看图分析——形体分析法

如下：

1) 分析面的相对关系

前面已分析过视图上任何相邻的封闭线框必定是物体上相交的或有前、后的两个面的投影；但这两个面的相对位置究竟如何，必须根据其他视图来分析。仍以图7-31*b*、*f* 为例，图 7-36 为其分析方法。为了便于读者在看图时分析面的关系，在这里的分析图中均用字母 *A*、*B* ……表明同一个面在各个视图上的投影。

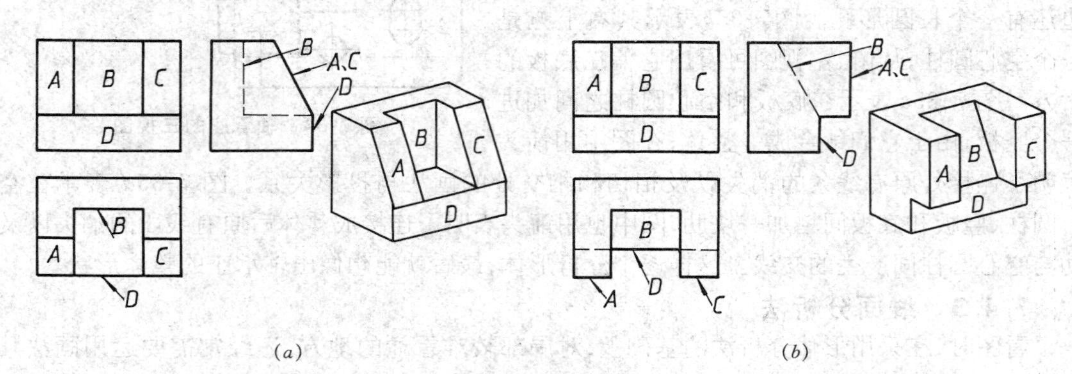

图 7-36 分析面的相对关系

在图7-36a中，先比较面A、B、C和面D，由于在俯视图上都是实线，故只可能是D面凸出在前，A、B、C面凹进在后。再比较A、C和B面，由于左视图上出现虚线，故只可能A、C面在前，B面凹进在后。由于在左视图的右边是条斜线，因此A、C面是斜面（侧垂面），虚线是条垂线，因此它表示的B面为正平面。弄清楚了面的前后关系，即能想像出该物体的形状。图7-36b中，由于俯视图左、右出现虚线，中间为实线，故可断定A、C面相对D面来说是向前凸出，B面处在D面的后面。又由于左视图上出现一条斜的虚线，可知凹进的B面是一斜面（侧垂面），并与正平面D相交。下面举例说明这种方法在看图中的应用。

图7-37所示为垫块的主、俯视图，要求补画出其左视图。图7-38表示垫块的补图分析过程。这里同时采用形体分析法和面的相对关系的分析法。图7-38a表示垫块下部的中间为一长方块，分析面A和B，可知B面在前、A面在后，故它是一个凹形长方块。补出该长方块的左视图，凹进部分用虚线表示。图7-38b分析了主视图上的C面，可知在长方块前面有一凸块，因而在左视图的右边补画出相应的一块。图7-38c分析了长方块上面一个带孔的竖板，因图上箭头所指处没有轮廓线，可知竖板的前面与上述的A面是同一平面，在左视图相应部位处补画出竖板的左视图。图7-38d从俯视图上分析了垫块后部有一个凸块，由于在主视图上没有相对应的虚线，可知后凸块的背面E和前凸块的C面的正面投影重合，也即前、后凸块的长度和高度相同。补出后凸块的左视图后即完成整个垫块的左视图。

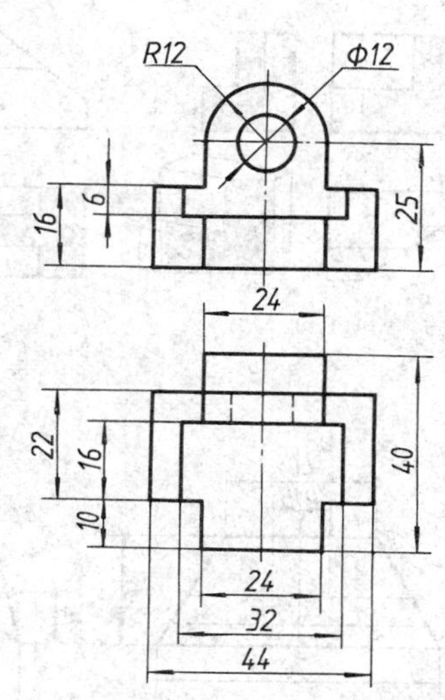

图7-37　垫块的主、俯视图

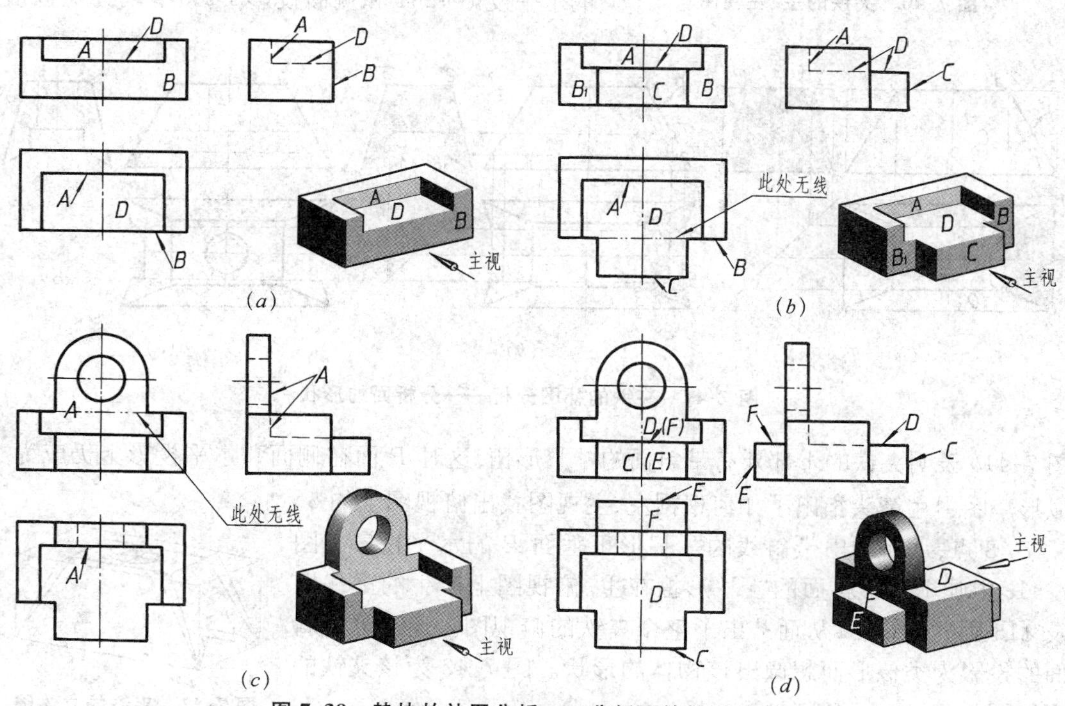

图7-38　垫块的补图分析——分析面的相对关系

2）分析面的形状

当平面图形与投影面平行时，它的投影反映实形；当倾斜时，它在该投影面上的投影一定是一个类似形，图 7-39 中四个物体上带网点平面的投影均反映此特性。图 7-39*a* 中有一个 ∟ 形的铅垂面、图 *b* 中有一个凸字形的正垂面、图 *c* 中有一个凹字形的侧垂面，除在一个视图上重影成直线外，其他两个视图上仍相应地反映 ∟ 、凸和凹形的特征。图 7-39*d* 中有一个梯形的倾斜面，它在三个视图上的投影均为梯形。下面举例说明这种性质在看图中的应用。

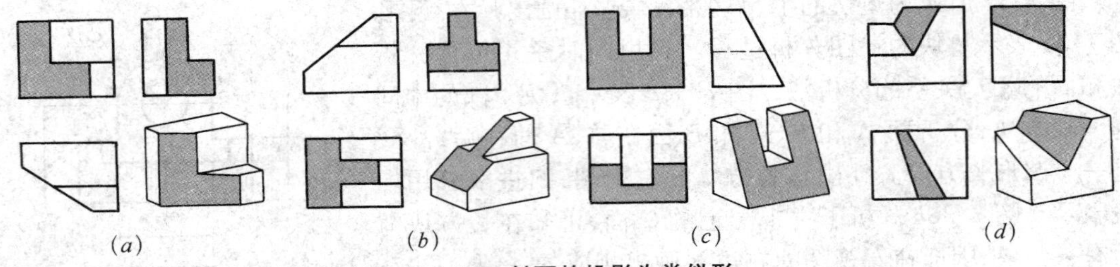

图 7-39 斜面的投影为类似形

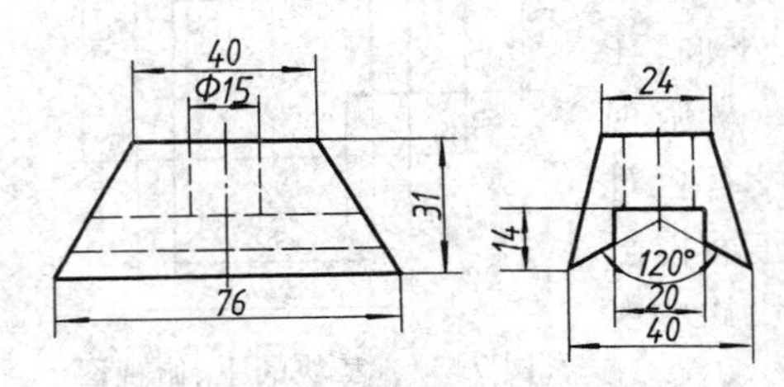

图 7-40 夹铁的主、左视图

图 7-40 为夹铁的主、左视图，要求补画出其俯视图。图 7-41 表示夹铁的补图分析过程。图 7-41*a* 中分析该夹铁为一长方体的前、后、左、右被倾斜地切去四块。补俯视图时，除画出长方形轮廓外，还加上斜面之间的交线，如正垂面 *P* 和侧垂面 *Q* 的交线ⅢⅣ的投影 34。这时正垂面 *P* 为梯形，它的水平投影 1234 和侧面投影 1″2″3″4″均为类似形。

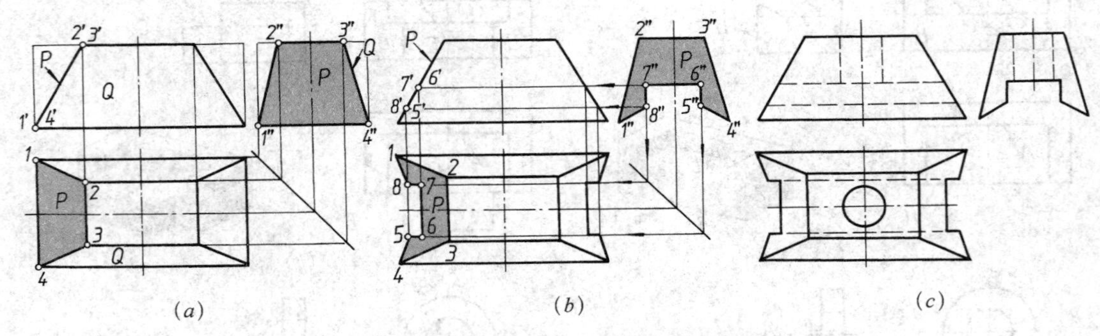

图 7-41 夹铁的补图分析——分析面的形状

图 7-41*b* 表明夹铁的下部开有带斜面的“冂”形槽，这时 *P* 面在侧面和水平投影上仍应为类似形。图中用箭头指出了如何根据左、主视图找出俯视图上的 5、6、7、8 点，从而作出带斜线的“冂”形正垂面 *P* 的水平投影。图 7-41*c* 中加上了带斜面的“冂”形槽在主、俯视图上产生的虚线以及 ϕ15 圆孔的投影，从而补出了整个夹铁的俯视图。通过分析斜面的投影为类似形而想像出该物体的形状。图 7-42 为该夹铁的立体图。

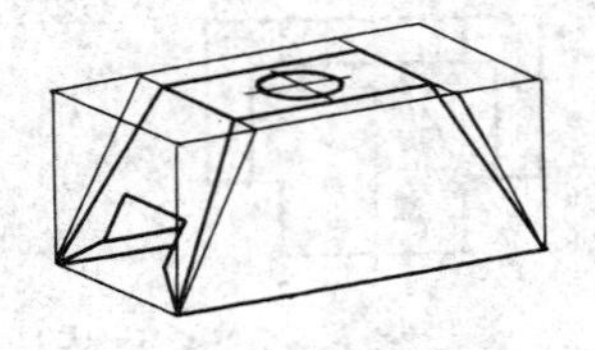

图 7-42 夹铁的立体图

3）分析面与面的交线

当视图上出现较多面与面的交线，特别是曲面立体的截交线与相贯线，会给看图带来一定的困难，这时只要运用画法几何方法，对交线的性质及画法进行分析，从而看懂视图或补画出其他视图。

图7-43为一支撑轴的主、左视图，要求补画出其俯视图。图7-44表示其补图的分析过程。图7-44*a*表明了该物体的基本形状为两个同轴的圆柱体U和V。图7-44*b*分析了其左端被斜面P、Q及圆柱面T所切割，斜面P、Q和圆柱面T相切，BC为切线，因而在左视图上没有任何交线产生。在俯视图上先分析斜面P与圆柱的截交线——椭圆。假想将圆柱U向左延伸，延长P面与轴线交于o'，即能作出半个椭圆$hbacg$，实际存在的交线bac仅为该椭圆右端一小部分。再分析圆柱面T和U的相贯线，图7-44*b*主视图中用双点画线把圆柱面T假想画完整，则在俯视图上可作出相贯线dbf，实际存在的交线db仅为其左端一小部分。两个不同性质交线的分界点b、c即为P和T切点的水平投影。图7-44*c*表明了圆柱U的前后又被两个正平面S（恰与圆柱V相切）切去了两块而产生截交线MI和NJ。在俯视图上由于前、后被切割，因此m、n点以外部分的交线也随之被切割掉。图7-44*d*分析了该物体左端竖向开槽和前后的水平小孔，并在俯视图上补出这两结构的投影，便最后完成了支撑轴的俯视图。

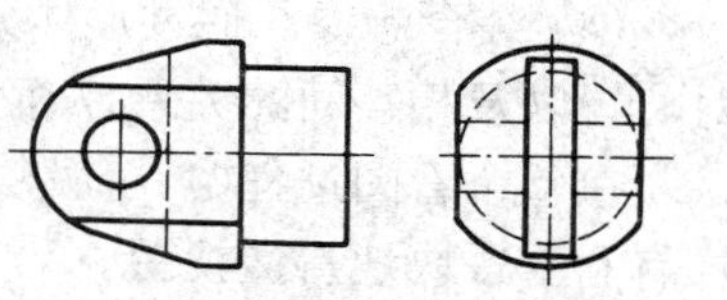

图7-43　支撑轴的主、左视图

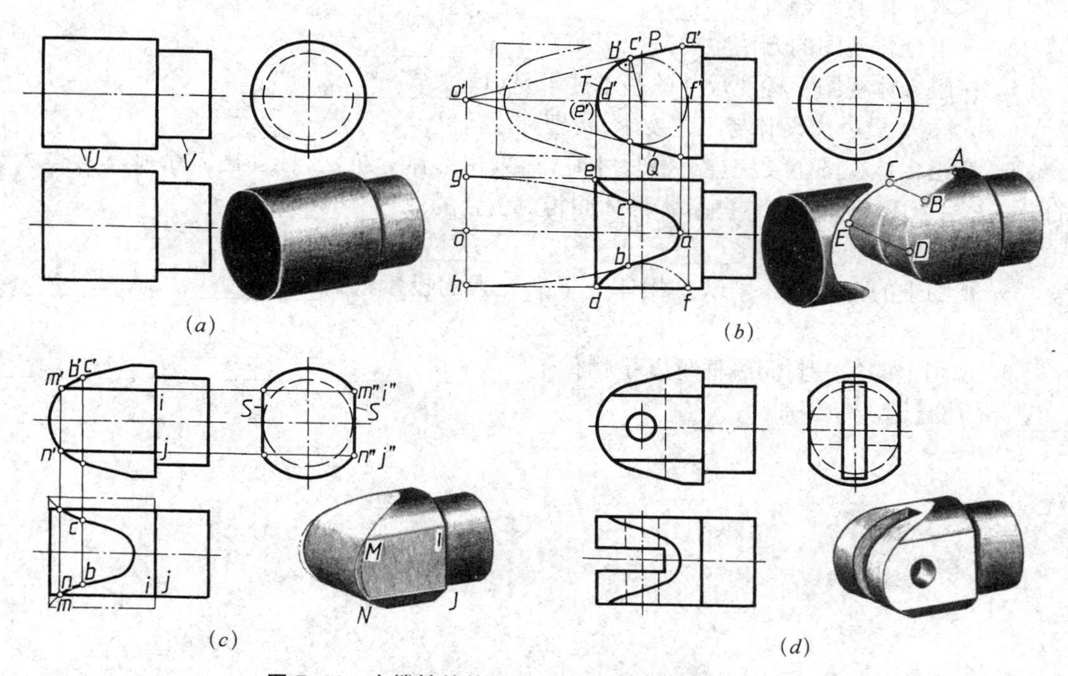

图7-44　支撑轴的补图分析——分析曲面的交线

7.4.4　看视图步骤小结

归纳以上的看图例子，可总结出看视图的基本原则。形体分析法与线面分析法相结合的步骤如下：

(1) 初步了解。根据物体的视图和尺寸,初步了解它的大概形状和大小,并按形体分析法分析它由哪几个主要部分组成。一般可从较多地反映零件形状特征的主视图着手。

(2) 逐个分析。采用上述看图的各种分析方法,对物体各组成部分的形状和线面逐个进行分析。

(3) 综合想像。通过形体分析和线面分析了解各部分形状后,确定其各组成部分的相对位置以及相互间的关系,从而想像出整个物体的形状。

在整个看图过程中,一般以形体分析法为主,结合线面分析,边分析、边想像、边作图,这样有利于较快地看懂视图。

思考练习题

一、判断题

1. 两圆柱面相切处的切平面,如垂直于投影面,则在该投影面的视图上应该画线。( )

2. 视图上的截交线和相贯线也应标注尺寸。( )

二、填空题

1. 三视图之间的投影规律为__________、__________、__________。

2. 由基本形体构成组合体时,有__________和__________两种基本形式。

3. 基本形体的结合有__________、__________和__________三种情况。

4. 画组合体视图的方法主要是____________________。

5. 在组合体视图上标注尺寸的基本要求是(1)__________,(2)__________,(3)__________;另外要尽量考虑设计与工艺要求,合理标注尺寸。

6. 在组合体视图上要完整标注尺寸时,需采用形体分析法,标注出各个基本形体大小的__________和标注确定这些基本形体间相对位置的__________。

7. 看视图的基本方法是__________和__________。

8. 视图上的每一条线可以是物体上下列元素的投影:(1)__________,(2)__________,(3)__________。

9. 视图上的每一封闭线框可以是物体上__________、__________、__________或__________的投影。

第 8 章　零件常用的表达方法

在生产实际中，由于各种零件的结构不同，仅采用前面介绍的主、俯、左三个视图，往往不能将它们表达清楚，还需要采用其他各种表达方法，才能使画出的图样清晰易懂，而且制图简便。国家标准对各种表达方法均作了明确的规定，本章将举例逐一进行介绍。

8.1 视　　图

视图是采用正投影法所绘制出的物体图形，它主要用来表达零件的外部结构和形状，一般只画出零件的可见部分，必要时才用细虚线表达其不可见部分。本节介绍的视图的国家标准，摘自《GB/T 17451—1998　技术制图　图样画法　视图》、《GB/T 4458.1—2002　机械制图　图样画法　视图》和《GB/T 14692—2008　技术制图　投影法》。上述标准中规定视图的种类有基本视图、向视图、斜视图和局部视图四种，以下将结合实例给予分别介绍。

8.1.1 基本视图

表示一个物体可有六个基本投射方向（图 8-1），因而相应地可有六个基本投影面分别垂直于六个基本投射方向。将物体向六个基本投影面投射所得的视图均称为**基本视图**（图 8-2）。在六个基本视图中，除在第 7 章中已介绍过的主视图、俯视图、左视图（投射方向代号分别为 a、b、c）三种外，还有**右视图**——自物体的右方投射（投射方向代号 d），在左侧的基本投影面上所得的视图；**仰视图**——自物体的下方投射（投射方向代号 e），在

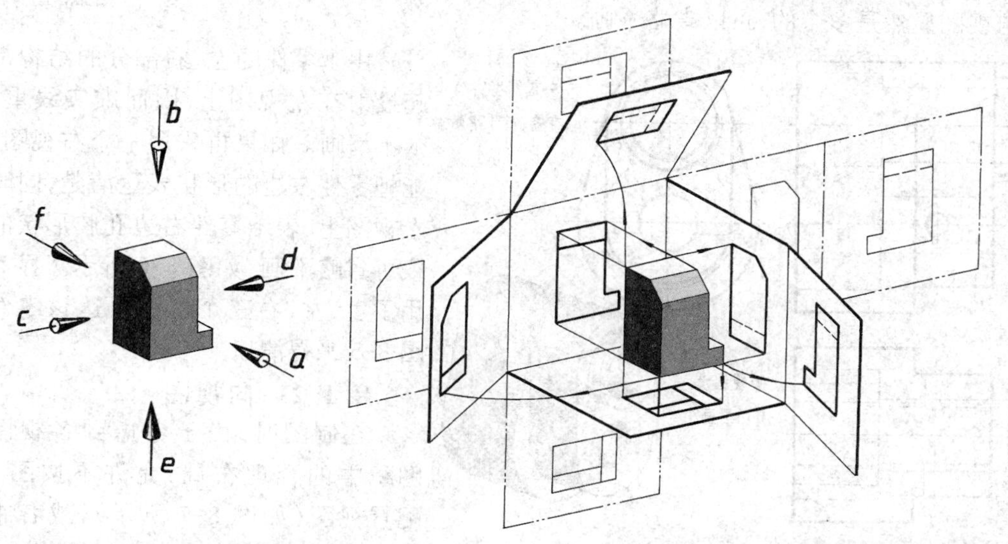

图 8-1　物体的六个基本投射方向　　图 8-2　六个基本视图的形成及投影面的展开方法

上部的基本投影面上所得的视图；**后视图**——自物体的后方投射(投射方向代号 f)，在前面的基本投影面上所得的视图。六个基本投影面的展开方法如图 8-2 所示。经过展开后各基本视图的配置关系如图 8-3。在同一张图纸内按图 8-3 配置视图时，可不标注视图的名称。

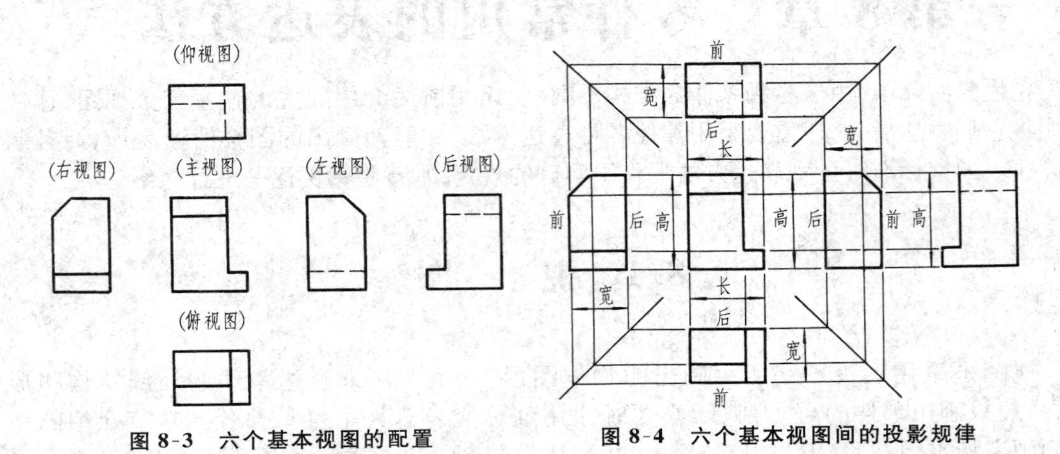

图 8-3 六个基本视图的配置　　**图 8-4 六个基本视图间的投影规律**

六个基本视图之间仍然应符合长对正、高平齐、宽相等的投影规律。图 8-4 用投影连线表明了上述的投影规律。从图中还可看出，由于左视图和右视图是从零件左、右两侧分别进行投射的，因此这两个视图的形状正好左右颠倒；同理，俯视图和仰视图正好上下颠倒，主视图和后视图也是左右颠倒，画图时必须特别注意。图 8-4 中还注明了零件前后部位在左、右、俯、仰视图上的位置。从图中可看出，这四个视图上离主视图较远的部位表示零件的前面，离主视图较近的部位表示零件的后面。

在实际制图时，应根据零件的形状和结构特点，在完整、清晰地表达物体特征的前提下，使视图数量为最少，以力求制图简便，根据以上原则选用其中必要的几个基本视图。图 8-5 为支架的三视图，可看出如采用主、左两个视图，已经能将零件的各部分形状完全表达，这里的俯视图显然是多余的，可以省略不画。

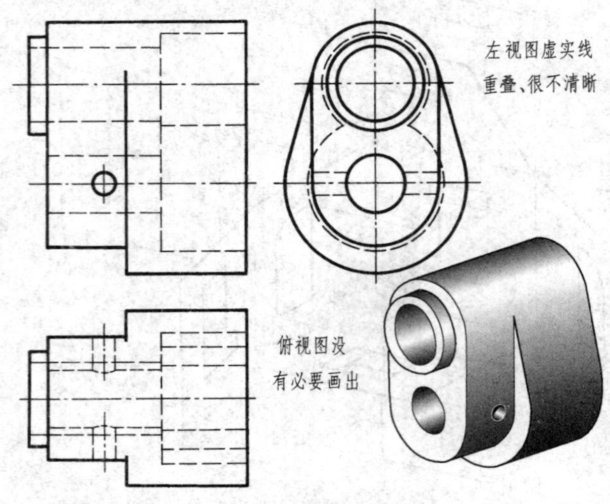

图 8-5 用主、俯、左三视图表达支架并不适宜

由于零件的左、右部分的结构都一起投射在左视图上，因而虚实线重叠，很不清晰。如果再采用一个右视图，便能把零件右边的形状表达清楚，同时在左视图上，表示零件右边孔腔形状的虚线可省略不画，如图 8-6 所示。显然采用了主、左、右三个视图表达该零件比图 8-5 来得清晰。

8.1.2 向视图

在制图时，由于考虑到各视图在图纸中的合理布局，允许不按图 8-3 配置视图(如图 8-7 所示)，或各视图不画在同一张图纸上。在图样上，视

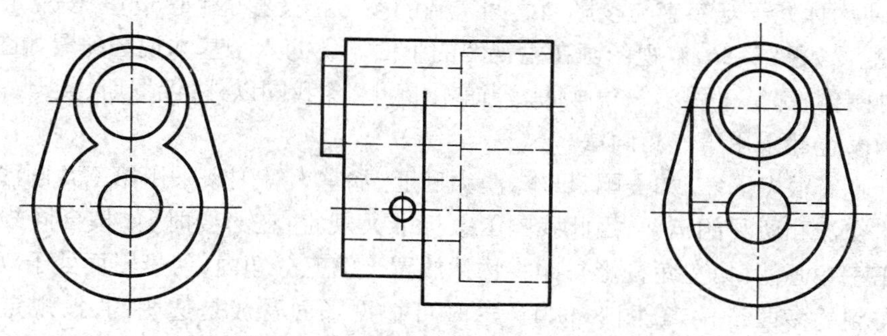

图 8-6　用主、左、右三个视图表达支架

图自由配置的表示法称为**向视配置法**，按向视配置法画出的基本视图称为**向视图**。绘制向视图时，应在向视图的上方标注“×”（“×”为大写拉丁字母），在相应视图的附近用箭头指明投射方向，并标注相同的字母，如图 8-7 中的 D、E 和 F 三个向视图。

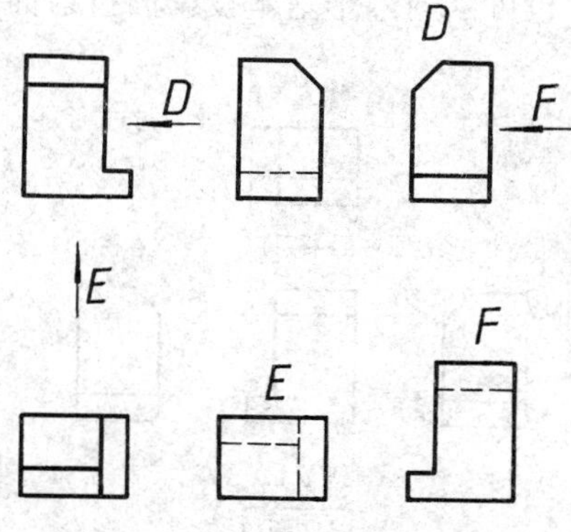

图 8-7　向视图及其标注法

8.1.3　第三角画法

当正投影面 V 和水平投影面 H 构成两投影面体系时，可设想将 V 面向下延伸，在 X 轴以下的正投影面以 V_1 表示，将 H 面向后延伸，在 X 轴后面的水平投影面以 H_1 表示，如图 8-8 和图 8-9 所示。这样 $V(V_1)$ 和 $H(H_1)$ 把空间分成四个分角，分别称为第一、二、三、四分角。当投影面展开时，前半的 H 面绕 X 轴向下旋转使与 V_1 面重合，而后半的 H_1 面则绕 X 轴向上旋转使与 V 面重合。空间物体可以放在第一分角内进行投射（图8-8），称之为**第一角画法**，也可以放在第三分角内进行投射（图 8-9），称之为**第三角画法**。

我国国家标准规定：技术图样应优先采用第一角画法（第一角投影），即将物体放置于第

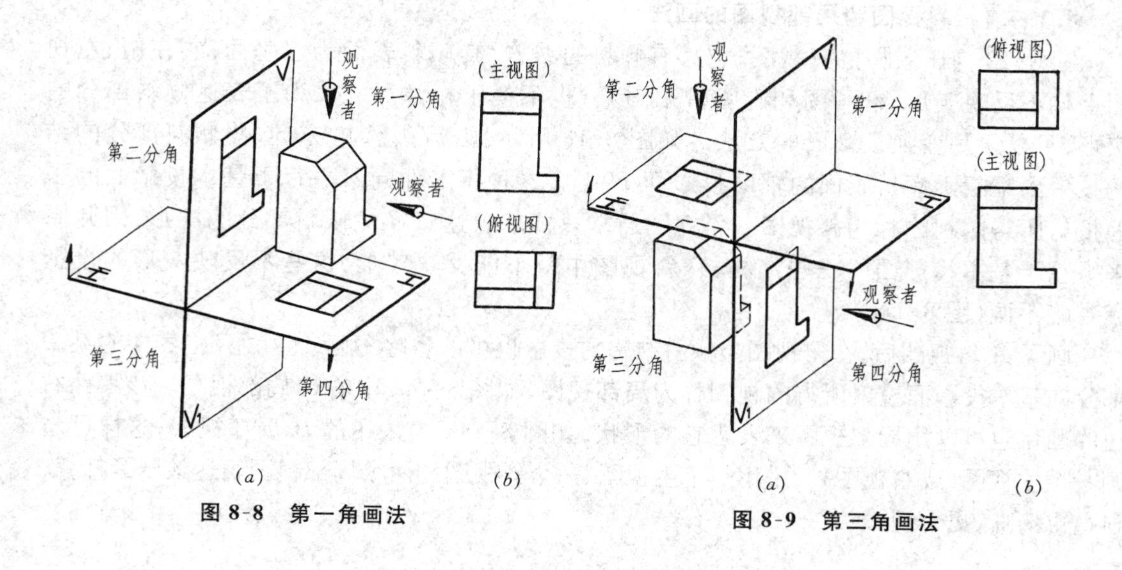

图 8-8　第一角画法　　图 8-9　第三角画法

一分角内，使物体处于观察者与投影面之间得到的多面正投影(图 8-8*a*)。按规定展开投影面，其视图配置如图 8-8*b*，俯视图画在主视图的下面。它的六个基本视图配置如图 8-3。本书中的各种图例，都是采用第一角画法。当前国际上，除我国以外，俄罗斯、英国、德国、法国等较多的国家也都采用第一角画法。

国际上也有很多国家，如美国、日本、澳大利亚、加拿大等国家采用第三角画法。考虑到国际间技术交流和贸易的需要，因此我国国家标准又规定：在必要时(如按合同规定等)，才允许使用第三角画法(第三角投影)，即将物体放置于第三分角内，使投影面处于观察者与物体之间而得到的多面正投影(图 8-9*a*)。这时可把投影面看成是透明的，按规定展开投影面，其视图配置如图 8-9*b*，这时俯视图要画在主视图的上面。和第一角画法一样，第三角画法也可以向六个基本投影面投射而得到六个基本视图，其视图配置关系如图 8-10。

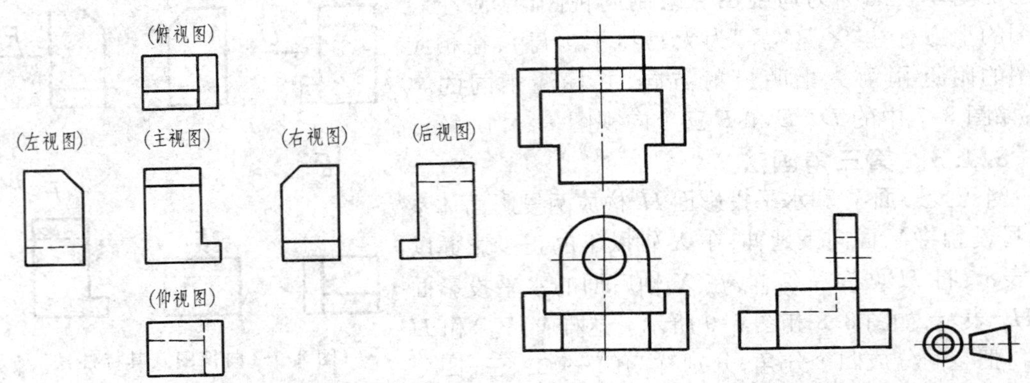

图 8-10 第三角画法中六个基本视图的配置　　图 8-11 按第三角画法绘制的垫块三视图

由上述可知，这两种画法的主要区别是视图的配置关系不同，图 8-11 为按第三角画法绘制的垫块的主、俯、右三个视图。采用第三角画法时，必须在图样中画出第三角投影的识别符号，如图 8-11 的右下方所示。

8.1.4 斜视图和局部视图

8.1.4.1 斜视图和局部视图的画法

图 8-12 为压紧杆的三视图，它具有倾斜的结构，其倾斜表面为正垂面，它在俯、左视图上均不反映实形，给画图和看图带来困难，也不便于标注尺寸。为了表达倾斜部分的实形，可以采用变换投影面的方法。如图 8-13 所示，沿箭头 *A* 的方向，将倾斜部分的结构投射到平行于倾斜表面的辅助投影面 H_1 上，这种将零件向不平行于基本投影面的平面投射所得的视图称为**斜视图**。斜视图通常只要求表达该零件倾斜部分的实形，因此原来平行于基本投影面的一些结构，在斜视图中就不能反映实形，这些不反映实形的投影应省略不画(图 8-14*a*)。

画了 *A* 斜视图后，在俯视图上倾斜结构的投影也可以省略不画。这种只将零件的某一部分向基本投影面投射所得的视图称为**局部视图**，如图 8-14*a* 中的 *C* 局部视图。该零件右边的凸台也可以用局部视图来表达它的形状，如图 8-14*a* 中采用的 *B* 局部视图，这样可省画一个左视图(或右视图)。采用一个主视图、一个斜视图和两个局部视图表达该压紧杆，就显得更清晰、更合理。

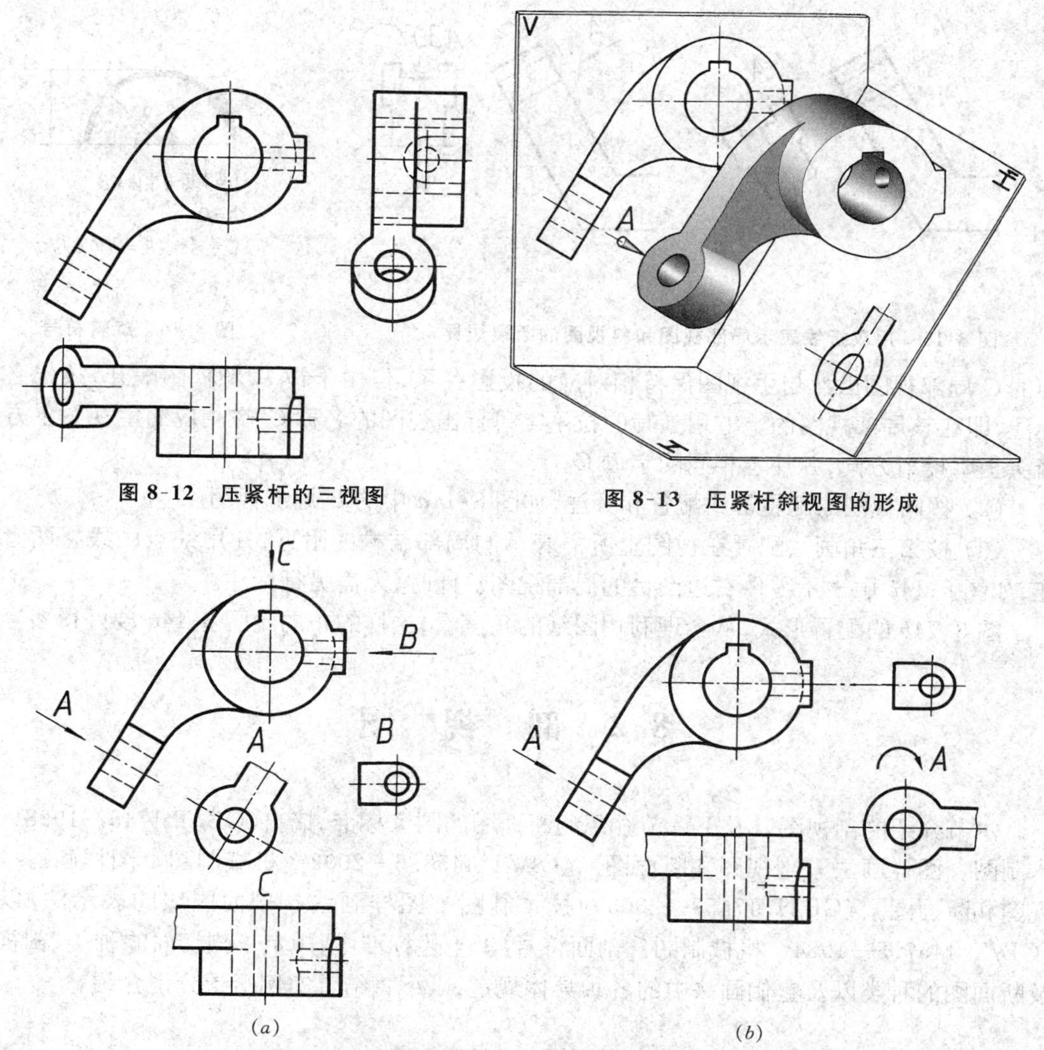

图 8-12　压紧杆的三视图

图 8-13　压紧杆斜视图的形成

图 8-14　压紧杆的斜视图和局部视图的两种配置形式

局部视图和斜视图的断裂边界一般用波浪线(图 8-14*a*)或双折线(图 8-15)绘制;但当局部视图的外轮廓成封闭时,则不必画出其断裂边界线,如图 8-14*a* 中的 *B* 局部视图。

8.1.4.2　斜视图和局部视图的配置形式与标注

斜视图通常按向视图的配置形式配置和标注,如图 8-14*a* 和图 8-15*a* 中的 *A* 斜视图。为便于作图,必要时允许将斜视图旋转配置(图 8-14*b* 和图 8-15*b*),按顺时针或逆时针方向将其转正均可,但旋转方向和旋转角度的确定应考虑便于看图。在旋转后的斜视图上方应画出旋转符号,旋转符号的方向要与实际旋转方向相一致。旋转符号的尺寸和比例如图 8-16 所示。表示该斜视图名称的大写拉丁字母应靠近旋转符号的箭头端,当需要给出旋转角度时,角度应注在字母之后(图 8-15*b*)。

局部视图的配置方法有以下三种:

(1) 按基本视图的配置形式配置,如图 8-14 中的 *C* 局部视图。当局部视图按基本视图配置,它与相应的另一视图之间没有其他图形隔开时,则不必标注,如图 8-14*b*。图 8-14*a*

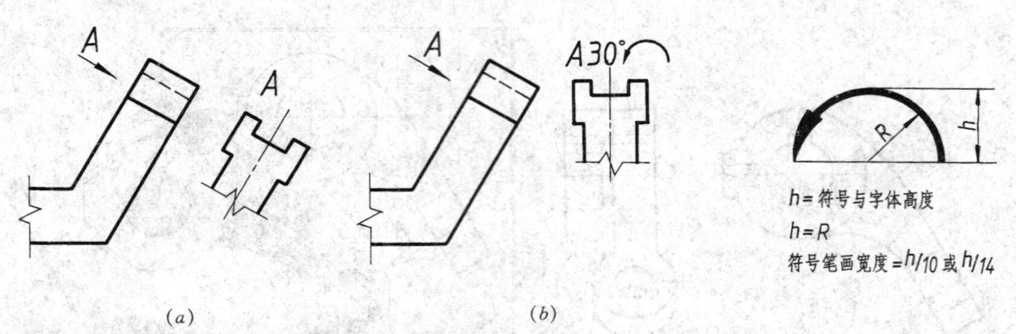

图 8-15 用双折线表示局部视图和斜视图的断裂边界

图 8-16 旋转符号

中的 C 局部视图虽然与主视图保持相对应的投影关系，但由于被 A 斜视图隔开，故仍必须标注，即在该局部视图的上方用大写的拉丁字母标出视图的名称 C，在相应的主视图上方用箭头指明投射方向，并注上相同的字母 C。

(2) 按向视图的配置形式配置和标注，如图 8-14*a* 中的 B 局部视图。

(3) 按第三角画法配置在视图上所需表示的局部结构的附近，并用细点画线将两者相连，如图 8-14*b* 中表示零件右边凸台的局部视图。此时，无需另行标注。

图 8-14*b* 的配置形式，从合理利用图纸的角度看，这样的布局比图 8-14*a* 要好得多。

8.2 剖 视 图

本节介绍的剖视图以及下一节介绍的断面图的国家标准，摘自《GB/T 17452-1998 技术制图 图样画法 剖视图和断面图》、《GB/T 4458.6—2002 机械制图 图样画法 剖视图和断面图》、《GB/T 17453—2005 技术制图 图样画法 剖面区域的表示法》以及《GB/T 4457.5—1984 机械制图 剖面符号》。上述标准中，规定了剖切面的种类、剖视图及断面图的种类以及它们画法中的各种具体规定，以下将结合实例给予分别介绍。

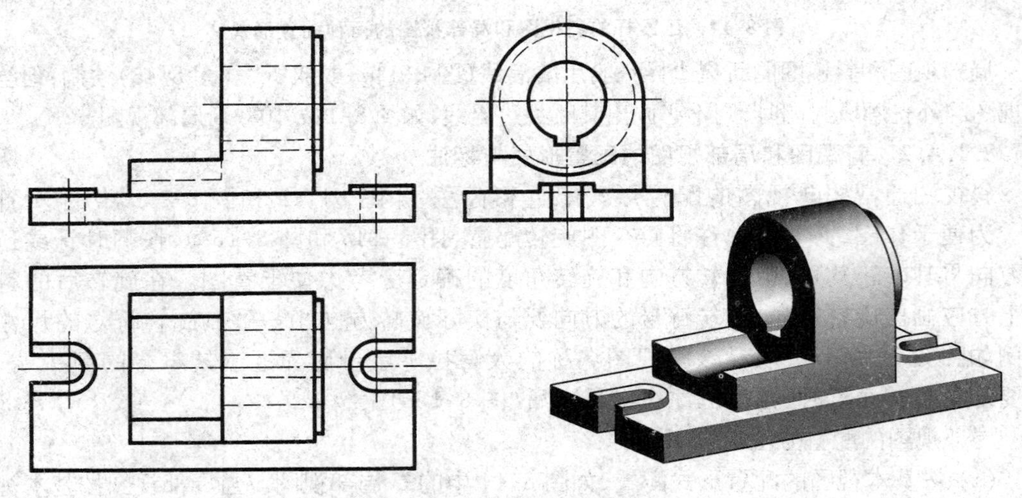

图 8-17 底座及其三视图

8.2.1　剖视图的概念

若零件的内部结构较复杂,在视图中就会出现很多虚线,这些虚线往往与其他线条重叠在一起而影响图形的清晰,不便于看图及标注尺寸,如图 8-17 底座的三视图。要解决这个问题,在制图中通常采用剖视的方法。

假想用剖切面把零件剖开,将处在观察者和剖切面之间的部分移去,而将其余部分向投影面投射,所得的图形称为**剖视图**(也可简称为**剖视**)。如图 8-18 采用正平面作为剖切面,在底座的对称平面处假想将它剖开,移去前面部分,使零件内部的孔、槽等结构显示出来,从而在主视图上得到剖视图(图 8-18 和图 8-19)。这样原来不可见的内部结构在剖视图上成为可见的部分,虚线可以画成实线。由此可见,剖视图主要用于表达零件内部或被遮盖部分的结构。

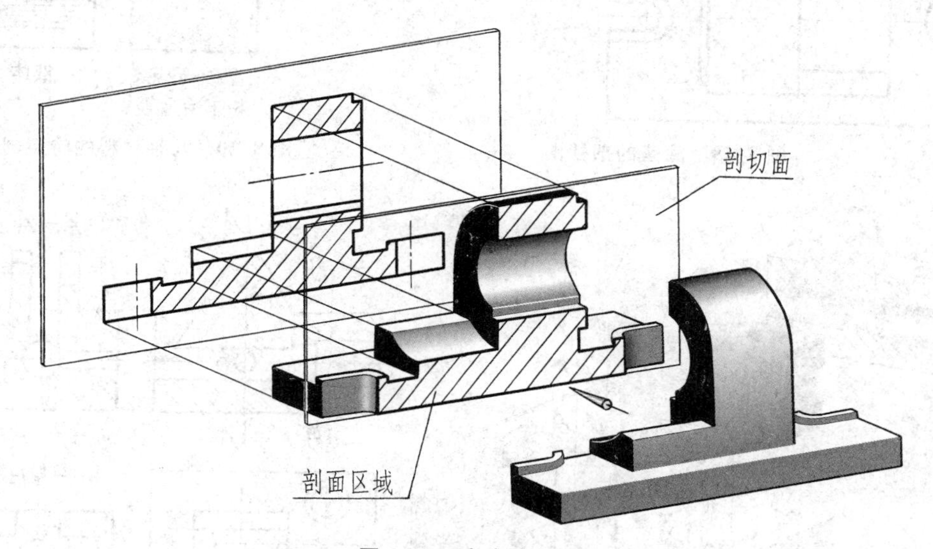

图 8-18　底座的剖切

零件(或其他物体)被剖切时,剖切面与零件(或其他物体)的接触部分称为**剖面区域**。在绘制剖视图时,通常应在剖面区域中画出剖面符号。当不需要在剖面区域中表示该物体的材料类别时,剖面符号可采用通用的剖面线表示,即以适当角度的平行细实线绘制,并与主要轮廓或剖面区域的对称线成 45°角,左、右倾斜都可以,如图 8-19。剖面线的间隔应按剖面区域的大小选择,学生的制图作业中,建议剖面线的间隔为 2～4mm。

若需在剖面区域中表示该物体的材料类别时,应采用特定的剖面符号表示。机械图样中使用得最多的材料是金属,因此采用通用的剖面线来表示金属材料(图 8-20),机械图样中常用的另外几种材料的特定剖面符号如图 8-20 所示。

画剖视图时,既可将某一个视图画成剖视图,亦可根据需要同时将几个视图画成剖视图,它们之间是独立的,彼此不受影响。如图 8-21 所示的定位块,其外形简单,而内部结构比较复杂,因此将主视图画成剖视图以表示零件中间的横向孔及上部的槽等结构。该零件的其他结构还需另外用两个剖切面 A 及 B 来剖切(图 8-21a),在图 8-21b 中相应画出 A—A、B—B 剖视图。其中 A—A 剖视图放在左视图位置;B—B 剖视图从投影方向看应该画在右视图位置,但是为了合理地利用图纸,可采用向视配置法,即将它布置在图上所示的位置(右下角)。

剖视图一般应进行标注,以指明剖切位置,指示视图间的投影关系,以免造成误读。

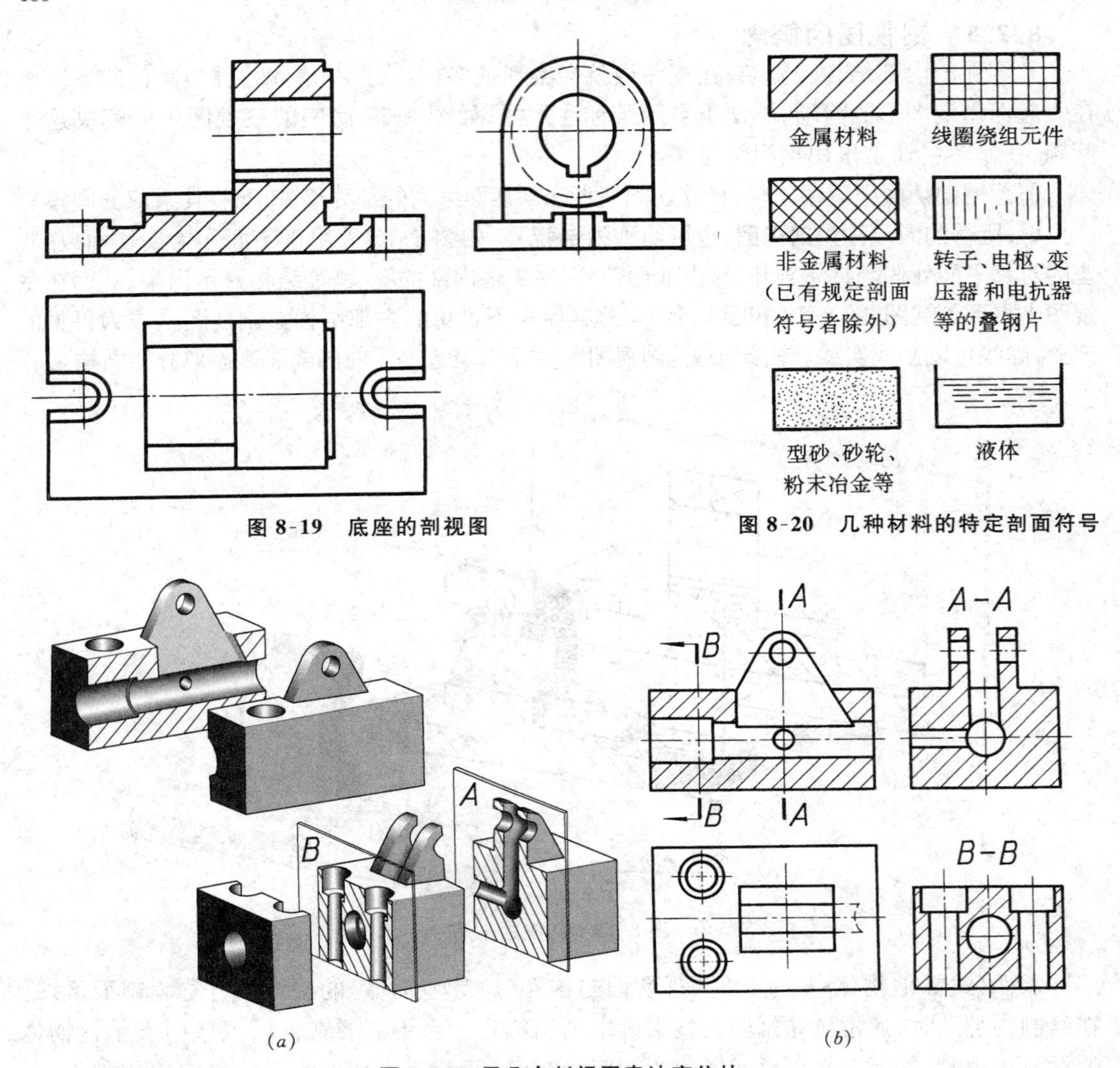

图 8-19　底座的剖视图

图 8-20　几种材料的特定剖面符号

图 8-21　用几个剖视图表达定位块

剖视图的标注，由以下三个要素组成：

剖切线——指示剖切面位置的线，用细点画线表示。

剖切符号——指示剖切面起、迄和转折位置（用粗短画表示）和投射方向（用箭头表示）的符号。

字母——注写在剖视图上方，用大写的拉丁字母以表示剖视图的名称；在剖切符号旁也注写相同的字母。

以上三个要素的完整标注如图 8-21*b* 中的 *B*—*B* 剖视图。但在各种不同的情况下，在标注时往往可以省略以上某些要素。国家标准对剖视图的标注具体规定如下：

(1) 一般应在剖视图的上方用大写的拉丁字母标出剖视图的名称“×—×”，在相应的视图上用剖切符号表示剖切位置（用粗短画）和投射方向（用箭头画在粗短画的两端），并标注相同的字母。在粗短画之间画上剖切线（细点画线），如图 8-21*b* 中的 *B*—*B* 剖视图。画粗短画时，要求尽可能不与图形的轮廓线相交。剖切线通常可省略不画，如图

8-23*b*的主视图。

(2) 当剖视图按投影关系配置,中间又没有其他图形隔开时,可省略表示投射方向的箭头,如图 8-21*b* 中的 $A—A$ 剖视。

(3) 当单一剖切平面通过零件的对称平面或基本对称的平面,且剖视图按投影关系配置,中间又没有其他图形隔开时,则不必标注,如图 8-19 及图 8-21*b* 的主视图。

从图 8-19、图 8-21 中还可看到画剖视图时,必须注意以下几点:

(1) 由于剖切是假想的,因此当零件的一个视图画成剖视图后,其他视图仍应完整地画出。若在一个零件上作几次剖切时,每次剖切都应认为是对完整零件进行的,即与其他的剖切无关。

(2) 在剖视图中,零件后部的不可见结构的投影——虚线一般省略不画,只有对尚未表达清楚的结构,才用虚线画出。在没有剖开的其他视图(如图 8-19 中的俯、左视图及图8-21 中的俯视图)上,表达内外结构的虚线也按同样原则处理。

(3) 剖视图的配置方法与视图相同。剖视图既可按基本视图的配置形式配置,即按投影关系配置在与剖切符号相对应的位置(如图 8-21*b* 中的 $A—A$ 剖视图),也可按向视配置法配置在有利于图面布局的位置(如图 8-21*b* 中的 $B—B$ 剖视图)。

(4) 同一零件(或其他物体)的各个剖面区域,其剖面线画法应一致,即如图 8-21*b* 所示,在各剖面区域中的剖面线方向及间隔应相同。

(5) 画剖视图时,在剖切面后面的可见棱边线或轮廓线都必须用粗实线画出(图 8-22*a*、*b*)。初学时往往容易漏画这些线条,如图 8-22*c* 所示的错误,必须特别注意。

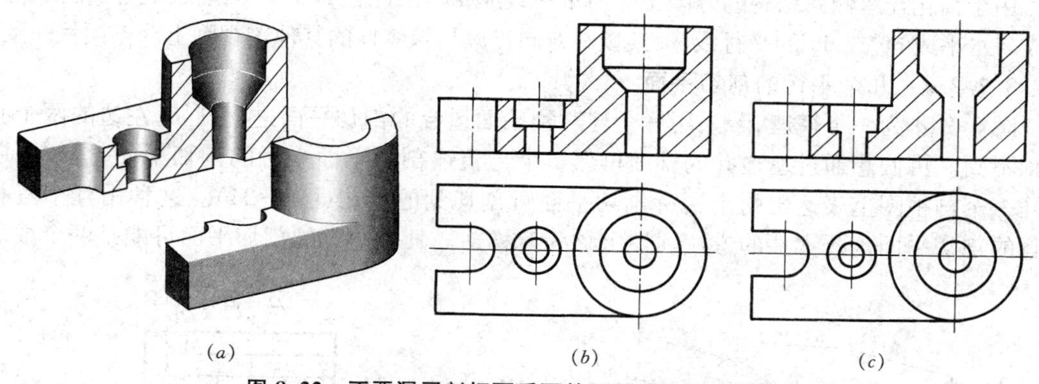

(*a*)　(*b*)　(*c*)

图 8-22　不要漏画剖切面后面的可见棱边线或轮廓线

8.2.2　剖切面的种类

多数剖视图均采用平面剖切零件,有时也可采用柱面剖切。根据零件的结构特点,可选择以下三种形式的剖切面剖开零件,即单一剖切面、几个平行的剖切平面和几个相交的剖切面。现分述如下:

8.2.2.1　单一剖切面

单一剖切面是指只采用一个剖切面剖开零件而获得剖视图。常见有以下几种:

(1) 单一剖切平面。如图 8-19、图 8-21 和图 8-22*b* 中的每个剖视图,都是只采用一个剖切平面剖切而得。

(2) 单一斜剖切平面。图 8-23*a* 所示齿轮托座的上部具有倾斜结构,只有采用垂直于该倾斜结构对称线的斜剖切平面进行剖切,所得到的斜剖视图才能反映该部分的实形(图

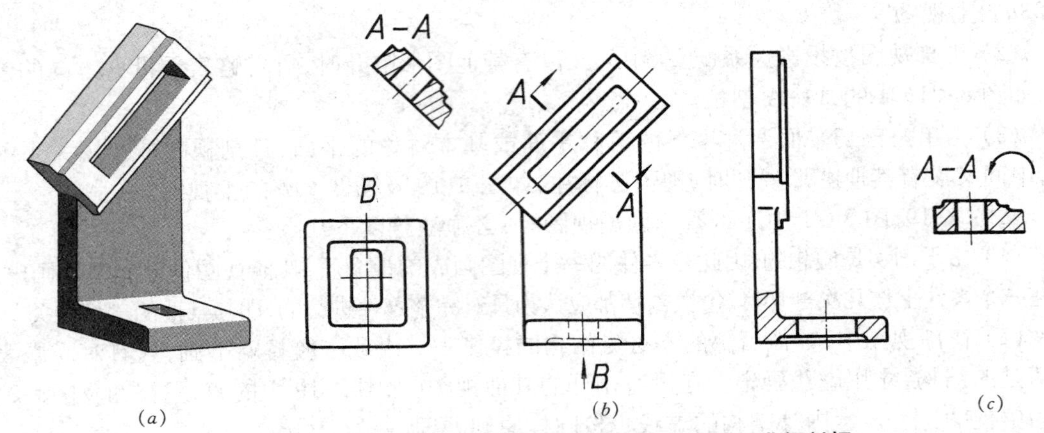

图 8-23 齿轮托座的倾斜结构采用单一斜剖切平面进行剖切

8-23*b* 中的 *A*—*A*)。这种用不平行于任何基本投影面的剖切平面剖开零件的方法,习惯上称为**斜剖**,所得的剖视图称为**斜剖视图**。该零件的左视图下部画成局部剖视图,在本节"8.2.3剖视图的种类"中将对局部剖视图给予详细介绍。

斜剖视图与斜视图的画法相类似,即通常按向视配置法,既可以按投影关系配置在与剖切符号相对应的位置,也可以将它配置在其他适当位置(图 8-23*b*),也允许将斜剖视图旋转配置(8-23*c*),这时应在旋转后的斜剖视图上方画出旋转符号,其画法与标注规则与斜视图相同。

由于齿轮托座倾斜结构的方向正好与水平线成 45°,因此在 *A*—*A* 斜剖视图上的剖面线应画成与水平成 30°或 60°的平行线,但其倾斜方向仍应与该零件的其他剖视图上的剖面线一致。

8.2.2.2 几个平行的剖切平面

图 8-24*a* 为一下模座,若采用一个与对称平面重合的剖切平面进行剖切,左边的两个孔将剖不到。可假想通过左边孔的轴线再作一个与上述剖切平面平行的剖切平面,这样可以在同一个剖视图上表达出两个平行剖切平面所剖切到的结构(图 8-24)。这种用几个互相平行的剖切平面剖开零件的方法习惯上称为**阶梯剖**。几个平行的剖切平面可能是两个或两

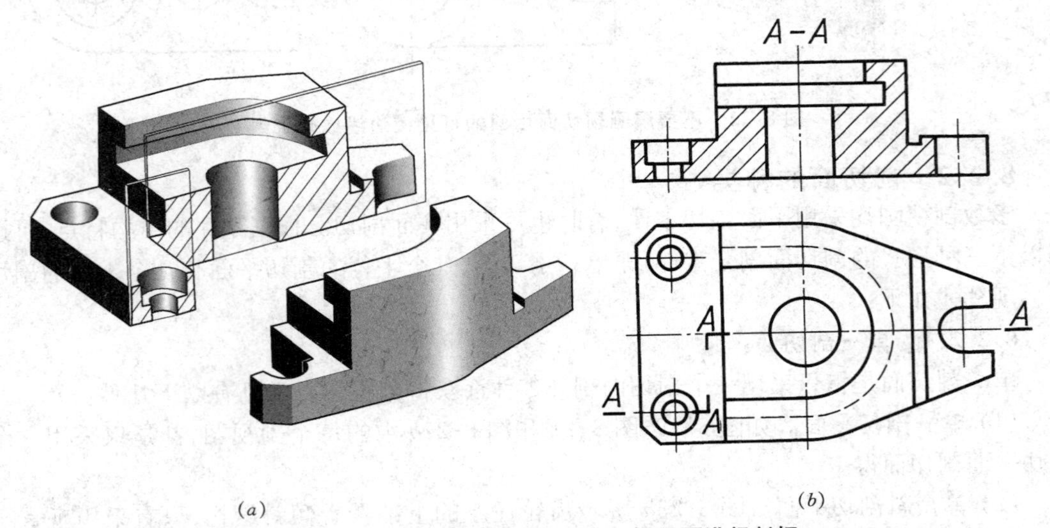

图 8-24 下模座采用两个平行的剖切平面进行剖切

个以上，根据零件的结构需要而选用，各剖切平面的转折处必须是直角。

采用几个平行的剖切平面画剖视图时，必须注意以下几个问题：

(1) 采用几个平行的剖切平面剖开零件所绘制的剖视图规定要表示在同一个图形上，一般不在剖视图中画出各剖切平面转折处的投影(图 8-24*b*)，如图 8-25*a* 的画法是错误的。

(2) 剖切平面的转折处一般不应与视图中的实线或虚线重合。

(3) 要正确选择剖切平面的位置，在图形内不应出现不完整的要素。如图 8-25*b* 所示，由于一个剖切平面只剖到半个左边孔，因此在剖视图上就出现不完整孔的投影，这种画法是错误的。但当零件上的两个要素在图形上具有公共对称中心线或轴线时，可以各画一半，此时应以对称中心线或轴线为界，如图 8-26 中的 $A—A$ 剖切平面。这是一种规定表示法。

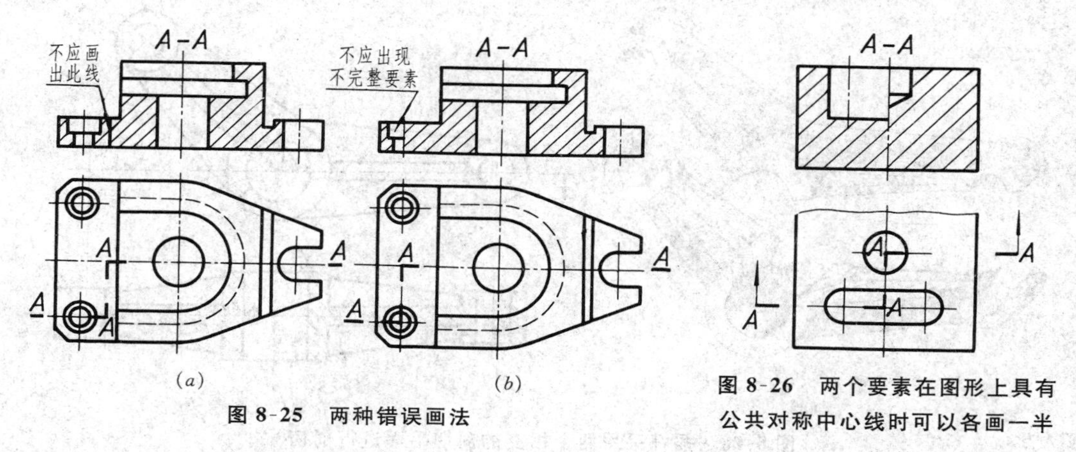

图 8-25　两种错误画法

图 8-26　两个要素在图形上具有公共对称中心线时可以各画一半

8.2.2.3　几个相交的剖切面

有些零件可以根据结构需要，采用两个或两个以上相交的剖切面进行剖切，但必须保证其交线垂直于某一投影面，通常是基本投影面。常见有以下两种：

(1) 两个相交的剖切平面。图 8-27 为一端盖，若采用单一剖切平面，则零件上四个均

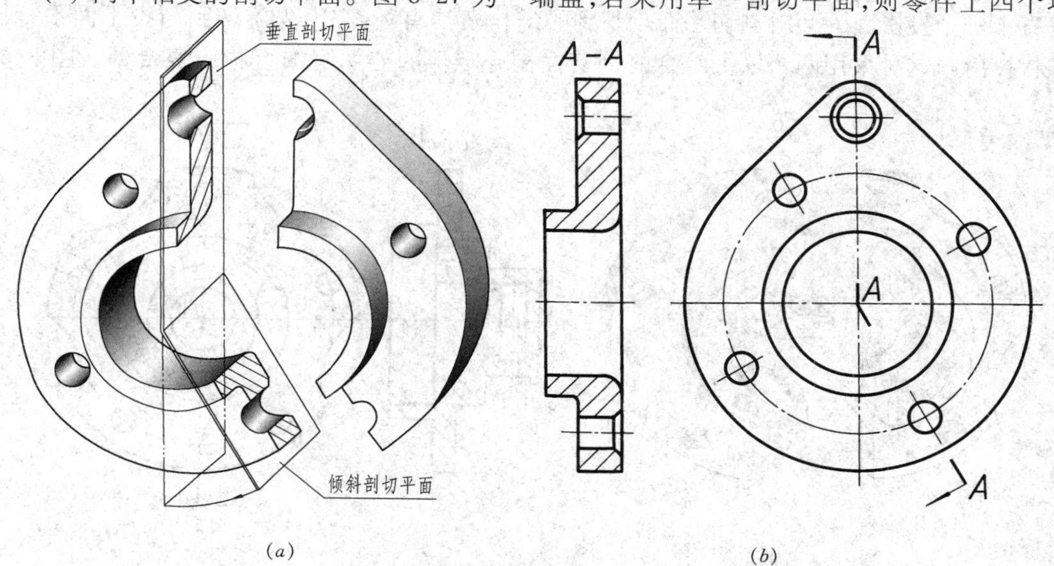

图 8-27　端盖采用两个相交的剖切平面进行剖切

匀分布的小孔没能剖切到。此时可假想再作一个与上述剖切平面相交在零件轴线的倾斜剖切平面来剖切其中的一个小孔。为了使被剖切到的倾斜结构在剖视图上反映实形,可将倾斜剖切平面剖开的结构及其有关部分旋转到与选定的投影面平行后再进行投射(图8-27),这样就可以在同一剖视图上表达出两个相交剖切平面所剖切到的结构。这种用两个相交的剖切平面(交线垂直于某一基本投影面)剖开零件的方法习惯上称为**旋转剖**。

采用两个相交的剖切平面剖切不仅适用于盘盖类零件,在其他形状的零件中亦常采用,如图8-28所示的摇杆。此零件上的肋按国家标准规定,如剖切平面按肋的纵向剖切,通常按不剖绘制,即在肋的部分不画剖面线,而用粗实线将它与其邻接部分分开(图8-28)。

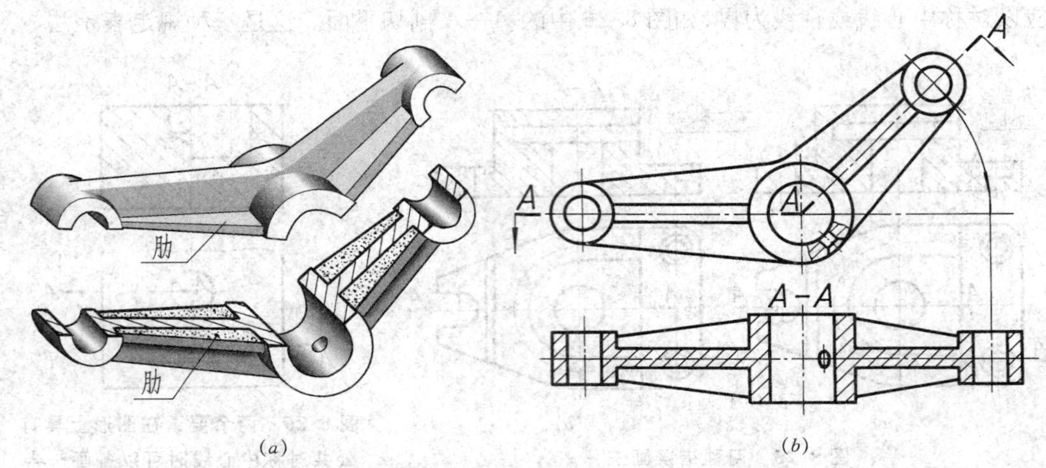

图8-28 摇杆采用两个相交的剖切平面进行剖切

(2) 两个以上相交的剖切面。图8-29、图8-30所示的两个零件具有较复杂的内部结构,为了表达清楚它们各种孔或槽等的结构,可采用两个以上相交的剖切面进行剖切。图8-29中采用几个相交的剖切平面和柱面,图8-30采用几个相交的剖切平面,但它们都同时垂直于一个投影面。倾斜剖切平面剖切到的结构及其有关部分,先旋转到与投影面平行再进行投射。这种采用两个以上组合的剖切面剖开零件的方法习惯上称为**复合剖**。图8-31

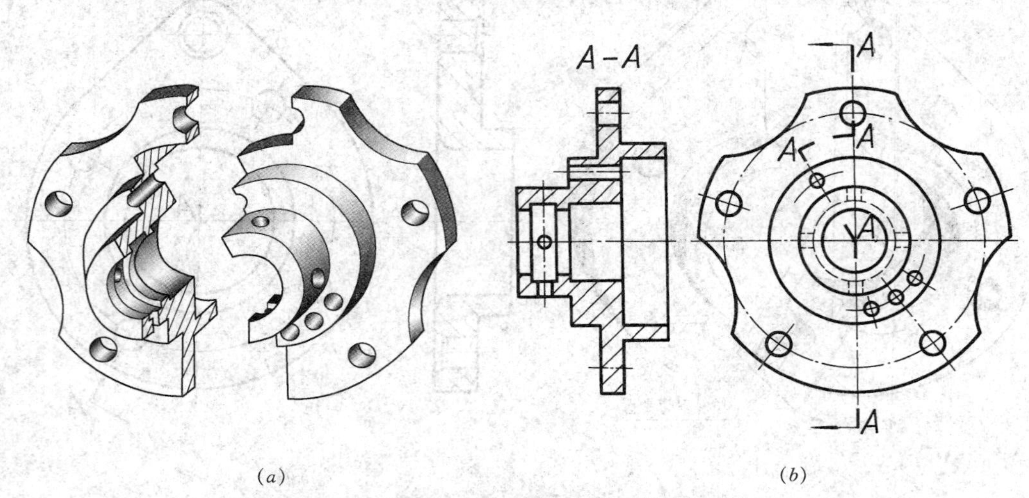

图8-29 采用几个相交的剖切面作剖切的形式之一

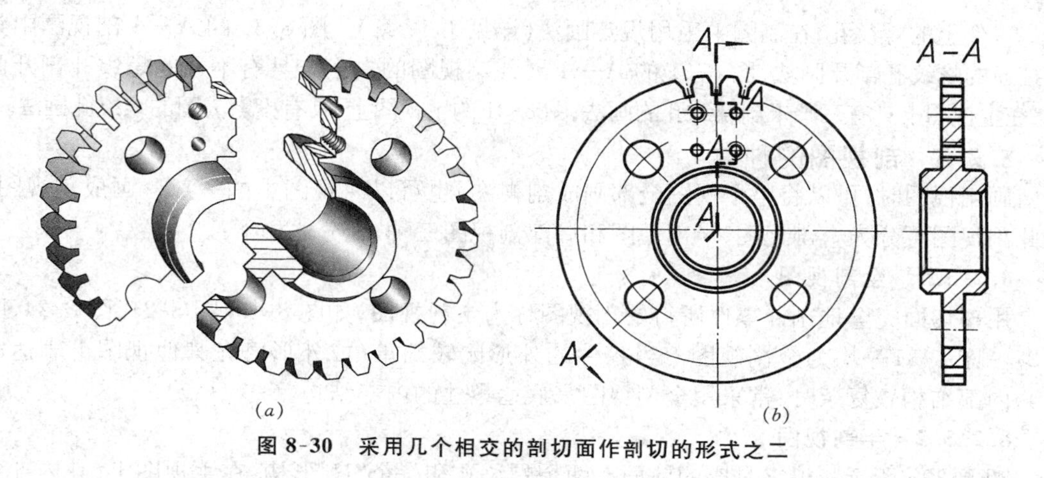

图 8-30　采用几个相交的剖切面作剖切的形式之二

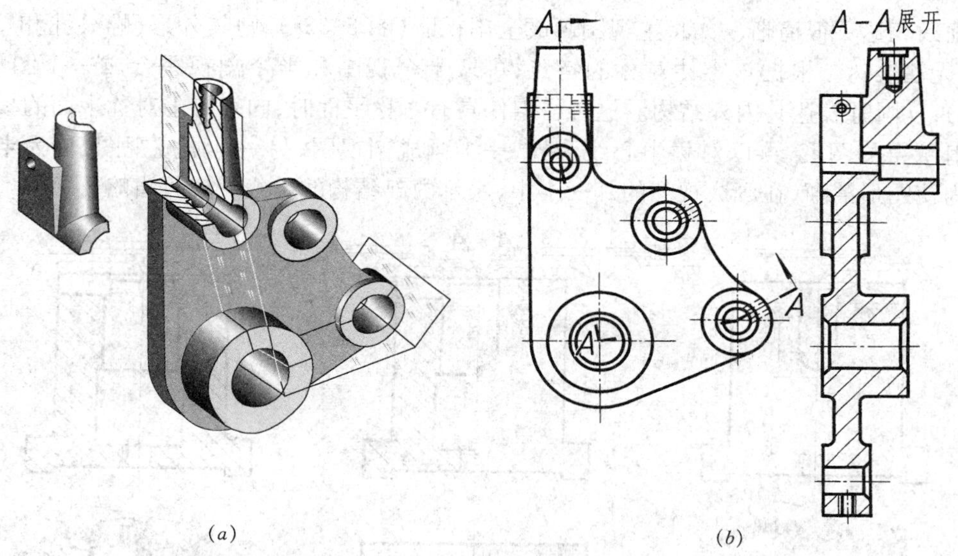

图 8-31　采用几个相交的剖切面作剖切的形式之三

所示的零件，由于采用了四个连续相交的剖切平面进行剖切，因此在画剖视图时，可采用展开画法。

采用几个相交的剖切平面剖切时，在剖切平面后的其他结构一般仍按原来位置投射，如图 8-28*b* 中的油孔在俯视图上的投影，以及图 8-31 中右上方凸台在 *A*—*A* 展开图上的投影。

上述各种剖切面中，除单一剖切平面外，对采用其他各种剖切面时，都必须进行标注，以明确表示出这些剖切面的位置。在剖视图的上方，用大写的拉丁字母标出剖视图的名称"×—×"(图 8-23、图 8-24、图 8-27、图 8-29、图 8-30 等)，采用展开画法时，应标注"×—×展开"(图 8-31)。在相应的视图上，在剖切面的起讫和转折位置处均应用剖切符号表示剖切位置和投射方向，并标注相同的字母。但当转折处地位有限又不致引起误解时，允许省略字母，如图 8-31。剖切符号之间的剖切线(细点画线)可省略不画，如图 8-31。必须注意，在起讫两端画出的箭头是表示投射方向，与倾斜剖切平面的旋转方向无关。如剖视图按投影关系配置，中间又没有其他图形隔开时，可省略表示投射方向的箭头。

零件上的螺纹孔，在制图中采用规定画法(详见第12章)。图8-30的A—A剖视图中具有打通的螺纹孔剖开画法；图8-31的A—A展开剖视图的右上方具有不通的螺纹孔剖开画法，在主视图上具有三个未剖螺纹孔的画法；图8-31的主视图上，具有投影为圆的螺纹孔画法。

8.2.3 剖视图的种类

画剖视图时，可以将整个视图全部画成剖视图，也可以将视图中的一部分画成剖视图。因此剖视图可分为全剖视图、半剖视图和局部剖视图三种，现分述如下：

8.2.3.1 全剖视图

用剖切面完全地剖开零件所得的剖视图称为**全剖视图**，如图8-19、图8-21、图8-24、图8-27～图8-31等均为全剖视图。当零件的外形比较简单(或外形已在其他视图上表达清楚)，内部结构较复杂时，常采用全剖视图来表达零件的内部结构。

8.2.3.2 半剖视图

图8-32*a*所示长槽夹具座的前面有两个螺纹孔和一个“U”形槽，在主视图上，其内部结构用虚线表达不很清晰。如将主视图画成全剖视图(图8-32*c*)，则其外形(螺纹孔和“U”形槽)又无法表达。根据该零件对称的特点，可取半个视图和半个剖视图合成一个图形(图8-32*b*)，以同时表达其内外结构。这种当零件具有对称平面时，向垂直于对称平面的投影面上投射所得的图形，可以对称中心线为界，一半画成剖视图，另一半画成视图，称为**半剖视图**。为使图形清晰，在画成视图的那一半中，表示内部结构的虚线一般可省略不画。

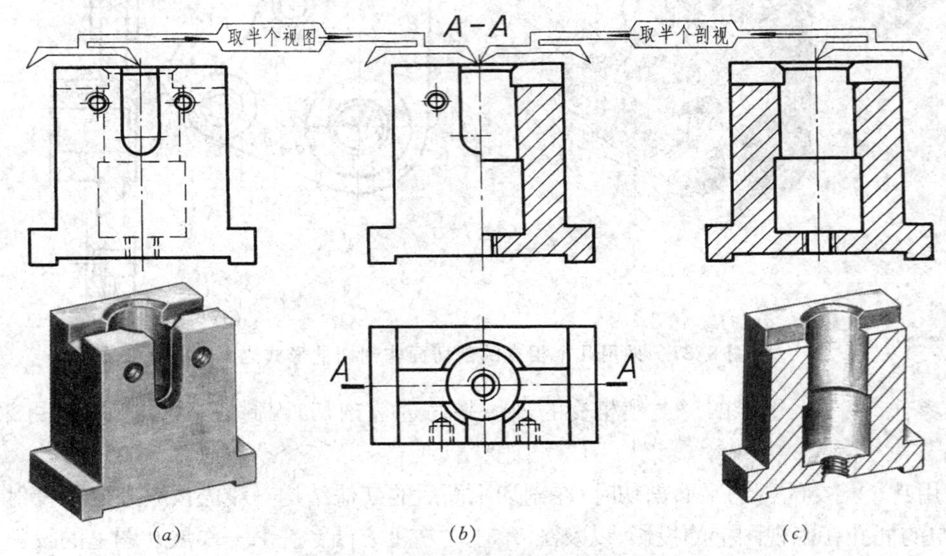

图8-32 用半剖视图表达长槽夹具座

半剖视图主要用于内、外结构都需要表达的对称零件。有时零件的形状接近于对称，且局部不对称部分已另有图形表达清楚时，也可画成半剖视图，如图8-33所示。

在各基本视图上均可画成半剖视图，如图8-34的主视图外，其俯视图就是以水平对称中心线为分界线画成的半剖视图。但须注意，并不是所有对称的零件都适宜画成半剖视图，如图8-21所示的零件，虽然前后接近于对称，但由于左、右两侧的外形较简单，因而A—A和B—B剖视均画成全剖视图；在俯视图上，虽然其内部具有孔腔，但由于它的结构已经在主视图上被剖切而表达清楚，因此俯视图可以不剖。

半剖视图的标注方法与全剖视图相同，如图 8-32*b* 和图 8-34 所示。

8.2.3.3　局部剖视图

图 8-35*a* 所示的压滚座，在主视图上只有左端的孔需要剖开表示，显然画成全剖视图或半剖视图都是不合适的。这时可假想用一个通过左端孔轴线的剖切平面将零件局部剖开，然后进行投影。这种用剖切面局部地剖开零件所得的剖视图称为**局部剖视图**。图 8-35*a* 俯视图右端的孔，以及图 8-34 主视图上底部和顶部左端的孔处，均采用了局部剖视图的画法。在局部剖视图上，视图和剖视部分用波浪线(或双折线)分界。波浪线可认为是断裂面的投影，因此波浪线不能在穿通的孔或槽中连起来，也不能超出视图轮廓之外，波浪线和双折线不应和图形上的其他图线重合，如图 8-35*b* 中所示的几种错误画法。

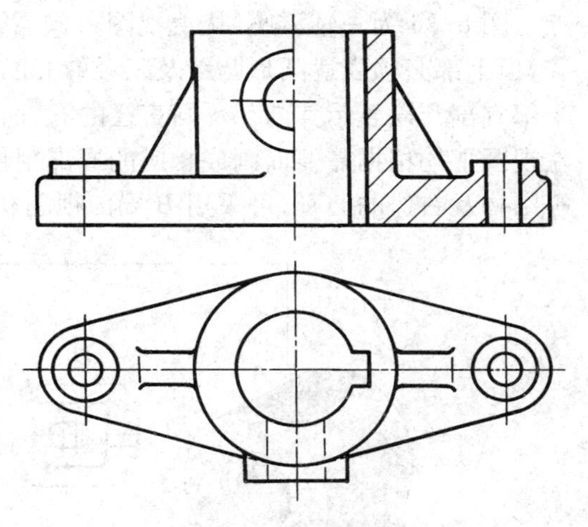

图 8-33　接近于对称零件的半剖视图

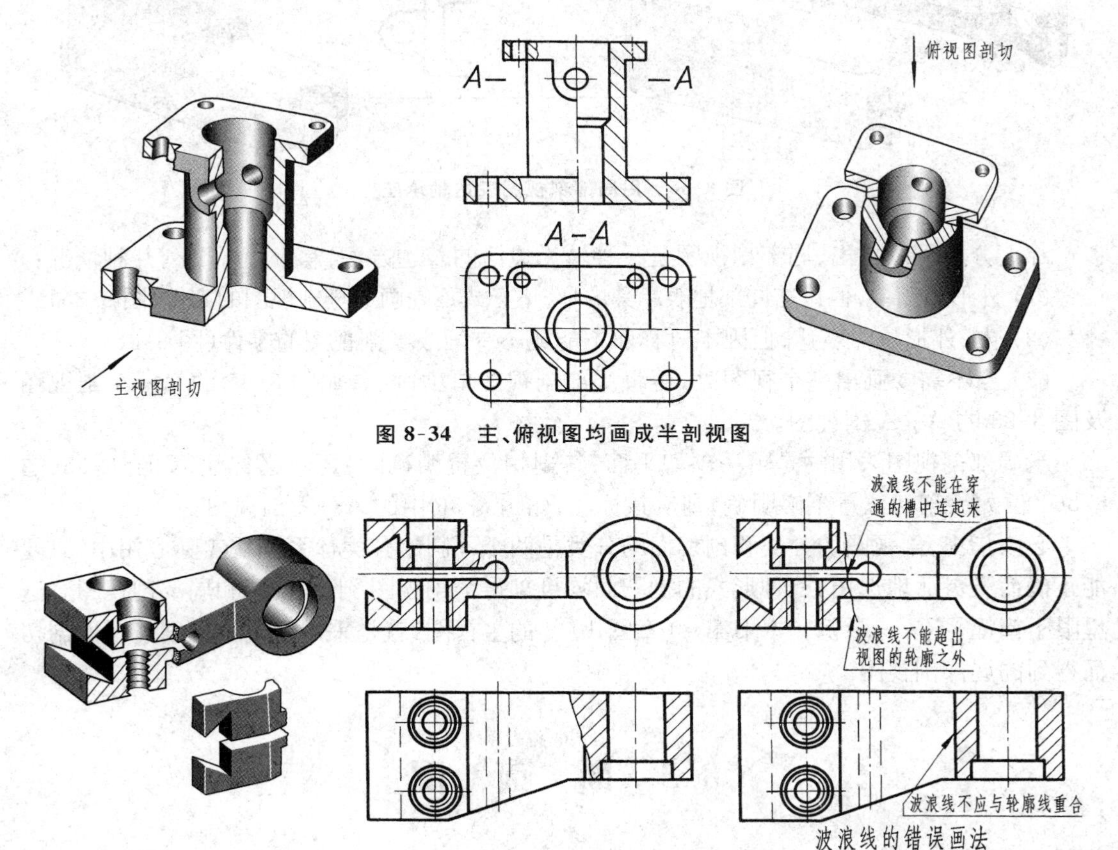

图 8-34　主、俯视图均画成半剖视图

图 8-35　用局部剖视图表达压滚座

图 8-36 为一轴承座，从主视图方向看，零件下部的外形较简单，可以剖开以表示其内腔，但上部必须表达圆形凸缘及三个螺孔的分布情况，故不宜采用全剖视图；左视图则相反，上部宜剖开以表示其内部不同直径的孔，而下部则要表达零件左端的凸台外形；因而在主、左视图上均根据需要而画成相应的局部剖视图。在这两个视图上尚未表达清楚的长圆形孔等结构及右边的凸耳，可采用 B 局部视图和 A—A 局部剖视图表示。

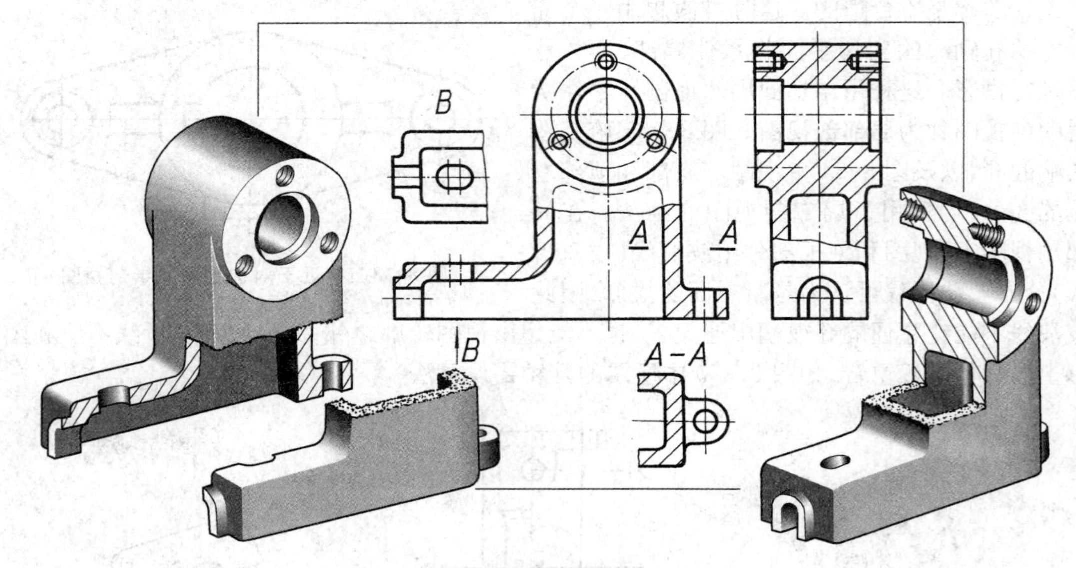

图 8-36 用局部剖视图表达轴承座

综上分析可以看出，局部剖视图是一种较为灵活的表达方法，常应用于下列几种情况：

(1) 外形虽简单，但只需局部地表示其内形，不必或不宜画成全剖视图的零件(图 8-35)。

(2) 内、外形均需表达，但因不对称而不能或不宜画成半剖视图的零件(图 8-36)。

(3) 当不需要画出整个视图时，可将局部剖视图单独画出，如图 8-36 的 A—A 剖视图及图 8-23 的 A—A 剖视图。

当局部剖视图采用的是单一剖切平面，其剖切位置明确时，可不必标注，如图 8-35、图 8-36。但如果剖切位置不够明确，则应该标注，如图 8-36 中的 A—A 剖视图。

必须指出，剖视图的分类和剖切面的分类是两个不同的分类体系。在实际应用中，只要能正确而又灵活地选用，三种形式的剖切面均可剖得全剖视图、半剖视图和局部剖视图。这里限于篇幅，不一一举例。本书第 10 章图 10-3 的主视图，就是采用两个平行剖切平面剖切而得到的局部剖视图。

8.3 断 面 图

图 8-37a 所示轴的左端有一键槽，右端有一个孔，在主视图上能表示它们的形状和位置，但不能表达其深度。此时，可假想用两个垂直于轴线的剖切面，分别在键槽和孔的轴线处将轴剖开，然后画出剖切处断面的图形，并画上剖面线。这种假想用剖切面将零件的某处

切断，仅画出该剖切面与零件接触部分的图形称为**断面图**。从这两个断面图上，可清楚地表达出键槽的深度和轴右端的孔是一个通孔。

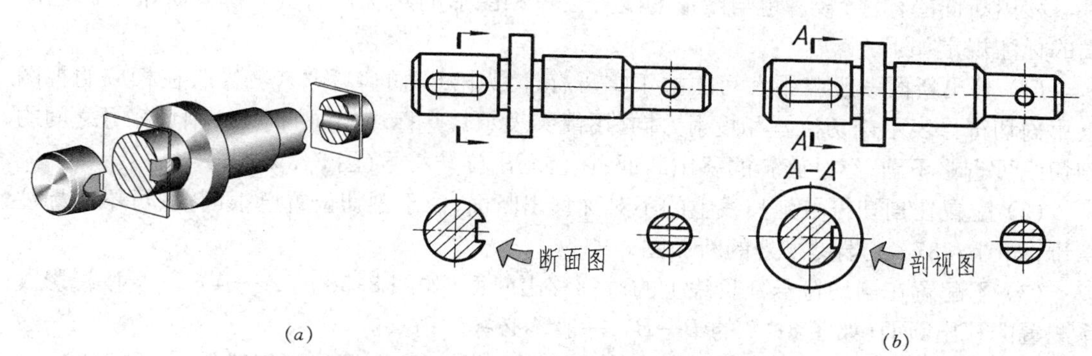

图 8-37 用断面图表达轴上的结构、断面图与剖视图的区别

断面图与剖视图的区别在于：断面图是零件上被剖切处断面的投影，而剖视图则是剖切后零件的投影，如图 8-37*b* 中的 *A*—*A* 即为剖视图。由于在轴的主视图上标注尺寸时，可注上直径符号 ϕ 以表示其各段为圆柱体，因此在这种情况下画成剖视图是不必要的。

断面图分为移出断面图和重合断面图两种。

8.3.1 移出断面图

8.3.1.1 移出断面图的画法

画在视图外的断面图称为**移出断面图**。移出断面的轮廓线用粗实线绘制。为了便于看图，移出断面通常配置在剖切符号或剖切线的延长位置上(图 8-37*a*)。

图 8-38 为一衬套，主视图画成全剖视图，再加上一些断面图和局部视图(键槽的局部视图采用第三角画法配置在主视图键槽部分的上方)就可将该零件的形状表达清楚。由于考虑到局部视图的配置及图形安排紧凑，必要时可将移出断面 *A*—*A* 和 *B*—*B* 配置在其他适当的位置。在不致引起误解时，也允许将移出断面的图形旋转，其标注形式如图 8-39 所示。

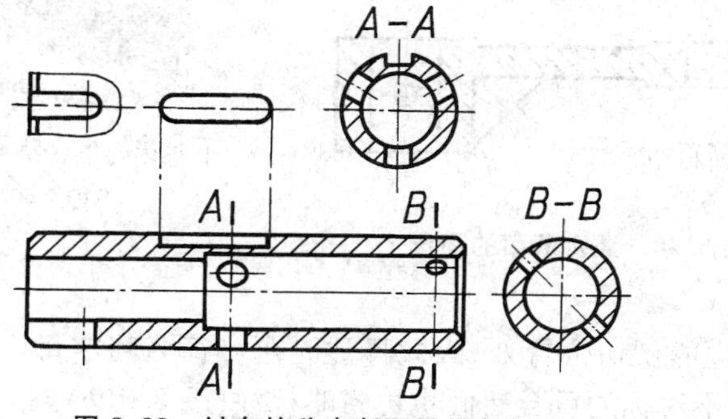

图 8-38 衬套的移出断面及局部视图

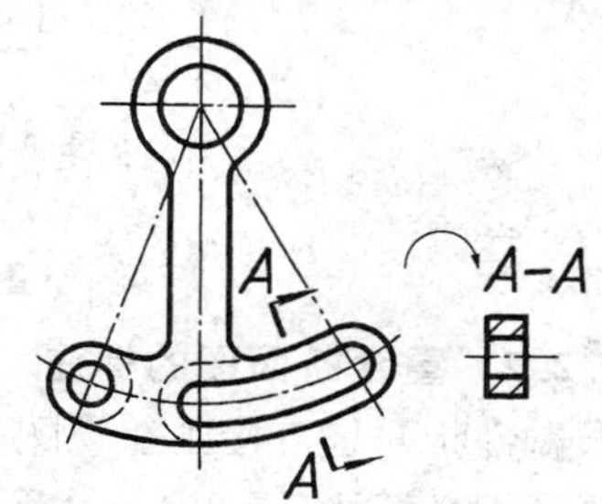

图 8-39 经过旋转的移出断面

在一般情况下，断面图仅画出剖切后断面的形状。但当剖切平面通过回转面形成的孔或凹坑的轴线时，则这些结构应按剖视图要求绘制，如图 8-37 轴上右端孔的断面图和图 8-38的 *B*—*B* 断面图。图 8-38 的 *A*—*A* 断面图中的键槽，由于它不是回转面，因此画成缺口，而其余均匀分布的三个圆孔则按剖视图要求画出。但当剖切平面通过非圆孔，会导致出

现完全分离的剖面区域时，则这些结构应按剖视图要求绘制(图 8-39)。

8.3.1.2 移出断面图的标注

移出断面的标注，较多地与图形的配置位置和图形的对称性有关。国家标准对移出断面的标注规定如下：

(1) 移出断面一般应用大写的拉丁字母标注移出断面的名称“×—×”，在相应的视图上用剖切符号表示剖切位置和投射方向(用箭头表示)，并标注相同的字母；剖切符号之间的剖切线可省略不画；经过旋转的移出断面，还应画出旋转符号(图 8-39)。

(2) 配置在剖切符号延长线上的不对称移出断面，由于剖切位置已很明确，可不必标注字母，如图 8-37*a* 左端键槽处的断面图。

(3) 不配置在剖切符号延长线上的对称移出断面(如图 8-38 的 *A*—*A*)，以及按投影关系配置的移出断面(如图 8-38 的 *B*—*B*)，一般不必标注箭头。

(4) 配置在剖切线延长线上的对称移出断面，不必标注字母和剖切符号，如图 8-37*a* 右端通孔的断面图。

8.3.2 重合断面图

8.3.2.1 重合断面图的画法

图 8-40*a* 所示的拨叉，其中间连接板和肋的断面形状可采用两个断面图来表达。由于这两个结构剖切后的图形较简单，如将断面图直接画在视图内的剖切位置处，并不影响图形的清晰，且能使图形的布局紧凑。这种重合在视图内的断面图称为**重合断面图**。肋的断面图在这里只需表示其端部形状，因此画成局部的，习惯上可省略波浪线。重合断面的轮廓线用细实线绘制。当视图中的图线与重合断面的图形重叠时，视图中的图线仍应连续画出，不可间断，如图 8-40*b* 所示角钢的重合断面。

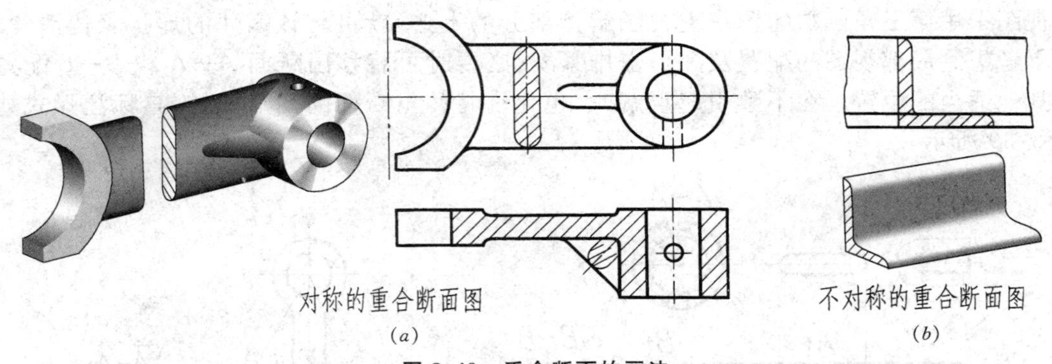

对称的重合断面图　　　　不对称的重合断面图

(*a*)　　　　(*b*)

图 8-40 重合断面的画法

8.3.2.2 重合断面图的标注

由于重合断面是直接画在视图内的剖切位置处，因此标注时可一律省略字母。对称的重合断面可不必标注(图 8-40*a*)；而不对称的重合断面也可省略标注(图 8-40*b*)。

表达零件时，可根据具体情况，同时运用这两种断面图。如图 8-41 的汽车前拖钩，采用了三个断面图来表达上部钩子断面形状变化的情况。由于它们的图形简单，故将两个倾斜剖切平面所得到的断面画成重合断面。右边水平剖切的断面，如仍画成重合断面，将与倾斜剖切的重合断面重叠，因此采用移出断面表达。该零件下部的肋和底板形状，也采用移出断面 *A*—*A* 表达。考虑到图形的合理安排，*A*—*A* 断面图不画在剖切符号的延长线上而配置在其他适当的位置。为了获得底板和肋的断面实形，A—A断面图的剖切平面必须分别垂直于相应的轮廓线，因此该部分只能用两个剖切平面来剖切。国家标准规定，由两个或多个相交的剖切平面剖切得出的移出断面，可以画在一起，但中间一般应断开（图8-41中的A—A断面图）。

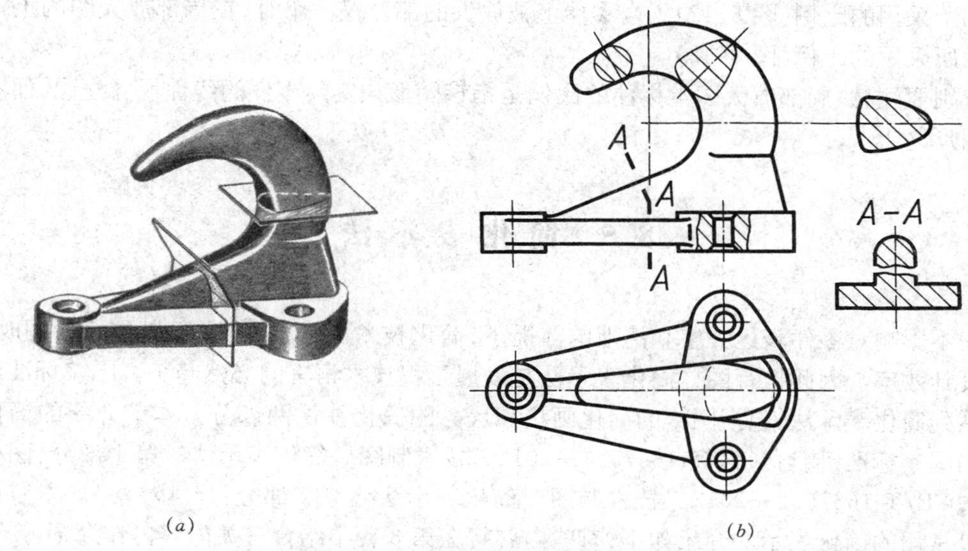

图8-41　用几个断面图表达前拖钩

从上面的分析可看出，重合断面和移出断面的基本画法相同，其区别仅是画在图上的位置不同，采用的线型不同。由于移出断面的主要优点是不影响视图的清晰，因此应用较多。

8.4　局部放大图

零件上的一些细小结构，在视图上常由于图形过小而造成表达不清晰或标注尺寸困难。这时可将过小部分的局部图形放大，如图8-42轴上的退刀槽Ⅰ和挡圈槽Ⅱ以及图8-43端盖孔内的槽等。这种将零件的部分结构，用大于原图形所采用的比例画出的图形称为**局部放大图**。本节介绍的局部放大图的国家标准，也是摘自《GB/T 4458.1—2002　机械制图　图样画法　视图》。

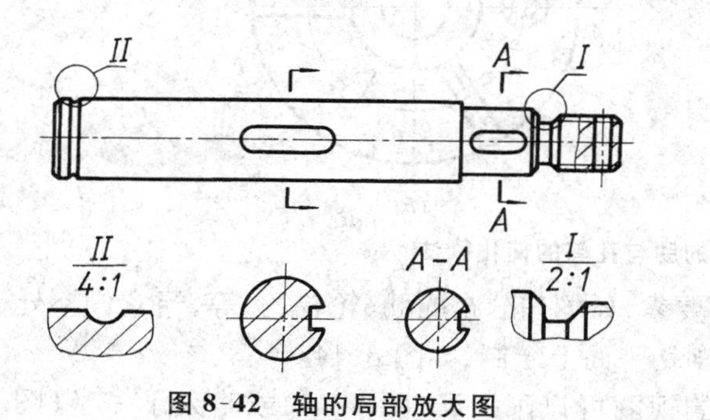

图8-42　轴的局部放大图

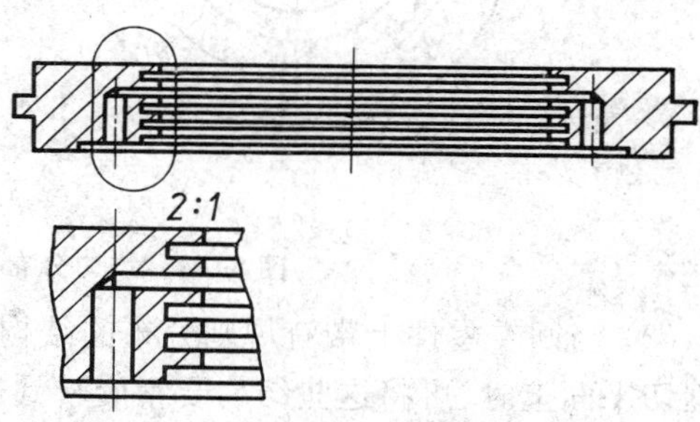

图8-43　端盖的局部放大图

局部放大图可画成视图，也可画成剖视图、断面图，它与被放大部分的表示法无关（图8-42、图8-43）。局部放大图应尽量配置在被放大部位的附近。

绘制局部放大图时，一般应用细实线圈出被放大的部位。当同一零件上有几个被放大的部分时，应用罗马数字依次标明被放大的部位，并在局部放大图的上方标注出相应的罗马数字和所采用的比例（图8-42）。当零件上被放大的部分仅一个时，在局部放大图的上方只需注明所采用的比例（图8-43）。

特别要注意，局部放大图上标注的比例是指该图形与实际零件的线性尺寸之比，而不是与原图形之比。

8.5　简化表示法

在不影响对零件表达完整和清晰的前提下，简化技术图样的画法，可以缩短绘图时间，提高设计效率。因此推行图样简化表示法是发展工程技术语言的必然趋势。国家标准规定了一系列简化表示法，包括图样的简化画法和尺寸的简化注法两部分。本节介绍的简化表示法的国家标准，摘自《GB/T 16675.1—2012　技术制图　简化表示法　第1部分：图样画法》和《GB/T 16675.2—2012　技术制图　简化表示法　第2部分：尺寸注法》。本节仅将一些最常用的简化表示法介绍如下，有些内容将在第3篇中结合有关内容再作介绍。

8.5.1　图样的简化画法

（1）对于零件上的肋、轮辐及薄壁等，如按纵向剖切，即剖切平面通过这些结构的基本轴线或对称平面时，这些结构的剖面区域都不画剖面线，而用粗实线将它与其邻接部分分开。如图8-44中剖切平面纵向通过肋、图8-45中剖切平面纵向通过轮辐，按此规定在剖视图上肋及轮辐均不画剖面线，而用粗实线将它与邻接部分分开。

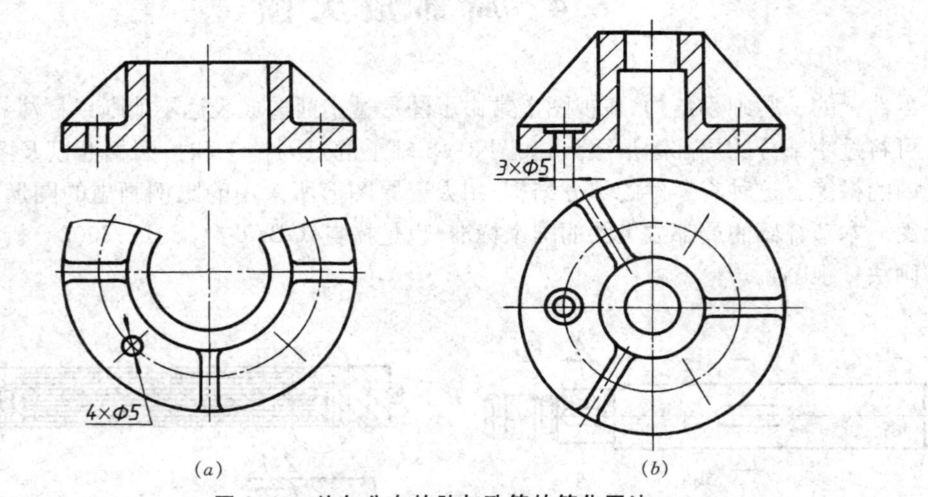

图8-44　均匀分布的肋与孔等的简化画法

（2）当回转零件上带有规则分布的结构要素，如均匀分布的肋、轮辐、孔等，当它们不处于剖切平面上时，可将这些结构要素旋转到剖切平面上绘制，如图8-44。

（3）在不致引起误解时，对于对称零件的视图可只画一半（图8-45）或略大于一半（图

8-44a)。当只画出半个视图时，应在对称中心线的两端画出两条与其垂直的平行细实线。

(4) 当零件具有若干相同结构(如齿、槽等)，并按一定规律分布时，只需画出几个完整的结构，其余用细实线连接(图 8-30、图 8-46)，在零件图中则必须注明该结构的总数。

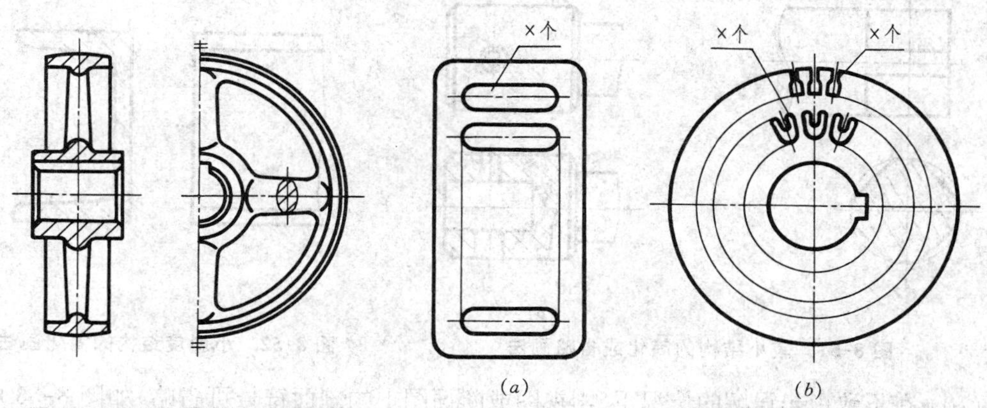

图 8-45　对称零件的简化画法

图 8-46　相同要素的简化画法

(5) 若干直径相同、且成规律分布的孔(圆孔、螺孔、沉孔等)，可以仅画出一个或少量几个，其余只需用点画线表示其中心位置，但在零件图中应注明孔的总数(图 8-47)。

(6) 当回转体零件上的平面在图形中不能充分表达时，为了避免增加视图或剖视图，可用细实线绘出对角线来表示这些平面。如图 8-48 为一轴端，分析其形体为圆柱体被平面切割，由于不能在这一视图上明确地看清它是一个平面，所以需加上此平面符号。

(7) 零件上的滚花部分，一般采用在轮廓线附近用示意的方法来表示(图 8-49)，也可省略不画。在零件图上或技术要求中应注明其具体要求。

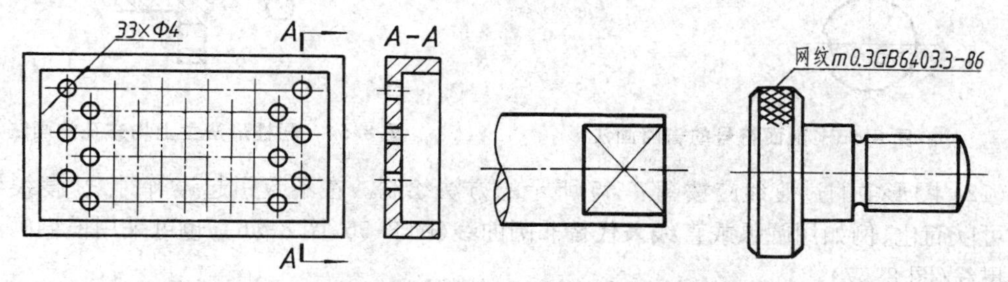

图 8-47　成规律分布的孔的简化画法　　图 8-48　平面符号　　图 8-49　滚花的简化画法

(8) 较长的零件，如轴、杆、型材、连杆等，且沿长度方向的形状一致(图 8-50a)或按一定规律变化(图 8-50b)时，可以断开后缩短绘制。

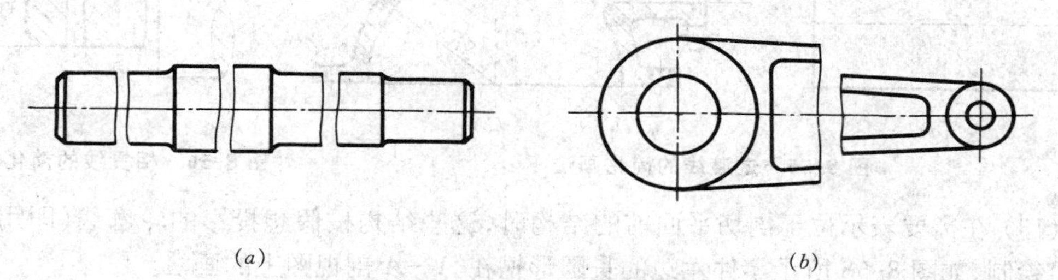

图 8-50　较长零件的简化画法

(9) 当零件上较小的结构(图 8-51)及斜度(图 8-52)等已在一个图形中表达清楚时，其他图形应当简化或省略，即不必按投影画出所有的线条。

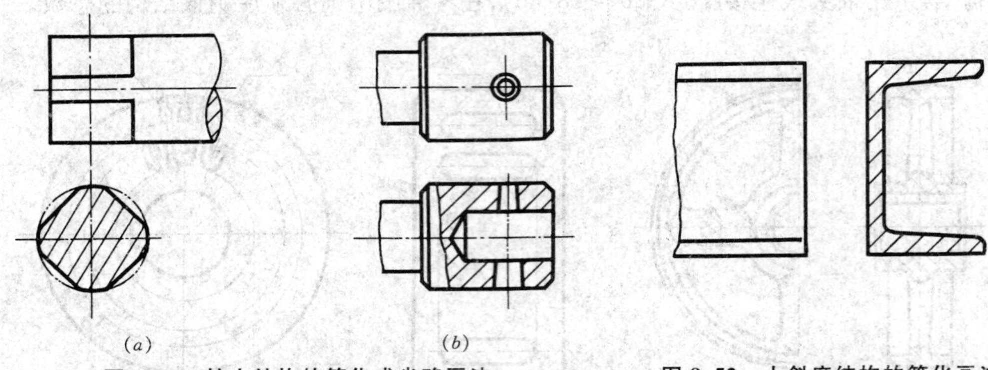

图 8-51　较小结构的简化或省略画法　　**图 8-52　小斜度结构的简化画法**

(10) 在不致引起误解的情况下，剖视图或断面图上的剖面符号可省略，如图 8-53 中的两个移出断面上就省略了剖面线。

(11) 圆柱形法兰和类似零件上均匀分布的孔可按图 8-54 所示的方法表示。

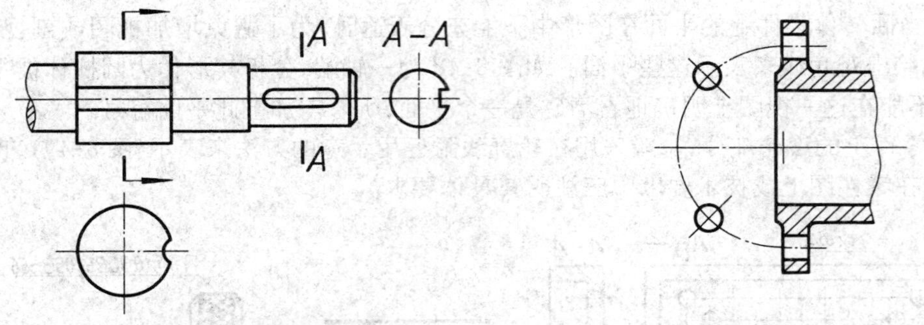

图 8-53　剖面符号的省略画法　　**图 8-54　圆柱形法兰上均布孔的画法**

(12) 图形中的过渡线应按图 8-55 所示的方法绘制。在不致引起误解时，过渡线与相贯线可以简化，例如用圆弧或直线来代替非圆曲线(图 8-55、图 8-56)，也可采用模糊画法表示相贯线(图 8-57)。

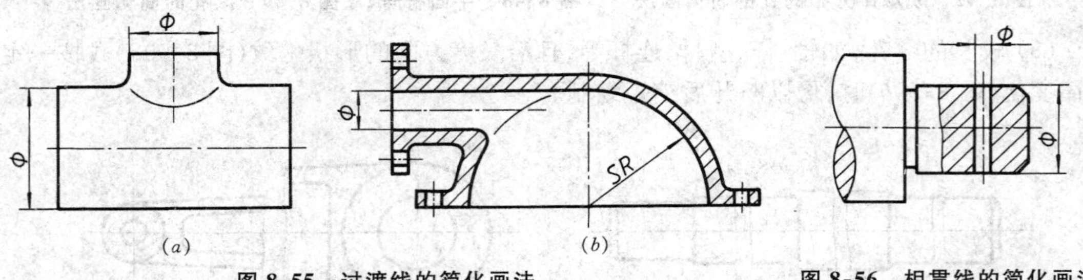

图 8-55　过渡线的简化画法　　**图 8-56　相贯线的简化画法**

(13) 在需要表示位于剖切平面前的结构时，这些结构按假想投影的轮廓线(即用双点画线)绘制，如图 8-58 所示零件左边的长圆形槽在 A—A 剖视图上的画法。

(14) 与投影面倾斜角度小于或等于 30°的圆或圆弧，其投影可用圆或圆弧代替椭圆，如

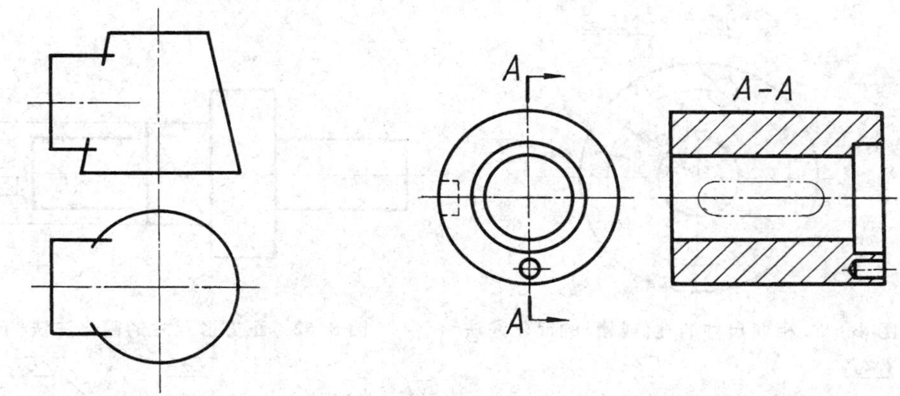

图 8-57　采用模糊画法表示相贯线　　图 8-58　剖切平面前的结构的简化画法

图 8-59 所示，俯视图上各圆的圆心位置按投影来决定。

(15) 在剖视图的剖面区域中可再作一次局部剖视。采用这种方法表达时，两个剖面区域的剖面线应同方向、同间隔，但要互相错开，并用引出线标注其名称，如图 8-60 中的 *B*—*B* 局部剖视图。这种画法可简称为**剖中剖画法**。

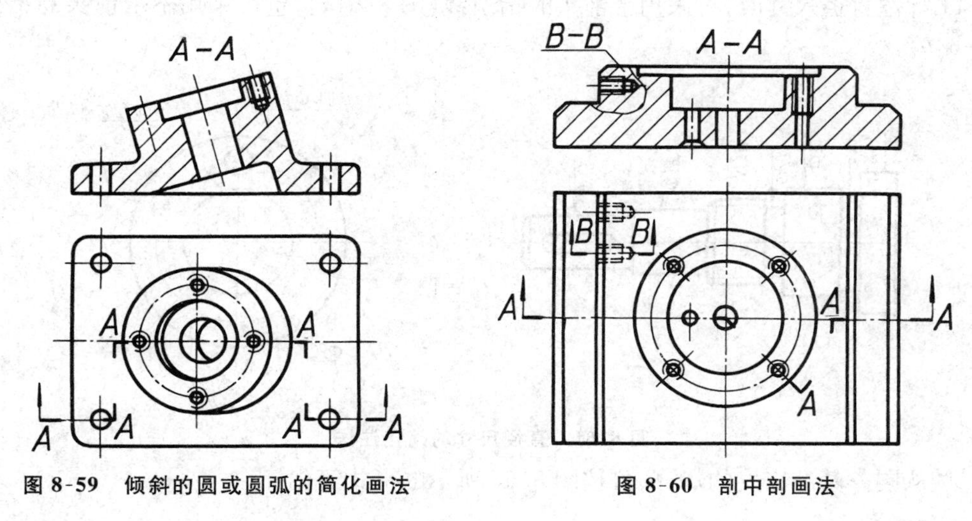

图 8-59　倾斜的圆或圆弧的简化画法　　图 8-60　剖中剖画法

8.5.2　尺寸的简化注法

(1) 在同一图形中，对于尺寸相同的孔、槽等组成要素，可仅在一个要素上注出其尺寸和数量(图 8-61)。图中"8×ϕ8EQS"表示在 ϕ50 圆周上均匀分布 8 个 ϕ8 小孔，"EQS"是"均布"的缩写词。

(2) 标注正方形的结构尺寸时，可在正方形边长尺寸数字前加注符号"□"(图 8-62)。

(3) 零件上的 45°倒角，可按图 8-63*a* 所示的两种形式标注，"2×45°"中的"2"表示倒角的轴向宽度，"45°"表示倒角的角度。也可用符号 *C* 表示 45°倒角，如图 8-63*b*。非 45°的倒角应按图 8-63*c* 的形式标注。在不致引起误解时，零件图中的倒角可以省略不画，其尺寸可按图 8-63*d* 的形式简化标注。但要注意，这种简化注法仅限于 45°的倒角。图 8-63*d* 右边图上标注的"2×*C*2"中，符号"×"左边的"2"表示两端均有相同的倒角；符号"*C*"右边的"2"仍表示倒角的轴向宽度。

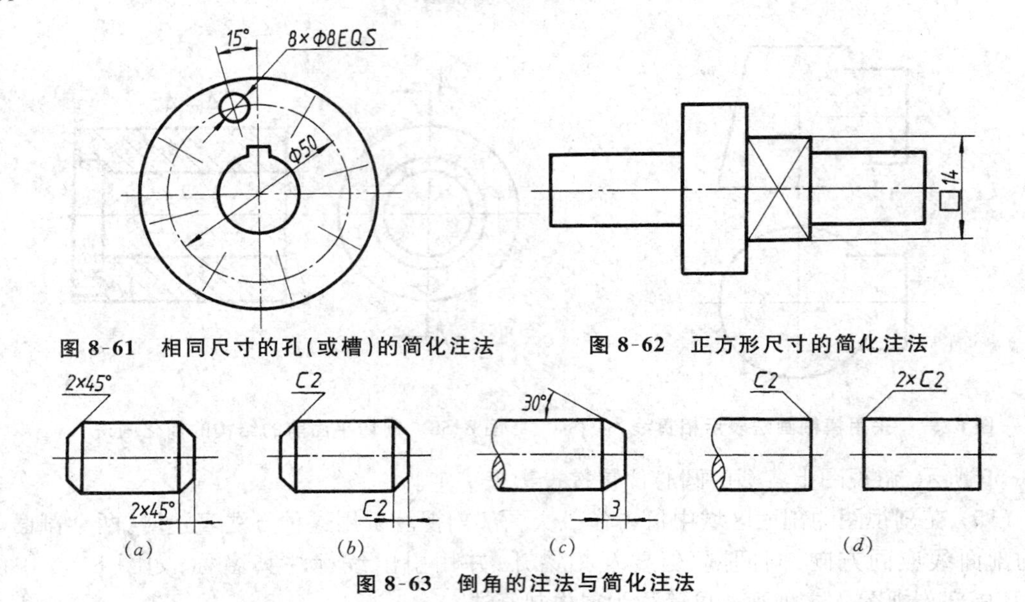

图 8-61 相同尺寸的孔(或槽)的简化注法

图 8-62 正方形尺寸的简化注法

图 8-63 倒角的注法与简化注法

(4) 标注直径尺寸时,可采用带箭头的指引线(图 8-64*a*),也可采用不带箭头的指引线(图 8-64*b*)。

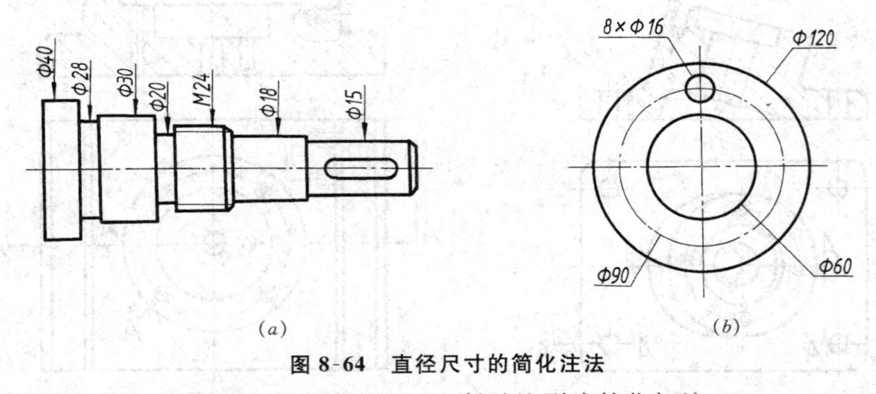

图 8-64 直径尺寸的简化注法

(5) 从同一基准出发的尺寸,可按图 8-65 所示的形式简化标注。

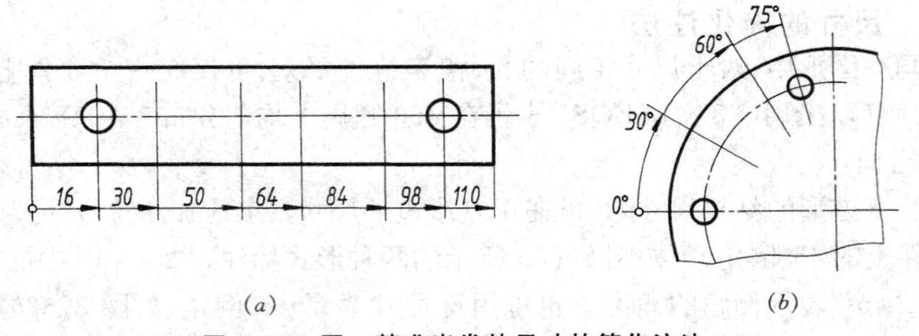

图 8-65 同一基准出发的尺寸的简化注法

(6) 一组同心圆弧的半径尺寸,可用共用的尺寸线箭头依次表示(图 8-66)。

(7) 一组同心圆(图 8-67*a*)或尺寸较多的台阶孔(图 8-67*b*)的直径尺寸,也可用共用的尺寸线和箭头依次表示。

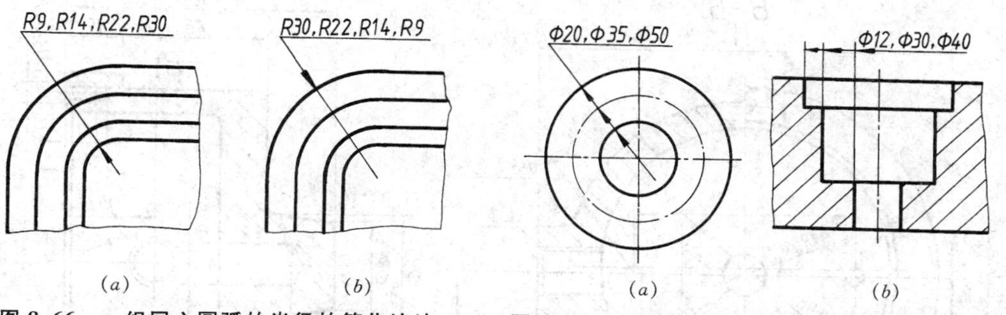

图 8-66 一组同心圆弧的半径的简化注法　　图 8-67 一组同心圆与台阶孔的直径的简化注法

8.6 表达方法综合举例

在绘制机械图样时，应根据零件的具体情况而综合运用视图、剖视图、断面图等各种表达方法，使得零件各部分的结构与形状均能表达确切与清晰，而图形数量又较少，因此同一个零件往往可以选用几种不同的表达方案。在确定表达方案时，还应结合标注尺寸等问题一起考虑。图 8-68 为一泵体，其表达方法分析如下：

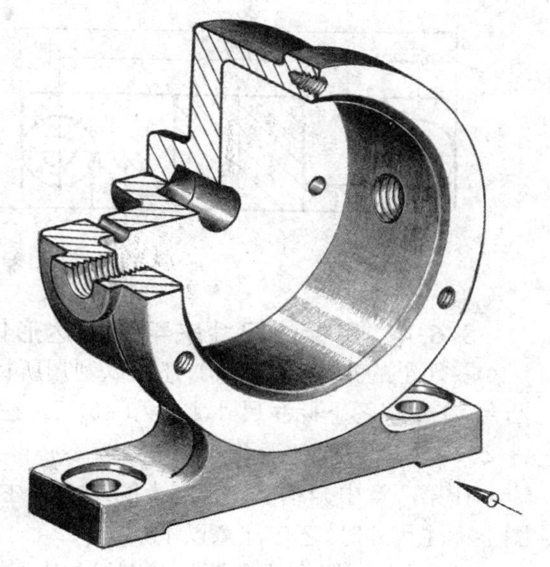

图 8-68 泵体

8.6.1 分析零件形状

泵体的上面部分主要由直径不同的两个圆柱体、向上偏心的圆柱形内腔、左右两个凸台以及背后的锥台等组成；下面部分是一个长方形底板，底板上有两个安装孔；中间部分为连接块，它将上下两部分连接起来。

8.6.2 选择主视图

通常选择最能反映零件特征的投射方向（如图 8-68 箭头所示）作为主视图的投射方向。由于泵体最前面的圆柱直径最大，它遮盖了后面直径较小的圆柱，为了表达它的形状和左、右两端的螺孔以及底板上的安装孔，主视图应画成剖视图；但泵体前端的大圆柱及均布的三个螺孔也需要表达，考虑到泵体左右是对称的，因而选用了半剖视图以达到内、外结构都能得到表达的要求（图 8-69）。

8.6.3 选择其他视图

如图 8-69 所示，选择左视图表达泵体上部沿轴线方向的结构。为了表达内腔形状应采用剖视，但若作全剖视图，则由于下面部分都是实心体，没有必要全部剖切，因而画成局部剖视图，这样可保留一部分外形，便于看图。

底板及中间连接块和其两边的肋，可在俯视图上作全剖视来表达，剖切位置选在图上的 $A—A$ 处较为合适。

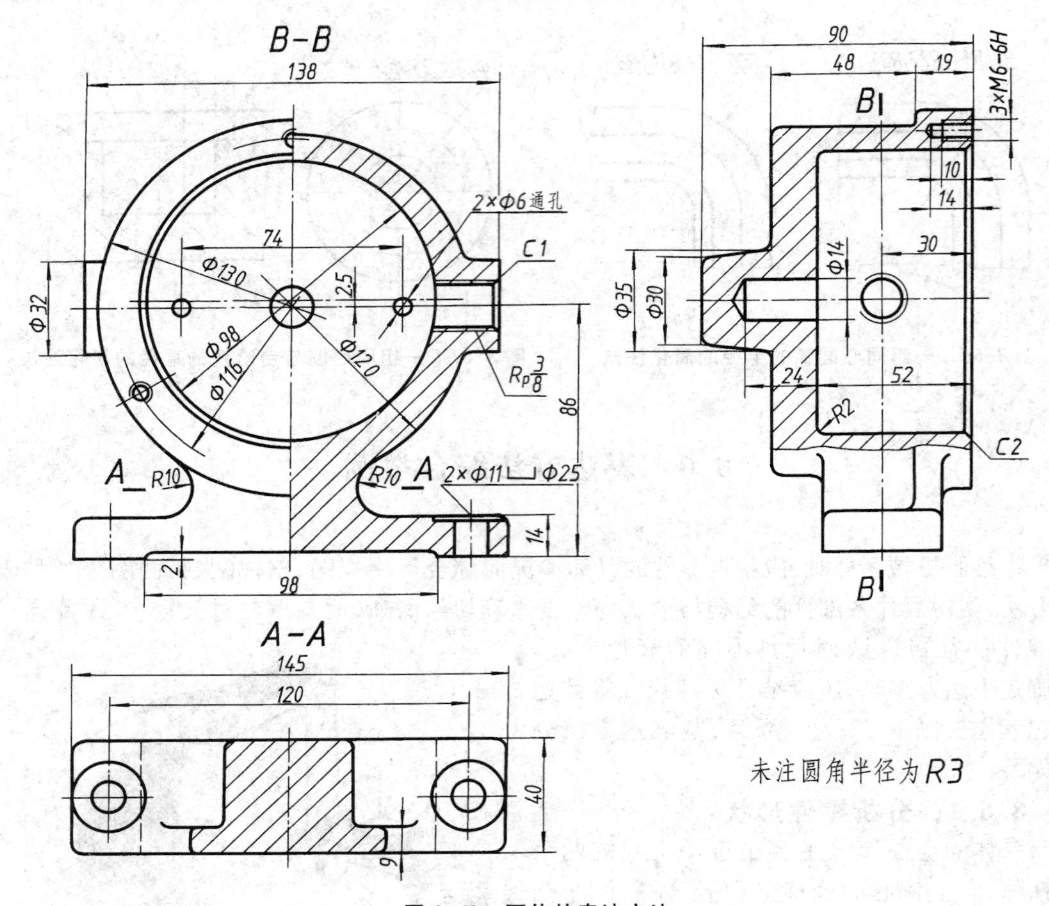

图 8-69　泵体的表达方法

8.6.4　用标注尺寸来帮助表达形体

零件上的某些细节结构，还可以利用所标注的尺寸来帮助表达，例如泵体后面的圆锥形凸台，在左视图上标注尺寸 ϕ35 和 ϕ30 后，在主视图上就不必再画虚线圆；又如主视图上尺寸 2×ϕ6 后面加上"通孔"两字后，就不必再另画剖视图去表达该两孔了。

在第 7 章中介绍了在视图上的尺寸标注，这些基本方法同样适用于剖视图。但在剖视图上标注尺寸时，还应注意以下几点：

(1) 在同一轴线上的圆柱和圆锥的直径尺寸，一般应尽量标注在剖视图上，避免标注在投影为同心圆的视图上。如图 8-69 中左视图上的 ϕ14、ϕ30、ϕ35 和图 8-70 中表示直径的七个尺寸。但在特殊情况下，当在剖视图上标注直径尺寸有困难时，可以注在投影为圆的视图上。如泵体的内腔是具有偏心距为 2.5 的圆柱面，为了明确表达内腔与外圆柱的轴线位置，其直径尺寸 ϕ98、ϕ120、ϕ130 等应标注在主视图上。

(2) 绘制半剖视图时，有些尺寸不能完整地标注出来，则尺寸线应略超过圆心或对称中心线，此时仅在尺寸线的一端画出箭头。如图 8-69 主视图上的直径 ϕ120、ϕ130、ϕ116 和图 8-70 中的直径 ϕ45、ϕ32、ϕ20 等。

(3) 在剖视图上标注尺寸，应尽量把外形尺寸和内部结构尺寸分开在视图的两侧标注，这样既清晰又便于看图。如图 8-69 的左视图上，将外形尺寸 90、48、19 和内形尺寸 52、24

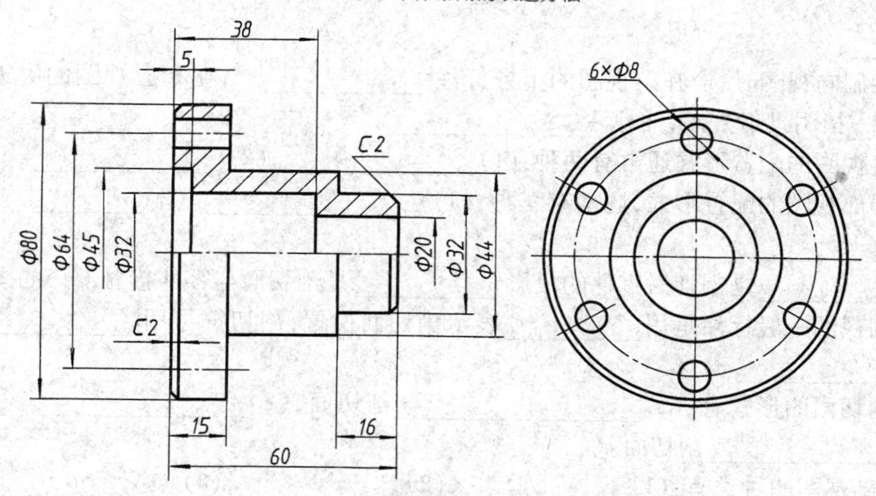

图 8-70　同轴回转体的尺寸标注

分开标注。又如图 8-70 中表示外部的长度 60、15、16 注在视图的下部,内孔的长度 5、38 注在上部。为了使图形清晰、查阅方便,一般应尽量将尺寸注在视图外。但如果将泵体左视图的内形尺寸 52、24 引到视图的下面,则尺寸界线引得过长,且穿过下部不剖部分的图形,这样反而不清晰,因此这时可考虑将尺寸注在图形中间。

(4) 如必须在剖面区域内注写尺寸数字时,则在数字处应将剖面线断开,如图 8-69 左视图中的孔深 24。

思考练习题

一、判断题

1. 当剖视图按投影关系配置,中间又没有其他图形隔开时,可省略箭头。(　　)

2. 当剖切平面通过零件的对称平面或基本对称的平面,且剖视图按投影关系配置、中间又没有其他图形隔开时,可省略标注。(　　)

3. 断面的轮廓线一律用粗实线画出。(　　)

4. 对称断面配置在剖切符号或剖切线的延长线上,则可省略标注。(　　)

5. 断面图中,当剖切面通过回转面形成孔或凹坑的轴线时,则应按剖视图要求绘制。(　　)

6. 断面图中,当剖切面通过非圆孔会导致出现完全分离的断面图时,则这些结构应按剖视图要求绘制。(　　)

7. 局部放大图上标注的比例是局部放大图形与原图形之比。(　　)

二、填空题

1. 国家标准规定,视图的种类有:____________、____________、____________和____________四种。

2. 第一角画法是将物体处于________与________之间,而第三角画法是将投影面处于________与________之间所分别得到的多面正投影图的两种画法。

3. 在图样上视图自由配置的表示法称为__________法,自由配置的视图称为____

________。

4. 绘制向视图时,应在向视图的上方标注________,在相应视图的附近用________指明投射方向,并标注________。

5. 斜视图的配置形式通常有两种:(1)________,(2)________。

6. 局部视图的配置形式,通常有三种:(1)________,(2)________,(3)________。

7. ________是剖切后零件的投影,________是剖切面与零件接触部分的图形。

8. 剖视图一般标注是用________表示剖切面位置,剖切符号用________表示,投射方向用________表示。

9. 剖切面的形式有:(1)________剖切面,(2)________剖切面,(3)________剖切面。

10. 剖视图的种类有:(1)________,(2)________,(3)________。

11. 半剖视图适用于________和________均需要表达的零件。

12. 半剖视图中剖视图与视图的分界线为________。

13. 局部视图中剖视图与视图的分界线为________或________。

第9章　轴测投影图

多面正投影图通常能较完整地、确切地表达出零件各部分的形状，而且作图方便，所以它是工程上常用的图样(图9-1*a*)。但是这种图样缺乏立体感，必须有一定读图能力的人才能看懂。为了帮助看图，工程上还采用轴测投影图，如图9-1*b*所示，它能在一个投影上同时反映物体的正面、顶面和侧面的形状，因此富有立体感。但零件上原来的长方形平面，在轴测投影图上变成了平行四边形，圆变成了椭圆，因此不能确切地表达零件的原来形状与大小，而且作图较为复杂，因而轴测投影图在工程上一般仅用来作为辅助图样。

本章介绍的轴测投影图的国家标准，主要摘自《GB/T 4458.3—2003　机械制图　轴测图》。

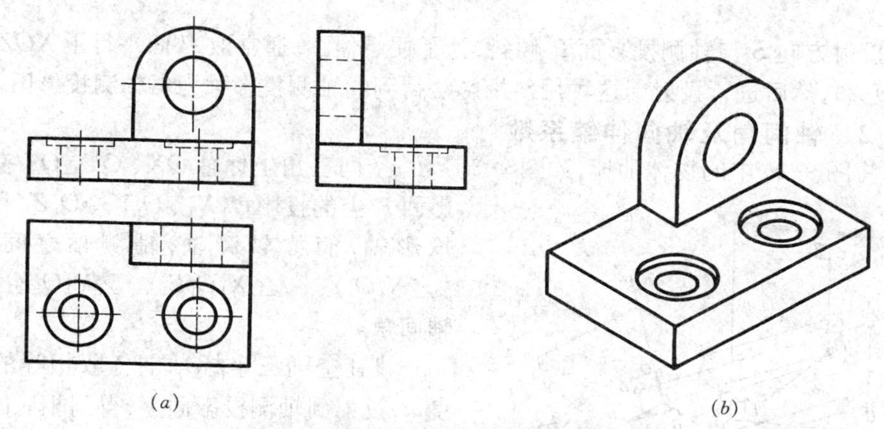

图9-1　多面正投影图与轴测投影图的比较

9.1　轴测投影图的基本概念

9.1.1　轴测投影图的形成

图9-2表明一个简单物体的正投影图和轴测投影图的形成方法。为了便于分析，假想将物体放在一个空间的直角坐标体系(称为参考直角坐标系)中，其坐标轴 X、Y、Z 和物体上三条互相垂直的棱线重合，O 为原点。在图9-2*a* 中，按与投影面 P 垂直的方向 S_0 投射，在 P 面上得到它的正投影图。由于 S_0 平行于物体的顶面和侧面，也即平行于 Y 轴，所得的视图不能反映顶面和侧面的形状，因而立体感不强。为了获得富有立体感的轴测投影图，必须使投影方向 S 不平行于物体上任一坐标平面(图9-2*a*、*b*)。这种将物体连同其参考直角坐标体系，沿不平行于任一坐标平面的方向，用平行投影法将其投射在单一投影面上所得的具有立体感的图形称为**轴测投影图**，简称**轴测图**；该投影面称为**轴测投影面**。通常轴测图有以下两种基本形成方法：

(1) 投射方向 S 与轴测投影面 P 垂直，将物体放斜，使物体上的三个坐标平面和 P 面都斜交，如图 9-2*b*，然后进行投射。这种用正投影法得到的轴测投影称为**正轴测投影图**。

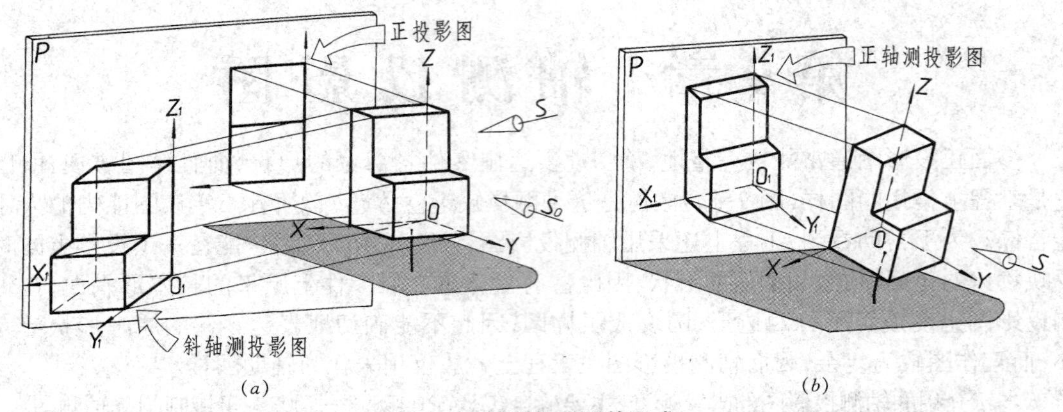

图 9-2 轴测投影图的形成

(2) 投射方向 S 与轴测投影面 P 倾斜，为了便于作图，通常取 P 面平行于 XOZ 坐标平面，如图 9-2*a*，然后进行投射。这种用斜投影法得到的轴测投影称为**斜轴测投影图**。

9.1.2 轴间角及轴向伸缩系数

假想将图 9-2*b* 中的物体抽掉，如图 9-3 所示，空间直角坐标轴 OX、OY、OZ 在轴测投影面 P 上的投影 O_1X_1、O_1Y_1、O_1Z_1 称为**轴测投影轴**，简称**轴测轴**；轴测轴之间的夹角（$\angle X_1O_1Y_1$、$\angle X_1O_1Z_1$、$\angle Y_1O_1Z_1$）称为**轴间角**。

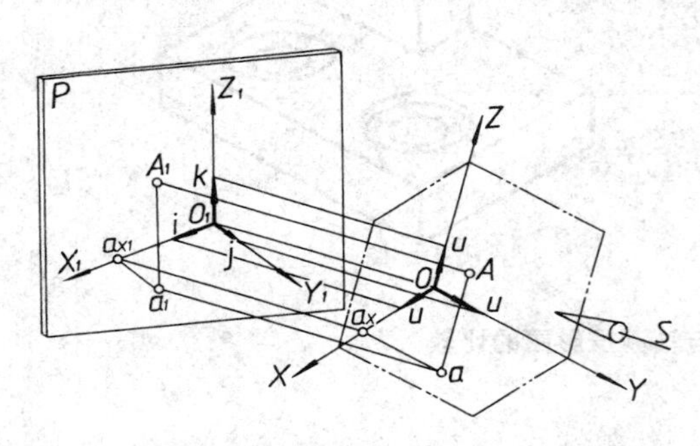

图 9-3 轴间角和轴向伸缩系数

设在空间三坐标轴上各取相等的单位长度 u，投射到轴测投影面上，得到相应的轴测轴上的单位长度分别为 i、j、k，它们与空间直角坐标轴上的单位长度 u 的比值称为**轴向伸缩系数**。设 $p_1 = i/u$、$q_1 = j/u$、$r_1 = k/u$，则 p_1、q_1、r_1 分别称为 X、Y、Z 轴的轴向伸缩系数。

由于轴测投影采用的是平行投影，因此两平行直线的轴测投影仍平行，且投影长度与空间的线段长度成定比。凡是平行于 OX、OY、OZ 轴的线段，其轴测投影必然相应地平行于 O_1X_1、O_1Y_1、O_1Z_1 轴，且具有和 X、Y、Z 轴相同的轴向伸缩系数。由此可见，凡是平行于空间直角坐标轴的线段长度乘以相应的轴向伸缩系数，就是该线段的轴测投影长度；换言之，在轴测图中只有沿轴测轴方向测量的长度才与空间直角坐标轴方向的长度有一定的对应关系，轴测投影由此而得名。在图 9-3 中空间 A 点的轴测投影为 A_1，其中 $O_1a_{x1} = p_1 \cdot Oa_x$、$a_{x1}a_1 = q_1 \cdot a_xa$（由于 $a_xa \parallel OY$，所以 $a_{x1}a_1 \parallel O_1Y_1$）、$a_1A_1 = r_1 \cdot aA$（由于 $aA \parallel OZ$，所以 $a_1A_1 \parallel O_1Z_1$）。

9.1.3 轴测投影图的分类

根据投射方向和轴测投影面的相对关系，轴测投影图可分为正轴测投影图和斜轴测投影图两大类。再根据轴向伸缩系数的不同，这两类轴测投影图又可以各分为三种：

(1) 如 $p_1 = q_1 = r_1$，称为**正(或斜)等轴测图**，简称**正(或斜)等测**。

(2) 如 $p_1 = q_1 \neq r_1$，或 $p_1 \neq q_1 = r_1$，或 $p_1 = r_1 \neq q_1$，称为**正(或斜)二等轴测图**，简称**正(或斜)二测**。

(3) 如 $p_1 \neq q_1 \neq r_1$，一般称为正(或斜)三测。

国家标准规定，绘制轴测图一般采用正等测及轴向伸缩系数为 $p_1 = r_1$、$q_1 = p_1/2$ 的正二测及斜二测，其中用得最多的是正等测。必要时允许采用其他轴测图，但一般需采用专用工具，否则其作图甚繁。本章仅介绍正等测和斜二测两种轴测图的画法。

9.2　正　等　测

9.2.1　正等测的轴间角和轴向伸缩系数

根据理论分析(证明从略)，正等测的轴间角 $\angle XOY = \angle XOZ = \angle ZOY$ * $=120°$；作图时，一般使 OZ 轴处于垂直位置，则 OX 和 OY 轴与水平线成 30°，可利用 30°三角板方便地作出(图 9-4)。正等测的轴向伸缩系数 $p_1 = q_1 = r_1 \approx 0.82$。图 9-5$a$ 所示长方块的长、宽和高分别为 a、b 和 h，按上述轴间角和轴向伸缩系数作出的正等测如图 9-5b 所示。但在实际作图时，按上述轴向伸缩系数计算尺寸却是相当麻烦。由于绘制轴测图的主要目的是为了表达物体的直观形状，故为了作图方便起见，常采用一组简化伸缩系数 p、q、r，使 $p:q:r = p_1:q_1:r_1$。简化伸缩系数之比值，即 $p:q:r$ 应采用简单的数值，在正等测中，取 $p = q = r = 1$，因此就可以将视图上的尺寸 a、b 和 h 直接度量到相应的 X、Y 和 Z 轴上。这样作出长方块的正等测如图 9-5c 所示，它与图 9-5b 相比较，其形状不变，仅是图形按一定比例放大，图上线段的放大倍数为 $1/0.82 \approx 1.22$ 倍。

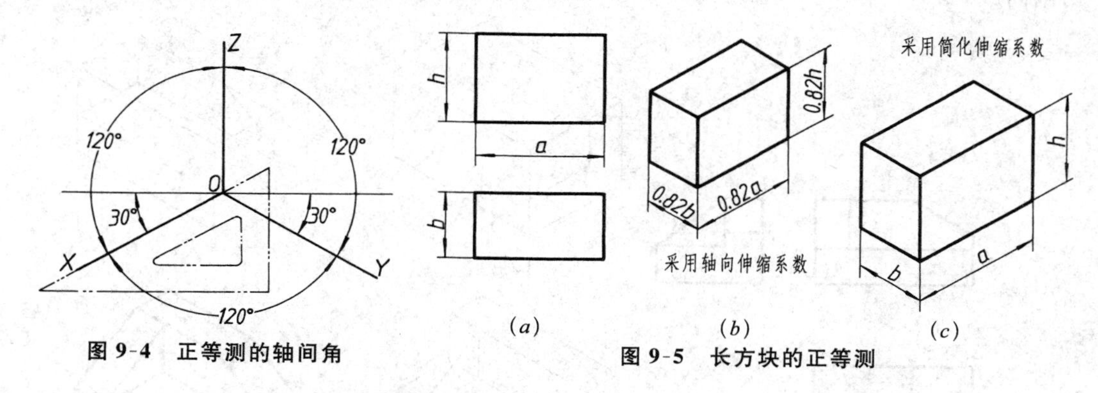

图 9-4　正等测的轴间角　　图 9-5　长方块的正等测

9.2.2　平面立体的正等测画法

轴测图中一般只画出可见部分，必要时才画出其不可见部分。作轴测图时，应根据物体的形状特点不同而采用各种不同的作图步骤。下面举例说明平面立体轴测图的几种作法。

【例 1】　作出正六棱柱(图 9-6)的正等测。

分析：由于作物体的轴测图时，一般不画出虚线(如图 9-5)，因此作正六棱柱的轴测图时，为了减少不必要的作图线，先从顶面开始作图就比较方便。

---

* 在单独分析轴测投影的作图方法的图上，轴测轴 X_1、Y_1、Z_1 以及相应各点的轴测投影 A_1、B_1 等的注脚 1 一律省略。

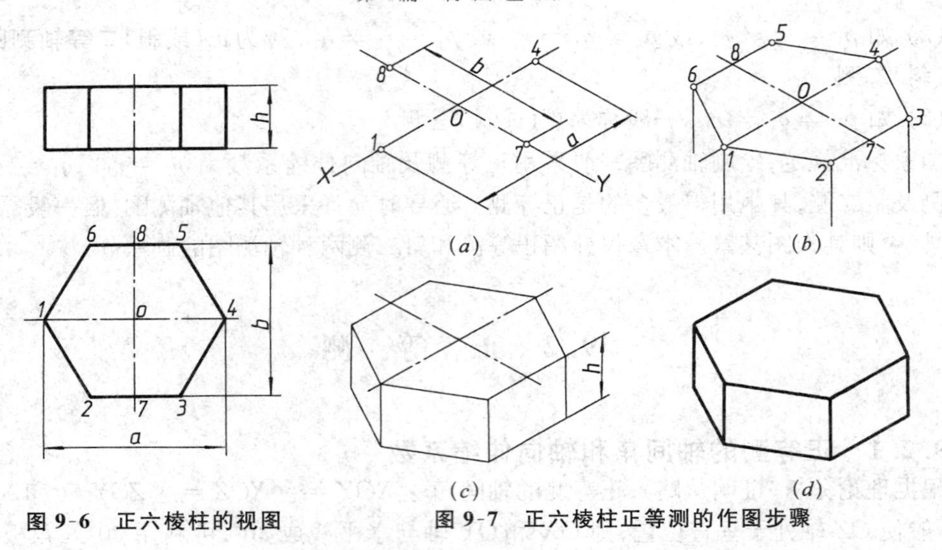

图 9-6 正六棱柱的视图 **图 9-7 正六棱柱正等测的作图步骤**

作图：如图 9-7 所示，取坐标轴原点 O 作为六棱柱顶面的中心，按坐标尺寸 a 和 b 求得轴测图上的点 1、4 和 7、8(图 9-7a)；过点 7、8 作 X 轴的平行线，按 x 坐标尺寸求得 2、3、5、6 点，完成正六棱柱顶面的轴测投影(图 9-7b)；再向下画出各垂直棱线，量取高度 h，连接各点，作出六棱柱的底面(图 9-7c)；最后擦去多余的作图线并描深，即完成正六棱柱的正等测(图 9-7d)。

【例 2】 作出垫块(图 9-8)的正等测。

分析：垫块是一简单的组合体，画轴测图时，也可采用形体分析法，由基本形体结合或被切割而成。

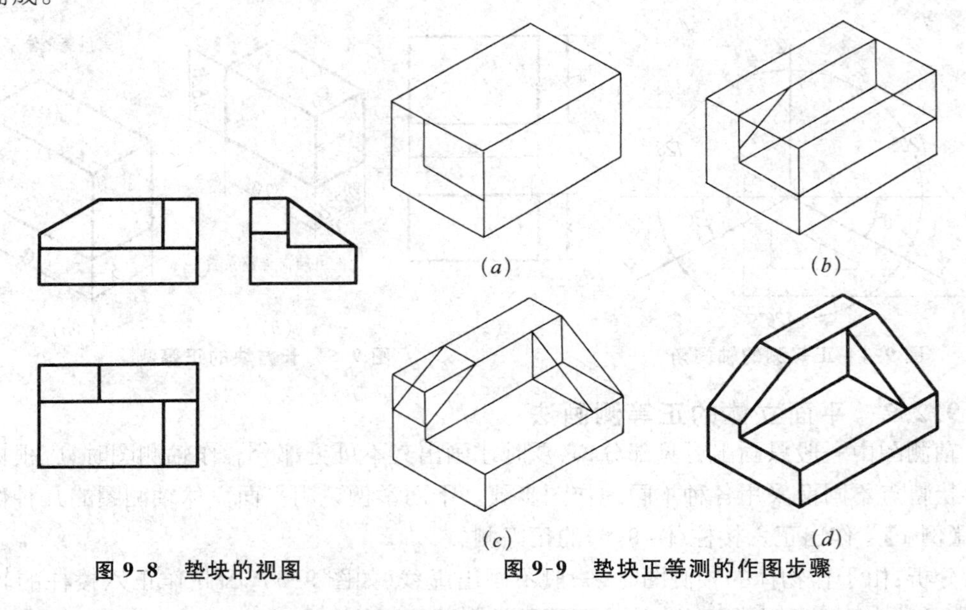

图 9-8 垫块的视图 **图 9-9 垫块正等测的作图步骤**

作图：如图 9-9 所示，先按垫块的长、宽、高画出其外形长方体的轴测图，并将长方体切割成 ∟ 形(图 9-9a、b)；再在左上方斜切掉一个角(图 9-9b、c)；在右端再加上一个三角形的肋(图 9-9c)；最后擦去多余的作图线并描深，即完成垫块的正等测(图 9-9d)。

9.2.3 圆的正等测画法

9.2.3.1 圆的正等测性质

在一般情况下，圆的轴测投影为椭圆。根据理论分析（证明从略），坐标面（或其平行面）上圆的正轴测投影（椭圆）的长轴方向与该坐标面垂直的轴测轴垂直，短轴方向与该轴测轴平行。对于正等测，水平面上椭圆的长轴垂直于 Z 轴，处在水平位置，正平面上椭圆的长轴垂直于 Y 轴，其方向为向右上倾斜 60°，侧平面上椭圆的长轴垂直于 X 轴，其方向为向左上倾斜 60°（图 9-10）。

在正等测中，如采用轴向伸缩系数，则椭圆的长轴为圆的直径 d；短轴为 $0.58d$（图 9-10*a*）。如按简化伸缩系数作图，其长、短轴长度均放大 1.22 倍，即长轴长度等于 $1.22\,d$；短轴长度等于 $1.22 \times 0.58\,d \approx 0.7\,d$（图 9-10*b*）。

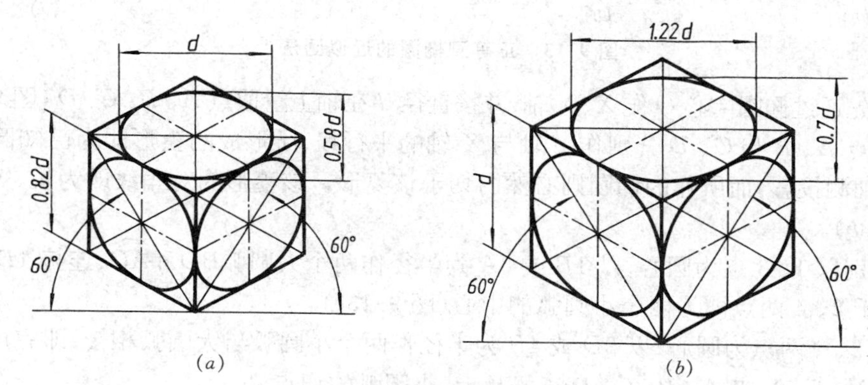

(*a*) (*b*)

图 9-10 坐标面上圆的正等测

9.2.3.2 圆的正等测（椭圆）的两种画法

(1) 一般画法。对于处在一般位置平面或坐标面（或其平行面）上的圆，都可以用坐标法作出圆上一系列点的轴测投影，然后光滑地连接起来即得圆的轴测投影。图 9-11*a* 为一水平面上的圆，其正等测的作图步骤如下（图 9-11*b*）：

① 首先画出 X、Y 轴，并在其上按直径大小直接定出 1、2、3、4 点。

② 过 OY 上的 A、B…点作一系列平行 OX 轴的平行弦，然后按坐标相应地作出这些平行弦长的轴测投影，即求得椭圆上的 5、6、7、8…点。

③ 光滑地连接各点，即为该圆的轴测投影（椭圆）。

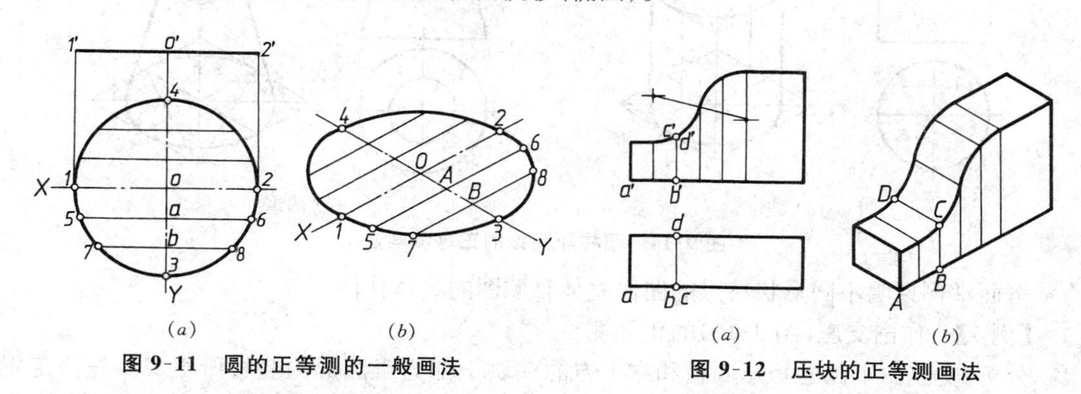

(*a*) (*b*) (*a*) (*b*)

图 9-11 圆的正等测的一般画法 **图 9-12 压块的正等测画法**

图 9-12*a* 为一压块，其前面的圆弧连接部分，也同样可利用一系列 Z 轴的平行线（如 BC），并按相应的坐标作出各点的轴测投影，光滑地连接后即完成前表面的正等测（图

9-12b)；再过各点(如 C 点)作 Y 轴平行线，并量取宽度，得到后表面上的各点(如 D 点)，从而完成压块的正等测。

(2) 近似画法。为了简化作图，轴测投影中的椭圆通常采用近似画法。图 9-13 表示直径为 d 的圆在正等测中 XOY 面上椭圆的画法，具体作图步骤如下：

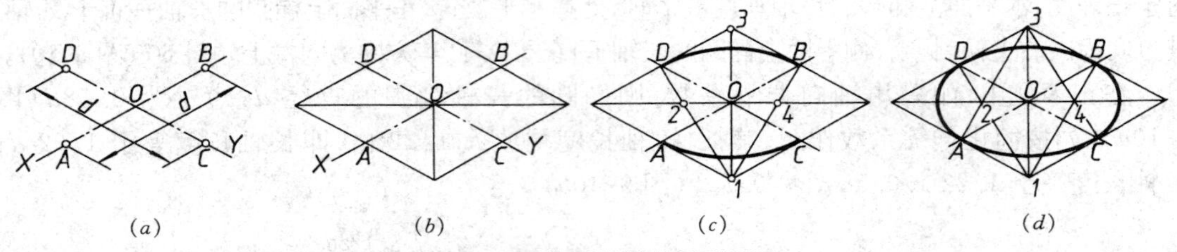

图 9-13　正等测椭圆的近似画法

① 首先通过椭圆中心 O 作 X、Y 轴，并按直径 d 在轴上量取点 A、B、C、D(图 9-13a)。

② 过点 A、B 与 C、D 分别作 Y 轴与 X 轴的平行线，所形成的菱形即为已知圆的外切正方形的轴测投影，而所作的椭圆则必然内切于该菱形。该菱形的对角线即为长、短轴的位置(图 9-13b)。

③ 分别以 1、3 点为圆心，以 $1B$ 或 $3A$ 为半径作两个大圆弧 $\overset{\frown}{BD}$ 和 $\overset{\frown}{AC}$，连接 $1D$、$1B$ 与长轴相交于 2、4 两点即为两个小圆弧的中心(图 9-13c)。

④ 以 2、4 两点为圆心，以 $2D$ 或 $4B$ 为半径作两个小圆弧与大圆弧相接，即完成该椭圆(图 9-13d)。显然，点 A、B、C、D 正好是大、小圆弧的切点。

XOZ 和 YOZ 面上的椭圆，仅长、短轴的方向不同，其画法与在 XOY 面上的椭圆完全相同。

9.2.4　曲面立体的正等测画法

掌握了圆的正等测的画法后，就不难画出回转曲面立体的正等测。图 9-14a、b 分别表示圆柱和圆锥的正等测画法。作图时，先分别作出其顶面和底面的椭圆，再作其公切线即成。

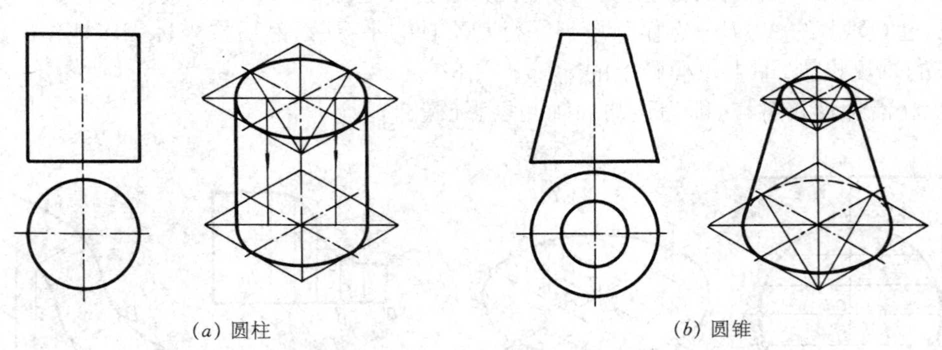

(a) 圆柱　　(b) 圆锥

图 9-14　圆柱和圆锥的正等测画法

下面举例说明不同形状特点的曲面立体轴测图的具体作法。

【例 1】　作出支座(图 9-15)的正等测。

分析：支座由下部的矩形底板和右上方的一块上部为半圆形的竖板所组成。先假定将竖板上的半圆形及圆孔均改为它们的外切方形，如图 9-15 左视图上的双点画线所示，作出上述平面立体的正等测，然后再在方形部分的正等测——菱形内，根据图 9-13 所述方法，作出它的内切椭圆。底板上的阶梯孔也按同样方法作出。

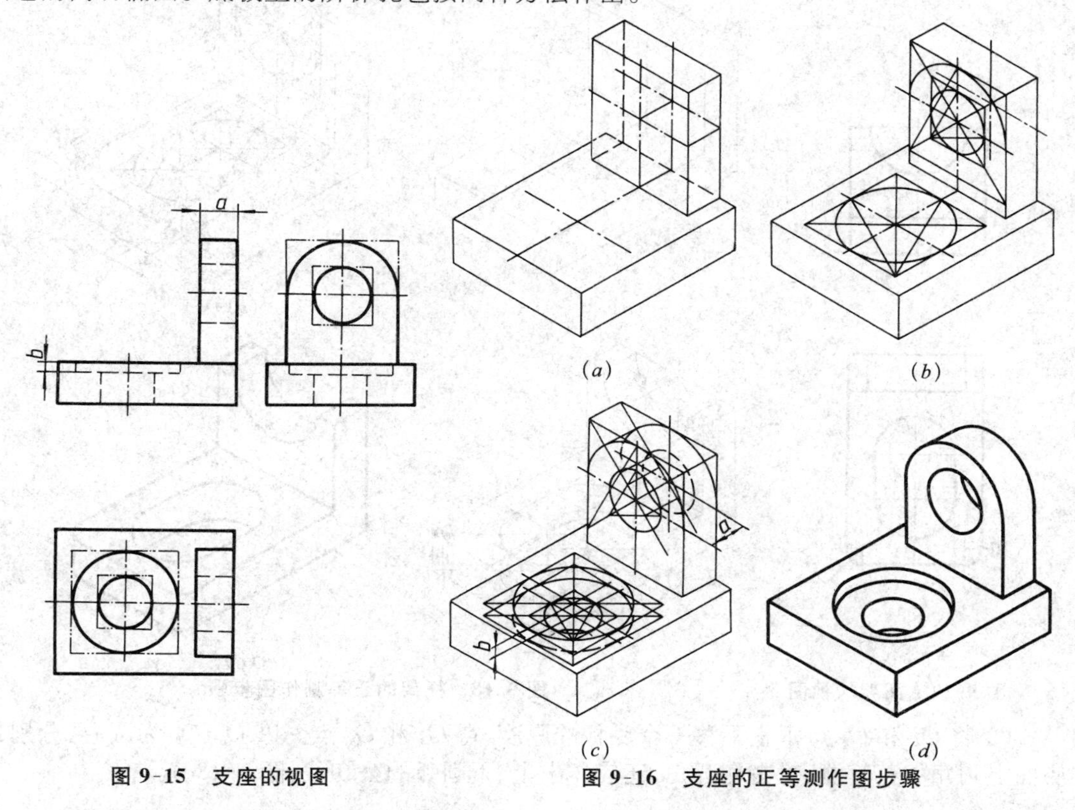

图 9-15 支座的视图

图 9-16 支座的正等测作图步骤

作图:如图 9-16 所示。先作出底板和竖板的方形轮廓,并用点画线定出底板和竖板表面上孔的位置(图 9-16*a*);再在底板的顶面和竖板的左侧面上画出孔与半圆形轮廓(图 9-16*b*);然后按竖板的宽度 a,将竖板左侧面上的椭圆轮廓沿 X 轴方向向右平移一段距离 a;按底板上部沉孔的深度 b,将底板顶面上的大椭圆向下平移一段距离 b,然后再在下沉的中心处作出下部小孔的轮廓,并沿 Z 轴方向下移一个小孔的深度,作出底面上小孔的轮廓(图 9-16*c*);最后擦去多余的作图线并描深,即完成支座的正等测(图 9-16*d*)。

【例 2】 作出托架(图 9-17)的正等测。

分析:与上例的情况相同,先作出它的方形轮廓,然后分别作出上部的半圆槽和下面的长圆形孔。

作图:如图 9-18 所示。先作出成 ∟ 形的托架的外形轮廓(图 9-18*a*);再在竖板的前表面上和底板的顶面上分别作出半圆槽和长圆形孔的轮廓(图 9-18*b*);然后将半圆槽的轮廓沿 Y 轴方向向后移一个竖板的宽度,将长圆形孔的轮廓沿 Z 轴方向下移一个底板的厚度(图 9-18*c*);最后擦去多余的作图线并描深,即完成托架的正等测(图 9-18*d*)。

托架底板前方半径为 R 的圆角部分,由于只有 1/4 圆周,因此作图时可以简化,不必作出整个椭圆的外切菱形,其具体作图步骤如下:

① 在角上分别沿轴向取一段长度等于半径 R 的线段,得 A、B 与 C、D 点,过以上各点分别作相应边的垂线,分别交于 O_1 及 O_2 点(图 9-18*b*)。以 O_1 及 O_2 为圆心,以 O_1A 及 O_2C 为半径作弧,即为顶面上圆角的正等测。

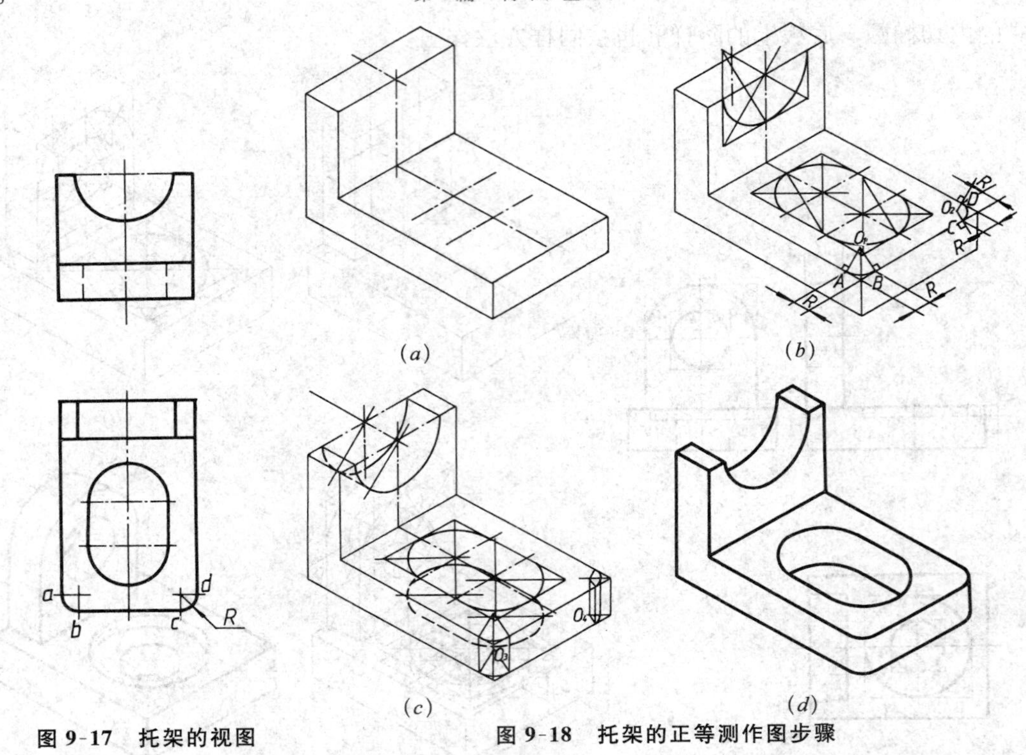

图 9-17 托架的视图　　图 9-18 托架的正等测作图步骤

② 将 O_1 和 O_2 点垂直下移一个底板的厚度，得 O_3 和 O_4 点。以 O_3、O_4 为圆心，分别作底面上圆角的正等测，对右侧圆角，还应作出上、下圆弧的公切线(图 9-18*c*)。

9.3 斜 二 测

9.3.1 斜二测的轴间角和轴向伸缩系数

从图 9-2*a* 可看出，在斜轴测投影中通常将物体放正，即使 *XOZ* 坐标平面平行于轴测投影面 *P*，因而 *XOZ* 坐标平面或其平行面上的任何图形在 *P* 面上的投影都反映实形，称为**正面斜轴测投影图**。最常用的一种为**正面斜二测**(简称**斜二测**)，其轴间角 $\angle XOZ = 90°$，$\angle XOY = \angle YOZ = 135°$，轴向伸缩系数 $p_1 = r_1 = 1, q_1 = 0.5$。作图时，一般使 *OZ* 轴处于垂直位置，则 *OX* 轴为水平线，*OY* 轴与水平线成 45°，可利用 45°三角板方便地作出(图 9-19)。

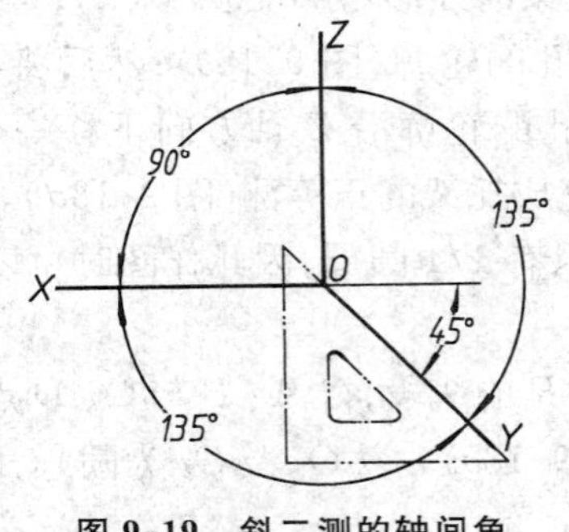

图 9-19 斜二测的轴间角

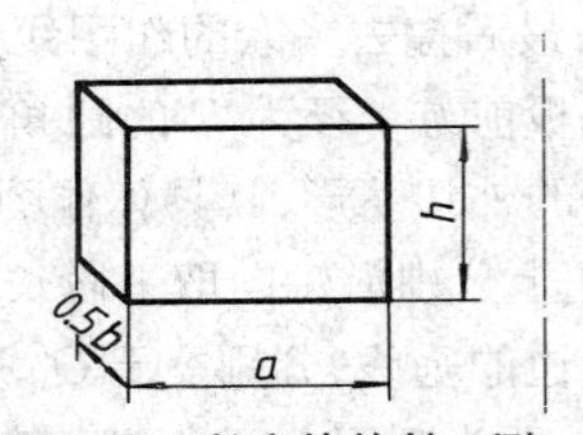

图 9-20 长方块的斜二测

作平面立体的斜二测时，只要采用上述轴间角和轴向伸缩系数，其作图步骤和正等测完全相同。图 9-5*a* 所示长方块的斜二测如图 9-20。

9.3.2 曲面立体的斜二测画法

在斜二测中，由于 *XOZ* 面(或其平行面)的轴测投影反映实形，因此 *XOZ* 面或其平行面上圆的轴测投影仍为圆，其直径与实际的圆相同。所以当物体的正面形状较复杂，具有较多的圆或圆弧连接时，采用斜二测作图就比较方便。在 *XOY* 和 *YOZ* 面(或其平行面)上圆的斜轴测投影为椭圆，其作图方法较复杂，本书从略。因此当物体具有在 *XOY* 和 *YOZ* 面上的圆时，应尽量避免选用斜二测作图。下面举例说明。

【例】 作出轴座(图 9-21)的斜二测。

分析：轴座的正面有三个不同直径的圆或圆弧，在斜二测中都能反映实形。

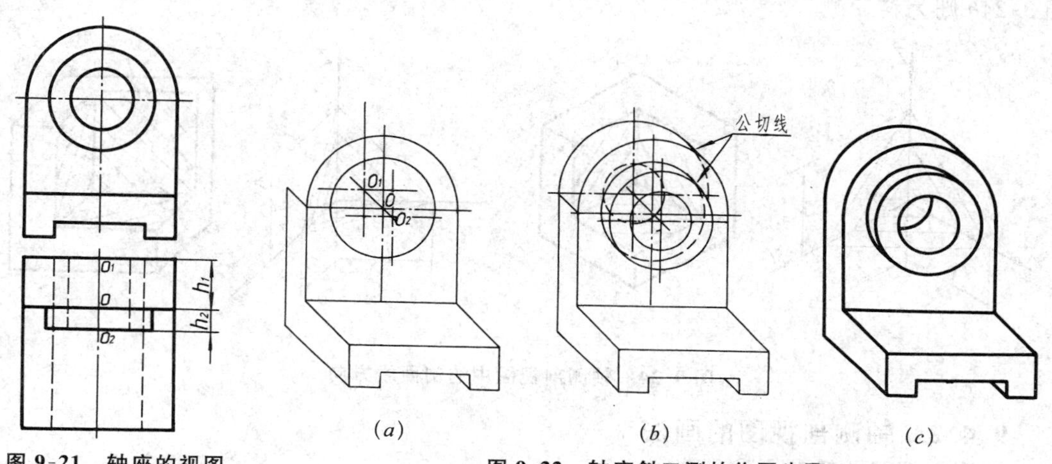

图 9-21 轴座的视图

图 9-22 轴座斜二测的作图步骤

作图：如图 9-22 所示，先作出轴座下部平面立体部分的斜二测，并在竖板的前表面上确定圆心 O 的位置，并画出竖板上的半圆及凸台的外圆。过 O 点作 Y 轴，取 $OO_1 = 0.5h_1$，O_1 即为竖板背面的圆心；再自 O 点向前取 $OO_2 = 0.5h_2$，O_2 即为凸台前表面的圆心(图9-22*a*)。以 O_2 为圆心作出凸台前表面的外圆及圆孔，作 Y 轴方向的公切线即完成凸台的斜二测。以 O_1 为圆心，作出竖板后表面的半圆及圆孔，再作两个半圆的公切线即完成竖板的斜二测(图 9-22*b*)。最后擦去多余的作图线并描深，即完成轴座的斜二测(图 9-22*c*)。

9.4 轴测剖视图的画法

9.4.1 轴测图的剖切方法及剖面线的画法

在轴测图上为了表达零件内部的结构形状，同样可假想用剖切平面将零件的一部分剖去，这种剖切后的轴测图称为**轴测剖视图**。一般用两个互相垂直的轴测坐标平面(或其平行面)进行剖切，能较完整地显示该零件的内、外形状(图 9-23*a*)；并尽量避免用一个剖切平面剖切整个零件(图 9-23*b*)和选择不正确的剖切位置(图 9-23*c*)。

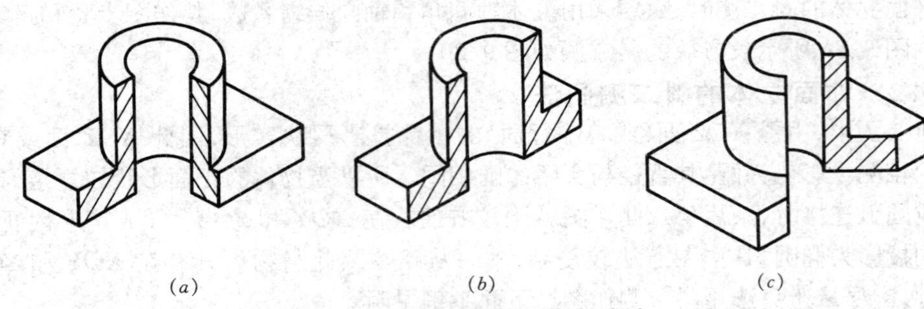

图 9-23　轴测图剖切的正误方法

轴测剖视图中的剖面线方向，应按图 9-24 所规定的方向画出，图 9-24*a* 所示为正等测，图 9-24*b* 则为斜二测。

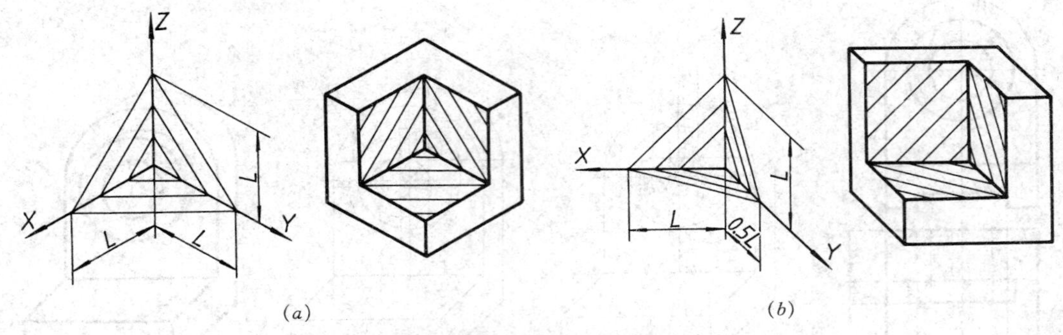

图 9-24　轴测剖视图中的剖面线方向

9.4.2　轴测剖视图的画法

轴测剖视图一般有两种画法：

(1) 先把物体完整的轴测外形图画出，然后沿轴测轴方向用剖切平面将它剖开。如图 9-25*a* 所示底座，要求画出它的正等轴测剖视图。先画出它的外形轮廓，如图 9-25*b* 所示，然后沿 *X*、*Y* 轴向分别画出其剖面区域形状，擦去被剖切掉的四分之一部分轮廓，再补画上剖切后下部孔的轴测投影，并画上剖面线，即完成该底座的轴测剖视图(图 9-25*c*)。

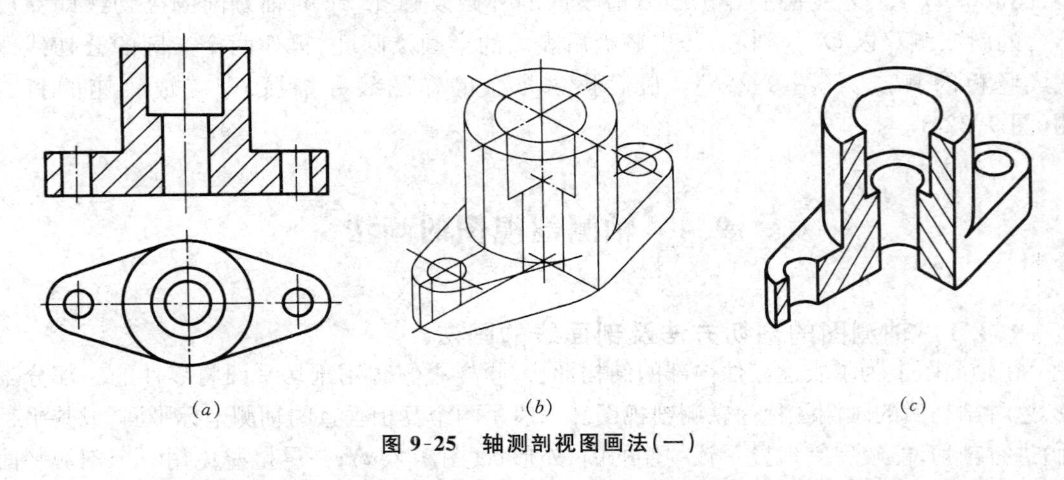

图 9-25　轴测剖视图画法(一)

(2) 先画出剖面区域的轴测投影，然后再画出外部看得见的轮廓，这样可减少很多不必要的作图线，使作图更为迅速。如图9-26a所示的端盖，要求画出它的斜二轴测剖视图。由于该端盖的轴线处在正垂线位置，故采用通过该轴线的水平面及侧平面将其左上方剖切掉四分之一。先分别画出水平剖切平面及侧平剖切平面剖切所得剖面区域的斜二测，如图9-26b所示，用点画线确定前后各表面上各个圆的圆心位置。然后再过各圆心作出各表面上未被剖切的四分之三部分的圆弧，并画上剖面线，即完成该端盖的轴测剖视图(图9-26c)。

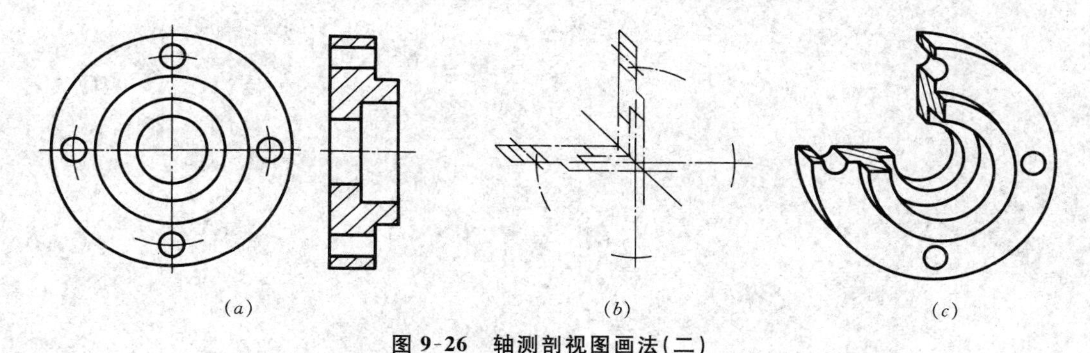

(*a*)　(*b*)　(*c*)

图9-26　轴测剖视图画法(二)

思考练习题

一、判断题

斜二测通常用于单方向为圆形物体的绘制。(　　)

二、填空题

1. 正等测的轴向伸缩系数为＿＿＿＿＿，简化伸缩系数为＿＿＿＿＿。

2. 正等测中，水平面上椭圆的长轴垂直于＿＿＿＿＿轴测轴，即处于＿＿＿＿＿位置；正平面上椭圆长轴垂直于＿＿＿＿＿＿轴测轴，其方向为＿＿＿＿＿＿＿＿＿；侧平面上椭圆长轴垂直于＿＿＿＿＿＿轴测轴，其方向为＿＿＿＿＿＿＿＿。

三、选择题

1. 正等测的三条轴测轴之间的角度为(　　　　)。

　A. 两个为135°，一个为90°；B. 三个均为120°；C. 两个为131°25′，一个为97°10′

2. 常用的斜二测的X向和Z向的轴向伸缩系数$p=r=1$，Y轴向伸缩系数为(　　　)。

　A. 1；B. 0.82；C. 0.5

第3篇　零件图与装配图

第10章　零　件　图

机器或部件由零件按一定的装配关系和要求装配而成。如彩色插页图Ⅱ,刀具磨床上自动送料机构中的减速箱。它由箱体、箱盖、锥齿轮轴、蜗杆、蜗轮、锥齿轮以及滚动轴承、螺塞、螺钉、螺母等零件组成。

根据零件在机器或部件上的作用,一般可将零件分为三类:

(1) 一般零件。如上述减速箱中的箱体、箱盖、轴等。这类零件的结构、形状常根据它在机器或部件中的作用和制造工艺要求决定。一般零件按照它们的结构特点可分成:轴套类、盘盖类、叉架类等。一般零件都要画出它们的零件图以供制造。

(2) 传动零件。如上述减速箱中的圆柱齿轮、带轮、蜗杆、蜗轮、锥齿轮等。这类零件起传递动力和运动的作用,通常起传动作用的要素如齿轮上的轮齿,带轮上的V形槽等大多已标准化,并有规定画法。传动零件一般亦要画出它们的零件图。

(3) 标准件。如上述减速箱中的紧固件(螺栓、螺母、垫圈、螺钉……)、键、滚动轴承、毡圈、螺塞等。它们主要起零件的连接、支承、密封等作用。标准件通常不必画出其零件图,只要标注它们的规定标记,就能从有关标准中查到它们的结构、材料、尺寸和技术要求等。

10.1　零件图的内容

要制造机器必须按要求制造出零件,制造和检验零件用的图样称**零件图**。一张完整的零件图(如图10-1～图10-3)通常应包括下列基本内容。

10.1.1　一组图形

根据有关标准,采用视图、剖视图、断面图等各种方法,以表达零件的内外结构。

10.1.2　尺寸

零件图应正确、完整、清晰、合理地标注零件制造、检验时所需要的全部尺寸。

10.1.3　技术要求

标注或说明零件制造、检验或装配过程中应达到的各项技术要求,大致有下列几方面内容:

(1) 说明零件表面质量的表面结构参数。

(2) 零件上重要尺寸的极限偏差及零件的几何公差。

(3) 零件的特殊加工要求、检验和试验说明。

(4) 热处理和表面修饰说明。

(5) 材料要求和说明。

图上的技术要求如极限偏差、几何公差、表面结构应按国家标准规定的各种代[符]号标注在图形上,无法标注在图形上的内容,可用文字分条注写在图纸下方标题栏附近空白处。

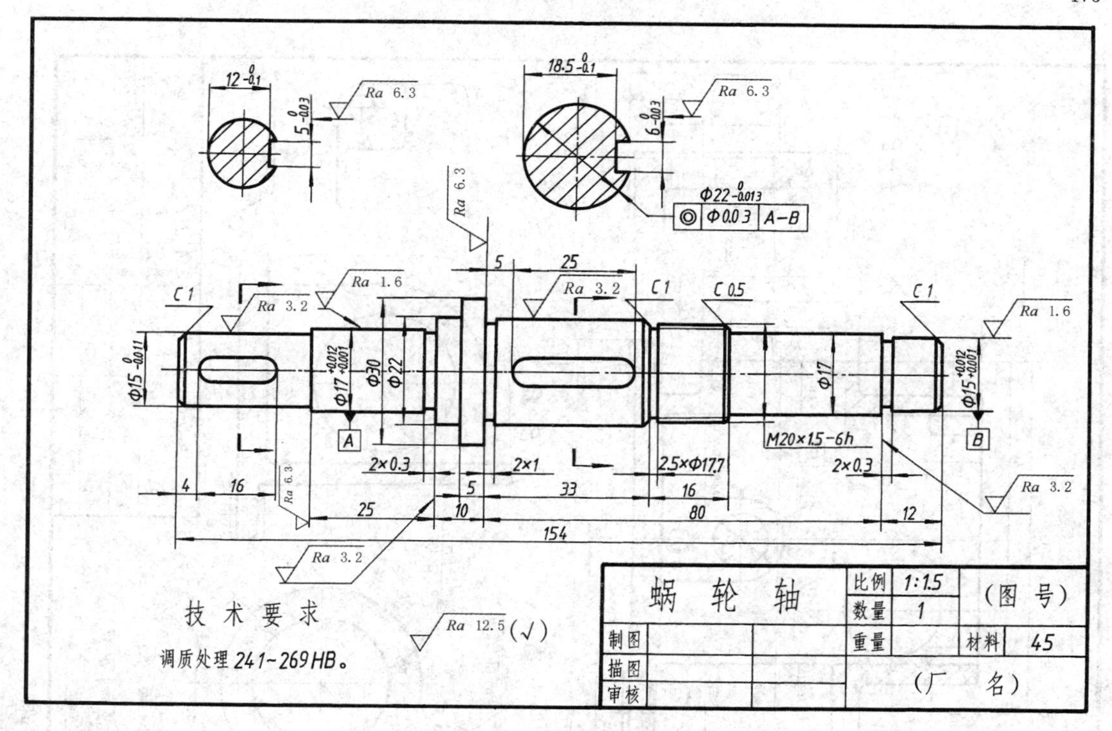

图 10-1 蜗轮轴零件图

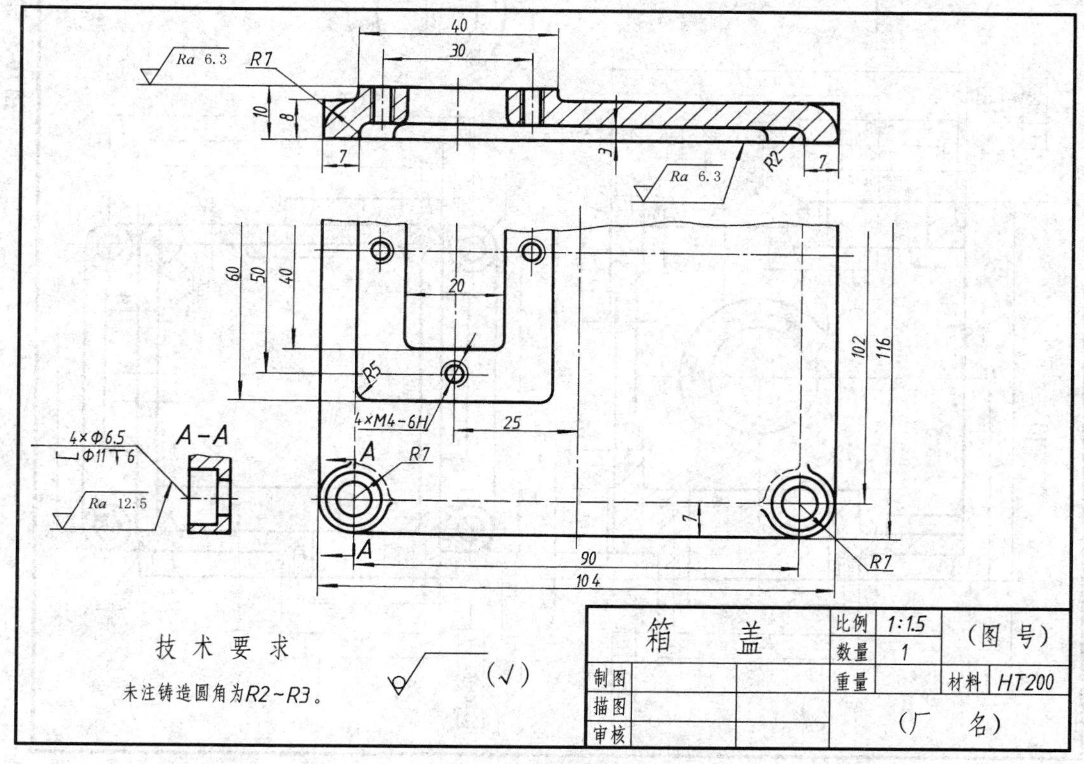

图 10-2 箱盖零件图

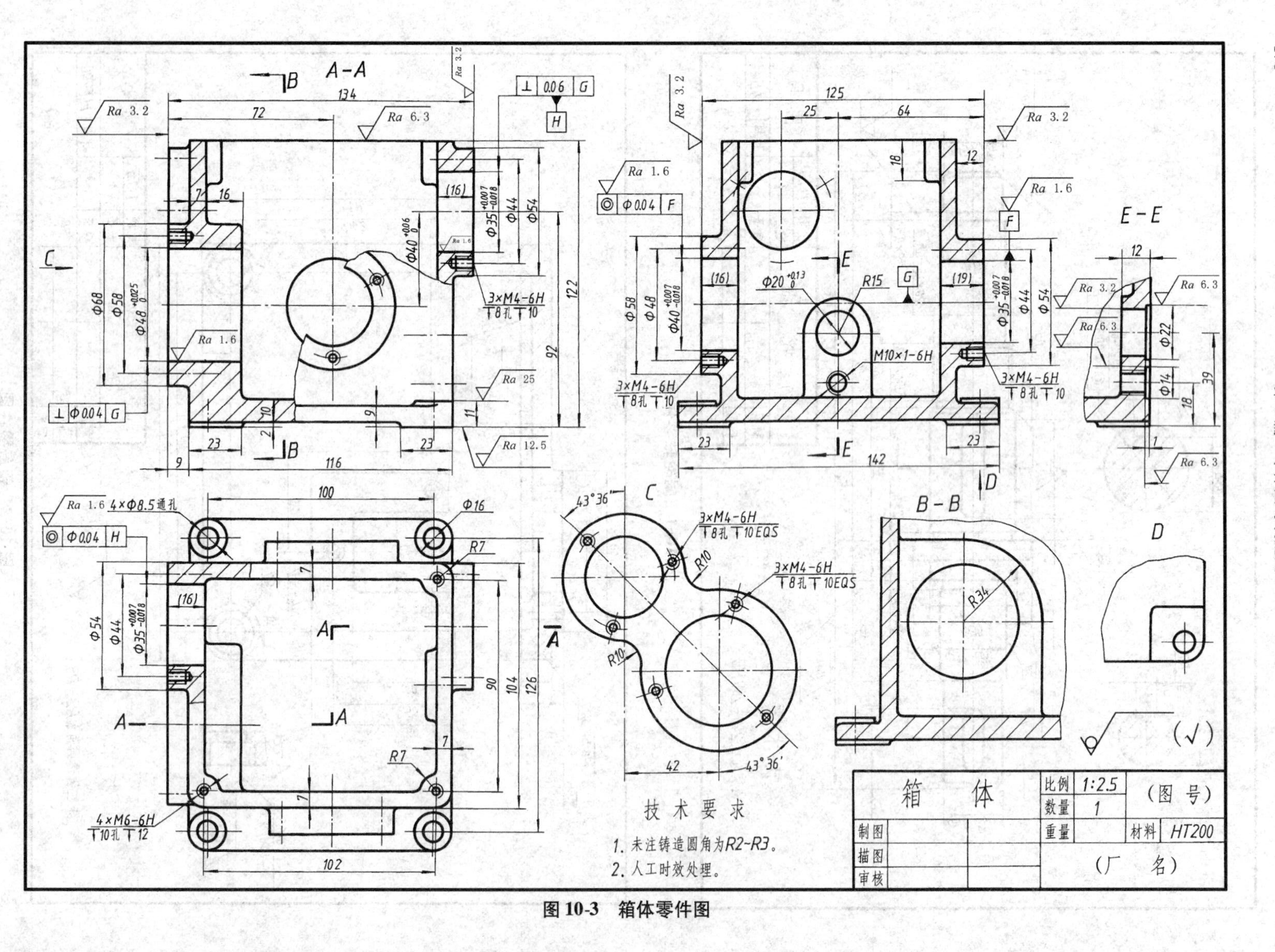
A-A
B-B
E-E
C
D
技 术 要 求
1. 未注铸造圆角为R2~R3。
2. 人工时效处理。
箱　体
比例 1:2.5
数量 1
重量
材料 HT200
（图 号）
制图
描图
审核
（厂　名）

图 10-3　箱体零件图

10.1.4　标题栏

标题栏内应填写图样的名称、材料、比例、单位名称、图样代号和设计、审核、批准等人员的签名、图样更改情况等内容。

10.2　零件的表达分析

绘制零件图时，必须适当地用各种视图、剖视图、断面图等各种表达方法，把零件的全部结构形状表达清楚，并且要考虑到看图和画图的方便。

10.2.1　选择表达方案的一般原则

10.2.1.1　主视图的选择

主视图是表达零件最主要的一个视图。从便于看图这一要求出发，在选择主视图时应考虑以下两点：

(1) 表达零件结构信息量最多的那个视图应作为主视图。即主视图最能明显地反映零件的形状和结构特征，以及各组成形体之间的相互联系。

(2) 投影时零件在投影体系中的位置通常是零件的工作(安装)位置或主要加工位置。对轴套类、盘类以及齿轮、链轮、带轮等回转体零件常选用加工位置；对叉架类、箱体类零件常选用工作(安装)位置。

10.2.1.2　表达方案的确定

主视图选定后，应根据零件的复杂情况和内外结构，全面考虑所需要的其他视图(包括剖视图、断面图等)。它的选用原则是：

(1) 在明确表达清楚零件结构形状的前提下，应使视图(包括剖视图、断面图等)的数量为最少。

(2) 尽量避免用虚线表达零件的轮廓线及棱边线。视图一般只画零件的可见部分，必要时才画出不可见部分。

(3) 尽量避免同一结构作不必要的重复表达，使各个视图(包括剖视图、断面图等)各有表达的重点。

(4) 合理布置各视图、剖视图、断面图等的位置，既要使图样清晰、美观，又要有利于图样幅面的充分利用。

10.2.2　零件的表达分析

在考虑零件的表达方法之前，必须先了解零件上各结构的作用和要求。表达零件时应优先考虑采用基本视图以及在基本视图上作的剖视图。采用局部视图或斜视图时应尽可能按投影关系配置，并配置在相关视图附近。下面以彩色插页图Ⅱ所示减速箱中的蜗轮轴、箱盖、箱体为例进行结构分析和表达分析。

10.2.2.1　轴套类零件表达分析

图10-4为减速箱中的蜗轮轴，轴左端连接送料装置，轴上装有蜗轮和锥齿轮，它们和轴均用键连接在一起，因此轴上有键槽。为了保证传动可靠，轴上零件均用轴肩确定其轴向位置。为了防止锥齿轮、蜗轮的轴向移动还用调整片、垫圈和圆螺母加以固定，所以轴上有螺纹段。为了使滚动轴承、蜗轮能靠紧在轴肩上以及便于车削与磨削，轴肩处有退刀槽或砂轮越程槽，轴的两端均有倒角，以去除金属锐边，这样更有利于轴上零件的装配。

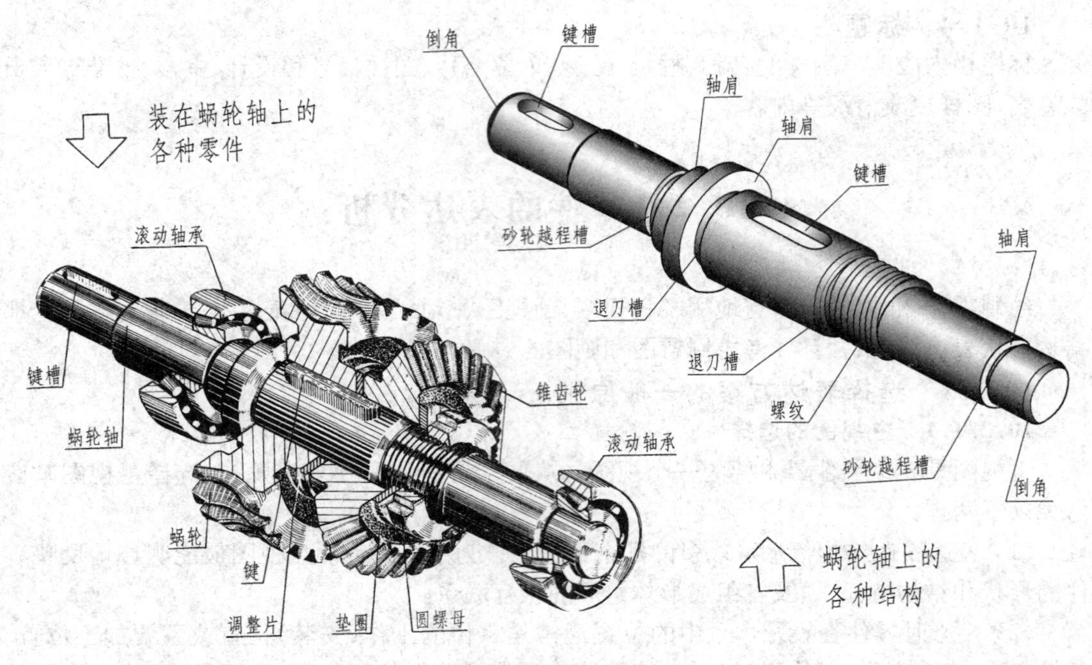

图 10-4 蜗轮轴结构分析

分析了蜗轮轴的结构后,可进一步分析它的表达方法(图 10-5)。

主视图的选择:轴的基本形体是由直径不同的圆柱体组成。主视图用垂直于轴线的方向作为主视图的投影方向,这样既可把各段圆柱体的相对位置和形状大小表示清楚,并且又能反映出轴肩、退刀槽、倒角、圆角等结构。为了符合轴在车削或磨削时的加工位置,一般将轴线水平横放,把直径小的一端放置在右面,并将键槽转向正前方,主视图即能反映平键的键槽形状和位置。

其他表达方法的选择:轴的各段圆柱,在主视图上标注直径尺寸后已能表达清楚,为了表示键槽的深度,分别画出两个移出断面图(图 10-5)。至此蜗轮轴的全部结构形状已表达清楚。

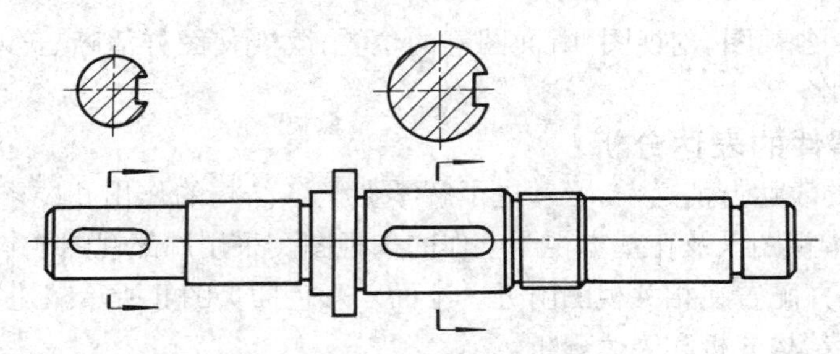

图 10-5 蜗轮轴的视图选择

图 10-6 为车床尾座内的顶尖套筒的表达方案。它是一个空心圆柱体,主视图画成全剖视,为了表示右端面均匀分布的三个螺孔,以及两个销孔的位置,加画了 B 向视图(也可画右视图),销孔深度可用标注尺寸的方法解决,因此图上不再表达它的深度。为了表达该零件下面的一条长槽及后面的沉孔又加画了 $A-A$ 剖视图。

通过以上两个零件的分析,根据轴套类零件的结构特点,常用的表达方法可归纳如下:

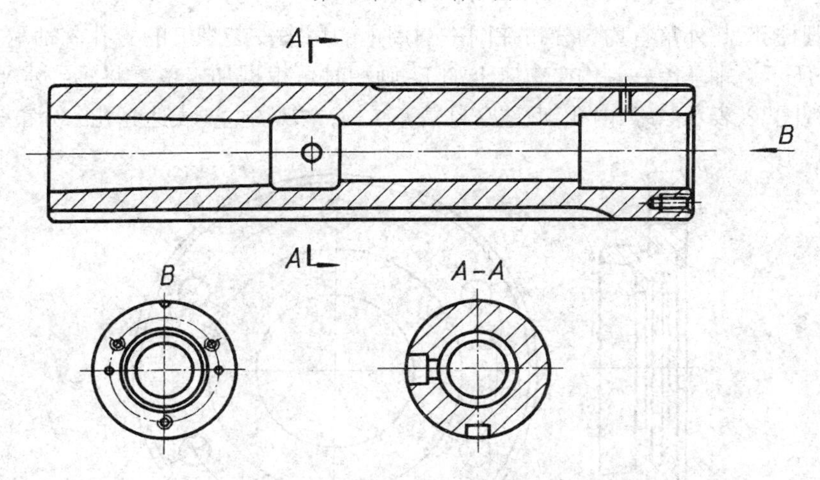

图 10-6　顶尖套筒的表达方案

(1) 画图时一般按加工位置将轴线水平横放，并将小直径一端放在右面，平键键槽朝前。通常采用垂直于轴线的方向作为主视图的投影方向。

(2) 常用断面图、局部剖视图、局部放大图等表达方法表示键槽、退刀槽和其他槽、孔等结构。

10.2.2.2　盘盖类零件的表达分析

图 10-7 为减速箱箱盖的结构图，它基本上是一个平板型零件。箱盖四角做成圆角，并有装入螺钉的沉孔。箱盖底面应与箱体密切接触，因此必须加工，为了减少加工面积，四周做成凸缘。箱盖顶面上有长方形凸台并有加油孔，凸台上有四个螺孔，便于加油孔盖的装拆。箱盖顶面的四周棱边为了美观做成圆角。

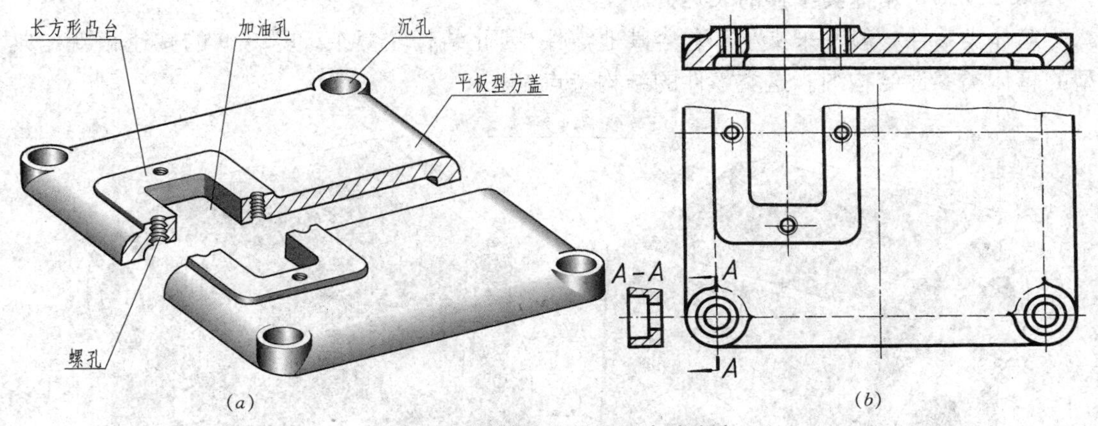

图 10-7　箱盖的结构图及表达方案

了解了箱盖的作用和它的结构后就可分析它的表达方法：

主视图的选择：画主视图时一般按箱盖的工作位置放置。为了表达箱盖厚度的变化和加油孔、螺孔的形状和位置，主视图画成全剖视图。

其他表达方法的选择：为了表示箱盖的外形和箱盖上加油孔、凸台、沉孔等结构形状和位置，可采用俯视图。此外采用 *A-A* 局部剖视图表达沉孔的深度。

机器上还有一些端盖、轴承盖、压盖等零件，基本上都是盘形零件。它们的主要结构是同轴的圆柱体和圆柱孔，此外常有均匀分布在同一圆周上的用来安装螺钉的光孔。轴承盖的表达方法如图10-8所示。轴承盖一般均在车床上加工，画图时可根据加工位置将轴线水平横放，主视图画成全剖视图，以表示凸缘、内孔、毛毡密封槽等结构，左视图主要表达光孔的分布位置。

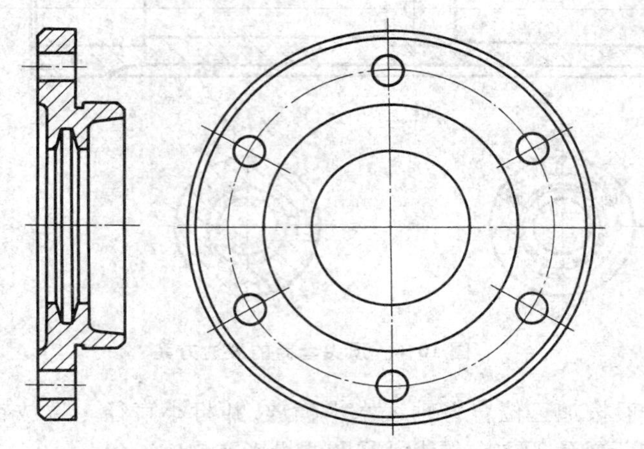

图10-8 轴承盖的表达方案

根据盘盖类零件的特点，其常用表达方法可归纳如下：

(1) 这类零件主要在车床上加工，选择主视图时一般将轴线放在水平位置。对于加工时并不以车削为主的箱盖，可按工作位置放置。

(2) 通常采用两个视图，主视图常用剖视图表示孔槽等结构，另一视图表示外形轮廓和各组成部分如孔、槽等的相对位置。

10.2.2.3 箱体类零件的表达分析

箱体类零件一般用来支承和包容其他零件，因此结构较复杂，图10-9的减速箱就是典型的箱体类零件结构图。这类零件的结构特点是：

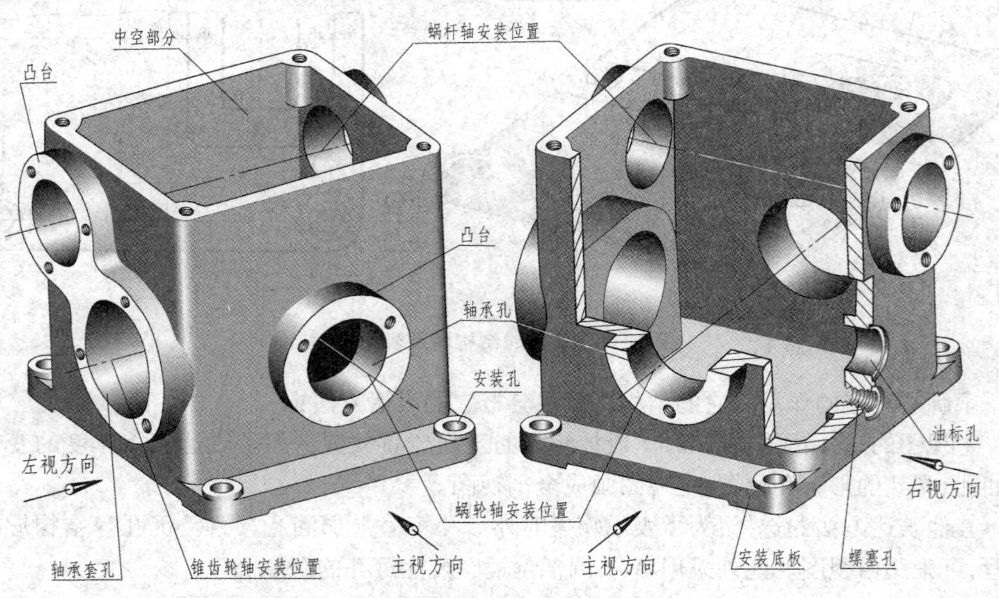

图10-9 箱体的结构图

(1) 根据其作用常有内腔、轴承孔、凸台和肋等结构。

(2) 为了安装零件和箱体再装在机座上,箱体上常有安装底板、安装孔、螺孔、销钉孔等结构。

(3) 为了防尘,箱体要密封;为了箱体内运动零件的润滑、减少磨损,箱体内要注入润滑油。因此,箱壁部分常设计有安装箱盖、轴承盖、油标、油塞等零件的凸台、凹坑、螺孔等结构。

(4) 在安装轴承的凸台端面上常有沿圆周均匀分布的螺孔。

箱体类零件的表达特点是:

(1) 常按工作位置放置,以最能反映形状特征、主要结构和各组成部分相互关系的方向作为主视图的投影方向。

(2) 根据结构的复杂程度,在选用视图数量最少的原则下,通常采用三个或三个以上视图,并适当选用剖视图、局部视图、断面图等表达方法,每个视图都应有表达的重点内容。

图 10-10 为图 10-9 所示箱体的表达方案。沿蜗轮轴线方向作为主视图的投影方向,主视图画成阶梯局部剖视图,主要表示锥齿轮轴轴孔和蜗杆轴右轴孔的大小以及蜗轮轴孔前、后凸台的形状和凸台上螺孔的分布情况。左视图画成全剖视图,主要表达蜗杆轴孔和蜗轮轴孔之间的相对位置与安装油标和螺塞的内凸台形状。俯视图主要表达箱体顶部和安装底板的形状

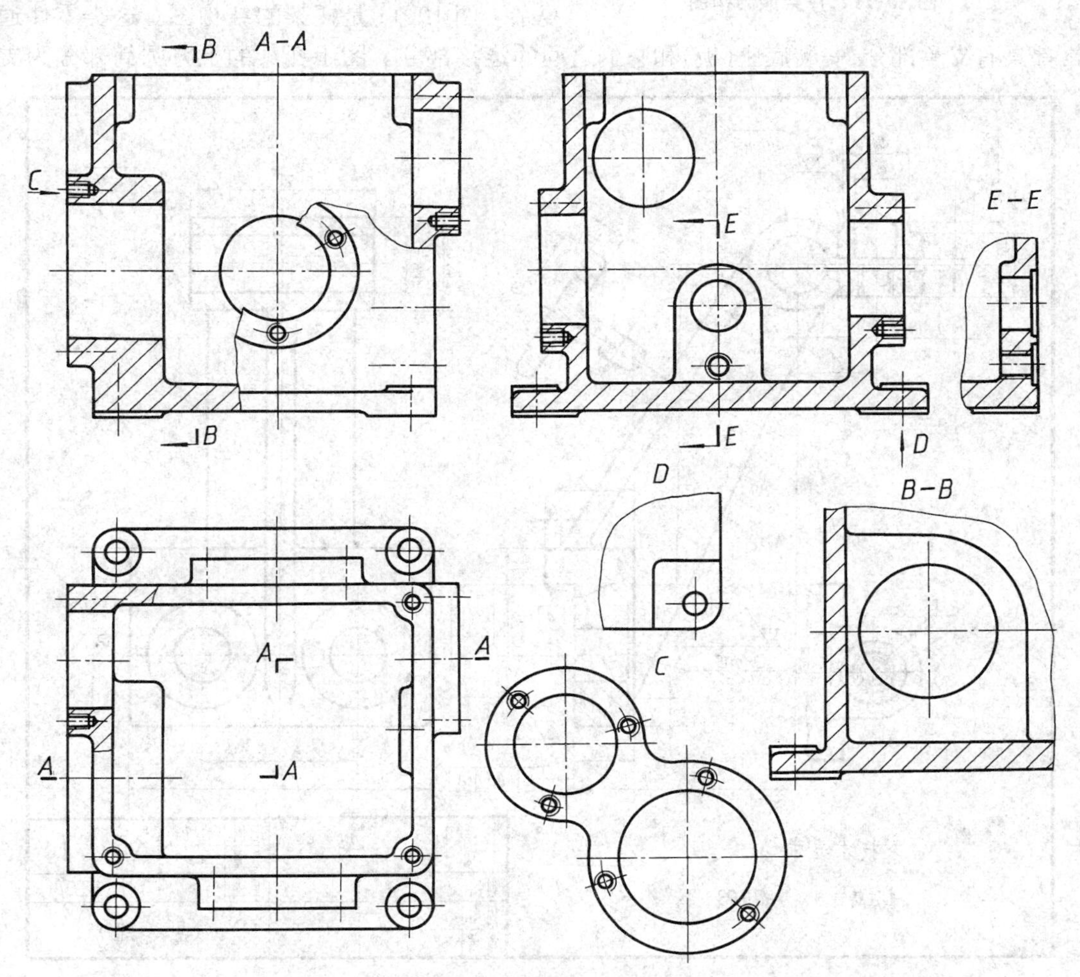

图 10-10 箱体的表达方案

和安装孔的分布位置，并用局部剖视图表示蜗杆轴左轴孔的大小。为了将箱体表达清楚，还采用 $B—B$ 局部剖视图表达锥齿轮轴孔内部凸台的形状，用 $E—E$ 局部剖视图表示油标孔和螺塞孔的结构形状，用 C 局部视图表达左面箱壁凸台形状和螺孔位置，而其他凸台和附着的螺孔可结合尺寸标注表达清楚，再用 D 局部视图表示安装底板底部凸台的形状。至此，虽然还有箱体顶部端面和箱盖连接的螺孔及安装底板上的四个安装孔虽没有剖切到，但结合标注尺寸仍能确定它的深度。

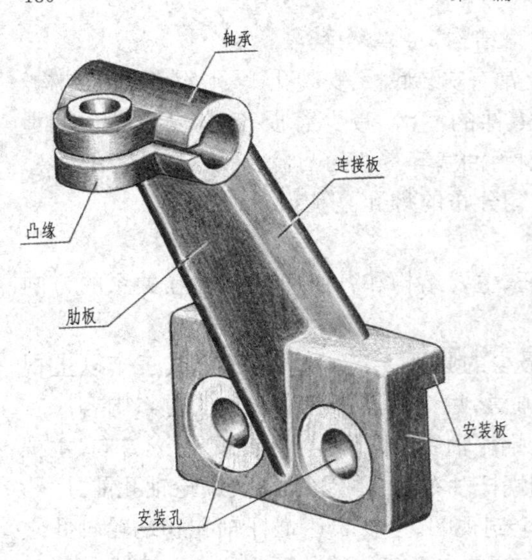

图 10-11 托架的结构图

10.2.2.4 叉架类零件的表达分析

叉架类零件大多用于支承其他零件，其结构形状常受安装地位和功能要求而变化，比较复杂。图 10-11 是托架的结构图。这类零件通常都具有支承部分，安装底座（板）和它们之间的连接部分。图示托架的上方圆筒部分为支

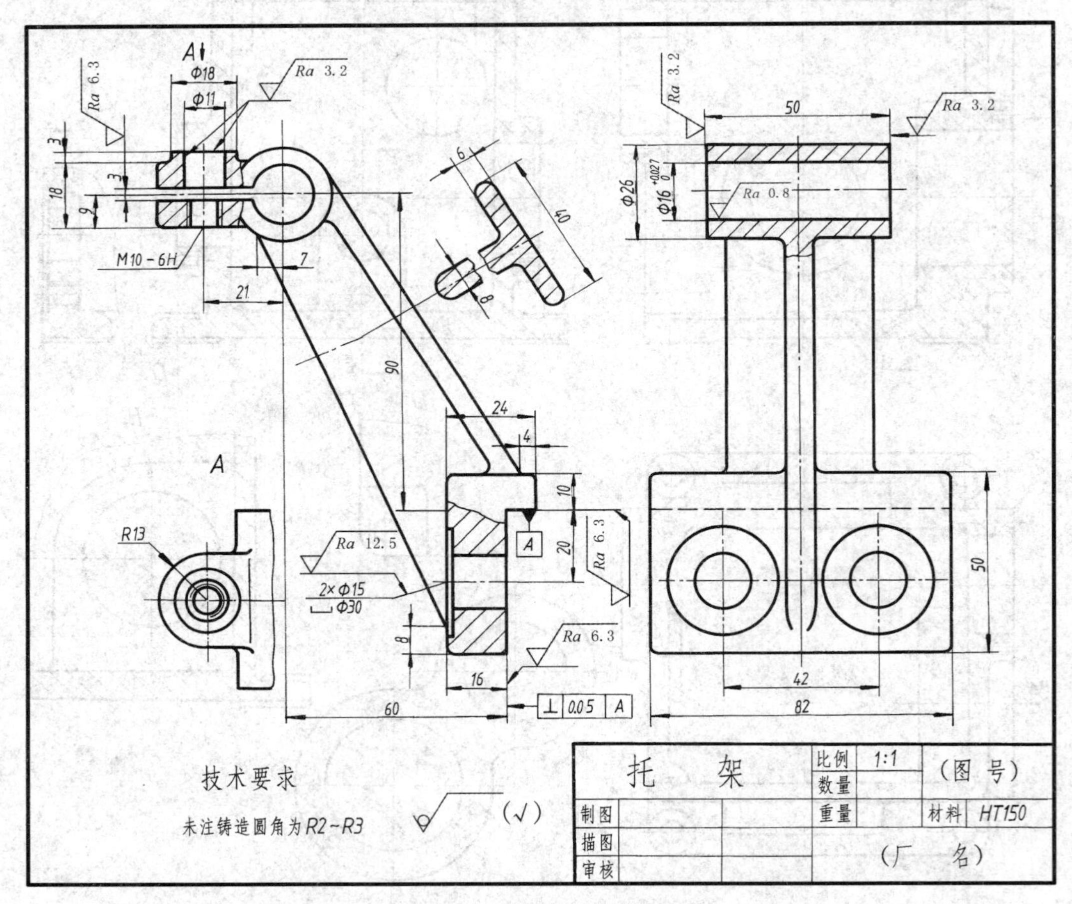

图 10-12 托架的零件图

承轴用的轴承，圆筒左边凸缘的中间开槽，并带有凸台、圆孔和螺孔，以便装入螺钉后将轴夹紧在轴承孔内。托架的下部为安装底座，有两个相互垂直的安装板组成，安装孔上的锪平部分用来支承安装用垫圈、螺栓(钉)头部或螺母。托架的支承部分和底座间用倾斜的连接板连接，并加上一个与它垂直的肋板以增加连接部分的强度。

叉架类零件的表达特点是：

(1) 常以工作位置放置，主视图常根据结构特征选择，以表达它的形状特征、主要结构和各组成部分的相互关系。

(2) 根据零件的具体结构形状，常选用其他视图和移出断面、局部视图等适当的表达方法。

图 10-12 为托架的零件图。主视图能反映该托架三个组成部分的形状特征和相对位置，并用局部剖视图来表达左上方的凸台、圆孔与螺孔以及下部安装孔的结构。左视图主要表达安装板的形状和安装孔的位置以及连接板、肋板和轴承的宽度，在左视图的上部采用局部剖视图来表达轴承孔。为了表达凸缘的外形，另画出 A 局部视图。连接板和肋板的断面形状，用移出断面表达。

10.3 零件图上的尺寸标注

10.3.1 正确选用尺寸基准

零件图上的尺寸是该零件的最后完工尺寸，是加工、检验的重要依据。除要符合前面章节所述的完整、清晰、符合标准的要求外，还要考虑怎样把零件的尺寸标注得比较合理，符合生产实际。要满足这些要求必须正确地选择尺寸基准。所谓**尺寸基准**是确定零件上某些结构要素位置时所依据的一些点、线、面，它们是设计、制造、检测零件时计量尺寸的起点，也是零件图上标注尺寸的起点。尺寸基准又分设计基准和工艺基准。

设计基准：它是设计时确定零件结构要素位置的尺寸基准，也是零件图上标注尺寸使用的主要基准。

工艺基准：它是加工、测量时使用的尺寸基准，也是零件图上标注尺寸常使用的一种尺寸基准。考虑加工、测量方便，除主要尺寸外，其余尺寸可以工艺基准注出。

零件在长、宽、高三个方向至少各有一个主要尺寸基准。但根据设计、加工、测量上的要求，一般还要附加一些辅助基准，主要基准和辅助基准之间应有尺寸联系。

常用的基准面有：安装面、重要的支承面、端面、装配结合面、零件的对称面等。常用基准线有零件上回转面的轴线等。下面分别以蜗轮轴、箱盖、箱体、托架为例说明尺寸基准的选择。

10.3.1.1 蜗轮轴的尺寸基准

(1) 径向的基准。为了转动平稳与齿轮的正确啮合，各段圆柱均要求在同一轴线上，因此设计基准就是轴线。由于加工时两端用顶尖支承，因此轴线亦是工艺基准。工艺基准与设计基准重合，加工后容易达到精度要求(图 10-13)。

(2) 轴向主要基准。蜗轮轴上装有蜗轮、锥齿轮和滚动轴承，为了保证齿轮以及蜗杆、蜗轮的正确啮合，齿轮和蜗轮在轴上的轴向定位十分重要，蜗轮的轴向位置由蜗轮定位轴肩来确定，因此选用这一定位轴肩作为轴向尺寸的主要设计基准(图 10-14)。由此以尺寸 10 决定左端滚动轴承定位轴肩，再以尺寸 25 决定凸轮的安装轴肩。尺寸 80 决定右端滚动轴

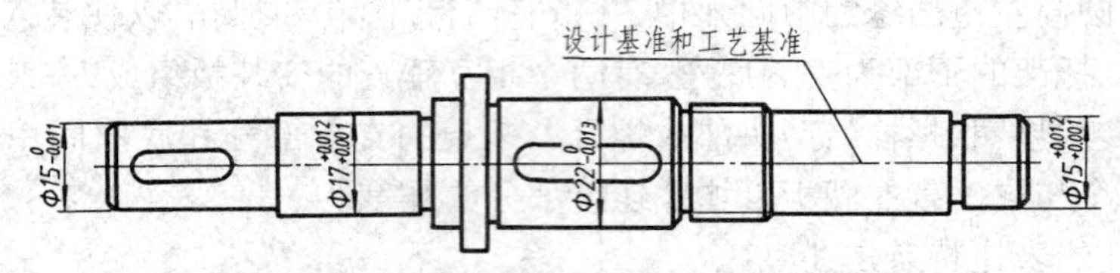

图 10-13 蜗轮轴径向主要尺寸和基准

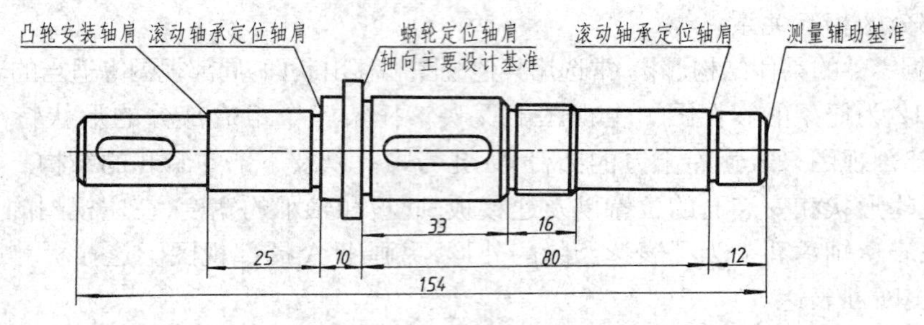

图 10-14 蜗轮轴轴向主要基准和尺寸

承定位轴肩,并以尺寸 12 决定轴的右端面,再以此为测量辅助基准,标注轴的总长 154。从蜗轮定位轴肩出发标注的尺寸还有 33 并以尺寸 16 决定螺纹的长度,蜗轮、调整片、锥齿轮、垫圈和圆螺母必须安装在此范围内。

10.3.1.2 箱盖的尺寸基准

(1) 长度和宽度方向的基准。如图 10-2 所示,箱盖前后对称,左右除长方形凸台和加油孔外也基本对称,所以在长度和宽度方向均以对称平面为基准。在俯视图上标注出四个沉孔的中心距 90 和 102。由于长方形凸台偏居左方,因此标注凸台对称面的定位尺寸 25;再以凸台对称面为辅助基准,标注螺孔的定位尺寸 30 和 50,加油孔尺寸 20 和 40。

(2) 高度方向的基准和尺寸。箱盖底面与箱体接触,因此高度方向的设计和测量基准均为底面。由此标注出箱盖高度 8,凸台高度 10 和箱盖内面高度 3。

10.3.1.3 箱体的尺寸基准

(1) 高度方向的基准和尺寸。减速箱的底面是安装面,以此作为高度方向的设计基准。加工时亦以底面为基准来加工各轴孔和其他平面,因此底面又是工艺基准。如图 10-15 所示,由底面注出尺寸 92 确定蜗杆轴孔的位置;尺寸 39 和 18(见图 10-3 中的 E—E 局部剖视)分别确定油标孔和螺塞孔的位置。为了确保蜗杆和蜗轮的中心距,以蜗杆轴孔的轴线作为辅助基准来标注尺寸 $40^{+0.06}_{0}$ 以确定蜗轮轴孔在高度方向的位置。

(2) 长度方向的基准。长度方向以蜗轮轴线为主要基准,以尺寸 72 确定箱体左端凸台的位置,然后以此为辅助基准,再以尺寸 134 来确定箱体右端凸台的位置;以尺寸 9 确定安装底板长度方向的位置。

(3) 宽度方向的基准。宽度方向选用前后对称面作为基准,以尺寸 104, 142 确定箱体宽度和底板宽度,以尺寸 64 确定前凸台的端面位置,再以 125 确定后凸台端面。以尺寸 25 确定蜗杆轴孔在宽度方向的位置,并以此为辅助基准,以尺寸 42 确定圆锥齿轮轴孔的轴线位置。

10.3.1.4 托架的尺寸基准

(1) 长度和高度方向的基准。如图 10-12 所示,托架安装底座上两个相互垂直的加工面为安装面,为保证该托架所支承的轴的轴线位置准确,因此必须以此相互垂直的两安装面

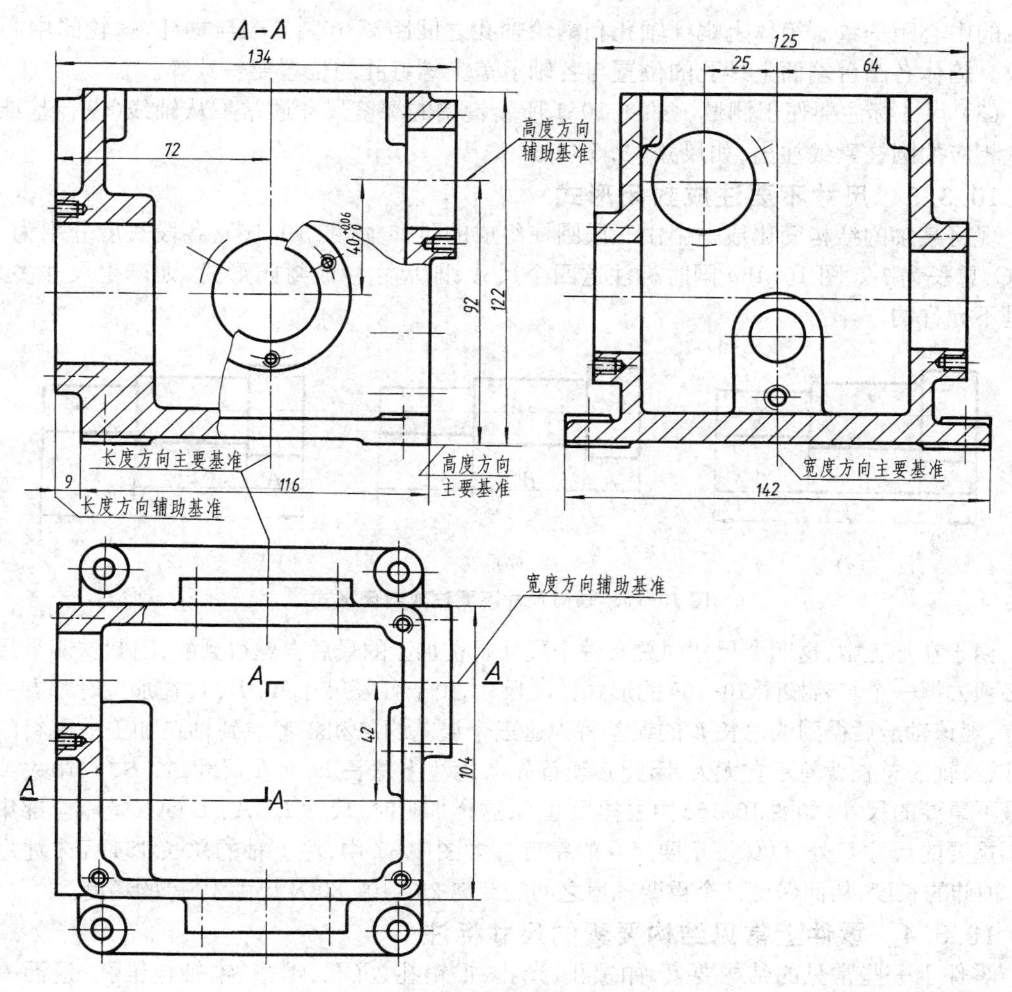

图 10-15 箱体的尺寸分析

分别作为长度和高度方向的主要设计基准,由此注出尺寸 60 和 90 以确定轴承孔的位置。再以此轴承孔的轴线为长度方向的辅助基准,以尺寸 21 确定夹紧螺孔的位置。

(2) 宽度方向的基准。托架的前后是完全对称的,故其所有宽度尺寸均以此对称平面为基准,如左视图上的宽度尺寸 50、42、82 和移出断面图上的宽度尺寸 40、8。

10.3.2 考虑加工、测量和装配的要求

标注尺寸时,应尽可能地考虑到零件的加工、测量和装配时的要求。

(1) 当零件加工需要经过多种工序时,同一工序用到的尺寸应一起考虑,标注时尽可能集中,如制造毛坯用的尺寸和切削加工用的尺寸要分别考虑。如图 10-3 箱体的长度 116、宽度 104、壁厚 7、内部凸缘尺寸 16;安装板的长度与箱体相同,宽度 142,凸台尺寸 23 等均为毛坯制造时用的尺寸。其他切削加工用的尺寸亦应一起考虑,标注时尽量集中。零件上加工面与非加工面之间一般只能有一个联系尺寸,如箱体左边的凸台端面与箱壁(也是安装板端面)只有一个联系尺寸 9。

(2) 与相关零件的尺寸要协调。如箱体顶部四个螺孔的中心距 90 和 102 应与箱盖上

沉孔的中心距一致。箱体上蜗杆轴孔和蜗轮轴孔之间距离 $40^{+0.06}_{0}$ 应与蜗杆、蜗轮的中心距一致。箱体各凸台端面上螺孔的位置与各轴承盖上螺钉孔的位置要一致等。

(3) 尺寸标注要便于测量。如图 10-1 所示键槽的深度尺寸通常不从轴线(设计基准)，而从相应的圆柱素线注出，如尺寸 18.5、12。

10.3.3　尺寸不要注成封闭形式

现将某轴的结构简化成一个由三段圆柱组成的阶梯轴(图 10-16)，各段长度分别为 A、B、C，总长为 L。图 10-16*a* 同时标注这四个尺寸，即尺寸注成封闭形式，则产生尺寸多余，这是不允许的。

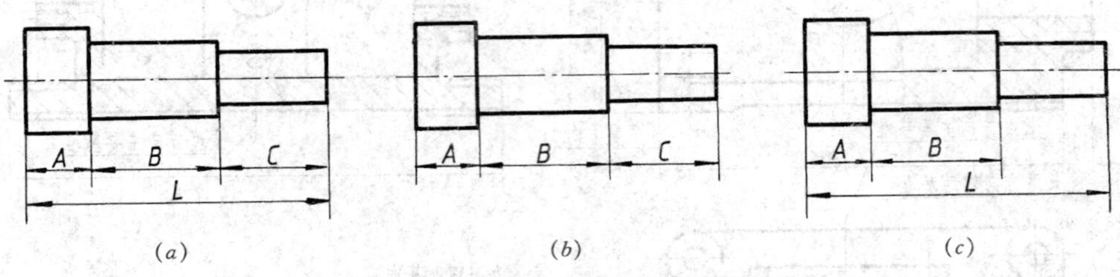

图 10-16　轴向尺寸不要注成封闭形式

由于在加工中，这四个尺寸中总有一个尺寸是在加工的最后自然得到的，因此这四个尺寸中必须去掉一个。若按图 10-16*b* 的形式标注尺寸，由于各段尺寸 A、B、C 在加工时都有一定误差，则该轴最后得到的总长 L 的误差将为这三个误差的总和。考虑到轴在加工前取料的要求，以及轴的总长误差不宜太大，因此必须首先考虑注上总长 L，而在尺寸 A、B、C 中去掉一个最不重要的尺寸，如图 10-16*c* 中去掉尺寸 C，这样加工时，尺寸 L、A、B 的误差就全部集中在不重要的尺寸 C 处，以保证重要尺寸的精度。如图 10-1 中，注上轴的总长 154 而未注左端 ϕ15 轴伸的长度，从而保证几个重要轴肩之间的距离 25、10、80 及尺寸 12 等的精度。

10.3.4　零件上常见结构要素的尺寸标注

零件上一些常见的结构要素，如螺孔、光孔、锥销孔、沉孔、键槽、锥轴与锥孔、退刀槽与砂轮越程槽等，应按一定的标注方式进行尺寸标注，如表 10-1 所示。

表 10-1　常见结构要素的尺寸注法

零件结构类型		标注方法	说明
螺孔	通孔	3×M6-6H　3×M6-6H　3×M6-6H	3×M6 表示直径为 6，有规律分布的三个螺孔。 可以旁注；也可直接注出
	不通孔	3×M6-6H▼10　3×M6-6H▼10　3×M6-6H　10	螺孔深度可与螺孔直径连注；也可分开注出。符号▼表示深度

（续表）

零件结构类型		标注方法	说明
螺孔	不通孔	3×M6-6H ↧10孔↧12；3×M6-6H ↧10孔↧12；3×M6-6H，10，12	需要注出孔深时，应明确标注孔深尺寸
光孔	一般孔	4×Φ5↧10；4×Φ5↧10；4×Φ5，10	4×ϕ5表示直径为5有规律分布的四个光孔。 孔深可与孔径连注；也可分开注出
光孔	精加工孔	4×Φ5$^{+0.012}_{0}$ ↧10钻↧12；4×Φ5$^{+0.012}_{0}$ ↧10钻↧12；4×Φ5$^{+0.012}_{0}$，10，12	光孔深为12，钻孔后需精加工至$\phi5^{+0.012}_{0}$，深度为10
光孔	锥销孔	2×锥销孔Φ5 配作；2×锥销孔Φ5 配作	ϕ5为与锥销孔相配的圆锥销小头直径。锥销孔通常是相邻两零件装配后一起加工的
沉孔	锥形沉孔	6×Φ7 ⌵Φ13×90°；6×Φ7 ⌵Φ13×90°；90°，Φ13，6×Φ7	6×ϕ7表示直径为7有规律分布的六个孔。锥形沉孔的尺寸可以旁注；也可直接注出。 符号⌵表示锥形沉孔
沉孔	柱形沉孔	4×Φ6 ⌴Φ10↧3.5；4×Φ6 ⌴Φ10↧3.5；Φ10，3.5，4×Φ6	4×ϕ6的意义同上。柱形沉孔的直径为ϕ10，深度为3.5，均需注出。 符号⌴表示柱形沉孔或锪平
沉孔	锪平面	4×Φ7⌴Φ16；4×Φ7⌴Φ16；Φ16⌴，4×Φ7	锪平面ϕ16的深度不需标注，一般锪平到不出现毛面为止

（续表）

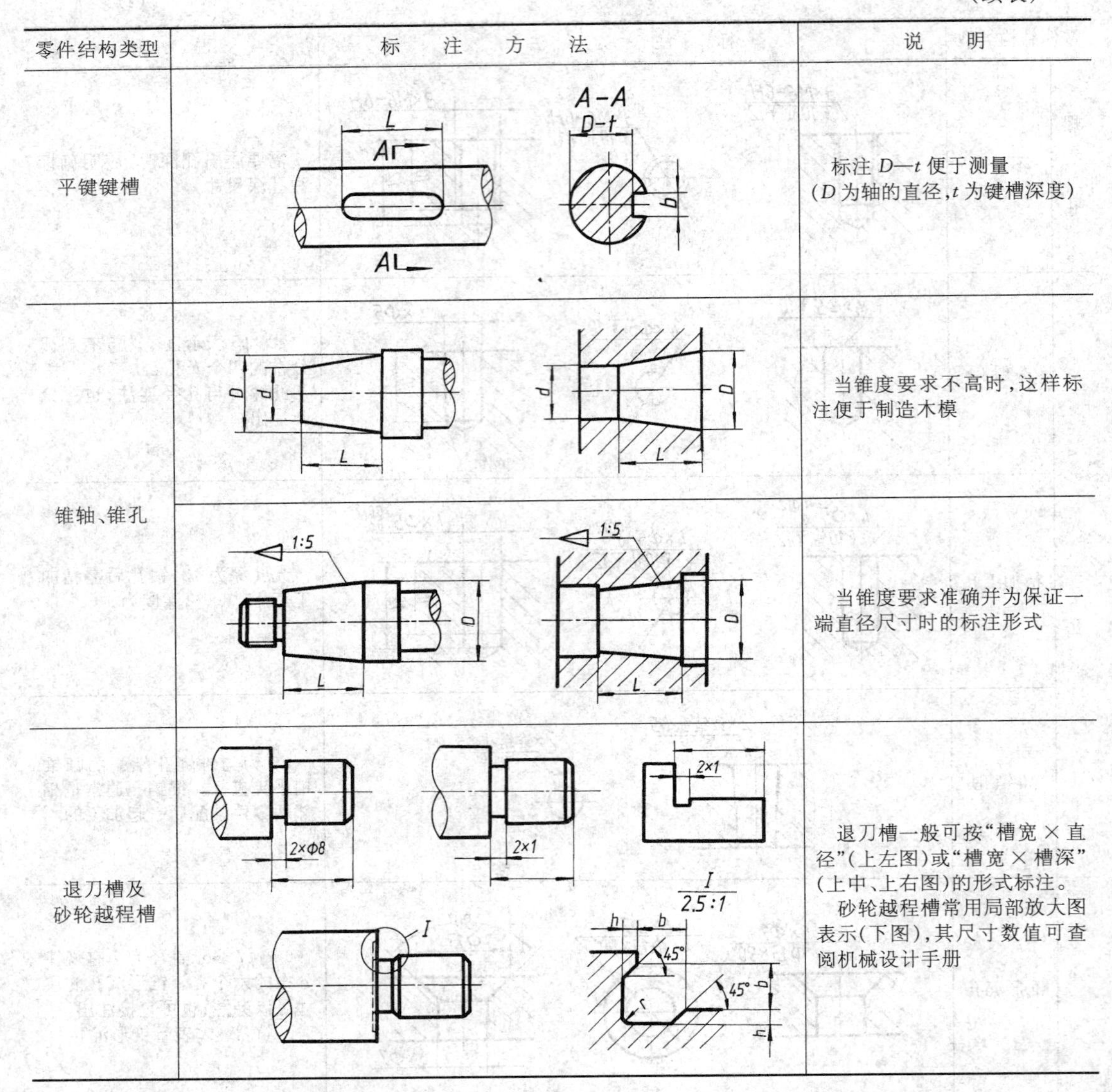

零件结构类型	标注方法	说明
平键键槽		标注 $D-t$ 便于测量（D 为轴的直径，t 为键槽深度）
锥轴、锥孔		当锥度要求不高时，这样标注便于制造木模
		当锥度要求准确并为保证一端直径尺寸时的标注形式
退刀槽及砂轮越程槽		退刀槽一般可按“槽宽×直径”（上左图）或“槽宽×槽深”（上中、上右图）的形式标注。 砂轮越程槽常用局部放大图表示（下图），其尺寸数值可查阅机械设计手册

10.4 零件图上的技术要求

10.4.1 零件图上技术要求的内容

零件图上要注写的技术要求包括表面结构、尺寸极限偏差、几何公差等。

本节主要根据 GB/131-2006 介绍零件表面结构的图样表示法。

10.4.2 表面结构的标注方法

10.4.2.1 表面结构概念

零件表面在加工过程中，由于机床和刀具的振动，材料的不均匀以及不同加工方法等因素的影响，在放大镜或显微镜下观察，可以看出其轮廓具有图 10-17 所示的较大波浪状起伏和微小间距的峰谷。将处于特定波长范围内的波浪状表面结构轮廓定义为波纹度轮廓(*W* 轮廓);将处于特定细小波长范围内的,具有微小间距峰谷的微观几何形状定义为粗糙度轮廓(*R* 轮廓)。实际表面轮廓是由粗糙度轮廓、波纹度轮廓和原始轮廓叠加而成的。表面结构参数泛指粗糙度参数、波纹度参数和原始轮廓参数。表面结构对零件的耐磨性、抗腐蚀性、密封性、抗疲劳能力都有影响。

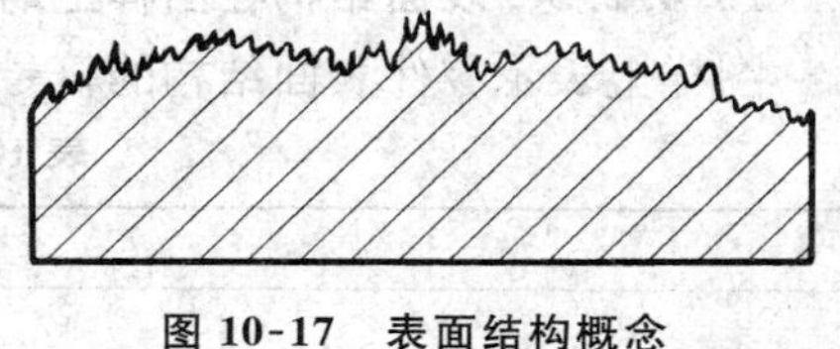

图 10-17 表面结构概念

10.4.2.2 表面结构参数代号

表面结构参数代号是由轮廓代号和特征代号组成。轮廓代号有 3 种:粗糙度轮廓 *R*、波纹度轮廓 *W* 和原始轮廓 *P*。特征代号有 14 种,其中最常用的是:轮廓的算术平均偏差 *a* 和轮廓的最大高度 *z*。

在图样上标注对表面结构的要求时,在表面结构参数代号后面写出极限值。所注的极限值默认为相应参数的上限值,以微米为单位。国家标准规定,表面结构要求的数值有基本系列和补充系列,表 10-2 是表面结构要求的基本数值系列。选用时应综合考虑零件表面功能要求和生产的经济性要求。

表 10-2 表面结构要求的基本数值系列 (μm)

0.012	0.025	0.05	0.1	0.2	0.4	0.8
1.6	3.2	6.3	12.5	25	50	100

零件图上常用粗糙度轮廓的算术平均偏差(代号 *Ra*)表示零件表面质量。

Ra 的数值愈大,则表面愈粗糙,加工成本就愈低,一般使用在零件上的不重要表面;随着 *Ra* 数值不断变小,则表面愈光洁,而加工成本则愈来愈高,使用在零件上的重要表面。下面扼要介绍 *Ra* 值的应用范围:

12.5μm——常用于粗加工非配合表面。如轴端面,倒角,钻孔,键槽非工作表面,垫圈接触面,不重要的安装面,螺钉孔表面,退刀槽等。

6.3μm——常用于半精加工表面。用于不重要的零件的非配合表面,如轴、叉架、箱体、盖等零件的端面,不要求定心和配合特性的表面,如凸轮、带轮、离合器、联轴节的侧面,平键键槽上、下表面,齿顶圆表面等。

3.2μm——常用于半精加工表面。如箱体、盖、套筒、托架等和其他零件连接而不形成配合的表面;低速滑动轴承和轴的摩擦面;张紧链轮、导向轮等与轴的配合表面;滑块和导向面;需要发蓝处理的表面;需要滚花的预加工面。

1.6μm——有定心和配合特性要求的固定支承、衬套、轴承和定位销的压入孔表面;不要求定心及配合特性要求的活动支承面;花键结合面,中等精度齿轮的齿面;传动螺纹的工作表面;*V* 带轮槽的表面;轴承盖凸肩(对中心用);电镀前的表面等。

0.8μm——要求较高定心及配合特性的表面。如定心要求较高的滚动轴承孔与滚动轴承相配合的轴颈;中速转动的滑动轴承摩擦面;过盈配合(*IT*7)的孔;间隙配合(*IT*8)的孔;花键轴的定心表面;滑动导轨面等。

0.4μm——要求长期保持配合特性要求的表面。如较高精度齿轮轮齿表面;较高精度蜗杆齿面;有高定心要求的表面;较高速度滑动轴承摩擦面;与密封件接触的表面等。

10.4.2.3　表面结构在图样上的标注

图样上表示零件表面结构的符号见表10-3。

表 10-3　表面结构图形符号

符　　号	含　　义
	基本图形符号,未指定工艺方法的表面,当通过一个注释解释时可单独使用(见4.2)
	扩展图形符号,用去除材料方法获得的表面;仅当其含义是“被加工表面”时可单独使用
	扩展图形符号,不去除材料的表面,也可用于表示保持上道工序形成的表面,不管这种状况是通过去除材料或不去除材料形成的

根据国家标准GB/T131—2006规定,表面结构在图样上标注方法的部分规定列于表10-4。

表 10-4　表面结构的标注

表面结构要求可标注在轮廓线上,其符号应从材料外指向并接触表面,表面结构的注写和读取方向与尺寸的注写和读取方向一致

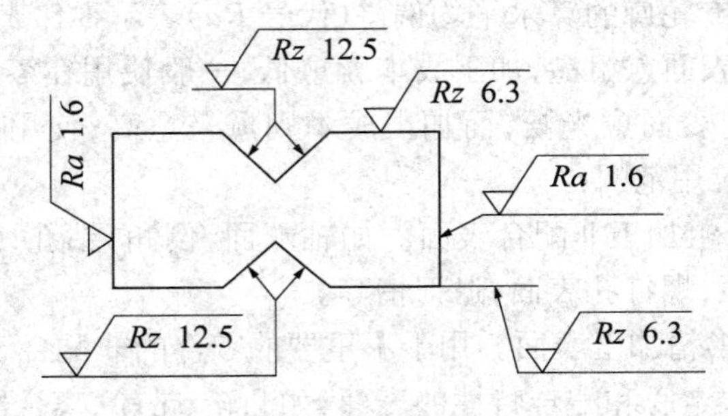

表面结构符号也可用带黑点或箭头的指引线引出标注

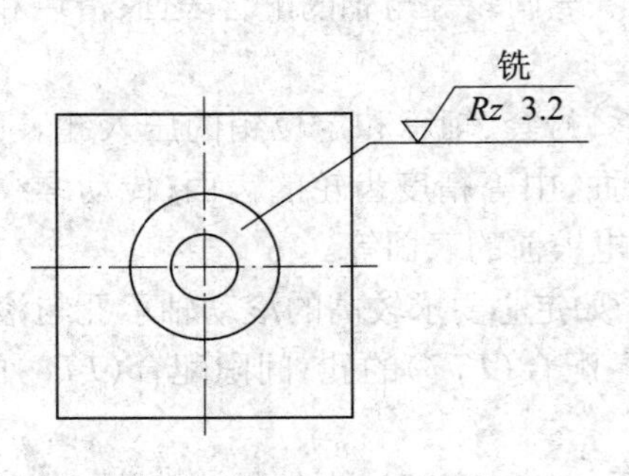

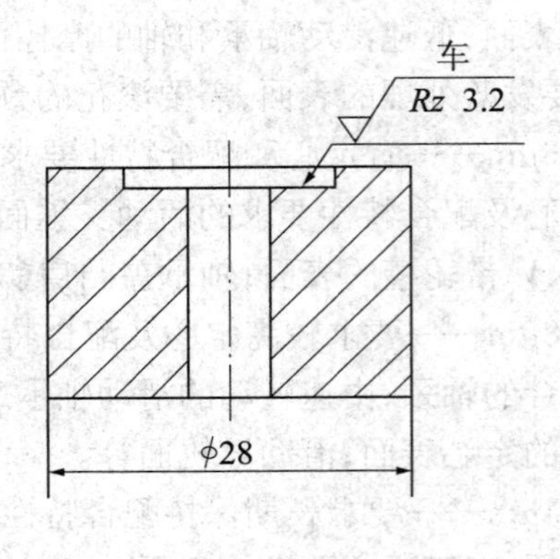

（续表）

表面结构要求可标注在给定的尺寸线上 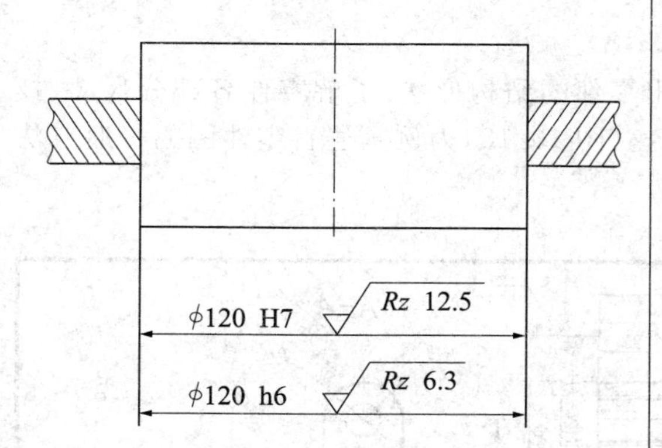 	表面结构要求可标注在几何公差框格的上方 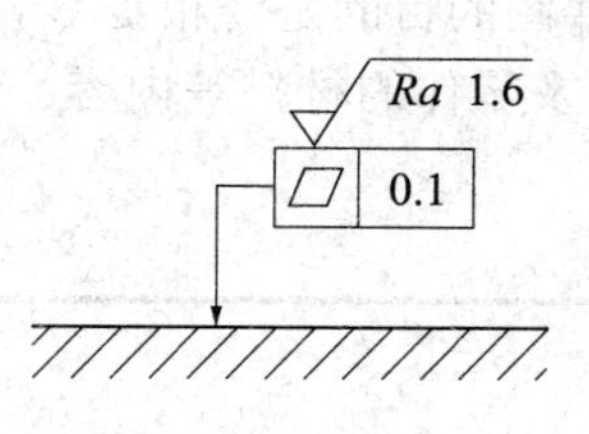
如果工件的多数(包括全部)表面有相同的表面结构要求时,可统一标注在图样的标题栏附近,符号后面的括号内给出基本符号(全部表面有相同要求的情况除外) 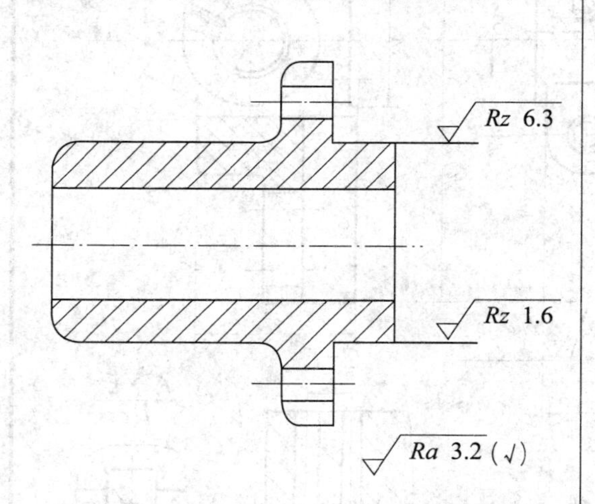 	在图纸空间有限时可用简化标准 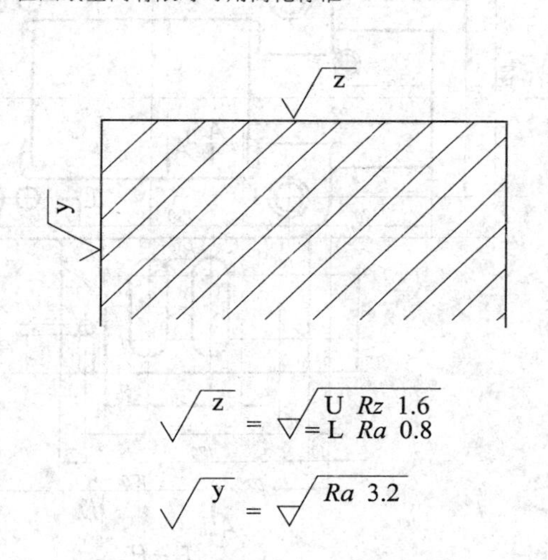
键槽工作表面、倒角的表面结构要求的标注 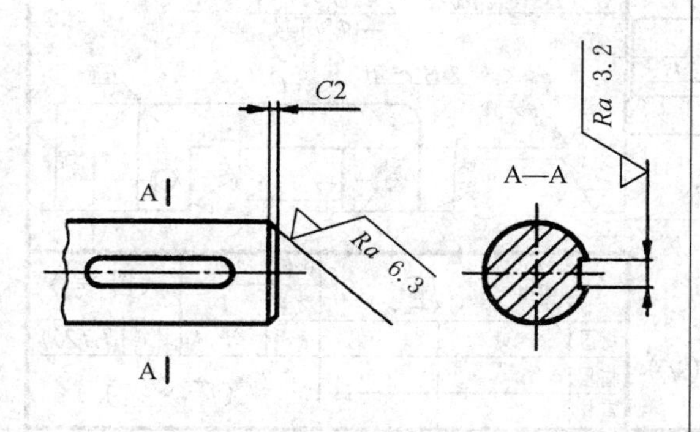 	齿轮及渐开线花键工作表面的表面结构参数,在没有画出齿形时,可标注在节线上 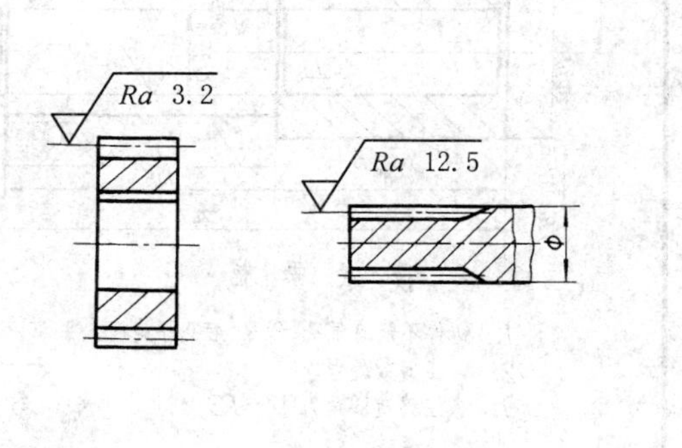

10.5 看零件图的方法与步骤

看零件图的目的是要根据零件图想像出零件的结构形状，了解零件各部分尺寸、技术要求，以及零件的材料等内容。下面以轴座(图10-18)为例阐述看零件图的一般方法与步骤。

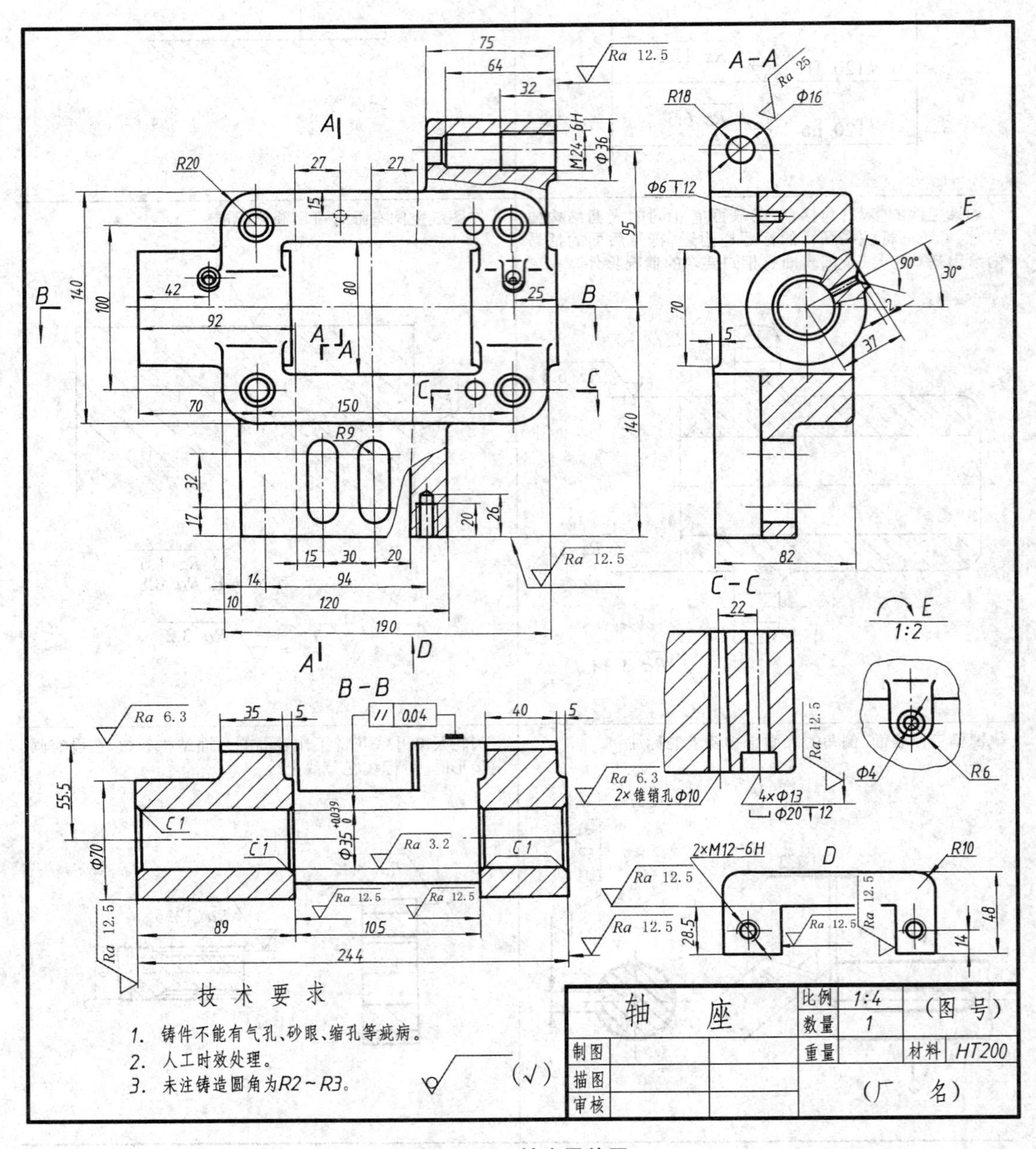

图 10-18 轴座零件图

10.5.1 概括了解

先从标题栏了解图样名称为轴座，材料为铸铁，画图比例为1∶4。

由图样名称知该零件的主要作用是用来支承传动轴，因此轴孔是它的主要结构。该零件的结构较复杂，表达时用了三个基本视图、两个局部视图和一个局部剖视图。

10.5.2 结构分析

轴座的中间部分为左、右两个空心圆柱，它们是主轴孔，是轴座的主要结构。两空心圆柱用一个中空长方形板连接起来，长方形板的四角有四个孔，为安装轴座用的柱形沉孔，因此长方形板为其安装部分。长方形板下部有一长方形凸台，其上有两个长圆孔和螺孔，这是与其他零件连接的结构。轴座上部有一凸耳，内有带螺纹的阶梯孔，也为连接其他零件之用。由此可见该零件大致有左、右两空心圆柱、安装板、凸台、凸耳四部分组成。

10.5.3 表达分析

由于该零件加工的工序较多，表达时以工作位置放置，采用最能表达零件结构形状的方向为主视图的投影方向。主视图表达了上述四部分的主要形状和它们的上下、左右位置，再对照其他视图可确定各部分的详细形状和前后位置。可以顺着各剖视图上标注的字母逐一对照，找出剖切位置。*A*—*A* 为阶梯剖视图，由 *A*—*A* 剖视图可看出空心圆柱、长方形板、凸台和凸耳的形状和它们的前后位置，并从空心圆柱上的局部剖视图和 *E* 局部视图了解油孔和凸台的结构。*B*—*B* 为通过空心圆柱轴线的水平全剖视图。主要目的是表达轴孔，同时也可了解左右轴孔的结构，了解长方形板和下部凸台上的凹槽，槽的右侧面为斜面。*C*—*C* 局部剖视图表达柱形沉孔和定位销孔的深度和距离。*D* 局部视图表达了凹槽和两个小螺孔的结构。

10.5.4 尺寸和技术要求分析

先看带有极限偏差的尺寸、主要加工尺寸，再看标有表面结构符号的表面，了解哪些表面是加工面，哪些是非加工面。再分析尺寸基准，然后了解哪些是定位尺寸和零件的其他主要尺寸。从轴座零件图上可以看出带有极限偏差的尺寸 $\phi35^{+0.039}_{0}$ 是轴孔的直径，轴孔的表面结构为 $R_a3.2$，左右两轴孔的轴线与后面(安装定位面)的平行度为0.04，可见轴孔直径是零件上最主要尺寸，其轴线是确定零件上其他表面的主要基准。标注表面粗糙度代号的表面还有后面、底面、轴孔端面及凹槽的侧面和底面、柱形沉孔、锥销孔等，其他表面为不加工表面。在高度方向从主要基准轴孔轴线出发标注的尺寸有140和95。高度方向的辅助基准为底面，由此标出的尺寸有17等。宽度方向从主要基准轴孔轴线注出尺寸55.5以确定后表面，并以此为辅助基准标出尺寸82以及48、28.5、14等尺寸。长度方向的尺寸基准为轴孔的左端面，以尺寸89、92、70、244等尺寸来确定另一端面、凹槽面，连接孔轴线等辅助基准。注写的技术要求均为铸件的一般要求。

10.5.5 综合归纳

经以上分析可以了解轴座零件的全貌，它是一个中等复杂的铸件，其上装有传动轴及其他零件，起支承作用。轴座的直观图如图10-19。

10.6 零件的工艺结构

零件的结构除满足设计要求外，还要考虑加工制造的方便，见表10-5。

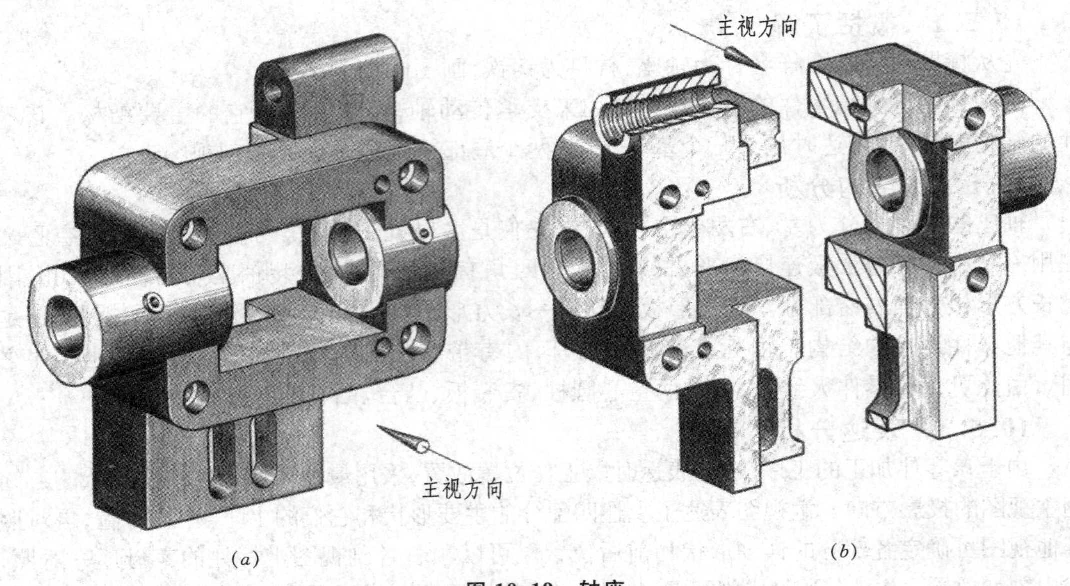

图 10-19 轴座

表 10-5 零件结构的工艺性

内 容	图 例	说 明
倒角和倒圆	R C1 C1 C1	为了便于装配和去除锐边和毛刺,在轴和孔的端部,应加工成倒角。在轴肩处为了避免应力集中而产生裂纹,一般应加工成圆角
退刀槽及砂轮越程槽	b×d 2:1 2:1	为了退出刀具或使砂轮可以越过加工面,常在待加工面的末端加工出退刀槽或砂轮越程槽
铸件壁厚均匀	缩孔 壁厚不均匀 壁厚均匀	壁厚不均匀会引起铸件缩孔
铸造圆角及铸造斜度	1:20 R R R	铸造表面转角处要做成小圆角,否则容易产生裂纹。为了起模方便在沿着起模方向,铸件表面做成一定的斜度,但零件图上可以不必画出

（续表）

内 容	图 例	说 明
凸台和凹坑		为了减少机械加工量，节约材料和减少刀具的消耗，加工表面与非加工表面要分开，做成凸台或凹坑
钻孔处的合理结构		钻孔时，钻头应尽量垂直被加工表面，否则钻头受力不均会产生折断或打滑

思考练习题

一、判断题

1. 为了清楚地表达零件的结构形状，要采用尽量多的视图（包括剖视图、断面图等）。（　　）

2. 当剖切面纵向通过轴、肋等实心结构时，在剖视图上对这些结构不画剖面线，当剖切面横向通过上述结构时，要画剖面线。（　　）

3. 零件图上标注尺寸尽可能使设计基准与工艺基准重合。（　　）

4. 零件图上的尺寸一般不应注成封闭尺寸链。（　　）

5. 表面结构的高度参数值 Ra 的数值越大，则表面越光洁，加工成本越高。（　　）

6. 标注表面结构符号时，其尖端必须从材料外指向表面。（　　）

7. 表面结构代号中的数字注写方向应与尺寸数字的注写方向一致。（　　）

二、填空题

1. 一张完整的零件图应包括________、________、________、________等内容。

2. 轴套、轮盘类等回转体零件，主视图选择按________原则表达。

3. 叉架、箱体类等零件，主视图选择常按________原则表达。

4. 零件主视图的选择原则是反映零件结构信息量最多的视图作为主视图。（　　）

5. 根据设计要求直接标注的尺寸称为设计尺寸，标注设计尺寸的起点称为________，零件在加工、测量时使用的基准称为________。

6. 零件图上的主要尺寸应从________引出，其他尺寸可从________引出。

7. 表面结构符号是：用去除材料方法获得的为________；用不去除材料方法获得的为________；用任何方法获得的为________；保持原供应状态表面的为________。

第 11 章　极限与配合、几何公差

11.1　极限与配合的基本概念及标注

11.1.1　互换性

在成批或大量生产中，一批相同的零件或部件，不经选择地任意取一个零件或部件，可以不必经过其他加工就能装配到产品上去，并达到一定的使用要求，这种性质称为**互换性**。这样不但提高了劳动生产率，降低了生产成本，便于维修，而且也保证了产品质量的稳定性。为了满足互换性要求，零件图上一些重要尺寸常注有极限偏差、一些重要部位注有几何公差等技术要求，如图 10-1、图 10-3 等。在装配图上常注有各种配合代号等。

11.1.2　极限尺寸与公差

实际生产中，由于受到机床精度、刀具磨损、操作技能等因素的影响，不可能把零件的尺寸做得绝对准确，往往会产生一定的误差，因此为了保证零件的互换性，就必须对零件的尺寸规定一个允许变动的极限值，**尺寸公差**（简称**公差**）即为允许尺寸的变动量。表 11-1 用简图和具体例子介绍国家标准《极限与配合　基础》第 1 部分（GB/T1800.1—2009）中几个有关极限尺寸与公差的基本术语。

表 11-1　极限尺寸与公差中的几个基本术语

名　称	解　释	简图与计算示例	
		孔	轴
公称尺寸 A	设计者根据使用要求确定，并按标准尺寸系列圆整后给定的尺寸，即通过它应用上、下极限偏差可算出极限尺寸的尺寸	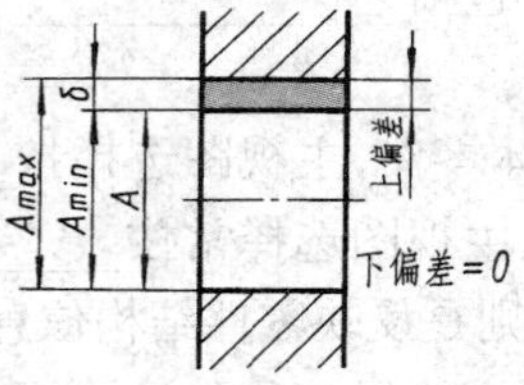 A_{max}　A_{min}　A　δ　上偏差　下偏差=0	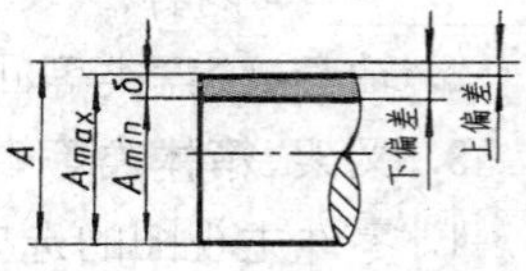 A　A_{max}　A_{min}　δ　下偏差　上偏差
实际尺寸	通过测量获得的某一孔、轴的尺寸		
极限尺寸	一个孔或轴允许的尺寸的两个极端。实际尺寸应位于其中，也可达到极限尺寸	孔的尺寸 $\phi50H8\left(\begin{matrix}+0.039\\0\end{matrix}\right)$ $A=50$	轴的尺寸 $\phi50f7\left(\begin{matrix}-0.025\\-0.050\end{matrix}\right)$ $A=50$
上极限尺寸 A_{max}	孔或轴允许的最大尺寸	$A_{max}=50.039$	$A_{max}=49.975$
下极限尺寸 A_{min}	孔或轴允许的最小尺寸	$A_{min}=50$	$A_{min}=49.95$
偏　差	某一尺寸（实际尺寸、极限尺寸等）减其基本尺寸所得的代数差		

（续表）

名称		解释	简图与计算示例	
			孔	轴
极限偏差	上极限偏差 ES(孔)、es(轴)	上极限尺寸减其基本尺寸所得的代数差	ES＝50.039－50＝＋0.039	es＝49.975－50＝－0.025
	下极限偏差 EI(孔)、ei(轴)	下极限尺寸减其基本尺寸所得的代数差	EI＝50－50＝0	ei＝49.95－50＝－0.050
尺寸公差 δ（简称公差）		上极限尺寸减下极限尺寸之差，或上极限偏差减下极限偏差之差。它是允许尺寸的变动量	δ＝50.039－50＝0.039 或 δ＝0.039－0＝0.039	δ＝49.975－49.950＝0.025 或 δ＝－0.025－(－0.050)＝0.025

11.1.3　公差带和公差带图

在公差带图解中，由代表上、下极限偏差的两条直线所限定的一个区域称为**公差带**，如表 11-1 简图中涂有灰色的带状区域。该图中偏差为零的一条线称为**零线**，零线以上的偏差为正，零线以下的偏差为负。

在极限与配合国家标准中，**轴**通常是指工件的圆柱形外表面，也包括非圆柱形外表面（由两平行平面形成的包容面）；**孔**通常是指工件的圆柱形内表面，也包括非圆柱形内表面（由两平行平面形成的被包容面）。

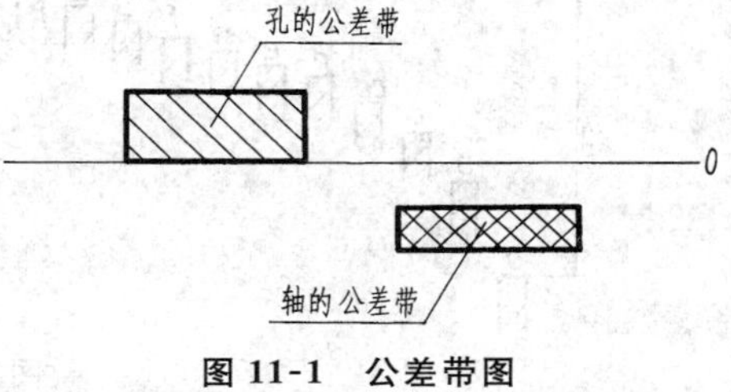

图 11-1　公差带图

在研究孔与轴的公差带之间的关系时不必每次均将孔与轴完整画出，可将表 11-1 的简图再简化成图 11-1 的形式，称为**公差带图**，它可完全明确地表示出公差带的大小和公差带相对于零线的位置。

11.1.4　标准公差和公差等级

标准公差系指国家标准《极限与配合　基础》第 1 部分（GB/T1800.1—2009）中“标准公差数值表”中规定的任一公差，它确定公差带的大小。标准公差由基本尺寸和标准公差等级所确定。

公差等级表示尺寸的精确程度。国家标准将标准公差分为 20 级，即 IT01、IT0、IT1 至 IT18。IT 表示标准公差，右边的数字表示公差等级，其中 IT01 级最高，IT18 级最低。IT01～IT12用于配合尺寸，IT12～IT18 用于非配合尺寸。

同一基本尺寸，公差等级愈高，标准公差数值愈小，也即尺寸精确程度愈高。同一公差等级，基本尺寸愈大，标准公差数值相应也愈大，为此国家标准把≤500mm 的基本尺寸分为 13 个主段落，按不同的公差等级列出各段基本尺寸的公差值。属于同一公差等级的公差在不同的基本尺寸段落中数值不同，但应认为具有同等的精确程度。

公差等级的高低不仅影响产品的性能，还影响加工的经济性，考虑到孔的加工较轴的加工困难，因此选用公差等级时，通常孔比轴低一级。在一般机械中，重要的精密部位用 IT5、IT6；一般的配合部位用 IT6～IT8；次要部位用 IT8、IT9。

11.1.5　基本偏差

基本偏差系用以确定公差带相对于零线位置的上极限偏差或下极限偏差，一般将靠近零线的那个上极限偏差或下极限偏差称为基本偏差。根据实际需要，国家标准分别对孔和轴各规定了 28 个不同的基本偏差，其代号用拉丁字母按其顺序表示。大写的字母表示孔，小写的字母表示轴。图 11-2 表示孔和轴的基本偏差系列，位于零线以上的公差带，其基本偏差为下极限偏差；位于零线以下的公差带，其基本偏差为上极限偏差。

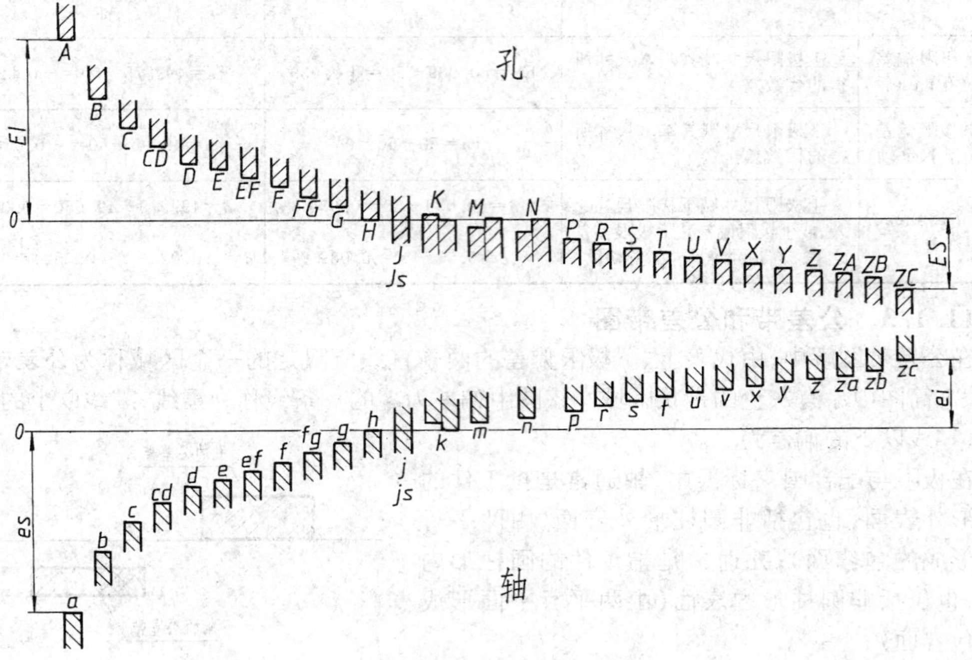

图 11-2　基本偏差系列

轴的基本偏差中，从 a 到 h 为上极限偏差(es)而且为负值，其绝对值依次减小，其中 h 的上极限偏差(es)等于零。js 的公差带完全对称分布在零线的两侧，其上极限偏差和下极限偏差为$\frac{IT}{2}$，因此在图 11-2 中 js 未标出基本偏差。从 j 到 zc，基本偏差为下极限偏差(ei)，其中 j 为负值而 k 到 zc 为正值，其绝对值依次增大。在图 11-2 中没有单独表示 j 的具体位置，它的公差带近似地对称分布在零线的两侧。

从图 11-2 可以看出孔的基本偏差是从轴的基本偏差换算得到的。从 A 到 H，孔的基本偏差与轴的基本偏差绝对值相同，而符号相反，所以孔和轴的基本偏差正好对称地分布在零线的两侧，即孔的基本偏差是轴的基本偏差相对于零线的倒影(反射关系)。但从 J 到 ZC，只有在公差等级较低时，孔和轴的基本偏差相对于零线才成反射关系。

原则上公差等级与基本偏差无关，但有少数基本偏差对不同公差等级使用不同的数值，如 j 即是。又如 k 在 4 到 7 级范围内使用一种数值，而在其他公差等级范围内全部为零，所以在图 11-2 中，k 的基本偏差分成高低不同的两个部分。

从图 11-2 中，同一字母代号表示的基本偏差不变，但不同公差等级的公差带宽度有变化，因此图中公差带的一端画成开口。

11.1.6　配合

基本尺寸相同的相互结合的孔和轴公差带之间的关系称为**配合**。

由于孔和轴的实际尺寸不同，装配后可能出现不同的松紧程度。若孔的实际尺寸大于轴的实际尺寸，则产生间隙(图 11-3*a*)，孔的尺寸减去相配合的轴的尺寸之差为正，这时的配合很松，轴和孔间能产生相对运动。若孔的实际尺寸小于轴的实际尺寸，则产生过盈(图

11-3*b*),孔的尺寸减去相配合的轴的尺寸之差为负,需要用一定压力才能将轴压入孔内,这时的配合很紧,轴与孔间不能产生相对运动。

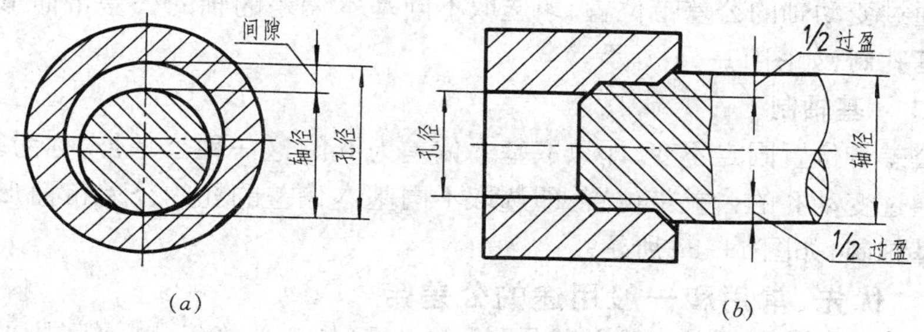

图 11-3　间隙和过盈

由于孔和轴的尺寸均带有公差,因此会产生以下三种不同性质的配合:

(1) 间隙配合。孔的公差带完全在轴的公差带之上(图 11-4*a*),这时任取其中一对孔和轴相配,都成为具有间隙的配合(包括最小间隙等于零)。

(2) 过盈配合。孔的公差带完全在轴的公差带之下(图 11-4*b*)。这时任取其中一对孔和轴相配,都成为具有过盈的配合(包括最小过盈等于零)。

(3) 过渡配合。孔和轴的公差带相互交叠(图 11-4*c*),这时任取其中一对孔和轴相配,可能具有间隙,也可能具有过盈,但所产生的间隙和过盈的数值均极小,形成不很松也不很紧的配合。

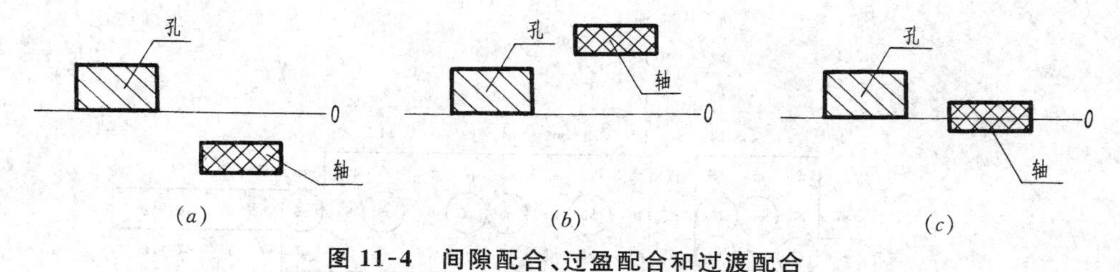

图 11-4　间隙配合、过盈配合和过渡配合

11.1.7　基孔制与基轴制

当基本尺寸确定后,为了得到孔与轴之间各种不同性质的配合,需要制定其公差带。如果孔和轴两者都可以任意变动,则配合情况变化极多,不便于零件的设计和制造。为此国家标准规定了两种制度——基孔制和基轴制(图 11-5)。

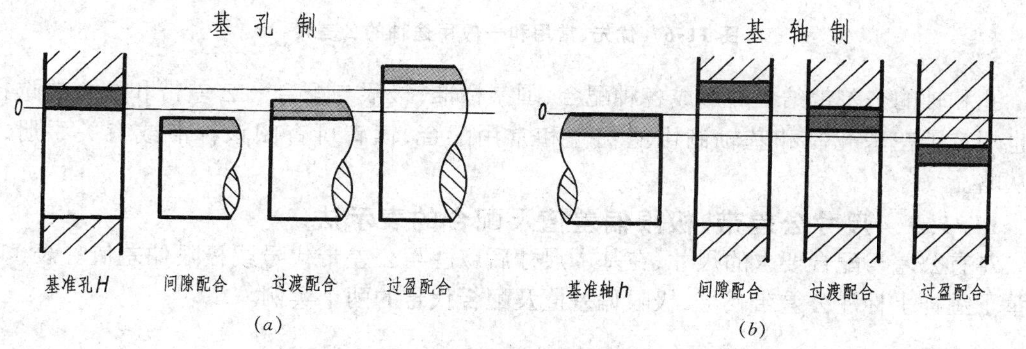

图 11-5　基孔制和基轴制

11.1.7.1 基孔制

将孔的公差带位置固定不变，即只取基本偏差为 H 的这一种公差带，称为**基准孔**，其下偏差为零。通过变动轴的公差带位置，即选取不同基本偏差的轴的公差带而形成各种配合的制度称为**基孔制**，如图 11-5*a* 所示。

11.1.7.2 基轴制

将轴的公差带位置固定不变，即只取基本偏差为 h 的这一种公差带，称为**基准轴**，其上偏差为零。通过变动孔的公差带位置，即选取不同基本偏差的孔的公差带而形成各种配合的制度称为**基轴制**，如图 11-5*b* 所示。

11.1.8 优先、常用和一般用途的公差带

孔与轴的公差带代号用基本偏差代号(拉丁字母)与公差等级代号(阿拉伯数字)表示，如 H8、F8、K7、P7 等为孔的公差带代号，h7、f7、k6、p6 等为轴的公差带代号。

一对相互配合的孔与轴具有相同的基本尺寸，但孔和轴可分别确定其公差等级及基本偏差代号，两者组合形成各自的公差带。由于这样形成的公差带数量过多，难于使用，因此国家标准《极限与配合　公差带和配合的选择》(GB/T1801—2009)中规定了优先、常用和一般用途的公差带，如图 11-6 和图 11-7 所示。选择时，应首先选用优先公差带(图中圆圈内的公差带)，其次考虑选用常用公差带(图中方框中的公差带)，最后才考虑选用一般用途公差带(图中方框外面的公差带)。图中未列出的各种公差带，由于没有实际使用意义，因而不应选用。

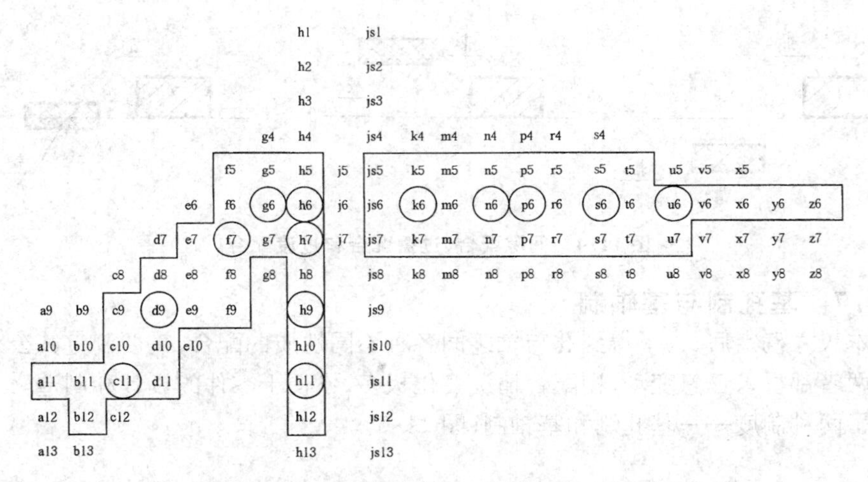

图 11-6　优先、常用和一般用途轴的公差带

孔和轴的公差带结合后形成各种配合，国家标准《极限与配合　公差带和配合的选择》中也规定了在基孔制和基轴制中的优先和常用配合，读者可查阅该标准或有关手册，本书从略。

11.1.9 尺寸公差带、极限偏差值及配合的表示法

对有公差与配合要求的尺寸，在基本尺寸后应注写公差带代号或极限偏差值。表 11-2 列举了图样上标注公差带代号、极限偏差值及配合代号的两个实例。

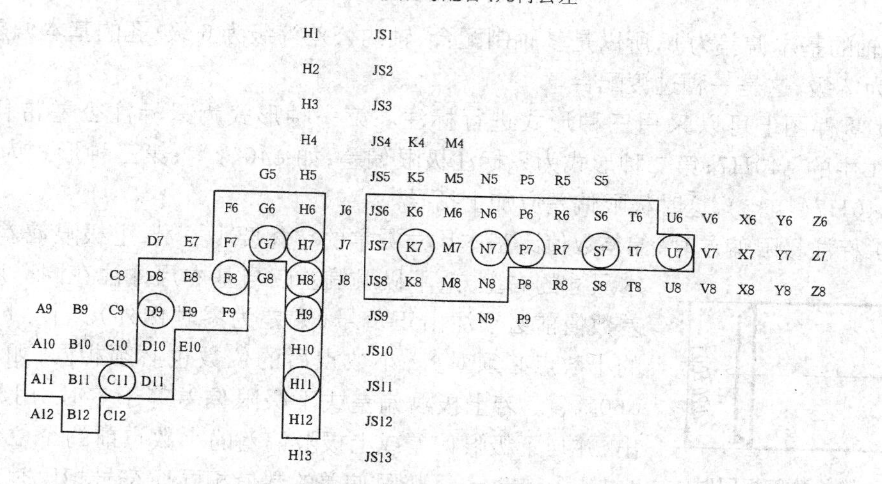

图 11-7　优先、常用和一般用途孔的公差带

表 11-2　尺寸公差带、极限偏差值及配合的表示法

		装配图		零件图	
例 1	基孔制	$\phi40\frac{H7}{g6}$	基准孔	$\phi40H7$	$\phi40^{+0.025}_{0}$
		$\phi40H7/g6$	轴	$\phi40g6$	$\phi40^{-0.009}_{-0.025}$
例 2	基轴制	$\phi40\frac{K7}{h6}$	基准轴	$\phi40h6$	$\phi40^{0}_{-0.016}$
		$\phi40K7/h6$	孔	$\phi40K7$	$\phi40^{+0.007}_{-0.018}$

(1) 装配图上一般标注配合代号。配合代号用孔、轴公差带代号组合表示，写成分数形式，分子为孔的公差带代号，分母为轴的公差带代号。表 11-2 中例 1 装配图上所示的尺寸及配合代号 $\phi40H7/g6$，它表示孔与轴的基本尺寸为 $\phi40$，孔的基本偏差为 H，所以是基孔制配合，孔的公差等级为 7 级；轴的基本偏差为 g，公差等级为 6 级，这是一种间隙配合。

表 11-2 中例 2 装配图上所示的尺寸及配合代号 $\phi40K7/h6$，它表示孔与轴的基本尺寸

为 $\phi40$，轴的基本偏差为 h，所以是基轴制配合，轴的公差等级为 6 级；孔的基本偏差为 K，公差等级为 7 级，这是一种过渡配合。

(2) 零件图上可以采用三种形式进行标注。第一种形式为只标注公差带代号，如表 11-2例 1 中的 $\phi40$H7；第二种形式为只标注极限偏差，如 $\phi40^{+0.025}_{0}$；第三种形式为两者都标注，如 $\phi40$H7($^{+0.025}_{0}$)，这时极限偏差应加上括号。

(3) 标注极限偏差时，偏差数值比基本尺寸数字的字体要小一号，上极限偏差应注在基本尺寸的右上方，下极限偏差应与基本尺寸注在同一底线上，偏差数值前必须注出正负号(偏差为零时例外)。上、下极限偏差的小数点必须对齐，小数点后的位数也必须相同，如 $\phi60^{-0.010}_{-0.029}$、$\phi60^{-0.03}_{-0.06}$。若上极限偏差或下极限偏差等于零时，用数字"0"标出，并与下极限偏差或上极限偏差的小数点前的个位数对齐，如 $40^{+0.025}_{0}$。若上、下极限偏差的数值相同而符号相反时，则在基本尺寸后加注"±"号，再填写一个偏差数值，其数字大小与基本尺寸数字的大小相同，如图 11-8。

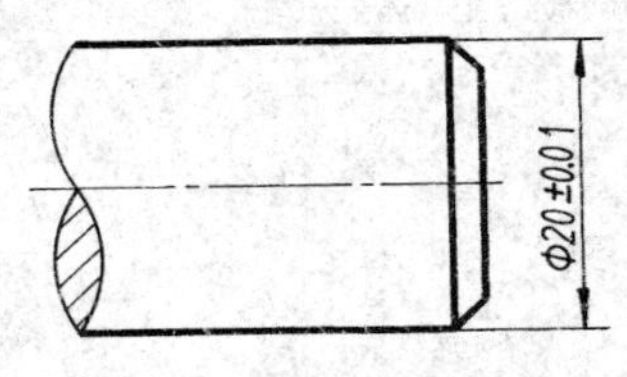

图 11-8 偏差数值相同时的标注示例

11.1.10 极限偏差表的应用及在机械图样上的标注举例

当基本尺寸确定后，根据零件配合的要求选定基本偏差和公差等级，即可根据基本尺寸、基本偏差和公差等级由极限偏差表(附录中表 1 和表 2)上查得轴或孔的极限偏差值(附录表 1、2 仅摘录其中优先和常用公差带)。

必须注意，表 1、2 中所列的极限偏差数值，单位均为微米(μm)，标注时必须换算成毫米(mm)(1μm=1/1000mm)。

若轴或孔中带有键槽，键槽有关尺寸的极限偏差可查阅附录表 17，此表中所列的极限偏差数值的单位均为毫米(mm)，故可直接标注在图上而不必换算。

【例 1】 图 11-9*a* 所示为轴、轴套和底座三个零件装配在一起的局部装配图。图中有两处配合代号。

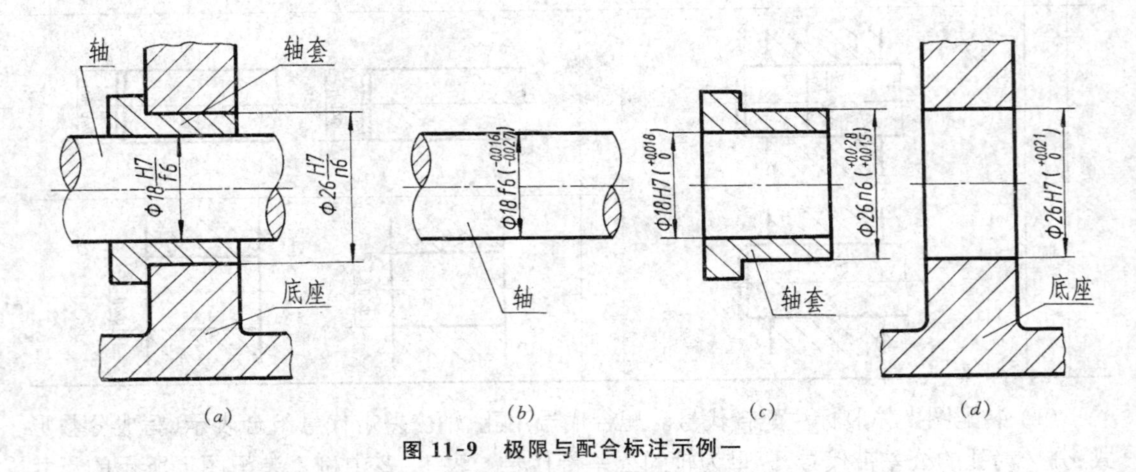

图 11-9 极限与配合标注示例一

轴与轴套内孔配合处注有尺寸 $\phi18$H7/f6，它表示采用基孔制，孔为公差等级 7 级的基准孔 H，轴的基本偏差代号为 f，公差等级为 6 级，这是一种间隙配合。轴的直径 $\phi18$f6 应查轴的极限偏差表(附录表 1)，在基本尺寸大于 14 至 18 行中查公差带 f6 得$^{-16}_{-27}$，此即为轴的极限偏差，标注为 $\phi 18f6(^{-0.016}_{-0.027})$（图 11-9*b*）。轴套内孔 $\phi 18H7$ 应查孔的极限偏差表（附录表 2），在基本尺寸大于 14 至 18 行中查公差带 H7 得 $^{+18}_{0}$，此即为孔的极限偏差，标注为 $\phi 18H7(^{+0.018}_{0})$（图 11-9*c*）。

轴套外径与底座孔配合处注有尺寸 $\phi 26H7/n6$，在此配合中，轴套的外径即相当于"轴"。该配合也是采用基孔制，底座中孔为公差等级 7 级的基准孔 H，轴套外径的基本偏差代号为 n，公差等级为 6 级。与上述相同方法，孔 $\phi 26H7$ 从附录表 2 中查得 $^{+21}_{0}$，标注为 $\phi 26H7(^{+0.021}_{0})$（图 11-9*d*）；轴套外径 $\phi 26n6$ 从附录表 1 中查得 $^{+28}_{+15}$，标注为 $\phi 26n6(^{+0.028}_{+0.015})$（图 11-9*c*）。由该孔和轴尺寸的极限偏差值，可知该配合为过渡配合。

【例 2】　图 11-10*a* 所示为齿轮和轴装配在一起的局部装配图，它们之间采用一个平键联结。

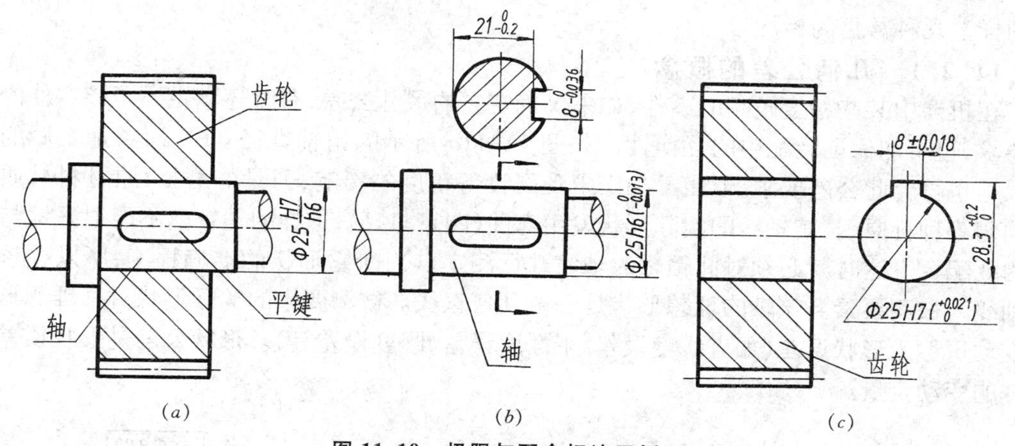

图 11-10　极限与配合标注示例二

轴与齿轮孔配合处注有尺寸 $\phi 25H7/h6$。这里孔与轴的基本偏差分别采用 H 和 h，即基准孔与基准轴的配合。该配合既可理解为采用基孔制，选用轴的基本偏差 h 与其相配合；也可理解为采用基轴制，选用孔的基本偏差 H 与其相配合。这种配合仍属于间隙配合，但其最小间隙为零。根据 h6 和 H7 和基本尺寸 $\phi 25$，分别查附录表 1 和 2，从而在轴的零件图（图 11-10*b*）上标注 $\phi 25h6(^{\ 0}_{-0.013})$，在齿轮零件图（图 11-10*c*）上标注 $\phi 25H7(^{+0.021}_{0})$。

平键键槽的极限偏差查阅附录表 17，在轴的公称直径＞22～30 行中查得键槽宽度 *b* 为 8。随着键联结的松紧程度不同，宽度 *b* 的极限偏差有三种不同数值，在没有特别提出要求松联结或紧密联结的键联结时，多数情况下均采用正常键联结。查轴 N9，得宽度 $b=8$ 的极限偏差为 $^{\ 0}_{-0.036}$，在轴的移出断面图上键槽宽度处注尺寸 $8^{\ 0}_{-0.036}$。齿轮中间的孔与键槽部分习惯上称为轮毂，故查毂 JS9 得宽度 $b=8$ 的极限偏差为 ±0.018，在齿轮孔的局部视图上键槽宽度处注尺寸 8±0.018。

从附录表 17 中，当 $b=8$ 时还可查到轴上键槽的深度 t 为 4.0，其极限偏差为 $^{+0.2}_{0}$；齿轮轮毂上键槽的深度 t_1 为 3.3，其极限偏差为 $^{+0.2}_{0}$。但在零件图上必须分别标注尺寸 $d-t$ 和 $d+t_1$，由于直径 d 的公差显著小于 t 和 t_1 的公差，因此 $d-t$ 和 $d+t_1$ 两组组合尺寸的极限偏差就选用相应的 t 和 t_1 的极限偏差。如在齿轮孔的局部视图（图 11-10*c*）上，尺寸 $d+t_1$ 标注为 $28.3^{+0.2}_{0}$；但对轴移出断面上尺寸 $d-t$，由于 t 的偏差变大，则 $d-t$ 的偏差却相应变小，故 $d-t$ 的极限偏差应取负号，如在轴的移出断面图（图 11-10*b*）上，尺寸 $d-t$ 标注为 $21^{\ 0}_{-0.2}$。

11.2　几何公差的基本概念及标注

工件的形状和位置误差(以下简称形位误差)对装配和功能的影响是近代才在国际上受到重视的。此前,由于受到生产水平的限制,人们的认识大多停留在用尺寸公差来控制形位误差的初级阶段。因此对精度要求较高的零件,只能采用收紧尺寸公差带的方法,这样不仅提高了制造成本,在不少情况下仍达不到控制形位误差的目的。随着科技的进步,人们认识到用相对放松尺寸公差并给出形状和位置公差,以满足零件的功能要求是合理和经济的方法。目前形位公差已经是一门系统较严密的学科。本节仅介绍一些初步知识,着重介绍它在图样上几种常见的标注方法。

11.2.1　几何公差的概念

在机器中某些精度较高的零件,如果仅确定它的尺寸公差,有时还满足不了该零件的使用要求,也不能保证装配中的互换性。如图 11-11*a* 所示的销轴直径 $\phi10_{-0.015}^{\ 0}$,加工后的实际尺寸也符合此公差要求,但由于加工中受到设备精度的影响;刀具的磨损;原材料材质的不均匀等种种原因,其轴线的实际形状发生弯曲(图11-11*b*),这样的销轴就不能很好地与相应的孔配合。这时就必须对此销轴的轴线进行测定以判断它形状的准确程度,所以称该轴的轴线为**被测要素**。该轴的理想形状是一条几何直线。被测要素的实际形状对其理想形状的变动量称为**形状误差**(如直线度误差、平面度误差、圆度误差等)。**形状公差**是形状误差所允许的变动全量。

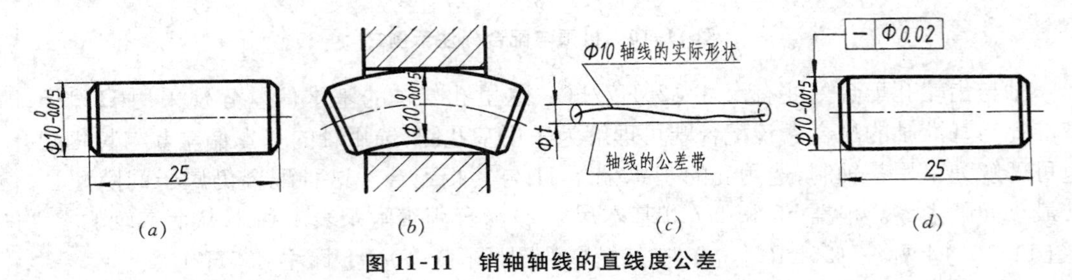

图 11-11　销轴轴线的直线度公差

公差带是限制被测要素变动的区域,被测要素必须在此区域内。如上述轴线可以稍微发生些弯曲等变形,但必须处在直径为 ϕt 的圆柱范围内(图 11-11*c*),ϕt 圆柱即为该轴线的公差带,t 即表示该轴线的形状公差——直线度公差。由上述可知,公差是一个数量概念,而公差带是一个区域概念。上述情况可采用图 11-11*d* 所示形式进行标注,该例中公差 $\phi t = \phi 0.02$,框格中的符号"—"表示直线度公差,框格左边指引线端部的箭头与 $\phi10_{-0.015}^{\ 0}$ 的尺寸线对齐,即表示被测要素为 $\phi10$ 圆柱的轴线。

图 11-12*a* 所示托架,其右端面为该零件的安装面 *A*,其顶面为支承面 *B*,用以支承其他零件,*B* 面要求与 *A* 面垂直,才能保证托架上被支承零件的位置准确。但由于机床本身的误差;工件加工中的定位误差;夹具、刀具的安装调整误差以及夹紧力、切削力引起工件自身变形等原因,使实际零件的 *B* 面并不准确地垂直于 *A* 面(图 11-12*b*),这时就必须对 *B* 面进行测定以判断其垂直于 *A* 面的准确程度。这时 *B* 面即为被测要素,零件上的实际 *A* 面称

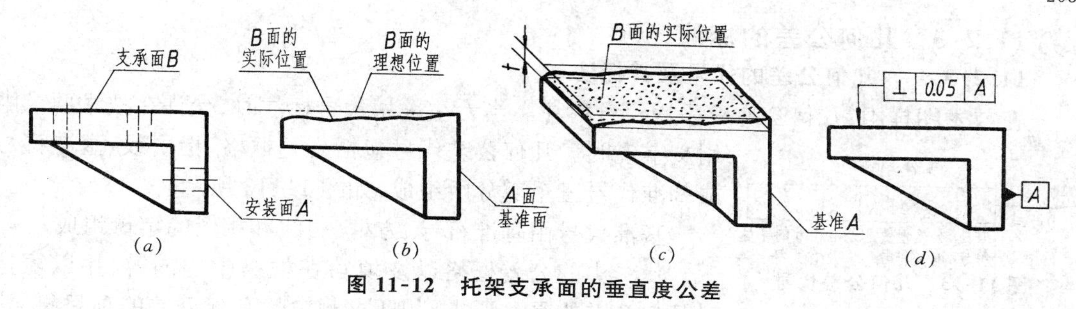

图 11-12　托架支承面的垂直度公差

为**基准要素**,具有理想形状的 A 面称**基准**。被测要素(B 面)的实际位置对其理想位置,即与基准平面 A 绝对垂直的理想平面的变动量称为**位置误差**(如平行度误差、垂直度误差、同轴度误差等)。**位置公差**是位置误差所允许的变动全量。

如图 11-12c 所示,B 面可以稍微不垂直于基准 A 面,但必须处在距离为 t 且垂直于基准 A 的两平行平面之间,此两平行平面之间的区域即为 B 面的公差带,t 即表示 B 面的位置公差——垂直度公差。上述情况可采用如图 11-12d 所示形式标注,在基准 A 面上画出如图所示的基准代号,在代号的方框中写上字母 A,在标注框格的右边加上一小格,在格子内写上与基准代号中相同的字母 A。该例中公差 $t=0.05$,框格中的符号"⊥"表示垂直度公差。

几何公差和尺寸公差、表面结构等一样,是评定产品质量的一项重要指标,是图纸上一项重要的技术要求。在大多数情况下,机床设备能保证形状与位置的一般精度要求。此时图纸上不需要给出几何公差要求,国家标准称它为未注公差。一般只有高于未注公差要求时,图纸上才需要用框格标注几何公差。

11.2.2　几何公差的分类及其项目与符号

根据被测要素不同的形状和位置等方面的精确度要求,几何公差具有多种不同的项目。表 11-3 表示几何公差的分类及其各种特征项目与相应的项目符号。

表 11-3　几何公差的分类及其项目与符号

公　差	特征项目	符　号	公　差	特征项目	符　号
形状公差	直线度	—	位置公差	位置度	⌖
	平面度	⏥		同心度(用于中心点)	◎
	圆　度	○		同轴度(用于轴线)	◎
	圆柱度	⌭		对称度	⌯
	线轮廓度	⌒		线轮廓度	⌒
	面轮廓度	⌓		面轮廓度	⌓
方向公差	平行度	//	跳动公差	圆跳动	↗
	垂直度	⊥		全跳动	⌰
	倾斜度	∠			
	线轮廓度	⌒			
	面轮廓度	⌓			

11.2.3 几何公差的标注

11.2.3.1 几何公差的代号及其标注

在技术图样中，几何公差应采用代号标注。当无法采用代号标注时，允许在技术要求中用文字说明。几何公差代号包括公差框格、指引线、基准符号或基准代号三个部分所组成，如图 11-13 所示。

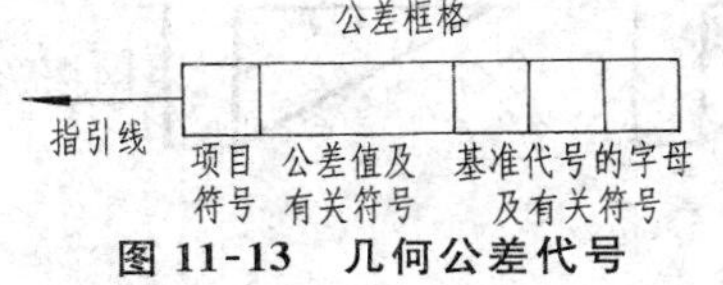

图 11-13 几何公差代号

基准代号由基准符号、方框、引线和相应的字母组成。

代号中的公差框格以及填写在框格中的内容，用以表达对几何公差的具体要求，如要求测定的几何公差的项目符号、公差带形状（当给定的公差带为圆或圆柱时，应在公差数值前加注符号 ϕ，如图 11-11*d*）、公差值 t、基准代号的字母等。公差框格应水平地或垂直地绘制，其线型为细实线。

代号中的指引线由指示箭头及引线构成，它用以直接指向有关的被测要素。指引线可以从框格的左端引出（图 11-14*a*）或从右端引出（图 11-14*b*），指引线也可以与框格的边线直接连接（图 11-14*b*）。箭头应指在被测表面的可见轮廓线上（图 11-14*b*）或其延长线上（图 11-14*a*、*c*）。当被测要素为轴线（图 11-14*a*）或中心平面（图 11-14*c*）时，指引线的箭头应与有关尺寸线对齐，在其他情况下应与尺寸线明显错开。图 11-14*b* 所示的被测要素是指圆柱体的素线，因此指引线的箭头应指向素线，而与直径 $\phi 8$ 的尺寸线错开。当指引线的箭头与尺寸线的箭头重叠时，可代替尺寸线的箭头（图 11-14*a*、*c*）。

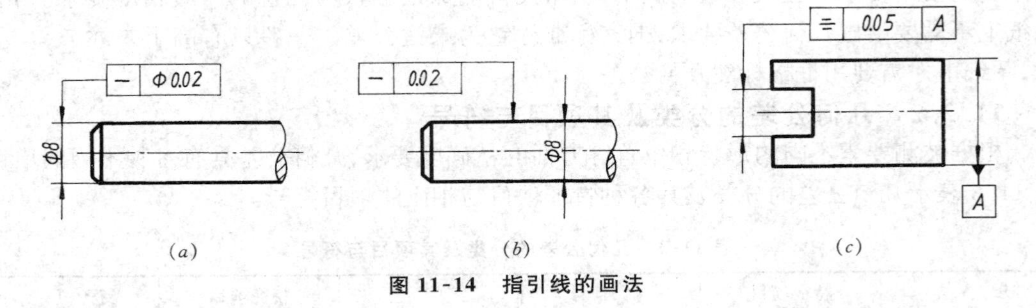

图 11-14 指引线的画法

箭头的方向应与公差带宽度的方向一致，如图 11-15*a* 所示的圆度公差，它表示被测圆锥面上任一正截面截切后的断面形状虽然具有圆度误差，但必须位于半径差为公差值 $t_1 = 0.1$ 的两同心圆之间。此两同心圆之间的区域即为其公差带，此时箭头的方向应为此公差带的直径方向。图 11-15*b* 所示的直线度公差，它表示圆锥面素线的直线度，故箭头应与其公差带宽度 $t_2 = 0.05$ 的方向一致。

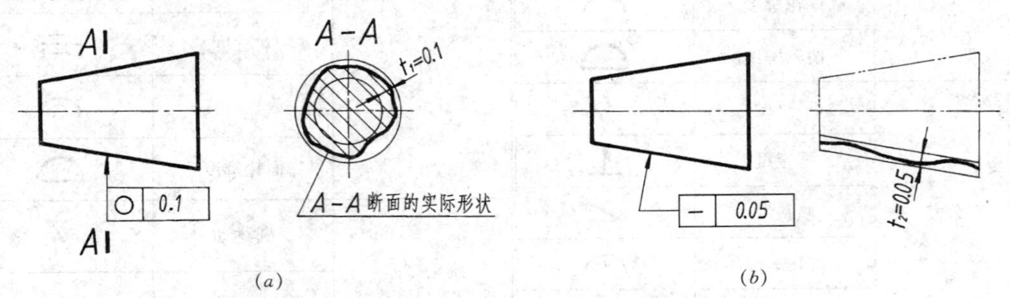

图 11-15 箭头的方向应与公差带宽度的方向一致（一）

图 11-16 所示连杆下部的孔的轴线为基准 A，上面孔的轴线与基准 A 的轴线有平行度公差的要求。图 11-16a 左视图上所示指引线箭头处在垂直方向，它表示被测轴线必须位于距离为公差值 $t_1=0.1$ 且平行于基准轴线 A 的上、下两个平行平面之间。主视图上所示的指引线箭头处在水平方向，它表示被测轴线必须位于距离为公差值 $t_2=0.2$ 且平行于基准轴线 A 的左、右两个平行平面之间。图 11-16b 所示的公差值前带有直径符号 ϕ，故它表示被测轴线必须位于直径为公差值 $\phi t_3=\phi 0.03$ 且平行于基准轴线 A 的圆柱面内。

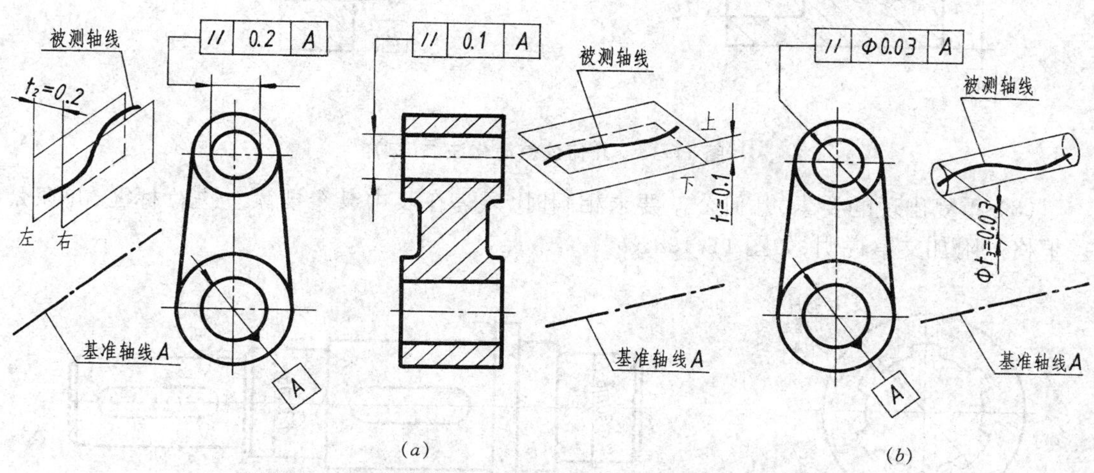

(a)　　(b)

图 11-16　箭头的方向应与公差带宽度的方向一致(二)

指引线的引线可以曲折，但不得多于两次(图 11-16)。

基准符号应紧靠基准表面的可见轮廓线(图 11-16)或其延长线(图 11-14c)。当基准要素为轴线(图 11-16)或中心平面(图 11-14c)时，基准符号(或代号)应与有关尺寸线对齐，在其他情况下应与尺寸线明显错开。当基准符号(或代号)与尺寸线的箭头重叠时，可代替尺寸线的箭头(图 11-16)。必须注意，不论基准代号的方向如何，其字母均应水平书写(图 11-16)。

11.2.3.2　标注的简化方法

为了减少绘图工作，在保证看图方便的条件下，可采用以下简化标注的方法：

(1) 对于同一个被测要素有多项几何公差要求时，可以在一个指引线上画出多个公差框格，如图 11-17a、b。

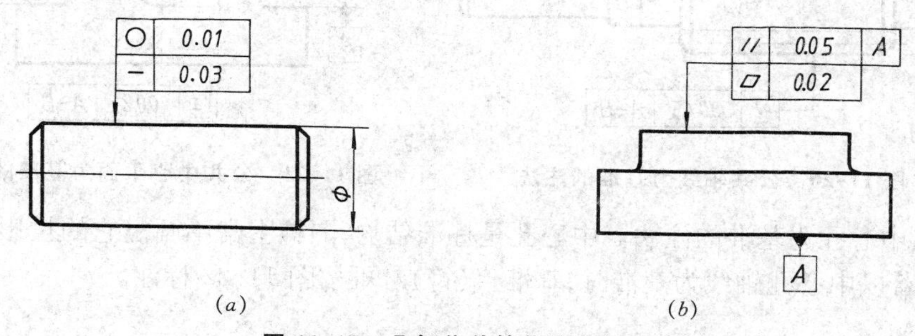

(a)　　(b)

图 11-17　几何公差简化注法(一)

（2）对于多个被测要素有相同几何公差要求时，可以从一个框格的同一端或两端引出多个指示箭头，如图 11-18*a*、*b*。

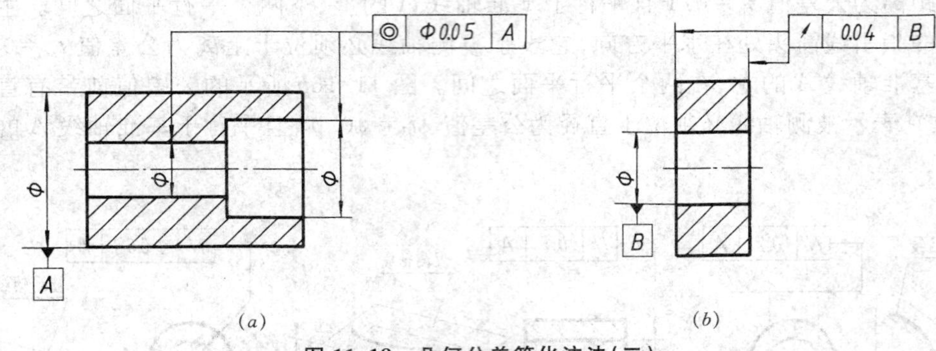

图 11-18 几何公差简化注法(二)

（3）重复出现的要素，几何公差要求相同时，只需在其中某个要素上进行标注，并在公差框格上附加文字说明，如图 11-19*a*、*b*。

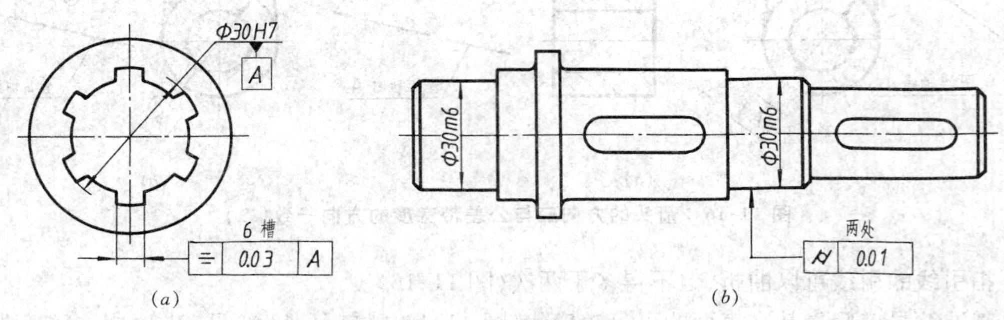

图 11-19 几何公差简化标注(三)

11.2.3.3 基准要素的标注

（1）组合基准的注法。凡由两个或两个以上的要素组成的基准称组合基准。例如公共轴线(图 11-20)、公共中心平面(图 11-21)，这些表示组合基准的字母应用横线连起来，并写在公差框格的同一个格子内。

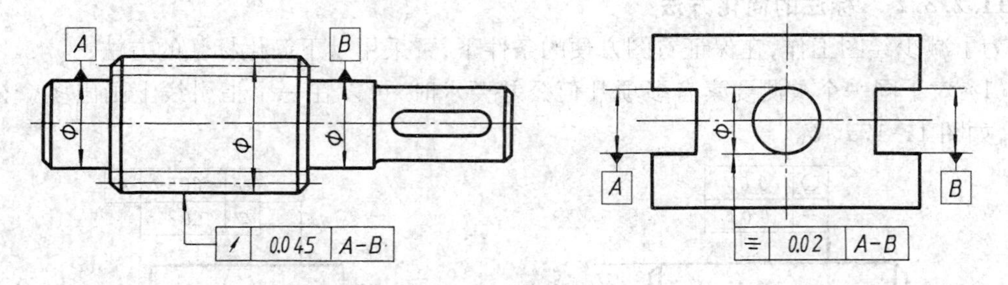

图 11-20 公共轴线为基准的注法　　　图 11-21 公共中心平面为基准的注法

（2）以中心孔为基准的注法。中心孔是标准结构，图样上常不画出它的投影，而用代号标注，此时若以中心孔轴线为基准时，基准代(符)号可按图 11-22 标注。

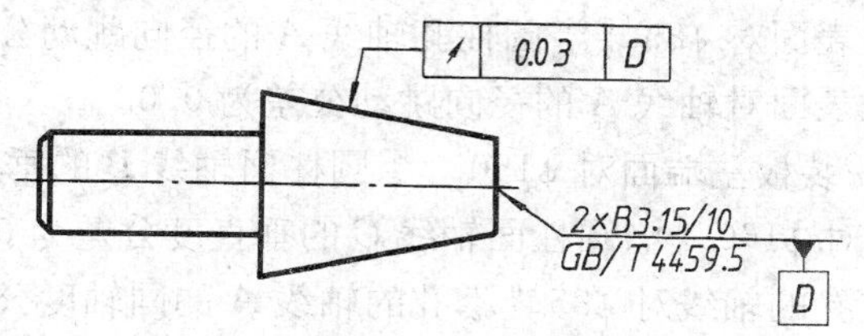

图 11-22 中心孔为基准的注法

11.2.3.4 数值及有关符号的注法

公差框格内的公差值都是指公差带的宽度或直径，如果不加说明则被测范围为箭头所指的整个要素。如被测范围仅为被测要素的某一部分，应用粗点划线画出它的范围，并注出尺寸，如图 11-23。图 11-24 表示长导轨的直线度公差，要求在被测表面长向任一 500mm 内的直线度误差不得大于 0.02。

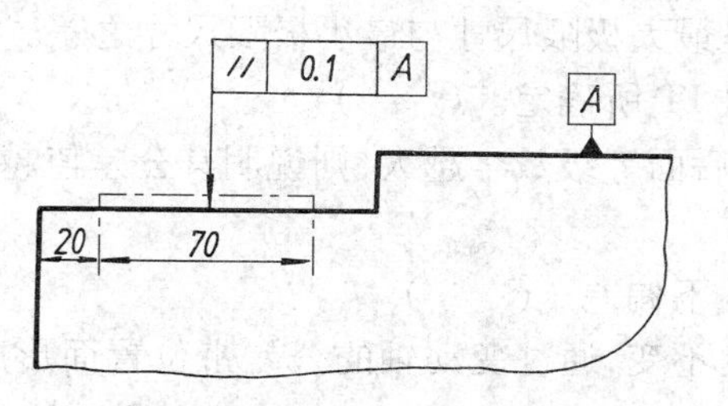

图 11-23 被测范围的标注

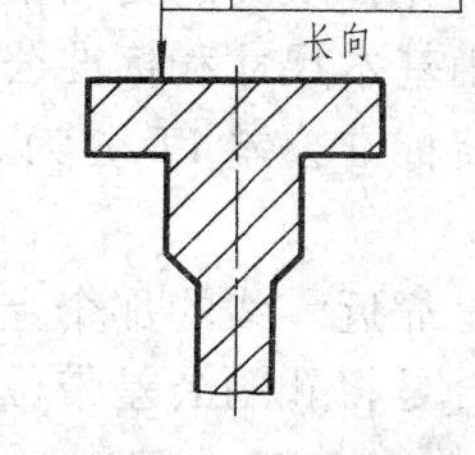

图 11-24 任一范围内公差值的标注

11.2.3.5 零件图上标注几何公差的实例

图 11-25 为一轴套零件几何公差的标注示例，由图可知：

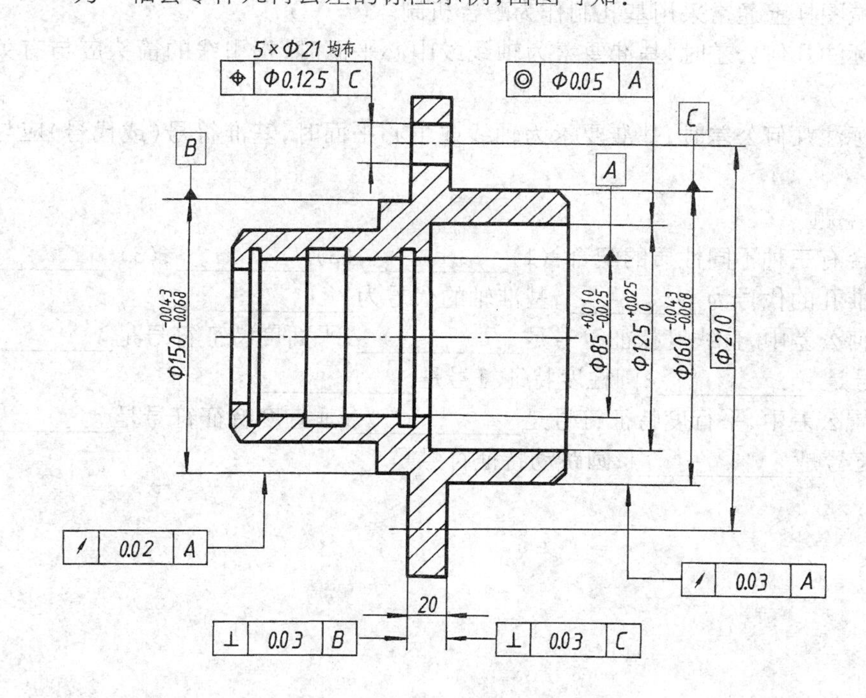

图 11-25 轴套几何公差标注

(1) $\phi160_{-0.068}^{-0.043}$圆柱表面对 $\phi85_{-0.025}^{+0.010}$圆柱孔轴线 A 的径向跳动公差为 0.03。

(2) $\phi150_{-0.068}^{-0.043}$圆柱表面对轴线 A 的径向跳动公差为 0.02。

(3) 厚度为 20 的安装板左端面对 $\phi150_{-0.068}^{-0.043}$圆柱面轴线 B 的垂直度公差为 0.03。

(4) 安装板右端面对 $\phi160_{-0.068}^{-0.043}$圆柱面轴线 C 的垂直度公差为 0.03。

(5) $\phi125_{0}^{+0.025}$圆柱孔的轴线对 $\phi85_{-0.025}^{+0.010}$孔的轴线 A 的同轴度公差为 $\phi0.05$。

(6) 5×ϕ21 孔的轴线,要求均匀分布在与基准 C 同轴,直径尺寸为$\boxed{\phi210}$的圆周上,它与理想位置的位置度公差为 $\phi0.125$。

思考练习题

一、判断题

1. 尺寸公差是允许尺寸的变动量。它是最大极限尺寸与最小极限尺寸之差。(　　)

2. 标准公差由基本尺寸和标准公差等级 IT 所确定。(　　)

3. 国家标准将标准公差 IT 分为 20 级,后面等级数字越大,则说明其公差值越小。(　　)

4. 基本偏差是靠近零线的那个上偏差或下偏差。(　　)

5. 基孔制配合是将孔的公差带位置固定不变,通过变动轴的公差带位置而形成各种配合。(　　)

6. 基轴制配合是将轴的公差带位置固定不变,通过变动孔的公差带位置而形成各种配合。(　　)

7. 机械图样上通常采用基孔制作为配合机制。(　　)

8. 在标注几何公差时,基准要素为轴线或中心平面时,指引线的箭头应与有关尺寸线对齐。(　　)

9. 在标注几何公差时,基准要素为轴线或中心平面时,基准符号(或代号)应与有关尺寸线错开。(　　)

二、填空题

1. 配合有三种不同性质的配合:(1)__________,(2)__________,(3)__________。

2. 基准孔的代号为__________,基准轴的代号为__________。

3. 几何公差中,直线度特征符号是__________;平面度特征符号是__________;圆度特征符号是__________;圆柱度特征符号是__________。

4. 位置公差中,平行度特征符号是__________;垂直度特征符号是__________;同轴度特征符号是__________;圆跳动特征符号是__________。

第 12 章　常　用　件

传动零件如齿轮、蜗杆、蜗轮等以及滚动轴承、弹簧都是常见的零件，统称为常用件。其中某些结构（如轮齿等）都有专门的标准规定，本章仅介绍这些零件的规定表示法。

齿轮传动可将一根轴的转动传递给另一根轴，它不仅能传递动力，而且可以改变转速和旋转方向。

图 12-1 为减速箱（参见彩色插页图Ⅱ）的传动系统图。动力经 V 带轮、蜗杆、蜗轮、锥齿轮和圆柱齿轮传出。从图中可以看出：

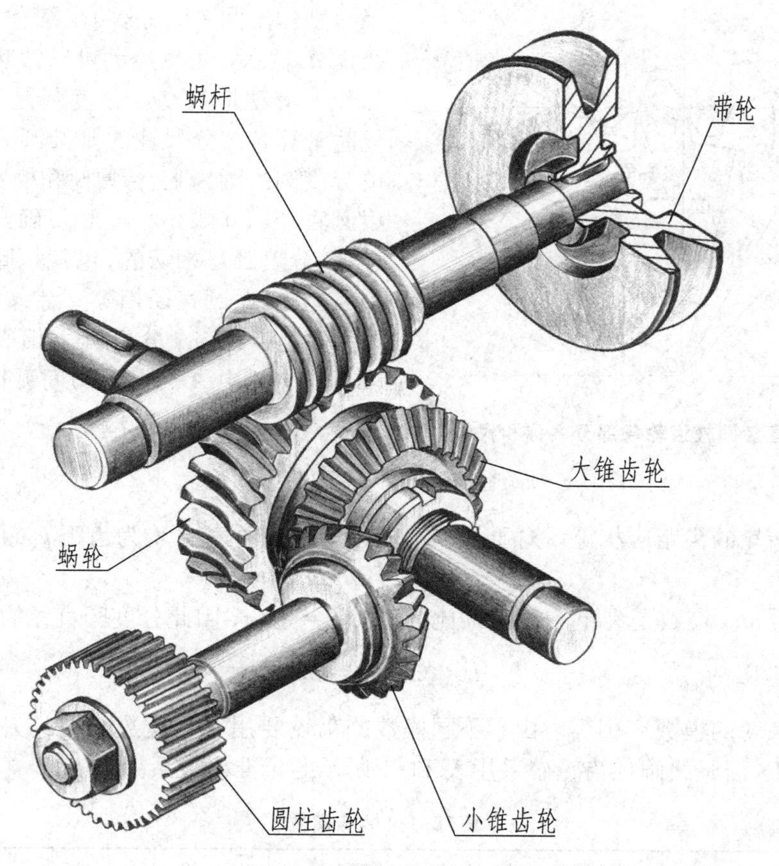

图 12-1　减速箱传动系统

圆柱齿轮——用于平行轴间的传动。

锥齿轮——用于相交轴间的传动。

蜗杆、蜗轮——用于垂直交错轴间的传动。

下面分别介绍上述几种传动的特点及其画法。

12.1　圆柱齿轮的表示法

12.1.1　直齿圆柱齿轮

直齿圆柱齿轮的外形为圆柱形，齿向与齿轮轴线平行。

12.1.1.1　直齿圆柱齿轮各部分尺寸计算

图12-2为相互啮合的两直齿圆柱齿轮各部分名称和代号。

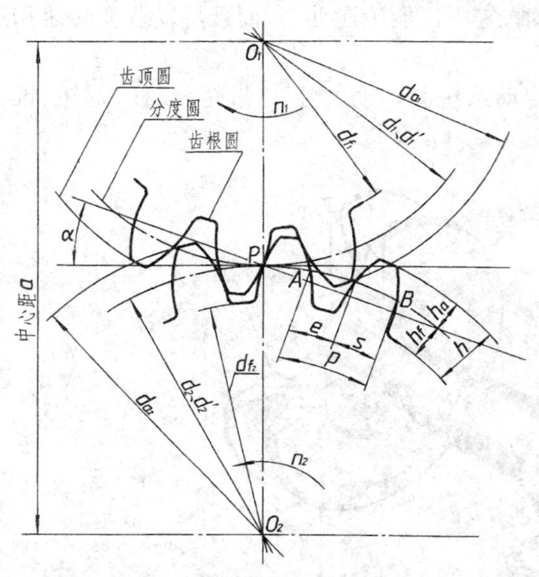

图12-2　直齿圆柱齿轮各部分名称和代号

(1) 节圆直径d'和分度圆直径d。O_1和O_2分别为两啮合齿轮的回转中心，两齿轮的齿廓在O_1O_2连线上的啮合接触点为P点(称节点)，以O_1，O_2为圆心，以O_1P，O_2P为半径分别作出两个圆，这两个圆称为节圆，其直径以d'表示。齿轮传动可以假想是这两个圆在作无滑动地滚动。分度圆是设计、制造齿轮时计算各部分尺寸的基准圆。在标准齿轮的分度圆的圆周上，齿厚s和槽宽e相等。分度圆直径以d表示。一对正确安装的标准齿轮，其分度圆是相切的，也就是此时分度圆与节圆重合，两圆直径相等$d=d'$。

(2) 齿距p。分度圆上相邻两齿同侧齿廓(图12-2中A、B两点)间弧长称齿距。如以z表示齿轮的齿数，显然

$$\pi d = zp \quad 即 \quad d = \frac{zp}{\pi}$$

两啮合齿轮的齿距应相等。对于标准齿轮，齿厚s和槽宽e均为齿距p的一半，即

$$s = e = p/2$$

(3) 模数m。模数是齿距p与π的比值，即$m=p/\pi$，因此分度圆直径的计算公式

$$d = zp/\pi = mz$$

两啮合齿轮的模数应相等。由于不同模数的齿轮要用不同模数的刀具去制造，为了便于设计和加工，渐开线圆柱齿轮应采用表11-1所示的标准模数系列。

表12-1　标准模数　　(mm)

第一系列	1　1.25　1.5　2　2.5　3　4　5　6　8　10　12　16　20　25　32　40　50
第二系列	1.75　2.25　2.75　(3.25)　3.5　(3.75)　4.5　5.5　(6.5)　7　9　(11)　14　18　22　28　30　36　45

注：在选用模数时，应优先选用第一系列；其次选用第二系列；括号内模数尽可能不选用。

(4) 齿形角α。齿形角又称压力角，是在分度圆与齿廓曲线的交点上所作的齿廓法向作用力方向与该交点的速度方向之间的夹角。对于一对正确安装的标准齿轮，过节点P的齿

廓公法线与两节圆共切线之间的夹角等于齿形角。我国标准规定各类齿轮和蜗杆、蜗轮的齿形角一般为20°。

(5) 传动比 i。主动齿轮转速 n_1(r/min)与从动齿轮转速 n_2(r/min)之比称为传动比，即 $i=n_1/n_2$。由于转速与齿数成反比，因此传动比亦等于从动齿轮齿数 z_2 与主动齿轮齿数 z_1 之比。即

$$i=\frac{n_1}{n_2}=\frac{z_2}{z_1}$$

直齿圆柱齿轮各部分尺寸的计算公式见表12-2。

表 12-2 直齿圆柱齿轮的尺寸计算

名称及代号	公 式	名称及代号	公 式
模数 m	$m=p/\pi$(大小按设计需要而定)	齿根圆直径 d_f	$d_{f_1}=m(z_1-2.5)$; $d_{f_2}=m(z_2-2.5)$
分度圆直径 d	$d_1=mz_1$; $d_2=mz_2$	齿距 p	$p=\pi m$
齿顶高 h_a	$h_a=m$	齿厚 s	$s=p/2$
齿根高 h_f	$h_f=1.25m$	槽宽 e	$e=p/2$
全齿高 h	$h=h_a+h_f=2.25m$	中心距 a	$a=(d_1+d_2)/2=m(z_1+z_2)/2$
齿顶圆直径 d_a	$d_{a_1}=m(z_1+2)$; $d_{a_2}=m(z_2+2)$	传动比 i	$i=n_1/n_2=z_2/z_1$

注：以上 d_a, d_f, a 的计算公式适用于外啮合直齿圆柱齿轮传动。

12.1.1.2 直齿圆柱齿轮表示法

(1) 单个直齿圆柱齿轮表示法(图12-3)。轮齿部分应按表12-3规定绘制：

表 12-3 直齿圆柱齿轮表示法

名 称	在垂直于圆柱齿轮轴线的投影面视图中	在通过轴线的剖视图中
分度圆和分度线	点画线	点画线
齿顶圆和齿顶线	粗实线	粗实线
齿根圆和齿根线	细实线(也可省略不画)	轮齿部分按不剖处理，齿根线应画粗实线
	在投影不反映为圆的视图上，若不画成剖视，则齿根线可省略不画	

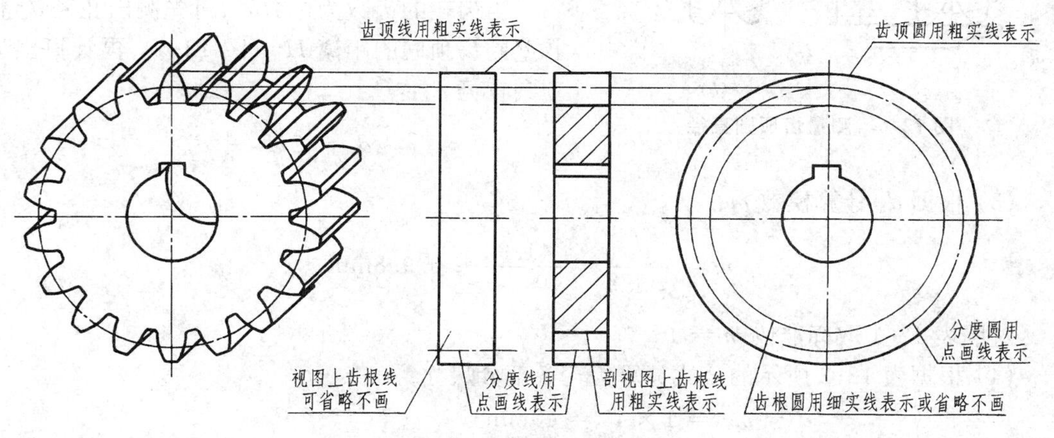

图 12-3 单个直齿圆柱齿轮画法

(2) 直齿圆柱齿轮的啮合表示法(图12-4)。在垂直于圆柱齿轮轴线的投影面视图中的

表示法(图12-4a):两齿轮啮合时,其节圆(或分度圆)相切,用点画线绘制;啮合区内的齿顶圆均用粗实线绘制(必要时允许省略);齿根圆均用细实线绘制(一般可省略不画)。在通过轴线的剖视图上的表示法(图12-4b):轮齿的啮合部分两分度线(节线)重合,用点画线画出;齿根线均画成粗实线。齿顶线的画法为:一个齿轮(常为主动轮)的齿顶线画粗实线;另一个齿轮被遮挡的齿顶线画虚线(图12-5),或省略不画。在平行于圆柱齿轮轴线的投影面的视图中的画法(图12-4c):啮合区内齿顶线和齿根线不必画出;节线(即重合的分度线)用粗实线绘制,其他处的节线用细点画线绘制。

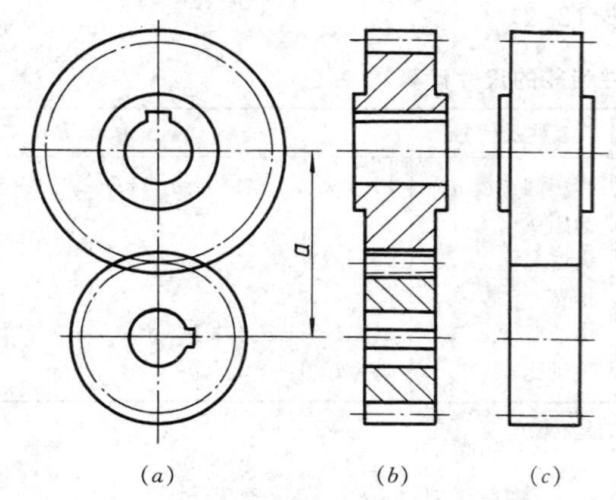

图12-4 直齿圆柱齿轮的啮合画法

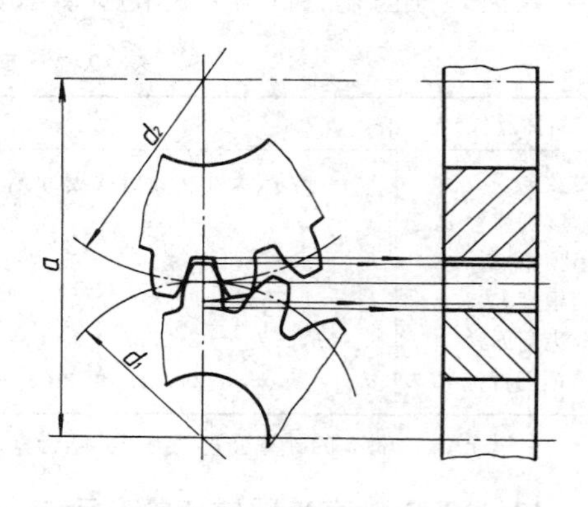

图12-5 轮齿在剖视图上的啮合画法

12.1.1.3 直齿圆柱齿轮的测绘

根据测量齿轮来确定其主要参数并画出零件工作图的过程称为齿轮测绘。今以测绘图12-1所示减速箱传动系统中的直齿圆柱齿轮为例,说明齿轮测绘的一般方法和步骤。

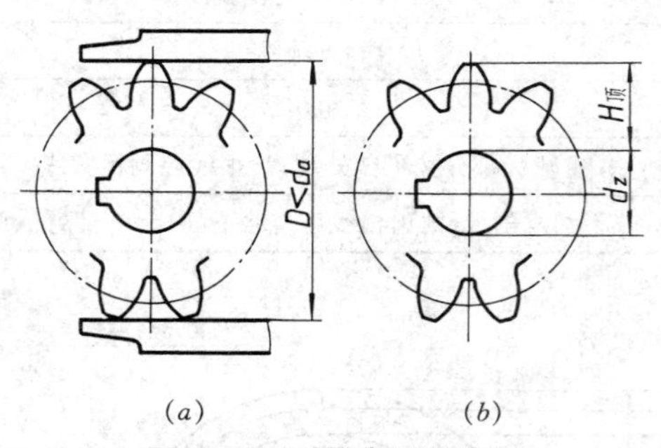

图12-6 测量齿顶圆直径

(1) 数出齿数 $z=40$。

(2) 对齿数为偶数的齿轮可直接用卡尺量得齿顶圆直径,如 $d_a=41.9\text{mm}$。

当齿轮的齿数为奇数时,可先测出孔径 d_z 和孔壁到齿顶间的距离 $H_{顶}$(图12-6),再计算出齿顶圆直径 d_a:

$$d_a=2H_{顶}+d_z$$

(3) 根据 d_a 计算模数 m:

$$m=\frac{d_a}{z+2}=\frac{41.9}{40+2}\approx 0.998\text{mm}$$

对照表12-1取标准值 $m=1$。

(4) 根据表12-2所示的公式计算齿轮各部分尺寸:

$$d=mz=1\times 40=40\text{mm}$$

$$d_a=m(z+2)=1\times(40+2)=42\text{mm}$$

$$d_f=m(z-2.5)=1\times(40-2.5)=37.5\text{mm}$$

(5) 测量其他部分尺寸,并绘制工作图(图11-7)。其尺寸标注如图所示,齿根圆直径在加工时由其他参数控制,因此可以不标注。齿轮模数、齿数等其他参数要列表说明。

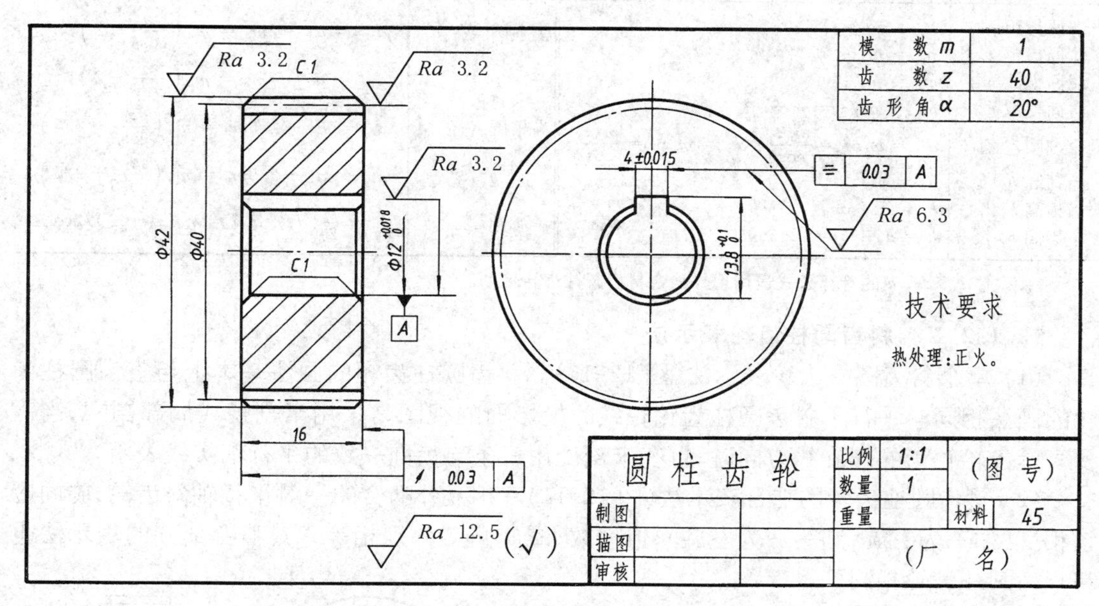

图 12-7 直齿圆柱齿轮工作图

12.1.2 斜齿圆柱齿轮

斜齿圆柱齿轮的轮齿做成螺旋形状,这种齿轮传动平稳,适用于较高速度的传动。

12.1.2.1 斜齿圆柱齿轮的尺寸计算

斜齿轮的轮齿倾斜以后,它在端面上的齿形和垂直轮齿方向法面上的齿形不同。图12-8所示的斜齿轮,它的分度圆柱面的展开图如图12-9,图中 πd 为分度圆周长;β 为**螺旋角**,表示轮齿的倾斜程度。垂直轴线的平面上的齿距和模数称为端面齿距 p_t 和端面模数 m_t;垂直于轮齿螺旋线方向法面上的齿距和模数称为**法面齿距** p_n 和**法面模数** m_n。

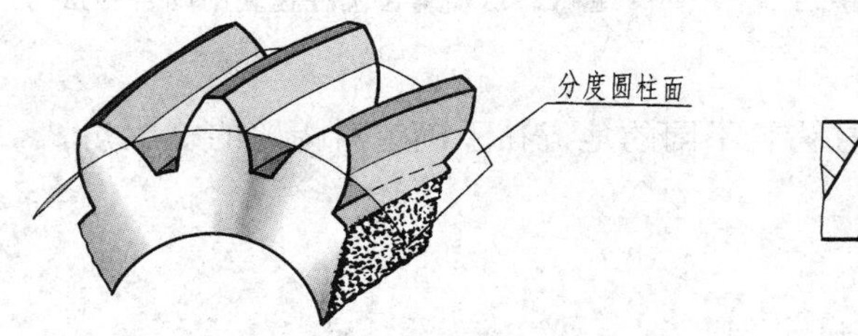

图 12-8 斜齿圆柱齿轮的分度圆柱面

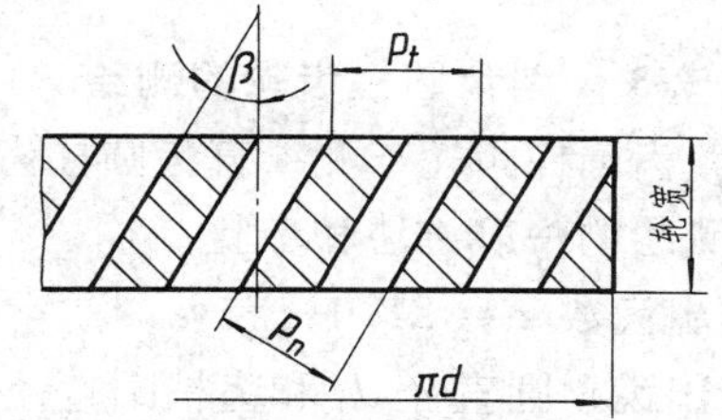

图 12-9 斜齿圆柱齿轮分度圆柱面的展开图

从图12-9可知:

$$p_n = p_t\cos\beta \quad 因此 \quad m_n = m_t\cos\beta$$

法面模数 m_n 是斜齿圆柱齿轮的主要参数,应取标准值(表12-1)。标准的法面齿形角 $\alpha_n = 20°$。

斜齿圆柱齿轮各部分尺寸的计算公式见表12-4。

表 12-4 斜齿圆柱齿轮的尺寸计算

名称及代号	公式	名称及代号	公式
端面齿距 p_t 法面齿距 p_n 端面模数 m_t 法面模数 m_n	$p_t = \pi d/z$ $p_n = p_t \cos\beta$ $m_t = p_t/\pi$ $m_n = p_n/\pi = m_t \cos\beta$	齿顶圆直径 d_a	$d_{a_1} = d_1 + 2m_n = m_n\left(\frac{z_1}{\cos\beta} + 2\right)$ $d_{a_2} = d_2 + 2m_n = m_n\left(\frac{z_2}{\cos\beta} + 2\right)$
分度圆直径 d	$d_1 = m_t z_1 = \frac{m_n z_1}{\cos\beta}$; $d_2 = m_t z_2 = \frac{m_n z_2}{\cos\beta}$	齿根圆直径 d_f	$d_{f_1} = d_1 - 2.5m_n = m_n\left(\frac{z_1}{\cos\beta} - 2.5\right)$ $d_{f_2} = d_2 - 2.5m_n = m_n\left(\frac{z_2}{\cos\beta} - 2.5\right)$
齿顶高 h_a 齿根高 h_f 全齿高 h	$h_a = m_n$ $h_f = 1.25m_n$ $h = h_a + h_f = 2.25m_n$	中心距 a	$a = \frac{1}{2}(d_1 + d_2) = m_n(z_1 + z_2)/2\cos\beta$

注：以上 d_a，d_f，a 的计算公式适用于外啮合斜齿圆柱齿轮传动。

12.1.2.2 斜齿圆柱齿轮表示法

(1) 单个斜齿圆柱齿轮表示法(图 12-10)。斜齿圆柱齿轮的画法基本上与直齿圆柱齿轮的画法相同。平行于斜齿圆柱齿轮轴线的投影面的视图常采用半剖视或局部剖视，当需要表示齿轮轮齿的螺旋线方向时，可在未剖处用三条与齿向一致的平行细实线表示。

(2) 斜齿圆柱齿轮的啮合表示法(图 12-11)。相互外啮合的一对平行轴斜齿轮，旋向应该相反(如一为右旋，则另一为左旋)，但模数、螺旋角应分别相等。其啮合部分的表示法也与直齿圆柱齿轮相同。

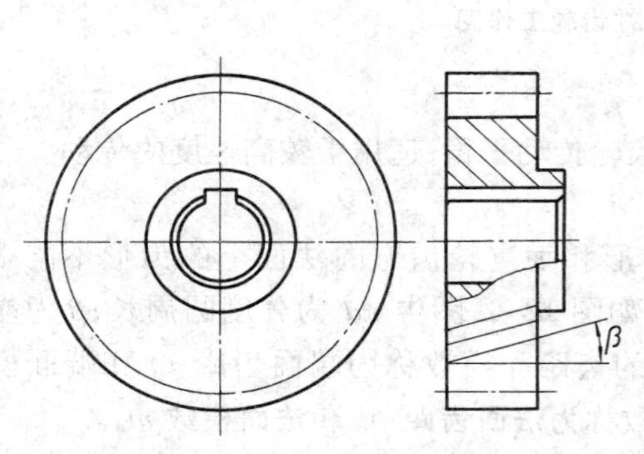

图 12-10 单个斜齿圆柱齿轮画法

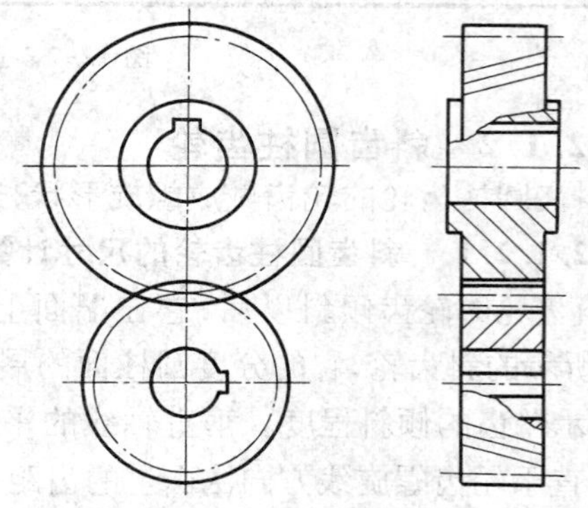

图 12-11 斜齿圆柱齿轮的啮合画法

12.1.2.3 斜齿圆柱齿轮的测绘

测绘斜齿圆柱齿轮与测绘直齿圆柱齿轮不同的地方在于确定斜齿轮的螺旋角 β。下面举例说明测绘的一般方法和步骤：

① 数出齿数 $z = 21$。

② 量出齿顶圆直径 d_a 和齿根圆直径 d_f。

$$d_a = 79.86\text{mm};\quad d_f = 65.40\text{mm}$$

③ 计算法面模数 m_n，由于

$$d_a - d_f = 4.5m_n,\ 所以\ m_n = \frac{d_a - d_f}{4.5} = \frac{79.86 - 65.40}{4.5} = 3.21\text{mm}$$

对照表 12-1，取最接近的标准模数 $m_n = 3.25$。

④ 数出与之啮合的另一齿轮的齿数为 48，测出两齿轮的中心距为 120.75mm。

⑤ 计算螺旋角 β。

$$\cos\beta = \frac{m_n(z_1 + z_2)}{2a} = \frac{3.25(21+48)}{2\times 120.75} = 0.9286$$

得：

$$\beta = 21°47'12''$$

当测绘单个斜齿轮或中心距无法测量时，可应用测得的齿顶圆直径计算其螺旋角 β。

$$\cos\beta = \frac{m_n \cdot z}{d} = \frac{m_n \cdot z}{d_a - 2m_n}$$

但由于齿顶圆直径的精度不高，因此计算出来的 β 角不够精确。

⑥ 根据 β、m_n 按表 12-3 计算各部分尺寸(略)。

⑦ 测量其他部分尺寸，并绘制该齿轮的工作图(图 12-12)。其尺寸标注如图所示。

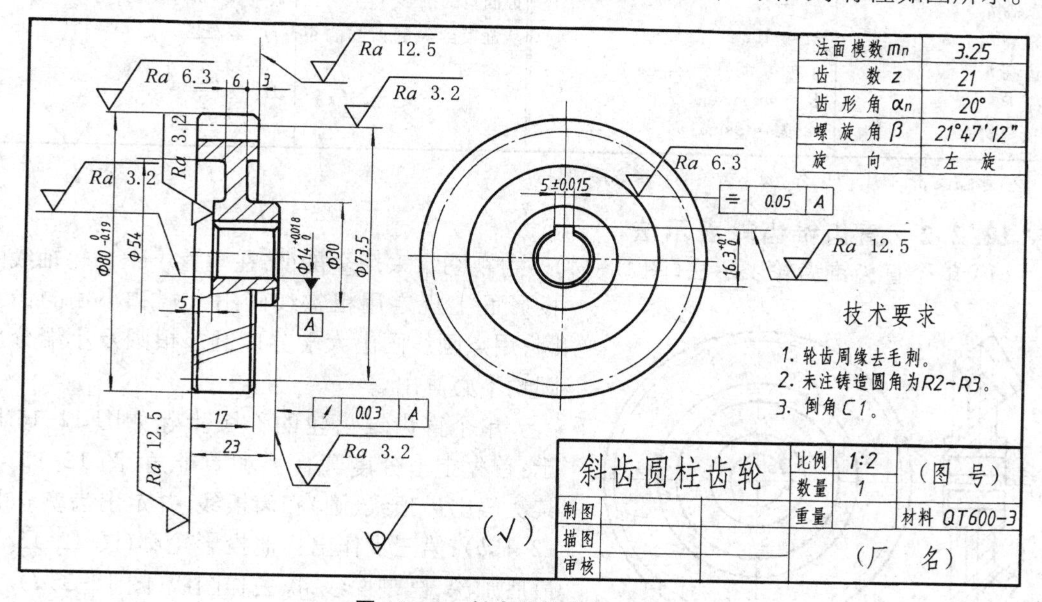

图 12-12　斜齿圆柱齿轮工作图

12.2　直齿锥齿轮的表示法

直齿锥齿轮主要用于垂直相交的两轴之间的传动。由于锥齿轮的轮齿分布在锥面上，所以轮齿的一端大，一端小，沿齿宽方向轮齿大小均不相同。故轮齿全长上的模数、齿高、齿厚等都不相同。

12.2.1　直齿锥齿轮的尺寸计算

规定以大端的模数和分度圆来决定其他各部分的尺寸。因此一般所说的直齿锥齿轮的齿顶圆直径 d_a、分度圆直径 d、齿顶高 h_a、齿根高 h_f 等都是对大端而言(图 12-13)。直齿锥齿轮各部分的尺寸计算见表 12-5。锥

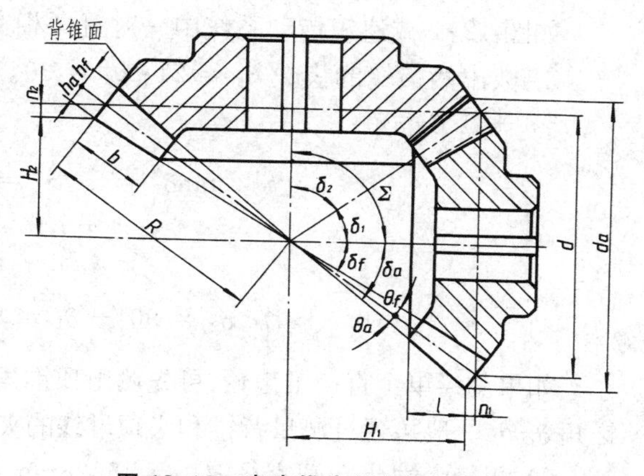

图 12-13　直齿锥齿轮各部分名称

齿轮大端的模数系列与圆柱齿轮模数系列(表12-1)相似,仅增加了1.125,1.375二个模数(不分第一、第二系列)。

表12-5 两轴交角为90°的直齿锥齿轮的尺寸计算

名称及代号	公式	名称及代号	公式
节锥角: δ_1(小齿轮);δ_2(大齿轮)	$\tan\delta_1 = z_1/z_2$; $\tan\delta_2 = z_2/z_1$ $(\delta_1 + \delta_2 = 90°)$	齿根角 θ_f	$\tan\theta_f = 2.4\sin\delta/z$
		顶锥角 δ_a	$\delta_a = \delta + \theta_a$
		根锥角 δ_f	$\delta_f = \delta - \theta_f$
分度圆直径 d	$d = mz$	齿宽 b	$b \leqslant R/3$
齿顶圆直径 d_a	$d_a = m(z + 2\cos\delta)$	齿顶高的投影 n	$n = m\sin\delta$
齿顶高 h_a	$h_a = m$	齿面宽的投影 l	$l = b\cos\delta_a/\cos\theta_a$
齿根高 h_f	$h_f = 1.2m$	从锥顶到大端顶圆的距离 H	$H_1 = \frac{mz_2}{2} - n_1$ $H_2 = \frac{mz_1}{2} - n_2$
全齿高 h	$h = h_a + h_f = 2.2m$		
锥距 R	$R = mz/2\sin\delta$		
齿顶角 θ_a	$\tan\theta_a = 2\sin\delta/z$		

注:除 δ_1、δ_2、H_1、H_2 外,大小齿轮的计算方法相同。

12.2.2 直齿锥齿轮表示法

(1) 单个直齿锥齿轮表示法(图12-14)。主视图常采用全剖视,在垂直于锥齿轮轴线的投影面上规定用粗实线画出大端和小端的齿顶圆;用点画线画出大端分度圆。根圆及小端分度圆均不必画出。

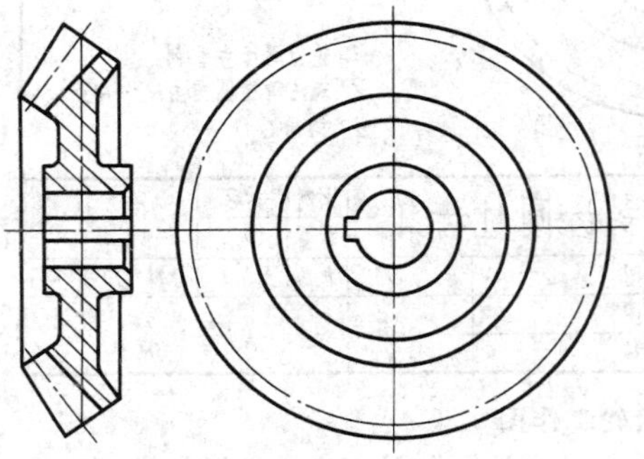

图12-14 单个直齿锥齿轮画法

单个直齿锥齿轮的作图步骤如图12-15所示:首先定出分度圆直径和节锥角(图12-15a);其次画出齿顶线(圆)和齿根线,并定出齿宽b(图12-15b);第三步作出其他投影轮廓(图12-15c);最后加深,画剖面线,擦去作图线(图12-15d)。

(2) 直齿锥齿轮的啮合表示法(图12-16)。直齿锥齿轮轮齿部分和啮合区的画法与直齿圆柱齿轮的画法类同。

12.2.3 直齿锥齿轮的测绘

如图12-1减速箱传动系统中一对直角相交的直齿锥齿轮的测绘步骤如下:

① 数出两齿轮的齿数 $z_1 = 21$; $z_2 = 30$。

② 计算节锥角

$$\tan\delta_1 = z_1/z_2 = 21/30 = 0.7$$

得:

$$\delta_1 = 35°$$

$$\delta_2 = 90° - \delta_1 = 90° - 35° = 55°$$

如果测绘单个直齿锥齿轮,可先测出顶锥角 δ_a 和齿顶角 θ_a,然后根据 $\delta = \delta_a - \theta_a$ 计算出节锥角 δ。θ_a 一般可通过测量背锥和齿顶母线的夹角 τ_a,再根据 $\theta_a = 90° - \tau_a$ 求出(图12-17)。

③ 测量大端齿顶圆直径 $d_{a_1} = 45.28\text{mm}$; $d_{a_2} = 62.3\text{mm}$。

④ 计算大端模数 m：

$$m=\frac{d_{a_1}}{z_1+2\cos\delta_1}=\frac{45.28}{21+2\cos35°}=\frac{45.28}{21+2\times0.819}=2.07\text{mm}$$

对照标准模数，取 $m=2$。

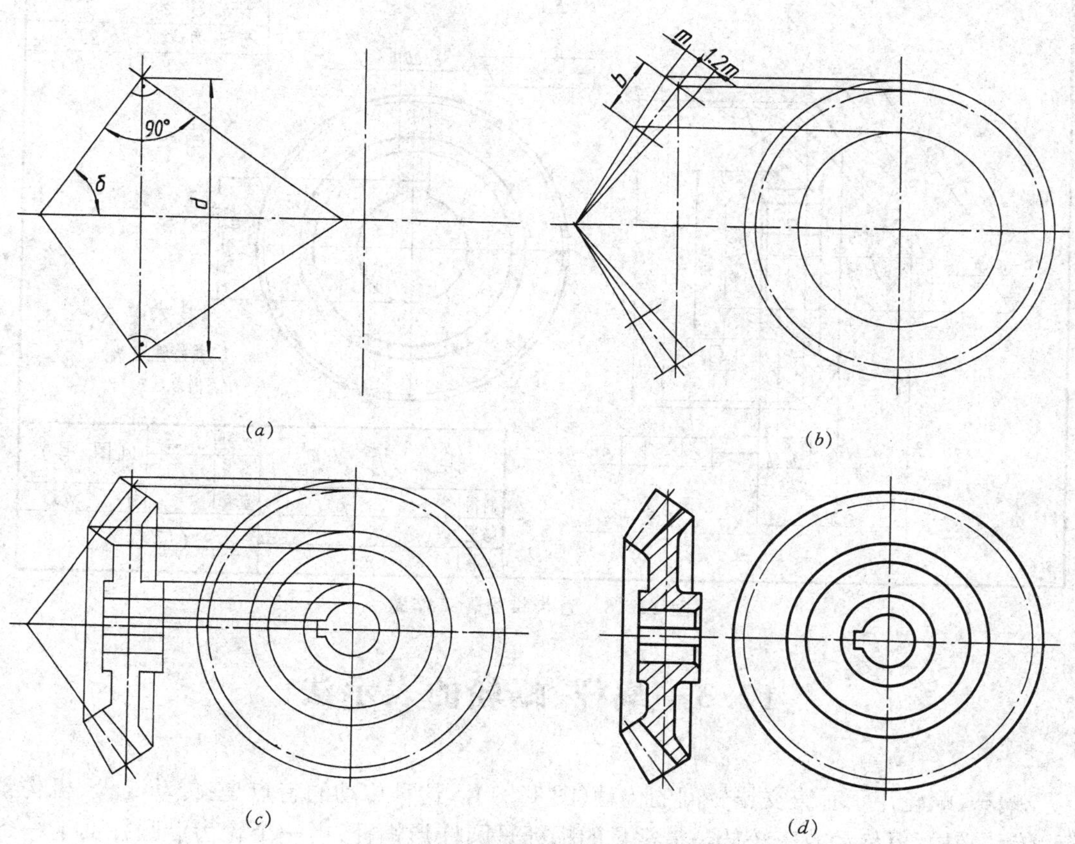

图 12-15　直齿锥齿轮的作图步骤

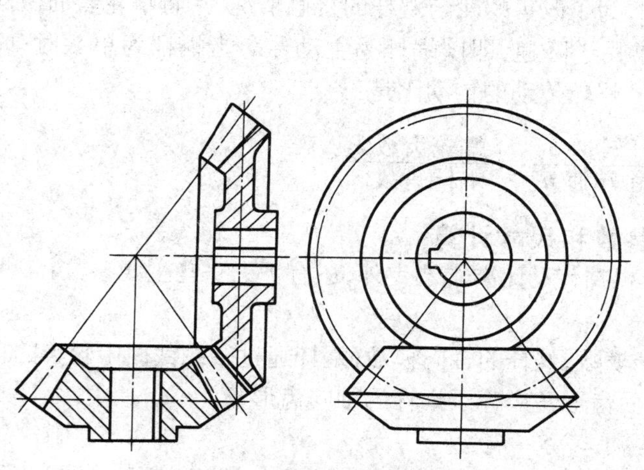

图 12-16　直齿锥齿轮的啮合画法

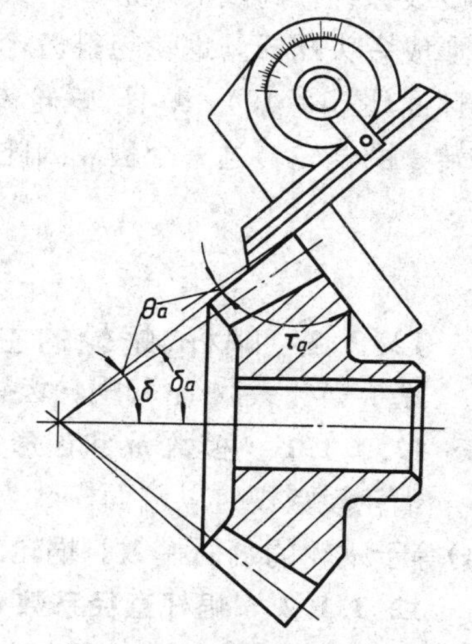

图 12-17　测量 θ_a 的方法

由表 12-1 查得标准模数为 2。

⑤ 按表 12-4 计算轮齿各部分尺寸(略)。

⑥ 测量其他部分尺寸,画出该齿轮工作图(图 12-18),其尺寸标注如图所示。

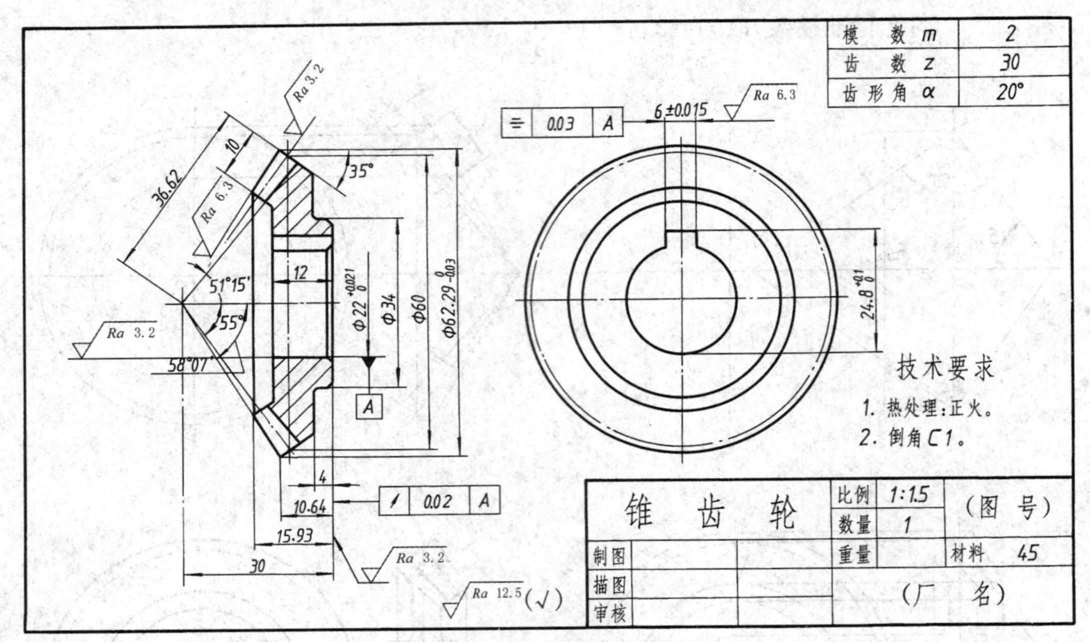

图 12-18　直齿锥齿轮工作图

12.3　蜗杆、蜗轮的表示法

蜗杆、蜗轮用于垂直交错轴间的传动(图 12-1)。这种传动的特点是:传动比大、机构紧凑、传动平稳,但传动效率较低。最常见的蜗杆是圆柱形蜗杆,当一个轮齿沿圆柱面上一条螺旋线缠绕一周以上即形成单头蜗杆;如将多个轮齿沿圆柱面上多条螺旋线缠绕一周以上则形成多头蜗杆。蜗轮与斜齿轮类同,为了改善蜗轮与蜗杆的接触情况,常将蜗轮表面做成内环面(图 12-19)。蜗杆、蜗轮传动常用于降速,即以蜗杆为主动件。当蜗杆为单头时,蜗杆转一圈蜗轮转过一个齿。因此蜗杆、蜗轮传动的传动比是:

$$i=\frac{\text{蜗杆转速 } n_1}{\text{蜗轮 转速 } n_2}=\frac{\text{蜗轮齿数 } z_2}{\text{蜗杆头数 } z_1}$$

12.3.1　蜗杆、蜗轮的主要参数和尺寸计算

除了蜗杆头数 z_1 和蜗轮齿数 z_2 根据传动比要求选定外,还有下列一些主要参数:

12.3.1.1　模数 m 和齿形角 α

蜗轮模数规定以端面模数为标准模数,蜗杆的轴向模数(蜗杆通过轴线截面中轮齿的模数)等于蜗轮的端面模数。蜗轮的端面齿形角应等于蜗杆的轴向齿形角。

12.3.1.2　蜗杆直径系数 q

蜗轮的齿形主要决定于蜗杆的齿形,一般蜗轮是用尺寸、形状与蜗杆类同的蜗轮滚刀

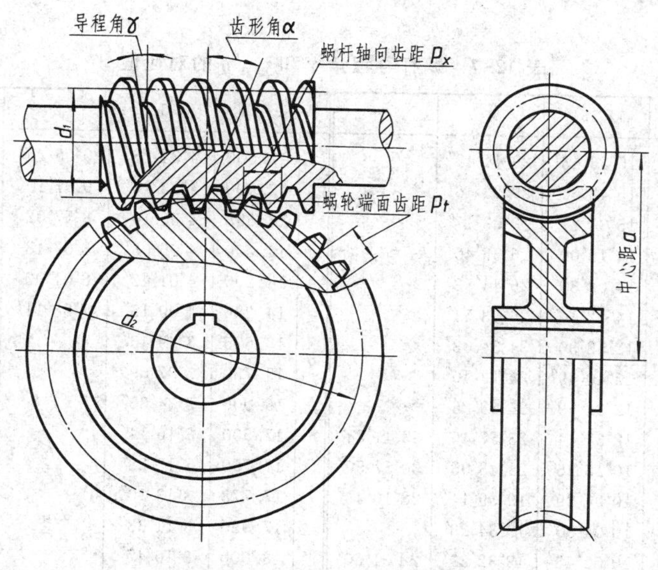

图 12-19　蜗杆与蜗轮啮合

(其外径略大于蜗杆外径)来加工的。但相同模数的蜗杆,可能有很多不同的蜗杆直径存在,蜗杆直径不同,蜗杆的螺旋线升角也就不同,因而加工蜗轮时就要采取不同的蜗轮滚刀。为了减少蜗轮滚刀的数目(便于它的标准化),对每一个模数都相应地规定了几个蜗杆分度圆直径,从而引出了蜗杆直径系数 q。

$$q=\frac{\text{蜗杆分度圆直径 }d_1}{\text{模数 }m}$$

蜗杆传动中的标准模数和相应的蜗杆直径系数见表 12-6。

表 12-6　标准模数和蜗杆的直径系数(摘录)

模数 m	1	1.25	1.6	2	2.5	3.15	4	5	6.3	8	10	12.5	16
蜗杆的直径系数 q	18.000	16.000	12.500	9.000	8.960	8.889	7.875	8.000	7.936	7.875	7.100	7.200	7.000
				11.200	11.200	11.270	10.000	10.000	10.000	10.000	9.000	8.960	8.750
		17.920	17.500	14.000	14.200	14.286	12.500	12.600	12.698	12.500	11.200	11.200	11.250
				17.750	18.000	17.778	17.750	18.000	17.778	17.500	16.000	16.000	15.625

12.3.1.3　导程角 γ

由图 12-20 可知导程角 γ(即蜗杆分度圆柱面上的螺旋升角)为:

$$\tan\gamma=\frac{\text{导程 }p_z}{\text{分度圆周长 }\pi d_1}=\frac{z_1p_x}{\pi d_1}$$

$$=\frac{z_1\pi m}{\pi d_1}=\frac{z_1m}{mq}=\frac{z_1}{q}$$

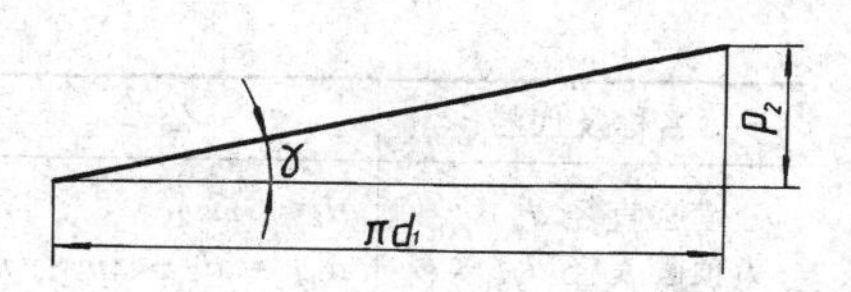

导程 $p_z=z_1p_x$(p_x为蜗杆轴向齿距)

图 12-20　导程角和导程、分度圆直径的关系

一对互相啮合的蜗杆、蜗轮,蜗轮的螺旋角 β 和蜗杆的导程角 γ 大小相等,螺旋的方向相同,即 $\beta=\gamma$。为了避免计算,将 z_1、q、γ 之间关系

列于表 12-7。

表 12-7　蜗杆导程角 γ 和 z_1、q 的对应值

z_1		1	2	4	6	z_1		1	2	4	6
q	7.000	8°07′48″	15°56′43″	29°44′42″		q	12.500	4°34′26″	9°05′25″	17°44′41″	
	7.100	8°01′02″	15°43′55″	29°23′46″			12.600	4°32′16″	9°01′10″	17°36′45″	
	7.200	7°54′26″	15°31′27″	29°03′17″			12.698	4°30′10″	8°57′02″	17°29′04″	
	7.875	7°14′13″	14°15′00″	26°55′40″			14.000	4°05′08″	8°07′48″	15°56′43″	
	7.936	7°10′53″	14°08′39″	26°44′53″			14.200	4°01′42″	8°01′02″	15°43′55″	
	8.000	7°07′30″	14°02′10″	26°33′54″			14.286	4°00′15″	7°58′11″	15°38′32″	
	8.750	6°31′11″	12°52′30″	24°34′02″			15.625	3°39′43″			
	8.889	6°25′08″	12°40′49″	24°13′40″			15.750	3°37′59″			
	8.960	6°22′06″	12°34′59″	24°03′26″			16.000	3°34′35″			
	9.000	6°20′25″	12°31′44″	23°57′45″	33°41′24″		17.500	3°16′14″			
	10.000	5°42′38″	10°18′36″	21°48′05″	30°57′50″		17.750	3°13′28″			
	11.200	5°06′08″	10°07′29″	19°39′14″	28°10′43″		17.778	3°13′10″			
	11.250	5°04′47″	10°04′50″	19°34′23″			17.920	3°11′38″			
	11.270	5°04′15″	10°03′48″	19°32′29″	28°01′50″		18.000	3°10′47″			

12.3.1.4　中心距 a

蜗杆和蜗轮两轴的中心距 a 和模数 m、蜗杆直径系数 q、蜗轮齿数 z_2 的关系为：

$$a=\frac{m}{2}(q+z_2)$$

蜗杆、蜗轮各部分尺寸(图 12-21)的计算公式见表 12-8、表 12-9。

表 12-8　蜗杆的尺寸计算

名称及代号	公式	名称及代号	公式
分度圆直径 d_1	$d_1=mq$	轴向齿距 p_x	$p_x=\pi m$
齿顶高 h_a	$h_a=m$	导程 p_z	$p_z=z_1p_x$
齿根高 h_f	$h_f=1.2m$	导程角 γ	$\tan\gamma=\frac{z_1m}{d_1}=\frac{z_1}{q}$
全齿高 h	$h=h_a+h_f=2.2m$		
齿顶圆直径 d_{a_1}	$d_{a_1}=d_1+2h_a=m(q+2)$	轴向齿形角 α	$\alpha=20°$
齿根圆直径 d_{f_1}	$d_{f_1}=d_1-2h_f=d_1-2.4m=m(q-2.4)$	蜗杆螺纹部分长度 L	当 $z=1\sim2$，$L\geqslant(11+0.06z_2)m$ 当 $z_1=3\sim4$，$L\geqslant(12.5+0.09z_2)m$

表 12-9　蜗轮的尺寸计算

名称及代号	公式	名称及代号	公式
分度圆直径 d_2	$d_2=mz_2$	外径 D_H	当 $z_1=1$，$D_H\leqslant d_{a_2}+2m$
齿顶圆直径 d_{a_2}	$d_{a_2}=d_2+2m=m(z_2+2)$		当 $z_1=2\sim3$，$D_H\leqslant d_{a_2}+1.5m$
齿根圆直径 d_{f_2}	$d_{f_2}=d_2-2.4m=m(z_2-2.4)$		当 $z_1=4$，$D_H\leqslant d_{a_2}+m$
中心距 a	$a=\frac{1}{2}(d_1+d_2)=m(q+z_2)/2$	宽度 b	当 $z_1\leqslant3$，$b\leqslant0.75d_{a_1}$ 当 $z_1=4$，$b\leqslant0.67d_{a_1}$
齿顶圆弧面半径 r_g	$r_g=\frac{d_{f_1}}{2}+0.2m=\frac{d_1}{2}-m$	蜗轮齿宽角 $2\gamma'$	$2\gamma'=45°\sim130°$
齿根圆弧面半径 r_f	$r_f=\frac{d_{a_1}}{2}+0.2m=\frac{d_1}{2}+1.2m$		

12.3.2　蜗杆、蜗轮的画法

蜗轮通常用剖视图来表示如图 12-21*a*。蜗杆一般用一个主视图和表示轴向齿形的断

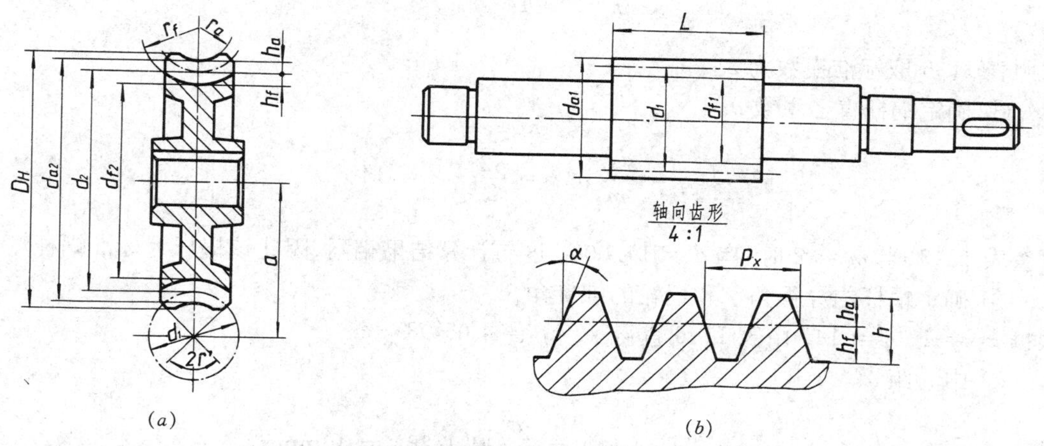

图 12-21　蜗轮、蜗杆的主要尺寸

面图来表示如图 12-21*b*。蜗杆、蜗轮轮齿部分的画法均与圆柱齿轮类同。图 12-22*a* 为蜗杆、蜗轮啮合的剖视图画法，当剖切平面通过蜗轮轴线并与蜗杆轴线垂直时，蜗杆齿顶用粗实线绘制，蜗轮齿顶用虚线绘制或省略不画。图 12-22*b* 为蜗杆、蜗轮啮合的外形视图画法。

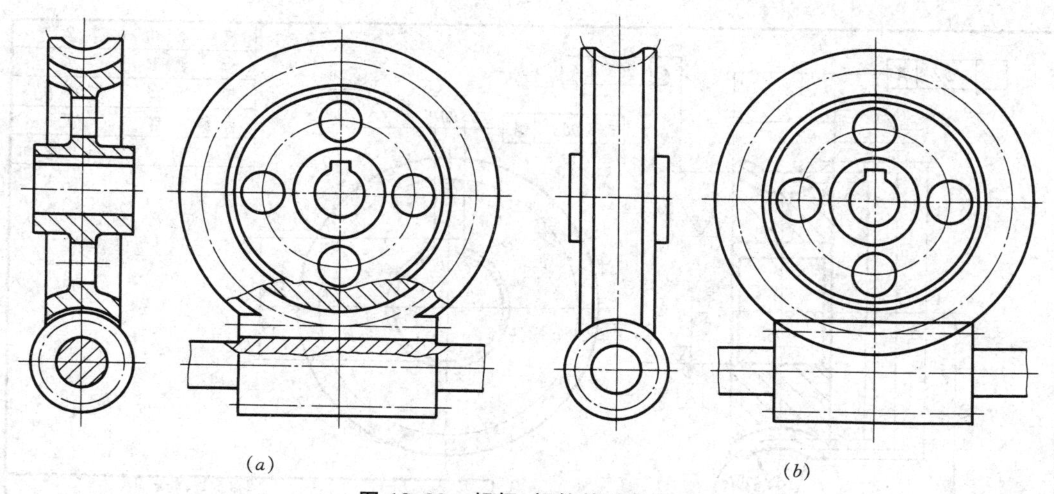

图 12-22　蜗杆、蜗轮的啮合画法

12.3.3　蜗杆、蜗轮的测绘

测绘蜗杆、蜗轮时，首先要确定下列一些参数：模数 m、蜗杆直径系数 q、蜗杆导程角 γ、蜗轮螺旋角 β 及中心距 a。今以测绘图 12-1 所示减速箱传动系统中的一对蜗杆、蜗轮为例，说明其测绘的一般方法和步骤。

① 数出蜗杆头数 $z_1 = 1$，蜗轮齿数 $z_2 = 26$。量得蜗杆齿顶圆直径 $d_{a_1} = 32\text{mm}$，测得 $4p_x = 25\text{mm}$（图 12-23），$p_x = 25/4 = 6.25\text{mm}$。

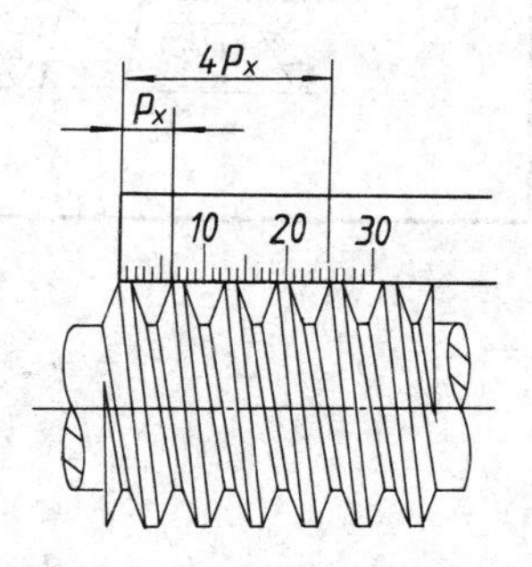

图 12-23　测量轴向齿距

② 确定模数 m。

$$m=\frac{p_x}{\pi}=\frac{6.25}{3.14}=1.99\text{mm}$$

对照表 11-5 取标准模数为 2。

③ 确定蜗杆直径系数 q。

$$q=\frac{d_{a_1}}{m}-2=\frac{32}{2}-2=14$$

再查表 12-5，当 $m=2$ 时，有 $q=14.000$，这与计算结果相同，因此该蜗杆为标准蜗杆。

④ 确定蜗杆的导程角 γ 和蜗轮的螺旋角 β。

根据 $z_1=1$，$q=14$，由表 11-6 查得 $\gamma=\beta=4°05'08''$。

⑤ 中心距 a。

$$a=\frac{m}{2}(q+z_2)=\frac{2}{2}(14+26)=40\text{mm}$$

⑥ 根据以上参数计算轮齿各部分尺寸(略)。

⑦ 测量其他部分尺寸，画出该蜗轮、蜗杆的工作图(图 12-24、12-25)，其尺寸标注如图所示。

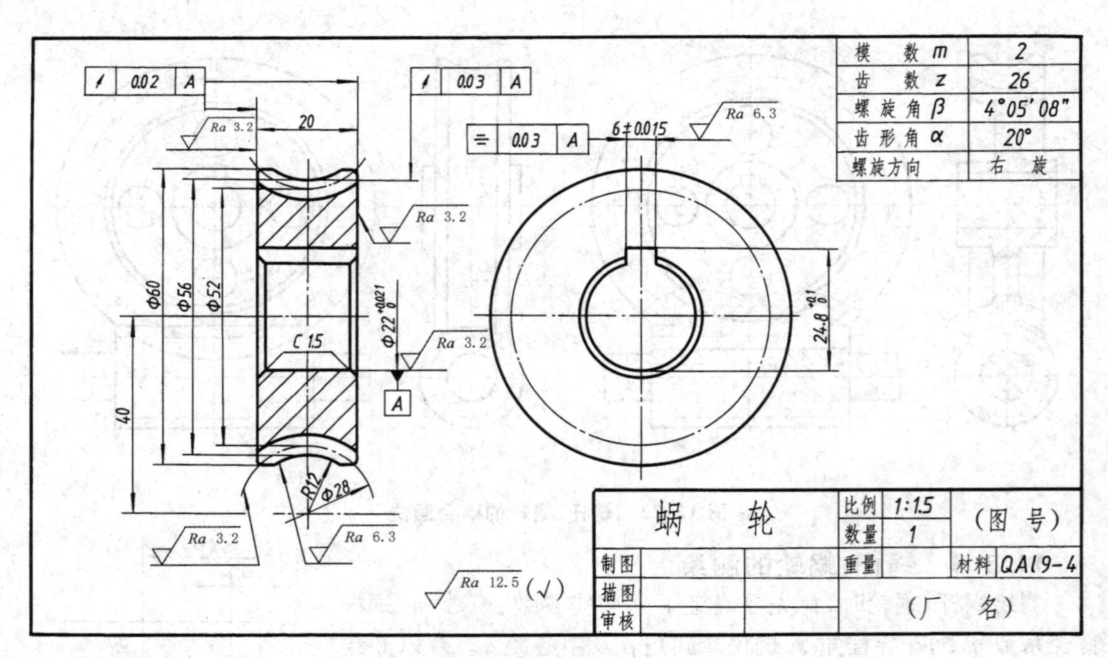

图 12-24　蜗轮工作图

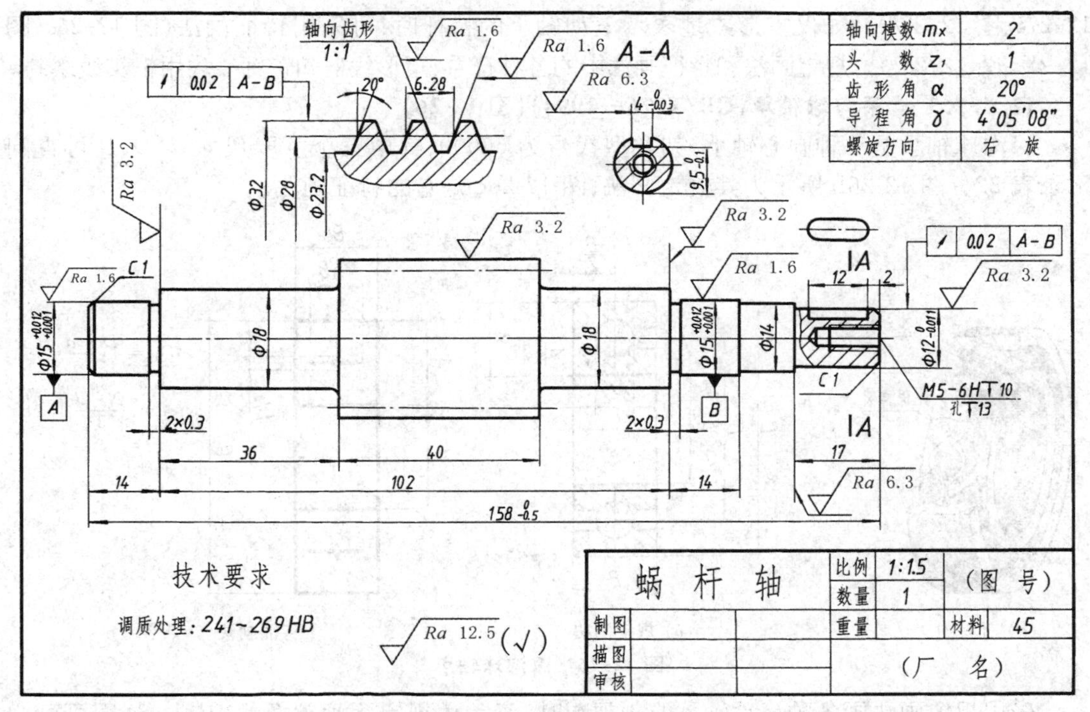

图 12-25 蜗杆工作图

12.4 滚动轴承的表示法

支承轴的零件称为**轴承**。轴承可分为滑动轴承和滚动轴承两类,滚动轴承的摩擦损失少,所以被广泛地采用。如彩色插页图Ⅱ中,蜗轮轴、蜗杆轴及锥齿轮轴上都装有滚动轴承,轴承外圈一般以间隙配合安装在减速箱的轴承孔座内,轴承内圈紧装在轴上,与轴一起转动。滚动轴承的类型和规格很多,它们都是标准件,因此只需用规定的标记表达它的种类、型式和规格尺寸。本书仅介绍其中最常用的三种滚动轴承及其最常用的几种系列,其他各种轴承可查阅有关滚动轴承手册。

滚动轴承的结构,基本上由下列元件组成(图 12-26*a*、图 12-27*a*、图 12-28*a*):

(1) 外(上)圈和内(下)圈。

(2) 滚动体——有球、圆柱滚子、圆锥滚子、滚针等,排列在内、外圈(上、下圈)之间。

(3) 保持架——用以将滚动体隔开,并保证其相互间的位置。

滚动轴承按内部结构和承受载荷方向的不同分为三类:

(1) 主要承受径向载荷的轴承称向心轴承(图 12-26*a*)。

(2) 只能承受轴向载荷的轴承称推力轴承(图 12-27*a*)。

(3) 能同时承受径向和轴向载荷的轴承称为向心推力轴承(图 12-28*a*)。

12.4.1 常用滚动轴承的型式和规定表示法、特征表示法

在装配图中如需确切地表示滚动轴承的形状和结构,可采用规定画法(图 12-26*b*、图

12-27*b*、图 12-28*b*)。如仅需形象地表示滚动轴承的特征时,可采用特征画法(图 12-26*c*、图 12-27*c*、图 12-28*c*)。规定画法和特征画法中的各种符号、矩形线框和轮廓线均用粗实线绘制。

12.4.1.1 深沟球轴承(GB/T276—1994)(图 12-26)

深沟球轴承是一种向心轴承,其类型代号为 60000,其中三个主要尺寸 d、D、B 可查阅附录表 22。图 12-26b 所示为其规定画法;图 12-26c 是它的特征画法。

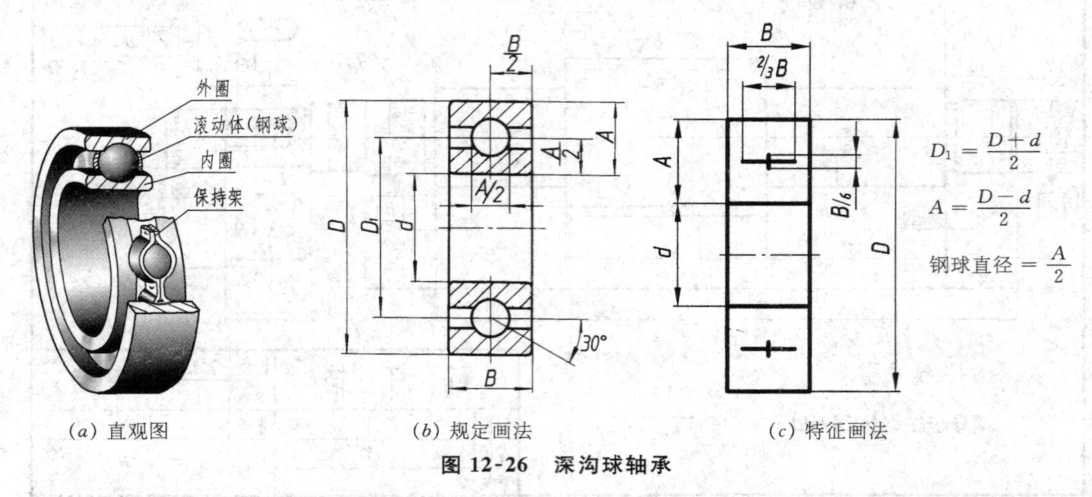

(*a*) 直观图 (*b*) 规定画法 (*c*) 特征画法

图 12-26 深沟球轴承

采用规定画法画各种滚动轴承的剖视图时,滚动体规定不画剖面线,其内、外圈可画成方向和间隔相同的剖面线,保持架在图上省略不画。

12.4.1.2 推力球轴承(GB/T301—1995)(图 12-27)

图示推力球轴承是一种只能承受单方向轴向载荷的推力轴承,其类型代号为 50000,其四个主要尺寸 d、d_1、D、T 可查阅附录表 23。图 12-27b 所示为其规定画法;图 12-27c 是它的特征画法。

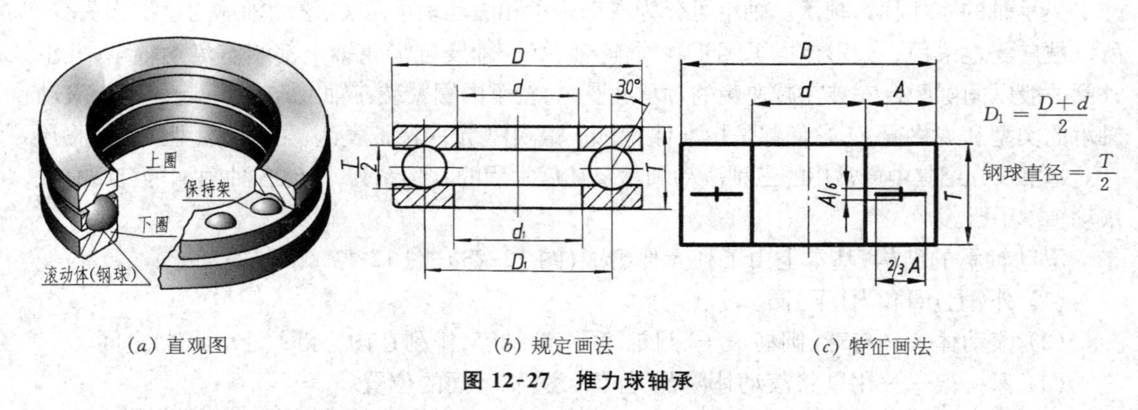

(*a*) 直观图 (*b*) 规定画法 (*c*) 特征画法

图 12-27 推力球轴承

12.4.1.3 圆锥滚子轴承(GB/T297—1994)(图 12-28)

圆锥滚子轴承是一种向心推力轴承,其类型代号为 30000,其中六个主要尺寸 d、D、T、B、C 可查阅附录表 24。图 12-28*b* 为其规定画法,其中圆锥滚子可近似画成圆柱体,α 角不必按表查尺寸画,可一律近似画成 15°。图 12-28c 为其特征画法。

12.4.2 滚动轴承基本代号

因为滚动轴承是标准件,各种类型及尺寸等均由代号表示。滚动轴承的代号由基本代

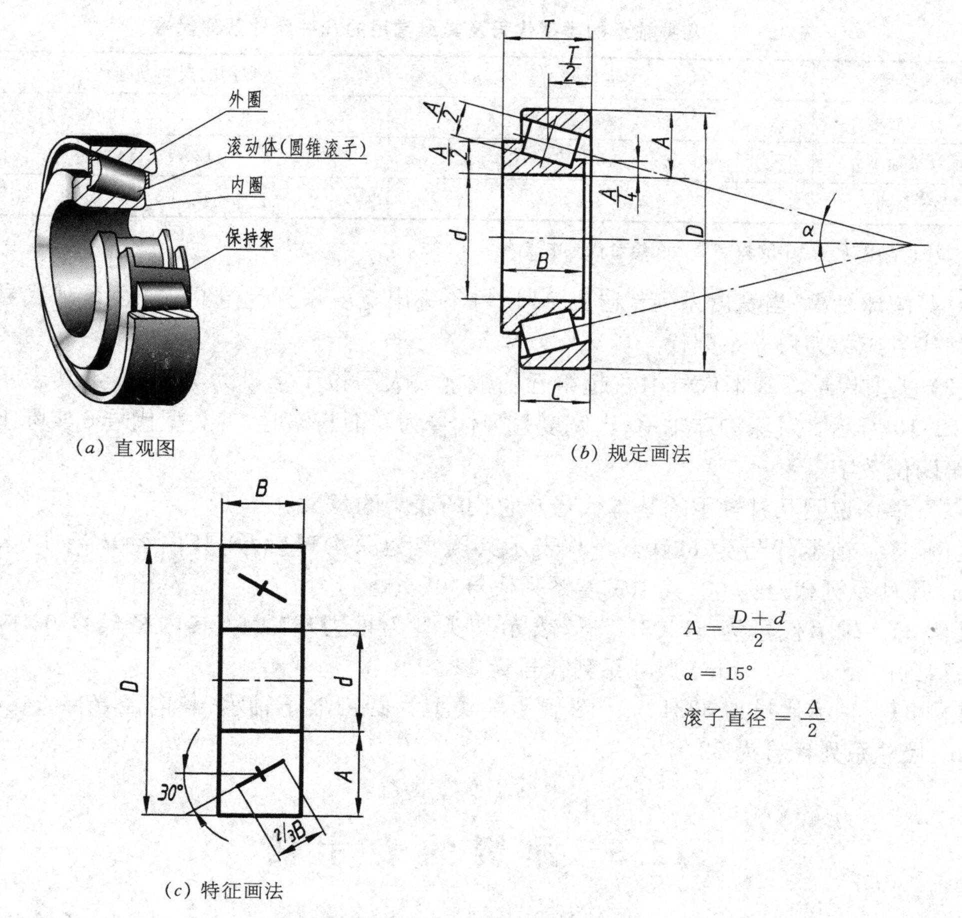

(a) 直观图　(b) 规定画法　(c) 特征画法

图 12-28　圆锥滚子轴承

号、前置代号、后置代号构成。由于滚动轴承的种类及结构繁多,代号涉及许多因素,可详见有关滚动轴承的标准。本书仅介绍上述三种轴承的基本代号。基本代号用一组数字表示轴承的内径、尺寸系列和类型。

(1) 内径代号。基本代号中右起第一、二位数字为内径代号。对常用内径 $d = 20 \sim 480$mm 的轴承,内径一般为 5 的倍数,故内径代号的两位数字用轴承内径 d 被 5 除所得的商数来表示;对内径 $d = 10 \sim 17$mm 的四种轴承,则不按上述规律,其内径代号如表 12-10 所示。

表 12-10　内径代号的表示法

内 径 代 号	00	01	02	03	04 以上
内径数值(mm)	10	12	15	17	将代号数字乘以 5 即为内径数值

(2) 尺寸系列代号。基本代号中右起第三位数字为直径系列代号,用以区分结构及内径相同而外径不同的轴承。右起第四位数字为宽度系列代号,用以区分内、外径相同而宽度(高度)不同的轴承。

本书附录表 22、23、24 所列出的上述三种轴承中最常用的几种尺寸系列代号如表 12-11,其余从略。

表 12-11 几种轴承的类型代号及其最常用的几种尺寸系列代号

轴承类型	类型代号	常用的尺寸系列代号
深沟球轴承	6	(0)2, (0)3, (0)4
推力球轴承	5	12, 13, 14
圆锥滚子轴承	3	02, 03, 22

注：表中"( )"中的数字表示在组合代号中省略。

对深沟球轴承，当宽度系列代号为0时，可不标出宽度系列代号0。直径系列代号和宽度系列代号统称为尺寸系列代号。

(3) 类型代号。基本代号中右起第五位数字或大写拉丁字母为类型代号，其表示方法如表12-10所示。对深沟球轴承，当宽度系列代号为0而省略时，其类型代号6实际上变为右起第四位数字。

以下举例说明几种轴承的基本代号及它们所表示的意义。

【例1】 轴承代号为6210。 6表示其类型为深沟球轴承，其内径 $d = 10 \times 5 = 50$mm，尺寸系列代号为02，其中宽度系列代号"0"省略。

【例2】 轴承代号为51203。 5表示其类型为推力球轴承，其内径代号03应查表11-9，得到内径 $d = 17$mm，尺寸系列代号为12。

【例3】 轴承代号为32214。 3表示其类型为圆锥滚子轴承，其内径 $d = 14 \times 5 = 70$mm，尺寸系列代号为22。

12.5 弹簧的表示法

弹簧可用来减振、夹紧、承受冲击、储存能量(如钟表发条)和测力等。其特点是受力后能产生较大的弹性变形，去除外力后能恢复原状。常用的螺旋弹簧按其用途可分为**压缩弹簧**(图12-29*a*)、**拉伸弹簧**(图12-29*b*)和**扭力弹簧**(图12-29*c*)。下面仅介绍螺旋压缩弹簧有关的尺寸计算和画法。

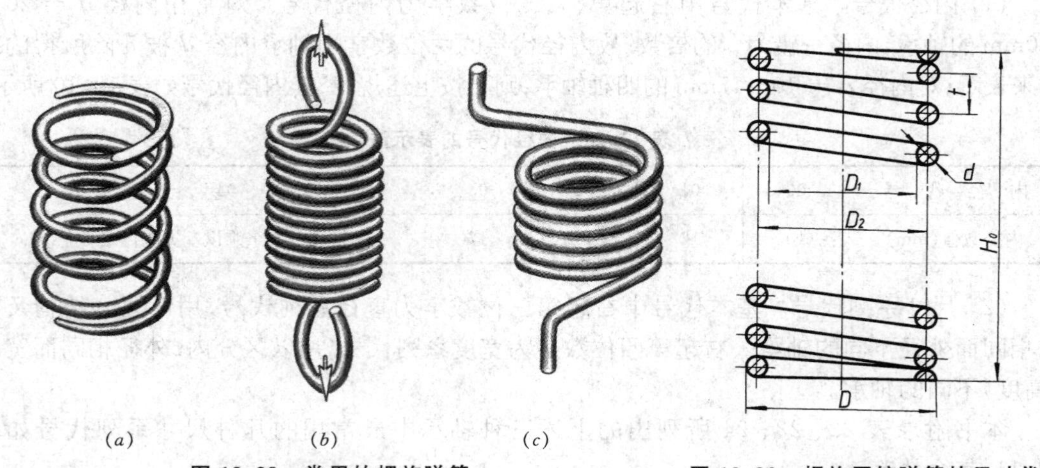

图12-29 常用的螺旋弹簧

图12-30 螺旋压缩弹簧的尺寸代号

12.5.1　螺旋压缩弹簧的参数名称和尺寸计算

关于螺旋压缩弹簧参数的名称及代号(图12-30)如下：

(1) 线径 d:弹簧丝直径。

(2) 外径 D: 弹簧的最大直径，$D = D_2 + d$。

内径 D_1:弹簧的最小直径，$D_1 = D - 2d$。

中径 D_2:弹簧的平均直径，$D_2 = \frac{D + D_1}{2}$。

(3) 节距 t:除支承圈外，相邻两圈沿轴向的距离。

(4) 有效圈数(工作圈数)n、支承圈数 n_2 和总圈数 n_1。为了使压缩弹簧工作时受力均匀，保证中心线垂直于支承端面，两端常并紧且磨平。这部分圈数仅起支承作用，故称支承圈。压缩弹簧除支承圈外，保证相等节距的圈数称有效圈数，有效圈数和支承圈数之和称总圈数，即：

$$n_1 = n + n_2$$

支承圈数为1.5～2.5圈，2.5圈用得较多，即两端各并紧1/2圈，且磨平3/4圈。

(5) 自由高度(或长度)H_0:弹簧在不受外力时的高度(长度)。

$$H_0 = nt + (n_2 - 0.5)d$$

当 $n_2 = 1.5$ 时，$H_0 = nt + d$；$n_2 = 2$ 时，$H_0 = nt + 1.5d$；$n_2 = 2.5$ 时，$H_0 = nt + 2d$。

(6) 弹簧展开长度 L:制造时弹簧丝的长度。

$$L = n_1\sqrt{(\pi D_2)^2 + t^2} \quad 或 \quad L = \frac{\pi D_2 n_1}{\cos\alpha}$$

式中　α——螺旋升角

$$\alpha = \arctan\frac{t}{\pi D_2}$$

12.5.2　螺旋压缩弹簧的规定表示法

螺旋压缩弹簧的剖视图表示法如图12-31a所示，其视图画法如图12-31b。螺旋弹簧在平行于轴线的投影面上的图形，其各圈的轮廓应画成直线。有效圈数为4圈以上的螺旋弹簧，两端可只画1～2圈(支承圈不计在内)，中间部分可以省略。圆柱螺旋弹簧中间部分省略后，允许适当缩短图形的长度。螺旋弹簧均可画成右旋，但左旋螺旋弹簧，不论画成左旋或右旋，要在技术要求中注明旋向为左旋或在右上方的参数表中注明。

在装配图中，被弹簧挡住的结构一般不画出。可见部分应从弹簧的外轮廓线或从弹簧丝剖面区域的中心线画起(图12-32a)。当弹簧被剖切时，簧丝剖面区域的直径或厚度在图形上等于或小于2mm时可以用涂黑表示。线径或厚度在图形上等于或小于2mm的螺旋弹簧允许用示意图绘制(图12-32b)，示意图适合于装配图或机构运动简图，不适合于零件图表示。

下面举例说明螺旋压缩弹簧的作图步骤：

【例】 已知簧丝直径 d=6mm；外径 D=50mm；节距 t=12.3mm；有效圈数 n=6；支承圈数 n_0=2.5；右旋。

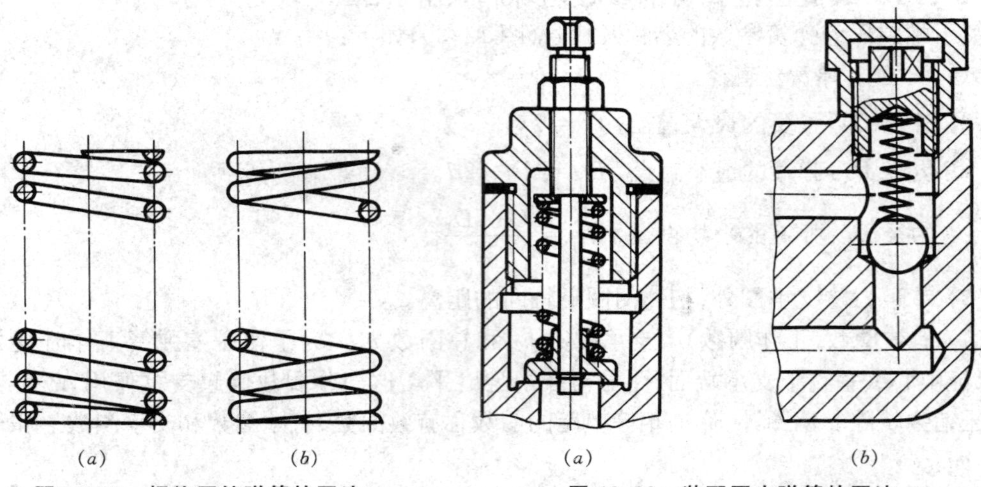

图 12-31 螺旋压缩弹簧的画法

图 12-32 装配图中弹簧的画法

计算：总圈数 $n_1 = n + n_0 = 6 + 2.5 = 8.5$

自由长度 $H_0 = nt + 2d = 6 \times 12.3 + 2 \times 6 = 85.8\text{mm}$

中径 $D_2 = D - d = 50 - 6 = 44\text{mm}$

具体的作图步骤如图 12-33 所示：根据 D_2 作出中径（两平行中心线）并定出自由高度 H_0（图 12-33a）；画出支承圈部分，直径与簧丝直径相等的圆（图 12-33b）；画出有效圈数部分，直径与簧丝直径相等的圆（图 12-33c）；按右旋方向作相应圆的公切线，再加画剖面线，即完成作图（图 12-33d）。

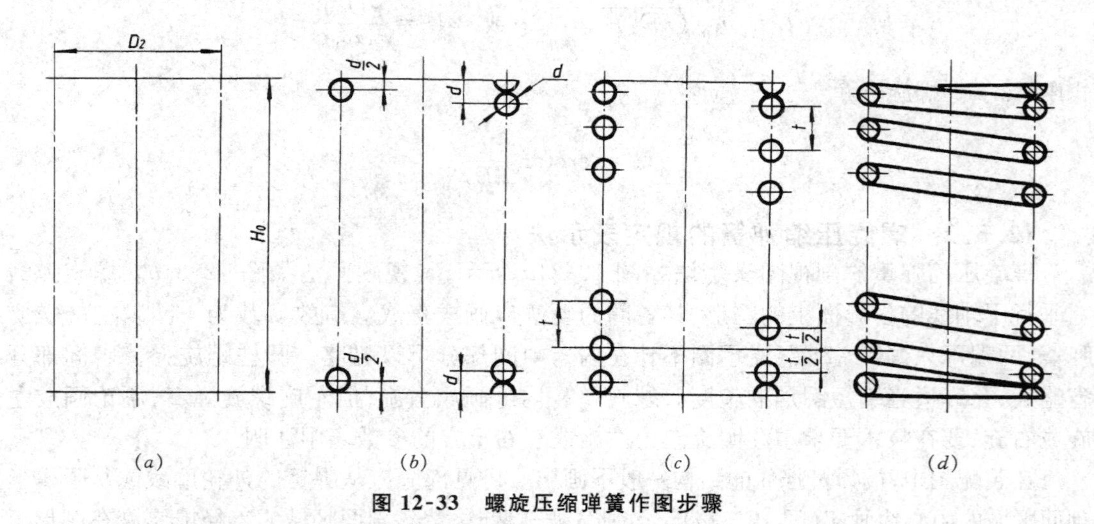

图 12-33 螺旋压缩弹簧作图步骤

不同支承圈数的压缩弹簧一般均按支承圈为 2.5 圈的形式绘制，但必须注上实际的尺寸和参数。必要时允许按支承圈的实际结构绘制。

弹簧的参数应直接标注在图形上，若直接标注有困难，可在图纸的右上方列出参数表或在技术要求中说明。当需要表明弹簧负荷与长度（或扭转角度）之间的变化关系时，必须用图解表示，称为弹簧的**示性线**。圆柱螺旋压缩弹簧的示性线画成直线（图 12-34）。

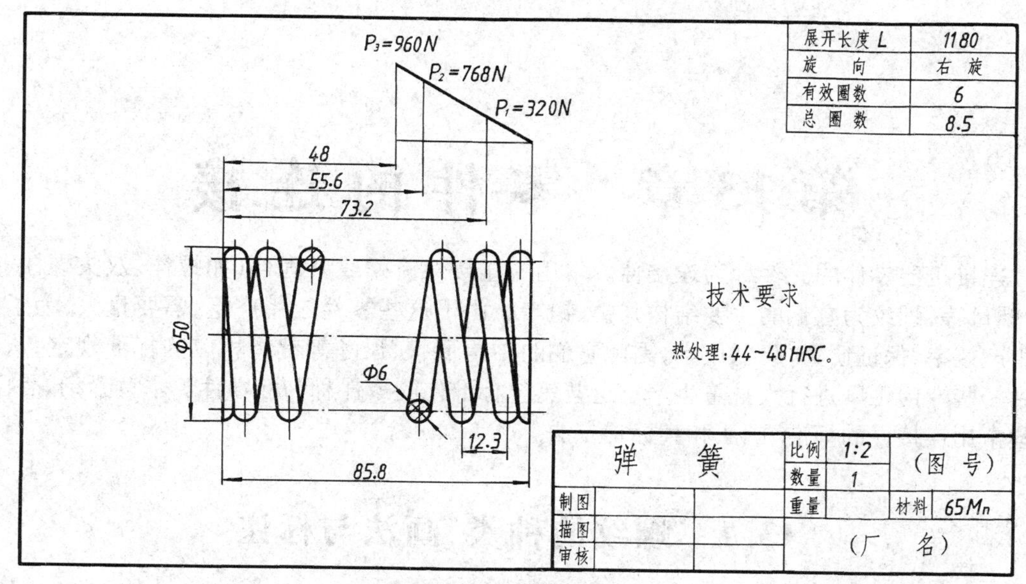

图 12-34　压缩弹簧工作图

思考练习题

一、判断题

1. 齿轮的模数较大,则齿轮的齿宽、齿距、齿高都越大。(　　)
2. 一对齿轮传动,大齿轮转速快,小齿轮转速慢。(　　)
3. 圆柱斜齿轮的标准模数是轮齿的法向模数。(　　)
4. 直齿锥齿轮的标准模数是平均直径处模数。(　　)
5. 一对相互啮合的蜗杆蜗轮,蜗杆的导程角 γ 和蜗轮螺旋角 β 大小相等、旋向相同。(　　)
6. 左旋螺旋压缩弹簧可以画成右旋,但必须注明左旋。(　　)

二、填空题

1. 标准直齿圆柱齿轮的模数为 m,则其齿顶高 $h_a=$______________;齿根高 $h_f=$______________;全齿高 $h=$______________。

2. 一对标准齿轮啮合部分剖视表示法:分度数(节线)重合,用______________画出;齿根线均用______________画出;主动轮的齿顶线用______________画出;从动齿轮的齿顶线用______________画出或省略不画。

3. 当需求表示斜齿轮的轮齿方向时,可在未剖处用三条与齿向一致的______表示。

4. 直齿锥齿轮的模数为 m,则其齿顶高 $h_a=$______________;齿根高 $h_f=$______________;全齿高 $h=$______________。

5. 滚动轴承按内部结构和承受载荷方向的不同,分为三类:(1)______________;(2)______________;(3)______________。

6. 滚动轴承代号为 30311,3 表示其类型为______________;03 为______________;内径为______________mm。

7. 压缩弹簧的总圈数等于______________和______________之和。

第 13 章　零件的连接

连接机器零件的元件称为**连接件**。常用的连接件有螺纹紧固件(如螺栓、双头螺柱、螺钉、螺母等,螺纹为它们的主要结构)、键、销等。由于这些零件应用广泛,需要量大,为了提高生产效率、保证质量、降低成本,因此它们的结构形状、尺寸等都有相应的标准规定,从而可由一些专门工厂进行大批量生产。这些完全标准化的零件称为**标准件**。本章介绍螺纹及一些常用连接件的标准、画法和其标记方法。

13.1　螺纹的种类、画法与标注

螺纹是零件上常见的一种起连接作用或传动作用的结构,有外螺纹和内螺纹两种,均成对使用。起连接作用的螺纹称**连接螺纹**;起传动作用的螺纹称**传动螺纹**。

螺纹是根据螺旋线的形成原理制造的。图 13-1 为车削外螺纹的情况,工件绕轴线作等速回转运动,刀具沿轴线作等速移动且切入工件一定深度即能切削出螺纹。图 13-2 为加工内螺纹的一种方法,先用钻头钻孔,再用丝锥攻丝,H_2 为钻孔深度,H_1 为完整螺纹的长度,t 为不完整螺纹(又称螺尾)的长度。

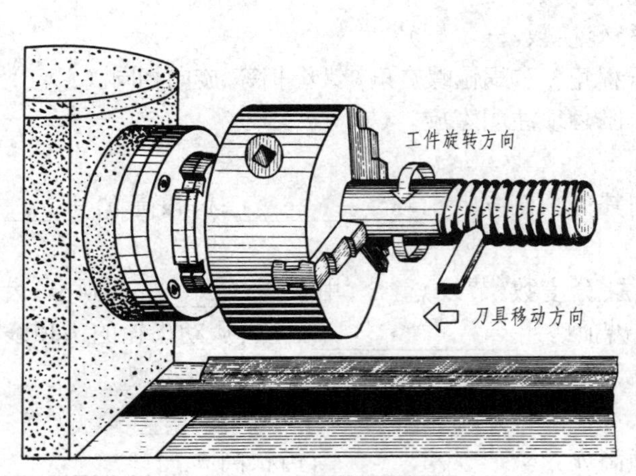

图 13-1　车削外螺纹

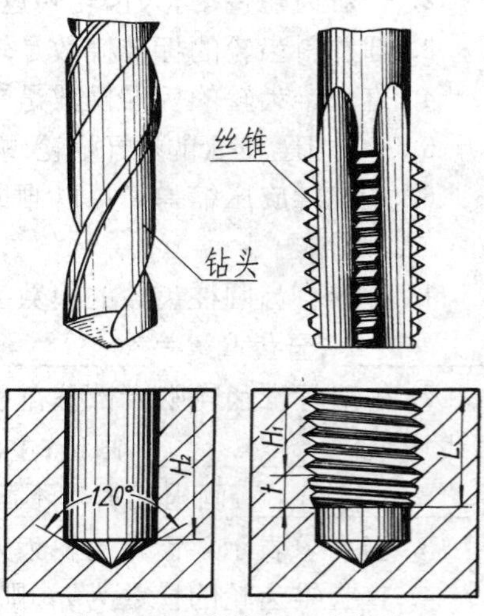

图 13-2　丝锥加工内螺纹

13.1.1　螺纹的基本要素与种类

螺纹的基本要素主要是牙型、直径、螺距、导程、线数和旋向。螺纹的种类很多,国家标准规定了一些标准的牙型、公称直径和螺距,凡是这些要素都符合标准的称为**标准螺纹**。牙型符合标准,但公称直径或螺距不符合标准的称为**特殊螺纹**;牙型不符合标准的称为**非标准螺纹**。下面介绍螺纹主要的基本要素。

13.1.1.1 牙型

螺纹牙型是指通过螺纹轴线的剖切平面截切而得的螺纹轮廓形状，常按牙型的不同来区分螺纹的种类。常用的标准牙型见表13-1。

(1) 普通螺纹。普通螺纹是常用的连接螺纹，牙型为等边三角形，牙型角为60°，螺纹的特征代号为M。普通螺纹又分为粗牙和细牙。它们的特征代号相同，当螺纹大径相同时，细牙螺纹的螺距和牙型高度较粗牙小。一般连接都采用粗牙螺纹、细牙螺纹适用于薄壁零件的连接。普通螺纹的标准摘录见附录表3。

(2) 管螺纹。管螺纹主要用于各种管道的连接，其牙型均为三角形，英制的管螺纹有以下几种：

① 非螺纹密封管螺纹。这种螺纹的牙型角为55°，特征代号为G，它的内、外螺纹都是圆柱螺纹，内、外螺纹旋合后螺纹副本身并不具有密封性，另加密封结构(如在管子端面上加压紧的密封垫圈)后，可具有可靠的密封性能，可用于较高压力的管路系统。非螺纹密封管螺纹也可用于电线管等不需要密封的管连接。非螺纹密封管螺纹的外螺纹，根据制造精度不同又分为A级(精度较高)和B级两种，而内螺纹无A、B级之分。

② 用螺纹密封管螺纹。这种螺纹的牙型角亦为55°，外螺纹加工在锥度为1∶16的外圆锥面上，特征代号为R。与其相旋合的内螺纹可以刻制在同样锥度的内圆锥面上，称为圆锥内螺纹，特征代号为R_c；也可刻在内圆柱面上，称为圆柱内螺纹，特征代号为R_p。用螺纹密封的管螺纹连接可以是圆锥内螺纹R_c和圆锥外螺纹R相连接；也可以是圆柱内螺纹R_p和圆锥外螺纹R相连接。这两种连接方式都具有一定密封能力，日常生活中的水管、煤气管等都用这种方式连接。

③ 60°密封管螺纹。这种螺纹牙型角为60°，内螺纹有圆锥内螺纹和圆柱内螺纹两种，外螺纹仅有圆锥外螺纹一种。内、外螺纹可组成两种密封配合形式：圆锥内螺纹和圆锥外螺纹组成“锥/锥”配合；圆柱内螺纹与圆锥外螺纹组成“锥/柱”配合。60°密封管螺纹如在螺纹表面上缠上胶布或涂上密封胶，能确保密封的可靠性，适用于管子、阀门、管接头等的密封螺纹连接。这种螺纹的内、外圆锥管螺纹的特征代号为NPT；圆柱内螺纹的特征代号为NPSC。60°密封管螺纹常用于汽车、航空、机床行业的液压与气压系统。60°密封管螺纹的标准摘录见附录表4。

(3) 梯形螺纹。梯形螺纹为常用的传动螺纹。牙型为等腰梯形，牙型角为30°，特征代号为T_r。

以上几种螺纹，在图样上一般只要标注螺纹的特征代号即能区别出各种牙型。

13.1.1.2 直径

螺纹的直径有三个：**大径**(d 或 D)、**小径**(d_1 或 D_1)、**中径**(d_2 或 D_2)，如图13-3所示。普通螺纹和梯形螺纹的大径又是**公称直径**。螺纹的**顶径**是牙顶圆的直径，即外螺纹的大径，内螺纹的小径；螺纹的**底径**是牙底圆的直径，即外螺纹的小径，内螺纹的大径。

13.1.1.3 线数

螺纹有单线和多线之分。沿一根螺旋线形成的螺纹称**单线螺纹**(图13-4*a*)；沿两根以上螺旋线形成的螺纹称**多线螺纹**(图13-4*b*)。连接螺纹大多为单线螺纹。

13.1.1.4 螺距和导程

螺纹相邻两个牙型在中径线上对应两点间的轴向距离称螺距。沿同一条螺旋线上相邻两个牙型在中径线上对应两点间的轴向距离称**导程**(图13-4)。单线螺纹的螺距等于导程，

表 13-1 螺纹特征代号与标注

螺纹类别		外形图	螺纹特征代号	标记方法	标注图例	说明*
连接螺纹	粗牙普通螺纹	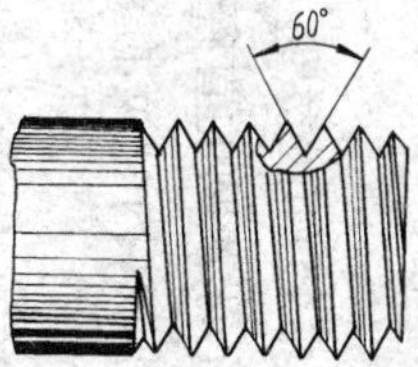 60°	M	M12—6h—S 短旋合长度代号 外螺纹中径和顶径（大径）公差带代号 公称直径(大径) 特征代号	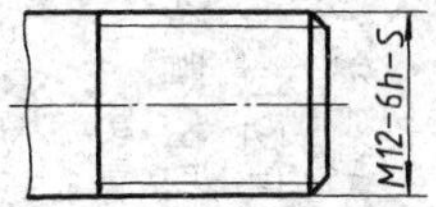 M12-6h-S	粗牙普通螺纹不标注螺距
	细牙普通螺纹	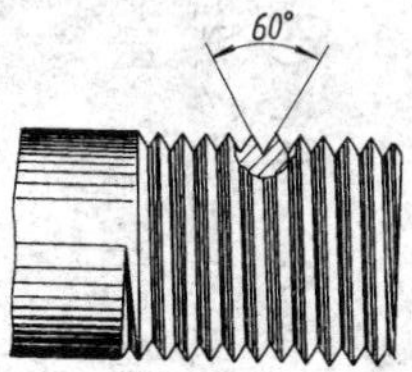 60°		M20×2LH-6H 内螺纹中径和顶径（小径）公差带代号 左旋 螺距 公称直径(大径) 特征代号	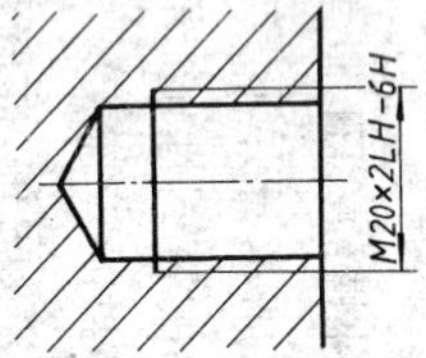 M20×2LH-6H	细牙普通螺纹必须注明螺距
	非螺纹密封管螺纹	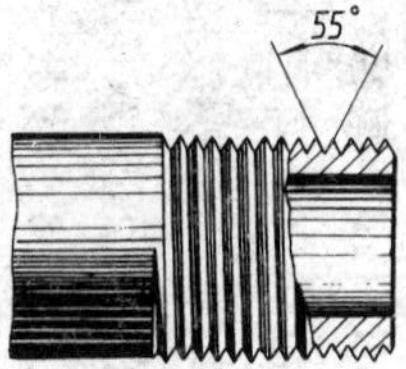 55°	G	G1A 外螺纹公差等级代号 尺寸代号 特征代号	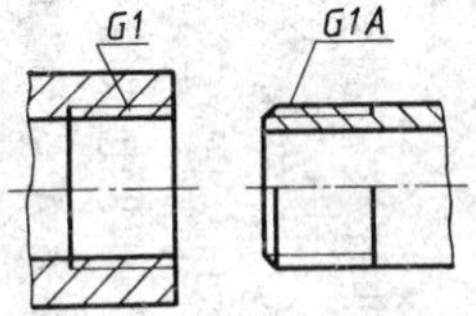 G1　G1A	外螺纹公差等级代号有A、B两种,内螺纹公差等级仅一种,不必标注其代号

（续表）

螺纹类别		外形图	螺纹特征代号	标记方法	标注图例	说明*
连接螺纹	螺纹密封管螺纹	1:16　55°	R_c R_p R	R1/2 尺寸代号 特征代号	Rc 1/2　R1/2	圆锥内螺纹特征代号——R_c 圆柱内螺纹特征代号——R_p 圆锥外螺纹特征代号——R
	60°密封管螺纹	1:16　60°	NPT NPSC	内、外圆锥管螺纹 NPT3/4 尺寸代号 特征代号 圆柱内螺纹 NPSC3/4 尺寸代号 特征代号	NPT 3/4	内、外圆锥60°密封管螺纹特征代号——NPT 内圆柱60°密封管螺纹特征代号——NPSC
传动螺纹	梯形螺纹	30°	Tr	Tr22×10(P5)-7e-L 长旋合长度代号 外螺纹中径公差带代号 螺距 导程 公称直径(大径) 特征代号	Tr22×10(P5)-7e-L	梯形螺纹螺距或导程必须注明

* 螺纹标记方法的详细规定见“螺纹的标注”。

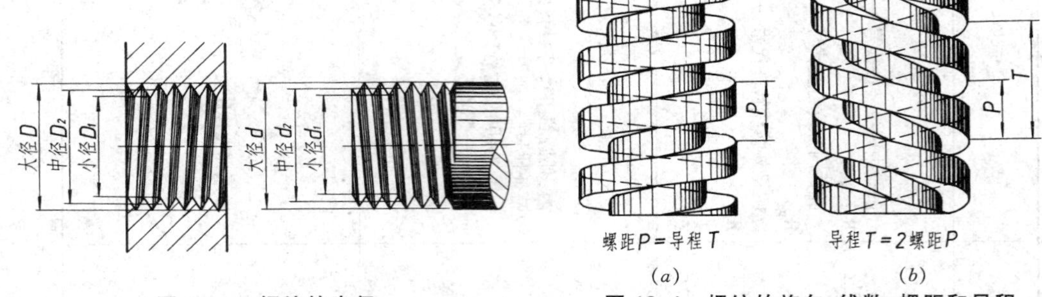

图 13-3 螺纹的直径

图 13-4 螺纹的旋向、线数、螺距和导程

多线螺纹的螺距乘以线数等于导程。

13.1.1.5 螺纹的旋向

螺纹有右旋和左旋之分。当螺纹旋进时为顺时针方向旋转的，称**右旋螺纹**；为逆时针方向旋转的，称**左旋螺纹**。与螺旋线一样，如将螺纹竖起来看，螺纹可见部分向右上升的是右旋螺纹(图 13-4*a*)，向左上升的是左旋螺纹(图 13-4*b*)。

13.1.2 螺纹的画法

螺纹是标准结构，在图样上并不按其真实的投影来画，而按国家标准的规定画法来表达。

13.1.2.1 外螺纹的画法(图 13-5)

画外螺纹时，在反映螺纹轴线的视图上，螺纹的牙顶(即螺纹大径)用粗实线表示；牙底(即螺纹小径)用细实线表示，在螺杆的倒角部分内也应画出。有效螺纹的终止界线(简称螺纹终止线)用粗实线表示(图 13-5*a*)。当需要表示螺尾时，螺尾部分牙底用与轴线成 30°的细实线画出，但一般均可省略不画。在投影为圆的视图上，螺纹的牙顶圆(大径)用粗实线圆表示，牙底圆(小径)用约 3/4 圈的细实线圆表示(空出约 1/4 圈的位置不作规定)，倒角圆的投影省略不画。对粗牙普通螺纹，一般近似地取小径 ≈ 0.85 大径。

图 13-5*b* 表示管子上外螺纹的剖开的画法。

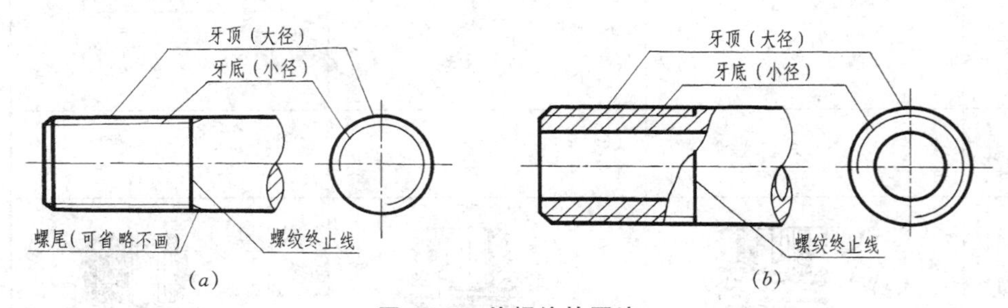

图 13-5 外螺纹的画法

13.1.2.2 内螺纹的画法(图 13-6、图 13-7)

画内螺纹时，反映螺纹轴线的视图通常画成剖视图，螺纹的牙底(即螺纹大径)用细实线表示，牙顶(即螺纹小径)用粗实线表示。在投影为圆的视图上，螺纹的牙底圆(大径)用约 3/4 圈的细实线圆表示，牙顶圆(小径)用粗实线圆表示(图 13-6*a*)。绘制不穿通的螺孔时，一般应将钻孔深度和螺孔深度(即螺纹部分的深度)分别画出，螺纹终止线用粗实线表示(图 13-6*b*)。螺尾画法与外螺纹相同，一般也省略不画。钻孔底部的锥顶角按 120°绘出，使与钻头头部的角度相近似。由于此锥顶角部分是采用钻头钻孔时不可避免产生的工艺结构，故

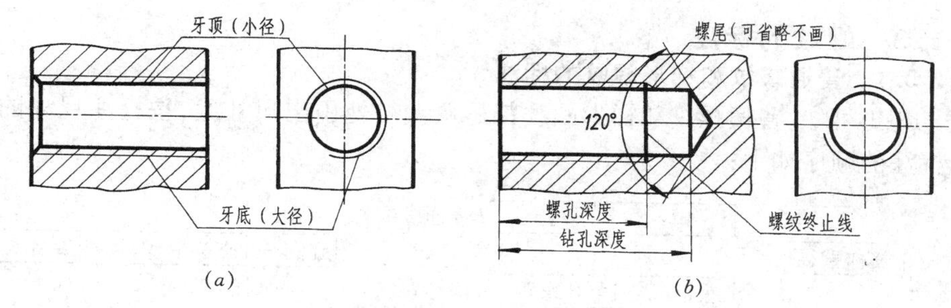

图 13-6 内螺纹的画法

钻孔的深度并不包括此锥顶角部分。

无论是外螺纹或内螺纹，在剖视图或断面图中的剖面线都应画到粗实线为止(图 13-5*b* 和图 13-6*a*、*b*)。不可见螺纹的所有图线均用虚线绘制(图 13-7)。

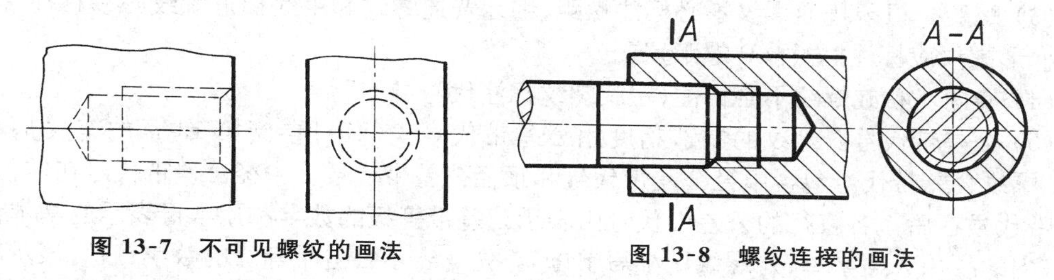

图 13-7 不可见螺纹的画法

图 13-8 螺纹连接的画法

13.1.2.3 螺纹连接的画法

用剖视图表示内、外螺纹的连接时，其旋合部分应按外螺纹的画法绘制，其余部分仍按各自的画法表示(图 13-8)。

13.1.2.4 圆锥螺纹的画法

画圆锥内、外螺纹时，在投影为圆的视图上，不可见端面牙底圆的投影省略不画，当牙顶圆的投影为虚线圆时，可省略不画(图 13-9)。

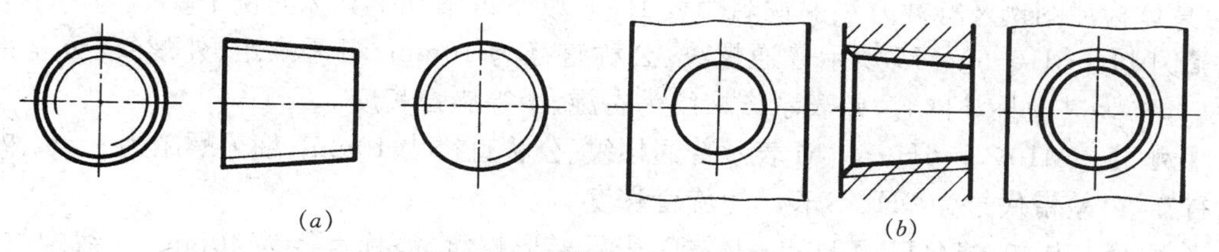

图 13-9 圆锥内、外螺纹的画法

13.1.2.5 螺纹牙型的表示法

当需要表示螺纹牙型时，可按图 13-10 的形式绘制。

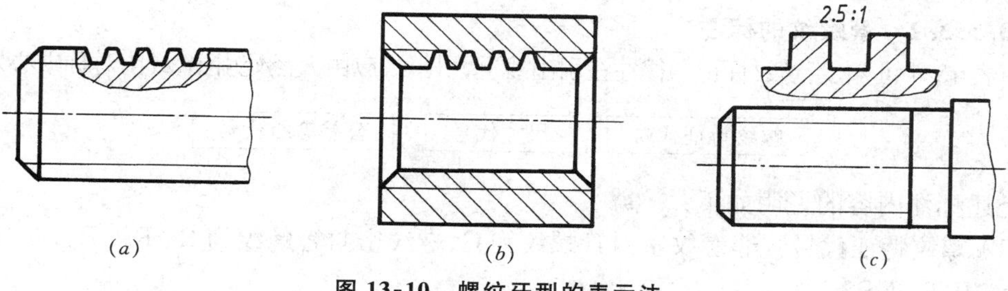

图 13-10 螺纹牙型的表示法

13.1.3　螺纹的标注

13.1.3.1　普通螺纹和梯形螺纹的标注

由表13-1可知，普通螺纹和梯形螺纹都是从大径处引出尺寸线，按标注尺寸的形式进行标注，标注的顺序如下：

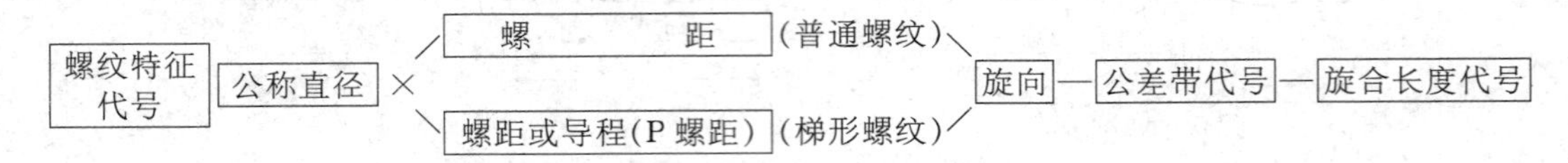

上述标注内容的说明如下：

(1) 螺纹特征代号。普通螺纹为M，梯形螺纹为T_r。

(2) 公称直径。普通螺纹和梯形螺纹的公称直径均为螺纹的大径。

(3) 螺距。粗牙普通螺纹不必标注螺距，细牙普通螺纹和单线梯形螺纹必须标注螺距，多线梯形螺纹应标注“导程(P螺距)”。

(4) 旋向。右旋螺纹不必标注，左旋螺纹标注代号“LH”。

(5) 公差带代号。螺纹的制造精度用公差带代号表示(可参阅第13章的有关基本概念)。螺纹公差带代号包含中径公差带代号和顶径公差带代号。中径公差带代号在前，顶径公差带代号在后。各直径的公差带代号由表示公差带等级的数字和用字母表示的基本偏差组成(内螺纹用大写字母；外螺纹用小写字母)。先写表示公差带等级的数字，后写表示基本偏差的字母。如果中径公差带代号与顶径公差带代号相同，则应标注一个公差带代号。普通螺纹最常用的内螺纹公差带代号为6H，外螺纹公差带代号为6h、6g、6f、6e。梯形螺纹最常用的内螺纹公差带代号为7H，外螺纹的公差带代号为7e、8e。

(6) 旋合长度代号。旋合长度是指相互旋合的内、外螺纹，沿螺纹轴线方向旋合部分的长度。一般均采用中等旋合长度，因此在图上不必标注旋合长度代号。特殊情况，需采用长旋合长度，则标注代号“L”，若采用短旋合长度，则标注代号“S”。

具体标注图例及标注方法的说明如表13-1，以下再举几个具体的例子。

【例1】　M10-6g　M表示普通螺纹、公称直径为10mm、粗牙螺距、外螺纹、公差带代号为6g。无其他标注内容，则表示该螺纹为右旋、中等旋合长度。

【例2】　M10×1-6H-S　M表示普通螺纹、公称直径为10mm、细牙螺距为1mm、内螺纹、右旋、公差带代号为6H、S表示短旋合长度。

【例3】　T_r40×14(P7)LH-8e-L　T_r表示梯形螺纹、公称直径为40mm、双线螺纹、螺距为7mm、导程为14mm、LH表示左旋、外螺纹、公差带代号为8e、L表示长旋合长度。

【例4】　T_r40×7-7H　T_r表示梯形螺纹、公称直径为40mm、单线螺纹、螺距＝导程＝7mm、内螺纹、公差带代号为7H。无其他标注内容，则表示该螺纹为右旋、中等旋合长度。

13.1.3.2　管螺纹的标注

由表13-1可知，管螺纹标记一律注在引出线上，引出线应由大径处引出，或由对称中心处引出。

螺纹特征代号	尺寸代号	公差等级代号

上述标注内容的说明如下：

(1) 螺纹特征代号。非螺纹密封管螺纹为G，螺纹密封管螺纹为R、R_c、R_p，60°密封管螺纹为NPT、NPSC。

(2) 尺寸代号。由于管子的孔径与壁厚均有标准,因此管螺纹的尺寸代号都不是螺纹的大径,而近似地等于管子孔径的英寸数值。

(3) 公差等级代号。非螺纹密封管螺纹的外螺纹有A、B两种公差等级,应该注上。而内螺纹只有一种公差等级,故不必标注其代号。

13.1.3.3 非标准螺纹的标注

非标准螺纹必须画出牙型并标注全部尺寸(图13-11)。

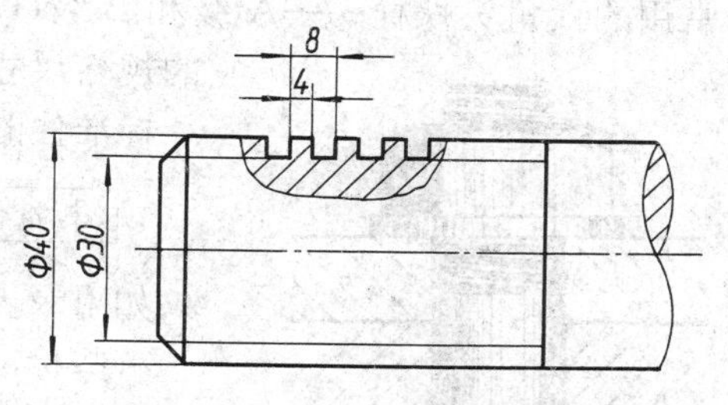

图13-11 非标准螺纹的标注

13.2 螺纹紧固件及其连接画法

螺纹紧固件的种类很多,图13-12所示为其中常用的几种。由于这些零件均为标准件,使用单位可按要求根据有关标准选用,因此这些标准件均不需要单独绘制其零件图,而只要写出它们的规定标记,以表达其种类、型式及规格尺寸。采用螺纹紧固件连接的主要形式有:螺栓连接、双头螺柱连接和螺钉连接等。由于在装配图中应表达出零件与零件间的连接方式,因此本节重点介绍其连接画法。

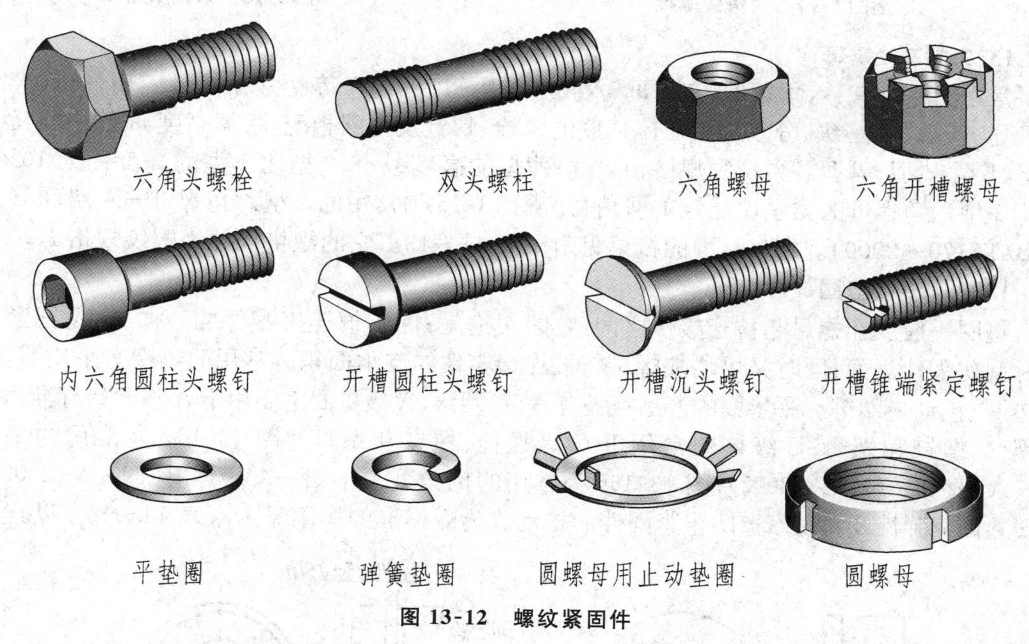

图13-12 螺纹紧固件

13.2.1 螺栓连接

在被连接的两个零件上制出比螺栓直径稍大的通孔,螺栓穿过通孔后套上垫圈,并拧紧螺母即为螺栓连接(图13-13)。螺栓连接常用于连接不太厚的零件。

13.2.1.1 螺栓

螺栓的种类很多,按其头部形状可分为:六角头螺栓、方头螺栓等,六角头螺栓应用最广。根据加工质量,螺栓的产品等级分A、B、C三级,A级最精确,C级最不精确。图13-14

为常用的六角头螺栓——A级和B级(GB/T5782—2000)。螺栓标准的摘录见附录表5。它的规格尺寸为螺纹规格 d 和公称长度 l。

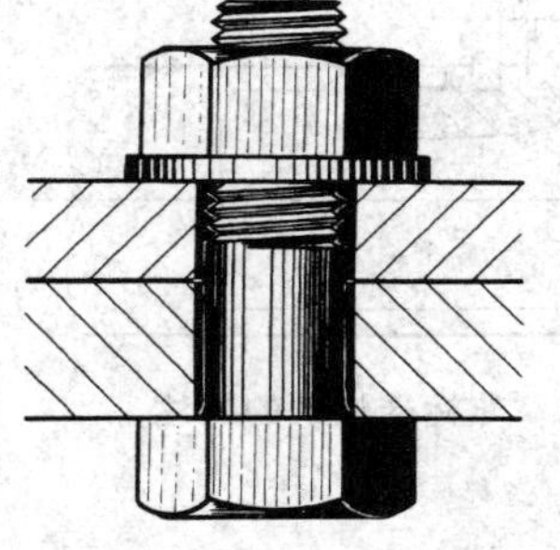

图 13-13 螺栓连接

标准件的规定标记的一般写法次序为：

标准件名称	标准编号	型式	规格尺寸

如附录表5中的标记示例：螺栓 GB/T5782 M12×80。

有些标准件还有其他要求，如精度、性能等级(或材料)、热处理或表面处理等，它们的标记较为复杂，可查阅有关标准与手册。但对一般常用产品均省略不注。

其他各种标准件的标记形式可查阅附录表6～20，这里不再一一介绍。

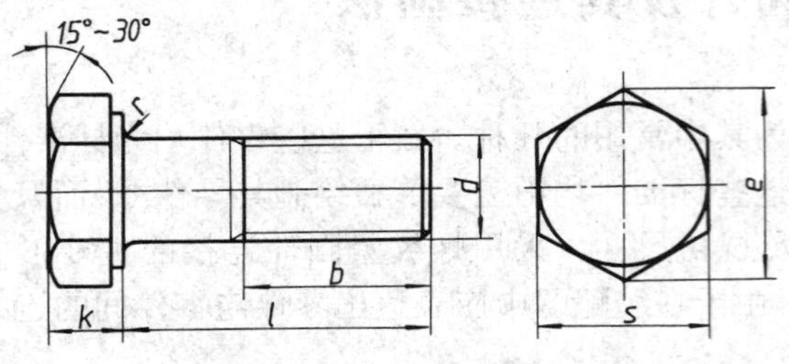

图 13-14 六角头螺栓

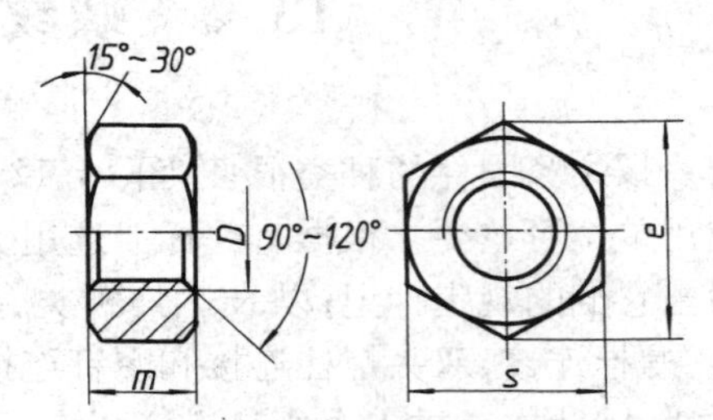

图 13-15 六角头螺母

13.2.1.2 螺母

常用的螺母有：六角螺母、方螺母、六角开槽螺母、圆螺母等。六角螺母应用最广，产品等级分A、B、C三级，分别与相对应精度的螺栓、螺钉及垫圈相配，根据高度 m 的不同又分薄型、1型、2型、厚型。当螺纹规格相同时，薄型的高度最小，2型比1型的高度约大10%，因此2型六角螺母的力学性能较1型稍高。图13-15为常用的1型六角螺母—A级和B级(GB/T6170—2000)。螺母标准的摘录见附录表11～13。它的规格尺寸为螺纹规格 D。

13.2.1.3 垫圈

垫圈一般放在螺母与被连接件之间，它的用途是：保护被连接零件的表面，以免拧紧螺母时刮伤零件表面；同时又可增加螺母与被连接零件的支承面积。常用的垫圈有平垫圈、弹簧垫圈、止动垫圈等。平垫圈的产品等级有A、C两级，A级垫圈主要用于A与B级标准六角头螺栓、螺钉和螺母；C级垫圈常用于C级螺栓、螺钉和螺母。图13-16*a*为常用的平垫圈—A级(GB/T97.1—2002)；图13-16*b*为常用的倒角型平垫圈—A级(GB/T97.2—2002)。弹簧垫圈靠弹性及斜口摩擦防止紧固件的松动。垫圈标准的摘录见附录表14～16。以连接

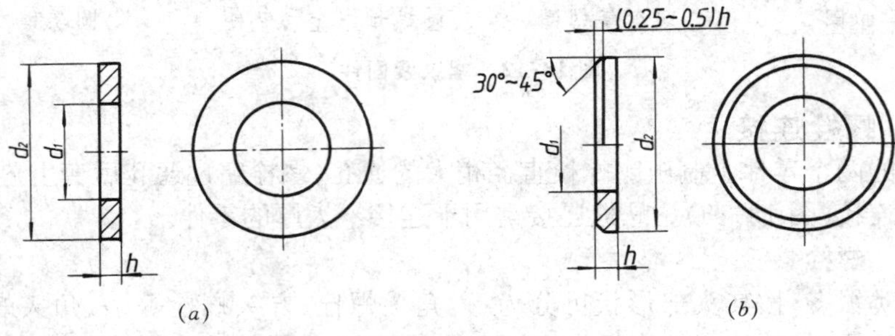

(*a*) (*b*)

图 13-16 垫圈

的螺纹规格(如外螺纹的大径)作为垫圈的公称尺寸。

13.2.1.4 螺栓连接的画法

绘图时需要知道螺栓的型式、直径、和被连接零件的厚度。从标准中可查出螺栓、螺母和垫圈的有关尺寸,再算出螺栓的公称长度 l。

螺栓公称长度 $l=$ 被连接零件的总厚度$(\delta_1+\delta_2)+$垫圈厚度(h)或弹簧垫圈厚度$(S)+$螺母高度$(m)+(0.3\sim0.4)d$。

式中 d 为螺栓的螺纹规格,$(0.3\sim0.4)d$ 是螺栓顶端露出螺母的高度。根据上式算出的螺栓长度还要按螺栓长度系列选择接近的标准长度。

画六角螺栓的连接图时,可按标准查得螺栓、螺母、垫圈的尺寸,然后绘图。也可采用近似画法,即按图 13-17 所示的比例进行作图。六角螺母和六角头螺栓的头部由于端面倒角

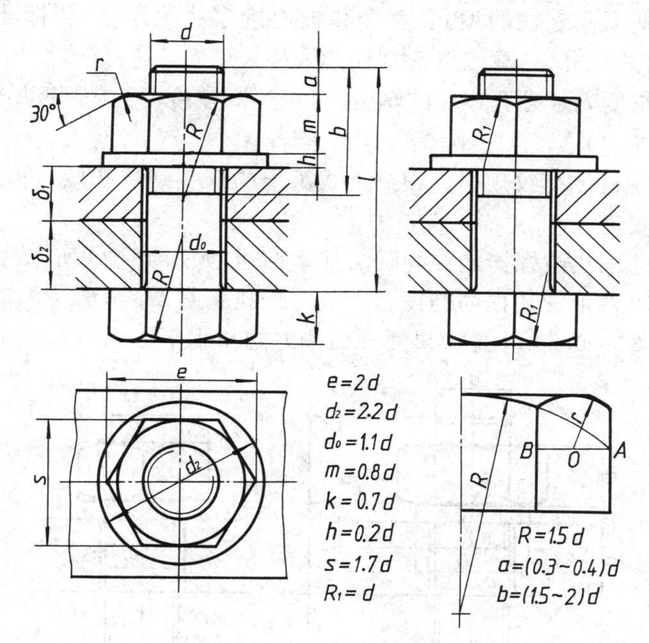

图 13-17 六角螺栓连接画法

(圆锥面)使得六棱柱表面上产生截交线(双曲线),为了绘图方便,通常以圆弧代替(图13-17),图中 r 由作图得出,其中 $OA=OB$。

螺栓、螺母和垫圈均是标准件,在剖视图中作不剖处理。各零件间的接触面均画一条线。剖视图中被连接两个零件的剖面线方向应相反。

13.2.2 双头螺柱连接

螺柱的两端都制有螺纹,在一个被连接零件上制有螺孔,双头螺柱的一端旋紧在这个螺孔里,而另一端穿过另一个被连接零件的通孔,然后套上垫圈再拧上螺母,即为双头螺柱连接(图13-18)。双头螺柱用在被连接零件之一太厚不宜钻成通孔的场合。

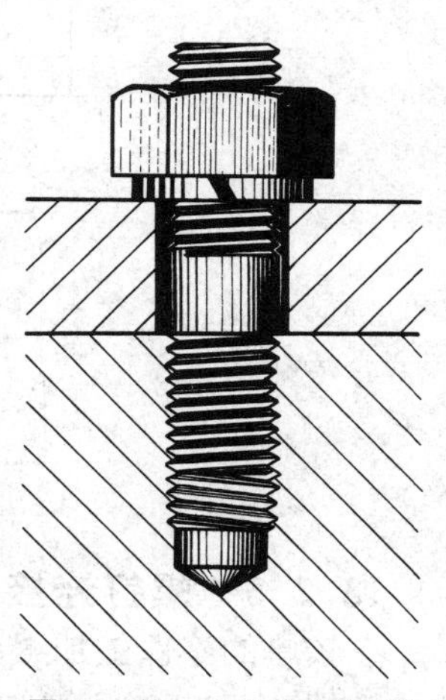

图 13-18 双头螺柱连接

13.2.2.1 双头螺柱

图13-19所示为一种常用的B型双头螺柱，旋入被连接零件螺孔的一端称为拧入金属端；用来旋紧螺母的一端称为拧螺母端。它的规格尺寸为螺纹规格 d 和公称长度 l。根据拧入金属端长度 b_m 的不同，双头螺柱有四种标准。b_m 的大小由带螺孔的被连接零件的材料决定，对于钢和青铜取 $b_m = d$，铸铁取 $b_m = 1.25d$ 或 $b_m = 1.5d$，铝取 $b_m = 2d$。双头螺柱在结构上分为A、B两种型式，其标准摘录见附录表6。

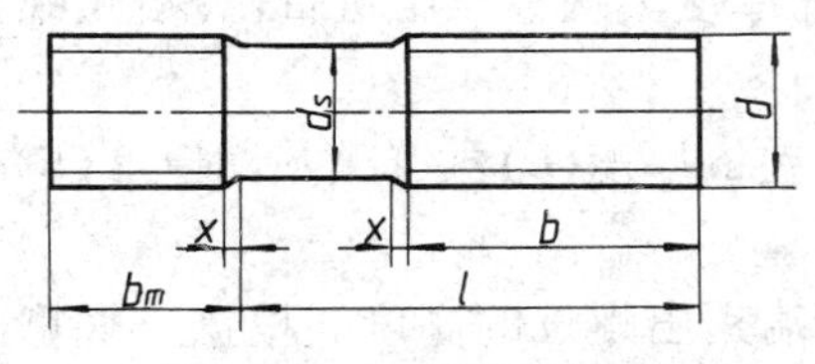

图13-19 B型双头螺柱

13.2.2.2 双头螺柱连接的画法

绘图时需要知道双头螺柱的型式、直径和被连接零件的厚度，从标准中可查出双头螺柱、螺母和垫圈的有关尺寸，再算出双头螺柱的公称长度 l。

双头螺柱公称长度 l = 光孔零件的厚度(δ) + 垫圈厚度(h) 或弹簧垫圈厚度(S) + 螺母高度(m) + $(0.3 \sim 0.4)d$。

式中 d 为双头螺柱的螺纹规格。根据上式算出的双头螺柱长度，再按双头螺柱长度系列选择接近的标准长度。

双头螺柱连接的画法与螺栓连接的画法基本相同，如图13-20所示，拧入金属端的螺纹终止线应与被旋入零件上螺孔顶面的投影重合。螺孔深度 $H_1 \approx b_m + 0.5d$；钻孔深度 $H_2 \approx$ 螺孔深度 $H_1 + (0.2 \sim 0.5)d$。弹簧垫圈开口槽方向与水平成70°，从左上向右下倾斜。

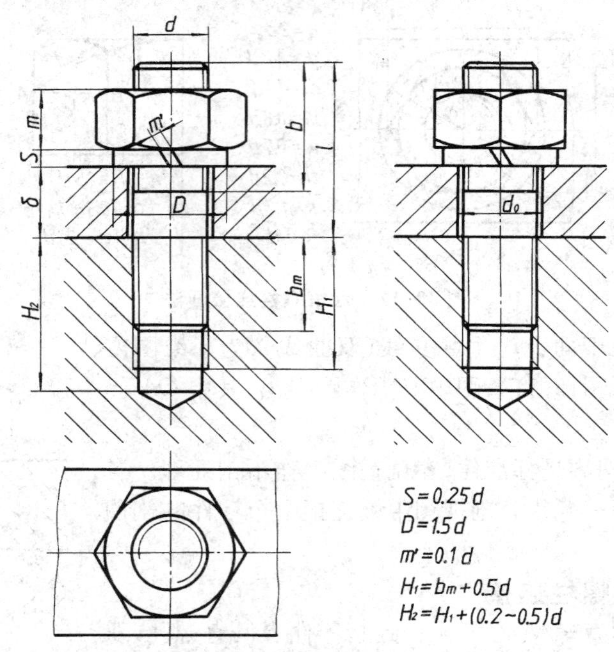

图13-20 双头螺柱连接画法

13.2.3 螺钉连接

在较厚的零件上加工出螺孔，而在另一个被连接零件上加工成通孔，然后把螺钉穿过通孔旋进螺孔而连接两个零件即为螺钉连接(图13-21)。螺钉连接常用于受力不大，又不经常拆装的场合。

13.2.3.1 螺钉

螺钉的一端为螺纹，旋入到被连接零件的螺孔中，另一端为头部，根据头部形状的不同，螺钉有六角头螺钉（与六角头螺栓类同）、圆柱头内六角螺钉、开槽圆柱头螺钉、开槽沉头螺钉等不同种类，可根据不同的需要选用。图13-22所示为开槽沉头螺钉（GB/T68—2000），螺钉标准的摘录见附录表7、8。

另外还有一种紧定螺钉，它用于防止两相配零件之间发生相对运动的场合。紧定螺钉端部形状有平端、锥端、凹端、圆柱端等。图13-23所示为开槽平端紧定螺钉（GB/T73—1985）。紧定螺钉标准的摘录见附录表9、10。

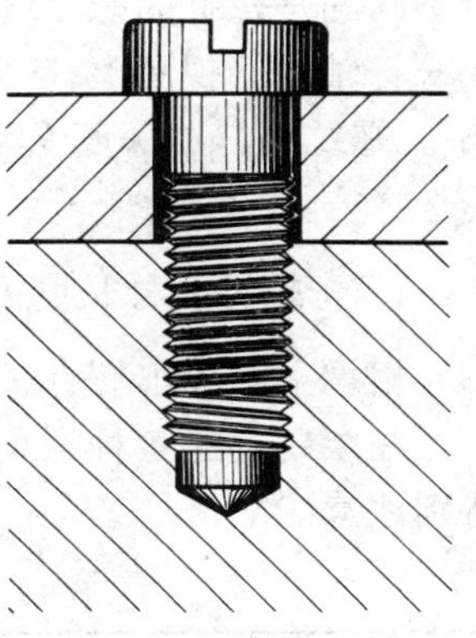

图13-21 螺钉连接

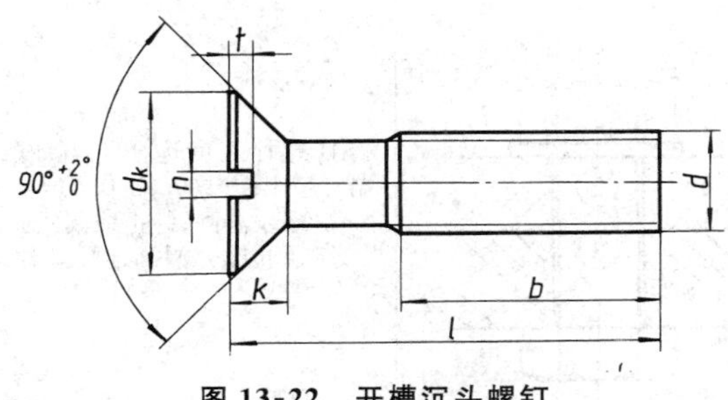

图13-22 开槽沉头螺钉

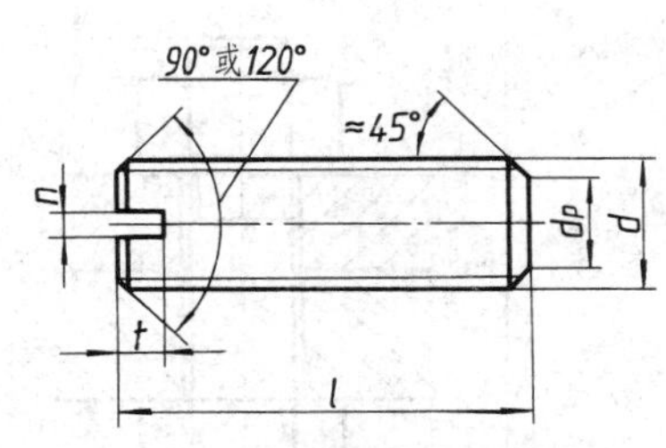

图13-23 开槽平端紧定螺钉

螺钉的规格尺寸为螺纹规格 d 和公称长度 l。

13.2.3.2 螺钉连接的画法

图13-24为螺钉连接的画法。其连接部分的画法与双头螺柱拧入金属端的画法接近，

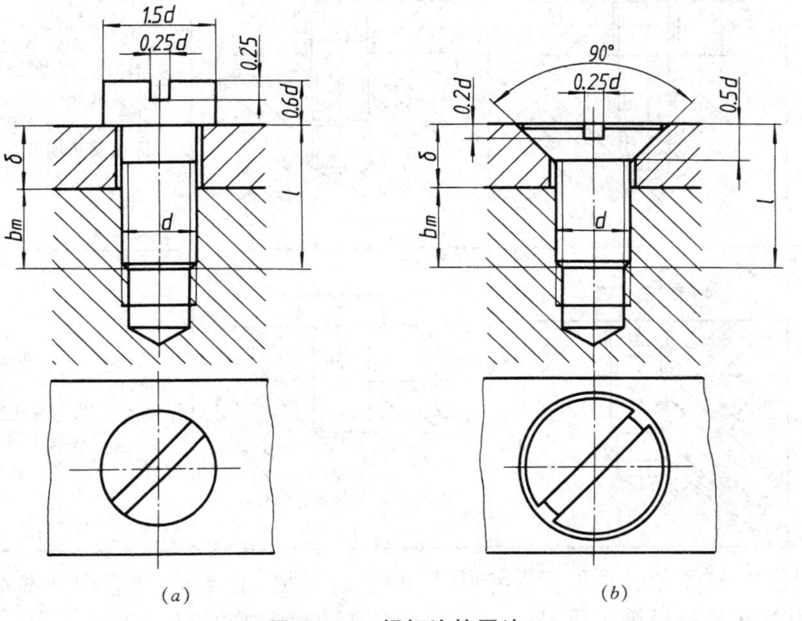

图13-24 螺钉连接画法

所不同的是螺钉的螺纹终止线应画在被旋入零件螺孔顶面投影线之上。螺钉头部槽口在反映螺钉轴线的视图上，应画成垂直于投影面；在投影为圆的视图上，则应画成与中心线倾斜45°。螺纹的拧入深度 b_m 与双头螺柱相同，可根据被旋入零件的材料决定。螺钉公称长度 l 的选择方法为：

$$\text{螺钉公称长度 } l = \text{螺纹拧入深度}(b_m) + \text{通孔零件的厚度}(\delta)。$$

根据上式算出螺钉长度后还应按螺钉长度系列选择接近的标准长度。

在绘制上述各种螺纹紧固件的连接画法时，经常容易犯的错误如表 13-2，学习时必须特别注意。

表 13-2　螺纹紧固件连接图中的正确画法与常见错误画法

名　称	正　确　画　法	错　误　画　法	说　　　明
六角头螺栓连接	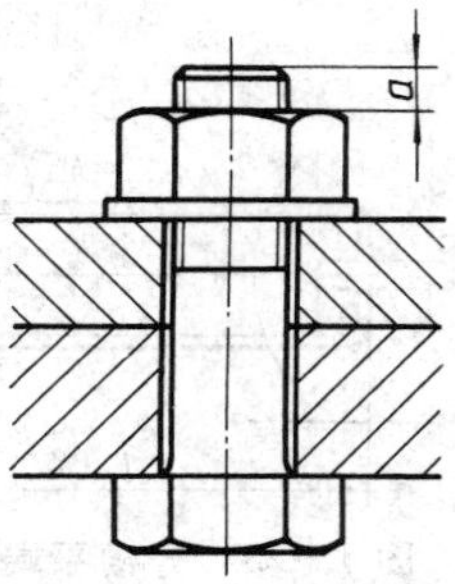	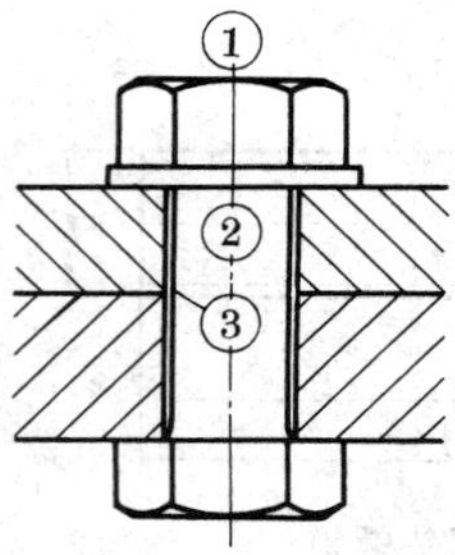	① 螺栓长度选择不当，螺纹末端应超出螺母$(0.3\sim0.4)d$。 ② 螺纹漏画，终止线漏画。 ③ 通孔部分漏画连接零件之间的分界线
双头螺柱连接	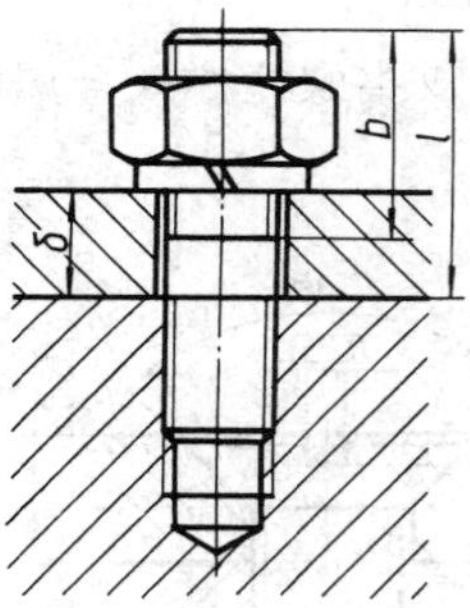	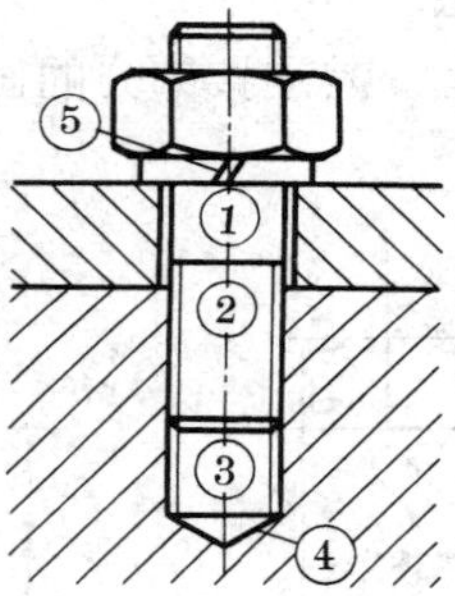	① 螺纹长度 b 太短，螺母不能把被连接零件并紧，必须使 $l-b<\delta$。 ② 双头螺柱必须将拧入金属端的螺纹拧到底，螺纹终止线与螺孔顶面投影线对齐。 ③ 螺孔画错。 ④ 120°锥坑应画在钻孔直径上。 ⑤ 弹簧垫圈开口槽方向画错
螺钉连接	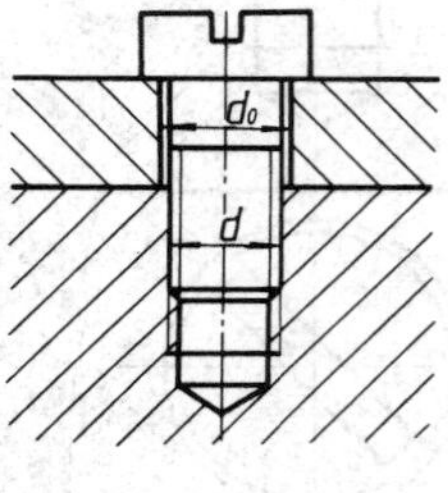	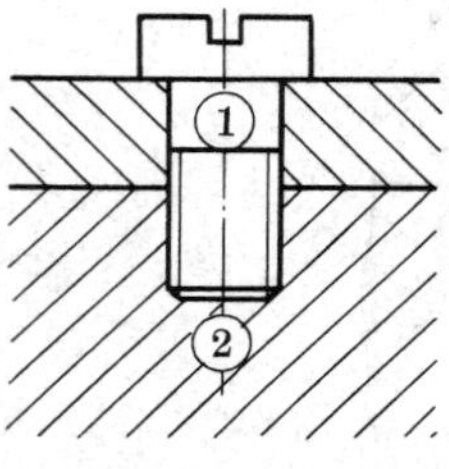	① 通孔直径要大于螺纹大径，$d_0=1.1d$，这样便于装配，不会损伤螺纹。图上漏画通孔的投影。 ② 螺孔深度不够，并漏画钻孔

在装配图中，螺纹紧固件的工艺结构如倒角、退刀槽、缩颈、凸肩等均可省略不画。常用螺栓、螺钉的头部及螺母等也可进一步采用如表 13-3 所列的简化画法。

表 13-3　螺栓、螺钉头部及螺母的简化画法

序号	形　式	简 化 画 法	序号	形　式	简 化 画 法
1	六角头	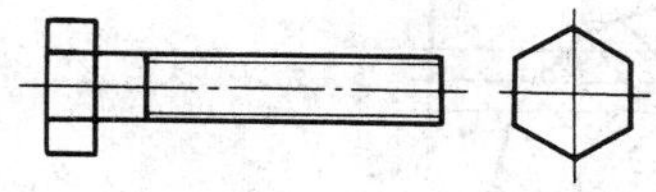	6	圆柱头一字槽	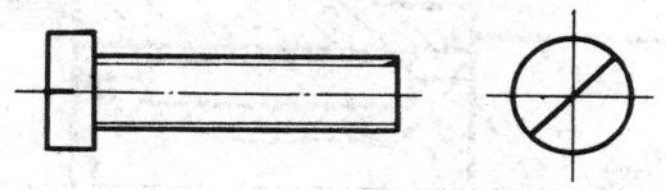
2	圆柱头内六角	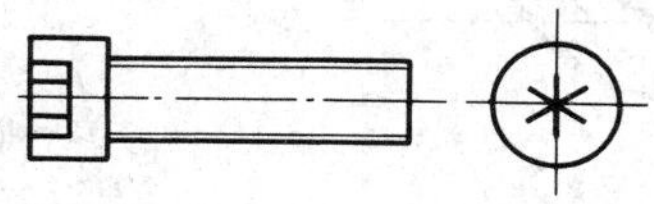	7	半沉头一字槽	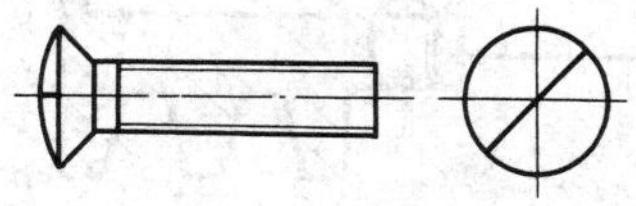
3	无头内六角	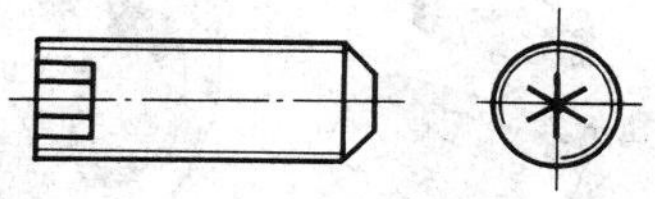	8	沉头十字槽	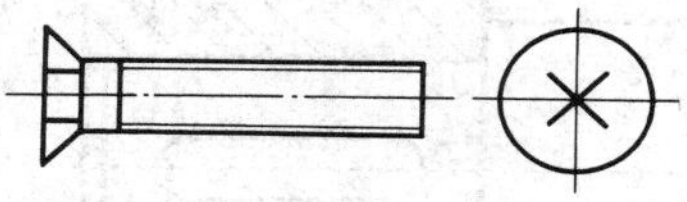
4	无头一字槽	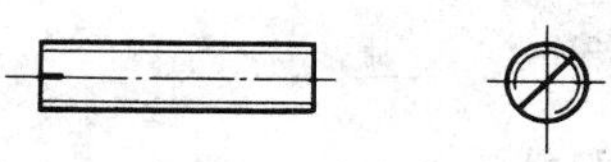	9	六角形	
5	沉头一字槽	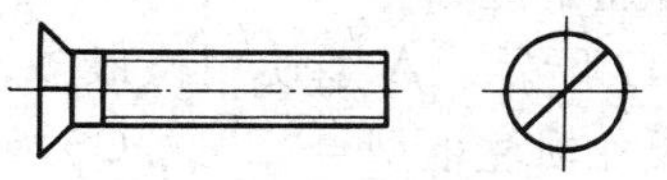	10	开槽六角形	
螺栓连接简化画法示例:			螺钉连接简化画法示例:		

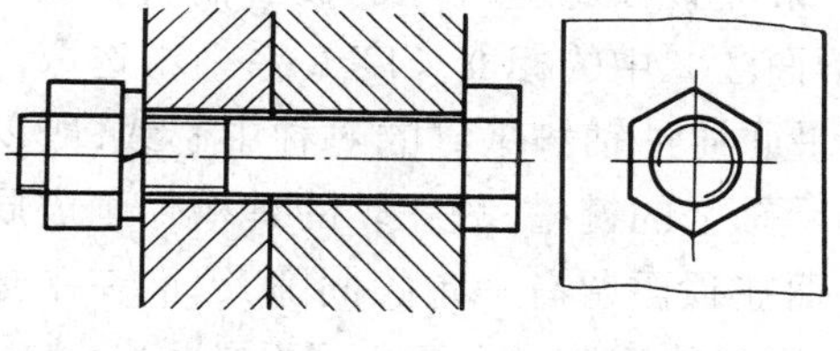

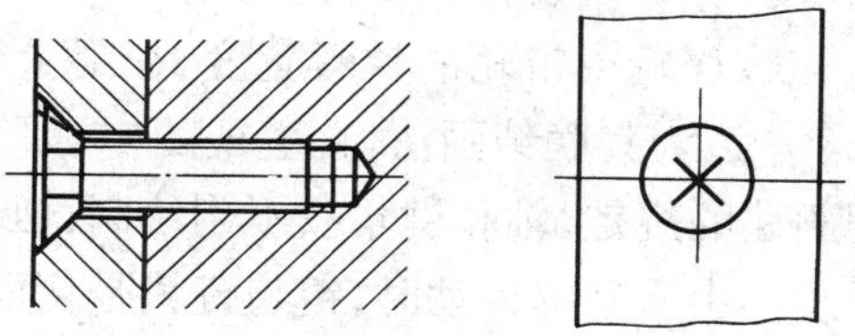

在螺纹紧固件的连接中，被连接零件上的通孔及沉孔等尺寸见附录表 21。

13.3　键及其联结画法

键通常是用来联结轴与轴上的零件(如齿轮、带轮等)，以便使它们与轴一起转动。键的种类很多，本节仅介绍最常用的普通平键与花键两种。

13.3.1　普通平键联结

图 13-25 所示为采用普通平键联结轴与 V 带轮。把平键先嵌入轴上的键槽内，平键的高度 h 大于轴上键槽的深度 t，因此平键的上半部伸出在轴的外部。将伸出部分的平键对准带轮上的键槽，把轴和键同时装入带轮的孔和键槽内，这样就可以保证轴和带轮一起转动。

平键的规格尺寸为宽度 b 和长度 L，其高度 h 可根据宽度 b 在附录表 17 中查出。普通

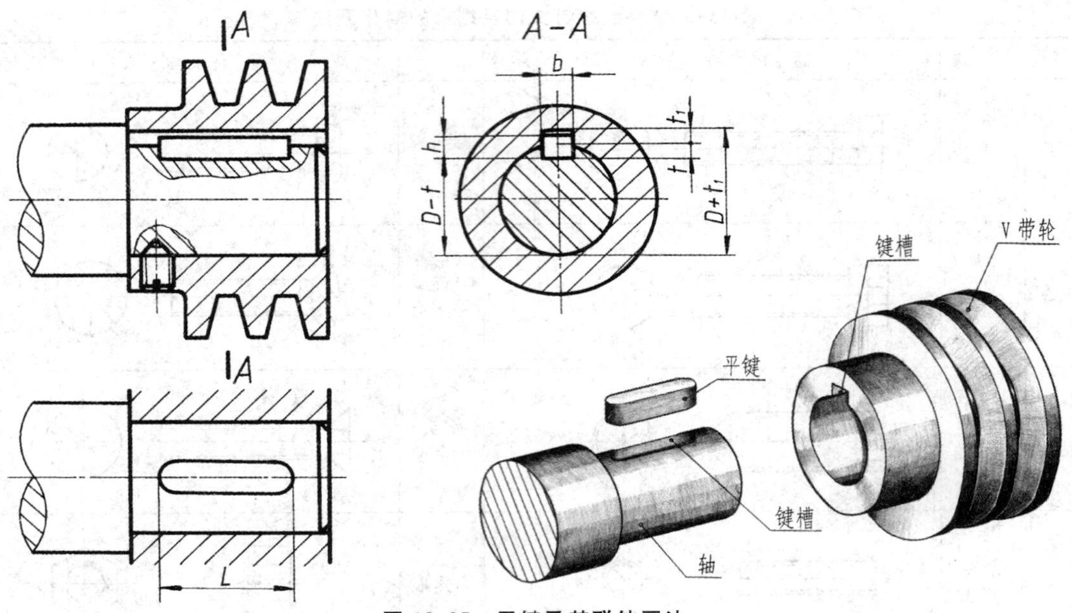

图 13-25　平键及其联结画法

平键根据其端部形状的不同分为A型——圆头普通平键、B型——平头普通平键、C型——单圆头普通平键三种，其规定标记写法如附录表17所示。A型使用得最多，按规定可不必注写字母“A”，B型和C型则必须在平键的规格尺寸前注上型号“B”或“C”。

画普通平键联结图时，应已知轴的直径、键的型式和键的长度 L，然后根据轴的直径 d 查阅附录表17，获得键和键槽的剖面尺寸 b、h、t 和 t_1 以及这些尺寸的极限偏差。键的长度 L 应按齿轮或带轮的轮毂宽度，在附录表17下面注2中的标准长度 L 系列中选取。图13-25左边为其联结画法，在主视图中，因为剖切平面通过轴和平键的对称中心线，所以按装配画法的规定，轴和键均按不剖绘制；但为了表示轴上的键槽，故在轴的键槽处画成局部剖视图。由于平键传动时，键与键槽是侧面接触，而在顶面留有一定的间隙，因而在平键的顶面处应将此间隙画出。在平键联结的装配图中，平键的倒角或小圆角可不必画出。

13.3.2　花键联结

花键(图13-26)常与轴制成一体，称为花键轴。它与齿轮上的花键孔相联结，其联结比

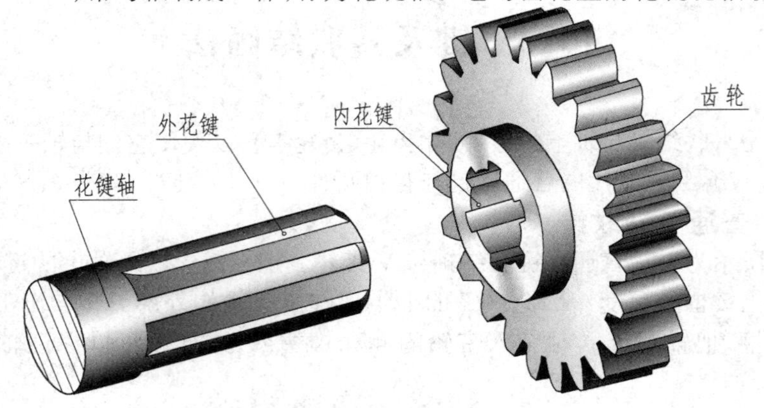

图 13-26　花键轴与齿轮中的花键孔

较可靠,对中性好,且能传递较大的动力。花键的齿形有矩形、渐开线形等,其中矩形花键应用最广,它的结构和尺寸都已标准化。矩形花键的画法和尺寸标注如图 13-27(外花键)和图 13-28(内花键)。

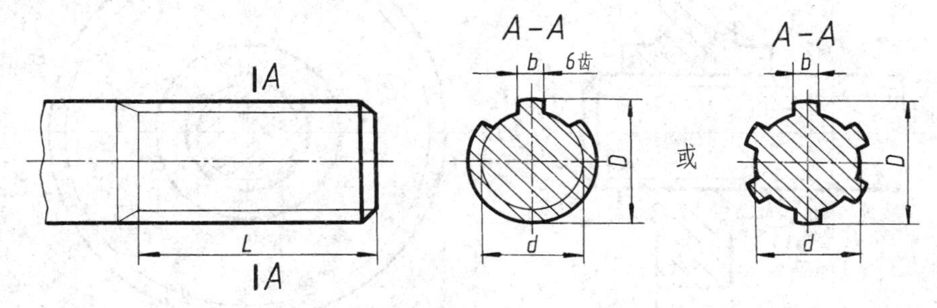

图 13-27 轴上的矩形外花键的画法和尺寸注法

对外花键,在反映花键轴线的视图上,大径用粗实线、小径用细实线绘制;在断面图中画出一部分或全部齿形(图 13-27)。外花键工作长度的终止端和尾部长度的末端均用细实线绘制,并与轴线垂直,尾部则画成斜线,其倾斜角度一般与轴线成 30°,必要时可按实际情况画出。

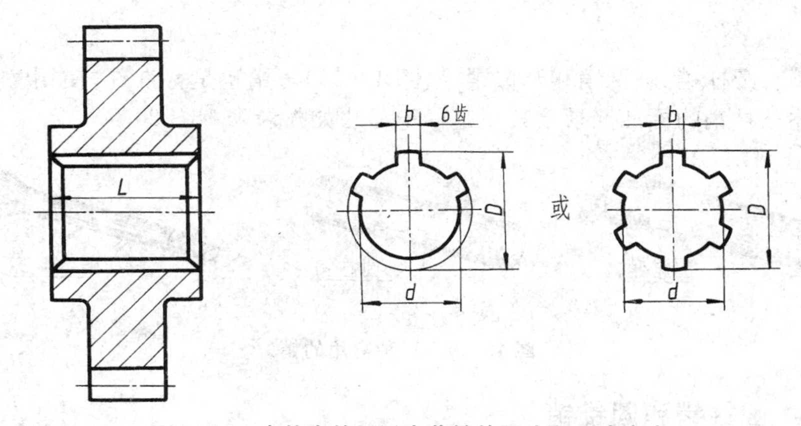

图 13-28 齿轮中的矩形内花键的画法和尺寸注法

对内花键,在反映花键轴线的剖视图中,大径及小径均用粗实线绘制;并在局部视图上画出一部分或全部齿形(图 13-28)。

矩形花键联结用剖视图表示时,其联结部分按外花键的画法绘制(图 13-29)。

花键也可采用花键代号标记,标注方法是在表示花键的视图上,用指引线引出并在基准线上注写有关标记。矩形花键代号标记示例见表 13-4。

表 13-4 矩形花键代号标记示例

矩形花键规格	N(键数)×d(小径)×D(大径)×B(宽度)	例:6×23×26×6
内花键	⎍ 6×23H7×26H10×6H11	GB/T1144—2001
外花键	⎍ 6×23f7×26a11×6d10	GB/T1144—2001
花键副	⎍ $6\times23\frac{H7}{f7}\times26\frac{H10}{a11}\times6\frac{H11}{d10}$	GB/T1144—2001

注 1:⎍为矩形花键的图形符号。注 2:H7/f7、H10/a11、H10/d10 分别表示小径、大径、键宽的配合类别,详见第 13 章。

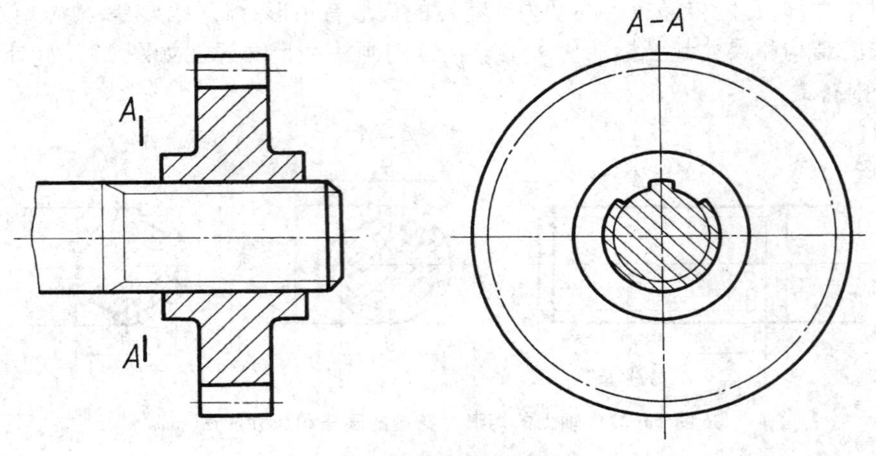

图 13-29　矩形花键的联结画法

13.4　销及其连接画法

常用的销有圆柱销、圆锥销和开口销等(图 13-30)。销也是标准件,使用时应按有关标准选用。上述三种销的标准摘录及其规定标记写法如附录表 18～20。

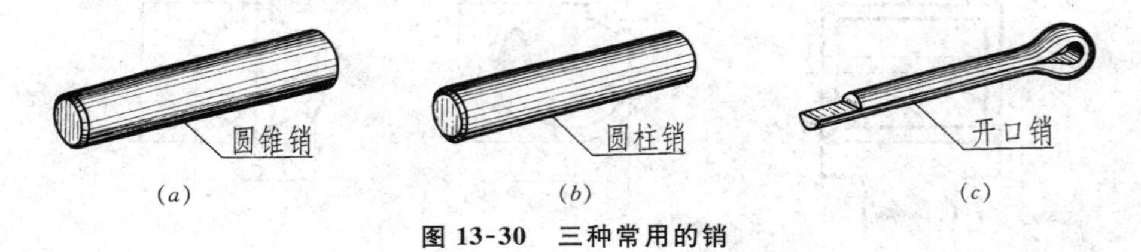

图 13-30　三种常用的销

13.4.1　圆柱销和圆锥销

圆柱销和圆锥销均可用来连接零件,这种连接称为销连接,如图 13-31 所示为利用圆柱销连接轴和齿轮。为了可靠地确定零件间的相对位置,也常用圆柱销或圆锥销来定位,如图 13-32 所示就是利用圆锥销来保证减速器的箱盖和底座间相对位置的准确,故常称这种销为定位销。被定位或连接的两个零件,它们的销孔均是一起加工的,故在各零件的零件图上标注销孔直径时,应加注"配作"两字(图 13-31、图 13-32)。

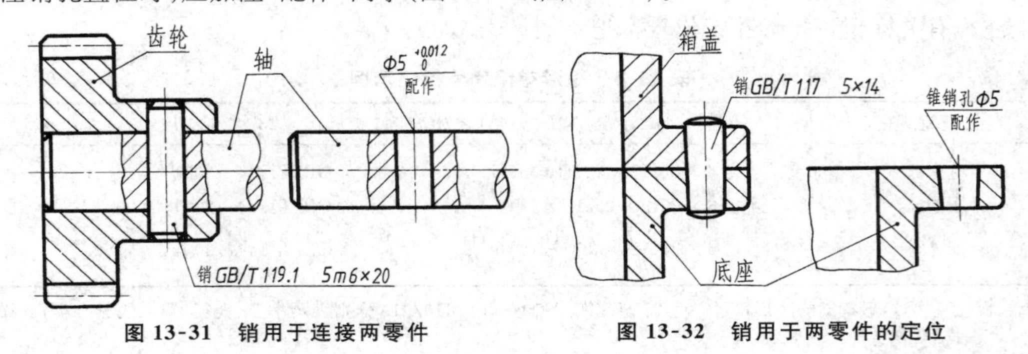

图 13-31　销用于连接两零件　　　　图 13-32　销用于两零件的定位

圆锥销的公称直径是指其小端的直径。装圆锥销的孔应先按公称直径用钻头钻出圆柱孔，然后用与圆锥销相同锥度(1∶50)的铰刀精加工成圆锥孔。圆锥销孔应用指引线引出标注，并在直径尺寸前加注“锥销孔”三字(图13-32)。

13.4.2 开口销

开口销为由一段半圆形断面的低碳钢丝弯转折合而成，如图13-30*c*。在螺栓连接中，为防止螺母松开，可采用一种六角带孔螺栓(GB/T31.1—1988)，如图13-33所示，并配用六角开槽螺母(GB/T6178—1986)(附录表12)，然后把开口销穿过螺母的凹槽和螺栓的销孔，最后将开口销的长、短两尾端分开，从而固定螺栓和螺母的相对位置，使螺母不能转动而起到防松作用。图13-34所示为开口销的连接画法。

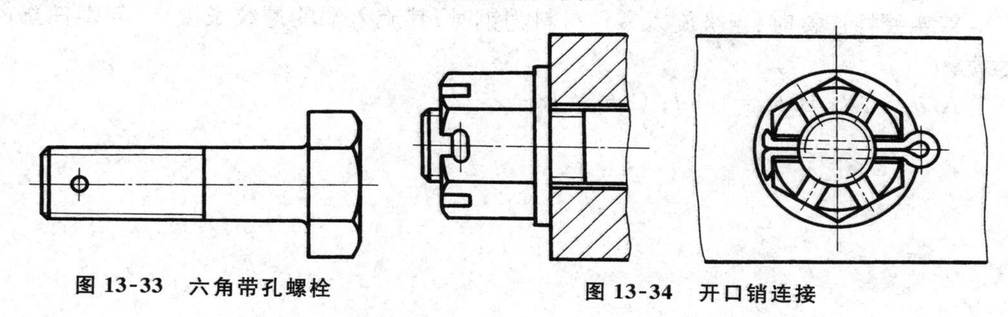

图13-33 六角带孔螺栓 **图13-34 开口销连接**

思考练习题

一、判断题

1. 当顺时针方向旋转时，旋进的螺纹是右旋螺纹。( )
2. 螺纹上相邻两牙型在中径线上对应两点间的轴向距离称为螺距。( )
3. 螺纹上沿同一条螺旋线转一圈，轴向移动的距离称为导程。( )
4. 普通粗牙螺纹除牙型符号外，要一律标注出公称直径和螺距。( )
5. 外螺纹的螺纹标注在大径上，内螺纹的螺纹标注在小径上。( )
6. 图样上标注的螺纹长度，一般包括螺尾。( )
7. 管螺纹的标记一律注在引出线上，引出线应由大径处或由对称中心处引出。( )
8. 平键联结时，键与键槽侧面接触，而在顶面留有一定间隙，画平键联结时应将此间隙画出。( )
9. 圆锥销的公称直径为大端直径。( )

二、填空题

1. 螺纹的基本要素是______、______、______、______、______和______。

2. 代号为M20－6g－S的螺纹，M表示______螺纹；公称直径为______mm；公差带代号为______；旋合长度为______。

3. 非螺纹密封螺纹代号为______；外圆锥面上密封管螺纹代号为______；内圆锥面上密封管螺纹代号为______；内圆柱面上密封管螺纹代号为______；内、外圆锥面上60°密封管螺纹代号为______；圆柱面上60°密封管螺纹代号为______________。

4. 代号为 Tr40×12(P6)－7e－L 的螺纹，Tr 表示______________；公称直径为______________mm；导程为______________mm；螺距为______________mm；公差带代号为______________；旋合长度为______________。

三、选择题

1. 螺栓连接时，被连接零件上的孔是(　　)。

A. 一为光孔，一为螺孔；B. 两个都是光孔；C. 两个都是螺孔

2. 双头螺柱连接时，被连接零件上的孔是(　　)。

A. 一为光孔，一为螺孔；B. 两个都是光孔；C. 两个都是螺孔

3. 双头螺柱连接时，当被旋入零件材料为钢时，其旋入端的螺纹长度 b_m 与螺柱直径 d 的关系是(　　)。

A. $b_m=2d$；B. $b_m=1.5d$；C. $b_m=1d$

第14章 装 配 图

14.1 装配图的作用和内容

机器或部件都有若干组成部分组合而成,如图 14-1 所示的滑动轴承,它由轴承盖、轴承座、上、下轴衬、油杯、螺栓等组成。表示机器或部件各组成部分的连接、装配关系的图样称为**装配图**。在设计过程中通常先按设计要求画出装配图以表达机器或部件的结构形状、工作原理、传动路线和零件间的装配关系。并通过装配图表达各零件的作用、结构和它们之间的相对位置和连接方式,以便拆画零件图。在装配过程中亦要根据装配图把零件装配成部件和机器。此外在机器或部件的使用以及维修时,也都需要使用装配图。因此装配图是反映设计思想,指导装配和进行技术交流的重要技术文件之一。图 14-2 为滑动轴承的装配图,从该图可以看出一张完整的装配图应具有下列内容:

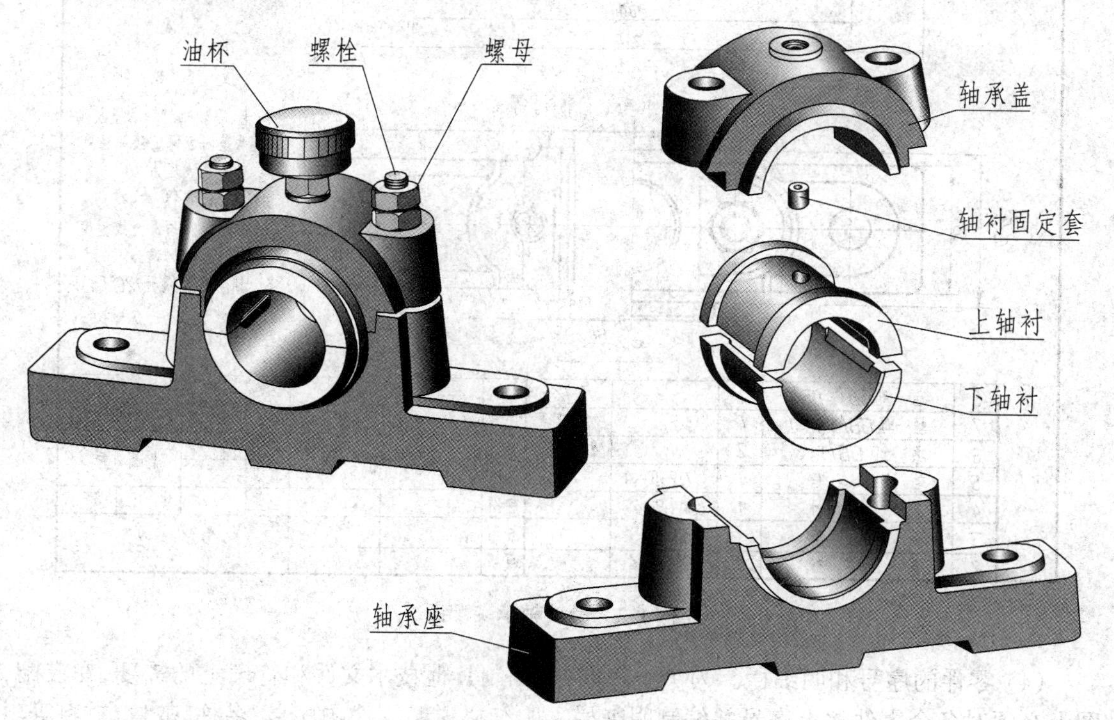

图 14-1 滑动轴承的组成

(1) 一组视图。可采用各种表达方法,正确、清晰地表达机器或部件的工作原理与结构;各零件间的装配关系、连接方式、传动关系和主要零件的主要结构形状等。图 14-2 所示的滑动轴承装配图选用了两个基本视图。

(2) 必要的尺寸。装配图上要注出表示机器或部件的性能、规格以及装配、检验、安装时必要的一些尺寸，如图 14-2 中 240、160、80 为外形尺寸；180 和 ϕ17 是安装尺寸；ϕ50H8 为特征尺寸等。

(3) 技术要求。提出机器或部件性能、装配、检验、调整、试验、验收等方面的要求。如图 14-2 中“上、下轴衬与轴承座及轴承盖间应保证接触良好”、“轴承温度低于 120℃”等。

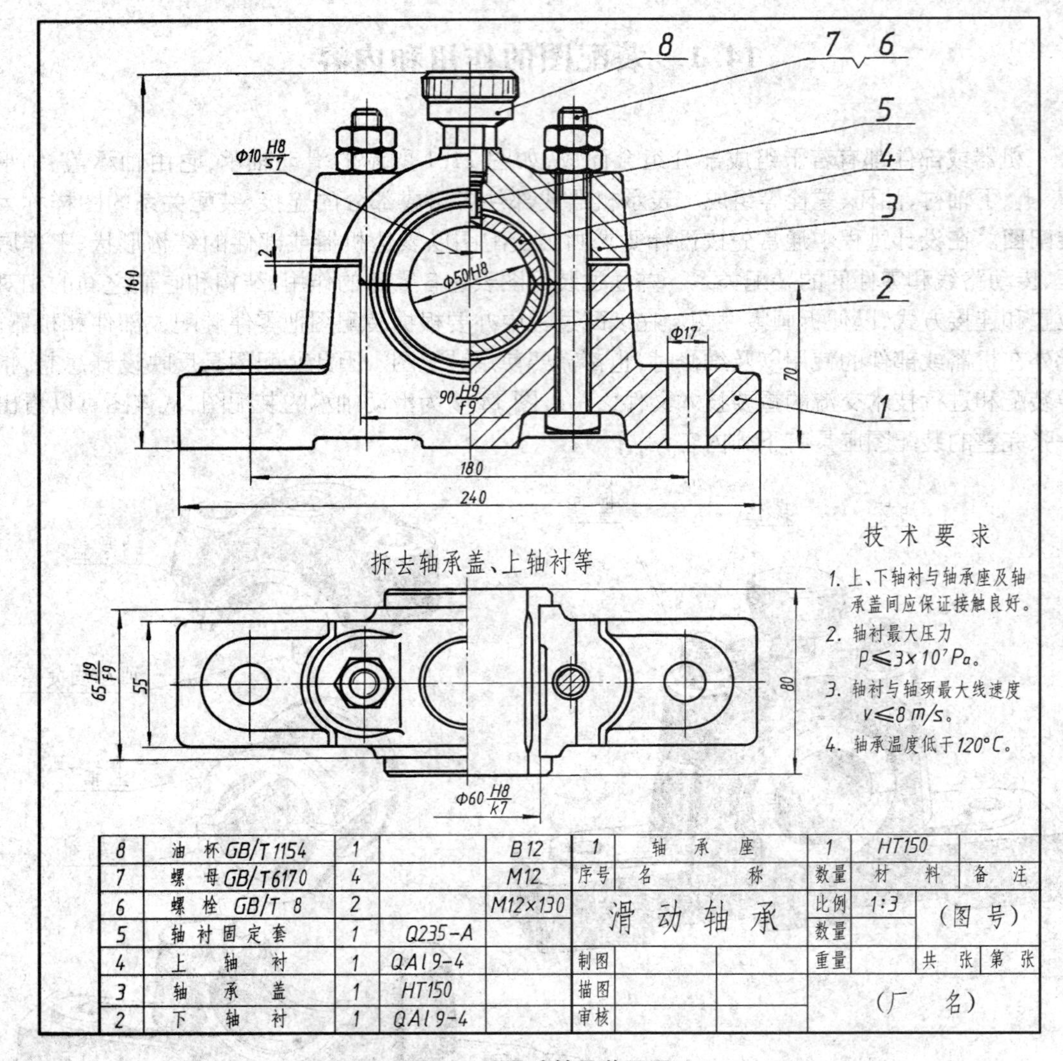

图 14-2　滑动轴承装配图

(4) 零件的序号和明细栏。为了生产准备，编制其他技术文件和管理上的需要，在装配图上必须对各个零件注上序号并编制明细栏。明细栏说明零件的序号、名称、数量、材料等。序号的另一个作用是将明细栏与图样联系起来，便于看图。

(5) 标题栏。说明机器或部件的名称、图号、比例，以及设计单位的名称，设计、制图、审核等人员的签名等内容。

14.2 装配图上的表达方法

在以前各章中介绍的各种表达方法和它们的选用原则,都可以用来表达机器或部件。此外,在装配图中还有一些规定画法和特殊的表达方法。

14.2.1 装配图的规定画法

(1) 两相邻零件的接触面和配合面只画一条线。但当两相邻零件的基本尺寸不相同时,即使间隙很小,也必须画出两条线。如图 14-2 主视图中轴承盖与轴承座的接触面画一条线。而螺栓与轴承盖的通孔是非接触面,因此画两条线。

(2) 两相邻金属零件的剖面线的倾斜方向应相反,或者方向一致、间隔不等。在各剖视图与断面图上同一零件的剖面线倾斜方向和间隔应保持一致,如图 14-2 轴承盖与轴承座的剖面线画法。厚度在 2mm 以下的图形允许以涂黑来代替剖面线。

(3) 对于紧固件以及实心轴、手柄、连杆、拉杆、球、钩子、键等零件,若剖切平面通过其基本轴线时,则这些零件均按不剖绘制。如图 14-2 中的螺栓和螺母。

14.2.2 装配图的特殊表达方法

14.2.2.1 沿零件的结合面剖切和拆卸画法

在装配图中,当某些零件遮住了需要表达的某些结构和装配关系时,可假想沿某些零件的结合面剖切或假想将某些零件拆卸后绘制,需要说明时,可加注“拆去××等”。如图 14-2俯视图上右半部分是沿轴承盖与轴承座结合面剖切的,即相当于拆去轴承盖、上轴衬等零件后的投影。结合面上不画剖面线,被剖切到的螺栓则必须画出剖面线。

14.2.2.2 展开画法

为了表示传动机构的传动路线和零件间的装配关系,可假想按传动顺序沿轴线剖切,然后依次展开使剖切面摊平并与选定的投影面平行再画出其剖视图,这种画法称为展开画法,如图 14-3。

14.2.2.3 假想画法

(1) 在装配图中当需要表示某些零件的运动范围和极限位置时,可用双点画线画出这些零件的极限位置。如图 14-3 所示,当手柄处在位置Ⅰ时,齿轮 2、3 都不与齿轮 4 啮合;处于位置Ⅱ时,齿轮 2 与 4 啮合,运动由齿轮 1 经 2 传至 4;当处于位置Ⅲ时,齿轮 3 与 4 啮合,运动由齿轮 1 经 2、3 传至 4,这样齿轮 4 的转向与前一种情况相反,图中Ⅱ、Ⅲ位置用双点画线表示。

(2) 在装配图中,当需要表达本部件与相邻零部件的装配关系时,可用双点画线画出相邻部分的轮廓线,如图 14-3 中主轴箱的画法。

14.2.2.4 简化画法

(1) 装配图中若干相同的零件组与螺栓连接等,可仅详细地画出一组或几组,其余只需表示装配位置(图 14-4)。

(2) 装配图中的滚动轴承允许采用图 14-4 的画法,在轴的一侧按规定画法画出,而另一侧按通用画法绘制,即在轴承的矩形线框中央画一个正立的“十”字形符号,“十”字符号不应与矩形线框接触。

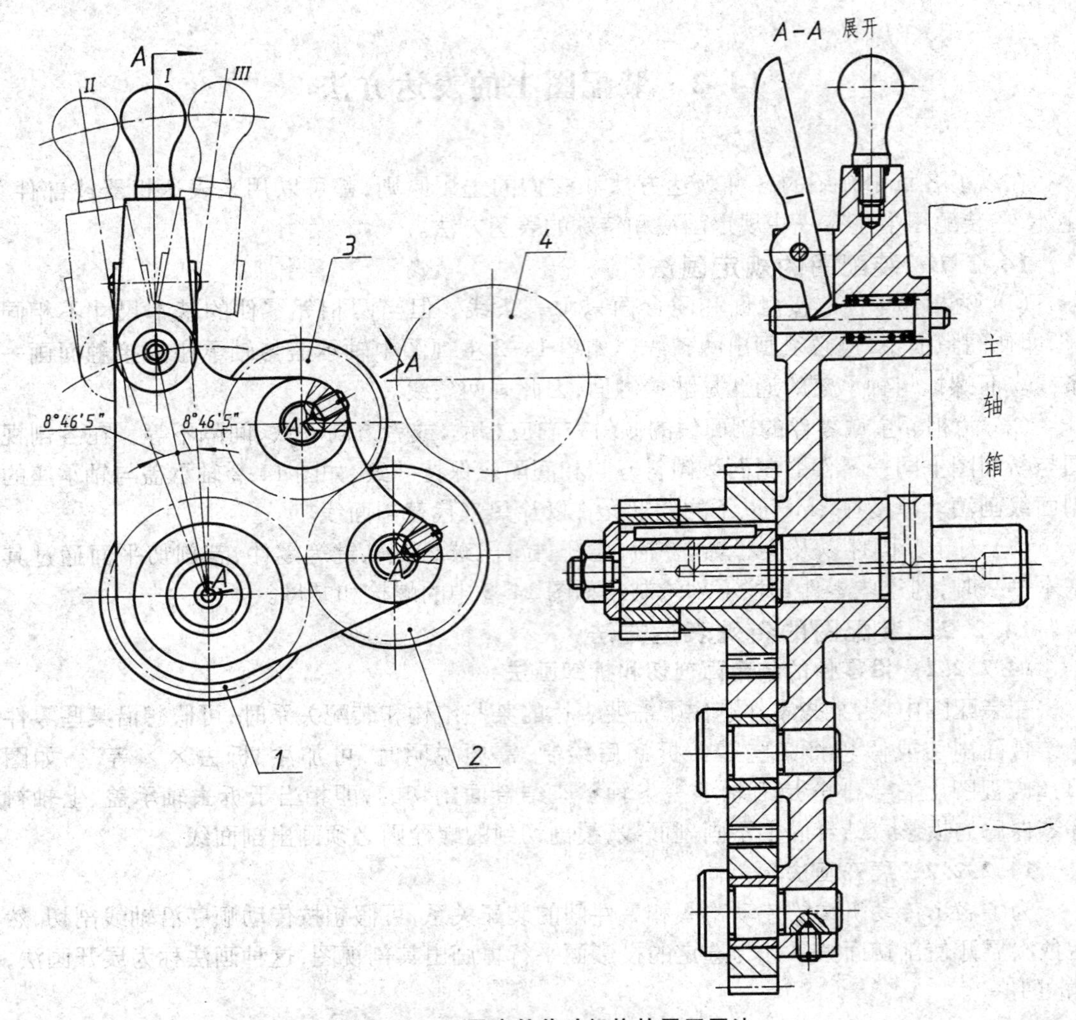

图 14-3 三星齿轮传动机构的展开画法

(3) 装配图中零件的工艺结构如圆角、倒角、退刀槽等允许不画。如螺栓头部、螺母的倒角及因倒角产生的曲线允许省略(图 14-4)。

(4) 装配图中,当剖切平面通过的某些组合件为标准产品(如油杯、油标、管接头等)或该组合件已有其他图形表示清楚时,可以只画出其外形,如图 14-2 中的油杯。

14.2.2.5 夸大画法

在装配图中,如绘制直径或厚度小于 2mm 的孔或薄片以及较小的斜度和锥度,允许该部分不按比例而夸大地画出,如图 14-4 中垫片厚度的画法。

14.2.2.6 个别零件的单独表示法

在装配图中可以单独画出某一零件的向视图、剖视图或断面图,但必须在所画图形上方表示该图名称的拉丁字母前加注该零件的名称或序号。

14.2.3 装配图的表达分析

14.2.3.1 主视图选择

(1) 一般将机器或部件按工作位置放置或将其放正,即使装配体的主要轴线、主要安装面等呈水平或铅垂位置。

(2) 选择最能反映机器或部件的工作原理、传动路线、零件间装配关系及主要零件的主要结构的视图作为主视图。当不能在同一视图上反映以上内容时，则应经过比较，取一个反映信息量较多的视图作主视图，通常取反映零件间主要或较多装配关系的视图作为主视图为好。

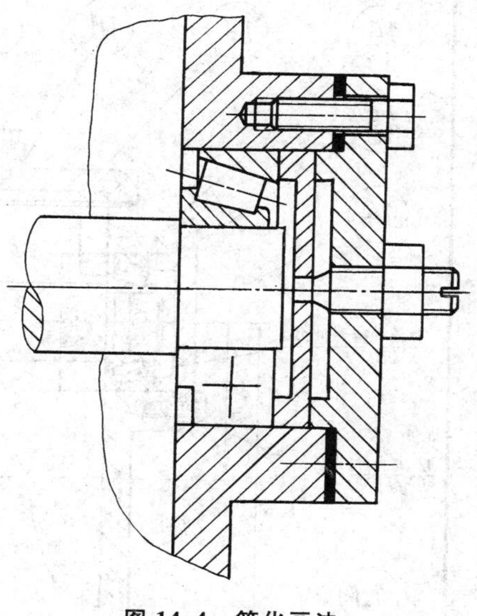

图 14-4 简化画法

14.2.3.2 其他视图选择

(1) 考虑还有哪些装配关系、工作原理以及主要零件的主要结构还没有表达清楚，再确定选择哪些视图以及相应的表达方法。

(2) 尽可能地考虑应用基本视图以及基本视图上的剖视图(包括拆卸画法、沿零件结合面剖切)来表达有关内容。

(3) 要考虑合理地布置视图位置，使图样清晰并有利于图幅的充分利用。

【例】 减速箱表达分析

图 14-5 为一减速箱的装配图，本书前面的彩色插页图Ⅱ即为该减速箱结构图。现分析该减速箱装配图的表达方法如下：

(1) 减速箱一般均按工作位置画图，以便于了解它的工作情况。

(2) 为了表达减速箱的工作原理、传动路线，并能较多地反映零件间的装配关系，主视图将蜗杆轴(输入轴)水平放置，并作局部剖视以表达蜗杆轴上各零件间的装配关系和蜗杆、蜗轮的啮合情况。另外为了表示油标、螺塞与箱体的连接情况也采用了局部剖视。

(3) 为了表示蜗轮 27、锥齿轮 29、锥齿轮轴 4、齿轮 9、滚动轴承等装配关系和传动关系及箱体 1、箱盖 17 的结构形状和连接情况，采用经过锥齿轮轴和蜗轮轴轴线剖切的局部剖视图作为俯视图。

(4) 采用左视图表达轴承盖 8、轴承盖 15 的形状和箱体、箱盖的外形结构以及它们的连接。

14.3 装配图的尺寸标注和技术要求

14.3.1 装配图的尺寸标注

装配图和零件图的作用不一样，所以装配图上并不需要注出每个零件的尺寸，一般只标注以下几种尺寸：

14.3.1.1 特征尺寸(规格尺寸)

表示机器或部件规格性能和特征的尺寸，如图 14-2 中的轴孔尺寸 ϕ50H8。

14.3.1.2 装配尺寸

用以保证机器或部件的正确装配关系，满足其工作精度和性能要求的尺寸。一般有下列几种：

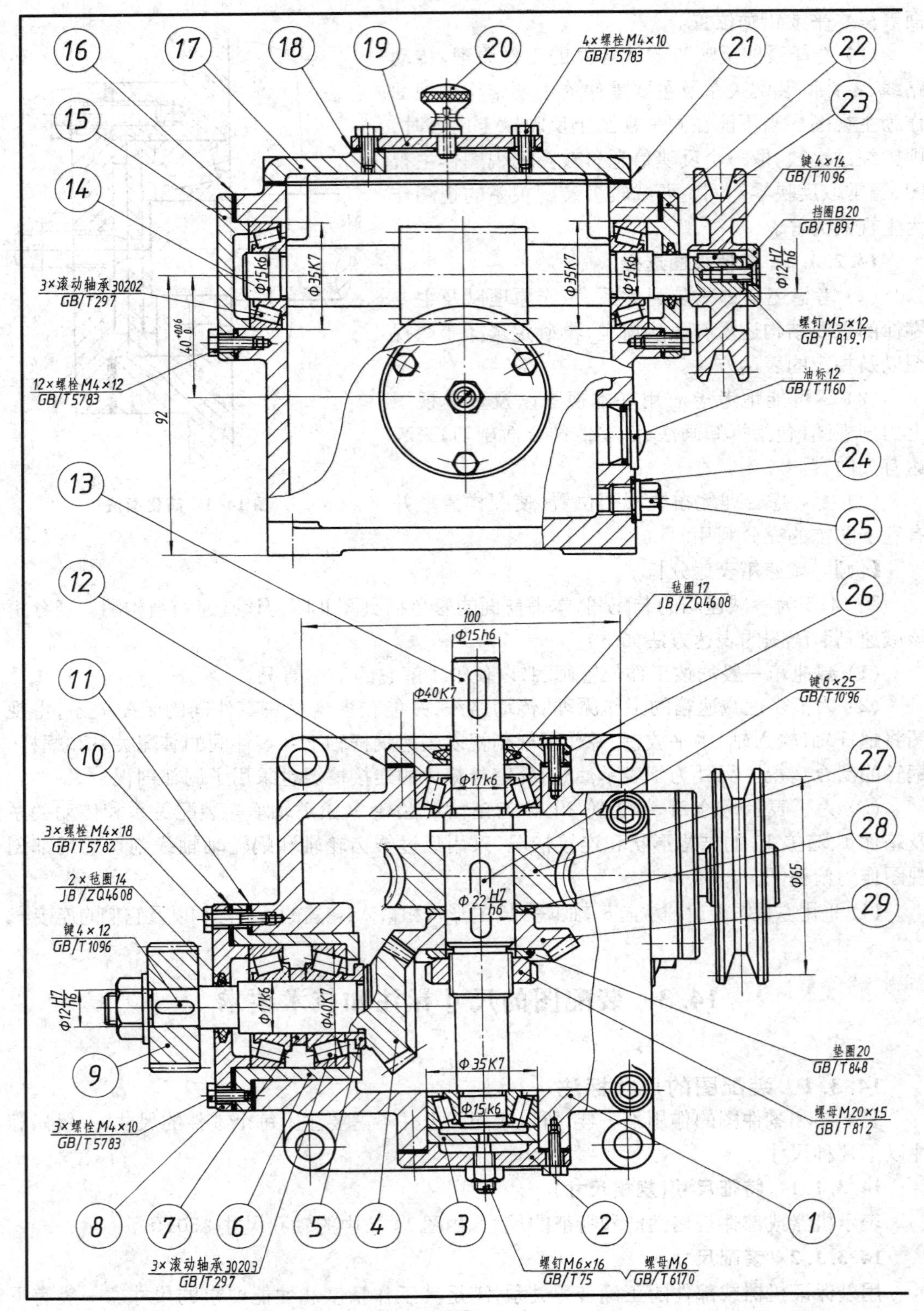
4×螺栓M4×10
GB/T5783
3×滚动轴承30202
GB/T297
12×螺栓M4×12
GB/T5783
键4×14
GB/T1096
挡圈B20
GB/T891
螺钉M5×12
GB/T819.1
油标12
GB/T1160
毡圈17
JB/ZQ4608
键6×25
GB/T1096
3×螺栓M4×18
GB/T5782
2×毡圈14
JB/ZQ4608
键4×12
GB/T1096
垫圈20
GB/T848
螺母M20×1.5
GB/T812
3×螺栓M4×10
GB/T5783
3×滚动轴承30203
GB/T297
螺钉M6×16
GB/T75
螺母M6
GB/T6170

图 14-5　减

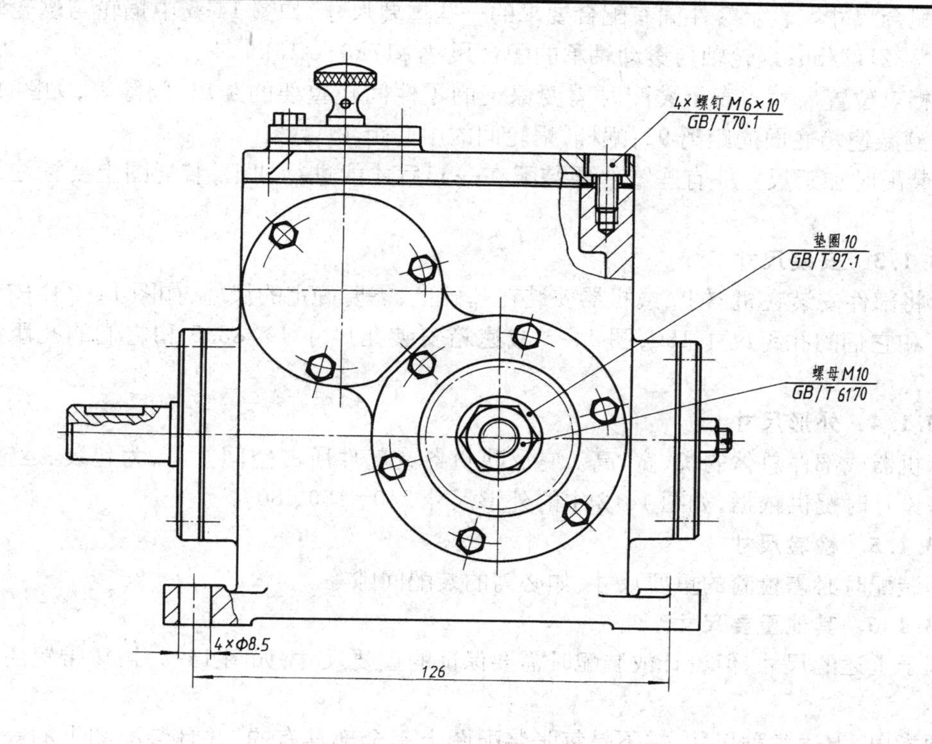

技　术　要　求

1. 装配后须转动灵活，各密封处不得有漏油现象。
2. 空载试验时，油池温度不得超过35°C，轴承温度不得超过40°C。
3. 装配时选择或磨削调整片，使其厚度适当，保证锥齿轮啮合状态良好。

序号	名称	数量	材料	备注
29	锥齿轮	1	45	m=2，z=30
28	调整片	1	45	
27	蜗轮	1	QAl9-4	m=2，z=26
26	轴承盖	1	HT200	
25	螺塞	1	Q235-A	
24	衬垫	1	聚氯乙烯	无图
23	带轮	1	HT200	
22	轴承盖	1	HT200	
21	垫片	1	纸柏	无图
20	手把	1	Q235-A	
19	加油孔盖	1	Q235-A	
18	垫片	1	纸柏	无图
17	箱盖	1	HT200	
16	垫片	3	纸柏	无图
15	轴承盖	1	HT200	
14	蜗杆轴	1	45	m=2，z=1
13	蜗轮轴	1	45	
12	垫片	1	纸柏	无图
11	垫片	1	纸柏	无图
10	垫片	1	纸柏	无图
9	齿轮	1	45	m=1，z=40
8	轴承盖	1	HT200	
7	套圈	1	Q235-A	
6	轴承套	1	Q235-A	
5	挡圈	1	45	
4	锥齿轮轴	1	45	m=2，z=21
3	压盖	1	Q235-A	
2	轴承盖	1	HT200	
1	箱体	1	HT200	

减速箱		比例	1:2	（图号）
		数量		
制图		重量		共　张　第　张
描图		（厂　名）		
审核				

速箱装配图

(1) 配合尺寸。表示零件间有配合要求的一些重要尺寸，如图 14-5 中蜗轮与蜗轮轴的配合尺寸 ϕ22H7/h6；蜗轮轴与滚动轴承的配合尺寸 ϕ17k6，ϕ15k6 等。

(2) 相对位置尺寸。表示装配时需要保证的零件间较重要的距离、间隙等，如图 14-5 中蜗杆轴到减速箱底面的距离 92；蜗杆、蜗轮间的中心距 $40^{+0.06}_{0}$。

(3) 装配时加工尺寸。有些零件要装配在一起后才能进行加工，装配图上要标注装配时加工尺寸。

14.3.1.3 安装尺寸

表示将部件安装在机器上，或机器安装在基础上，需要确定的尺寸，如图 14-2 中安装孔尺寸 ϕ17 和它们的孔距尺寸 180；图 14-5 减速箱安装孔尺寸 4×ϕ8.5 和它们的孔距尺寸 126 和 100。

14.3.1.4 外形尺寸

表示机器或部件总体的长、宽、高。它反映机器或部件所占空间大小，为包装、运输、安装和厂房设计时提供依据，如图 14-2 中的外形尺寸 240、160、80。

14.3.1.5 检验尺寸

表示装配时必需检验的重要尺寸，如必需的装配间隙等。

14.3.1.6 其他重要尺寸

不属于上述的尺寸，但设计或装配时需要保证的重要尺寸，如图 14-5 中 V 带轮的计算直径ϕ65。

必须指出，上述各种尺寸，并不是每张装配图上都全部具有的，并且装配图上的一个尺寸有时兼有几种意义。因此，应根据具体情况来考虑装配图上的尺寸标注。

14.3.2 装配图上的技术要求

装配图上注写的技术要求，通常可以从以下几方面考虑：

(1) 装配后的密封、润滑等要求。如图 14-5 技术要求 1：装配后须转动灵活，各密封处不得有漏油现象。

(2) 有关性能、安装、调试、使用、维护等方面的要求。如图 14-5 技术要求 3：装配时选择或磨削调整片，使其厚度适当，保证锥齿轮啮合状态良好。

(3) 有关试验或检验方法的要求。如图 14-5 技术要求 2：空载试验时，油池温度不得超过 35℃，轴承温度不得超过 40℃。

装配图上的技术要求一般用文字注写在图纸下方空白处，也可以另编技术文件，附于图纸。

14.4 装配图上的序号和明细表(栏)

为了便于看图，组织生产，管理图样的需要，在装配图上，应该对其组成部分(零件或部件)进行编号(序号或代号)，并且在标题栏的上方编制相应的明细栏或另附明细表。

14.4.1 编写序号的方法和规定

序号是装配图中对各零件或部件按一定顺序的编号；代号是按照零件或部件在整个产品中的隶属关系编制的号码。

14.4.1.1 编写序号的方法

(1) 将所有标准件的数量、标记按规定标注在图上,标准件不占编号,而将非标准件按顺序编号,如图14-5所示。

(2) 将装配图上所有零件包括标准件在内,按顺序编号,如图14-2所示。

14.4.1.2 编写序号的规定

(1) 装配图中相同的各组成部分只应有一个序号,一般只标注一次,必要时多处出现的相同组成部分允许重复标注。

(2) 序号的编写方法有以下三种,但同一装配图上编注序号的形式应一致。

① 在指引线的水平线(细实线)上或圆(细实线)内注写序号,序号字高比该装配图中所注尺寸数字高度大一号(图14-6*a*)。

② 在指引线的水平线(细实线)上或圆(细实线)内注写序号,序号字高比该装配图中所注尺寸数字高度大两号(图14-6*b*)。

③ 在指引线附近注写序号,序号字高比该装配图中所注尺寸数字高度大两号(图14-6*c*)。

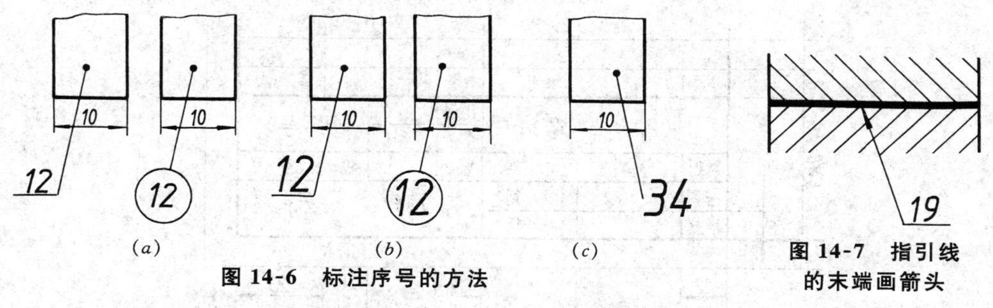

(*a*) (*b*) (*c*)

图14-6 标注序号的方法

图14-7 指引线的末端画箭头

(3) 指引线应自所指部分的可见轮廓内引出,并在末端画一圆点,如图14-6。若所指部分(很薄的零件或涂黑的剖面区域)内不便画圆点时,可在指引线末端画出箭头,并指向该部分的轮廓(图14-7)。

(4) 指引线不能相交,当通过剖面区域时,指引线不应与剖面线平行。必要时指引线允许画成折线,但只允许曲折一次(图14-8)。

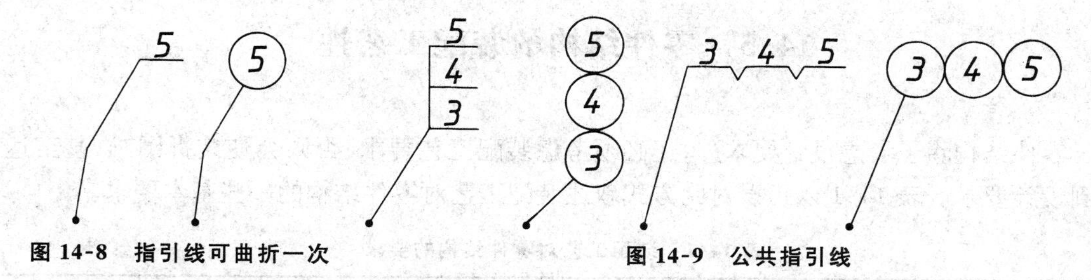

图14-8 指引线可曲折一次

图14-9 公共指引线

(5) 对于一组紧固件或装配关系清楚的零件组,可以采用公共指引线(图14-9)。

(6) 序号应标注在视图的外面,并应按水平或垂直方向排列整齐。序号应按顺时针或逆时针方向顺序排列。在整个图上无法连续时,可只在每个水平或垂直方向顺序排列。

(7) 标准化的部件(如滚动轴承、电动机、油杯等)在装配图上只注写一个序号。

14.4.2 明细栏

在装配图中,明细栏直接画在标题栏上方,地位限止时可在标题栏左方接着画明细栏。

明细栏左边外框线为粗实线,内格线和顶线画细实线,零件序号由下往上填写,明细栏中的编号与装配图上所编序号必须一致。

标准明细栏格式见图 14-10(a),学习时推荐使用的标题栏及明细栏格式如图 14-10(b)。

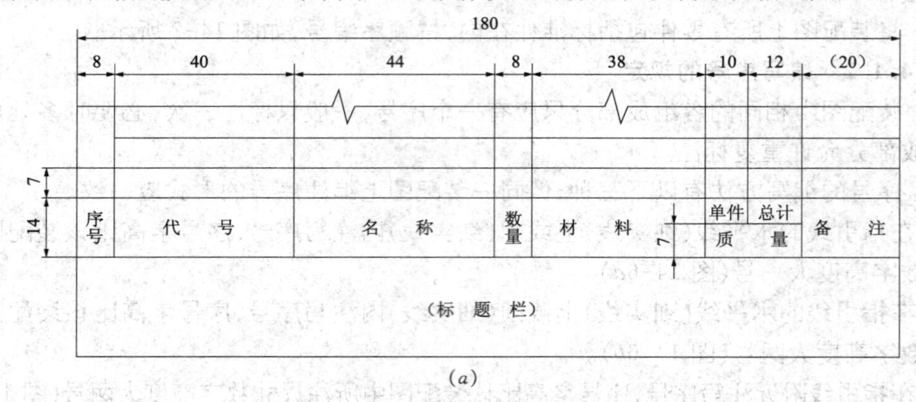

(a)

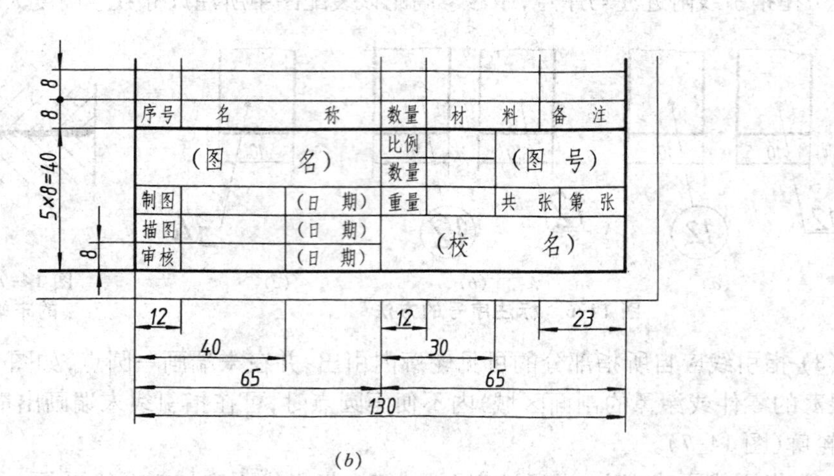

(b)

图 14-10 装配图上标题栏及明细栏

14.5 零件结构的装配工艺性

零件结构除了考虑设计要求外,还必须考虑装配工艺要求,否则会使装拆困难,甚至达不到设计要求。表 14-1 以正误对比方式叙述装配工艺对零件结构的一些基本要求。

表 14-1 装配工艺对零件结构的要求

内 容	正 确 图 例	错 误 图 例	说 明
接触面处的结构			两个零件在同一方向只能有一对接触面,这样便于装配又降低加工精度。 不同方向接触面的交界处,不应做成尖角或相同的圆角,否则不能很好地接触。如轴承盖与轴承座接触处的结构

（续表）

内 容	正 确 图 例	错 误 图 例	说 明
圆锥面配合处的结构	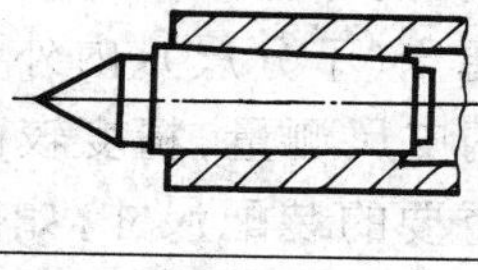	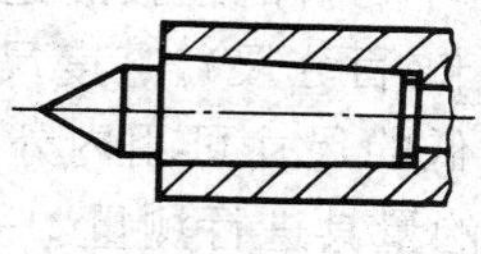	圆锥面接触应有足够的长度，同时不能再有其他端面接触，以保证配合的可靠性。如尾架顶针与套筒的配合。当顶针底部与套筒同时接触时，就不能保证锥面接触良好
并紧和防松装置	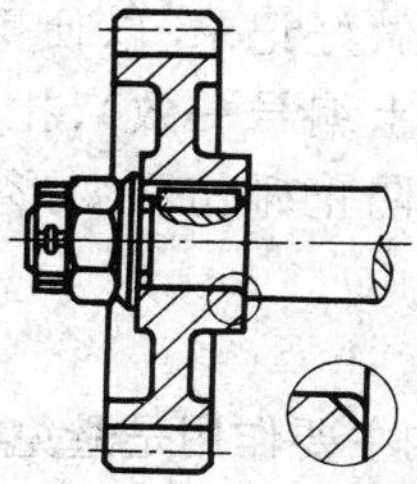	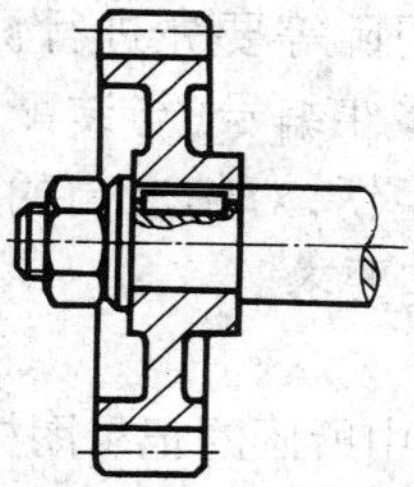	为了把斜齿轮并紧在轴肩上，在轴肩根部必须有沉割槽，如轴肩连接处用小圆角过渡，则斜齿轮轴孔的倒角宽度要大于小圆角半径。此外斜齿轮轴孔的长度应比轴上装斜齿轮的轴伸稍长一些，这样才能保证并紧。为了防松可采用六角槽形螺母及开口销
轴上定位装置	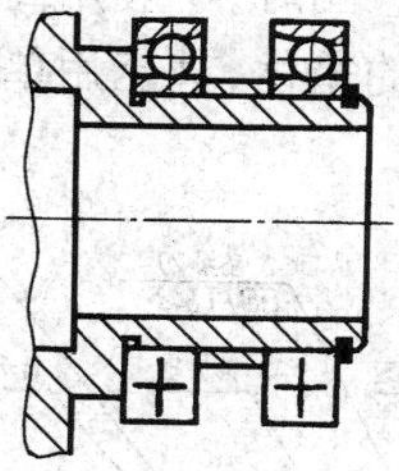	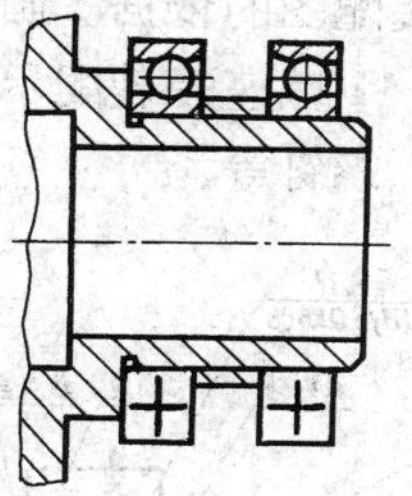	轴上零件必须有可靠的定位装置，以保证零件在轴上的位置。如左图轴套上装有滚动轴承，采用轴用弹性挡圈将轴承在轴套上定位
要考虑装拆方便	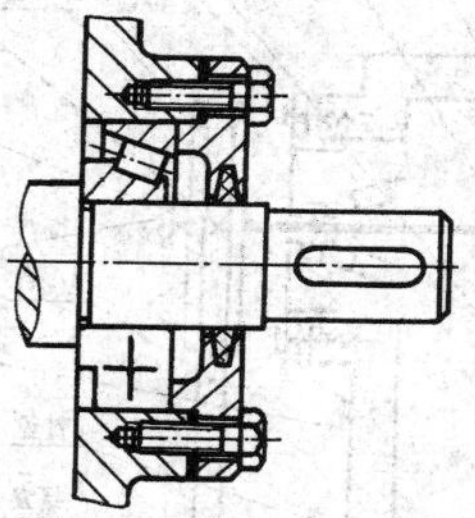	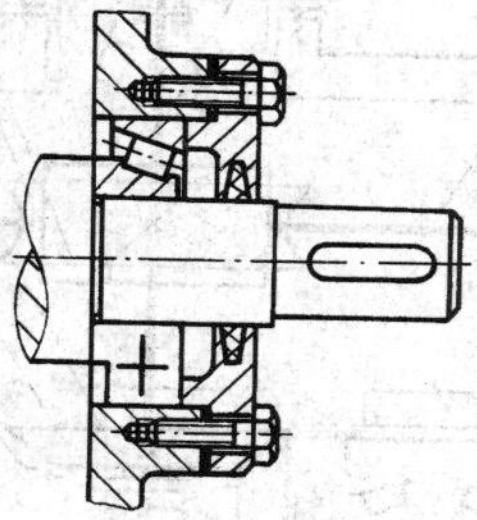	轴的轴肩直径应小于滚动轴承内圈的外径，否则拆卸轴承会发生困难
密封装置			轴承透盖可用毛毡作密封装置，毛毡与轴之间不能有间隙，而轴承盖上穿孔应大于轴的直径，以免轴转动时和轴承盖摩擦而损坏零件

14.6 部件测绘和装配图画法

14.6.1 部件测绘步骤

根据现有机器或部件，画出零件草图并进行测量，然后绘制装配图和零件图的过程称为测绘。测绘工作无论对推广先进技术、改进现有设备、保养维修等都有重要作用，测绘有时也是对机器或部件进行再设计的过程。测绘工作的一般步骤如下：

14.6.1.1 了解和分析部件

测绘前首先要对部件进行分析研究，阅读有关的说明书、资料、参阅同类产品图纸以及向有关人员了解使用情况和改进意见。从而了解部件的用途、工作原理、结构特点和零件间的装配关系和连接关系。如要测绘彩色插页图Ⅱ所示的减速箱，就要了解它的作用，传动方式，组成零件的作用、结构及装配关系。

14.6.1.2　拆卸零件和测量尺寸

拆卸零件的过程亦是进一步了解部件中各零件作用、结构、装配关系的过程。拆卸前应仔细研究拆卸顺序和方法，对不可拆的连接和过盈配合的零件尽量不拆。常用的测量工具（见彩色插页图Ⅲ）有游标卡（百分尺）、高度尺、分厘卡（千分尺）、内外卡、钢皮尺、角度规、螺纹规、圆角规等。精度低的尺寸可用内外卡、钢皮尺测量，精度较高尺寸应用游标卡或分厘卡测量甚至更精密的量具进行测量。一些重要的装配尺寸，如零件间的相对位置尺寸，极限位置尺寸，装配间隙等要先进行测量，并做好记录，以便重新装配时能保持原来的要求。拆卸后要将各零件编号（与装配示意图上编号一致），扎上标签，妥善保管，避免散失、错乱。还要防止生锈，对精度高的零件应防止碰伤和变形，以便测绘后重新装配时仍能保证部件的性能和要求。

14.6.1.3　画装配示意图

装配示意图是在部件拆卸过程中所画的记录图样。它的主要作用是避免零件拆卸后可能产生的错乱，是重新装配和绘制装配图的依据。画装配示意图时，一般用简单的线条和符号表达各零件的大致轮廓，如图 14-11 减速箱装配示意图中的箱体，甚至用单线来表示零件的基本特征如图 14-11 中的轴承盖、螺钉等。

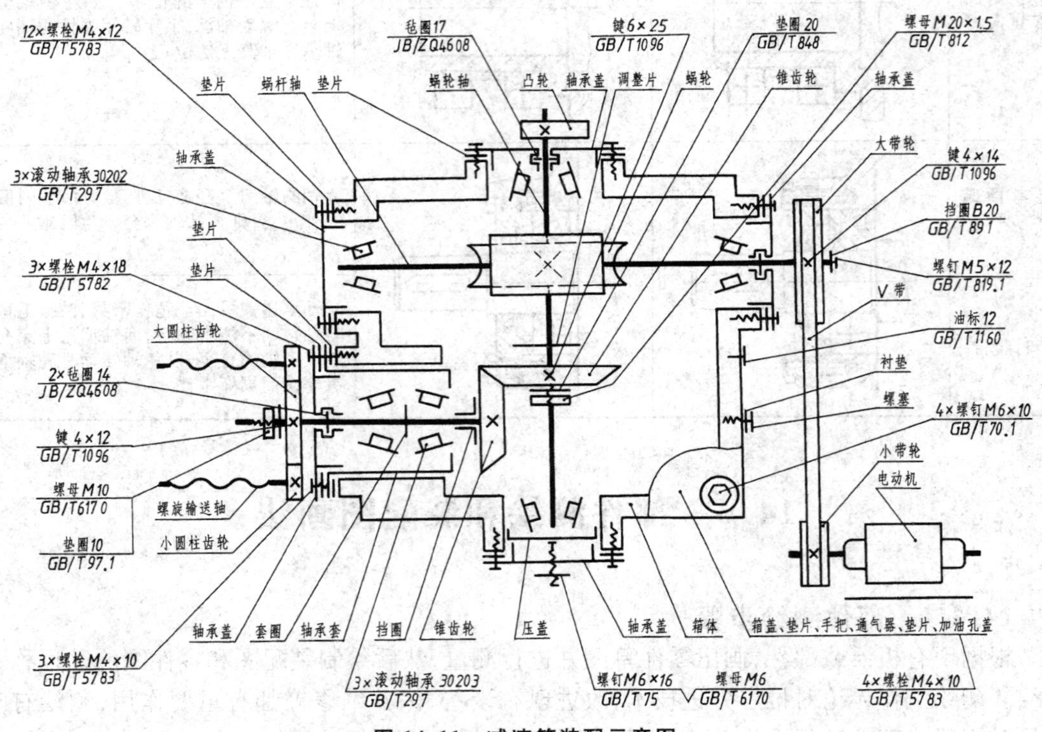

图 14-11　减速箱装配示意图

通常对各零件的表达不受前后层次的限制，尽量把所有零件集中在一个图形上。如确有必要，可增加其他图形。画装配示意图的顺序，一般可从主要零件着手，由内向外扩展按装配顺序把其他零件逐个画上。例如画减速箱装配示意图时，可先画蜗轮轴及蜗杆轴，再画蜗轮、锥齿轮、轴承等其他零件，两相邻零件的接触面之间最好画出间隙，以便区别。对轴承、弹簧、齿轮等零件，可按《机械制图》国家标准规定的符号绘制。图形画好后，各零件编上序号，并列表

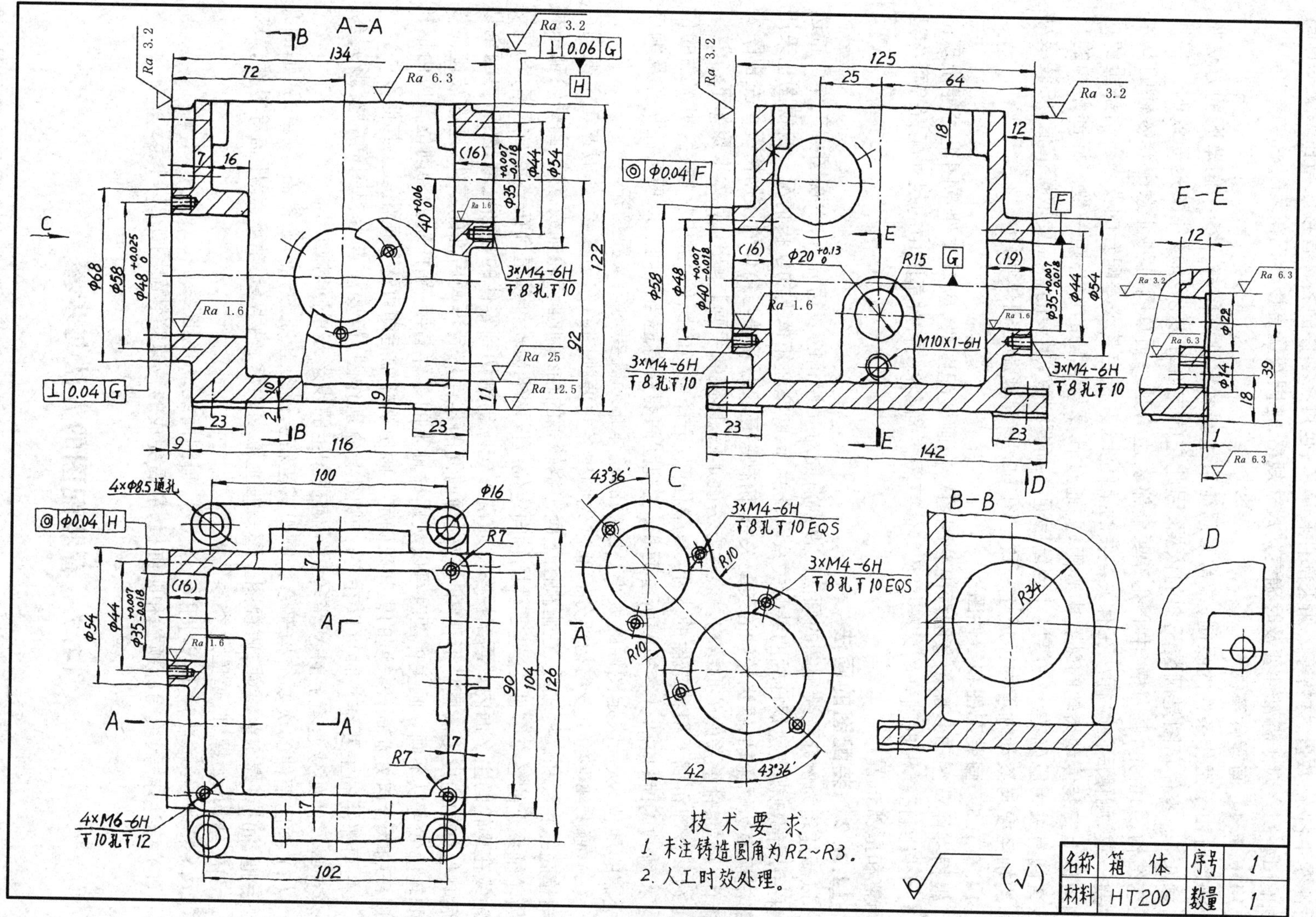

图 14-12 减速箱箱体草图

注明各零件名称、数量、材料等。如果部件较简单,也可将零件的名称直接注写在装配示意图上,如图14-11。对于标准件要及时确定其尺寸规格,连同数量直接标记在装配示意图上。

14.6.1.4 画零件草图

测绘时由于工作条件的限制,常常采用徒手绘制各零件的图样。徒手画草图的方法见第6章6.5。零件草图是画装配图的依据,因此它的内容和要求和零件图是一致的。零件的工艺结构,如倒角、退刀槽、中心孔等要全部表达清楚。画草图时要注意配合零件的基本尺寸要一致,测量后同时标注在有关零件的草图上,并确定其公差配合的要求。有些重要尺寸如箱体上安装传动齿轮的轴孔中心距,要通过计算与齿轮的中心距一致。标准结构的尺寸应查阅有关手册确定。一般尺寸测量后通常都要圆整,重要的直径要取标准值,安装滚动轴承的轴径要与滚动轴承内径尺寸一致。图14-12为减速箱箱体草图。

14.6.1.5 画装配图和零件图

根据零件草图和装配示意图画出装配图。在画装配图时,应对零件草图上可能出现的差错,予以纠正。根据画好的装配图及零件草图再画零件图,对草图中的尺寸配置等可作适当调整和重新布置。

14.6.2 装配图的画法

以减速箱为例介绍装配图的画法。根据前面对减速箱的表达分析,主视图按工作位置选定,采用局部剖视表达蜗杆轴的装配关系以及油标、螺塞在箱体上的连接情况。俯视图也采用局部剖视表达蜗轮轴、锥齿轮轴的装配关系,俯视图还表示箱盖与箱体的连接情况。左视图表达箱体、箱盖、轴承盖的外形结构。表达方法确定后,即能着手画装配图,具体步骤如下:

(1) 合理布局。根据部件的大小、复杂程度,选择恰当的比例,留出标题栏、明细栏的位置。布置视图时,应估计各视图所占面积,各视图间要留有适当的间隔以便标注尺寸及编序号所需的地位,从而决定图幅的大小。图面的总体布局既要均匀又要整齐。

(2) 画出部件的主要结构部分。通常先画出各主要视图的作图基线,如减速箱主视图可先画箱底的底线和蜗杆轴线;在俯视图上画出蜗轮轴的轴线和锥齿轮轴线,然后画蜗轮轴系和锥齿轮轴系上的各个零件,这些零件的轴向定位应以两锥齿轮锥顶重合在一起为依据,并使蜗杆轴线在蜗轮的主平面内。画剖视图时通常可先画出剖切到零件的剖面区域,然后再画剖切面后其他结构的投影。画外形视图时应先画前面的零件然后再画后面的零件,这样被遮住零件的轮廓线可以不画。画主视图时可以从蜗杆轴上的零件着手,蜗杆轴的轴向位置应由蜗轮与蜗杆的啮合点处在蜗杆长度的中间来确定。画出蜗杆轴后即可逐一画出轴上其他零件。

在画部件的主要结构时可以在各个视图上分别作图,但要注意各视图间的投影关系。当然有些零件如减速箱上的V带轮,主、俯视图上的投影亦可同时画出。

(3) 画出部件的次要结构部分。例如减速箱主视图上可逐一画上箱盖、轴承盖、加油孔盖、手把、油标、螺塞等零件;俯视图上逐一画上滚动轴承、轴承套、轴承盖、压盖等零件,最后画出细部结构,如螺钉、垫圈之类零件。

(4) 检查、校核后注上尺寸和配合代号,画剖面线,加深图线。

(5) 标注序号,填写标题栏和明细栏,最后完成的减速箱装配图如图14-5。

14.7 看装配图的方法与步骤

在设计、制造、装配、检验、使用、维修和技术交流等生产活动中,都会遇到看装配图。看

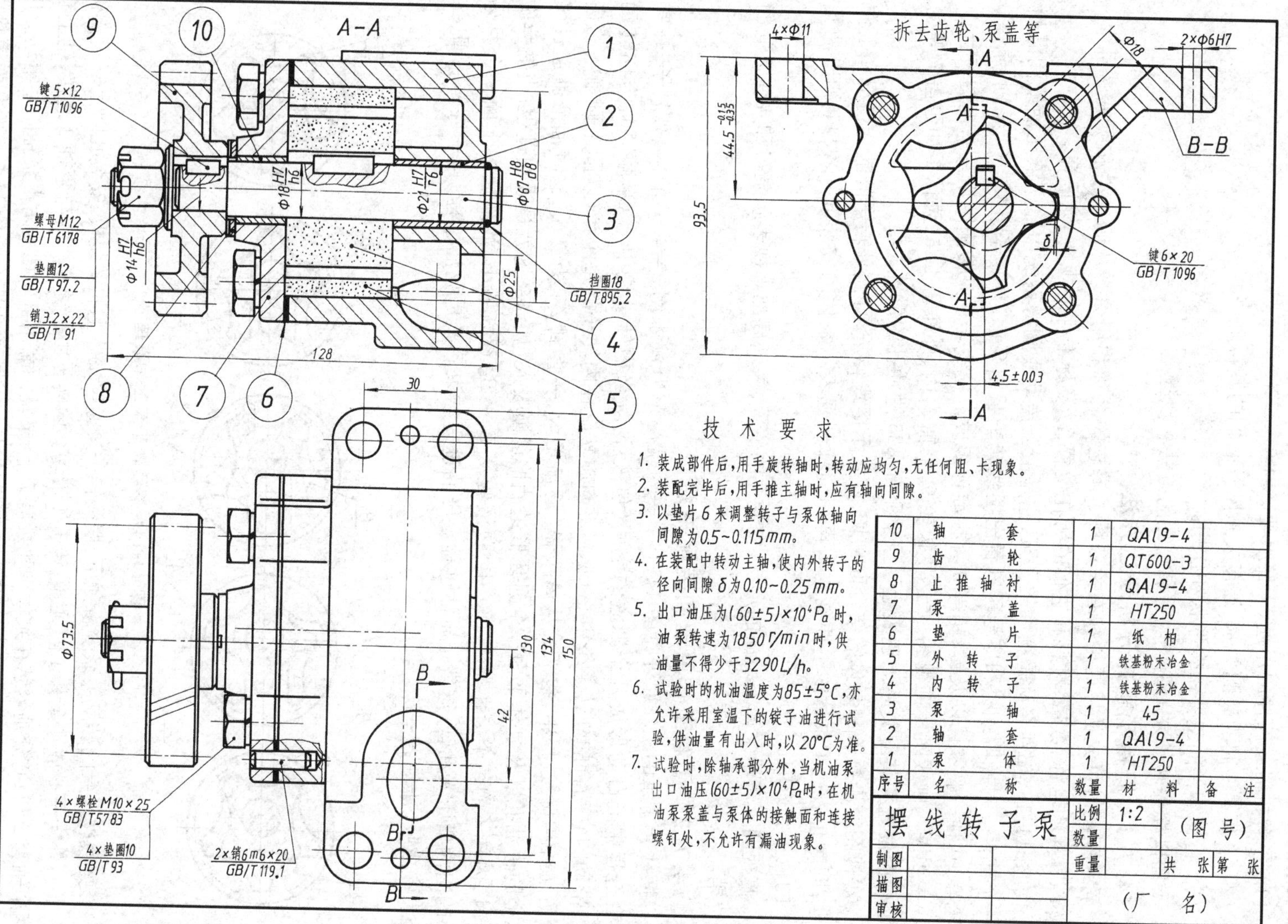

图 14-13 摆线转子泵装配图

装配图的主要要求是：

(1) 了解机器或部件的用途、工作原理、结构。

(2) 了解零件间的装配关系、连接关系以及它们的装拆顺序。

(3) 看懂零件的主要结构形状和作用。

下面以摆线转子泵为例说明看装配图的方法和步骤。

14.7.1　概括了解并分析表达方法

看装配图时可先从标题栏和有关资料了解它的名称和用途。从明细栏和所编序号中，了解各零件的名称、数量、材料和它们的所在位置，以及标准件的规格、标记等。

如图14-13，部件名称是摆线转子泵，它是液压传动或润滑系统中输送液压油或润滑油的一个部件。对照明细栏和序号可以看出摆线转子泵由泵体、外转子、内转子、泵轴、泵盖、齿轮等10种一般零件以及键、销等9种标准件组成。摆线转子泵装配图用三个视图表达。

主视图　画成阶梯剖视图，表达了齿轮9，泵轴3，内、外转子4、5，泵体1和泵盖7等主要零件的位置和装配关系。还表达了泵体下部$\phi25$进油孔的位置。

左视图　沿泵盖和泵体的结合面剖切，以表示摆线转子泵内、外转子的啮合情况和工作原理，同时也表达了泵体的主要结构。再用局部剖视表示泵体的安装孔$4\times\phi11$和出油孔$\phi18$的位置和方向。

俯视图　表示泵体安装面的形状，安装孔的位置，并以局部剖视表示泵盖和泵体之间的定位销。

14.7.2　了解工作原理和装配关系

摆线转子泵的工作原理见图14-14。一对偏心距为e(本例$e=4.5$)的内、外转子，在其啮合过程中能自动形成几个独立的空间(包液腔)。当内转子绕中心O_1顺时针方向转动时，带动与它啮合的外转子绕中心O_2同方向旋转。在内转子的每个齿(以图中画箭头的齿为例)旋转180°过程中，包液腔从$A_1\cdots A_4$逐渐增大，一直到A_5为最大，这时油液就通过泵体上的进油孔以及泵体下面一个月牙形进油槽逐渐吸入包液腔，这就是吸油过程；当继续旋转时，内转子的每个齿在另外180°中，包液腔从$B_1\cdots B_5$逐渐缩小，油液通过上面一个月牙形的出油槽压入油管，这就是压油过程。压油过程结束后又是吸油过程，转子每转一周，每个齿完成吸、压油各一次。

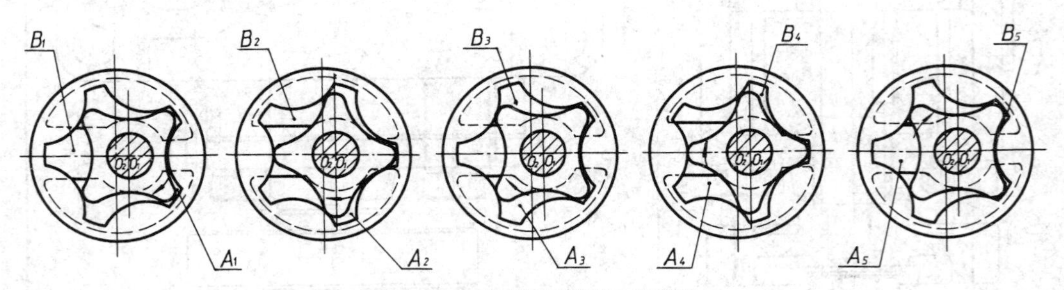

图14-14　摆线转子泵工作原理

摆线转子泵的装配关系分析如下：摆线转子泵通过泵体上的安装板、安装孔向上安装在机座上。外转子5放在泵体1内，由内转子4带动。内转子由平键6×20与泵轴3连接，轴上有两个轴套2与10分别紧装在泵体1和泵盖7上，泵轴一端用钢丝挡圈防止泵轴向左窜动。用两个圆柱销6m6×20将泵盖与泵体定位以保证轴孔对准，再用四个螺栓M10×25和弹簧垫圈10连接。垫片6用来防止漏油以及调整转子的轴向间隙以防转子咬死。斜齿轮9用平键

5×12 与泵轴相连接，用六角开槽螺母 M12、垫圈 12、开口销 3.2×22 将齿轮固定在轴上，防止旋转时松动。斜齿轮在传动时有轴向力，因此在齿轮轮毂与泵盖之间装有止推轴衬 8。

14.7.3 尺寸分析

分析装配图上的配合尺寸可进一步了解零件间的装配关系，配合性质。如泵轴 3 分别与内转子 4、泵体轴套 2、泵盖轴套 10 相配，选用基轴制较合理，配合尺寸均为 ϕ18H7/h6 属于优先的间隙配合。外转子 5 与泵体内腔的配合尺寸是 ϕ67H8/d8，属基孔制常用的间隙配合。轴套 2 与泵体、轴套 10 与泵盖的配合尺寸是 ϕ21H7/r6，属基孔制常用的过盈配合。尺寸 4.5±0.03 是内、外转子的偏心距，这个尺寸的精度会影响油泵出油口的压力。尺寸 $44.5^{-0.15}_{-0.35}$ 是泵轴离泵体安装面的高度。尺寸 4×ϕ11，130，30 都是安装尺寸。128，93.5，150 为外形尺寸。

14.7.4 总结归纳

为了加深对所看装配图的全面认识，还需从装拆顺序、安装方法、技术要求等方面综合考虑，以加深对整个部件的进一步认识，从而获得对整台机器或部件的完整概念。

上述看装配图的方法和步骤仅是概括地介绍，实际上看图的步骤往往交替进行。总之只有不断实践才能提高看图的能力。

14.8 由装配图拆画零件图

在设计过程中常要根据装配图画出零件图，拆画零件图是在全面看懂装配图的基础上进行的。图 14-15 是从摆线转子泵装配图中拆画出的泵体零件图。由装配图拆画零件图时应注意以下几个问题。

14.8.1 构思零件形状

装配图主要表达零件间的装配关系，至于每个零件的某些个别部分的形状和详细结构并不一定都已表达清楚，这些结构可在拆零件图时根据零件的作用要求进行设计。如从摆线转子泵主视图上可以看出泵体的右端面上有一个泵轴孔和进油孔，进油孔与进油管相接，为此进油孔端面设计有法兰凸台，凸台上开有两个螺孔，以便将进油管的法兰凸缘固定在凸台上。又为了铸造、加工方便，将该凸台与泵轴孔凸台联成一起，其形状见图 14-15 后视图。

此外在拆画零件图时还要补充装配图上可能省略的工艺结构，如铸造圆角、斜度、退刀槽、倒角等，这样才能使零件的结构形状表达得更为完整。

14.8.2 零件的视图

在拆画零件图时，一般不能简单地抄袭装配图中零件的表达方法，应根据零件的结构形状，重新考虑最好的表达方案。如泵体，在装配图的三个视图中都有它的投影，分别表示一部分结构形状。根据泵体的结构，如沿泵轴方向从左向右投影，则泵体的内腔、进出油槽、进出油孔、安装板、外形轮廓等都能表示清楚，因此取这个方向的投影作为主视图更能反映出泵体的特征形状。

泵体的其他视图选择可取沿泵体对称中心线及泵轴孔的轴线剖切的阶梯剖视图作为左视图，以表示内腔、泵轴孔、进出油孔的位置。图上上部的曲线是出油孔表面（斜置的圆柱孔）与出油槽表面（圆柱面）交线的投影；图上下部的一段直线与曲线是进油孔表面（圆柱面

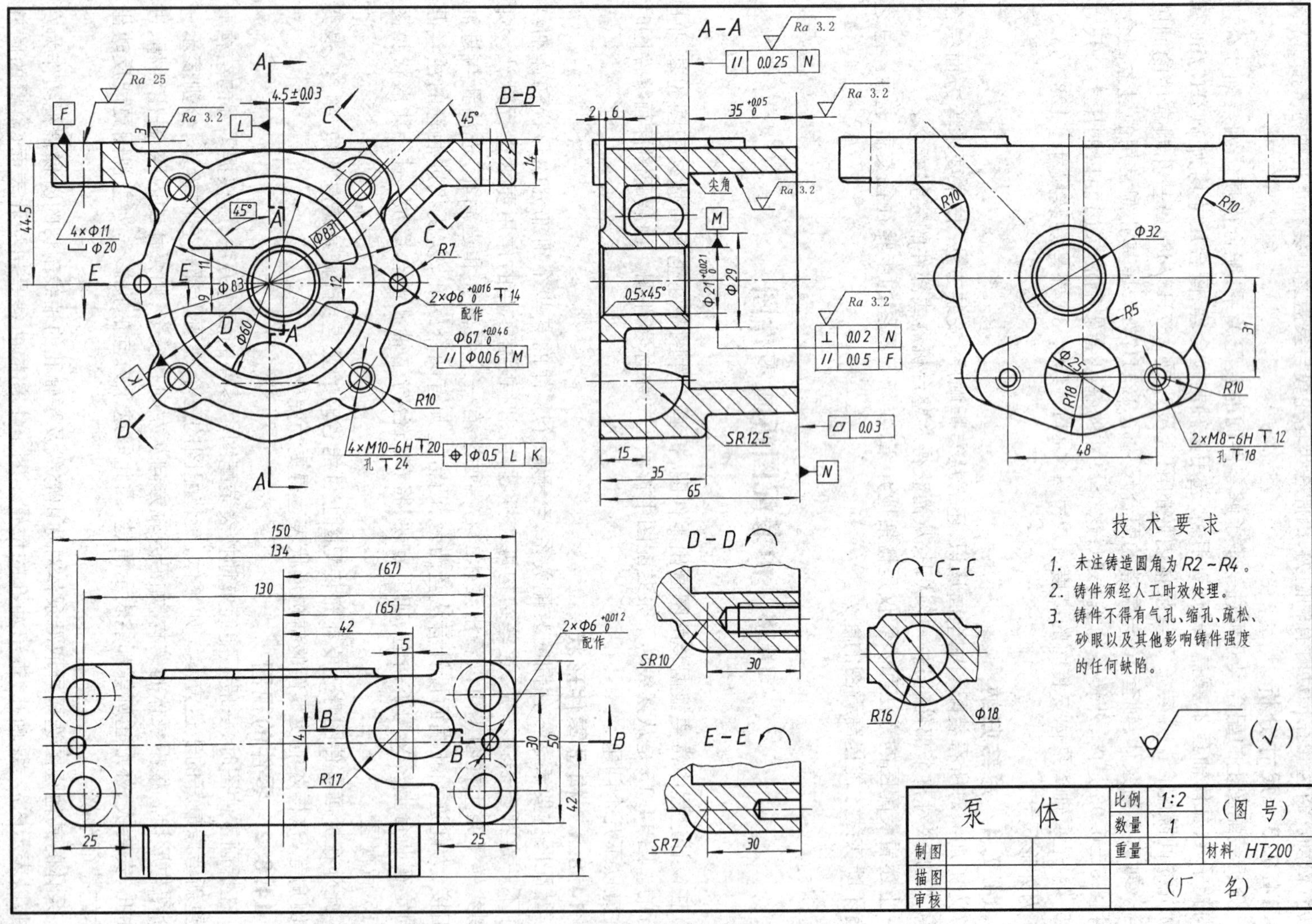
A－A
B－B
C－C
D－D
E－E
技术要求
1. 未注铸造圆角为R2～R4。
2. 铸件须经人工时效处理。
3. 铸件不得有气孔、缩孔、疏松、砂眼以及其他影响铸件强度的任何缺陷。
泵 体
比例 1:2
数量 1
重量
材料 HT200
(图 号)
(厂 名)
制图
描图
审核

图 14-15 泵体零件图

与球面)及进油槽表面(圆柱面)交线的投影。有关这些曲线的分析见图14-16。顶部安装板的形状可以用俯视图表达,安装板上的锪平孔及销孔在主视图上用局部剖视表示。主视图上表示出油孔的局部剖,如过分扩大剖切范围会影响外形轮廓的表达,因此将未剖到的出油孔用虚线表示,出油孔的直径及该处结构用 *C-C* 移出断面图表示。泵体端面上螺孔及销孔的深度以及该处的结构分别用 *D-D* 及 *E-E* 局部剖视表示。后视图表示进油孔及泵轴孔凸台的形状。

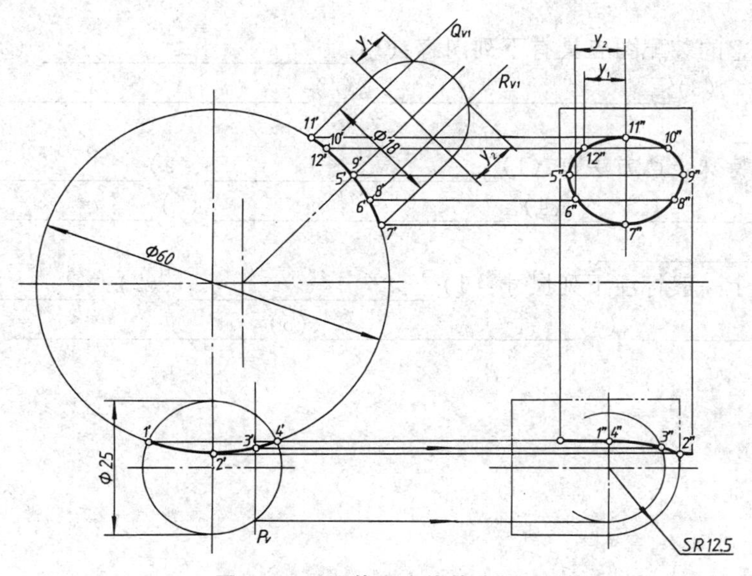

图 14-16 泵体上交线的分析图

14.8.3 零件的尺寸

装配图上注出的尺寸大多是重要尺寸。有些尺寸本身就是为了画零件图时用的,这些尺寸可以从装配图上直接移到零件图上。凡注有配合代号的尺寸,应该根据配合类别、公差等级注出上、下偏差。有些标准结构如沉孔、螺栓通孔的直径、键槽宽度和深度、螺纹直径、与滚动轴承内圈相配的轴径;外圈相配的孔径等应查阅有关标准。还有一些尺寸可以通过计算确定,如齿轮的分度圆,齿轮传动的中心距,应根据模数、齿数等计算而定。在装配图上没有标注出的零件各部分尺寸,可以按装配图的比例量得。

在绘制具有装配关系的各个零件的零件图时,其有关尺寸要注意相互协调,不要造成矛盾。

14.8.4 零件的表面结构要求和技术要求

画零件工作图时,零件的各表面都应注写表面结构代号,它的高度参数值 R_a 应根据零件表面的作用和要求来确定。配合表面要选择恰当的公差等级和基本偏差。根据零件的作用还要加注必要的技术要求和几何公差要求。

思考练习题

一、判断题

1. 装配图上相邻零件的接触面和配合面只画一条线。( )

2. 装配图上相邻金属零件，剖面线的倾斜方向必须相反或者方向一致、间隔不等。(　　)

3. 装配图中的剖视图与断面图上，同一零件的剖面线的倾斜方向和间隔应保持一致。(　　)

4. 部件装配图的表达要求是将所有零件的形状表达清楚。(　　)

5. 装配图上各零件或部件应按一定顺序进行编号。(　　)

二、填空题

1. 一张完整的装配图应具有下列内容：(1)____________，(2)____________，(3)____________，(4)____________，(5)____________。

2. 部件的特殊表达方法有：(1)____________，(2)____________，(3)____________，(4)____________，(5)____________，(6)____________。

3. 装配图上一般标注下列尺寸：(1)____________，(2)____________，(3)____________，(4)____________，(5)____________，(6)其他重要尺寸。

第4篇 计算机绘图

第 15 章　计算机辅助二维图形的绘制

本章主要介绍 Auto CAD 软件来绘制二维图形的基本知识和方法。

Auto CAD 是美国 Autodesk 公司在 1982 年推出的计算机辅助设计绘图软件。经过 20 多年的不断完善与改进，从第一版本 Auto CAD1.0 发展至今的最新版本 Auto CAD2013 已进行了很多次的升级。它是一个集二维图形、三维造型、数据管理、渲染着色、国际互联网等功能于一体的辅助设计绘图软件。其功能日臻完善，被广泛应用于机械、建筑、冶金、电子、地质、气象、地理、航空、商业、轻工、纺织等各种领域。

15.1　Auto CAD 的绘图环境

15.1.1　Auto CAD 的屏幕界面

Auto CAD 的工作界面是该系统提供给用户的交互式工作平台。它是由标题栏、下拉菜单、工具栏、图形窗口、命令窗口、状态行、滚动条、坐标图标……元素组成(图 15-1)。

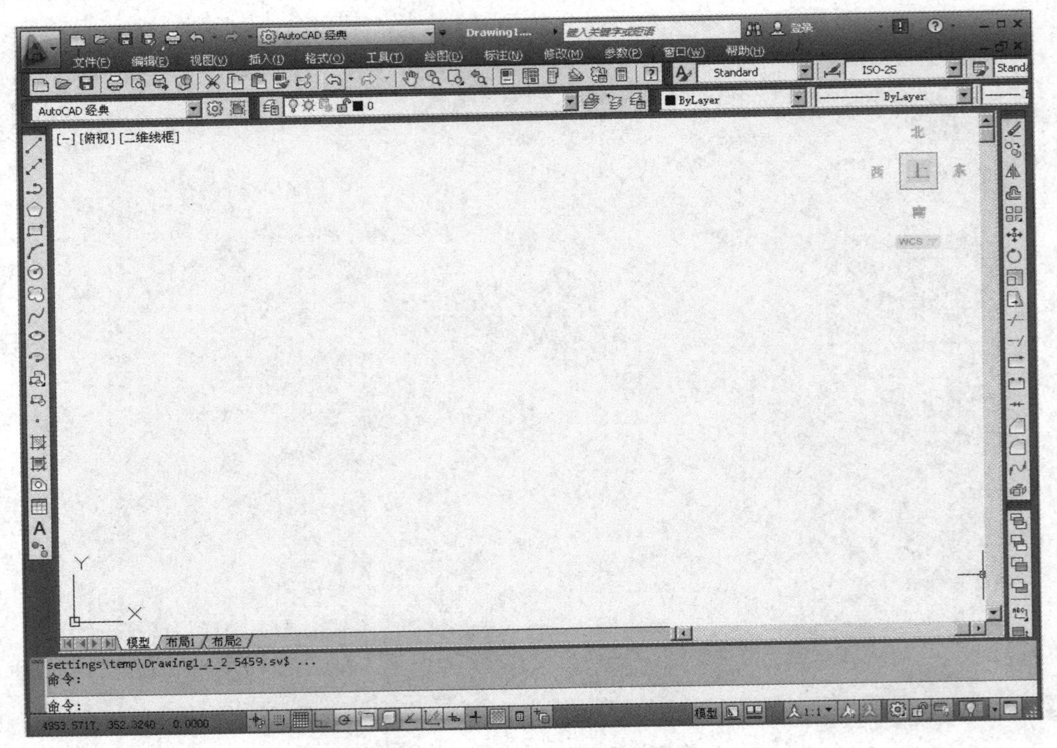

图 15-1　Auto CAD 的工作界面

15.1.1.1 标题栏

出现在程序窗口的上部，专门显示 Auto CAD 的图标、正在运行的程序名、及当前所操作的图形文件名。

15.1.1.2 下拉菜单

这是软件提供的一种交互式工作环境，用户把鼠标指针移至菜单名上，单击左键即可打开子菜单。有…的菜单项表示该菜单后将显示一对话框。当菜单项呈灰色时，表示当前不能使用。Auto CAD 下拉菜单中共有 12 个一级菜单。它们分别是：

(1)文件；(2)编辑；(3)视图；(4)插入；(5)格式；(6)工具；(7)绘图；(8)标注；(9)修改；(10)参数；(11)窗口；(12)帮助。

Auto CAD 还提供六种快捷菜单。快捷菜单中的可选项随系统的状态不同而变化，智能化地提供出系统当前状态下的常用操作命令。

15.1.1.3 工具栏

Auto CAD 提供几十个工具栏，这是由图形符号组成的一个庞大的工具栏系统。用户要完成某项工作，只需用鼠标指针移至图形符号处，单击鼠标左键即可。

15.1.1.4 图形窗口

是用户进行绘图的区域，相等于手工绘图的绘图纸。用以绘图、标注尺寸等。该窗口可以被放大、缩小及平移。

15.1.1.5 命令窗口

也称命令提示行，位于应用程序窗口下部，用于输入命令、参数及命令提示；也用于显示用图标、菜单输入的命令名。命令行的文本行数默认为三行。

15.1.1.6 状态栏

在屏幕的最下方，有一反映用户工作状态、光标位置及当前的作图空间等信息的窗口。

15.1.1.7 滚动条

由屏幕右边的上下两箭头和屏幕中央的左右两箭头组成。可用鼠标指针单击左键拖动显示内容上下左右滚动，这样就可以看到显示的全部内容。

15.1.1.8 坐标图标

在图形窗口左下角有一图标，显示当前所使用的坐标系统形式和坐标方向。

15.1.2 Auto CAD 的坐标系统

15.1.2.1 两种坐标系

Auto CAD 默认的坐标系称为世界坐标系 WCS(World Coordinate System)。它由三根相互垂直并相交于一点(即原点)的坐标轴 X、Y、Z 所组成，是属于三维笛卡尔坐标系统 CCS(Cartesian Coordinate System)。X 轴为水平方向由左向右，Y 轴为垂直方向由下向上，Z 轴正对操作者由屏幕向外。坐标原点在图形窗口的左下角。

Auto CAD 还提供方便用户的用户坐标系统 UCS(User Coordinate System)。用户在绘图过程中可根据自己的需要来定义坐标原点的位置及 X、Y、Z 轴的方向。三轴垂直并交于一点。

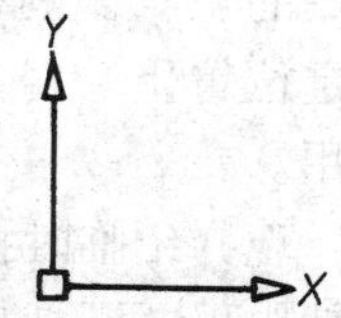

图 15-2 坐标图标

15.1.2.2 坐标定点

要在屏幕上定一个点，必须给出此点的坐标值。Auto CAD 提供直角坐标和极坐标两种方式，每种方式都可以有绝对坐标和相对坐标可供选择。

绝对直角坐标：直接输入一个点距原点的坐标值，中间用“，”分隔，即 X, Y, Z。

相对直角坐标：输入相对于前一个点的直角坐标值，中间也用“，”分隔，但前要加“@”符号，以示区别，即@$\Delta X, \Delta Y, \Delta Z$。

绝对极坐标：输入一个点，距原点的距离为 L，中间用“＜”分隔，再输入点与原点连线和 X 轴的夹角为 α。如“$100 < 30$”表示与原点的距离为 100，两点连线和 X 轴正向夹角为 30°。

相对极坐标：输入点与前一个点之间的距离 ΔL，但距离前要加“@”符号，以示与绝对极坐标区别，中间用“＜”分隔，再输入与前一个点之间连线和 X 轴的夹角 α，即@$\Delta L < \alpha$。如@$20 < 45$ 表示相对前一个点之间的距离为 20，两点连线和 X 轴正向夹角为 45°。

15.1.3 Auto CAD 的基本操作

15.1.3.1 Auto CAD 命令的输入

Auto CAD 有三种命令输入方式，即使用工具栏命令按钮，使用下拉菜单和用键盘将命令输入命令窗口。

(1) 使用工具栏按钮输入命令。工具栏中的每一小格都是 Auto CAD 命令的触发器，用拾取键单击这些按钮，就执行相应的命令。这与用键盘输入相应的命令，功能完全相同，且方便快捷。

(2) 使用下拉菜单输入命令。当把鼠标指针移到下拉菜单名上，并单击左键即可打开该菜单。菜单项中右面带“◣”的表示该菜单项有下一级的子菜单。右面带“…”的菜单项表示如选择该菜单项后，将显示一个对话框。单击所需的命令菜单，就可控制操作。这个方法也很方便快捷。

(3) 使用键盘输入命令。在命令窗口，用键盘输入命令。在命令窗口提示区出现 Command：时，就用键盘将命令字母打入 Command：的后面，回车后 Auto CAD 就执行该命令。有些命令需要有参数，这些参数根据提示项的提示，用键盘输入在提示项的后面。这个方法较原始，速度也没有用下拉菜单或用工具栏按钮输入快捷。

15.1.3.2 点的捕捉

手工绘图时要用直尺圆规等工具目测定位一个点，利用这些点来画图，例如交点和切点等。绘图的精确与否，其首要条件就是要精确定下点的位置。

在 Auto CAD 屏幕上画图，已完全抛弃了三角板、丁字尺、圆规。要想用目测来确定交点、切点，这是不可能的。因此，Auto CAD 提供了对象捕捉功能（Osnap），这是个非常有用的工具。利用这一工具，十字光标可被强制性地精确地定位在已有对象的特定点和特定位置上。对象捕捉不是命令，而是一种状态，供 Auto CAD 绘图和编辑时的一些命令使用。

现介绍临时捕捉方式，它可在绘图的命令提示后面，输入捕捉类别的前三个字母，屏幕上就出现“□”捕捉框，用捕捉框套住目标，单击鼠标左键即可捕捉到所需要的点。捕捉类分别有：

(1) ENDpoint：捕捉直线或圆弧的端点。

(2) MIDpoint：捕捉直线或圆弧的中点。

(3) INTsection:捕捉直线间或直线与圆、圆与圆的交点。

(4) APParent:捕捉视线交点。

(5) EXTersion:捕捉延伸点。

(6) CENter:捕捉圆或圆弧的中心点。

(7) QUAdrant:捕捉圆上左右上下四个象限点。

(8) TANgent:捕捉圆弧上一点,使其与另一点连成的直线与圆弧相切。或在两圆弧上各取一点,其连线与两圆弧相切。

(9) PERpendicular:捕捉垂足,过直线或圆弧外一点,求直线的垂足或该点与圆心连线与圆弧的交点。

(10) PARallel:捕捉平行点。

(11) INSertion:捕捉文本或块的插入点。

(12) NODe:捕捉节点,即用 point 命令等画出的点。

(13) NEArest:捕捉最近点。

15.1.3.3　实体选择

在画图时每条命令,例如连续画几根直线、画圆或圆弧所产生的图形都产生各自的实体。但一个由多条命令画出的图形,我们把它看成一个整体(实体)时,必须用实体选择方式处理。因此在绘图过程中出现“实体选择”提示时,在选择对象的左下角和右上角(或者左上角和右下角)单击,这样由对角组成的长方形窗口中所有对象都被选为实体。窗口的确定完全可由鼠标移动光标单击左键来输入,因此使用时较方便。

实体选择也可以用鼠标控制光标,在所画的各根线上逐个单击。被选中的实体,例如直线或圆弧等就会产生变化,因此可以清楚地区别哪些线段已被你选中。

15.1.4　Auto CAD 的图层

15.1.4.1　图层简介

为了方便地绘制、编辑、管理图形,并且利用颜色来改善图形的清晰度,Auto CAD 可以在任何一幅图的绘制中规定任意数量的图层。图层相当于没有厚度的透明胶片,各层叠在一起就是个完整的图形。而每层都可以有自己的颜色、线型、线宽等。每个图层都是具有相同特性的实体,可以打开或关闭,关闭后该图层的实体就不显示和打印。例如机械制图中有四种常用的线型,即中心线、细实线、虚线和粗实线。由于它们的宽度不同,作图时将这四种线型分别分配在四个图层上,当画中心线时,就画在第一个图层上,当画细实线时,就画在第二个图层上……。还可以将零件图上的尺寸标注、表面粗糙度、尺寸公差、形位公差等标注在第五个图层上,这样在用零件图拼画装配图时就可以关闭第五层。

15.1.4.2　图层的操作

(1) 建立新图层。

Command: LAYER

弹出图层特性管理器对话框(图 15-3)。单击新建(N)按钮,一个被命名为 LAYER1 的新图层被建立,其参数包括颜色、线型、线宽等,这些都可以修改。

① 图层名:单击图层 1(高亮显示),可以更改层名。一个层名可长达 31 个字符,包括字母中心线,表示该层用于画中心线。

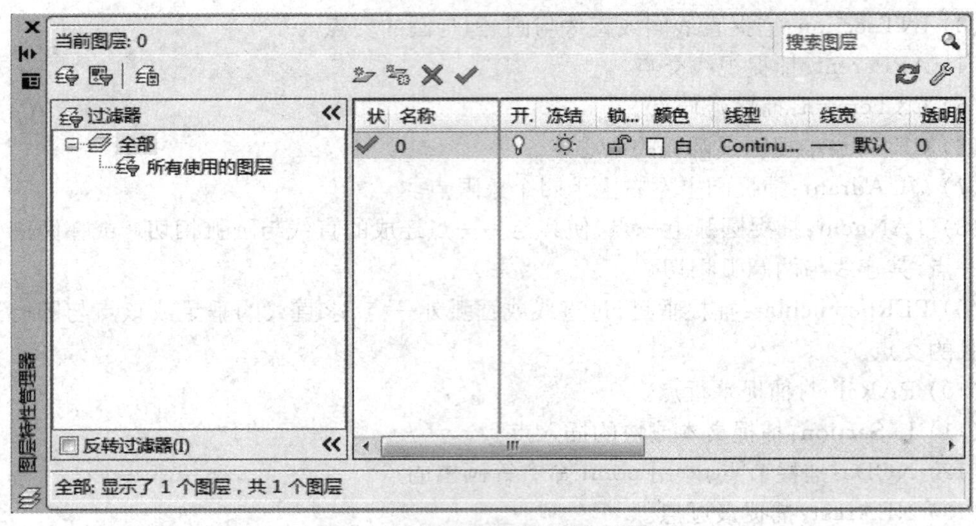

图 15-3 图层特性管理器对话框

② 颜色：单击颜色按钮，弹出选择颜色对话框(图 15-4)，可任选一种颜色，例如选红色，再单击确定按钮，返回图层特性管理器对话框。

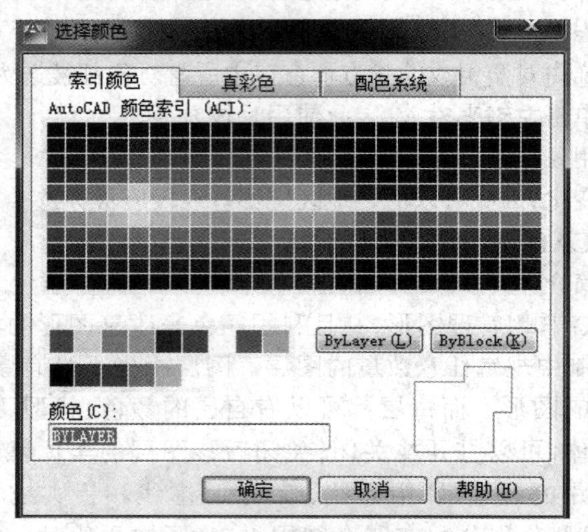

图 15-4 选择颜色对话框

③ 线型：单击线型按钮，弹出选择线型对话框(图 15-5)，该对话框显示在用户系统中定义和装入的线型。若没有所需的线型，按对话框下面的加载按钮，弹出加载或重载对话框

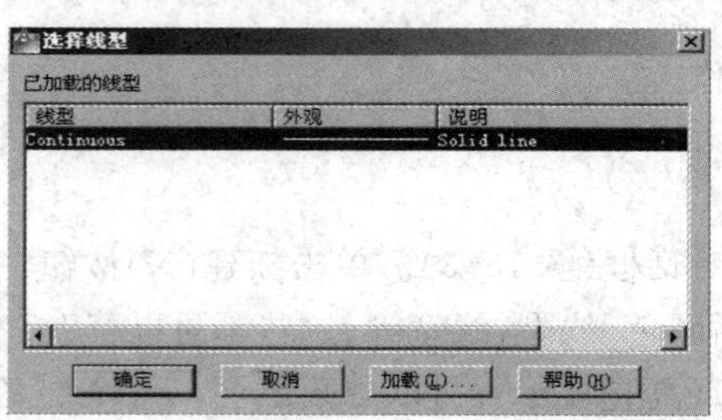

图 15-5 选择线型对话框

(图 15-6)，列出各种线型供选择，例如选 Center，再按确定按钮，返回图层特性管理器对话框。

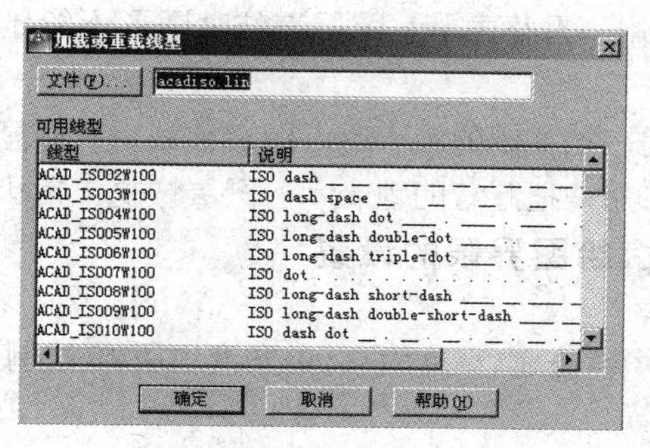

图 15-6　加载或重载对话框

④ 线宽：单击线宽按钮，弹出线宽对话框(图 15-7)，其下面的列表中列出各种线宽供选择，例如选线宽为 0.35，再单击确定按钮，返回图层特性管理器对话框。

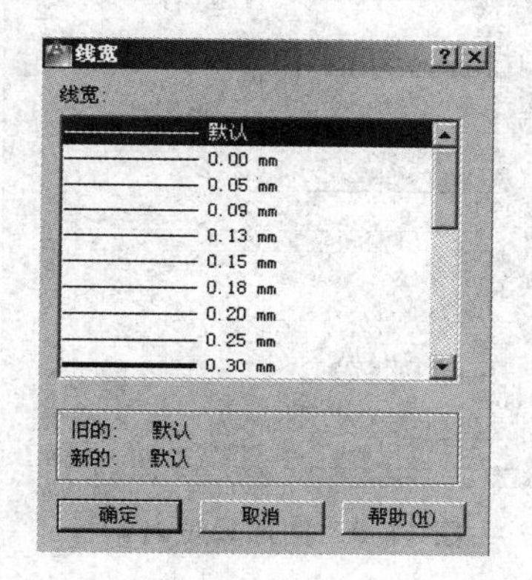

图 15-7　线宽对话框

最后，单击图层特性管理器对话框右上方的当前按钮，将层名为“中心线”的图层设置为当前层，在该层上所画的线为红色的中心线，线宽为 0.35。

(2) 图层的其他操作。

Command：LAYER

弹出图层特性管理器对话框。单击命名图层过滤器下拉箭头，框中显示所有图层，将列表显示图中的所有图层名及各种特性。

再次单击命名图层过滤器下拉箭头，框中显示正在使用的图层，将显示正在使用的当前图层名及各种特性。

在文本框中如果要把某一图层消除则选取该图层名，使其变为高亮显示。单击删除按钮，此图层即被删除。

在文本框中选取一个图层名使其变为高亮显示，然后单击当前按钮，此图层就成了当前图层。

在对话框的文本框中列表显示的各图层名后面还列出该图层状态属性，这些特性设置有：

① 图层打开 ON：用一灯泡发亮表示。图形可在屏幕上显示和输出。

② 图层关闭 OFF：灯灭。该图层上的实体为不可见，亦不能打印和输出。

③ 图层解冻 Thaw:用一太阳表示。图层上的图形能显示并参与 Regen 图形重新生成时的计算。

④ 图层冻结 Freeze:用一雪花表示。图层冻结时图形不能显示,并且不参与 Regen 图形重新生成时的计算。

⑤ 图层锁定 Lock:用一把关闭的锁表示。图层被锁定后能显示,但不能绘图与编辑。

⑥ 图层解锁 Unlock:用一把开着的锁表示。图层恢复正常状态。

15.1.5 绘图单位、绘图界限的设置

15.1.5.1 绘图单位

在机械制图中,长度用 10 进制,精度为 0.00,角度也用 10 进制,精度为 0。其操作如下:

Command: Ddunits

弹出图形单位对话框(图 15-8)。

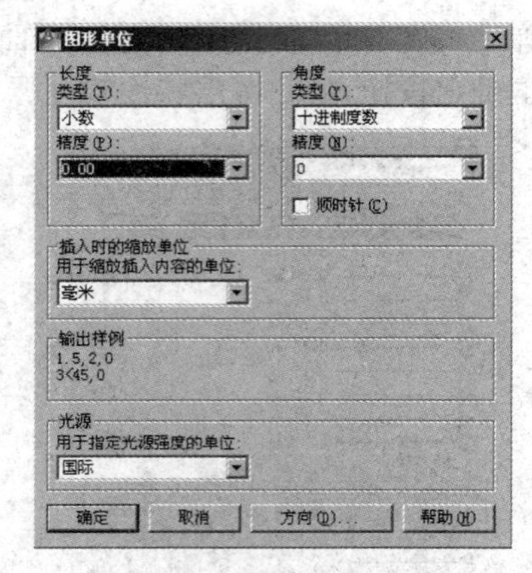

图 15-8 图形单位对话框

① 长度类型选精度(P)十进制,(系统默认单位)。可按右面的箭头,弹出下拉列表供改变类型的内容。选精度(P)为 0.00。按右面的箭头,弹出下拉列表,有各种精度可供选择。

② 角度类型选十进制度数。选精度为 0。按确定按钮结束绘图单位设置。

15.1.5.2 绘图界限

是指屏幕上绘图区域的相对大小。因为屏幕上的绘图窗口绝对尺寸不能扩大,所以画大图或小图都限制在同一窗口的范围内。其操作如下:

Command: Limits

根据命令行提示输入窗口左下角点的坐标和窗口右上角点的坐标,如 3 号图纸(A3),则输入(420, 297)。

15.2 Auto CAD 的基本绘图命令

无论是简单图形,还是复杂图形,它都是由直线、圆、圆弧等所组成。只要熟练地掌握 Auto CAD 的基本绘图命令,就能绘制出机械图样。在下拉菜单“绘图”中列出所有的绘图命令,在绘图工具条中也以图标形式形象地列出了绘图命令,如表 15-1 所示。

表 15-1　绘图命令

图　标	命　令	下拉菜单选项	功　能
	Line	绘图→图线	绘制连续的直线
	Xline	绘图→构造线	绘制构造线
	Pline	绘图→多段线	绘制多段线
	Polygon	绘图→正多边形	绘制正多边形
	Rectangle	绘图→矩形	绘制矩形
	Arc	绘图→圆弧	绘制圆弧
	Circle	绘图→圆	绘制圆
	Revcloud	绘图→修订云线	绘制云的边线
	Spline	绘图→样条曲线	绘制自由曲线
	Ellipse	绘图→椭圆	绘制椭圆
	Ellipse	绘图→椭圆→圆弧	绘制椭圆弧
	Insert	插入→块	插入块或特性文件
	Block	绘图→块	创建块
	Point	绘图→点	绘制点
	Bhatch	绘图→图案填充	创建图案填充
	Gradient	绘图→渐变色	创建渐变色填充
	Region	绘图→面域	创建面域
	Table	绘图→表格	绘制表格
A	Mtext	绘图→文字→多行文字	输入多行文字

下面就表中常用的绘图命令，说明其操作方法和命令中参数的含义。启动命令有三种方法：一是单击图标；二是单击绘图下拉菜单，再选择对应的命令；三是在命令输入及显示区内输入该命令的英文名称。

15.2.1　绘制直线

启动命令后首先输入第一条直线的起点(输入该点的绝对坐标或在任意位置单击)，命令输入及显示区内提示下一点后输入第一条直线的另一端点(输入该点的绝对坐标或相对坐标)并且该点也是第二条直线的起点，依次下去直至回车后结束。更多的情况是根据直线的长度画图，确定起点后，光标拖动定直线的方向，同时键盘输入直线的长度。当选择直线命令中参数 C 时，之前所画的直线会围成封闭图形；选择参数 U 时，取消上一次操作。

15.2.2　绘制构造线

构造线是无限延长的直线，用于绘图时作辅助线，如用于保证画三视图时长、宽、高的

“三等”关系。启动命令后有五种选项,选择参数 H,表示所画的构造线为水平线;选择参数 V,表示所画的构造线为垂直线;选择参数 A,表示所画的构造线是与水平方向成一定角度的倾斜线;选择参数 B,表示所画的构造线为指定角度的平分线;选择参数 O,表示所画的构造线是与指定直线保持一定距离的平行线。

15.2.3　绘制多段线

多段线是由多段直线和圆弧组合而成,但是作为一个实体对象处理的。启动命令后有多种选项,选择参数 A,是画圆弧;选择参数 C,表示之前所画的线段围成封闭图形;选择参数 H,是设置所画线段的半宽度值;选择参数 L,是设置所画线段的长度;选择参数 U,是取消上一次操作;选择参数 W,是设置所画线段的宽度值;缺省值是画直线。

15.2.4　绘制正多边形

启动命令后输入正多边形的边数,然后有两种选择,第一种选择是参数 C(缺省值),确定多边形的中心点,再分为两种方法,参数 I 表示画圆的内接多边形;参数 C 表示画圆的外切多边形,这两种方法都要给定圆的半径。第二种选择是参数 E,通过确定边长画正多边形。

15.2.5　绘制矩形

启动命令后,通过输入矩形的两个对角点画矩形。若选择参数 C,是画带倒角的矩形,此时再输入倒角距离;如果要画带圆角的矩形,则选择参数 F,并输入圆角半径。

15.2.6　绘制圆弧

绘制圆弧共有 8 种方式,但指定的次序不同,延伸有 11 种方式。单击绘图下拉菜单中的圆弧命令,可以看到有 11 项选择,再单击所需的一种便可以画圆弧。无论是哪种方法画圆弧,圆弧均按逆时针方向绘制。图 15-9 分别显示了几种常用的圆弧画法。

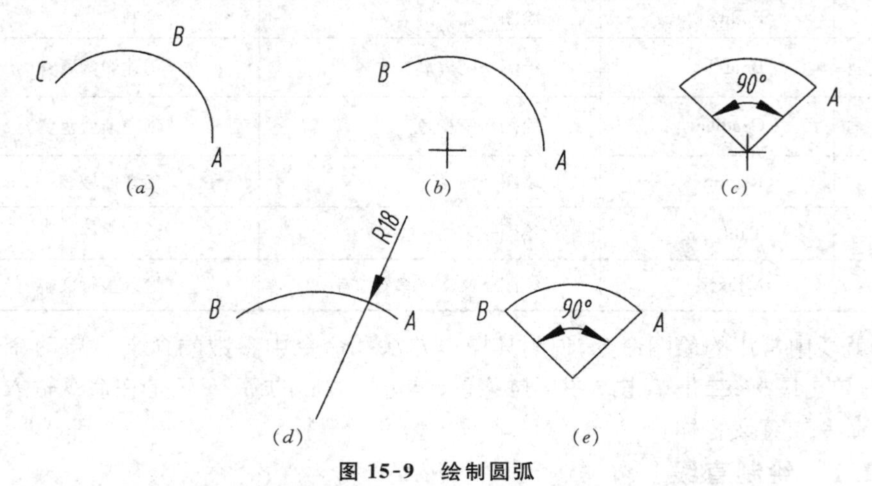

图 15-9　绘制圆弧

(a) 三点画圆弧;(b) 圆心、两点画圆弧;(c) 圆心、端点、角度画圆弧;(d) 两点、半径画圆弧;(e) 两点、角度画圆弧

15.2.7　绘制圆

单击绘图下拉菜单中的圆命令,看到子菜单中有根据圆心及半径画圆;根据圆心及直径画圆;根据三点画圆;根据两点画圆;“相切、相切、半径”是已知半径画一个圆与其他两直线或圆弧相切;“相切、相切、相切”是根据三个相切关系画圆。

15.2.8　绘制样条曲线

样条曲线是将一系列的点连成一根光滑的曲线。机械制图中的波浪线、截交线、相贯线可以用此命令绘制。启动命令后依次输入曲线上的点，结束点的输入后回车，再确定首末点的切线方向。

15.2.9　绘制椭圆

启动绘制椭圆命令后，通过输入椭圆一根轴的两个端点和另一根轴的半径绘制椭圆。选择参数 C，表示通过椭圆的中心点、一根轴的一个端点和另一根轴半径绘制椭圆；选择参数 A，则通过输入角度画椭圆弧。

15.2.10　图案填充

通过图案填充可以画剖视图中的剖面线。启动命令后，弹出“图案填充和渐变色”对话框，如图 15-10 所示。单击“图案”一栏边上的按钮，弹出多种图案，金属材料的剖面线代号为 ANSI31，画右上倾斜 45°剖面线时，“角度”选择“0”；画左上倾斜 45°剖面线时，“角度”选择“90”。“比例”的下拉框中也有不同的选择，其作用是调整剖面线之间的距离。

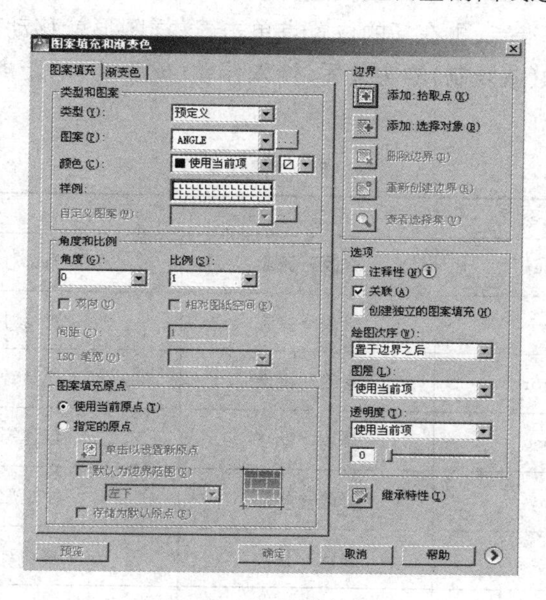

图 15-10　图案填充

单击对话框右面“拾取点”按钮，回到绘图区，在需要画剖视图的区域内单击后回车，返回对话框，按“预览”按钮，可预览填充效果，不满意的话重新调整参数。按“确定”按钮后完成图案填充。要注意的是图案填充的区域必须是封闭的，不封闭的话无法完成图案填充。

15.2.11　输入文字

单击绘图下拉菜单中的文字命令，有两项子菜单：单行文字和多行文字。单行文字命令也可以输入多行文字，但每一行各自为独立的对象。多行文字命令输入的文字是作为一个对象。启动单行文字命令后，要确定文字的起点、文字的高度和旋转角度。命令中的选项 J 表示文字对正的方式，共有 12 种；选项 S 表示输入之前设置的文字样式名。

启动多行文字命令后，会弹出多行文字编辑器，可选择或输入文字样式、字体、字高等。文字样式的设置在 15.5 尺寸标注中介绍。

15.3　Auto CAD 的常用修改命令

在绘制图形的过程中，经常需要对图形进行修改与编辑，如修剪、移动、旋转、复制、缩放等，帮助使用者合理地构造所需图形。在下拉菜单“修改”、或者修改工具条中列出了 Auto CAD 的修改命令，如表 15-2 所示。下面介绍常用的一些编辑、修改命令。启动修改命令的方法和绘图命令的启动方法相同，对于有些常用的修改命令，如删除、移动、复制、缩放等，可以在选中图形对象后按右键启动命令。

15.3.1　移动（或复制）图形

启动移动或复制命令后，用单击或框选要移动（或复制）的实体，选取结束后回车。在母实体上选取一点作为基准点，再在新的位置点单击，这样图形就移动（或复制）到了新位置。也可以在选择完要移动（或复制）的实体后，输入移动（或复制）的距离，也能使图形移动（或复制）到新位置。

表 15-2　修改命令

图　标	命　令	下拉菜单选项	功　　能
	Erase	修改→删除	删除对象
	Copy	修改→复制	复制对象
	Mirror	修改→镜像	复制对称的对象
	Offset	修改→偏移	创建等距的对象
	Array	修改→阵列	按矩形或环形复制对象
	Move	修改→移动	移动对象
	Rotate	修改→旋转	旋转对象
	Scale	修改→缩放	缩放对象
	Stretch	修改→拉伸	拉伸对象
	Trim	修改→修剪	修剪对象
	Extend	修改→延伸	延伸对象
	Break		将对象在指定点打断成两部分
	Break	修改→打断	将对象上指定的两点之间删除
	Joint	修改→合并	将打断的对象合并
	Cham-fer	修改→倒角	给对象加倒角

（续表）

图　标	命　令	下拉菜单选项	功　能
	Fillet	修改→圆角	给对象加圆角
	Explode	修改→分解	分解组合的对象

15.3.2　镜像复制图形

对于一些对称的图形，可以画一半，而另一半用镜像复制图形的方法来获得。启动命令后选择要复制的镜像实体，选取结束回车。然后确定镜像对称线上的第一个点，再确定镜像对称线上的另一个点。可以保留或删去原来的图形，输入 N(缺省值)是保留，输入 Y 是删去原来的图形，只留下镜像后的图形。

15.3.3　偏移复制图形

利用偏移命令可以画平行线、同心圆等等距图形实体。启动命令后有两种方式偏移：一种方式是输入偏移的距离(也可以单击两个点，Auto CAD 会自动测量两点距离)后，选取要偏移的图形实体，并在复制后放置图形的那一侧单击一下，就完成了偏移复制；另一种方式是不指定距离，而是使偏移的图形经过某个点，此时输入 T，再选取要偏移的图形实体，并单击要经过的点，也可以完成偏移复制。

15.3.4　阵列复制图形

通过阵列复制图形，可以将对象按照矩形环形或路径分布，建立多个拷贝。启动命令选择要阵列的对象。例如要画出圆周上均布的四个小圆，首先画好小圆及中心线，如图 15-11*a*所示，启动环形阵列命令，选择小圆作为阵列对象，将 $\phi40$ 点画线圆中心作为阵列的中心点，输入项目数 4，填充角度为 360°，画出如图 15－11*b* 所示的 4 个小圆。

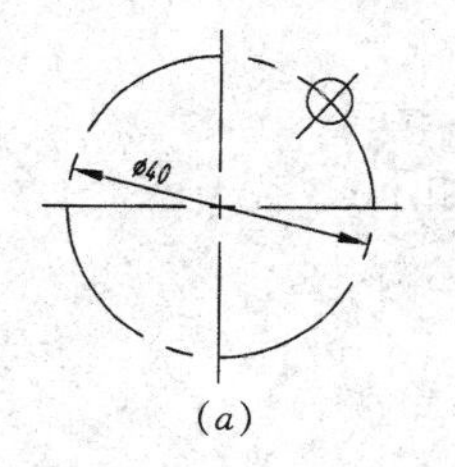

(*a*)

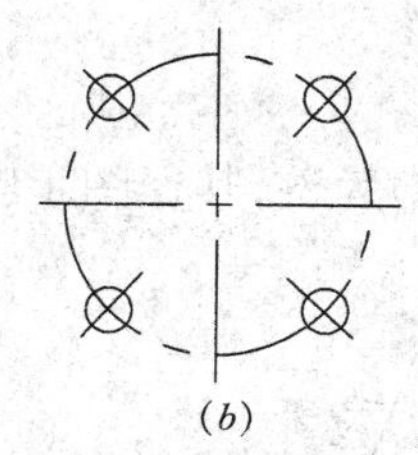
(*b*)

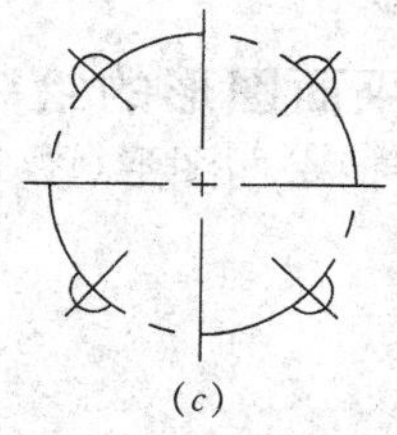
(*c*)

图 15-11　阵列与修剪

15.3.5　修剪图形

启动命令后首先选取剪切的边界，可以多次选取，选取结束则回车。再选取要剪切的对象，选取结束后回车完成修剪。以图 15-11*b* 为例，启动修剪命令，先选取圆 $\phi40$ 作为剪切的边界，回车后再单击四个小圆在圆 $\phi40$ 的内侧部分作为要修剪的对象，回车后小圆修剪成图 15-11*c* 所示的形状。无论是选取剪切的边界，还是选取要剪切的图线，若选取的对象较多时，可以用窗口选取，以提高效率。

15.3.6　切断图形

该命令可以删除实体的一部分，或将实体中间断开分成两部分。启动命令后选择要切断的对象，在对象上选取一点，此时默认该点为第一个断开点，再选取第二个断开点，这样第一个点和第二个点之间断开并删除。若要另外拾取第一个断开点，则指定选项 F(选择切断的对象后输入F),再依次选取第一个断开点和第二个断开点。如果在输入第二个断开点时键入@,系统将对象在第一个断开点处断开,但不删除任何部分。当切断命令用于圆时,系统将从第一个断开点按逆时针方向,至第二个断开点之间断开并删除,使圆变成了一段弧。

15.3.7 打断于点与合并

打断于点的命令可以将一个实体变为两个实体,合并命令则将两个实体变为一个实体。用“打断于点”命令时,首先选择要打断的实体,再选择实体上一点作为分界点。

15.3.8 倒角与圆角

启动命令,假如倒角的尺寸之前已定好,直接选取要被倒角的实体。命令中有几个选项,选项P用于在多段线的所有顶点处产生倒角;选项A用于确定一条倒角边的长度和角度;选项T用于确定实体倒角后是否被裁剪。

圆角命令可以将直线、圆或圆弧以及椭圆命令所画的两个实体光滑地连接起来;也可以在多段线或正多边形相邻线段之间产生等半径圆弧。命令中选项P用于在多段线的所有顶点处倒圆角;选项R用于确定圆角半径;选项T用于确定实体倒圆角后是否被裁剪。

15.3.9 分解实体

用分解命令可以将多段线或正多边形命令所画的图形分解开来。例如用正多边形命令所画的一个正六边形是一个实体,用分解命令后正六边形变为六个实体,即六条直线。分解命令还可以将面域命令组合后的图形分解。

15.4 二维图形的绘制

15.4.1 平面图形的绘制

以机床摇手柄平面图形(图15-12)为例,其作图步骤如下:

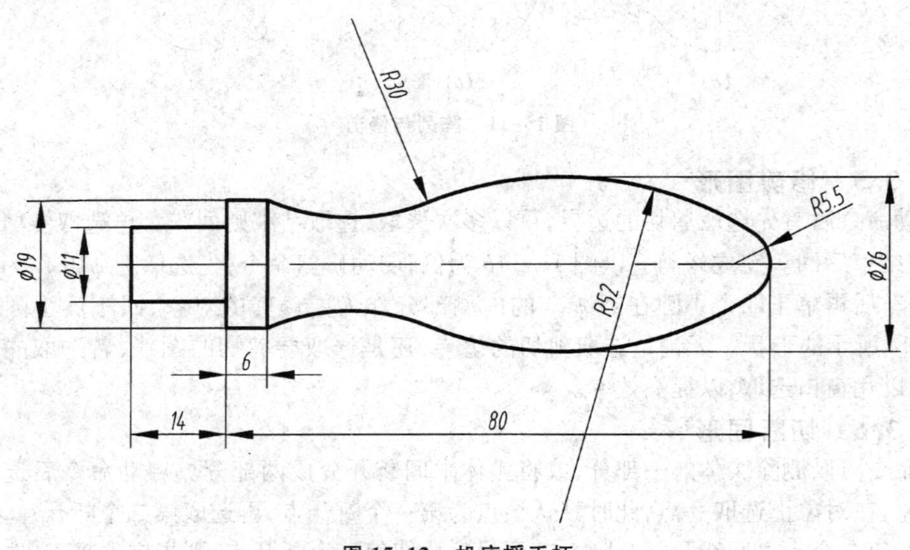

图15-12 机床摇手柄

① 将“点画线”层设置为当前层。画手柄的轴线。单击“绘图”工具栏中的“直线”按钮，在适当位置单击作为第一点，向右移动光标，输入 100，回车。

② 另设一个层为当前层(如取名“粗实线”)。画手柄左端直径 $\phi11$ 和直径 $\phi19$ 的圆柱。单击“直线”按钮，捕捉中心线左端点作为第一点，向上移动光标，输入 5.5，再向右移动光标，输入 14，回车。再单击“直线”按钮，捕捉中心线与直线 ab 的交点作为第一点，向上移动光标，输入 9.5，再向右移动光标，输入 6，向下移动光标，输入 9.5，回车，完成圆柱的 $\phi11$ 和 $\phi19$ 的上半部分，如图 15-13*a* 所示。

③ 画手柄右端 $R5.5$ 圆。单击“修改”工具栏中的“偏移”按钮，输入偏移距离 74.5，选偏移对象为直线 ab，得到直线 ef。单击“绘图”工具栏中的“圆”按钮，将直线 ef 与中心线的交点 f 作为圆心，$R5.5$ 为半径画圆，如图 15-13*b* 所示。

④ 画手柄 $R52$ 圆。先用“偏移”命令作辅助线，偏距为 13，偏移对象为中心线，画出一条与中心线平行的辅助线。再单击“绘图”工具栏中的“圆”按钮，输入“T”(用“相切、相切、半径”方式画圆)，选 $R5.5$ 圆为第一个相切对象，选辅助线为第二个相切对象，并输入半径 $R52$，画好大圆，如图 15-13*c* 所示。

⑤ 画手柄 $R30$ 圆。先用绘制“圆”命令(圆心、半径方式)作两个辅助圆来确定 $R30$ 圆的圆心，其中一个辅助圆的圆心为 $R52$ 圆的圆心，半径为 82($R30+R52$)；另一个辅助圆的圆心为 c 点，半径为 30。再单击“圆”按钮，以两个辅助圆的交点为圆心 d，$R30$ 为半径作圆，如图 15-13*d* 所示。

⑥ 修改图形。单击“修改”工具栏中的“删除”按钮，光标选择所有的辅助圆、辅助线删去。单击“修改”工具栏中的“修剪”按钮，用窗口选择方式将所有图线选中，回车，再点选要

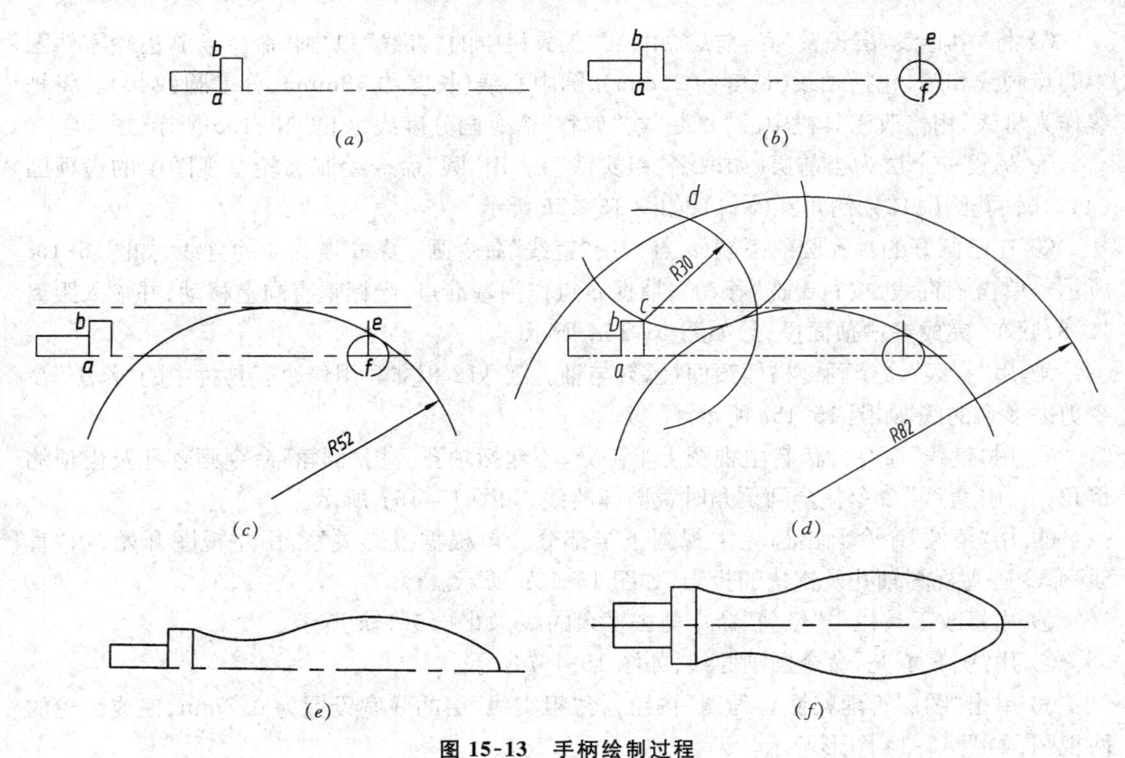

图 15-13　手柄绘制过程

删去的圆弧部分，如图 15-13*d*、*e* 所示。

⑦ 完成整个图形。单击“修改”工具栏中的“镜像”按钮，镜像对象选择已画好的半个图形，回车，捕捉中心线的两个端点作为镜像轴的两点，画出下半个图形。(图 15-13*f*)最后拉伸中心线，选中中心线，并单击中心线左端点，光标变色后向左拖动到合适位置。

⑧ 单击“图层管理特性管理器”按钮，将“粗实线”层的线宽设置为 0.7mm，完成后的图形如图 15-12 所示。

15.4.2 零件图形的绘制

以直齿圆柱齿轮的图形为例(图 15—14)，其作图步骤如下：

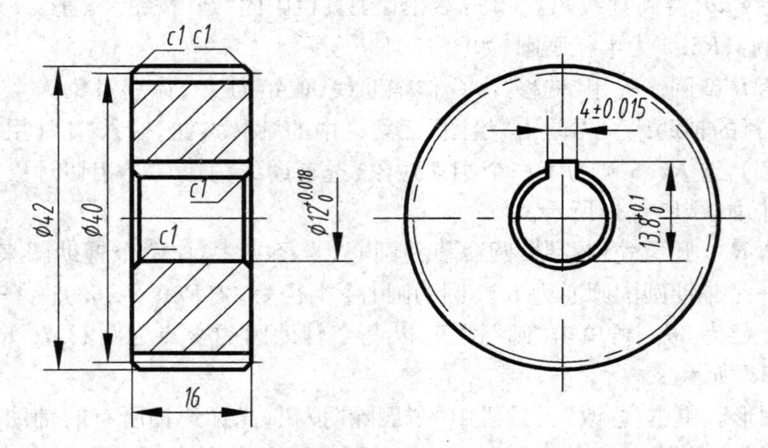

图 15-14 圆柱齿轮

① 将“中心线”层设置为当前层，用绘图工具栏中的“直线”和“圆”命令绘制齿轮零件图中的点画线和圆，包括轴线(长度约 20mm)、圆中心线(长度约 48mm)、分度圆(ϕ40)。将轴线作为母线，用修改工具栏中的“复制”或“偏移”命令画分度线，如图 15-15*a* 所示。

② 另设一个层为当前层(如取名“粗实线”)。用“圆”命令绘制齿轮左视图中的齿顶圆(ϕ42)、轴孔圆(ϕ12)、倒角圆(ϕ14)，如图 15-15*b* 所示。

③ 在已画好的轴孔圆的下端(*a* 点)，用“直线”命令画一条长度为 4 的直线，如图15-15*c* 所示。单击该直线，按右键选“移动”，捕捉 *a* 点作为基准点，光标垂直向上移动，并输入距离 13.8，回车，完成键槽顶面投影，如图 15-15*d* 所示。

④ 用“直线”命令画键槽侧顶面投影，与轴孔圆 ϕ12 相交。用修改工具栏中的“修剪”命令剪去多余的线，如图 15-15*e* 所示。

⑤ 用“直线”命令画齿轮主视图上半部分，不包括轴孔。用“倒角”命令画轴孔及齿顶的倒角，并用“直线”命令补全画倒角时裁剪掉的线，如图 15-15*f* 所示。

⑥ 用“镜像”命令画出齿轮主视图下半部分。再根据投影关系，由左视图开始，用“直线”命令画主视图轴孔及键槽的投影，如图 15-15*g* 所示。

⑦ 用修改工具栏中“修剪”命令剪去多余的线，如图 15-15*h* 所示。

⑧ 用“图案填充”命令画剖面线，如图 15-15*i* 所示。

⑨ 单击“图层管理特性管理器”按钮，将“粗实线”层的线宽设置为 0.7mm，完成齿轮的两视图，如图 15-14 图形所示。

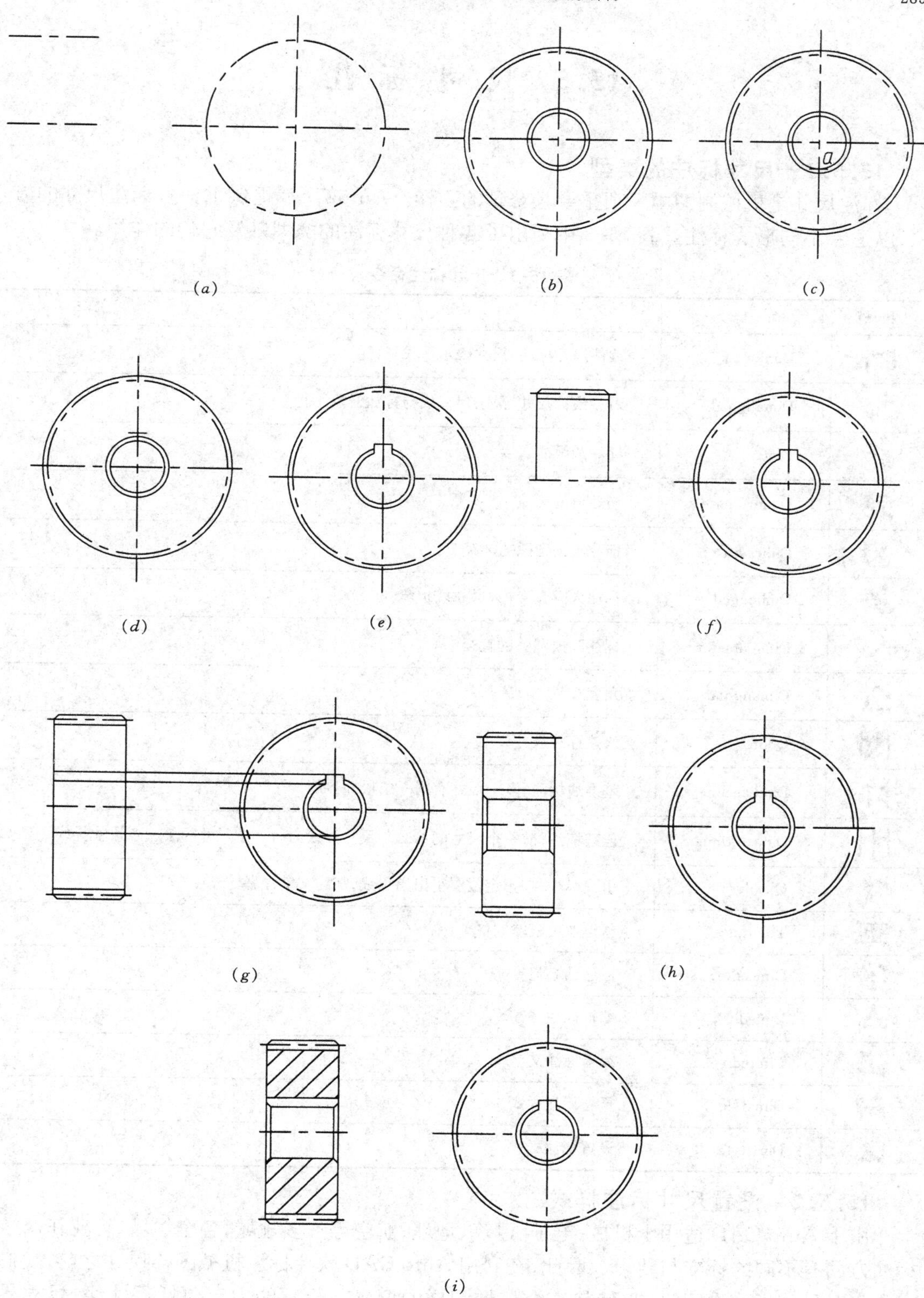

图 15-15　齿轮绘制过程

15.5 尺寸标注

15.5.1 尺寸标注的类型

标注尺寸是机械制图中一项重要且繁琐的工作。Auto CAD 提供了许多标注尺寸的方法,以适合不同形式标注。表 15-3 中列出了各种尺寸标注的类型以及它们的作用。

表 15-3 尺寸标注命令

图标	命令	功能
	Dimlinear	线性尺寸标注,尺寸线水平或竖直
	Dimaligned	对齐线性尺寸标注,尺寸线与标注对象平行
	Dimarc	标注圆弧的长度
	Dimordinate	坐标值的标注
	Dimradius	标注圆或圆弧的半径
	Dimjogged	标注大圆弧半径,尺寸线折弯
	Dimdiameter	标注圆或圆弧的直径
	Dimangular	角度标注
	Qdim	快速标注尺寸
	Dimbaseline	基准线标注,多个尺寸有同一条尺寸界线
	Dimcontinue	连续标注,前一个尺寸的第二条尺寸界线为后一个尺寸的第一条尺寸界线
	Qleader	引线标注,在指定位置引出指引线,加注文字注释
	Tolerance	创建形位公差框格
	Dimcenter	标注圆心记号
	Dimedit	编辑标注
	Dimtedit	编辑标注文字
	Dimstyle	更新标注样式
	Dimstyle	设置标注样式

15.5.2 设置尺寸标注样式

由于 Auto CAD 适用于机械、电子、建筑、地理、航空等许多领域,各个领域、行业在尺寸标注方面有不同的标准与要求。因此,在利用 Auto CAD 软件标注机械图样尺寸之前,我们必须先对尺寸标注进行设置,使其符合机械图样的要求。设置的内容包括尺寸线、尺寸界线、尺寸数字、箭头等构成尺寸的几个要素。

15.5.2.1　字体的设置

(1) 数字与字母的设置。选择下拉菜单“格式”中的“文字样式”,弹出“文字样式”对话框(图 15-16*a*),单击“新建”按钮后,出现“新建文字样式”对话框(图 15-16*b*)。在“样式名”中输入一个名字,如“数字与字母”,按“确定”按钮后返回“文字样式”对话框(图 15-16*d*),在这个对话框中将定义标注尺寸时所用的数字与字母的样式。在“字体名”下拉列表中选择“gbeitc.shx”,并且不使用大字体。在“高度”文本框中输入 3.5,“宽度比例”中输入 0.7,单击“应用”按钮。

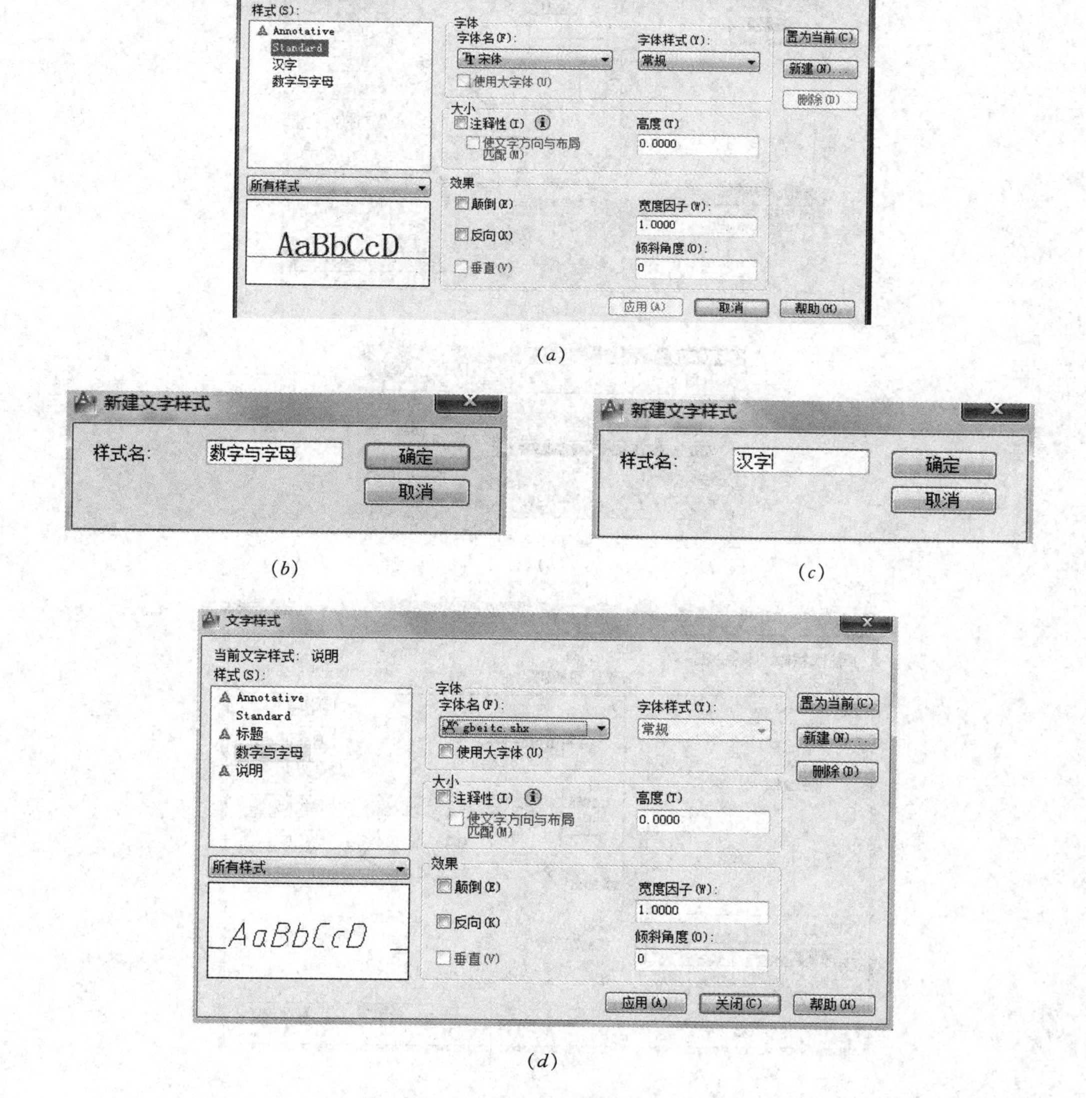

图 15-16　字体的设置

(2) 汉字的设置。与数字的设置方法相似,新建“文字样式”,在“样式名”中输入“汉字”,在“字体名”下拉列表中选择“仿宋体_GB2312”,在“高度”文本框中输入 5,其他选项同上。

15.5.2.2 尺寸标注样式的设置

单击"标注"工具栏的"标注样式管理器"按钮，弹出"标注样式管理器"对话框(图15-17*a*)，单击"新建"按钮，弹出"创建新标注样式"对话框(图15-17*b*)，给新标注样式取名，如"机械制图"，按"继续"按钮后，又弹出"新建标注样式"对话框(图15-17*c*)，对话框上方有一排选项卡，参照机械制图的国家标准，分别对它们进行设置。

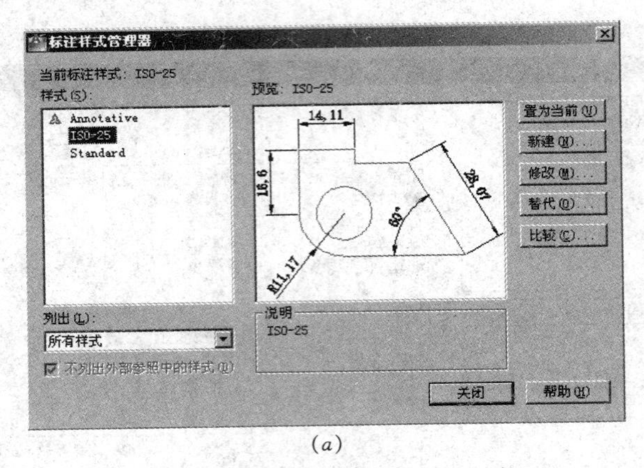

(*a*)

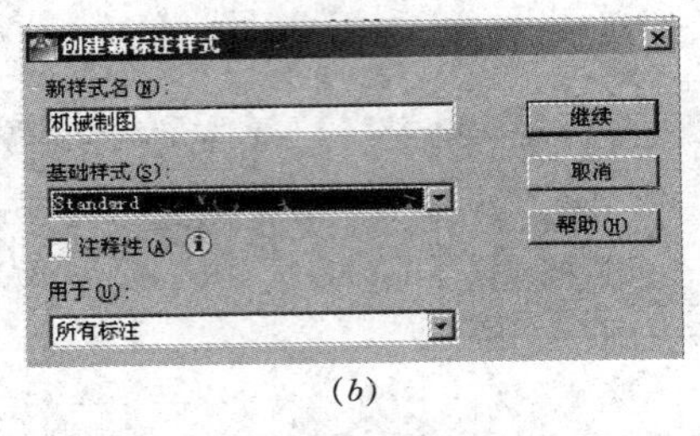

(*b*)

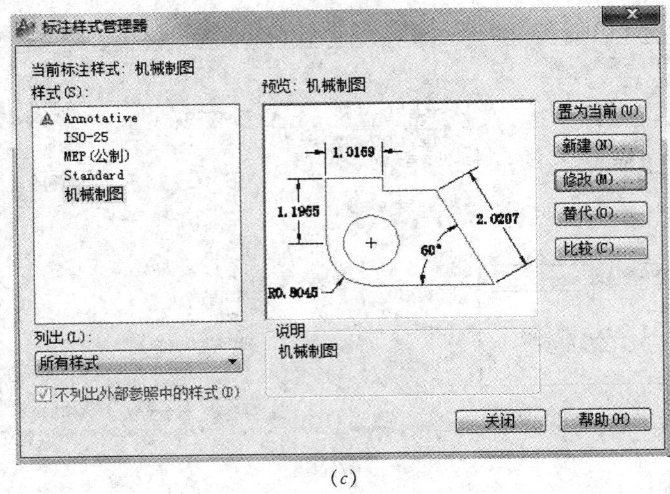

(*c*)

图 15-17 尺寸标注样式的设置

单击"直线"选项卡，在"基线间距"文本框中输入10(基线标注时尺寸线之间的距离是10mm)。在"超出尺寸线"文本框中输入2(尺寸线超出尺寸界线2mm)。在"起点偏移量"

文本框中输入0(尺寸界线起点标注对象无偏移)。

单击"符号与箭头"选项卡,箭头的第一项和第二项均选"实心闭合"。在"箭头大小"文本框中输入4。

单击"文字"选项卡,在"文字样式"中选择之前所设置的"数字与字母"。

单击"主单位"选项卡,在"线性标注"下面的"精度"中选"0.0",即尺寸精确到小数后一位。在"小数点分隔符"中选"句号"。

其他选项卡保留默认设置不变,在对话框右上方的图例中可以看出前面设置的结果。单击"确定"按钮后返回"标注样式管理器"对话框,在样式中已增加了"机械制图"。

15.5.2.3　标注样式的修改

在已建的"机械制图"标注样式中,角度数字的方向还不符合国家标准,为此对标注样式进行修改。单击"标注样式管理器"的"新建"按钮,弹出"创建新标注样式"对话框(图15-18*a*),基础样式仍是"机械制图";在"用于"下拉列表中选择"角度标注",按"继续"按钮后,又出现"新建标注样式"对话框;单击"文字"选项卡,在"文字对齐"中选择"水平",如图15-18*b*所示。

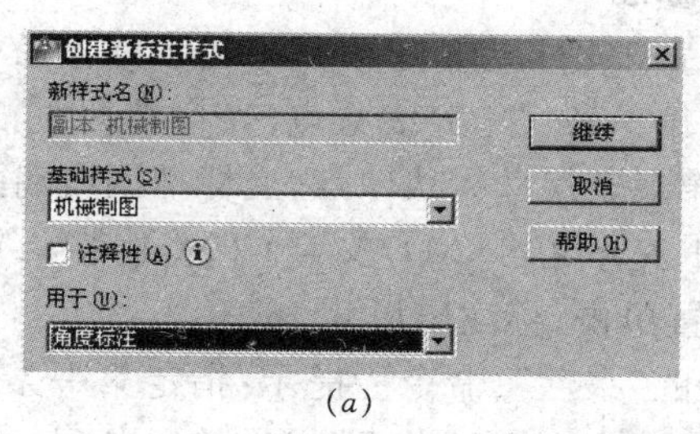

(*a*)

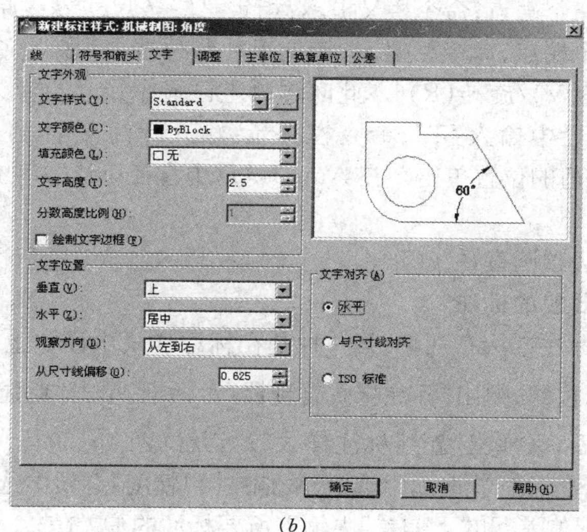

(*b*)

图15-18　标注样式的修改

15.5.3　尺寸标注举例

按图15-15的要求,在已画好的圆柱齿轮视图中注上尺寸、形状位置公差等(图15—19)。

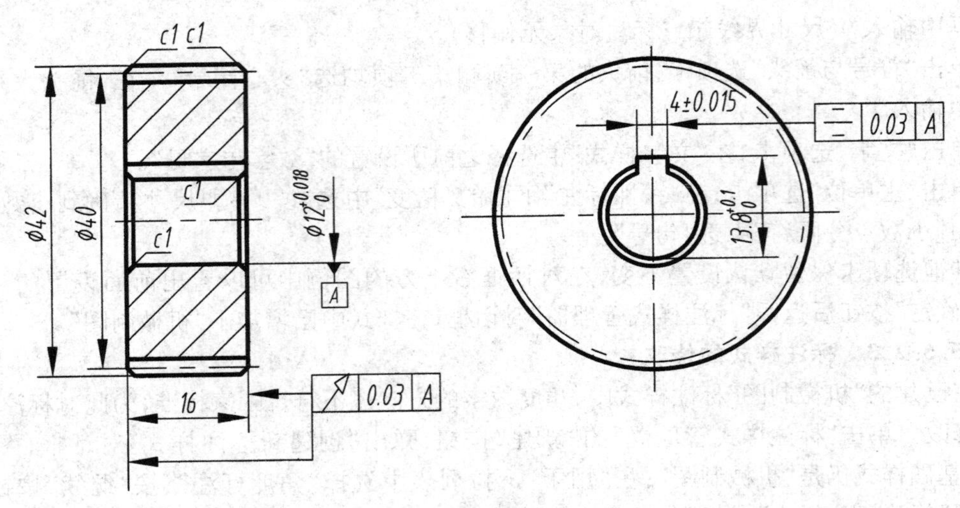

图 15-19　齿轮标注尺寸

15.5.3.1　线性尺寸的标注

用线性尺寸命令标注齿宽 16、分度圆直径 ϕ40、齿顶圆直径 ϕ42。单击“标注”工具栏中的“线性”,命令栏提示:指定第一条尺寸界线原点,光标捕捉主视图上左端面投影线的一个端点。命令栏又提示:指定第二条尺寸界线原点,光标捕捉右端面投影线的一个端点。命令栏提示:指定尺寸线位置或[多行文字(M)/文字(T)/角度(A)/水平(H)/垂直(V)/旋转(R)],拖动光标在合适的位置单击,标注出尺寸 16。

再单击“标注”工具栏中的“线性”,命令栏提示:指定第一条尺寸界线原点,光标捕捉主视图上一条分度线的一个端点;命令栏又提示:指定第二条尺寸界线原点,光标捕捉主视图上另一条分度线的一个端点;命令栏提示:指定尺寸线位置或[多行文字(M)/文字(T)/角度(A)/水平(H)/垂直(V)/旋转(R)]。此时屏幕上已显示尺寸数字为 40,为了在 40 前加直径符号“ϕ”,在命令栏中输入“T”,命令栏提示:输入标注文字,在命令栏中输入“%%c40”,并拖动光标在合适的位置单击。在 Auto CAD 中直径符号“ϕ”的代号是“%%c”,度数符号“°”的代号是“%%d”。

用相同方法标注齿顶圆直径 ϕ42。

15.5.3.2　尺寸公差的标注

带偏差的尺寸的标注方法有几种:第一种是在标注样式中设定上下极限偏差值。单击“标注样式管理器”按钮,弹出“标注样式管理器”对话框,单击“新建”按钮,给新标注样式取名。按“继续”按钮后,又弹出“新建标注样式”对话框(图 15-20*a*),在对话框上方的一排选项卡中单击“公差”,在“方式”选项中选“极限偏差”,“精度”选项中选“0.000”,“高度比例”中输入 0.7,然后在“上偏差”和“下偏差”中输入所要标注的偏差值。

第二种方法是标注尺寸时直接加上公差,以图 15-19 中的尺寸 $13.8^{+0.1}_{0}$ 为例。单击线性标注图标,在选择完两条尺寸界线后,命令栏提示:指定尺寸线位置或[多行文字(M)/文字(T)/角度(A)/水平(H)/垂直(V)/旋转(R)],输入 M,弹出多行文字编辑器,如图15-21*a* 所示。在数字 13.8 后面输入“+0.1^0”,如图 15-21*b* 所示,再将它拉黑,单击堆叠按钮,再按确定,完成标注。

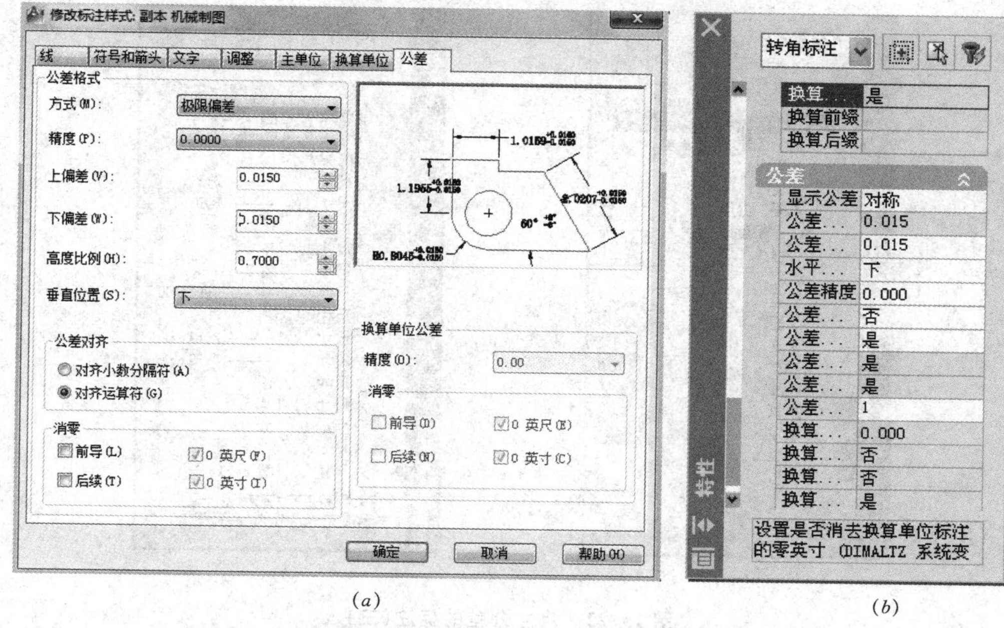

(*a*)　(*b*)

图 15-20　尺寸公差的标注(一)

(*a*)　(*b*)

图 15-21　尺寸公差的标注(二)

第三种方法是通过修改方式加上偏差，以图 15-19 中的尺寸 4±0.015 为例说明其操作方法。首先按“线性”标注方式注尺寸 4。选择尺寸 4，单击“修改”菜单中的“特性”，弹出特性表(图 15-20*b*)，在表的“公差”栏目下进行设置。在“显示公差”中选“对称”，“公差下偏差”和“公差上偏差”中输入 0.015，“公差精度”中选 0.000。关闭特性表，此时尺寸 4 后面已加上了±0.015。

图 15-19 中尺寸 12 也可以通过修改加上偏差，并且改为一条尺寸界线和一个箭头。按线性标注方式注上尺寸 12，再选中尺寸 12，单击“修改”菜单中的“特性”，弹出特性表(图 15-22*a*)，在表的“公差”栏目下，将“显示公差”定为“极限偏差”，“公差下偏差”中输入 0，“公差上偏差”中输入 0.018，“公差精度”中选 0.000，“公差文字高度”设为 0.7。接着在特性表的“直线和箭头”栏目下(图 15-22*b*)，将“箭头 2”选择为“无”，“尺寸界线 2”选择为“关”，关闭特性表，尺寸 12 改变为零件图所要求的样式。

15.5.3.3　几何公差的标注

输入命令：Qleader，命令栏提示：指定第一个引线点或[设置(s)]〈设置〉，回车表示选择“设置”。弹出引线设置对话框，如图 15-23*a* 所示，打开对话框中的“注释”选项卡，在“注释类型”中选择“公差”，按确定后返回图中。在图 15-19 中选择齿轮右端面某处单击作为第一个引线点，拖动鼠标在合适位置单击作为第二个引线点，回车后弹出形位公差对话框，单击“符号”，又弹出特征符号对话框(图 15-23*b*)，单击圆跳动符号，在形位公差对话框中便出现了该符号，在它后面的公差 1 中输入 0.03，基准 1 中输入 *A*，按确定结束(图 15-23*c*)。

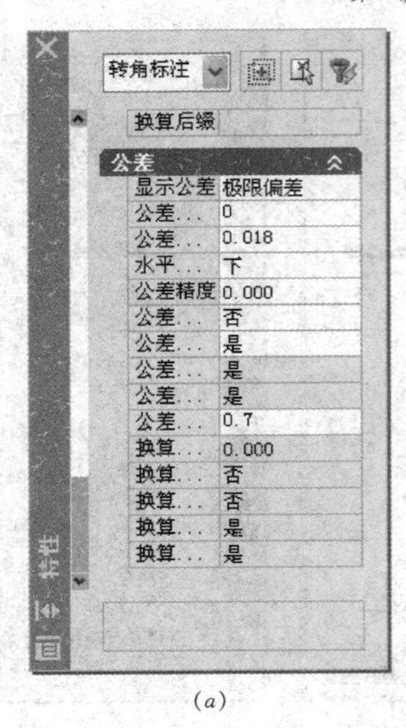

(*a*)

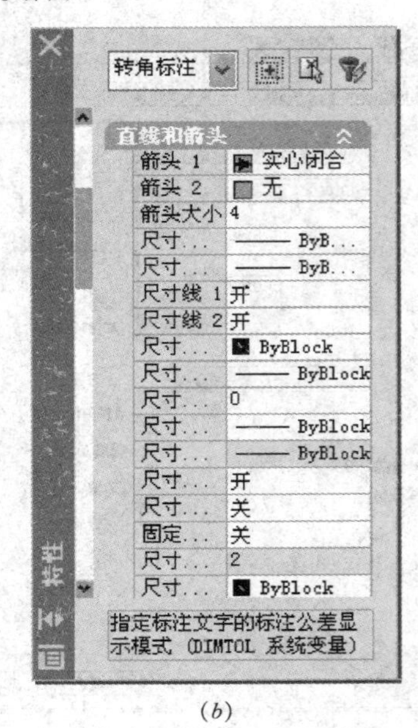

(*b*)

图 15-22 尺寸公差的标注(三)

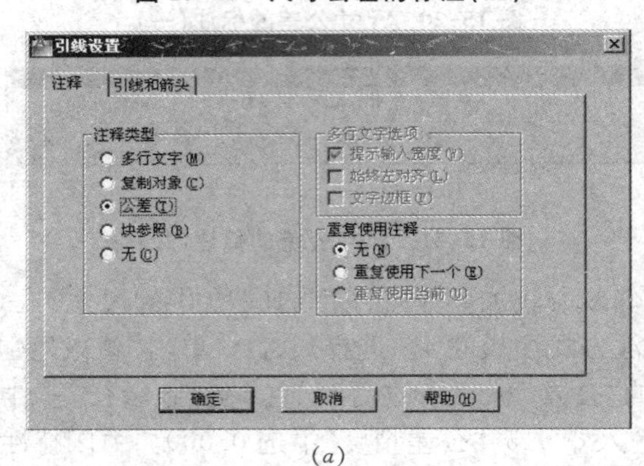

(*a*)

(*b*)

(*c*)

图 15-23 形状与位置公差的标注

标注左端面的圆跳动公差时，也采用快速引线方式，当指定两个引线点后，按 esc 键退出，即显示只有引线，没有框格。标注键槽两侧的对称度公差时，对引线设置对话框中的“引线和箭头”进行设置，将箭头设置为“无”。形位公差基准代号可以通过图块方式标注，关于图块的内容将在下一节讨论。

15.5.3.4　倒角的标注

单击快速引线图标，选择“设置”后弹出引线设置对话框，打开对话框中的“注释”选项卡，在“注释类型”中选择“多行文字”，去除“提示输入宽度”的勾选，打开对话框中的“引线与箭头”选项卡，将箭头设置为“无”，打开对话框中的“附着”选项卡，勾选“最后一行加下划线”，完成设置，按“确定”后回到图中，捕捉倒角的一个端点作为第一个引线点，命令栏提示：指定下一点时，光标沿倒角 45°斜线到合适位置单击，命令栏又提示：指定下一点，光标沿水平方向到合适位置再单击，回车，在出现的多行文字文本框中输入“c1”，这样就完成了该处倒角的标注。其他的倒角均按此方法标注。

15.6　图　块

Auto CAD 允许将一组图形组合成一个图块加以保存。在需要的时候，可以将图块作为一个整体，以任意比例和任意旋转角度，插入到当前图层上的任意位置。因此，机械制图中，零件图上的表面结构符号，装配图上的各种标准件，都可用图块来处理。这样不仅可以避免大量的重复劳动，提高绘图速度和工作效率，并且可以大大节约存储空间。下面以表面结构符号为例说明图块的创建和调用。

15.6.1　创建带属性的图块

15.6.1.1　绘制图块的图形

按图 15-24 所示的尺寸，用直线命令绘制表面结构符号的图形。

15.6.1.2　定义图块属性

表面结构符号，除了图形符号之外，还要配以文字，这就是块的属性。

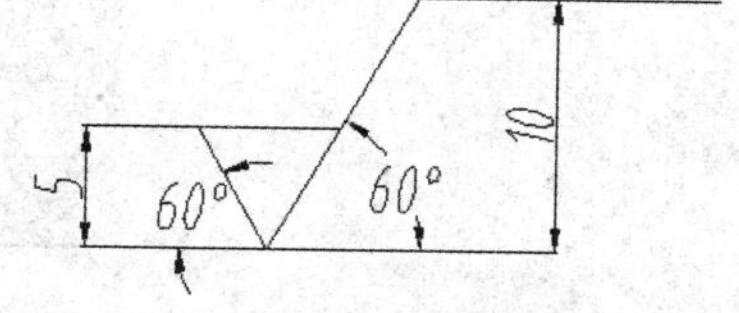

图 15-24　表面结构符号

选择菜单“绘图”→“块”→“定义属性”，弹出“属性定义”对话框，如图 15-25*a* 所示。在“属性”选项中，“标记”可输入与图块有关的信息，例如输入“*Ra*”；“提示”表示以后插入图块时命令行的提示，默认为标记内容；在“值”的文本框中输入任意的 *Ra* 值，如“*Ra*6.3”，表示真正在块上显示的属性值。

在“文字选项”中，“对正”表示属性文字的对正方式，任选一种，如“左”；“文字样式”可选之前定义的“数字与字母”；“插入点”勾选“在屏幕上指定”。按“确定”按钮后回到屏幕，在写 *Ra* 值的左下方单击，出现图 15-25*b* 所示的符号。

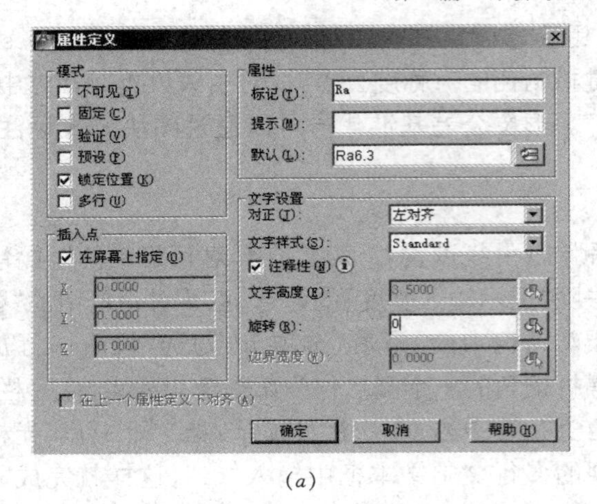

(*a*)

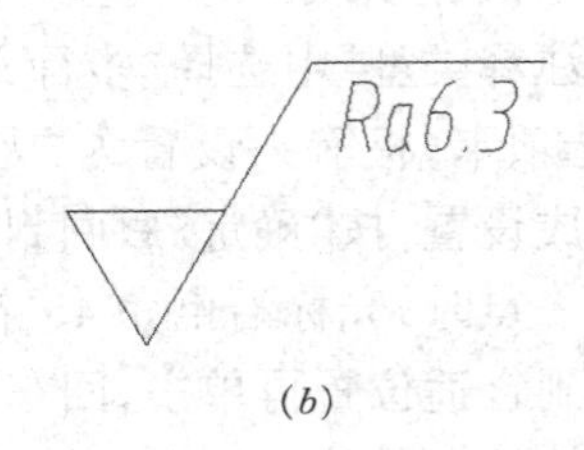

(*b*)

图 15-25　定义图块属性

15.6.1.3　创建图块

选择菜单“绘图”→“块”→“创建块”，弹出“块定义”对话框，如图 15-26*a* 所示。在“名称”文本框中输入“表面结构”；单击“基点”下面的“拾取点”按钮，返回到屏幕，捕捉表面结构符号下面的尖点作为插入点，回到对话框。

再单击“对象”下面的“选择对象”按钮，并选中“转换为块”，又返回到屏幕，将表面结构符号及属性都选中，回车，回到对话框后按“确定”，弹出如图 15-26*b* 所示的“编辑属性”对话框，按“确定”，完成块的定义，如图 15-26*c* 所示。完成后的图块在同一图形文件中可以方便地调用，但在其他文件中不能使用。

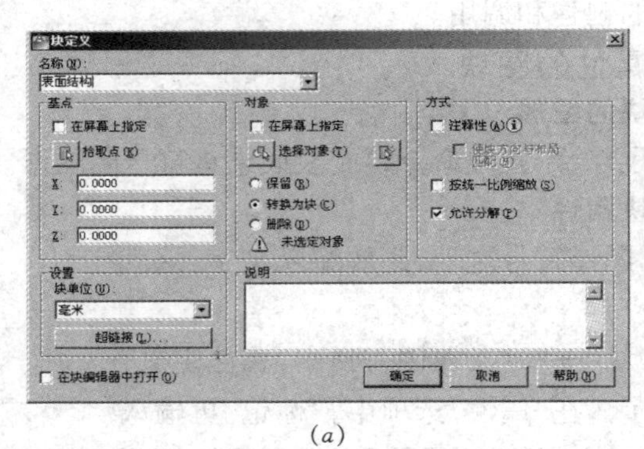

(*a*)

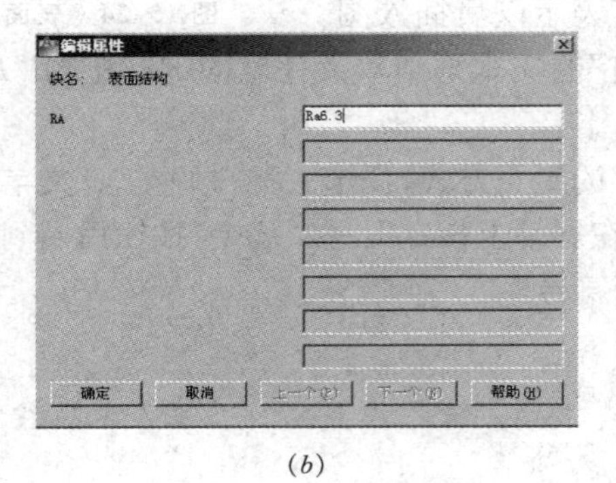

(*b*)

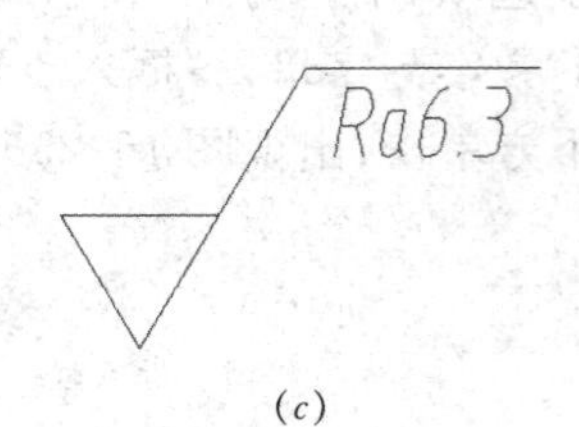

(*c*)

图 15-26　创建图块

15.6.2 外部块保存

表面结构符号在任何零件图上都要标注，因此将其图块作为一个通用的图形文件保存起来，对以后的作图会很方便。此时要将图块以外部块形式保存。

在命令提示栏中输入“Wblock”，弹出“写块”对话框，如图 15-27 所示。在“源”下面选“对象”；单击“拾取点”按钮，回到屏幕，捕捉表面结构符号下面的尖点；单击“选择对象”按钮，又返回到屏幕，将表面结构符号及属性都选中，回车，回到对话框，指定文件名及路径，按“确定”。

图 15-27 图块的外部保存

15.6.3 插入图块

以图 15-19 所示的齿轮为例，将已保存的表面结构图块插入到齿轮零件图中去，完成图 15-28*a* 所示的图形。

选择菜单“插入”→“块”，弹出“插入”对话框，如图 15-28*b* 所示。在“名称”下拉列表中选择“表面结构”。如果是以外部块，单击“浏览”，从块的保存目录中打开欲插入的块文件。

在“插入”对话框中，“插入点”、“缩放比例”、“旋转”都选择“在屏幕上指定”，“缩放比例”如同时勾选“统一比例”的话就更为方便。按“确定”后回到屏幕，这时命令栏提示：指定插入点或[基点(B)/比例(S)/旋转(R)/预览比例(PS)/预览旋转(PR)]：在齿顶圆的延长线上单

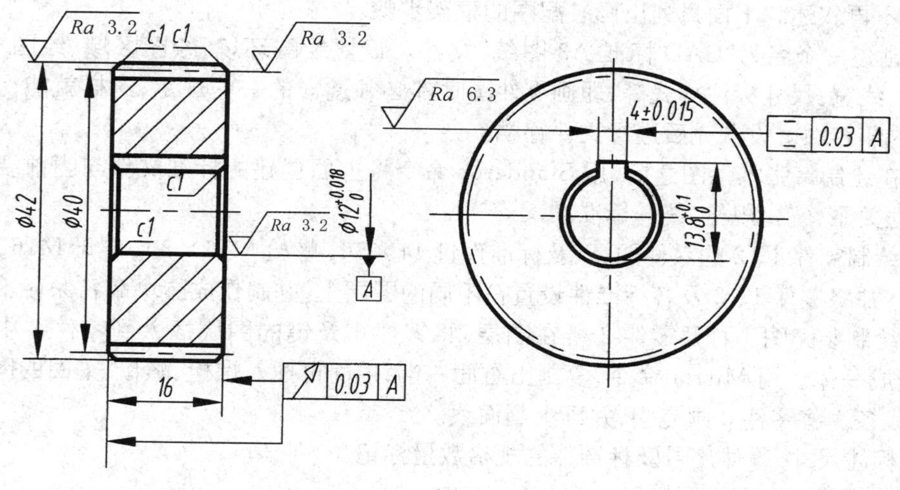

(*a*)

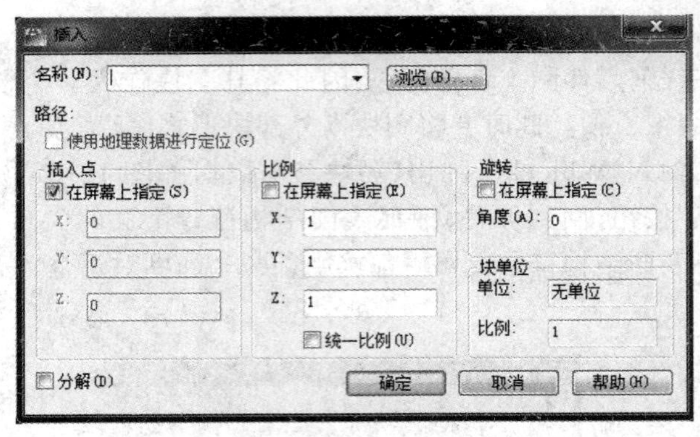

(*b*)

图 15-28 插入图块

击,作为表面结构图块的插入点。命令栏提示:指定比例因子〈1〉:表示比例为1,或输入其他的比例因子。命令栏提示:指定旋转角度〈0〉:回车。命令栏提示:*RA*<*Ra*6.3>值〈6.3〉:输入*Ra*3.2,回车,完成齿顶圆的表面结构标注。

用相同方法标注齿轮其他表面的表面结构。

15.7 装配图的画法

以联轴器为例(图15-29),说明绘制装配图的过程。

绘制装配图前,首先绘制好装配体上各零件的零件图,并存档。要注意将零件的不同投影以及尺寸、形位公差、表面结构等设置在不同的图层上。这样在画装配图时,根据需要将零件图上的某些视图制成块,供拼装。有时一套复杂的装配体,需要有许多人绘制零件图,这样就可能在绘图环境、绘图区域、绘图单位、线型、线宽、尺寸标注样式等方面,因选择的不相同,这些图形文件在最后拼装配图时,就会不兼容,形成的成套图纸也会不统一。因此,在画零件图时要规定,所有的图纸应按统一的标准绘制。关于零件图的绘制,前面已详细介绍过,这里不再叙述。下面只列出画装配图的框架步骤。

① 创建一个名为"CAD标准A3图纸"文件。设置绘图环境、绘图区域、绘图单位、精度、线型、线宽、尺寸标注样式等,即画零件图时都必须遵守的一些规定,这样就能保证各图形文件的兼容性。设置完后进行文件存档。

② 在绘制每张零件图之前,用Standards命令将上面创建的标准文件与当前要绘制的图形建立关系,统一规格,统一标准。

③ 绘制零件1、2的零件图,以及标准件键14×56,螺栓M16×80,螺母M16,垫圈16的视图。并将零件1、2及各标准件设置在不同的图层上,并制作成图块命名保存。

④ 绘制装配图。打开零件2所在图层,将零件1及键的图块插入到零件2中适当位置,装配成一体。用Mirror命令,复制出右面一半,中间再插入螺栓、螺母、垫圈的图块。消除多余线条。将零件3画完整,并画上剖面线。

⑤ 标注尺寸、零件序号及标准件的规格数量标记。

⑥ 编写明细表及标题栏。

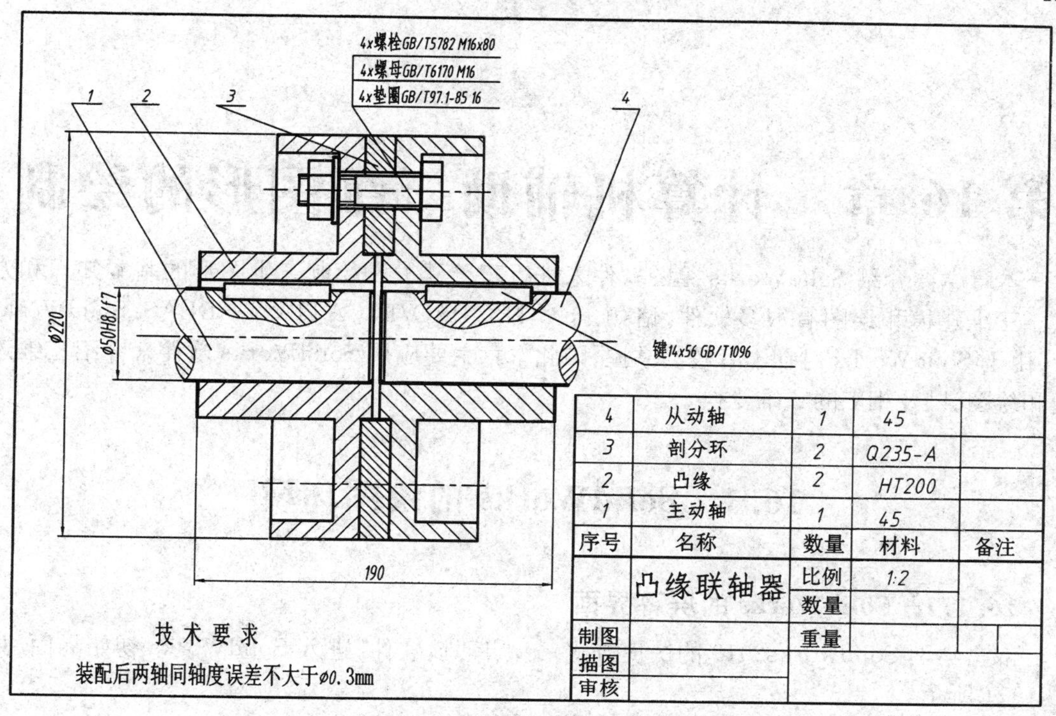

图 15-29　联轴器的装配图

思考练习题

一、判断题

1. 图层的锁定和关闭作用时相同的。(　　)

2. 用多段线命令画的平面图形作为一个对象是不能分解的。(　　)

3. 尺寸标注的样式可以创建和修改的。(　　)

4. 图块可以作为一个独立的图形文件保存。(　　)

二、填空题

1. 在【选择线型】对话框中,若增加一种线型可单击＿＿＿＿＿＿＿＿按钮。

2. 在图中画水平线和垂直线可以利用＿＿＿＿＿＿＿＿模式。操作时刻单击状态栏中的＿＿＿＿＿＿＿＿按钮,或按＿＿＿＿＿＿＿＿功能键。

3. 将表面结构符号制成图块时,通过定义图块的＿＿＿＿＿以获得不同的 Ra 值。

三、选择题

1. 根据两点画圆,这两点分别是。(　　)

A. 圆心和圆周上的一点; B. 圆直径的两端点;C. 圆周上的任意两点

2. 要绘制 10 个大小相同径向分布的圆,最简便的方法是。(　　)

A. 圆周阵列; B. 复制; C. 镜像

3. 以下哪种命令不属于图形的编辑命令。(　　)

A. 拉伸; B. 布尔运算; C. 打断

第 16 章　计算机辅助三维图形的绘制

本章主要介绍 SolidWorks 绘图软件来进行三维建模和绘制三维图形的基本知识和方法。三维建模和绘图有很多软件，诸如：UG NX、PRO/E、CATIA、I－DEAS、SolidWorks 等，由于 SolidWorks 对初学者较易掌握，因此本章主要应用 SolidWorks 软件来介绍三维建模和绘图，以及相应的二维变换。

16.1　SolidWorks 的绘图环境

16.1.1　SolidWorks 的屏幕界面

双击桌面 Solidworks2012 的快捷方式，启动该软件，进入 SolidWorks 初始界面，如图 16-1 所示。

图 16-1　SolidWorks 的初始界面

单击左上角新建按钮，或者依次选择菜单栏的“文件”、“新建”命令，弹出“新建 SolidWorks 文件”对话框，如图 16-2 所示。

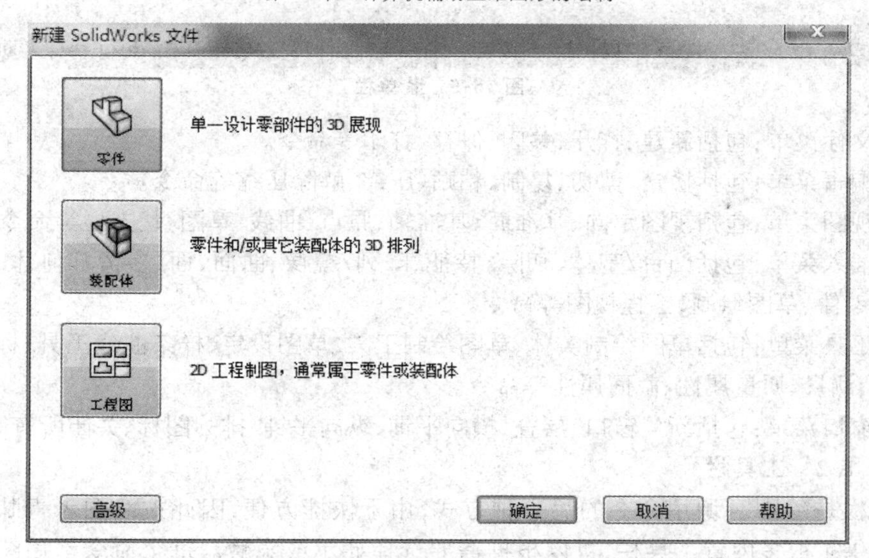

图 16-2　新建 SolidWorks 文件

双击“零件”按钮，进入 SolidWorks 工作界面，如图 16-3 所示。

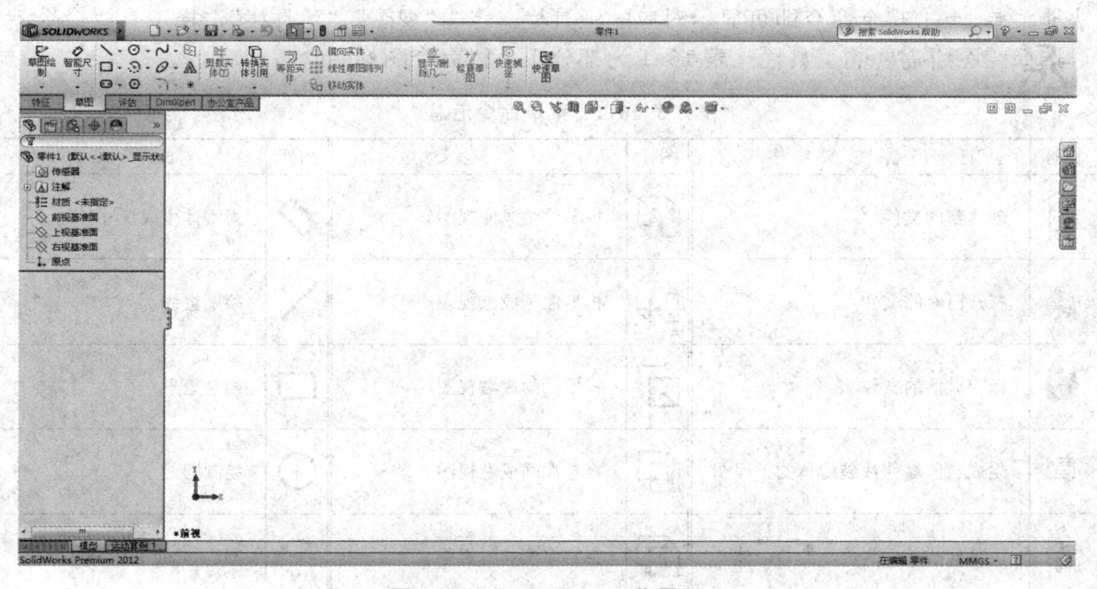

图 16-3　SolidWorks 工作界面

16.1.1.1　菜单栏

菜单栏默认情况下是隐藏的，如图 16-4 所示。

图 16-4　默认菜单栏

要显示菜单栏，需要将鼠标移动到 SolidWorks 徽标 SOLIDWORKS 上或单击它，如图 16-5 所示，主要有文件、编辑、视图、插入、工具、窗口、帮助等命令。

SOLIDWORKS 文件(F) 编辑(E) 视图(V) 插入(I) 工具(T) ANSYS 12.0 窗口(W) 帮助(H)

图 16-5 菜单栏

(1) 文件菜单:包括新建、打开、关闭、保存、打印等命令。

(2) 编辑菜单:包括撤销、剪切、复制、粘贴、压缩、解除压缩等命令。

(3) 视图菜单:包括视图定向、基准面、基准轴、原点、曲线、草图、状态栏等命令。

(4) 插入菜单:包括凸台/基体、切除、特征、阵列/镜像、曲面、面、参考几何体、钣金、焊件、模具、零件、草图绘制、工程视图等命令。

(5) 工具菜单:包括草图绘制实体、草图绘制工具、草图设定、样条曲线工具、标注尺寸、几何关系、测量、质量属性、截面属性等命令。

(6) 窗口菜单:包括新建窗口、层叠、横向平铺、纵向平铺、排列图标、关闭所有等命令。

16.1.1.2 工具栏

工具栏是绘图时调用命令的另一种方式,由于快捷方便,因此被绘图者青睐。SolidWorks 提供了很多内置工具栏,可以根据需要选择显示或隐藏。每个命令都用图标表示,只要点击图标就可执行该命令。例如画草图(平面图形)时,只有一部分画草图命令在工具栏中显示。如果要使用未打开命令,或其他的任何命令,可在工具栏上单击鼠标右键,弹出快捷菜单,点击某个命令即可显示对应的工具栏。点击“视图”、“工具栏”选择工具栏命令就可选择绘图所需要的工具栏。表 16-1 为部分工具栏命令图标的含意。

表 16-1 菜单命令汇总

图标	含 义	图标	含 义	图标	含 义
	创建新的文件		将零件画成前视图		为实体生成尺寸
	打开已有的文件		将零件画成上视图		绘制直线
	保存激活的文件		将零件画成右视图		绘制矩形
	生成当前零件或装配体的工程图		将零件画成左视图		绘制圆
	由零件或部件生成新的装配体		将零件画成下视图		圆心、起点、终点画圆弧
	撤消上次的操作		将零件画成后视图		切线弧工具
	重做上次的操作		从所选草图实体生成新草图		三点画弧
	选择工具用来点选实体、面、线、点		修正草图中的错误	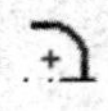	绘制圆角
	将所选平面正视于操作者		绘制新草图或编辑现有草图		中心线工具

（续表）

图标	含　义	图标	含　义	图标	含　义
	样条曲线绘制		拉伸凸台/基体		倒角
	点绘制		拉伸切除		肋
	添加几何关系		简单直孔		抽壳
	镜像实体		旋转凸台基体		生成拔模斜度锥度
	修正草图中的错误		旋转切除		线性阵列
	圆周阵列		产生镜像		圆周阵列
	裁减实体工具		圆角		扫描工具

16.1.1.3　状态栏

状态栏位于屏幕最下方，其表示目前操作的状态。

16.1.1.4　特征管理区

(1) 操作界面类型：SolidWorks 有三种不同的工作方式，一种是生成零件的；另一种是生成装配体的；第三种是生成二维零件图或装配图即工程图的。分别用三种不同的图标来表示。表示零件界面图标；表示装配体界面图标；表示工程图界面图标。点击这些图标，可进入各种工作状态。

(2) 特征管理器设计树：特征管理区中有特征管理器、属性管理器、配置管理器三部分。其中特征管理器为用户提供了在绘图区绘图时，绘制草图建立的特征等的管理。树状结构的特征管理器，依先后顺序记录下每次绘图操作。特征管理器设计树以动态链接列举零件、装配件、工程图的结构，从而可以方便地查看零件或装配件的构造情况，查看工程图中的不同图纸和视图。属性管理器显示草图、特征、装配体等功能的相关信息和用户界面。配置管理器选择、创建和查看文件中的零件和装配体的多个配置。

16.1.2　SolidWorks 的基本操作

16.1.2.1　建立新的零件文件

单击菜单栏新建文件按钮。通过菜单上的文件(F)——新建命令可以建立一个新的零件文件。同样，点击零件界面图标也能得到相同的结果。

16.1.2.2　工作平面与基准面

(1) 工作平面：是指零件上被激活的面。该面上可以画草图、添加特性、形成新的实体，可以用选择工具来激活共组平面。

(2) 基准面：是指机械制图中的 *V*、*H*、*W* 三个基本投影面。在 *SolidWorks* 中对应的是前视基准面、上视基准面、右视基准面。在这三个面中画出来的草图,对应于机械制图是前视基准面——主视图;上视基准面——俯视图;右视基准面——右视图。零件、装配体、工程图都处于这三个基准面之中。

16.1.2.3 文件的存取

点击标准工具栏上的图标,或者利用菜单命令文件(*F*)、打开(*O*),就可以打开已存在硬盘或其他存储中的文件。打开存放的文件夹后,*SolidWorks* 提供了文件预览功能,通过预览区预览所选文件的内容。如果是保存一个文件,可以利用菜单命令文件(*F*)、保存(*S*),保存该文件。由于 *SolidWorks* 有三种不同的操作界面,因此有三种不同的文件类型,即零件文件 *SLDRT*; 装配体文件 *SLDASM*;工程图文件 *SLDDRW*。

16.1.2.4 鼠标按键功能

鼠标左键为选取键,用以点取命令、对象等。

鼠标中键(滚轮)只能在绘图区中使用。按住中键不放,在鼠标移动时可旋转画面。按下"*Ctrl*"键再按鼠标中键能启动平移功能,此时移动鼠标即可移动画面。旋转中键滚轮可以缩放画面。

16.1.2.5 视图切换及画面控制

在工具栏按钮中,是视图定向钮,点击选择后将弹出视图定向对话框,可以选择零件的六面标准视图方向及各种轴测方向。其中"正视于"是指正视于点选的平面,供在此平面上作图,如按下也可达到此目的。也可在标准视图(*E*)工具栏中,直接按照图标来选择各种视图及轴测图。表 16-2 为视图(*V*)工具栏里的各种工具。

表 16-2 视图工具栏工具图标汇总

图 标	含 义
	视图定向工具,使模型改变视角显示
	前一个视角工具,使模型恢复到前一画面显示
	最适当大小工具,使模型以最大状态显示于整个绘图区
	局部放大工具,用两对角点确定范围窗口,将此范围模型放大至整个绘图区
	拉近/拉远工具,按住鼠标左键向上拖动画面放大向下拖动画面缩小
	选取范围放大工具,先选取边线、面、实体后,此工具能将它们放大到最大状态
	旋转工具,按住鼠标左键拖动,模型的画面将旋转
	移动工具,按住鼠标左键拖动,模型画面将平移

16.2 基本体的三维建模

16.2.1 拉伸特征建模

如图 16-6 所示为零件三维模型,应用绘图软件 SolidWorks 对其零件进行建模。

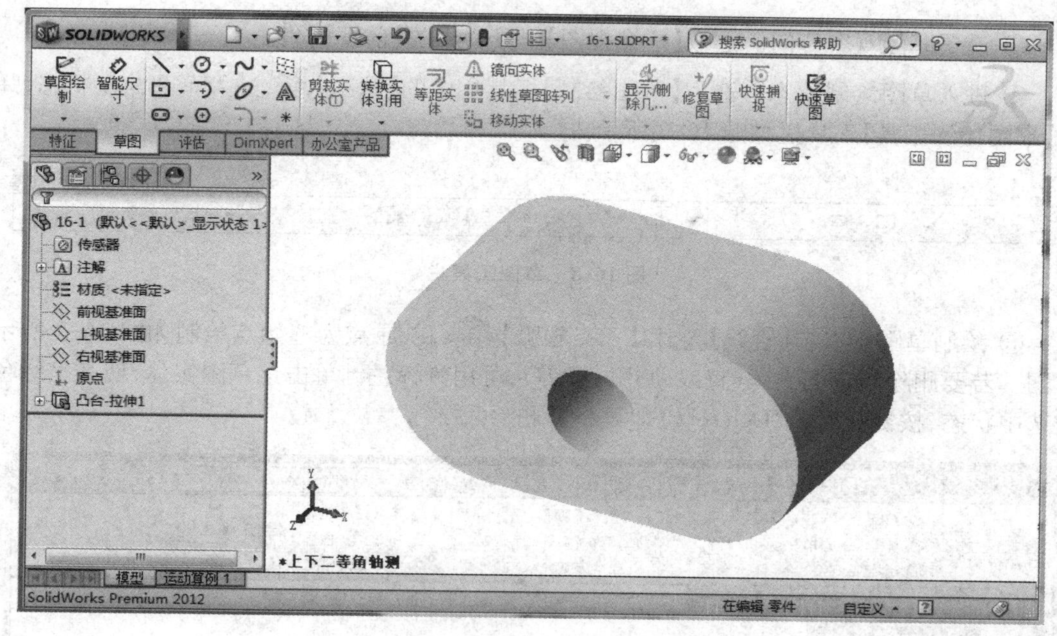

图 16-6　零件模型

其建模步骤如下：

① 建立一个零件文件。选取【标准】工具栏中的【新建】，在弹出的对话框中，单击【零件】选项，进入零件设计环境。欲激活某工具栏，可用右键单击屏幕上方灰色区域，在弹出的下拉菜单中选取所需工具栏。

② 选取草图绘制平面。在【设计树(FeatureManager)】中单击【前视基准面】，如图 16-7 所示。

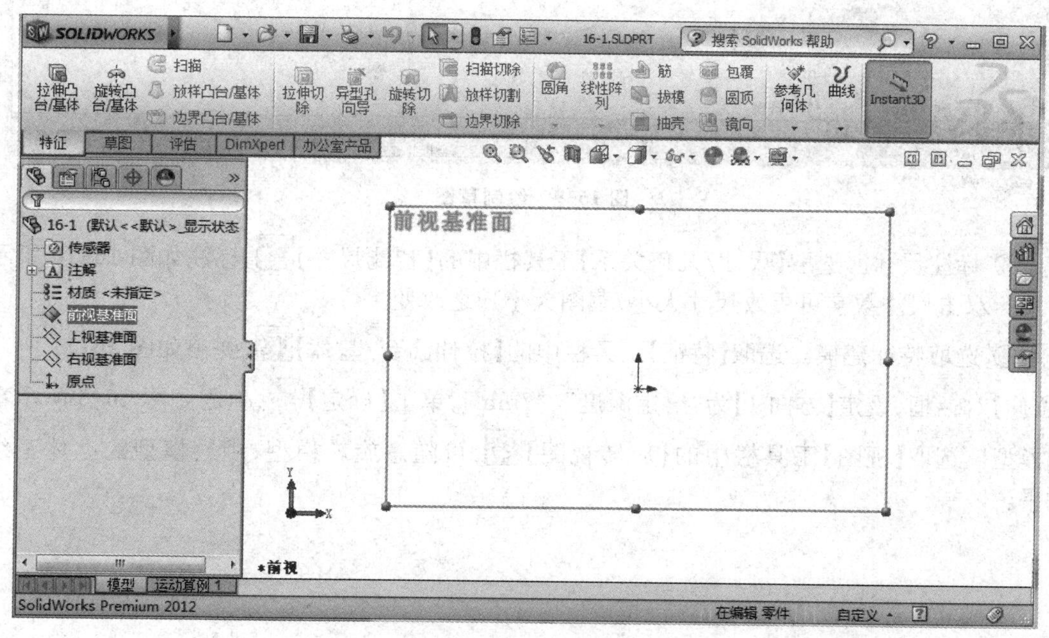

图 16-7　选取绘图平面

③ 设置草图观察方向。选取【标准视图】工具栏中的【前视】。

④ 进入草图绘制状态。选取【草图绘制】工具栏中的【草图】，进入草图绘制状态，弹出【草图绘制工具】工具栏如图 16-8 所示。

图 16-8 草图工具栏

⑤ 绘制草图。单击【直线】和【三点圆弧】，以原点为起始点绘制如图 16-9 所示草图。若要删除某草图实体(直线、圆弧、圆等)，可用鼠标左键单击该草图实体，使其呈绿色被选中状态，按键盘上的“Delete”键即可将其删除。

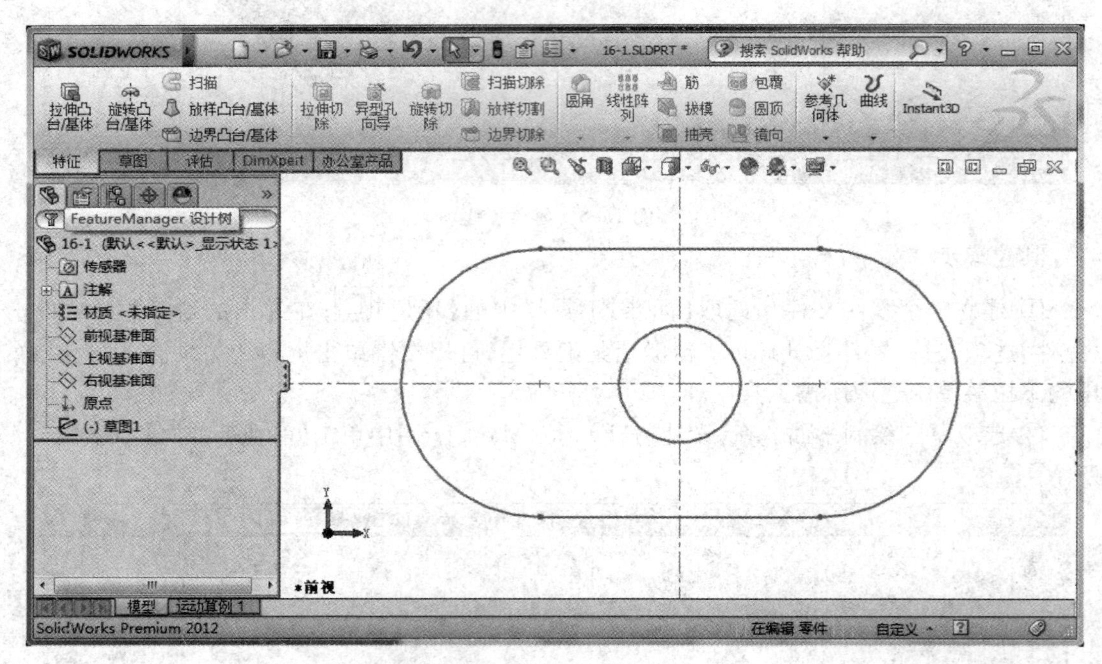

图 16-9 绘制草图

⑥ 标注尺寸。选取【尺寸/几何关系】工具栏中的【智能尺寸】，标注如图 16-10 所示尺寸。双击尺寸数字可更改尺寸大小，草图大小随之改变。

⑦ 选取特征建模。选取【特征】工具栏中的【拉伸凸台/基体】，弹出如图 16-11 所示【拉伸】对话框，设定【方向 1】为“给定深度”、“7mm”，单击【确定】，生成如图 16-6 所示零件模型。选取【视图】工具栏中的【旋转视图】，可随意旋转模型，观察模型的立体三维效果。

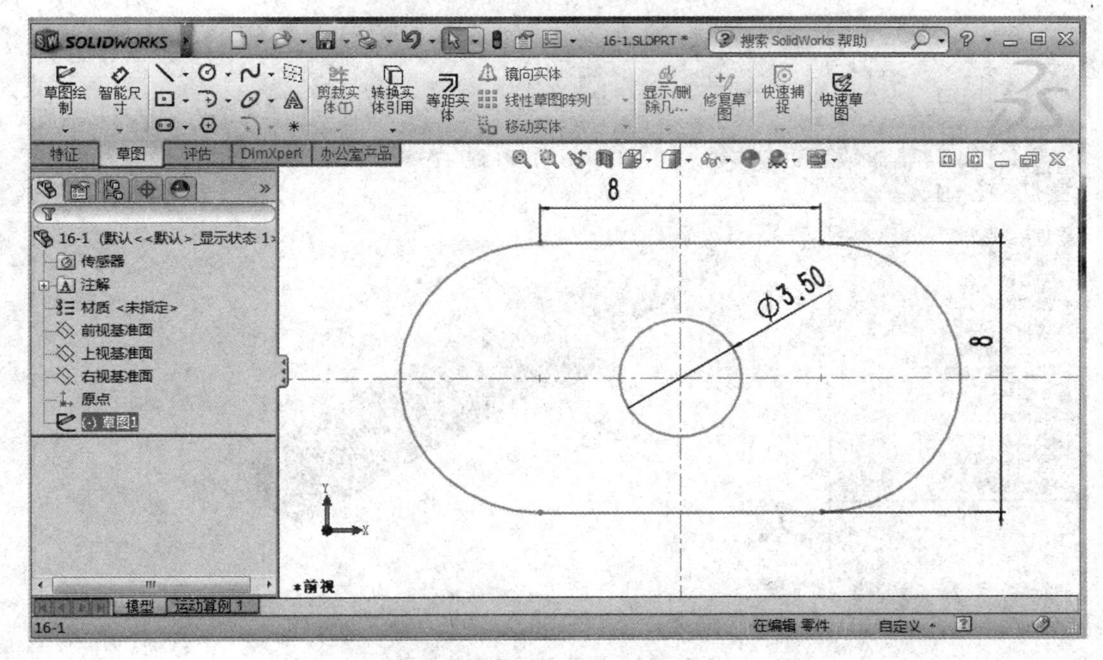

图 16-10　标注尺寸

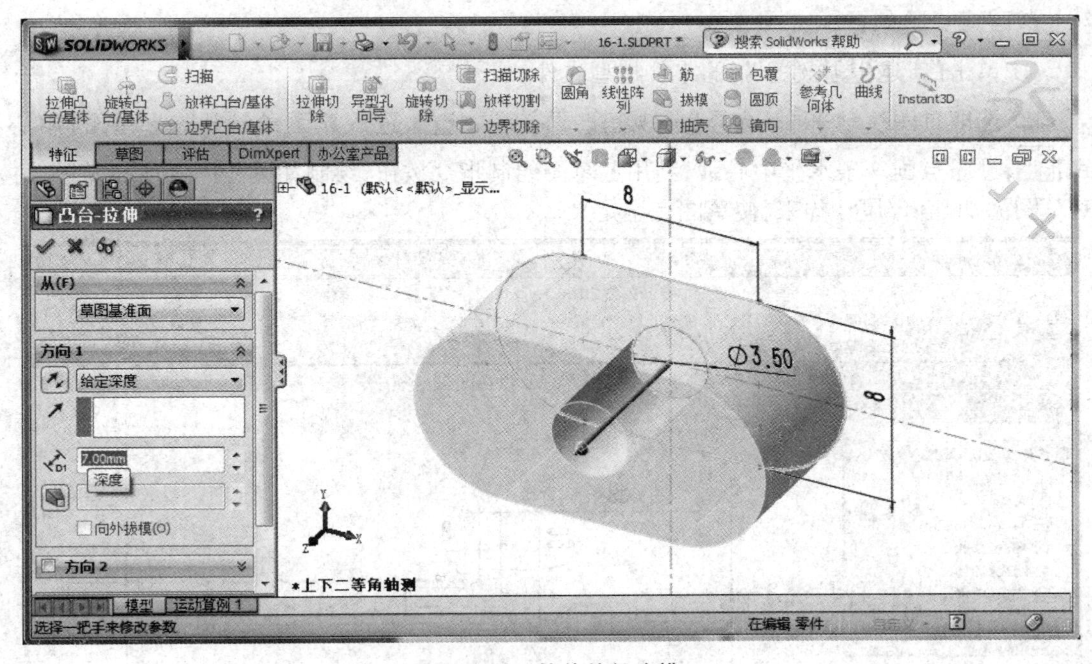

图 16-11　拉伸特征建模

16.2.2　旋转扫描特征建模

如图 16-12 所示为调节螺杆的零件模型，用 SolidWorks 构建旋转特征建模。

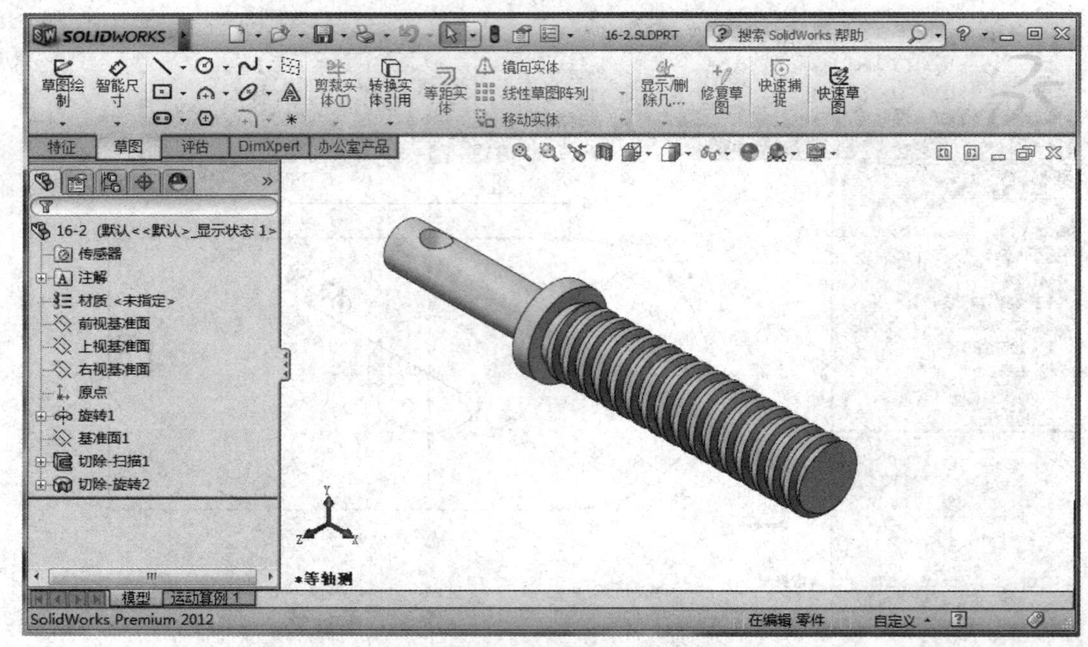

图 16-12　调节螺杆的零件模型

其建模步骤如下：

① 单击【新建】，建立新的零件模型文件。

② 选取草图绘制平面：选择【前视基准面】，单击，进入草图绘制状态。单击【中心线】，过原点画一条水平中心线，利用各草图绘制指令按钮，绘制如图 16-13 所示草图，并对草图添加几何/尺寸约束，使草图完全定义。

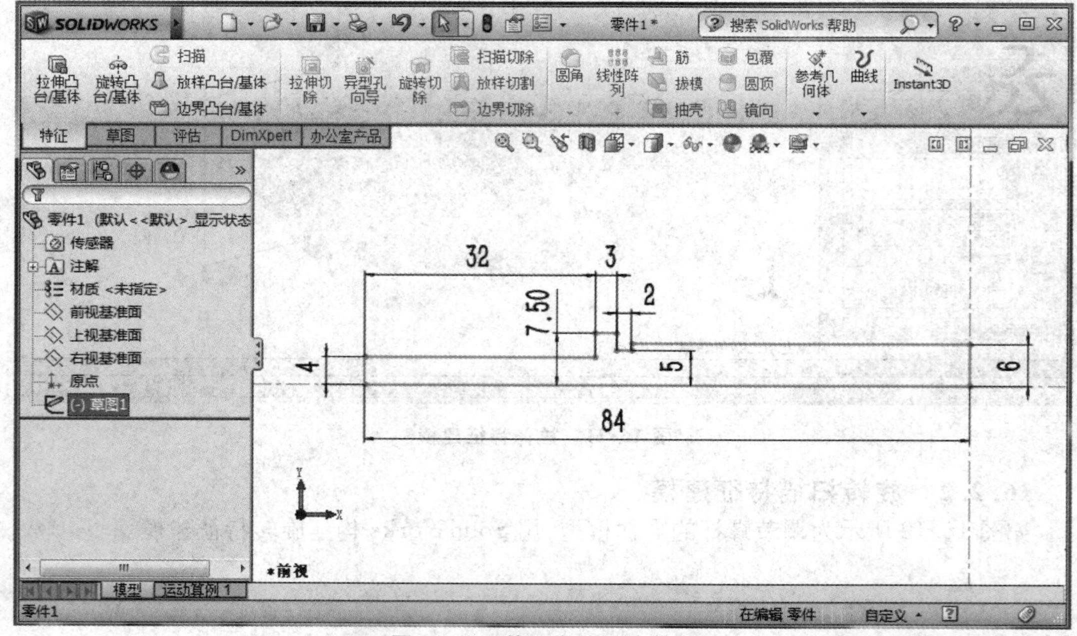

图 16-13　第一个特征的草图

③ 选取【特征】工具栏中的【旋转】，弹出如图 16-14 所示对话框，设定如图所示，单击【确定】，生成阶梯轴。

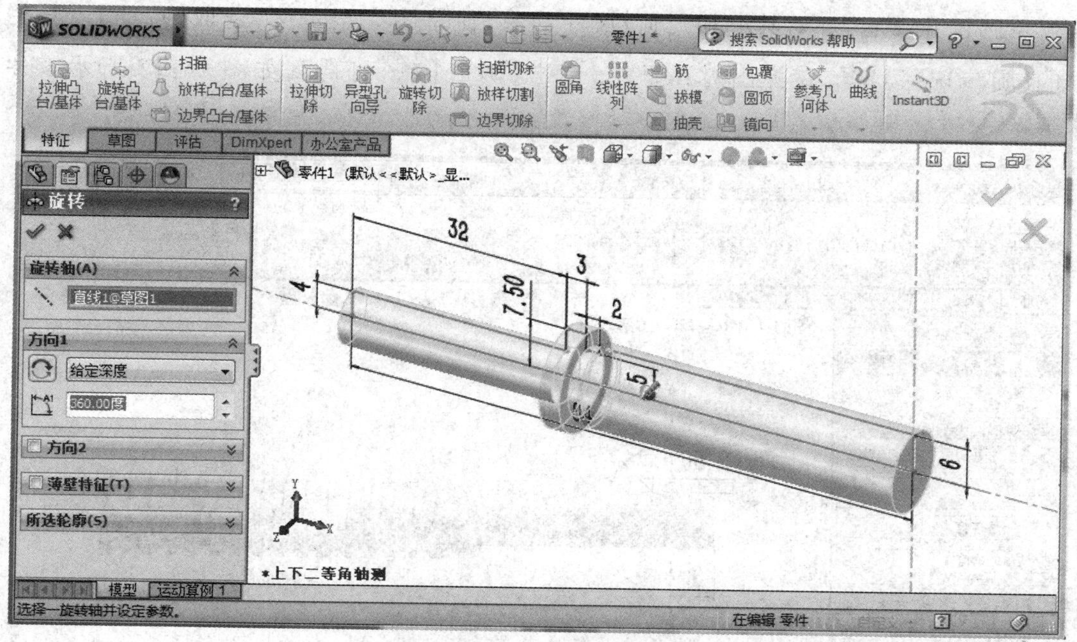

图 16-14　旋转特征建模

④ 以零件【右视】，单击绘制圆 $\phi12$，单击生成相应螺旋线，在以零件【前视】，单击绘制螺纹牙截面形状，选取【扫描】特征，弹出如图 16-15 所示对话框，设定螺旋线为

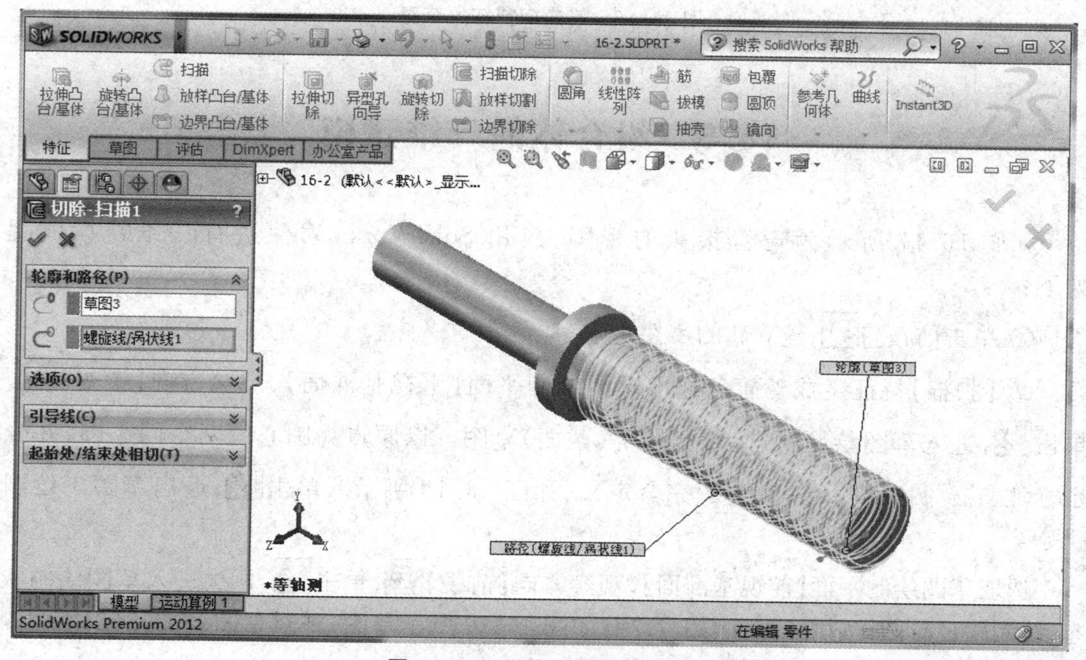

图 16-15　旋转扫描特征建模

路径，单击【确定】，生成螺纹。

⑤ 选取草图绘制平面：【前视】，单击，进入草图绘制状态，绘制如图16-16轴左端所示圆锥孔草图，并对其添加几何/尺寸约束，使草图完全定义，选取【特征】工具栏中的【旋转切除】，在弹出对话框中，单击【确定】，可得到如图16-12所示零件模型。

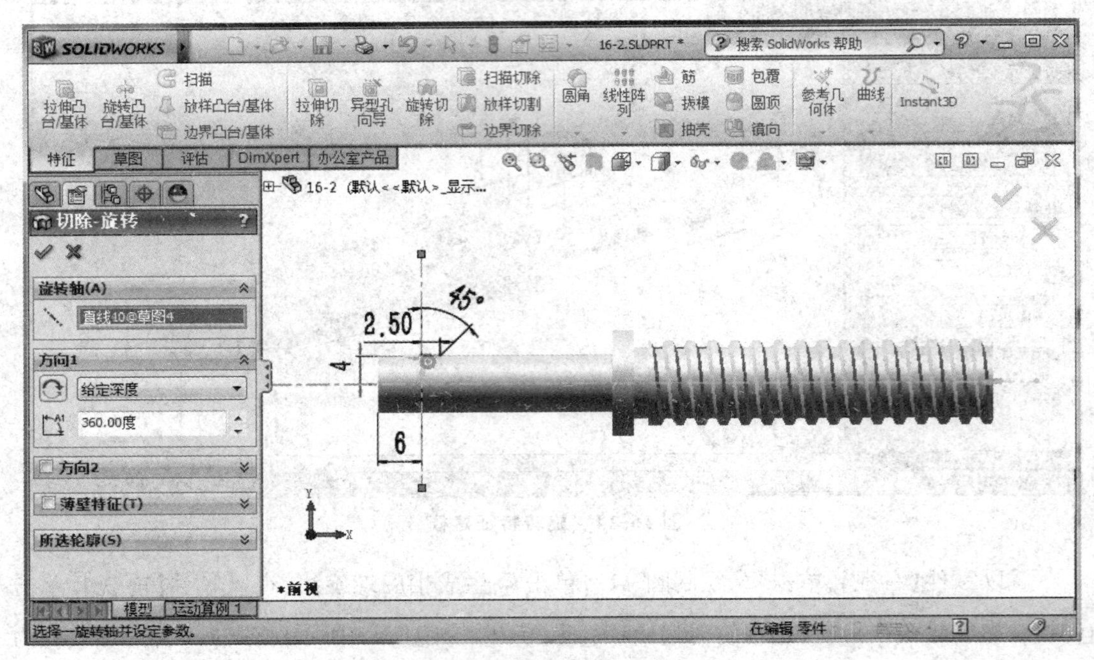

图 16-16 第二个特征的草图

16.3 组合体的三维建模

如图16-17所示为弯管接头的视图，应用SolidWorks软件进行三维建模流程如下：

① 单击【新建】，建立新的零件文件。

② 【扫描】特征生成弯管。选取草图绘制平面【上视基准面】，观察方向【上视】，单击，进入草图绘制状态，绘制轮廓（截面）草图。以原点为圆心画两个同心圆，并分别标注直径ϕ18和ϕ26，使草图完全定义，如图16-18所示。单击，退出草图1绘制状态。

选取草图绘制平面【前视基准面】，观察方向【前视】，单击，再次进入草图绘制状态，绘制路径草图。以原点为起始点绘制如图16-19所示草图，并对草图添加几何/尺寸约束，使草图完全定义。

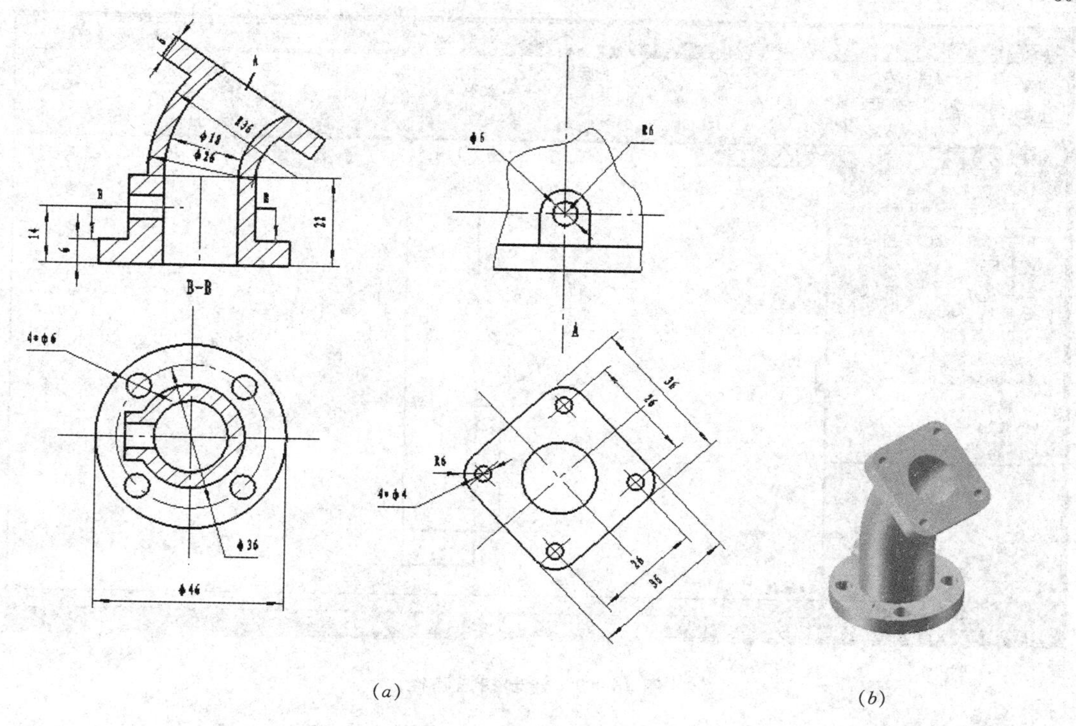

图 16-17　弯管接头的三维模型

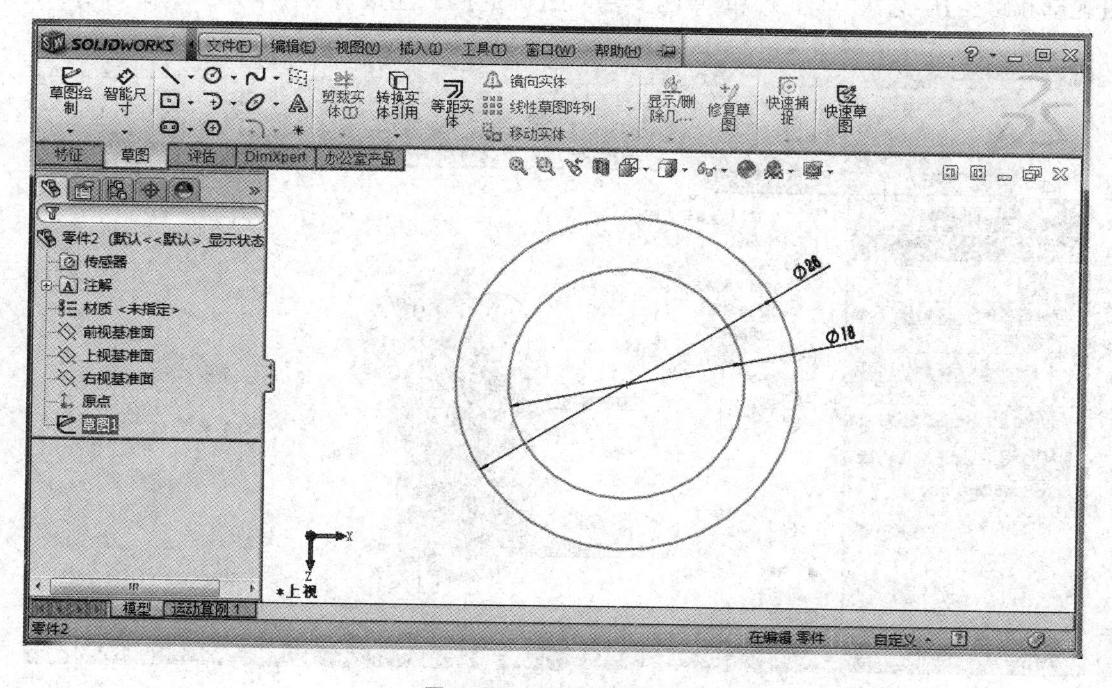

图 16-18　绘制扫描轮廓

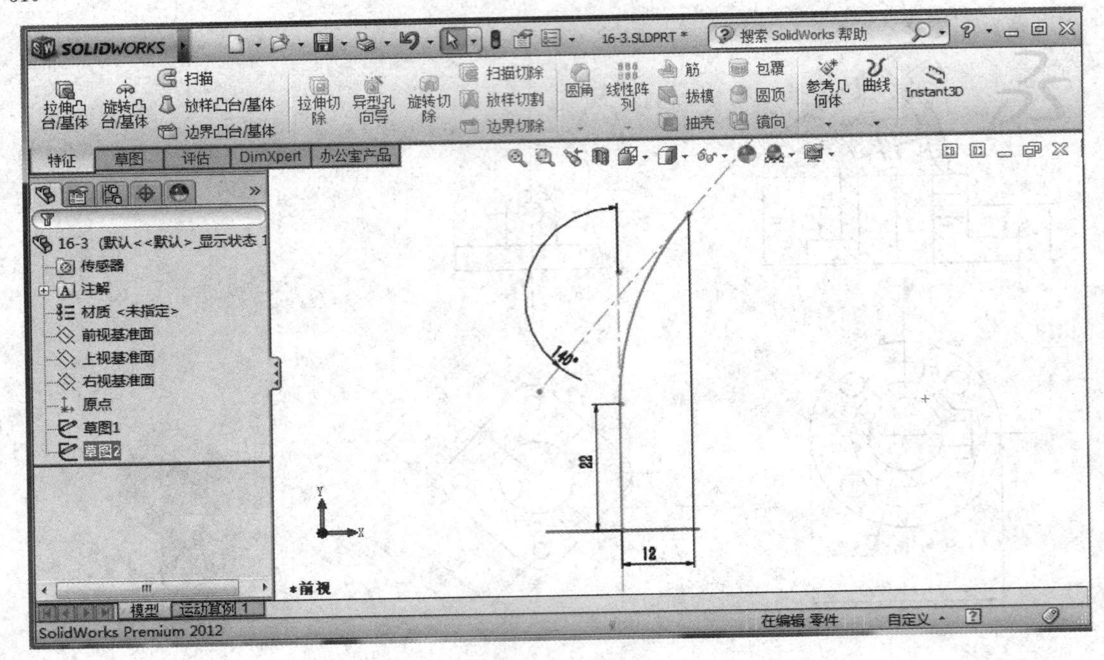

图 16-19　绘制扫描路径

单击，退出草图2绘制状态。选取特征【扫描】，弹出如图16-20所示对话框，在【轮廓和路径】中选取“草图1”和“草图2”，单击【确定】，生成弯管接头，如图16-20所示。

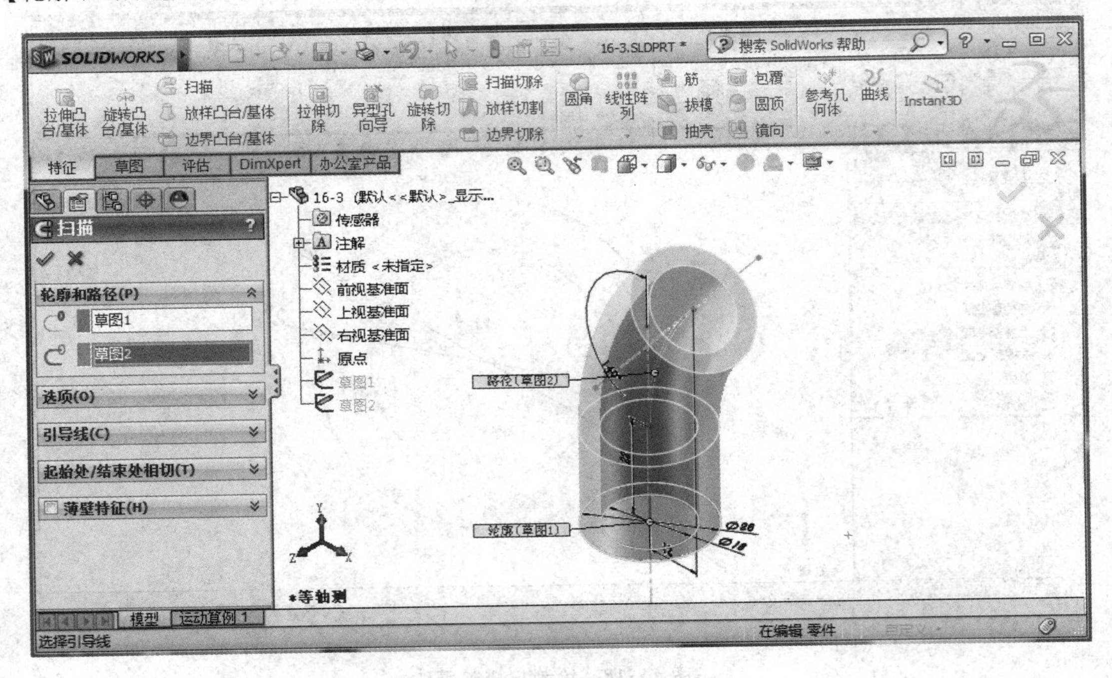

图 16-20　选取扫描特征建模

③【拉伸凸台/基体】特征生成底板。选取草图绘制平面【上视基准面】，观察方向【下

视】,单击,进入草图绘制状态,选中弯管 ϕ18 圆,单击【转换实体引用】,将该圆投影到绘图平面。再以原点为圆心画两个直径为 ϕ36 和 ϕ46 的同心圆,然后选中 ϕ36 圆,单击【构造几何线】,将该圆线型转换成中心线。绘制四个 ϕ6 圆时,可先画一个圆,在该圆呈绿色被选中状态下单击【圆周草图排列和复制】,在弹出的对话框中作相应的设置,画出另外三个 ϕ6 圆。在对草图添加几何/尺寸约束时,需添加中心线,如图 16-21 所示。选取特征【拉伸凸台/基体】,设定【方向 1】为“给定深度”、“6mm”,单击【确定】,生成底板。

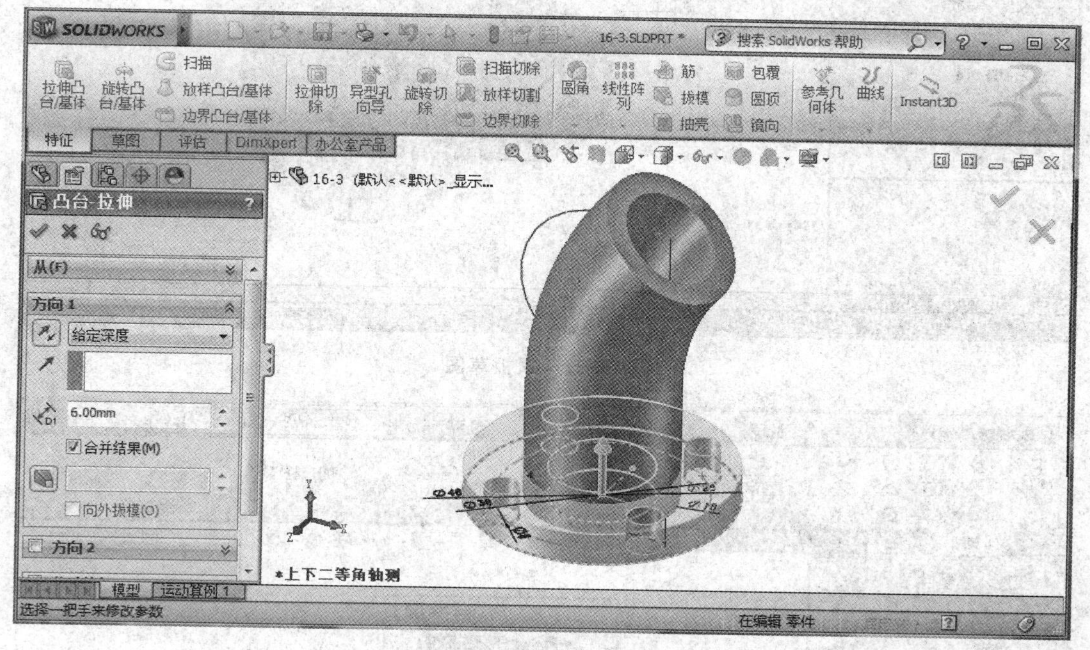

图 16-21　拉伸命令生成底板

④【拉伸凸台/基体】特征生成顶板。选中弯管的顶面,单击【标准视图】工具栏中的【正视于】,使该平面平行于显示屏,单击,进入草图绘制状态。选中弯管 ϕ18 圆,单击【转换实体引用】,将该圆投影到绘图平面。绘出顶板的外轮廓。在绘制四个 ϕ4 圆时,可先画一个圆,在该圆呈绿色被选中状态下单击【线性草图排列和复制】,在弹出的对话框中作相应的设置,画出另外三个 ϕ4 圆。在对草图添加几何/尺寸约束时,需添加中心线,如图 16-22 所示。选取特征【拉伸凸台/基体】,设定【方向 1】为“给定深度”、“6mm”,单击【确定】,生成顶板。

⑤【拉伸凸台/基体】特征生成左侧凸台的轮廓。单击【基准面】,设定【选择】“右视基准面”,【距离】16mm,在右视基准面的左侧建立“基准面 1”。选取绘图平面:【基准面 1】,观察方向【左视】,单击,进入草图绘制状态。绘制如图 16-23 所示草图,并对草图添加几何/尺寸约束,使草图完全定义。选取特征【拉伸凸台/基体】,设定【方向 1】为“成形到一面”,选中弯管接头的外表面,单击【确定】,生成左侧凸台的外廓。

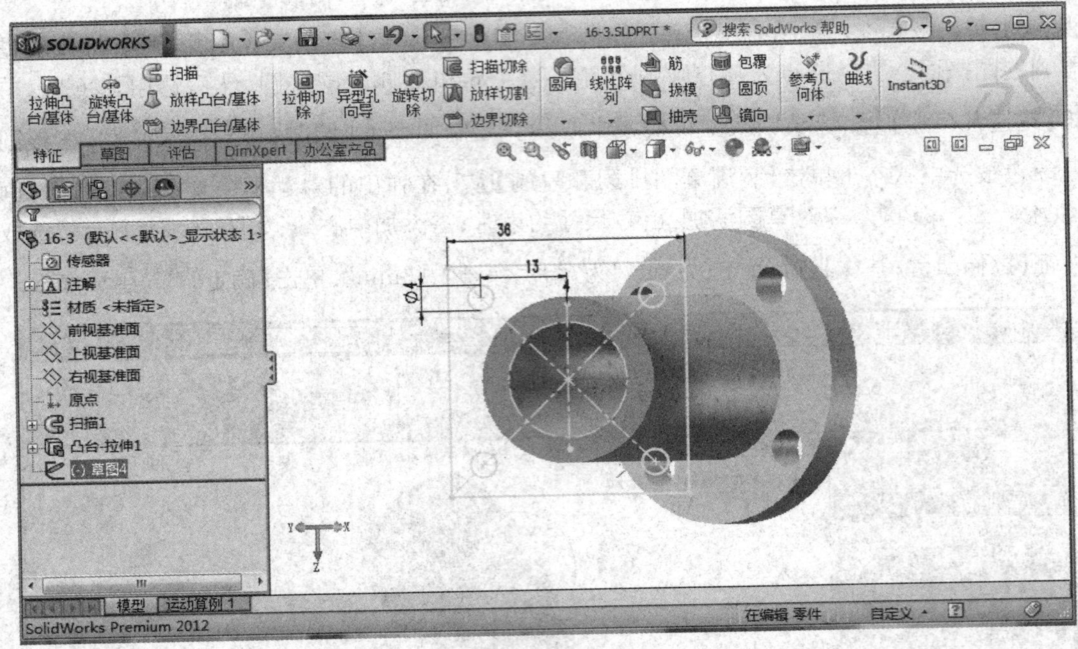

图 16-22　顶板草图

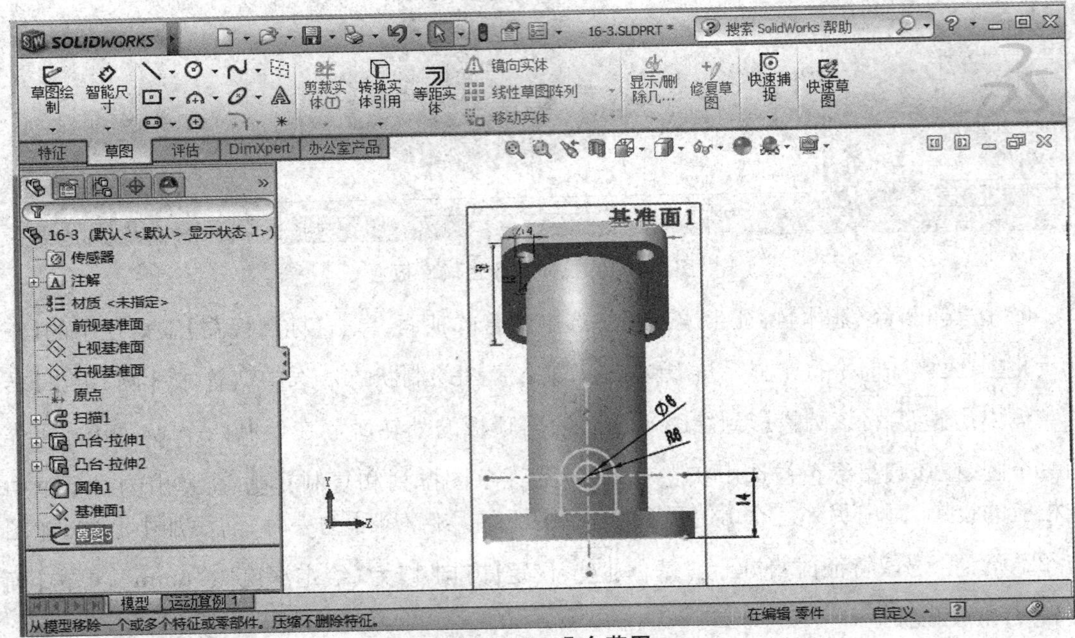

图 16-23　凸台草图

⑥【拉伸切除】特征生成左侧凸台的内孔。选取特征【拉伸切除】，点选直径为 6 的圆，设定【方向 1】“成形到一面”，选中弯管接头的内表面，单击【确定】，生成左侧凸台的内孔，得到如图 16-17 所示组合体的三维模型。

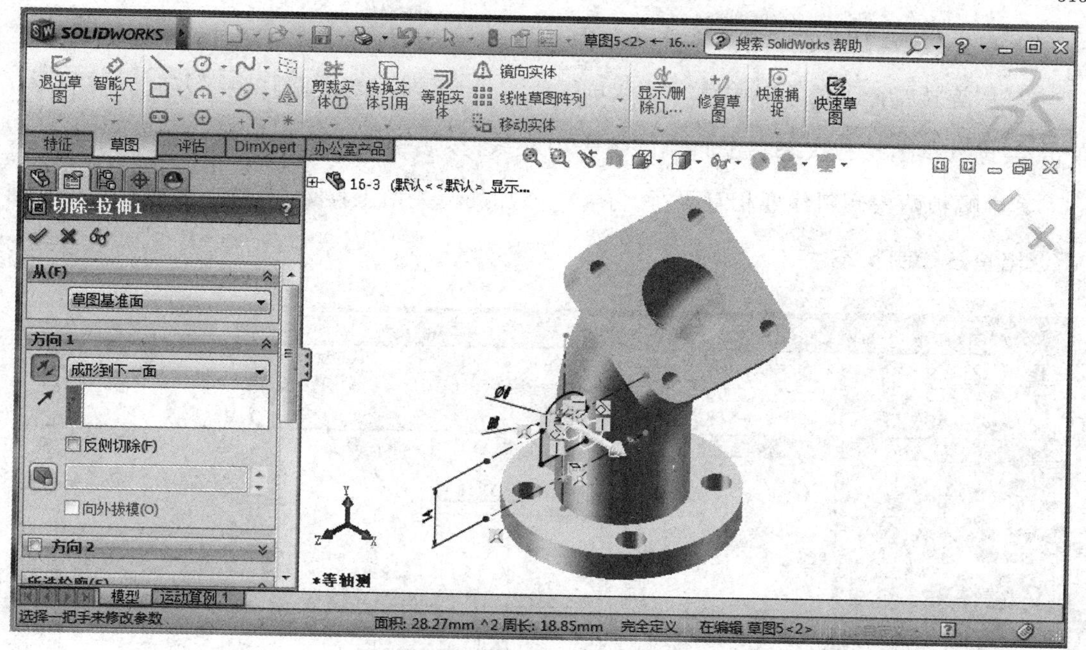

图 16-24　凸台内孔草图

如图 16-25 工作图所示手轮，应用 SolidWorks 软件建模流程如下：

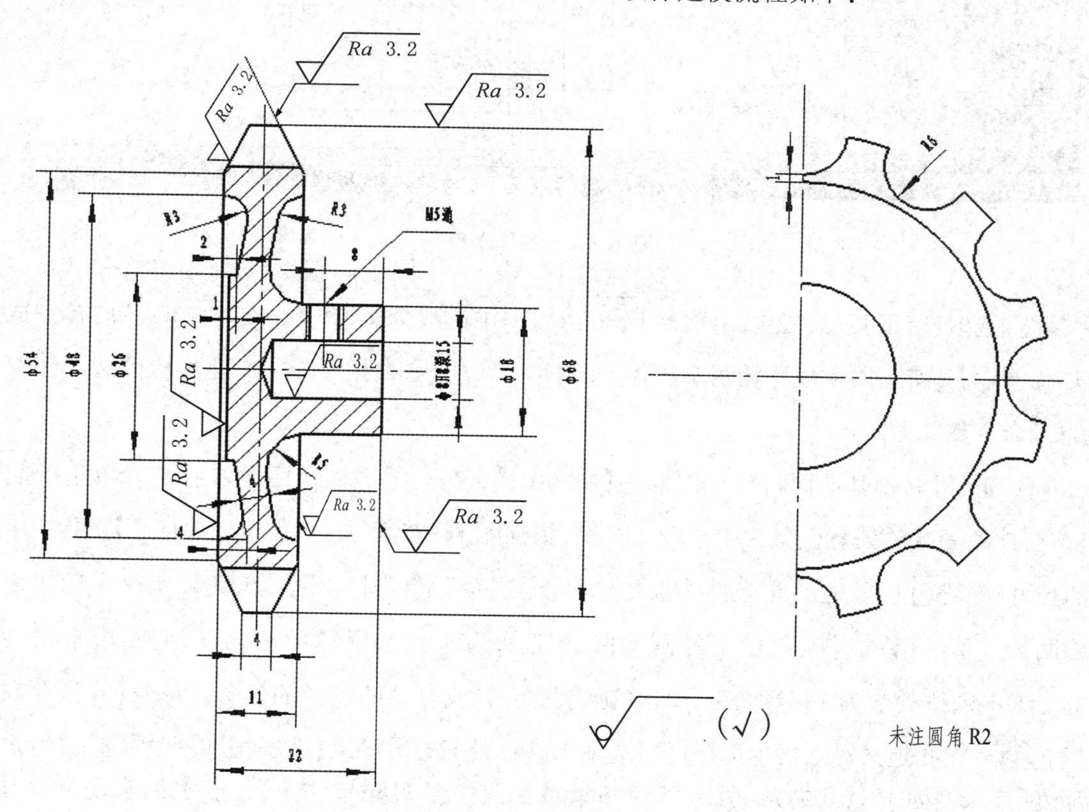

图 16-25　手轮工作图

① 单击【新建】建立新的零件文件。

② 用旋转特征形成手轮主体。选取草图绘制平台【前视基准面】,观察方向【前视】,单击进入草图绘制状态。过原点画水平中心线,按照图16-26所示画出草图并标注尺寸。其中幅板两根倾斜线要相互平行,可通过添加几何关系工具中的平行来达到。单击退出草图绘制状态。

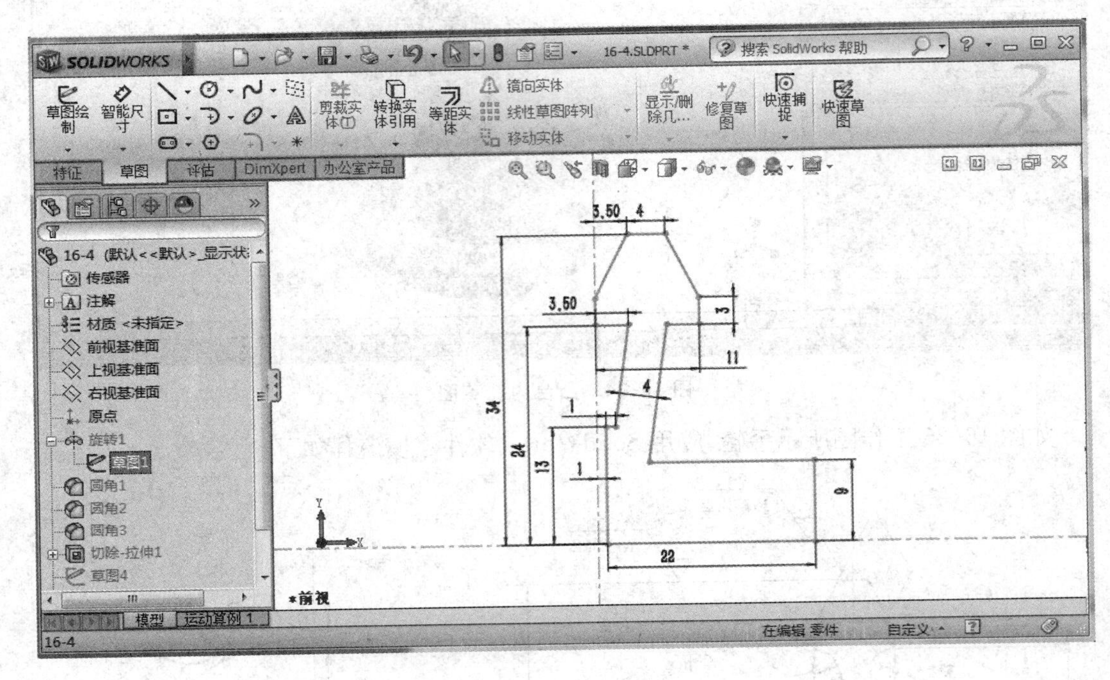

图16-26 实体草图

③ 选取【特征】工具栏中心【旋转】工具,以中心线为轴,作单一方向"360°"旋转完成实体,单击【确定】生成手轮基本实体,如图16-27所示,根据图16-25在相应的边利用圆角命令倒圆角。

④ 选择【右视基准面】,观察方向为【右视】,单击进入草图绘制状态。单击【圆】在外圆 $\phi 68$ 的任意位置为中心画 $\phi 12$ 圆,根据图16-25添加约束。选取【特征】工具栏中的拉伸切除工具,在终止条件选项中选"完全贯穿",单击【确定】,完成单个手轮轮缘的凹齿。单击【特征】工具栏中的圆周阵列工具,点选手轮中心为基准轴1,将定为360.00deg,排列数为12,等间距,单击【确定】,完成复制凹齿槽的任务。单击【异型孔向导】,在孔定义对话框中选择【孔】选项卡,【标准】选用ISO,【孔类型和深度】选用"给定深度"其深度为15,【底端角度】采用120deg或钻头角度118deg,按【下一步】钮,在孔位置对话框选择确定,即完成实体建模,如图16-28所示。

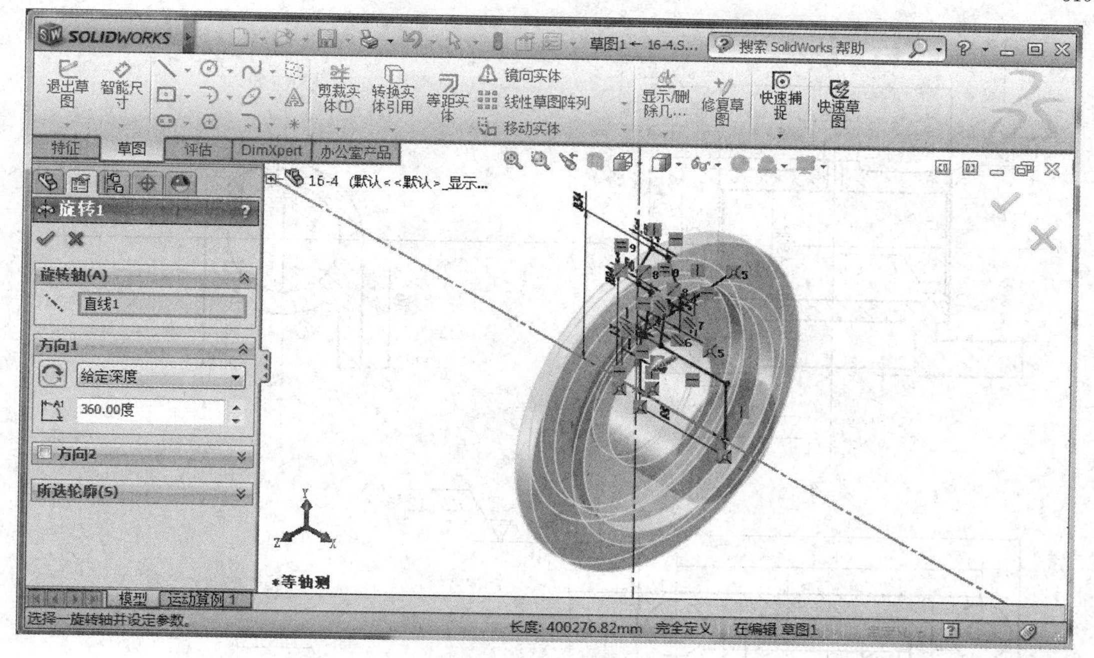

图 16-27　手轮基本实体

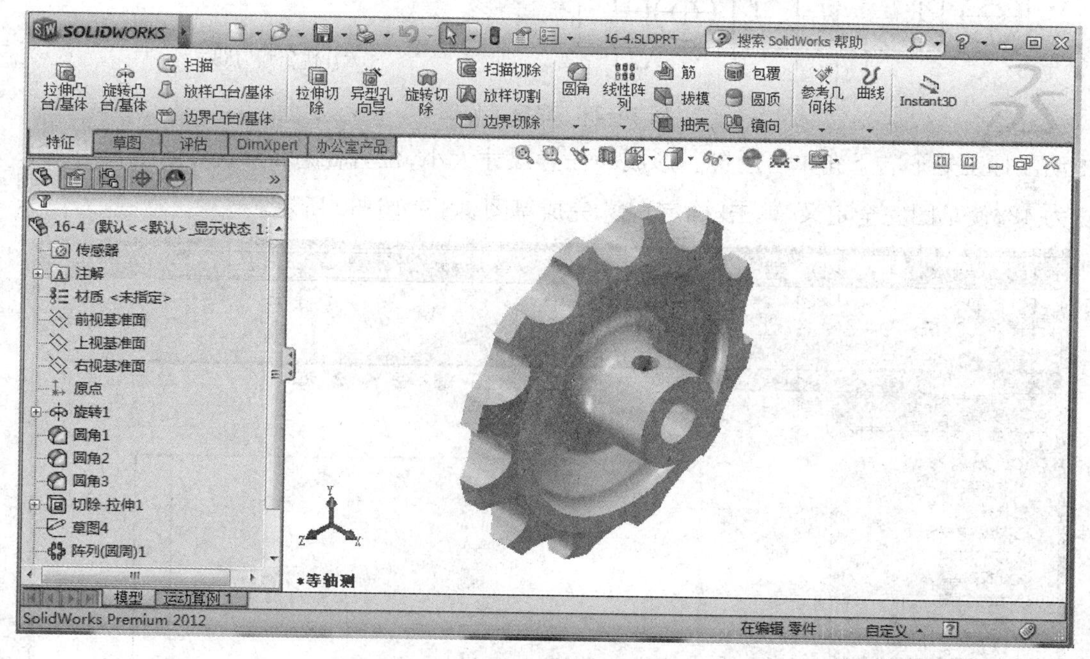

图 16-28　手轮实体模型

如图 16-29 所示为底座工作图，应用 SolidWorks 软件建模流程如下：

① 单击【新建】建立新的零件文件。

② 拉伸底板。选取草图绘制平面【上视基准面】，观察方向【上视】，单击，进入草图绘制状态。绘制底板草图：单击画矩形工具，在原点位置单击鼠标左键形成矩形中心，

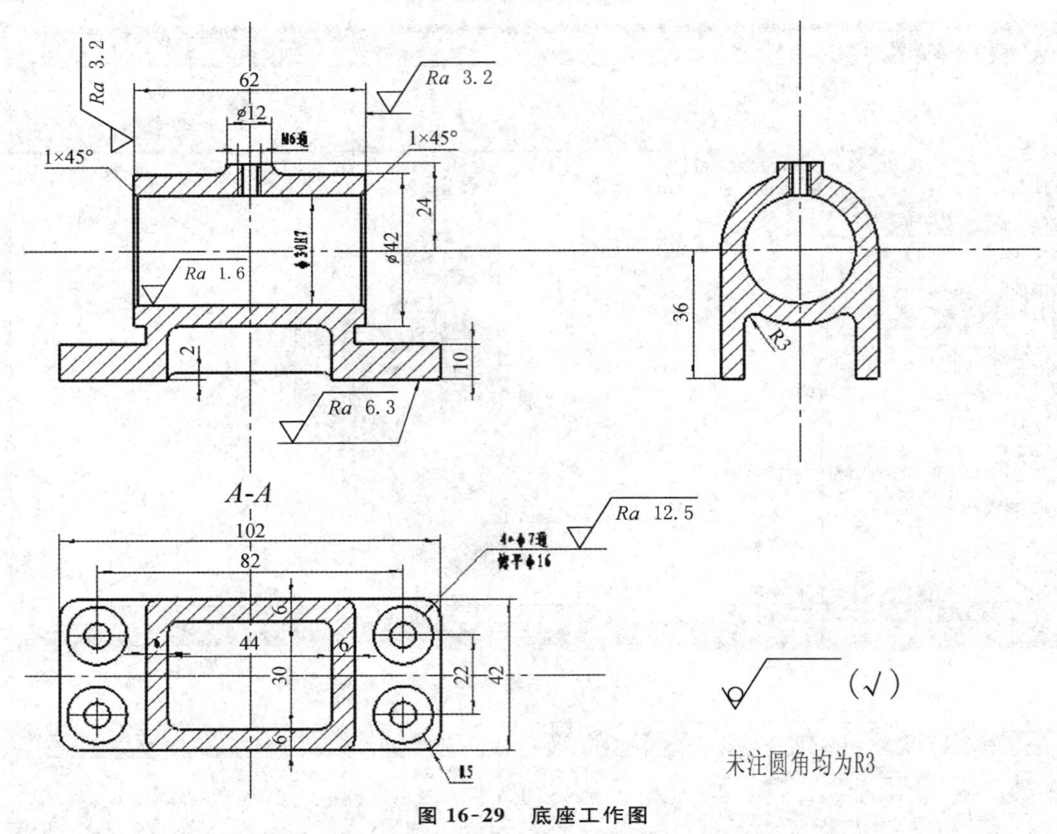

图 16-29 底座工作图

拖动鼠标至矩形右下角单击左键。形成一任意尺寸大小,位置任意的矩形,标注长为 102,宽为 42,使草图完全定义,单击〔确定〕,完成草图,如图 16-30 所示。

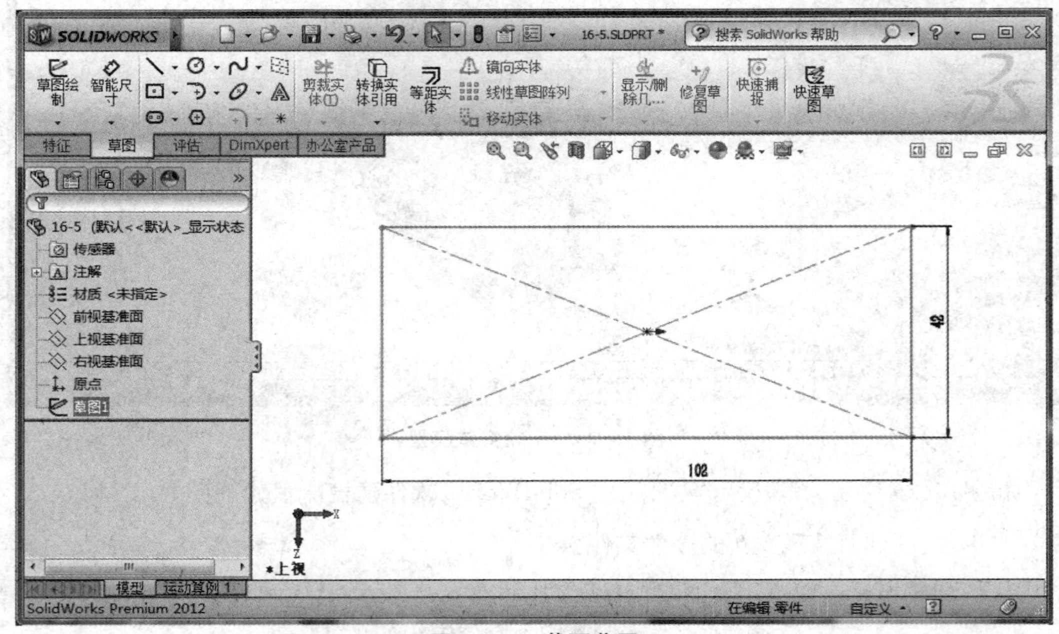

图 16-30 截面草图

用【拉伸凸台/基体】特征生成底板选择【拉伸凸台/基体】，设定【方向 1】为“给定深度”、“10mm”，单击【确定】，生成底板。

③ 形成主体圆柱及孔。选取草图绘制平面【前视基准面】，观察方向【前视】，单击进入草图绘制状态。单击【中心线】，在底板上方适当位置任意画一根水平线，单击画矩形工具，在中心线上方任意画一矩形，标注尺寸 62，15，21，36，31，使草图完全被定义。单击【确定】完成草图的绘制，如图 16-31 所示。用【旋转】特征即可完成圆柱及孔。

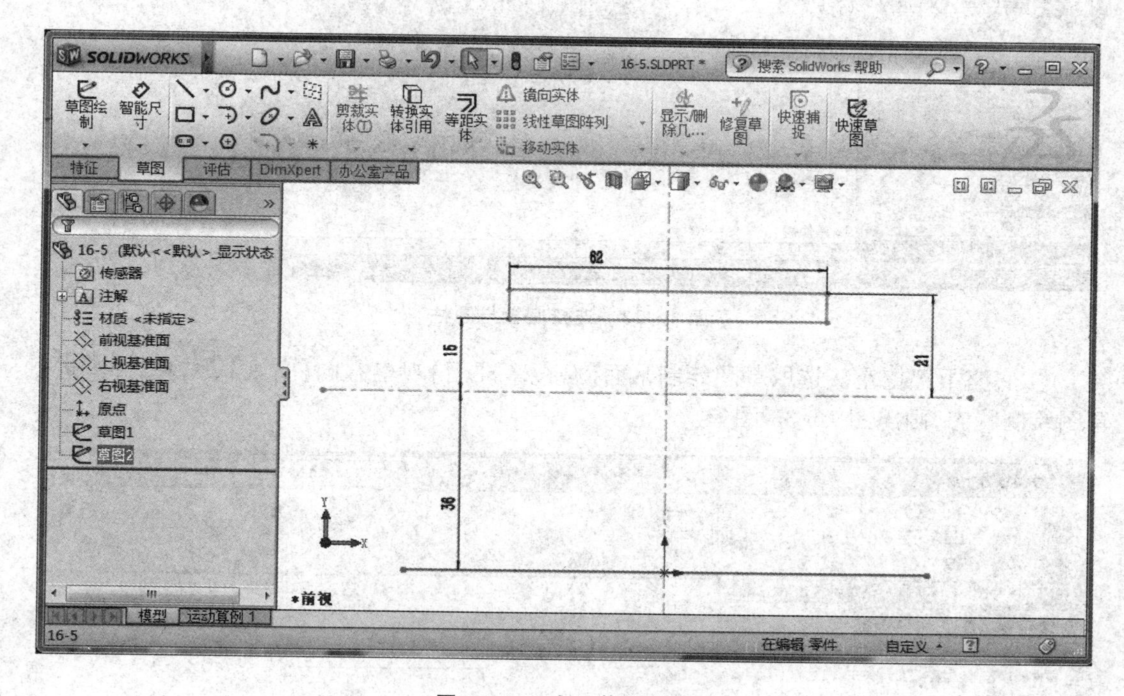

图 16-31　中心截面草图

④ 将底板与圆柱连接起来。选择底板底面上视基准面为起始面和绘制草图面。用画中心矩形工具画出矩形，用【智能尺寸】工具标出定形尺寸 56 与 42，使草图完全被定义，单击【确定】完成草图绘制。用拉伸凸台/基体工具完成连接【拉伸凸台/基体】，在方向 1 选择“形成到实体”，点选圆柱孔表面，如图 16-32 所示，单击【确定】完成主体与底板的连接。

⑤ 形成螺孔凸台。选取草图绘制平面【上视基准面】，观察方向【右视】，单击【基准面】弹出基准面属性管理器，选择尺寸 D 为 60，以上视基准面为起始面，抬高 60mm（即螺孔凸台顶面）成立一个新的基准面。单击【正视于】，单击进入草图绘制状态，画 $\phi12$ 圆，标注定位及定形尺寸使完全被定义。用拉伸凸台/基体工具形成凸台【拉伸凸台/基体】，在方向 2 选择“成形到下一面”，单击【确定】完成凸台。

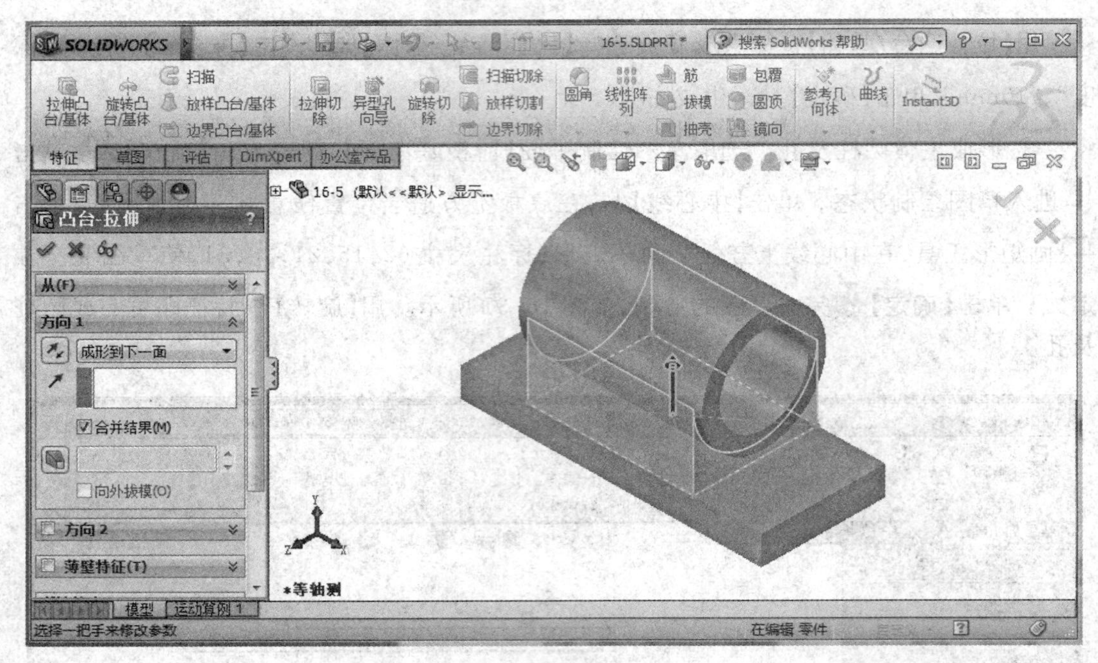

图 16-32　连接底板与圆柱

⑥ 底座下部挖空。选取草图绘制平面【右视基准面】观察方向【右视】，单击进入草图绘制状态，画出图 16-33 图形。

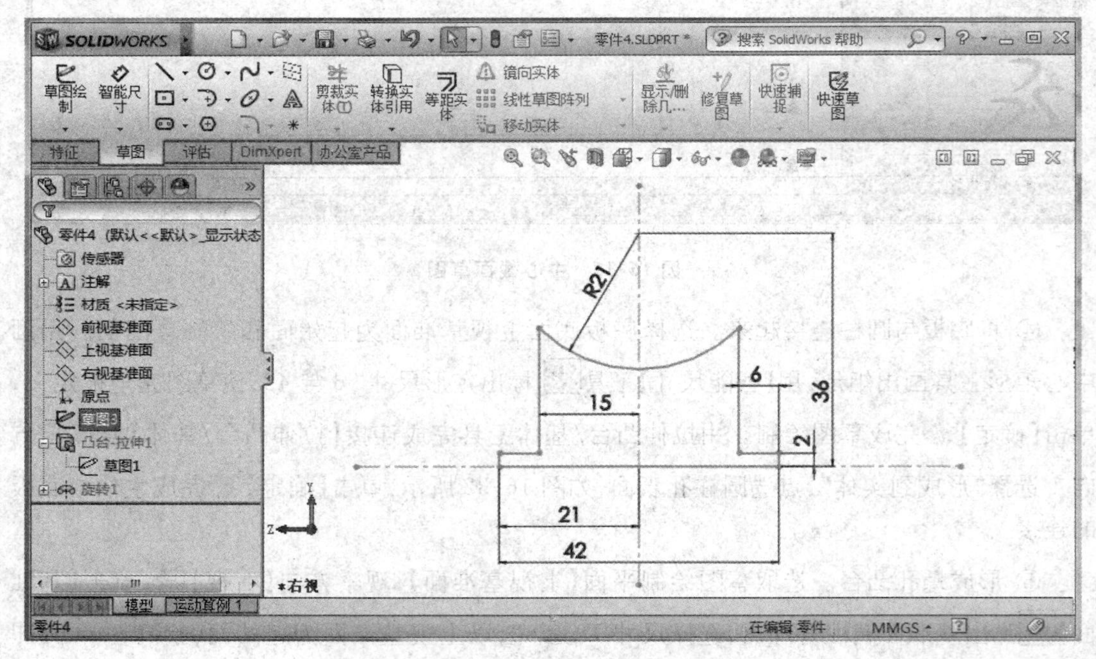

图 16-33　截面图

用【智能尺寸】工具标出定形尺寸及定位尺寸，使草图完全被定义，单击【确定】完成草图绘制。用拉伸切除工具形成空腔【拉伸切除】，在方向 1 选择“两侧对称”，在 输入

44，单击【确定】完成空腔形状。单击圆角工具，弹出圆角属性管理器，将圆角类型选择为“等半径”圆角，圆角项目中的 尺寸定为 3。点击所有需倒圆角的零件边，单击【确定】完成零件上的各处圆角。重复以上步骤将尺寸定为 5，点击底板的四角四根垂直的棱线，完成 R5 圆角。

⑦ 利用【异型孔向导】命令完成底板上的柱形沉夹孔 4×ϕ7 愡平 ϕ16。画四根中心线，定位沉孔位置选取【上视基准面】，观察方向【上视】，单击，进入草图绘制状态。单击【中心线】，绘出底板沉孔的四根中心线，标注 41，41，11，11 四个定位尺寸，使草图完全被定义，单击【确定】完成草图绘制。单击【异型孔向导】，弹出【孔定义】对话框，选择【柱形沉夹孔】选项卡，紧固件【标准】选择 ISO，【螺纹类型】选择六角螺栓，【尺寸】选为 M6，【结束条件和深度】选择【完全贯穿】，【孔配合和直径】选择【正常】，单击【下一步】，弹出【钻孔位置】对话框，使用点工具×单击四个孔的位置，单击【确定】完成底板上的四个柱形沉夹孔。

⑧ 利用【异型孔向导】命令完成 M6 螺孔。选择要生成螺纹孔特征的平面(即凸台顶面)，单击【异型孔向导】命令，弹出【孔定义】对话框，选择【螺纹孔】选项卡，选择【标准】为 ISO，选择【螺纹类型】为【螺纹孔】，【螺纹类型和深度】选择【完全贯穿】，选择【添加装饰螺纹】为【添加有螺纹标注的装饰线】，单击【下一步】。单击【孔位置】对话框，使用点工具×单击凸台 ϕ12 的中心，单击【确定】完成 M6 螺孔，至此，完成该底座的实体三维模型，如图 16-34 所示。

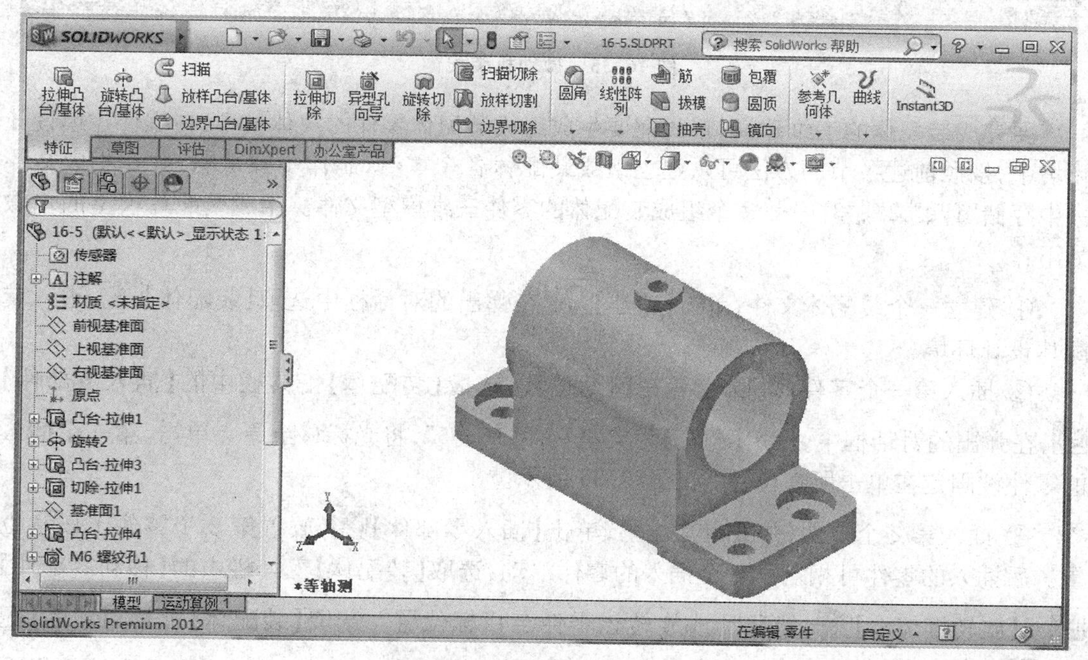

图 16-34　底座实体模型

16.4 装配体的三维建模

如图 16-35 所示为微动机装配体,用 SolidWorks 软件构建该装配体。

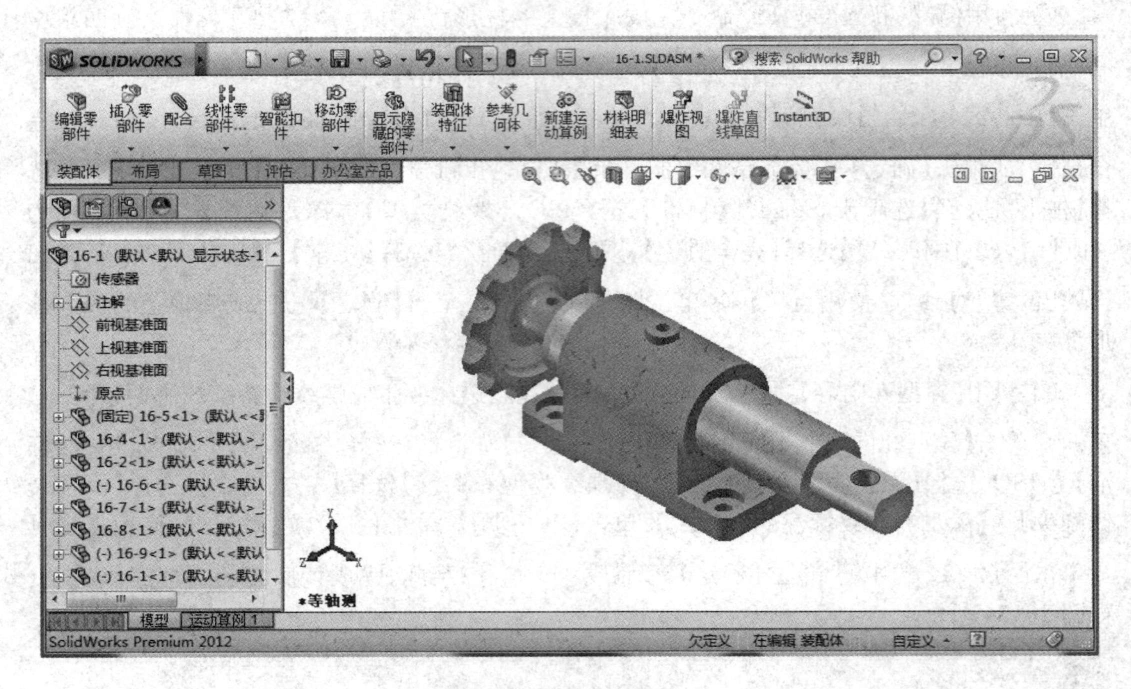

图 16-35 微动机装配体

要完成装配体的三维建模,首先需要生成组成装配体零件的实体模型,在零件建模设计环境中,按照前述各节的方法可以建立组成装配体各个零件,制作步骤从略,并在相应文件夹中存储“1”、“ 2”、“3”……多个组成装配体的零件三维模型文件。生成装配体模型的步骤如下:

① 建立一个装配体文件,单击【新建】,在弹出的对话框中选取【装配体】,进入装配体设计环境。

② 插入第一个零件,并固定其在预期位置,选取【装配体】工具栏中的【插入零部件】,在弹出的对话框中,设定【浏览】为支座文件“16—5”,将光标移至原点单击,第一个插入的零件被固定在单击所在位置,如图 16-36 所示。

③ 插入第 2 个零件,并限定其位置,单击【插入零部件】,放置第 2 个零件于任意位置。后插入的零件可相对第一个插入的零件浮动,选取【装配体】工具栏中的【移动零部件】或【旋转零部件】,能移动或旋转该零件至目标位置。选取【装配体】工具栏中的【配合】,在弹出的对话框中设定【配合选择】来保证两两零件之间准确配合。我们选择导套零件 16—7 和支座零件 16—5 相装配,并选择【配合】中的同心,使支座零件 16—5 上端

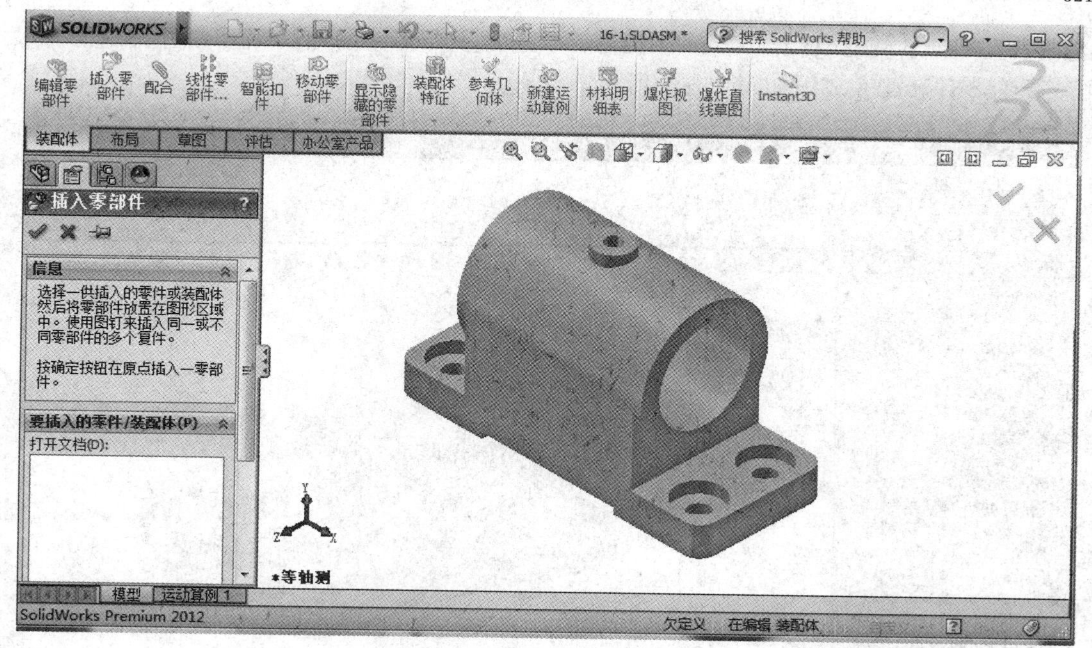

图 16-36　插入第 1 个零件

螺纹孔的中心和导套零件 16－7 上端通孔的中心选中【重合】相互位置限定，单击【确定】可得到两个零件装配后的模型，如图 16-37 所示。

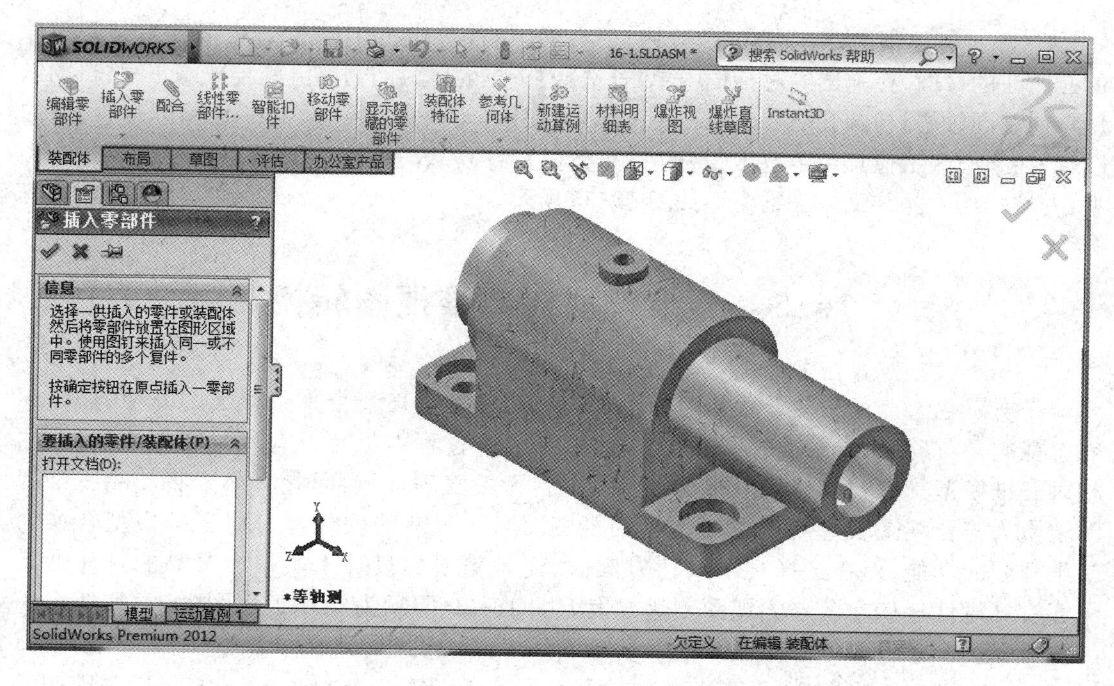

图 16-37　插入第 2 个零件后的三维装配模型

同理，可以再次选择【插入零部件】，放置构成装配体的其他零件模型，并利用【配合】

、【移动零部件】或【旋转零部件】命令来对多个零件按照其相互位置关系进行装配。所有零件转配完成后如图16-38所示。

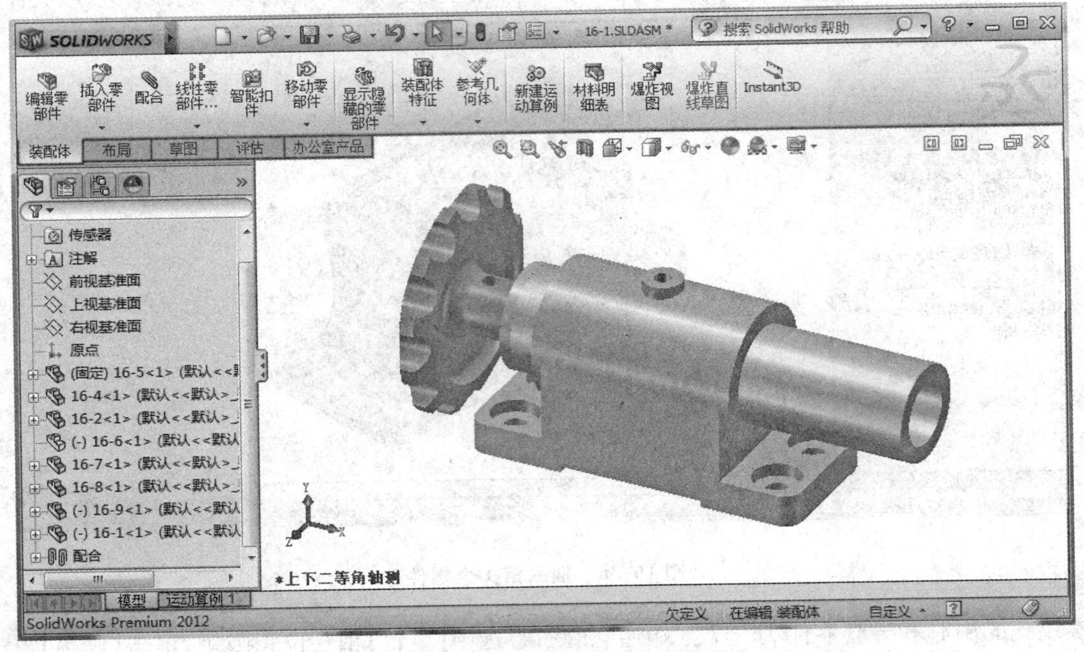

图16-38　零件装配后的三维装配模型

④ 添加螺纹紧固件。选取【装配体】工具栏中的【智能扣件】，选中需要安装紧固件的孔所在的平面，在弹出的对话框中单击【选择】下方的【添加】，扣件(螺栓或螺钉)将自动以【重合】、【同轴心】与圆孔配合出现在装配体中，在【智能扣件】对话框中右键单击【扣件】下的图标，在弹出的下拉菜单中选取【更改扣件类型】，可以从清单中选取所需的螺栓或螺钉类型，安装扣件后的装配体三维模型如图16-35所示。

16.5　三维模型向二维视图转换

三维模型的直观和便于后处理给后续的制造等相关环节带来了极大的方便，但是不容忽视的是：产品二维平面视图在实际设计、制造等过程中仍然占有举足轻重的作用，它相对三维模型具有精确、标准、规范、通用、平台无关性等优点，因此有必要将产品三维视图转换为符合视图表达规范的二维平面视图。当前现有的软件都有将三维模型转换为二维视图的功能，但在选择视图表达方案时，还是需要由设计人员根据产品的具体形状特征有针对性地确定各自的视图表达方案。图16-39所示为制作工程图时，常需要用的一些命令。

材料明细表、零件序号、尺寸标注、剖面线、局部视图等命令的熟练运用，可以完整的表达视图，最终得到装配体的工程图。

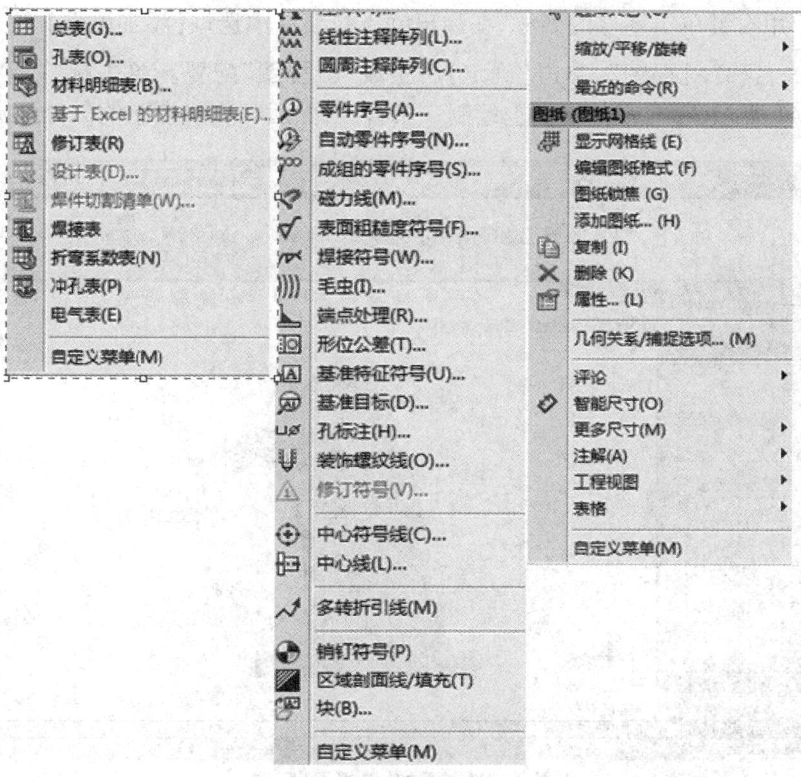

图 16-39　常用命令

16.5.1　组合体三维模型转化为二维视图

如图 16-40 所示为弯管接头的三维模型,将其转换为二维视图的步骤如下:

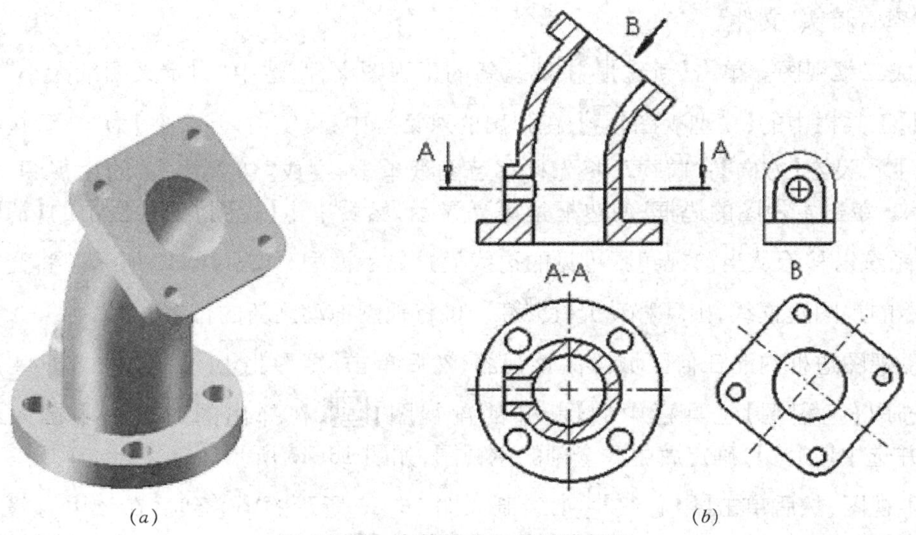

(a)　(b)

图 16-40　弯管接头及其二维视图

① 构建组合体三维模型,具体方法参见前述各节。

② 添加“斜视图”配置。单击零件三维模型标签,切换到【配置管理(Configuration

Manager)】。用右键单击零件的名称,在弹出的下拉菜单中选取【添加配置】,在弹出的对话框中键入配置名称“斜视图”,单击【确定】后生成“斜视图”配置。单击标签,回到设计树,如图16-41所示,在前视基准面上绘制一条直线,然后将直线以下的部分切除。

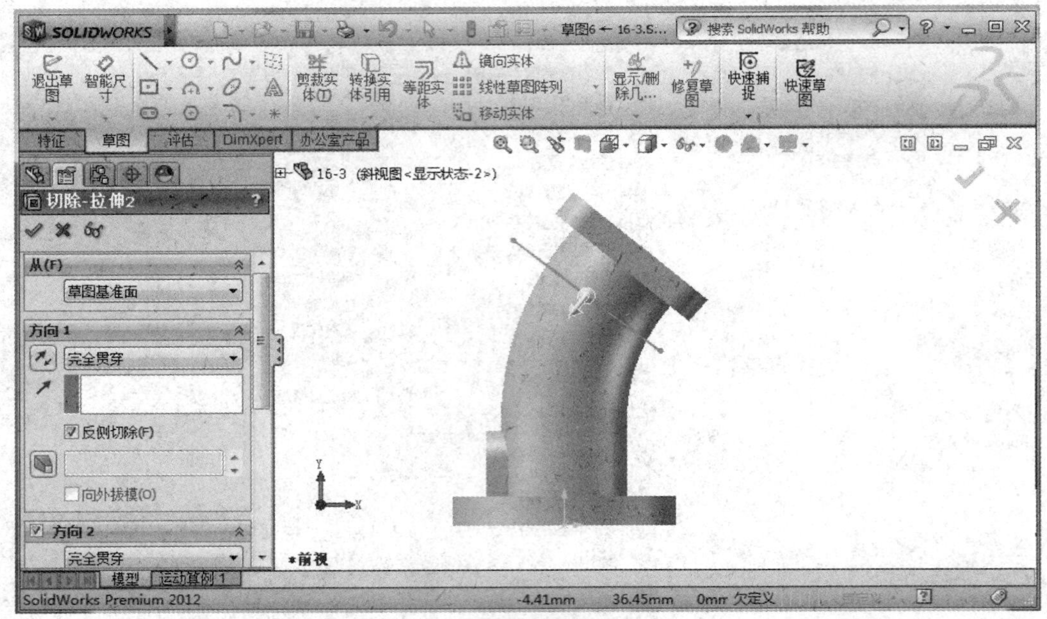

图16-41　添加“斜视图”配置

单击标签,切换到【配置管理(Configuration Manager)】,双击“默认”,此配置成为激活的配置,模型视图更新为新选择的配置。选取【标准】工具栏中的【保存】,在相应文件夹中存储“弯管接头”文件。

③ 生成二维视图。单击【新建】,建立新的工程图文件,选中“自定义图纸大小”。选取【工程图】工具栏中的【模型视图】,在弹出的对话框中,设定【打开文件】为“弯管接头”,单击【往下】,设定【方向】:“前视”,将光标移至图纸单击,生成“弯管接头”的主视图,如图16-42所示。单击主视图的边框,使边框呈高亮显示,然后单击【视图】工具栏中的【消除隐藏线】,系统以移除从当前视角不可见的边线模式显示模型,如图16-42所示。将光标移到高亮显示的视图边框线,出现移动光标后,可将视图拖动到新的位置。

双击主视图边框内的任何区域激活该视图,然后单击【矩形】,绘制如图16-44所示的矩形。选取【工程图】工具栏中的【断开的剖视图】,在弹出的对话框中键入深度“23mm”,并选中【预览】,确定后生成全剖的主视图,如图16-45所示。

激活主视图,然后单击【中心线】,绘制如图16-45所示的中心线。在该中心线呈绿色被选中状态下单击【工程图】工具栏中的【剖面视图】,生成全剖的俯视图,如图16-46所示。选中标注“视图A—A”,按键盘上的“Delete”键将其删除。单击【注解】工具栏中的【注释】,弹出【注释】对话框,在全剖的俯视图上方输入“A—A”,单击【确定】,系统生

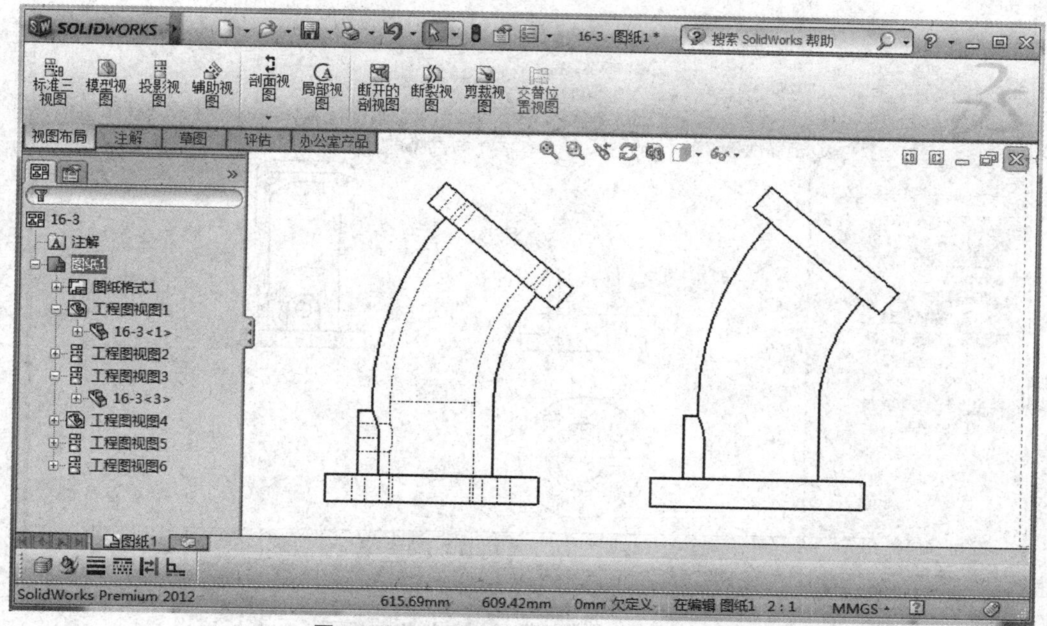

图 16-42　生成主视图　　　　图 16-43　变更显示模式

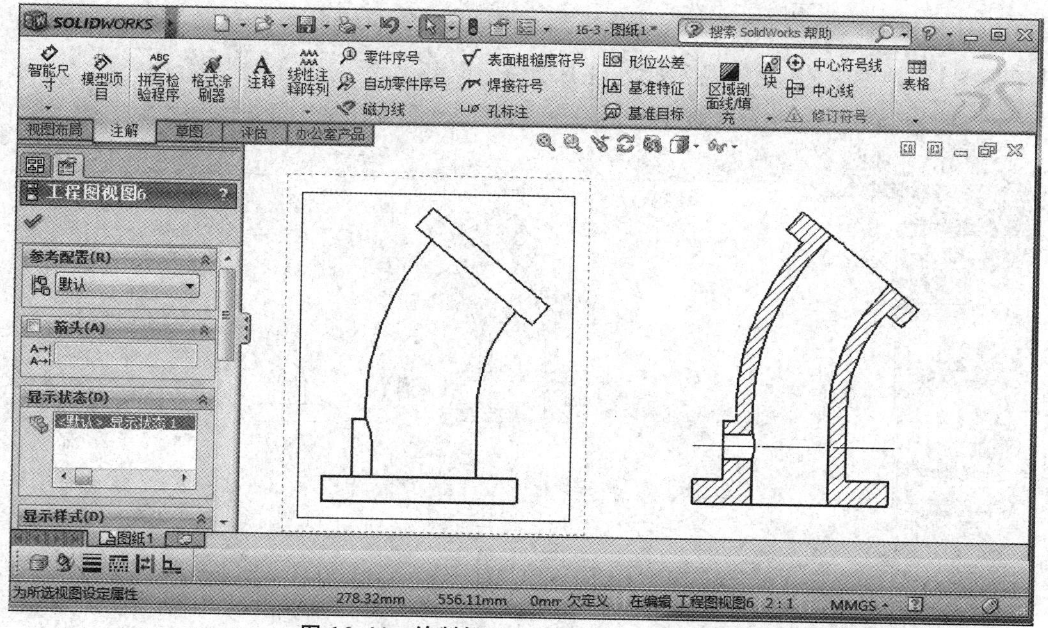

图 16-44　绘制矩　　　　图 16-45　绘制中心线

成相应的文字并插入到指定的位置。单击注释，在弹出的对话框中选中“字体”，可编辑字体属性；双击注释，可在位更改文字；将光标移到注释，出现注释指针后，可将其拖动到新的位置，生成全剖的俯视图。

单击主视图的边框，使边框呈高亮显示，然后选取【工程图】工具栏中的【投影视图】，在主视图的右侧生成左视图，如图 16-46 所示。激活左视图，然后单击【草图绘制工具】工

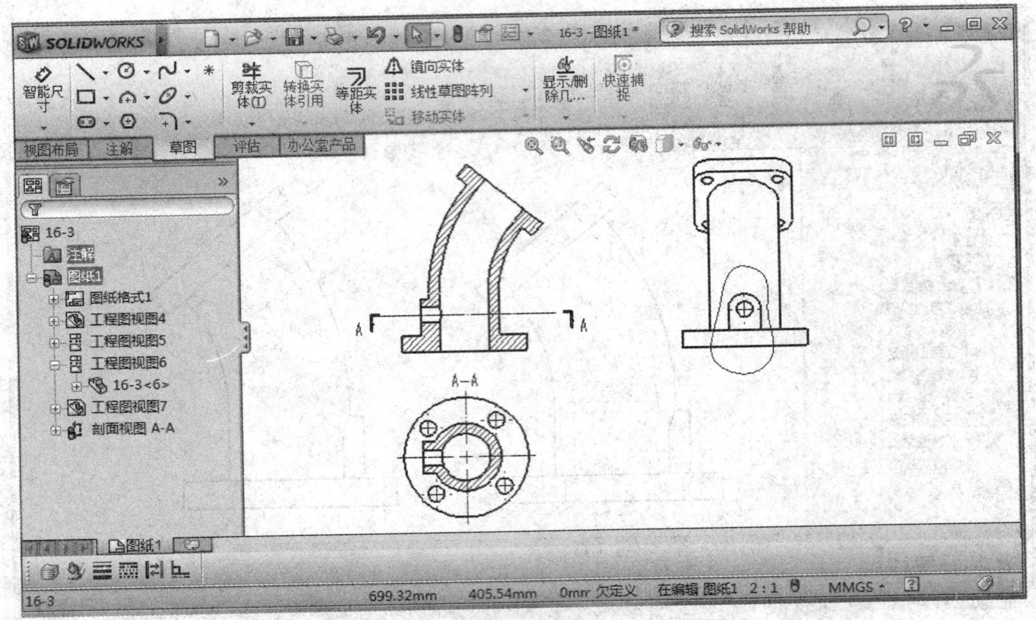

图 16-46 生成俯视图(全剖)和左视图

具栏中的【样条曲线】,绘制如图 16-46 所示的闭环轮廓,在该线呈绿色被选中状态下单击【工程图】工具栏中的【裁剪视图】,生成如图 16-47 所示的局部左视图。

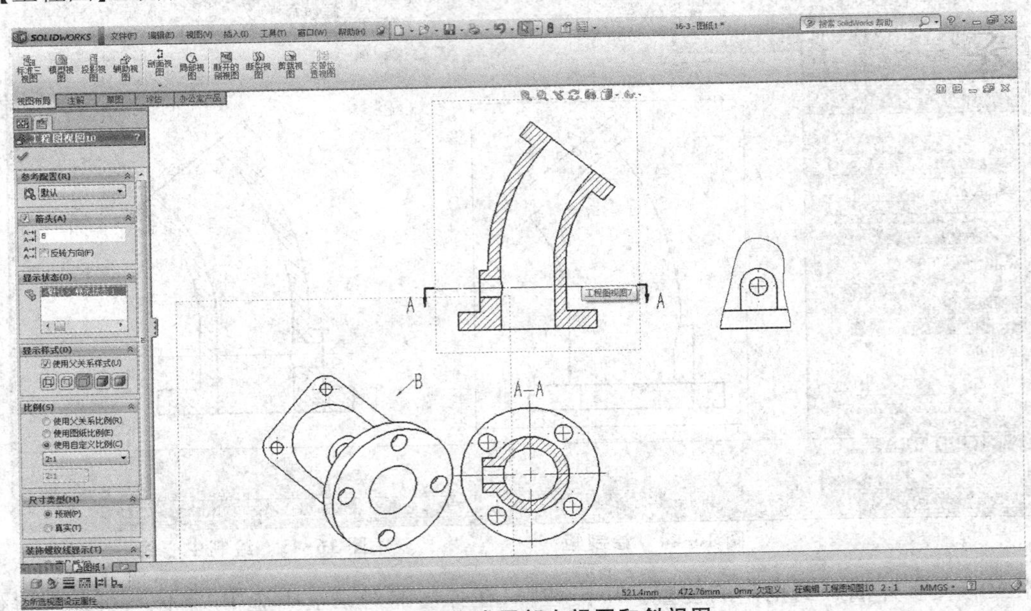

图 16-47 生成局部左视图和斜视图

在主视图上选中顶板的顶面边线,单击【工程图】工具栏中的【辅助视图】,生成斜视图,如图 16-47 所示。右键单击斜视图边框内的任何区域,在弹出的下拉菜单中选取【属性】,在弹出的对话框中设定“使用命名的配置”为“斜视图”,确定后生成如图 16-40 所示的斜视图。右键单击斜视图边框内的任何区域,在弹出的下拉菜单中选取【视图对齐】/【解除对齐关系】,将斜视图移到如图16-40所示的位置。删除“视图B”。单击【注释】A,在斜视图上方标注“B”,如图16-40所示,生成斜视图。

16.5.2　装配体三维模型转化为二维视图

应用SolidWorks软件将图16-38所示装配体的三维模型转换为二维视图,组成该装配体的各个零件分别如图16-6、图16-12、图16-28、图16-34、图16-48和图16-49所示,各自对应的建模步骤可参见前述,此处略。

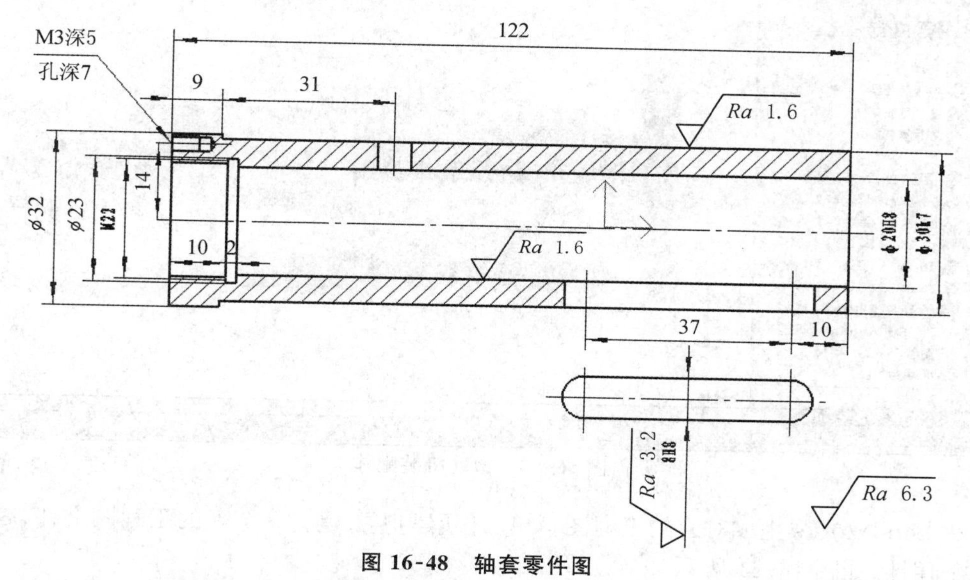

图16-48　轴套零件图

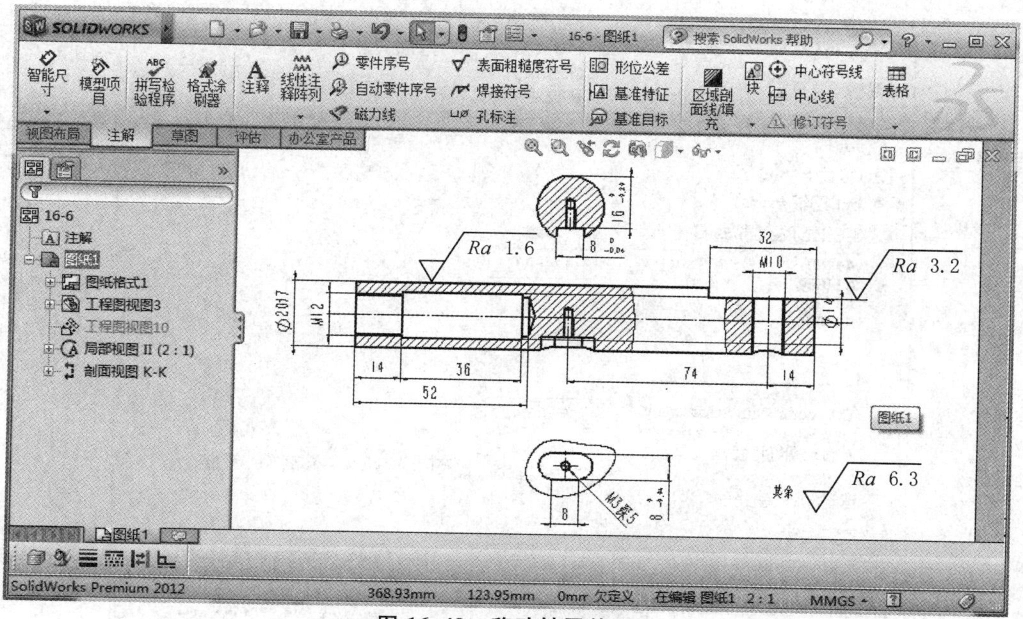

图16-49　移动轴零件图

用SolidWorks生成装配体文件,装配步骤可参见前述实例,此处略。采用【拉伸切除】特征剖开装配体,选中底部端面绘制矩形草图,选取【拉伸切除】特征剖开装配体,确定后用单击装配体【特征】中的【拉伸切除】，在弹出的下拉菜单中选取【特征范围】，在弹出的对话框中删除所有螺纹紧固件和主轴类零件，结果如图16-50所示装配体。

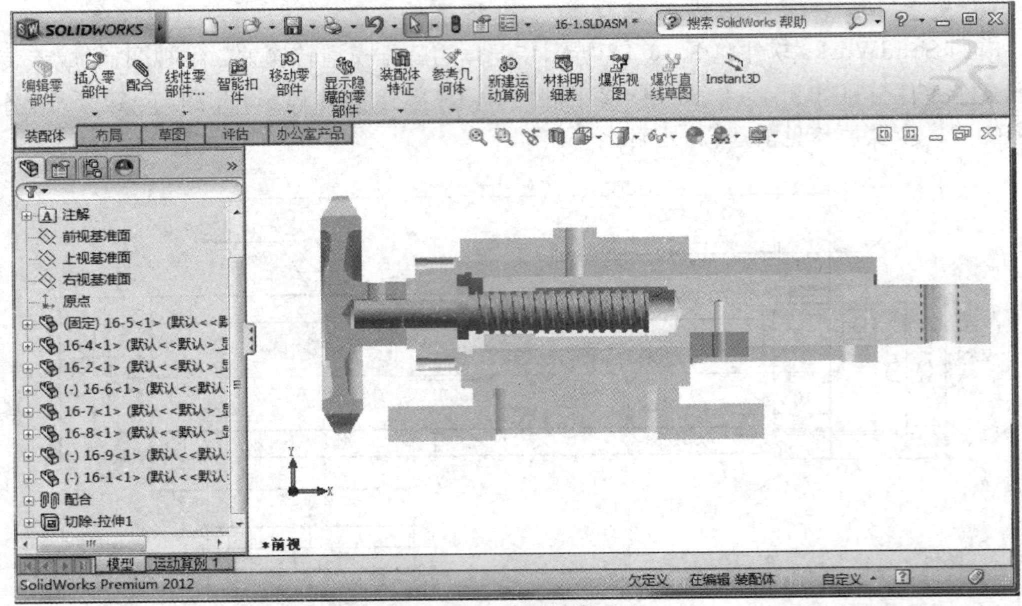

图 16-50 微动机装配体

用SolidWorks生成对应的工程图。单击【新建】，建立一个新的工程图文件，首先定义图纸属性，如图16-51所示。

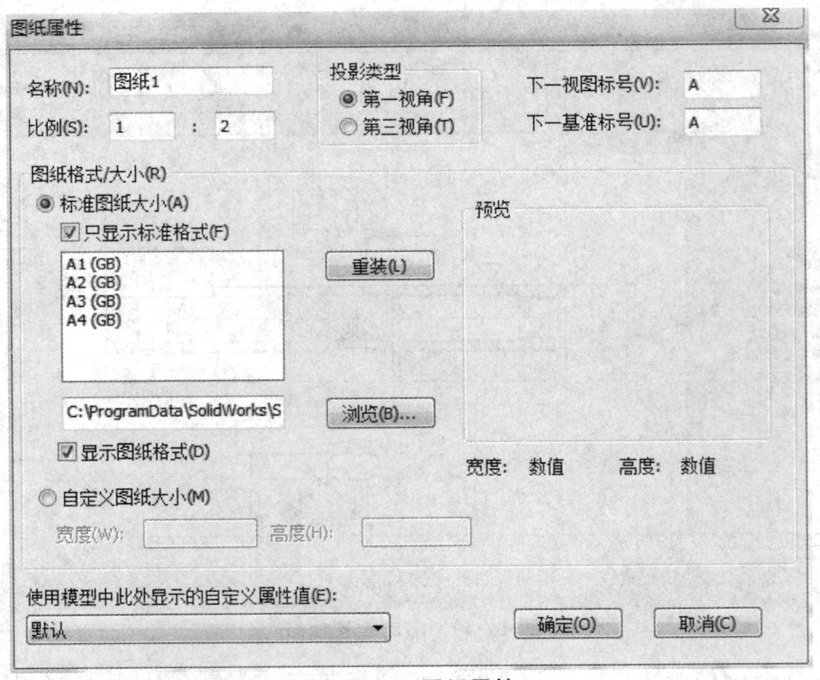

图 16-51 图纸属性

选取【工程图】工具栏中的【模型视图】，在弹出的对话框中，设定【打开文件】为装配体文件，在模型视图选项中选择相应的视图数、方向、显示状态等多个选项，并拖放视图位置和视角方向可得到装配体的工程图草稿，如图 16-52 所示。

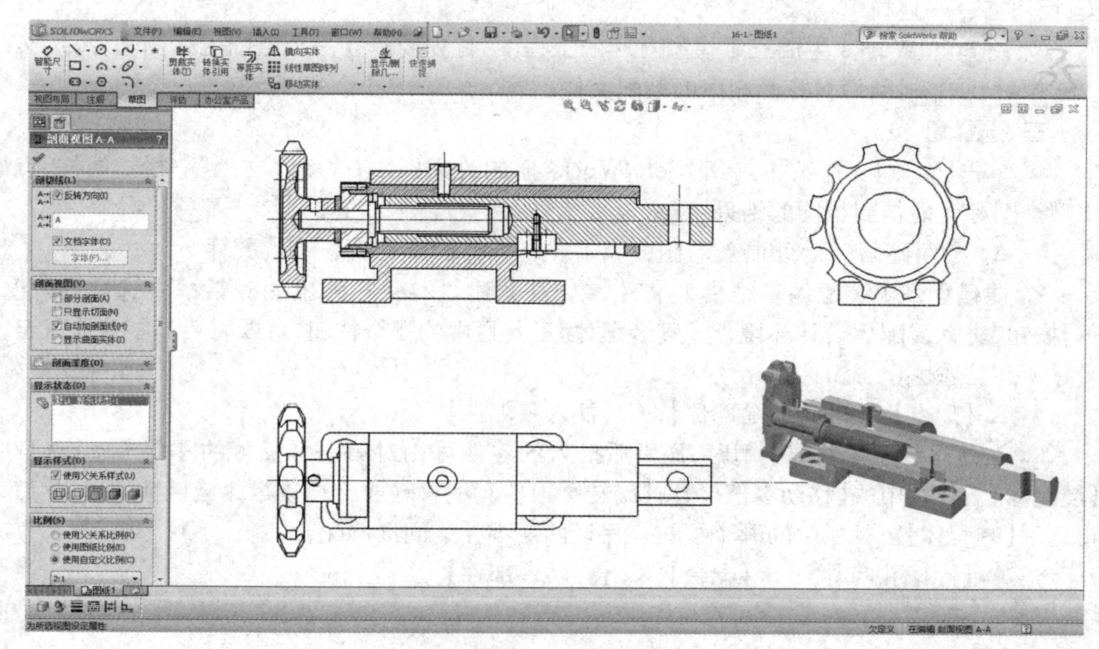

图 16-52 装配体工程图

依据制图投影规例和国家标准的规定，可以使用如图 16-39 所示的命令选项对视图进行完备性表达，例如，材料明细表、零件序号、尺寸标注、剖面线、局部视图等方面，进一步完整表达视图，最后即可得到装配体的工程图。

思考练习题

一、判断题

1. SolidWorks 有三种不同的工作方式，一种是生成零件的三维模型，一种是生成装配体的三维模型，第三种是生成二维零件图或装配图即工程图，分别点击对应的图标，就可以进入对应的工作状态。(　　)

2. 在 SolidWorks 绘制草图时，选取【尺寸/几何关系】工具栏中的【智能尺寸】按钮，标注尺寸时，双击尺寸数字可实时更改尺寸大小。(　　)

3. 对于装配体中的螺纹紧固件，可以利用【智能扣件】按钮菜单，将扣件(螺栓或螺钉)将自动以【重合】、【同轴心】与圆孔配合出现在装配体中。(　　)

4. 现有 SolidWorks 软件有将三维模型转换为二维视图的功能，在选择视图表达方案时，软件可以根据产品的具体形状特征有针对性地自动确定各自的视图表达方案。(　　)

二、填空题

1. 用 SolidWorks 生成三维模型的基本思想是：首先选取草图绘制平面，确定基准面和观察方向,进入______________状态,然后画图,并对草图添加______________,使草图完全定义,然后再选取相应的特征操作命令,生成预期的产品三维模型。

2. 当零件上具有沿圆周分布的特征时,可以采用______________的方法来对其进行建模,而不必一一建模。

3. 用SolidWorks生成三维模型对应的工程图,首先要建立一个新的工程图文件,定义______________,然后再打开相应的装配文件。

三、选择题

1. 单击【新建】文件按钮,启动SolidWorks时的对话框中有“新建文档”一栏。同样,点击哪个图标也能得到相同的结果。(　　)

A. 零件界面; B. 绘制新草图或编辑现有草图; C. 打开已有的文件

2. 要建立一个装配体三维模型文件,单击【新建】按钮,在弹出的对话框中选取【装配体】按钮,进入装配体设计环境,选取【装配体】工具栏中的哪个按钮,可以将目标零件插入至光标所在位置。(　　)

A.【配合】; B.【移动零部件】; C.【插入零部件】

3. 在建立装配体三维模型时,通常后插入的零件可相对第一个插入的零件浮动,选取【装配体】工具栏中的【移动零部件】或【旋转零部件】,能移动或旋转该零件至目标位置,然后再选取【装配体】工具栏中的哪个按钮来保证两两零件之间准确配合。(　　)

A.【异型孔向导】; B.【配合】; C.【旋转零部件】

第5篇　其他图样

第 17 章　展　开　图

在工业生产中，经常遇到一些由板材卷焊而成的制件，如通风管道、化工容器、船体等。这类制件在制造过程中必须画出其表面展摊在平面上的形状，以便按图下料，加工成形。这种工程图样就称为展开图。

画展开图应先按 1∶1 比例画出制件的投影图，然后再根据投影图按一定方法画出展开图。

如图 17-1*a* 为圆管投影图；图 17-1*b* 则是它的展开图；图 17-1*c* 示意表达了该圆管的展开情况。

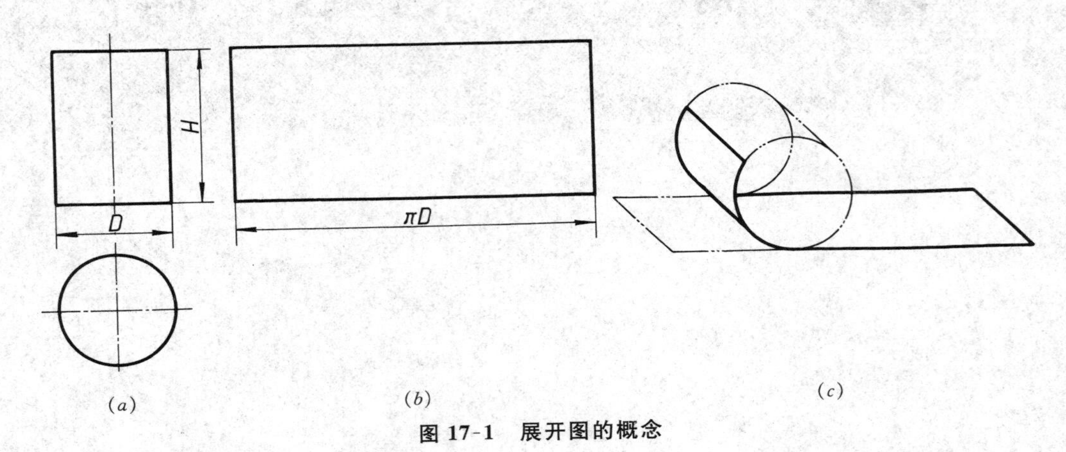

图 17-1　展开图的概念

实际的板材制件按其表面性质的不同分为可展与不可展两类。可展表面能直接精确展开，不可展表面常用近似方法展开。平面立体表面均为可展表面，曲面立体表面则有可展与不可展之分。下面介绍的是不同的立体绘制表面展开图的各种方法，在用于实际生产的展开图中还要考虑板厚、咬缝余量等因素。

17.1　平面立体的表面展开

平面立体的表面均为平面图形，因此画出组成该立体的各平面图形的实形并依次展列在一个平面上即为它的表面展开图。

平面立体的表面展开一般采用**三角形法**。下面分别介绍常见的棱柱制件和棱锥制件表面展开图的作图方法。

17.1.1　棱柱制件的表面展开

图 17-2*a* 为一斜棱柱，其三个侧棱面均为平行四边形，上下底面为相同的三角形。展开

时可用对角线将各棱面分别分解为两个三角形，然后依次画出这些三角形的实形即得棱柱制件的展开图。其作图步骤如下(图 17-2a、b)：

① 将棱面分解为三角形。作对角线 $AD(ad$、$a'd')$、$CF(cf$、$c'f')$、$BE(be$、$b'e')$。

② 求出各三角形各边实长。用旋转法求出 AD 实长，即 $a_1'd' = AD$，同理，求出 CF、BE 实长(图中未画出)，其余各边在投影图上均反映实长。

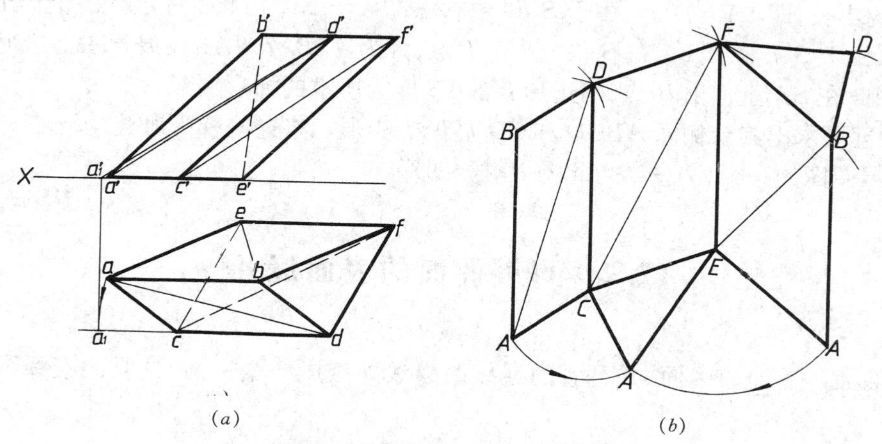

(a) (b)

图 17-2 用三角形法求棱柱展开

依次画出各三角形的实形，如图 17-2b 即得棱柱展开图。

作图时应注意平行直线的展开仍为**平行直线**。利用这个性质可提高作图准确性和速度。

17.1.2 棱锥制件的表面展开

图 17-3a 为一上口小下口大的长方形接管，从形体上看是一个上下底平行的截头四棱

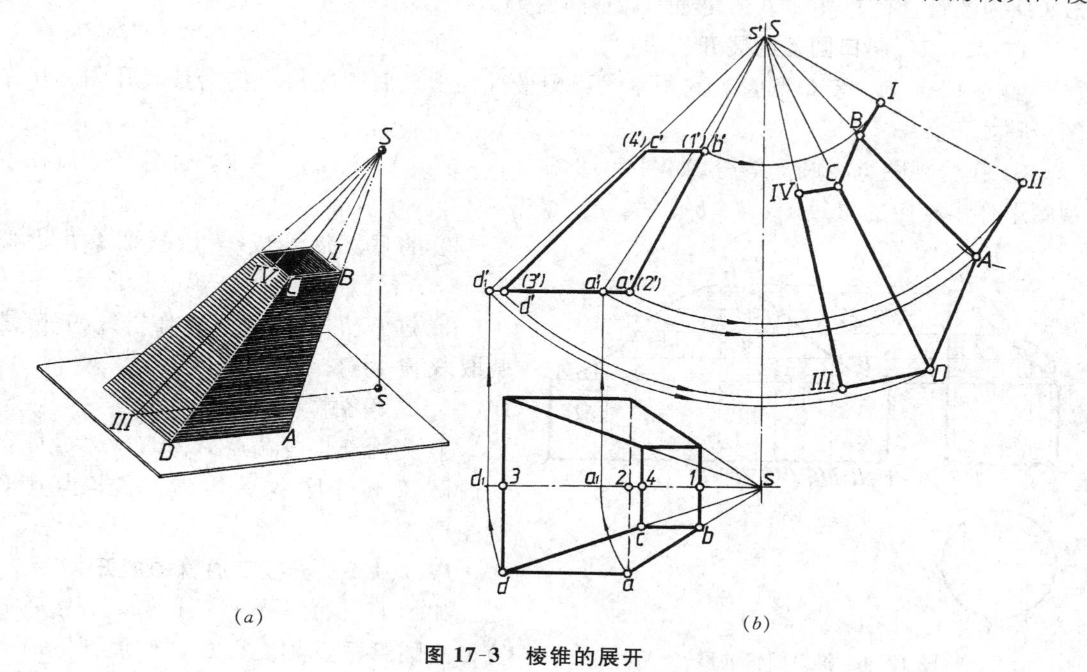

(a) (b)

图 17-3 棱锥的展开

锥台,它的各侧面均为梯形。其展开图作图步骤如下(图 17-3*b*):

① 延长四棱锥台各棱线,作出棱锥锥顶 $S(s, s')$。

② 为便于作图,使展开图中 S 点与 s' 重合。由于四棱锥台前后对称,故展开图也必定是对称的,作图时可在适当位置作点画线 S Ⅰ Ⅱ 作为展开图的对称线。

③ 求梯形Ⅰ Ⅱ AB 的实形。它可认为是△S ⅡA 截去△S Ⅰ B 后所得图形。用旋转法求出 SA 的实长,即 $SA = s'a'_1$,由于 SⅡ $= s'2'$, Ⅱ$A = 2a$,由此可在展开图上作出△S Ⅱ A 的实形,由于 SⅠ $= s'1'$,在 SⅡ 上作出Ⅰ点,因为Ⅰ B // ⅡA,在展开图上这个平行性质不变,由此在 SA 上作出 B 点,四边形Ⅰ Ⅱ AB 即为所求的梯形实形。

④ 同理可求出其余侧面 $ABCD$ 和 CD Ⅲ Ⅳ 的实形。将这些梯形毗连地画在一起即得该棱锥台展开图的一半,另一半与此图为对称图形。

17.2 可展曲面的表面展开

可展曲面一定是直线面,并且它的连续两素线能组成一个平面,这时的直线面才是可展的。

17.2.1 圆管制件的表面展开

圆管制件与棱柱制件相似,前者素线平行,后者棱线平行。因此,棱柱的展开方法都可用于圆管展开。由于圆管制件的素线展开后仍然互相平行,作图时可利用这个特性。因此,圆管制件的展开方法又统称为**平行线法**。

17.2.1.1 圆管的展开

如图 17-1 可知,一段圆管的展开图是一个矩形。矩形一边长度为圆管正截面的周长 πD(D 为圆管直径),其邻边长度等于圆管高度 H。

17.2.1.2 斜口圆管的展开

如图 17-4 为一斜口圆管。利用素线互相平行且垂直底圆的特点作出其展开图。其作图步骤如下:

① 在俯视图上将圆周等分,如图为 12 等分,得分点 1, 2, 3, …, 7。过各等分点在主视图上作出相应的素线 $1'a'$, $2'b'$, …, $7'g'$。

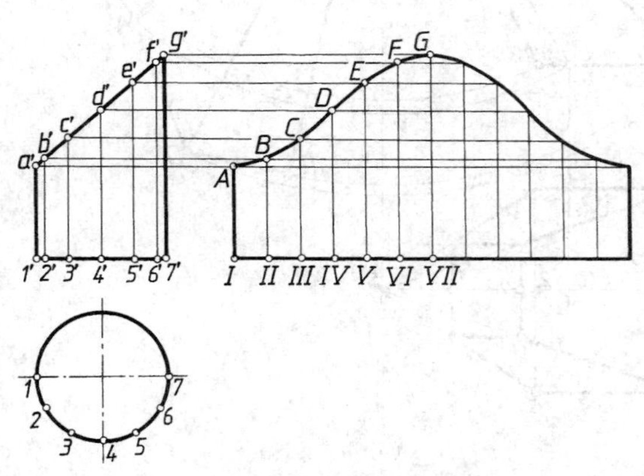

图 17-4 斜口圆管的展开

② 将底圆展开成一直线,取Ⅰ Ⅱ 近似等于$\overset{\frown}{12}$,得到各等分点Ⅰ, Ⅱ, …,Ⅶ 等。

③ 过Ⅰ, Ⅱ, …, Ⅶ 各点作垂线,并分别截取长度为 $1'a'$, $2'b'$, …, $7'g'$ 得 A, B, …, G 等各端点。

④ 光滑连接各端点 A, B, …, G 即得斜口圆管展开图的一半,另一半为其对称图形。

17.2.1.3 异径三通管的展开

如图 17-5 为一异径三通管。它由不同直径的圆管垂直相交而成。作展开图时须先求出相贯线，然后分别求出大、小圆管的展开图。

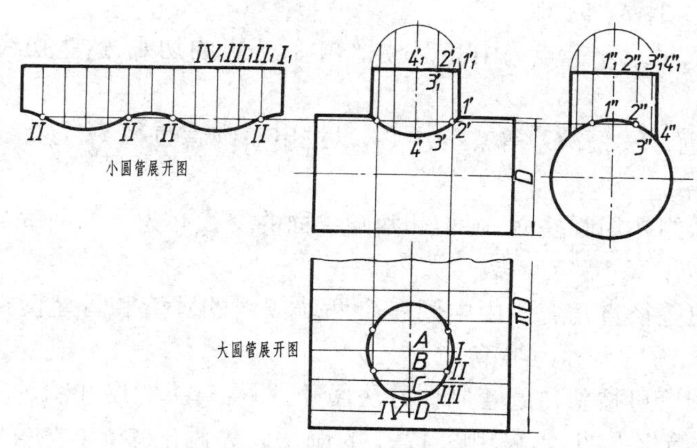

图 17-5　异径三通管的展开

(1) 小圆管的展开。在求出相贯线的投影后将圆柱面作若干等分，在圆形端面的等分点为 I_1，II_1，III_1，……点，其对应素线的另一端点为 I，II，III，……点即为相贯线上的点，由于 $II_1II = 2'_12$，可求出 II 点，以此可作出一系列的点，连接之即得相贯线的展开图。图 17-5 左面即为小圆管的展开图。

(2) 大圆管的展开。作相贯线在展开图上的对称中心线 $A\ I$ 及 AD，将 $\overset{\frown}{1''4''}$ 展成直线 AD。即使 $AB = \overset{\frown}{1''2''}$；$BC = \overset{\frown}{2''3''}$；$CD = \overset{\frown}{3''4''}$。过 B、C 等点作 $A\ I$ 的平行线，与过主视图上 $1'$，$2'$，$3'$，……点所作的垂直线相交，得交点 I，II，III，……点。连接这些点即得相贯线的展开图。图 17-5 下面即为大圆管的展开图。

在实际生产中，除薄铁皮外，一般作出大圆管后不先挖孔，以防轧卷时变形不均匀。通常是卷成圆管后再气割成孔，开孔时可将按展开图卷焊好的小圆管紧合在大圆管画有定位线的位置上，描出相贯线的曲线形状再开孔。这样大圆管上相贯线的展开作图就可省略。

17.2.1.4　等径直角弯头的展开

如图 17-6*a* 为一等径直角弯头，用以连接两垂直相交的圆管。接口为直径相等的圆。该等径直角弯头可分解为若干节斜口圆管。其作图步骤如下(图 17-6*b*)：

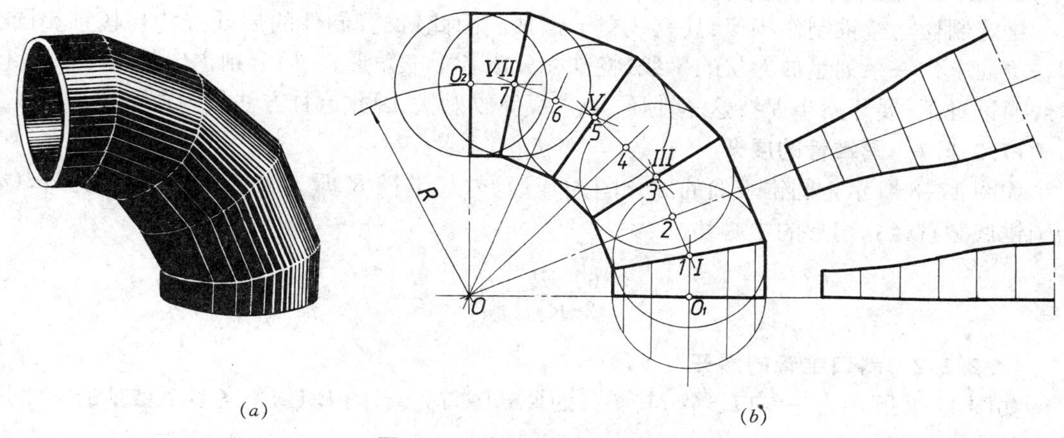

图 17-6　等径直角弯头的展开

① 过进出口的中心 O_1，O_2 作一半径为 R 的圆弧，然后将 $\widehat{O_1O_2}$ 圆弧等分，如图示为8等分。等分点为1，2，3，4，5，6，7等。

② 以 O_1，2，4，6，O_2 等点为中心，分别作中心圆弧的切线，这些切线两两相交于Ⅰ，Ⅲ，Ⅴ，Ⅶ等点。

③ 以 O_1，Ⅰ，Ⅲ，Ⅴ，Ⅶ，O_2 等点为中心，以进出口圆管直径 D 为直径作球的正面投影（画圆）。

④ 作相邻两球的外切圆柱面，则相邻两圆柱面的交线必为平面曲线（椭圆）。其投影为直线，分别通过Ⅰ，Ⅲ，Ⅴ，Ⅶ等点。

⑤ 由图可看出等径直角弯头由中间三个两端倾斜的圆管和首尾两个一端倾斜的圆管组成。前者称为全节，后者称为半节。

⑥ 以上各节圆管可按斜口圆管制件方法展开，即得弯头的展开图。

实际生产中为简化作图，常采用图17-7的画法。先画出首节（或尾节）展开图，然后以该节展开图为样板，画出其余四节展开图。为合理利用材料，将其中两个全节的接缝错开180°，这样恰能拼成一矩形。

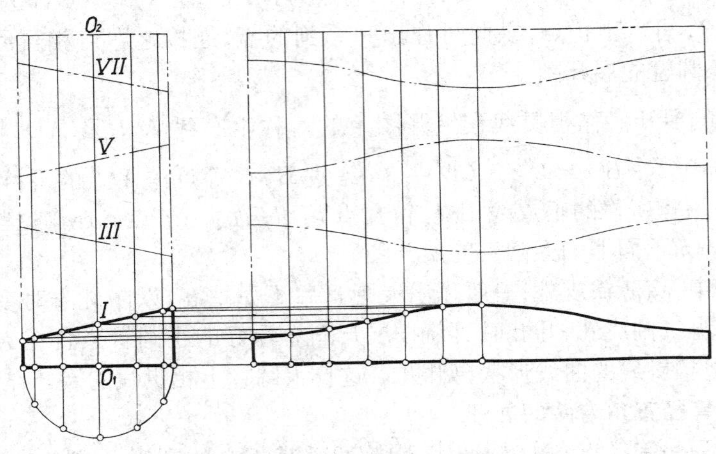

图17-7 等径直角弯头展开图简化画法

17.2.2 锥管制件的表面展开

锥管制件与棱锥制件相似，其素线交于锥顶。因此，锥管制件的展开方法与棱锥相同。即在锥面上作一系列呈放射状的素线，将锥面分成若干三角形，然后分别求出其实形。由于素线通过锥顶，展开后也保持这一性质，即素线呈放射状，因此这种方法称为**放射线法**。

17.2.2.1 圆锥管的展开

如图17-8所示正圆锥表面的展开图为一扇形，其半径 R 即为素线长度，弧长为 πd（d 为圆锥底圆直径），扇形的中心角：

$$\alpha=\frac{360^\circ \pi d}{2\pi R}=180^\circ\frac{d}{R}$$

17.2.2.2 斜口锥管的展开

如图17-9所示为一斜口锥管，其斜口的展开图首先要求出斜口上各点至锥顶的素线长度。其作图步骤如下：

① 将底圆等分成若干等分，如 12 等分，得 1，2，…，7。求出其正面投影 $1'$，$2'$，…，$7'$，并与锥顶 O' 连接成放射状素线。

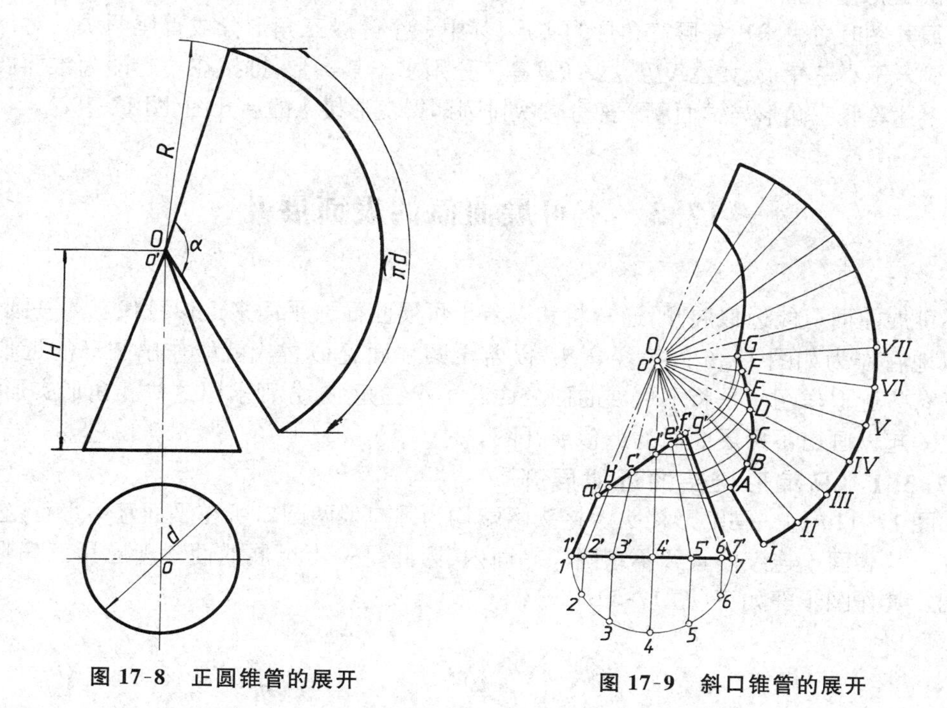

图 17-8　正圆锥管的展开　　　图 17-9　斜口锥管的展开

② 将圆锥面展开成扇形，在展开图上放射状素线为 $O\,\mathrm{I}$，$O\,\mathrm{II}$，…，$O\,\mathrm{VII}$ 等。

③ 应用直线上一点分割线段成定比的投影规律，过 b'，c'，…，f' 作水平方向的直线与 $o'7'$ 线相交。这些交点与 o' 的距离即为斜口上各点至锥顶的素线实长。

④ 过 O 点分别将 OA，OB，…，OG 实长量到展开图上相应的素线上。光滑连接各点即得斜口锥管的展开图。

17.2.2.3　方接圆变形接头的展开

图 17-10a、b 为一上圆下方的变形接头。它由四个等腰三角形和四个部分锥面组成。该四个三角形的底边为方形的底边，顶点为与底边平行的直线与圆形相切的切点。如 I 点

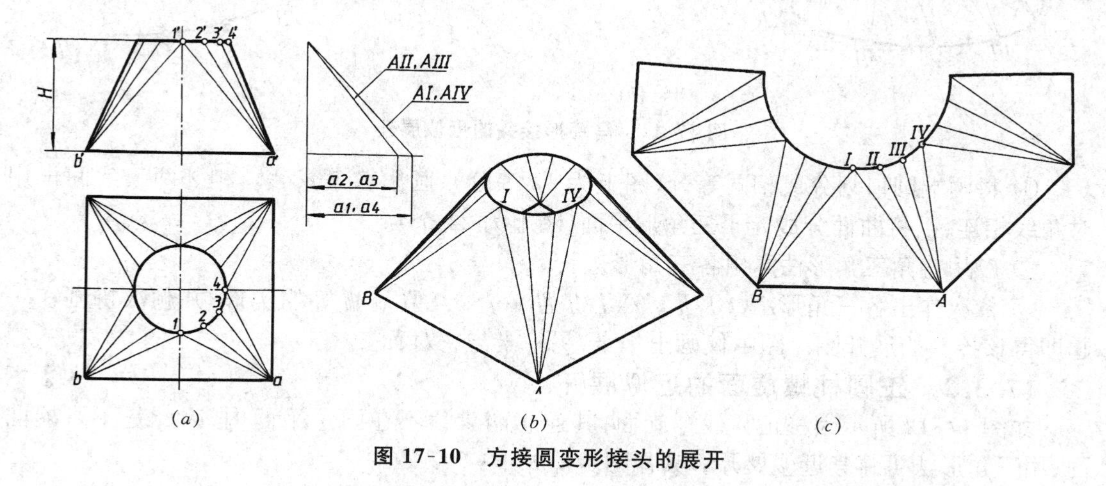

图 17-10　方接圆变形接头的展开

即为平行 AB 且与圆相切的切线上的切点。四个锥面的锥顶为方形的四个顶点，与圆底面的部分圆弧形成锥面。如 A Ⅰ Ⅳ 即为其中之一。

作展开图时可先求出等腰三角形的实形，其中一个等腰三角形分成首尾两块。对每一锥面可分成若干小三角形，如△AⅢ、△AⅡⅢ等。分别求出其实形，拼接在一起即为锥面展开部分。将上述等腰三角形与锥面展开部分依次排列即得变形接头的展开图(图 17-10c)。

17.3　不可展曲面的表面展开

不可展曲面只能近似展开，通常将其以若干可展曲面或平面来近似替代。如一圆环面，可近似地看作为如图 17-6 的等径弯头，以若干圆柱面近似替代就能作出圆环的近似展开图。还有些近似作图法是将不可展曲面分成若干小三角形，分别求出这些三角形实形，依次拼接在一起以画出不可展曲面的近似展开图。

17.3.1　马蹄形接头的近似展开

如图 17-11a 为一马蹄形接头。接头两端均为圆口但两圆口所在平面互不平行，直径也不相等。其表面上连续两素线不在同一平面内，因此是一不可展曲面。现应用三角形法作展开图。其作图步骤如下(图 17-11b、c)：

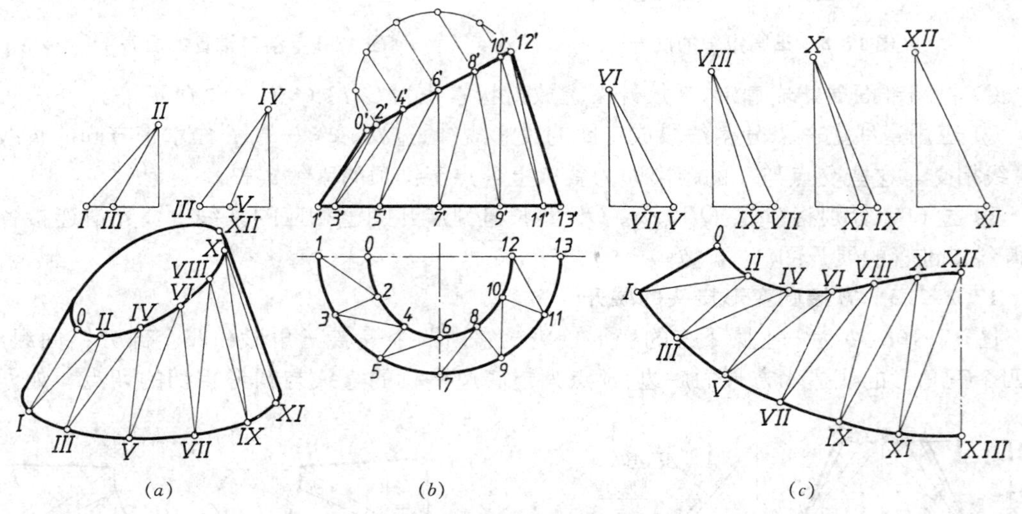

图 17-11　马蹄形接头的近似展开

① 将两端圆口划分成相同等分(图上为 12 等分)，画出各条素线。相邻两素线间再用对角线相连，以将曲面分成若干三角形平面(图上为 24 个)。

② 应用直角三角形法求出各三角形边长。

③ 依次作出各三角形△O Ⅰ Ⅱ，△Ⅰ Ⅱ Ⅲ，…，△Ⅺ Ⅻ XIII 等的实形，并顺次拼画在一起即得该接头的展开图。图中仅画出一半，另一半与它对称。

17.3.2　正圆柱螺旋面的近似展开

如图 17-12 所示为一正圆柱螺旋面，其连续两素线不在同一平面内，因此是不可展曲面，用三角形法可将其近似展开。其作图步骤如下：

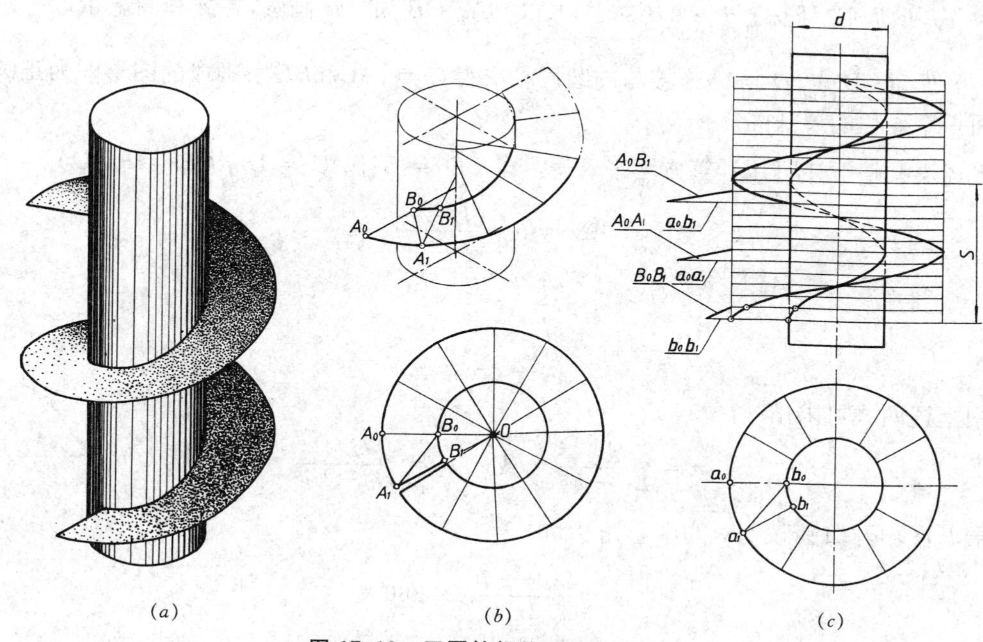

图 17-12 正圆柱螺旋面的近似展开

① 将一个导程的螺旋面分成若干等分(图中为 12 等分),画出各条素线。用对角线将相邻两直素线间的曲面近似分为两个三角形。如曲面 $A_0A_1B_1B_0$ 可认为由$\triangle A_0A_1B_0$ 和$\triangle A_1B_0B_1$ 组成。

② 用直角三角形法求出各三角形边的实长,然后作出它们的实形,并拼画在一起。如$\triangle A_0A_1B_0$ 和$\triangle A_1B_0B_1$ 拼合为一个导程正圆柱螺旋面展开图的 1/12。

③ 其余部分的作图,可延长 A_1B_1, A_0B_0 交于 O。以 O 为圆心,OB_1 和 OA_1 为半径分别作大小两个圆弧。在大圆弧上截取 11 份$\widehat{A_1A_0}$的长度,即得一个导程的正圆柱螺旋面的展开图。

如已知导程 S,内径 d,外径 D,通常可用简便方法作出正螺旋面的展开图(图 17-13):

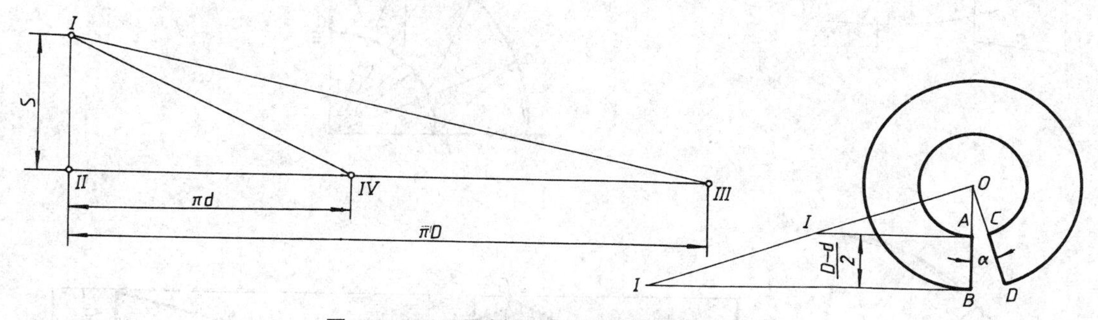

图 17-13 正圆柱螺旋面展开图的简便作法

① 以 S 和 πD 为直角边作直角三角形 $I\,II\,III$,斜边 $I\,III$ 即为一个导程的正圆柱螺旋面外缘展开的实际长度。以 S 和 πd 为直角边作直角三角形 $I\,II\,IV$,斜边 $I\,IV$ 即为内缘展开的实际长度。

② 以 $I\,IV$、$I\,III$ 为上下底,$\dfrac{D-d}{2}$ 为高作等腰梯形(图中只画出一半即 $I\ A=\dfrac{1}{2}\,I\,IV$,

$\text{I}\ B=\dfrac{1}{2}\ \text{I}\,\text{III}$)，延长ⅠⅠ、AB 交于 O，以 OA、OB 为半径画圆，在外圆周上量取一段弧长等于ⅠⅢ，得 D 点，D 与 O 连接与内圆周相交得 C 点，$\overset{\frown}{AC}$和$\overset{\frown}{BD}$所围成的图形即为正圆柱螺旋面一个导程的展开图。

上述展开情况还可用计算方法来求得。设 $\overset{\frown}{BD}=L_1$，$\overset{\frown}{AC}=L_2$，$OB=R$，$OA=r$，

$$AB=b=\frac{D-d}{2}$$

则

$$\frac{R}{r}=\frac{L_1}{L_2}$$

$$R=r+b$$

由上述两式可求出

$$r=\frac{bL_2}{L_1-L_2}\quad 或\quad R=\frac{bL_1}{L_1-L_2}$$

展开图中开口圆弧所对的中心角 α 为

$$\alpha=\frac{2\pi R-L_1}{2\pi R}\times 360^{\circ}$$

如图 17-14a 为一螺旋方管，b 为其投影图。它的进出口是两个相同的矩形，且互相垂直。分析其各表面可知，顶面和底面是正圆柱螺旋面，可用三角形法近似展开，而内外侧面

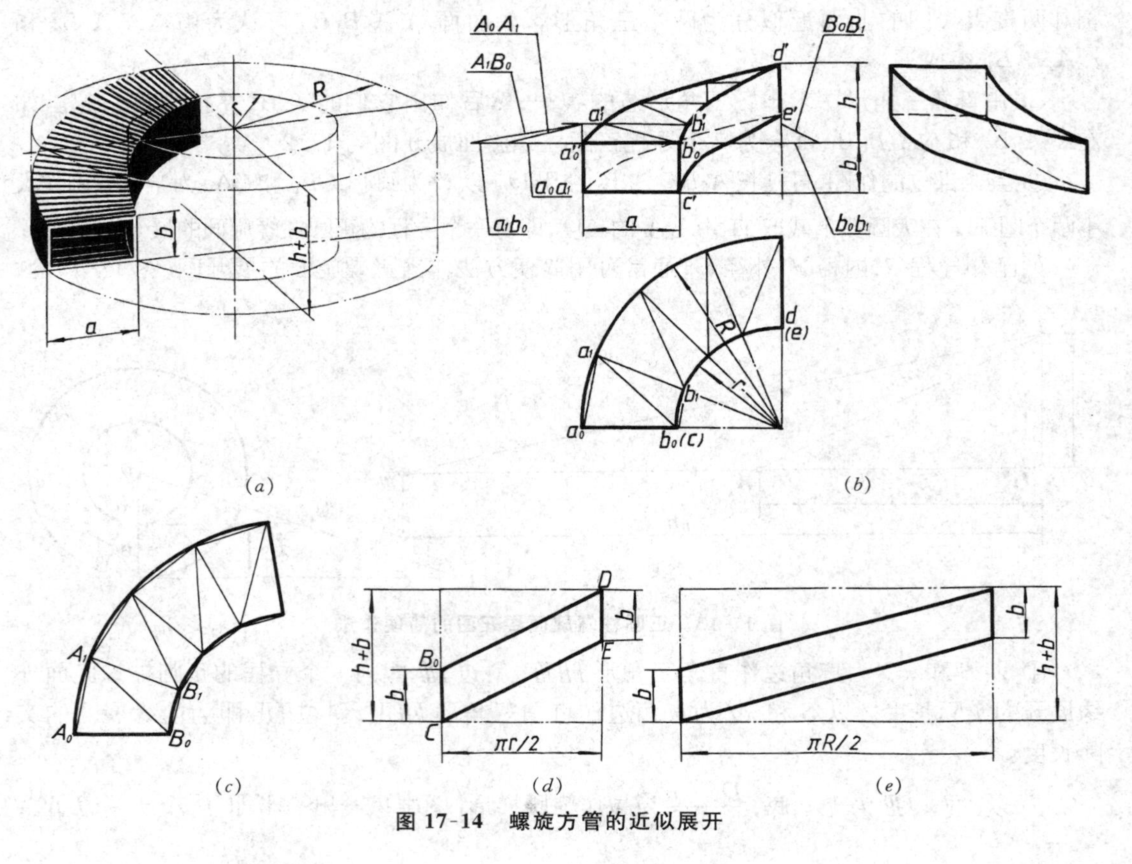

图 17-14　螺旋方管的近似展开

则为正圆柱面的一部分,可按柱面展开法展开。

图 17-14*c* 为顶面与底面的展开图,图 17-14*d*、*e* 为内、外侧面的展开图。

17.3.3 椭圆封头的近似展开

封头常用于化工设备上的顶盖或底盖。如图 17-15 为一椭圆封头,它是不可展曲面。通常可用下列方法近似地展开。

17.3.3.1 顶部的展开

一般取 $D_1 = 2D/5$,展开后为一圆,其直径 $d = 2\overset{\frown}{a'o'}$(图 17-15*b* 上图)。落料后须经模压才能成为封头的顶部。

17.3.3.2 本体的展开

将本体分成 5 等分,现作出其中一块的展开图(图 17-15*b* 下图)。将$o'e'$展成一直线,即使 $OA = o'a'$, $AB = a'b'$, $\cdots$, $DE = d'e'$ 等。再分别以 O 为中心,OA, OB, $\cdots$, OE 为半径画圆弧,量取在俯视图上相应的圆弧长度。然后光滑连接各点,即得展开图。

上述展开方法也适用于球面的近似展开。

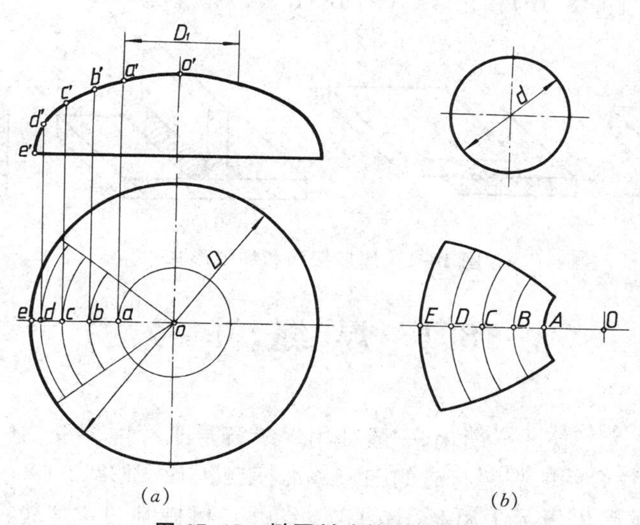

图 17-15 椭圆封头的近似展开

思考练习题

判断题

1. 平面立体的表面展开一般采用三角形法。( )
2. 直线面上连续两素线能组成一平面,则该直线面是可展曲面。( )
3. 截口圆管制件和锥管制件是可展制件。( )
4. 环形圆管可分成若干截口圆管制件,因此环面是可展曲面。( )
5. 方接圆变形接头只能近似展开。( )
6. 马蹄形接头表面只能用三角形法近似展开。( )
7. 正圆柱螺旋面可以正确展开其曲面。( )
8. 椭圆封头曲面只能近似展开。( )

第18章　焊　接　图

焊接是在工业生产中广泛使用的一种连接方式，它是将需要连接的零件在连接部分利用电流或火焰产生的热量，将其加热到熔化或半熔化状态后，用压力使其连接起来，或在其间加入其他熔化状态的金属，使它们冷却后连成一体。用这种方式形成的零件称为**焊接结构件**。焊接是一种不可拆的连接，它具有连接可靠、节省材料、工艺简单和便于在现场操作等优点。常用的焊接方法有手工电弧焊、气焊等。

焊接形成的被连接件熔接处称为**焊缝**。常见的焊接接头有对接接头(图18-1*a*)、搭接接头(图18-1*b*)、T形接头(图18-1*c*)、角接接头(图18-1*d*)等。焊缝形式主要有对接焊缝(图18-1*a*)、点焊缝(图18-1*b*)和角焊缝(图18-1*c*、*d*)等。

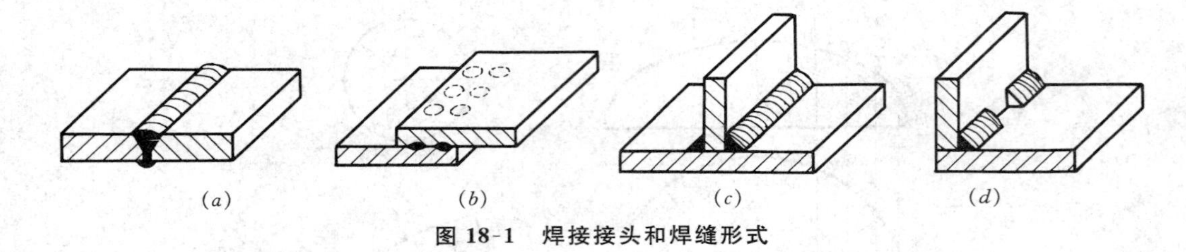

图18-1　焊接接头和焊缝形式

18.1　焊缝符号

绘制焊接图时，为了使图样简化，一般都用焊缝符号来标注焊缝，必要时也可采用技术制图方法表示。本章介绍的焊缝符号的国家标准摘自《GB/T12212-1990　技术制图　焊缝符号的尺寸、比例及简化表示法》和《GB/T324-2008　机械制图　焊缝符号表示法》。焊缝符号一般由基本符号与指引线组成，必要时还可以加上辅助符号、补充符号和焊缝尺寸符号等。

18.1.1　基本符号

基本符号是表示焊缝横截面形状的符号，常用基本符号及焊缝符号表示法及标注示例见表18-1。

表18-1　常用焊缝的基本符号及标注示例

焊缝名称	基本符号	焊缝形式	一般图示法	符号表示法标注示例
I形焊缝				

（续表）

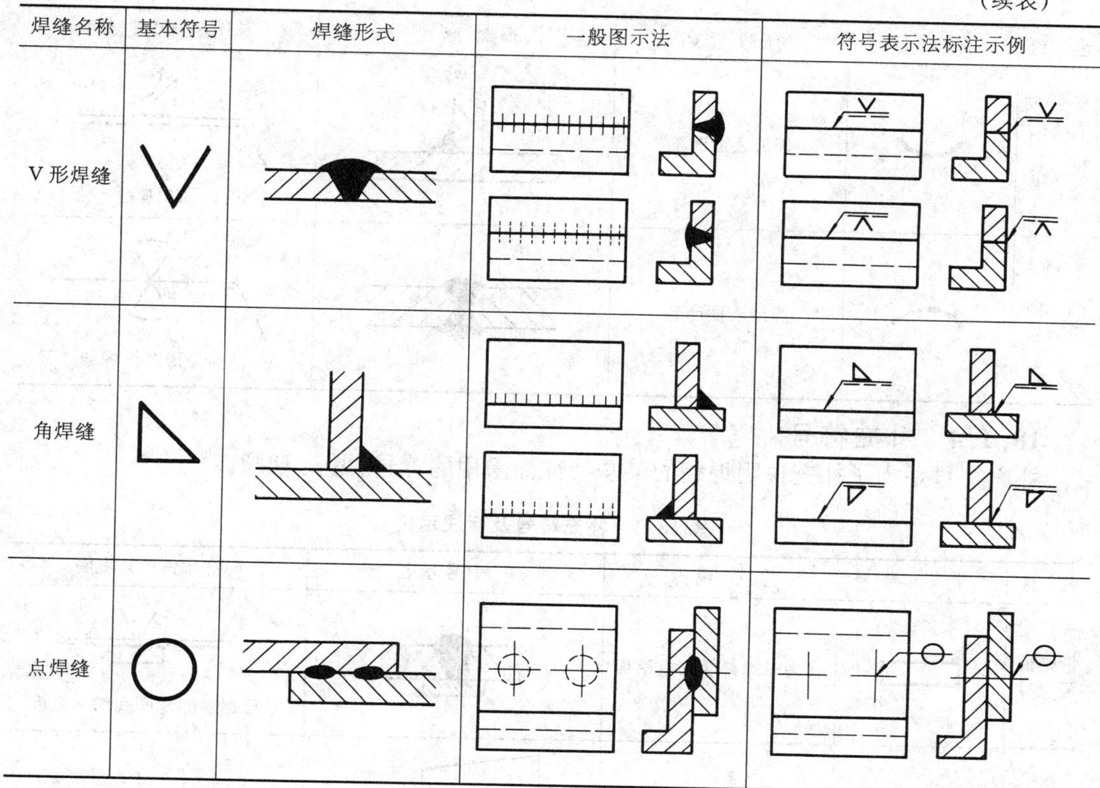

焊缝名称	基本符号	焊缝形式	一般图示法	符号表示法标注示例
V形焊缝				
角焊缝				
点焊缝				

18.1.2 指引线

指引线一般由带有箭头的指引线(简称箭头线)和两条基准线(一条为实线,另一条为虚线)两部分组成,指引线全部为细线(图 18-2)。必要时,允许箭头线弯折一次。需要时可在基准线(实线)末端加一尾部,作其他说明之用(如焊接方法、相同焊缝数量等)。基准线的虚线可以画在基准线的实线下侧或上侧。基准线一般应与图样的底边相平行,但在特殊条件下也可与底边相垂直。

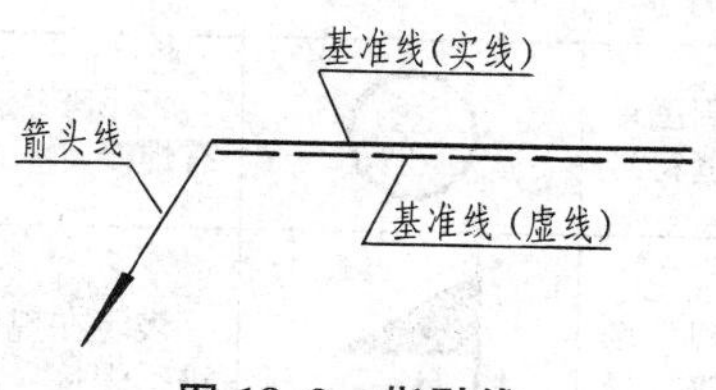

图 18-2 指引线

18.1.3 辅助符号

辅助符号是表示焊缝表面形状特征的符号,见表 18-2。在不需要确切地说明焊缝表面形状时,可以不用辅助符号。

表 18-2 辅助符号及标注示例

名称	符号	符号说明	焊缝形式	标注示例及其说明
平面符号	—	焊缝表面齐平		平面V形对接焊缝

（续表）

名称	符号	符号说明	焊缝形式	标注示例及其说明
凹面符号		焊缝表面凹陷	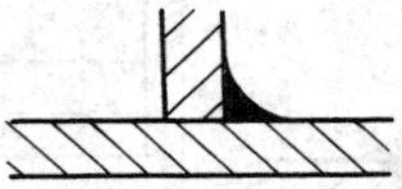	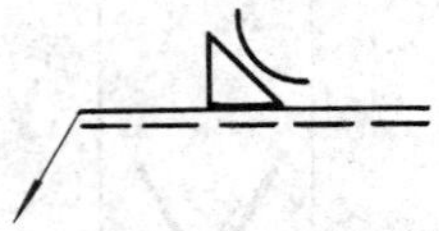 凹面角焊缝
凸面符号		焊缝表面凸起	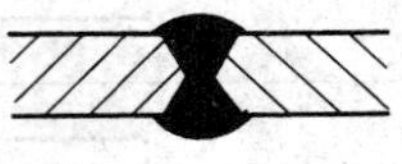	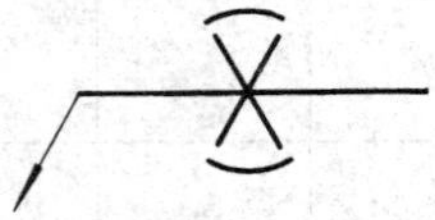 凸面X形对接焊缝

18.1.4 补充符号

补充符号是为了补充说明焊缝的某些特征而采用的符号，见表18-3。

表18-3 补充符号及标注示例

名称	符号	符号说明	一般图示法	标注示例及其说明
带垫板符号		表示焊缝底部有垫板		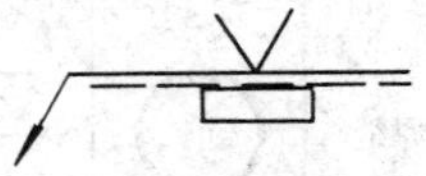 V形焊缝的背面底部有垫板
三面焊缝符号		表示三面带有焊缝，开口的方向应与焊缝开口的方向一致	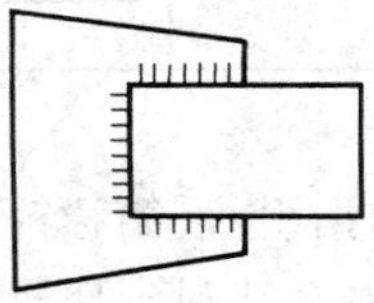	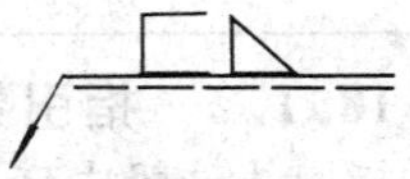 工件三面带有焊缝
周围焊缝符号		表示环绕工件周围均有焊缝	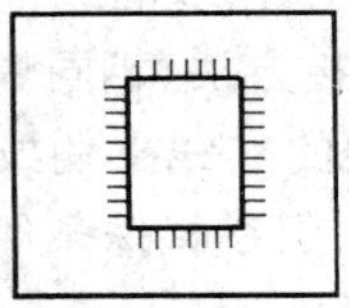	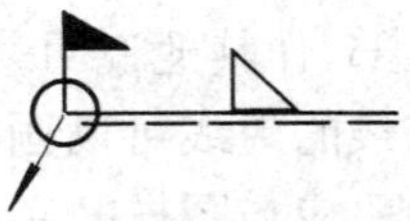 表示在现场沿工件周围施焊
现场符号		表示在现场或工地上进行焊接		
交错断续焊接符号		表示焊缝由一组交错断续的相同焊缝组成	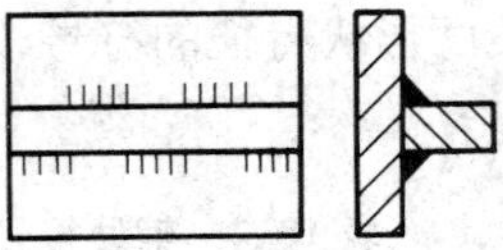	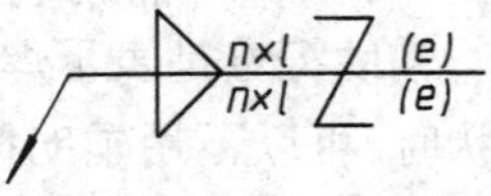 n×l (e) n×l (e) 表示有 n 段，长度为 l，间距为 e 的交错断续角焊缝

基本符号、辅助符号、补充符号的线宽应与图样中其他符号（尺寸符号、表面结构符号）的线宽相同。

18.1.5 焊缝尺寸符号

如设计或生产需要，基本符号必要时可附带有尺寸符号及数据。常用的焊缝尺寸符号见表18-4。

表 18-4　常用的焊缝尺寸符号

符号	名　称	示　意　图	符号	名　称	示　意　图	符号	名　称	示　意　图
δ	工件厚度		K	焊角尺寸		c	焊缝宽度	
α	坡口角度		l	焊缝长度		h	余　高	
P	钝边		e	焊缝间距		S	焊缝有效厚　度	
b	根部间隙		n	焊缝段数		H	坡口深度	
R	根部半径		d	熔核直径		β	坡口面角　度	

18.2　焊缝标注的有关规定

18.2.1　基本符号相对基准线的位置

图 18-3 表示指引线中箭头线和接头的关系。图 18-4 表示基本符号相对基准线的位置，如果焊缝在接头的箭头侧（图 18-3*a*），则将基本符号标在基准线的实线侧（图 18-4*a*）。如果焊缝在接头的非箭头侧（图 18-3*b*），则将基本符号标在基准线的虚线侧（图 18-4*b*）。标对称焊缝及双面焊缝时，基准线可以不加虚线（图 18-4*c*、*d*）。

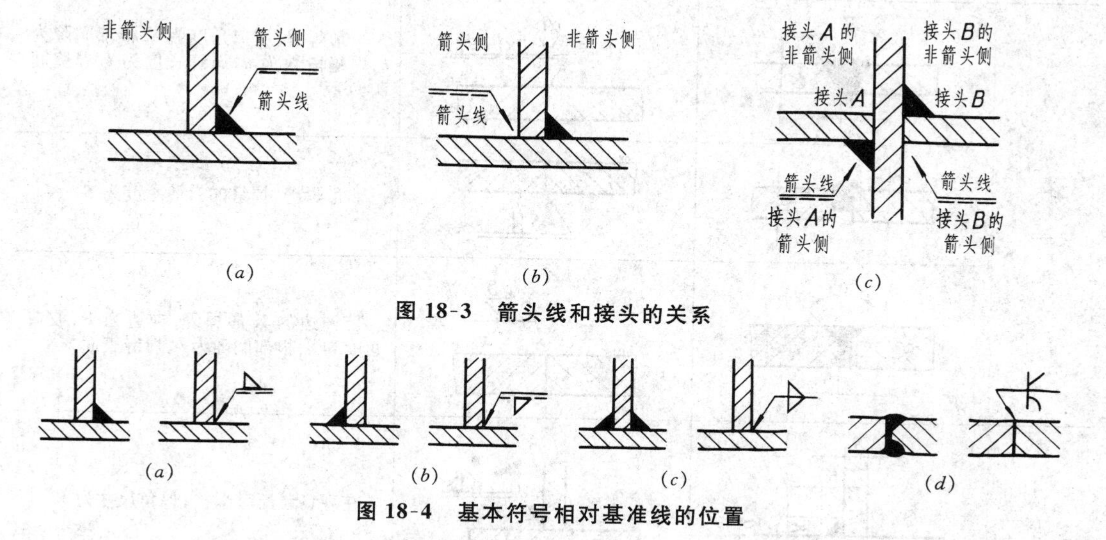

图 18-3　箭头线和接头的关系

图 18-4　基本符号相对基准线的位置

18.2.2　焊缝尺寸的标注位置

焊缝尺寸符号及数据的标注原则如下（图 18-5）：

（1）焊缝横截面上的尺寸如钝边 P、坡口深度 H、焊角尺寸 K、焊缝宽度 c 等标在基本符号的左侧。

（2）焊缝长度方向的尺寸如焊缝长度 l、焊缝间距 e、相同焊缝段数 n 等标在基本符号的右侧。

(3) 坡口角度 α、坡口面角度 β、根部间隙 b 等尺寸标注在基本符号的上侧或下侧。

(4) 相同焊缝数量 N 标在尾部。

当需要标注的尺寸数据较多又不易分辨时，可在数据前面增加相应的尺寸符号。若在基本符号的右侧无任何标注，且又无其他说明时，意味着焊缝在工件的整个长度上是连续的。若在基本符号的左侧无任何标注，且又无其他说明时，表示对接焊缝要完全焊透。

当若干条焊缝的焊缝符号相同时，可使用公共基准线进行标注(图 18-6)。

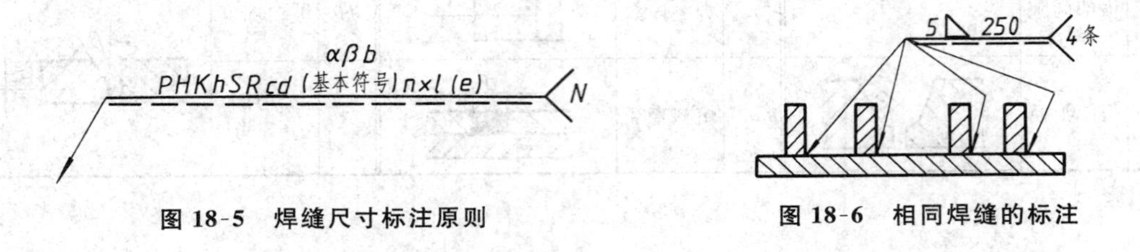

图 18-5　焊缝尺寸标注原则　　　　图 18-6　相同焊缝的标注

18.3　焊缝标注的示例

常见焊缝的标注示例见表 18-5。

表 18-5　常见焊缝标注示例

接头形式	焊缝示例	标注示例	说明
对接接头	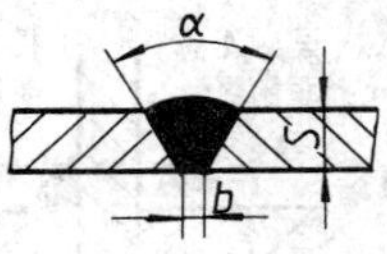	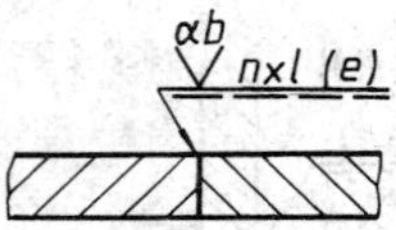	V 形焊缝，坡口角度为 α，根部间隙为 b，焊缝段数为 n，焊缝长度为 l，焊缝间距为 e
	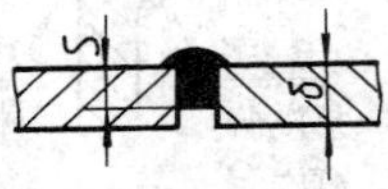	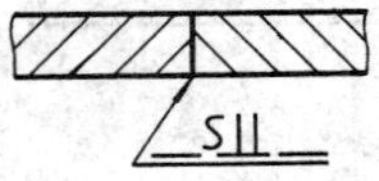	‖ 形焊缝，焊缝的有效厚度为 S
	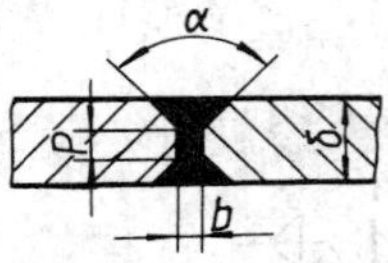	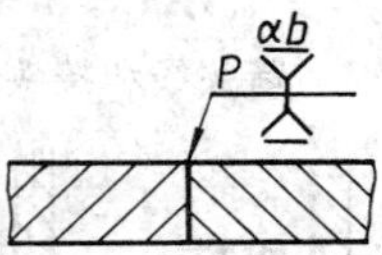	带钝边的 X 形焊缝，钝边为 P，坡口角度为 α，根部间隙为 b，焊缝表面齐平
T 形接头	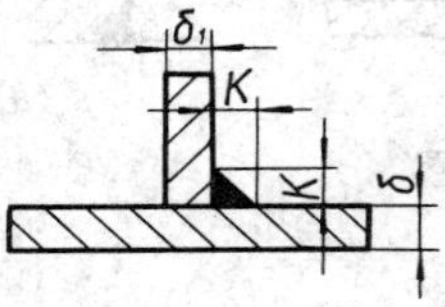	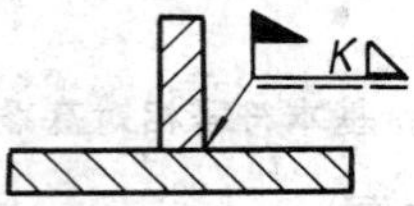	在现场装配时焊接，焊角尺寸为 K
	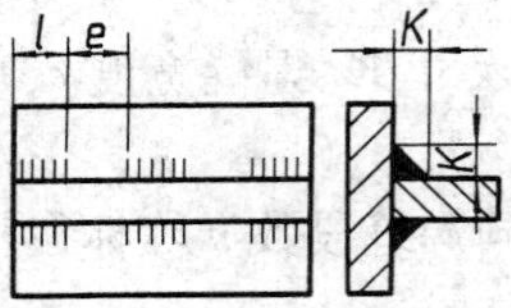	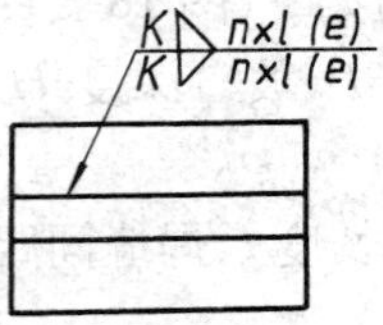	焊缝段数为 n 的双面断续链状角焊缝，焊缝长度为 l，焊缝间距为 e，焊角尺寸为 K

（续表）

接头形式	焊缝示例	标注示例	说明
T形接头	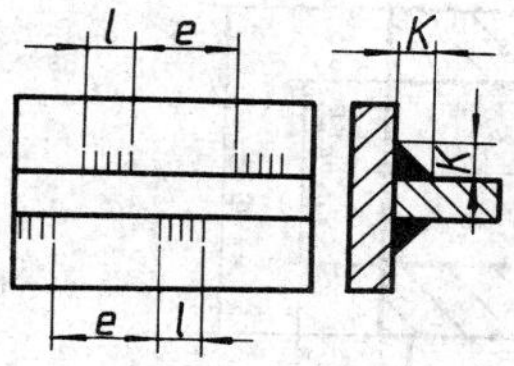	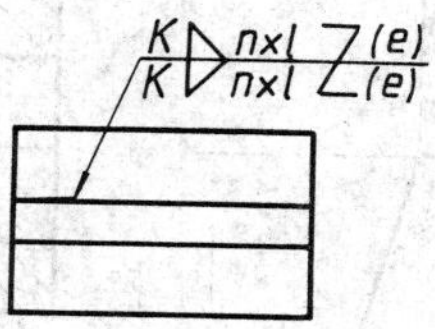	焊缝段数为 n 的交错断续角焊缝，焊缝长度为 l，焊缝间距为 e，焊角尺寸为 K
	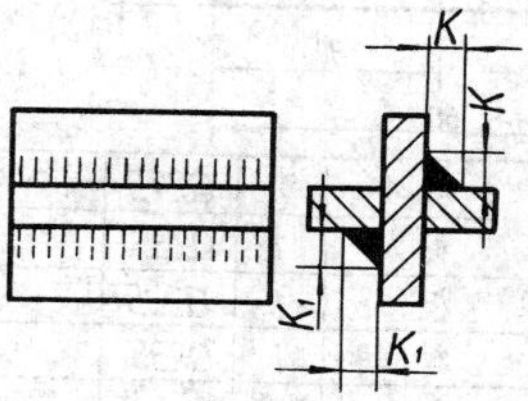	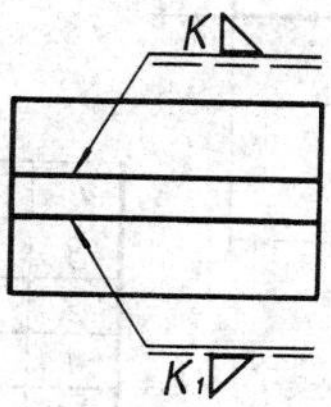	有对角的双面角焊缝，焊角尺寸为 K 和 K_1
角接接头	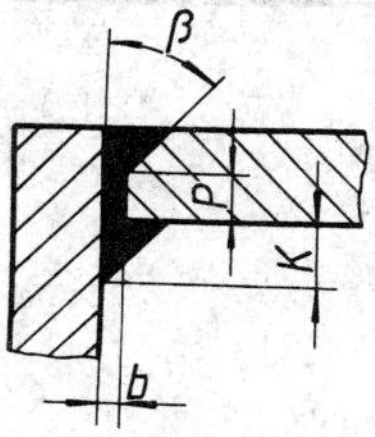	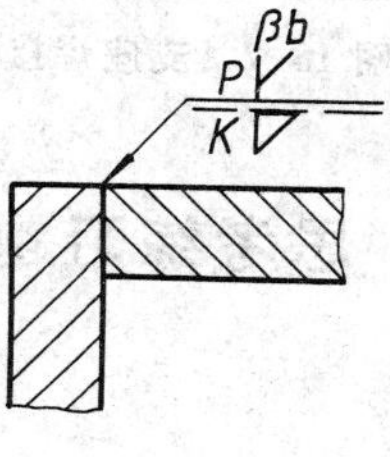	双面焊缝，上面为单边V形焊缝，坡口面角度为 β，钝边为 P，根部间隙为 b；下面为角焊缝，焊角尺寸为 K
搭接接头	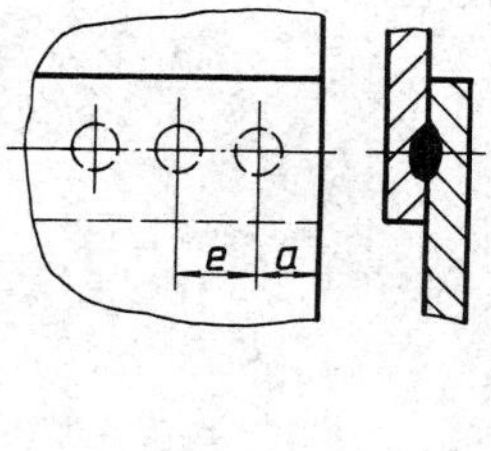	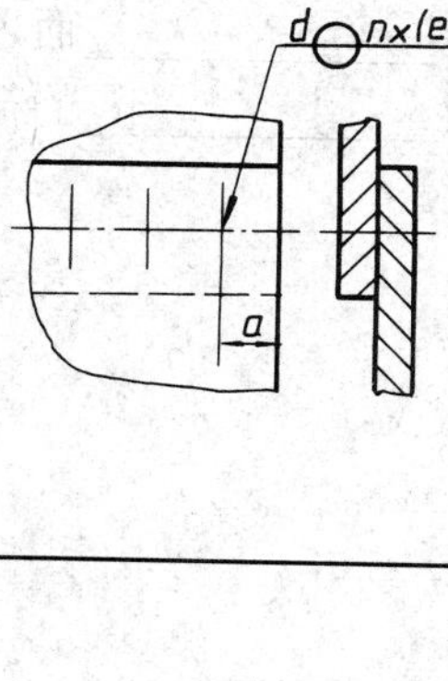	点焊，熔核直径为 d，共 n 个焊点，焊点间距为 e

图 18-7 为一焊接件实例——支座的焊接图。图中的焊缝标注表明了各构件连接处的接头形式、焊缝符号及焊缝尺寸。焊接方法在技术要求中统一说明。

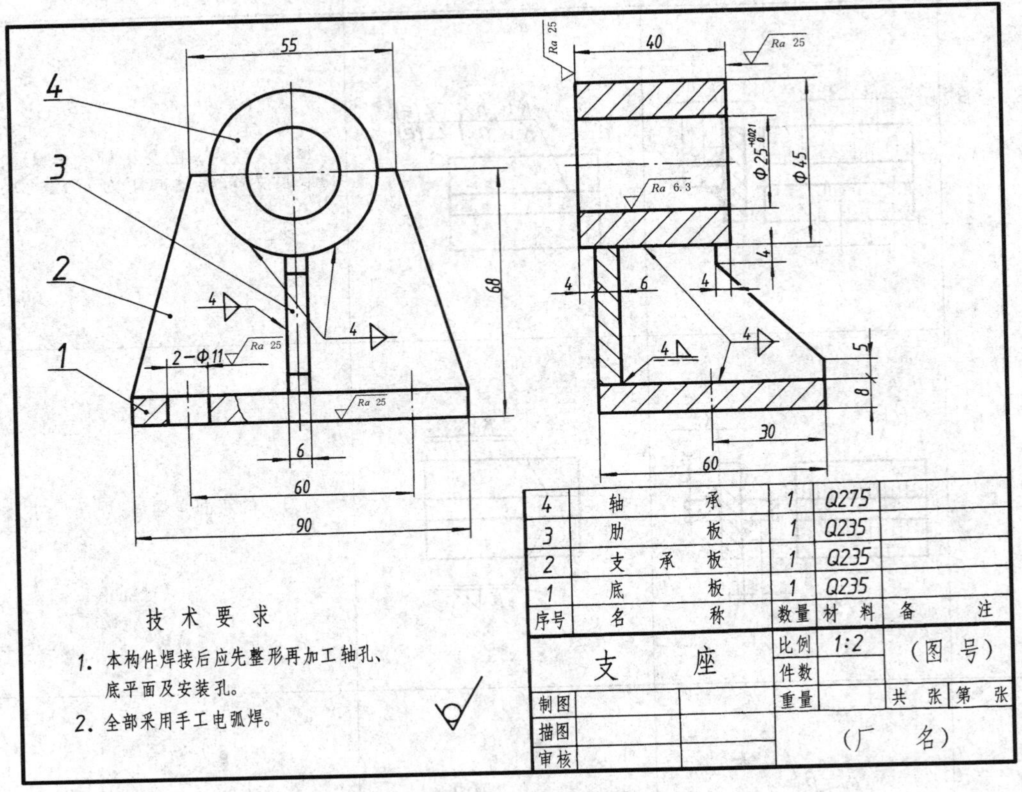

图 18-7 支座焊接图

思考练习题

一、判断题

焊缝的基本符号是焊缝横截面形状的符号。（ ）

二、填空题

1. 焊缝指引线由____________和两条____________组成。
2. 焊缝的辅助符号是表示焊缝____________的符号。
3. 焊缝的补充符号是表示焊缝____________而采用的符号。
4. 焊缝的尺寸符号是表示焊缝____________的符号。

附　　录

1. 极限

表 1 常用及优先用途轴的极限偏差

基本尺寸(mm)		常用及优先公差带												
		a	b		c			d				e		
大于	至	11	11	12	9	10	⑪	8	⑨	10	11	7	8	9
—	3	-270 -330	-140 -200	-140 -240	-60 -85	-60 -100	-60 -120	-20 -34	-20 -45	-20 -60	-20 -80	-14 -24	-14 -28	-14 -39
3	6	-270 -345	-140 -215	-140 -260	-70 -100	-70 -118	-70 -145	-30 -48	-30 -60	-30 -78	-30 -105	-20 -32	-20 -38	-20 -50
6	10	-280 -370	-150 -240	-150 -300	-80 -116	-80 -138	-80 -170	-40 -62	-40 -76	-40 -98	-40 -130	-25 -40	-25 -47	-25 -61
10	14	-290 -400	-150 -260	-150 -330	-95 -138	-95 -165	-95 -205	-50 -77	-50 -93	-50 -120	-50 -160	-32 -50	-32 -59	-32 -75
14	18													
18	24	-300 -430	-160 -290	-160 -370	-110 -162	-110 -194	-110 -240	-65 -98	-65 -117	-65 -149	-65 -195	-40 -61	-40 -73	-40 -92
24	30													
30	40	-310 -470	-170 -330	-170 -420	-120 -182	-120 -220	-120 -280	-80 -119	-80 -142	-80 -180	-80 -240	-50 -75	-50 -89	-50 -112
40	50	-320 -480	-180 -340	-180 -430	-130 -192	-130 -230	-130 -290							
50	65	-340 -530	-190 -380	-190 -490	-140 -214	-140 -260	-140 -330	-100 -146	-100 -174	-100 -220	-100 -290	-60 -90	-60 -106	-60 -134
65	80	-360 -550	-200 -390	-200 -500	-150 -224	-150 -270	-150 -340							
80	100	-380 -600	-220 -440	-220 -570	-170 -257	-170 -310	-170 -390	-120 -174	-120 -207	-120 -260	-120 -340	-72 -107	-72 -126	-72 -159
100	120	-410 -630	-240 -460	-240 -590	-180 -267	-180 -320	-180 -400							
120	140	-460 -710	-260 -510	-260 -660	-200 -300	-200 -360	-200 -450	-145 -208	-145 -245	-145 -305	-145 -395	-85 -125	-85 -148	-85 -185
140	160	-520 -770	-280 -530	-280 -680	-210 -310	-210 -370	-210 -460							
160	180	-580 -830	-310 -560	-310 -710	-230 -330	-230 -390	-230 -480							
180	200	-660 -950	-340 -630	-340 -800	-240 -355	-240 -425	-240 -530	-170 -242	-170 -285	-170 -355	-170 -460	-100 -146	-100 -172	-100 -215
200	225	-740 -1030	-380 -670	-380 -840	-260 -375	-260 -445	-260 -550							
225	250	-820 -1110	-420 -710	-420 -880	-280 -395	-280 -465	-280 -570							
250	280	-920 -1240	-480 -800	-480 -1000	-300 -430	-300 -510	-300 -620	-190 -271	-190 -320	-190 -400	-190 -510	-110 -162	-110 -191	-110 -240
280	315	-1050 -1370	-540 -860	-540 -1060	-330 -460	-330 -540	-330 -650							
315	355	-1200 -1560	-600 -960	-600 -1170	-360 -500	-360 -590	-360 -720	-210 -299	-210 -350	-210 -440	-210 -570	-125 -182	-125 -214	-125 -265
355	400	-1350 -1710	-680 -1040	-680 -1250	-400 -540	-400 -630	-400 -760							
400	450	-1500 -1900	-760 -1160	-760 -1390	-440 -595	-440 -690	-440 -840	-230 -327	-230 -385	-230 -480	-230 -630	-135 -198	-135 -232	-135 -290
450	500	-1650 -2050	-840 -1240	-840 -1470	-480 -635	-480 -730	-480 -880							

与配合

(GB/T1800.4-1999)(尺寸至500mm)　　(μm)

(带圈者为优先公差带)

f					g			h							
5	6	⑦	8	9	5	⑥	7	5	⑥	⑦	8	⑨	10	⑪	12
−6 −10	−6 −12	−6 −16	−6 −20	−6 −31	−2 −6	−2 −8	−2 −12	0 −4	0 −6	0 −10	0 −14	0 −25	0 −40	0 −60	0 −100
−10 −15	−10 −18	−10 −22	−10 −28	−10 −40	−4 −9	−4 −12	−4 −16	0 −5	0 −8	0 −12	0 −18	0 −30	0 −48	0 −75	0 −120
−13 −19	−13 −22	−13 −28	−13 −35	−13 −49	−5 −11	−5 −14	−5 −20	0 −6	0 −9	0 −15	0 −22	0 −36	0 −58	0 −90	0 −150
−16 −24	−16 −27	−16 −34	−16 −43	−16 −59	−6 −14	−6 −17	−6 −24	0 −8	0 −11	0 −18	0 −27	0 −43	0 −70	0 −110	0 −180
−20 −29	−20 −33	−20 −41	−20 −53	−20 −72	−7 −16	−7 −20	−7 −28	0 −9	0 −13	0 −21	0 −33	0 −52	0 −84	0 −130	0 −210
−25 −36	−25 −41	−25 −50	−25 −64	−25 −87	−9 −20	−9 −25	−9 −34	0 −11	0 −16	0 −25	0 −39	0 −62	0 −100	0 −160	0 −250
−30 −43	−30 −49	−30 −60	−30 −76	−30 −104	−10 −23	−10 −29	−10 −40	0 −13	0 −19	0 −30	0 −46	0 −74	0 −120	0 −190	0 −300
−36 −51	−36 −58	−36 −71	−36 −90	−36 −123	−12 −27	−12 −34	−12 −47	0 −15	0 −22	0 −35	0 −54	0 −87	0 −140	0 −220	0 −350
−43 −61	−43 −68	−43 −83	−43 −106	−43 −143	−14 −32	−14 −39	−14 −54	0 −18	0 −25	0 −40	0 −63	0 −100	0 −160	0 −250	0 −400
−50 −70	−50 −79	−50 −96	−50 −122	−50 −165	−15 −35	−15 −44	−15 −61	0 −20	0 −29	0 −46	0 −72	0 −115	0 −185	0 −290	0 −460
−56 −79	−56 −88	−56 −108	−56 −137	−56 −186	−17 −40	−17 −49	−17 −69	0 −23	0 −32	0 −52	0 −81	0 −130	0 −210	0 −320	0 −520
−62 −87	−62 −98	−62 −119	−62 −151	−62 −202	−18 −43	−18 −54	−18 −75	0 −25	0 −36	0 −57	0 −89	0 −140	0 −230	0 −360	0 −570
−68 −95	−68 −108	−68 −131	−68 −165	−68 −223	−20 −47	−20 −60	−20 −83	0 −27	0 −40	0 −63	0 −97	0 −155	0 −250	0 −400	0 −630

基本尺寸(mm)		常用及优先公差带														
		js			k			m			n			p		
大于	至	5	6	7	5	⑥	7	5	6	7	5	⑥	7	5	⑥	7
—	3	±2	±3	±5	+4 0	+6 0	+10 0	+6 +2	+8 +2	+12 +2	+8 +4	+10 +4	+14 +4	+10 +6	+12 +6	+16 +6
3	6	±2.5	±4	±6	+6 +1	+9 +1	+13 +1	+9 +4	+12 +4	+16 +4	+13 +8	+16 +8	+20 +8	+17 +12	+20 +12	+24 +12
6	10	±3	±4.5	±7	+7 +1	+10 +1	+16 +1	+12 +6	+15 +6	+21 +6	+16 +10	+19 +10	+25 +10	+21 +15	+24 +15	+30 +15
10	14	±4	±5.5	±9	+9 +1	+12 +1	+19 +1	+15 +7	+18 +7	+25 +7	+20 +12	+23 +12	+30 +12	+26 +18	+29 +18	+36 +18
14	18															
18	24	±4.5	±6.5	±10	+11 +2	+15 +2	+23 +2	+17 +8	+21 +8	+29 +8	+24 +15	+28 +15	+36 +15	+31 +22	+35 +22	+43 +22
24	30															
30	40	±5.5	±8	±12	+13 +2	+18 +2	+27 +2	+20 +9	+25 +9	+34 +9	+28 +17	+33 +17	+42 +17	+37 +26	+42 +26	+51 +26
40	50															
50	65	±6.5	±9.5	±15	+15 +2	+21 +2	+32 +2	+24 +11	+30 +11	+41 +11	+33 +20	+39 +20	+50 +20	+45 +32	+51 +32	+62 +32
65	80															
80	100	±7.5	±11	±17	+18 +3	+25 +3	+38 +3	+28 +13	+35 +13	+48 +13	+38 +23	+45 +23	+58 +23	+52 +37	+59 +37	+72 +37
100	120															
120	140															
140	160	±9	±12.5	±20	+21 +3	+28 +3	+43 +3	+33 +15	+40 +15	+55 +15	+45 +27	+52 +27	+67 +27	+61 +43	+68 +43	+83 +43
160	180															
180	200															
200	225	±10	±14.5	±23	+24 +4	+33 +4	+50 +4	+37 +17	+46 +17	+63 +17	+51 +31	+60 +31	+77 +31	+70 +50	+79 +50	+96 +50
225	250															
250	280	±11.5	±16	±26	+27 +4	+36 +4	+56 +4	+43 +20	+52 +20	+72 +20	+57 +34	+66 +34	+86 +34	+79 +56	+88 +56	+108 +56
280	315															
315	355	±12.5	±18	±28	+29 +4	+40 +4	+61 +4	+46 +21	+57 +21	+78 +21	+62 +37	+73 +37	+94 +37	+87 +62	+98 +62	+119 +62
355	400															
400	450	±13.5	±20	±31	+32 +5	+45 +5	+68 +5	+50 +23	+63 +23	+86 +23	+67 +40	+80 +40	+103 +40	+95 +68	+108 +68	+131 +68
450	500															

（续表）

（带 圈 者 为 优 先 公 差 带）

r			s			t			u		v	x	y	z
5	6	7	5	⑥	7	5	6	7	⑥	7	6	6	6	6
+14 +10	+16 +10	+20 +10	+18 +14	+20 +14	+24 +14	—	—	—	+24 +18	+28 +18	—	+26 +20	—	+32 +26
+20 +15	+23 +15	+27 +15	+24 +19	+27 +19	+31 +19	—	—	—	+31 +23	+35 +23	—	+36 +28	—	+43 +35
+25 +19	+28 +19	+34 +19	+29 +23	+32 +23	+38 +23	—	—	—	+37 +28	+43 +28	—	+43 +34	—	+51 +42
+31 +23	+34 +23	+41 +23	+36 +28	+39 +28	+46 +28	—	—	—	+44 +33	+51 +33	—	+51 +40	—	+61 +50
						—	—	—			+50 +39	+56 +45	—	+71 +60
+37 +28	+41 +28	+49 +28	+44 +35	+48 +35	+56 +35	—	—	—	+54 +41	+62 +41	+60 +47	+67 +54	+76 +63	+86 +73
						+50 +41	+54 +41	+62 +41	+61 +48	+69 +48	+68 +55	+77 +64	+88 +75	+101 + 88
+45 +34	+50 +34	+59 +34	+54 +43	+59 +43	+68 +43	+59 +48	+64 +48	+73 +48	+76 +60	+85 +60	+84 +68	+96 +80	+110 + 94	+128 +112
						+65 +54	+70 +54	+79 +54	+86 +70	+95 +70	+97 +81	+113 + 97	+130 +114	+152 +136
+54 +41	+60 +41	+71 +41	+66 +53	+72 +53	+83 +53	+79 +66	+85 +66	+96 +66	+106 + 87	+117 + 87	+121 +102	+141 +122	+163 +144	+191 +172
+56 +43	+62 +43	+73 +43	+72 +59	+78 +59	+89 +59	+88 +75	+94 +75	+105 + 75	+121 +102	+132 +102	+139 +120	+165 +146	+193 +174	+229 +210
+66 +51	+73 +51	+86 +51	+86 +71	+93 +71	+106 + 71	+106 + 91	+113 + 91	+126 + 91	+146 +124	+159 +124	+168 +146	+200 +178	+236 +214	+280 +258
+69 +54	+76 +54	+89 +54	+94 +79	+101 + 79	+114 + 79	+119 +104	+126 +104	+139 +104	+166 +144	+179 +144	+194 +172	+232 +210	+276 +254	+332 +310
+81 +63	+88 +63	+103 + 63	+110 + 92	+117 + 92	+132 + 92	+140 +122	+147 +122	+162 +122	+195 +170	+210 +170	+227 +202	+273 +248	+325 +300	+390 +365
+83 +65	+90 +65	+105 + 65	+118 +100	+125 +100	+140 +100	+152 +134	+159 +134	+174 +134	+215 +190	+230 +190	+253 +228	+305 +280	+365 +340	+440 +415
+86 +68	+93 +68	+108 + 68	+126 +108	+133 +108	+148 +108	+164 +146	+171 +146	+186 +146	+235 +210	+250 +210	+277 +252	+335 +310	+405 +380	+490 +465
+97 +77	+106 + 77	+123 + 77	+142 +122	+151 +122	+168 +122	+186 +166	+195 +166	+212 +166	+265 +236	+282 +236	+313 +284	+379 +350	+454 +425	+549 +520
+100 + 80	+109 + 80	+126 + 80	+150 +130	+159 +130	+176 +130	+200 +180	+209 +180	+226 +180	+287 +258	+304 +258	+339 +310	+414 +385	+499 +470	+604 +575
+104 + 84	+113 + 84	+130 + 84	+160 +140	+169 +140	+186 +140	+216 +196	+225 +196	+242 +196	+313 +284	+330 +284	+369 +340	+454 +425	+549 +520	+669 +640
+117 + 94	+126 + 94	+146 + 94	+181 +158	+190 +158	+210 +158	+241 +218	+250 +218	+270 +218	+347 +315	+367 +315	+417 +385	+507 +475	+612 +580	+742 +710
+121 + 98	+130 + 98	+150 + 98	+193 +170	+202 +170	+222 +170	+263 +240	+272 +240	+292 +240	+382 +350	+402 +350	+457 +425	+557 +525	+682 +650	+822 +790
+133 +108	+144 +108	+165 +108	+215 +190	+226 +190	+247 +190	+293 +268	+304 +268	+325 +268	+426 +390	+447 +390	+511 +475	+626 +590	+766 +730	+936 +900
+139 +114	+150 +114	+171 +114	+233 +208	+244 +208	+265 +208	+319 +294	+330 +294	+351 +294	+471 +435	+492 +435	+566 +530	+696 +660	+856 +820	+1036 +1000
+153 +126	+166 +126	+189 +126	+259 +232	+272 +232	+295 +232	+357 +330	+370 +330	+393 +330	+530 +490	+553 +490	+635 +595	+780 +740	+960 +920	+1140 +1100
+159 +132	+172 +132	+195 +132	+279 +252	+292 +252	+315 +252	+387 +360	+400 +360	+423 +360	+580 +540	+603 +540	+700 +660	+860 +820	+1040 +1000	+1290 +1250

表 2　常用及优先用途孔的极限偏差

基本尺寸(mm)		常用及优先公差带														
		A	B		C	D				E		F				G
大于	至	11	11	12	⑪	8	⑨	10	11	8	9	6	7	⑧	9	6
—	3	+330 +270	+200 +140	+240 +140	+120 +60	+34 +20	+45 +20	+60 +20	+80 +20	+28 +14	+39 +14	+12 +6	+16 +6	+20 +6	+31 +6	+8 +2
3	6	+345 +270	+215 +140	+260 +140	+145 +70	+48 +30	+60 +30	+78 +30	+105 +30	+38 +20	+50 +20	+18 +10	+22 +10	+28 +10	+40 +10	+12 +4
6	10	+370 +280	+240 +150	+300 +150	+170 +80	+62 +40	+76 +40	+98 +40	+130 +40	+47 +25	+61 +25	+22 +13	+28 +13	+35 +13	+49 +13	+14 +5
10	14	+400 +290	+260 +150	+330 +150	+205 +95	+77 +50	+93 +50	+120 +50	+160 +50	+59 +32	+75 +32	+27 +16	+34 +16	+43 +16	+59 +16	+17 +6
14	18															
18	24	+430 +300	+290 +160	+370 +160	+240 +110	+98 +65	+117 +65	+149 +65	+195 +65	+73 +40	+92 +40	+33 +20	+41 +20	+53 +20	+72 +20	+20 +7
24	30															
30	40	+470 +310	+330 +170	+420 +170	+280 +120	+119 +80	+142 +80	+180 +80	+240 +80	+89 +50	+112 +50	+41 +25	+50 +25	+64 +25	+87 +25	+25 +9
40	50	+480 +320	+340 +180	+430 +180	+290 +130											
50	65	+530 +340	+380 +190	+490 +190	+330 +140	+146 +100	+174 +100	+220 +100	+290 +100	+106 +60	+134 +60	+49 +30	+60 +30	+76 +30	+104 +30	+29 +10
65	80	+550 +360	+390 +200	+500 +200	+340 +150											
80	100	+600 +380	+440 +220	+570 +220	+390 +170	+174 +120	+207 +120	+260 +120	+340 +120	+126 +72	+159 +72	+58 +36	+71 +36	+90 +36	+123 +36	+34 +12
100	120	+630 +410	+460 +240	+590 +240	+400 +180											
120	140	+710 +460	+510 +260	+660 +260	+450 +200	+208 +145	+245 +145	+305 +145	+395 +145	+148 +85	+185 +85	+68 +43	+83 +43	+106 +43	+143 +43	+39 +14
140	160	+770 +520	+530 +280	+680 +280	+460 +210											
160	180	+830 +580	+560 +310	+710 +310	+480 +230											
180	200	+950 +660	+630 +340	+800 +340	+530 +240	+242 +170	+285 +170	+355 +170	+460 +170	+172 +100	+215 +100	+79 +50	+96 +50	+122 +50	+165 +50	+44 +15
200	225	+1030 +740	+670 +380	+840 +380	+550 +260											
225	250	+1110 +820	+710 +420	+880 +420	+570 +280											
250	280	+1240 +920	+800 +480	+1000 +480	+620 +300	+271 +190	+320 +190	+400 +190	+510 +190	+191 +110	+240 +110	+88 +56	+108 +56	+137 +56	+186 +56	+49 +17
280	315	+1370 +1050	+860 +540	+1060 +540	+650 +330											
315	355	+1560 +1200	+960 +600	+1170 +600	+720 +360	+299 +210	+350 +210	+440 +210	+570 +210	+214 +125	+265 +125	+98 +62	+119 +62	+151 +62	+202 +62	+54 +18
355	400	+1710 +1350	+1040 +680	+1250 +680	+760 +400											
400	450	+1900 +1500	+1160 +760	+1390 +760	+840 +440	+327 +230	+385 +230	+480 +230	+630 +230	+232 +135	+290 +135	+108 +68	+131 +68	+165 +68	+223 +68	+60 +20
450	500	+2050 +1650	+1240 +840	+1470 +840	+880 +480											

(GB/T1800.4-1999)(尺寸至 500mm)

(μm)

(带圈者为优先公差带)

	H							JS			K			M		
⑦	6	⑦	⑧	⑨	10	⑪	12	6	7	8	6	⑦	8	6	7	8
+12 +2	+6 0	+10 0	+14 0	+25 0	+40 0	+60 0	+100 0	±3	±5	±7	0 −6	0 −10	0 −14	−2 −8	−2 −12	−2 −16
+16 +4	+8 0	+12 0	+18 0	+30 0	+48 0	+75 0	+120 0	±4	±6	±9	+2 −6	+3 −9	+5 −13	−1 −9	0 −12	+2 −16
+20 +5	+9 0	+15 0	+22 0	+36 0	+58 0	+90 0	+150 0	±4.5	±7	±11	+2 −7	+5 −10	+6 −16	−3 −12	0 −15	+1 −21
+24 +6	+11 0	+18 0	+27 0	+43 0	+70 0	+110 0	+180 0	±5.5	±9	±13	+2 −9	+6 −12	+8 −19	−4 −15	0 −18	+2 −25
+28 +7	+13 0	+21 0	+33 0	+52 0	+84 0	+130 0	+210 0	±6.5	±10	±16	+2 −11	+6 −15	+10 −23	−4 −17	0 −21	+4 −29
+34 +9	+16 0	+25 0	+39 0	+62 0	+100 0	+160 0	+250 0	±8	±12	±19	+3 −13	+7 −18	+12 −27	−4 −20	0 −25	+5 −34
+40 +10	+19 0	+30 0	+46 0	+74 0	+120 0	+190 0	+300 0	±9.5	±15	±23	+4 −15	+9 −21	+14 −32	−5 −24	0 −30	+5 −41
+47 +12	+22 0	+35 0	+54 0	+87 0	+140 0	+220 0	+350 0	±11	±17	±27	+4 −18	+10 −25	+16 −38	−6 −28	0 −35	+6 −48
+54 +14	+25 0	+40 0	+63 0	+100 0	+160 0	+250 0	+400 0	±12.5	±20	±31	+4 −21	+12 −28	+20 −43	−8 −33	0 −40	+8 −55
+61 +15	+29 0	+46 0	+72 0	+115 0	+185 0	+290 0	+460 0	±14.5	±23	±36	+5 −24	+13 −33	+22 −50	−8 −37	0 −46	+9 −63
+69 +17	+32 0	+52 0	+81 0	+130 0	+210 0	+320 0	+520 0	±16	±26	±40	+5 −27	+16 −36	+25 −56	−9 −41	0 −52	+9 −72
+75 +18	+36 0	+57 0	+89 0	+140 0	+230 0	+360 0	+570 0	±18	±28	±44	+7 −29	+17 −40	+28 −61	−10 −46	0 −57	+11 −78
+83 +20	+40 0	+63 0	+97 0	+155 0	+250 0	+400 0	+630 0	±20	±31	±48	+8 −32	+18 −45	+29 −68	−10 −50	0 −63	+11 −86

（续表）

基本尺寸(mm)		常用及优先公差带(带圈者为优先公差带)											
		N			P		R		S		T		U
大于	至	6	⑦	8	6	⑦	6	7	6	⑦	6	7	⑦
—	3	−4 −10	−4 −14	−4 −18	−6 −12	−6 −16	−10 −16	−10 −20	−14 −20	−14 −24	—	—	−18 −28
3	6	−5 −13	−4 −16	−2 −20	−9 −17	−8 −20	−12 −20	−11 −23	−16 −24	−15 −27	—	—	−19 −31
6	10	−7 −16	−4 −19	−3 −25	−12 −21	−9 −24	−16 −25	−13 −28	−20 −29	−17 −32	—	—	−22 −37
10	14	−9 −20	−5 −23	−3 −30	−15 −26	−11 −29	−20 −31	−16 −34	−25 −36	−21 −39	—	—	−26 −44
14	18												
18	24	−11 −24	−7 −28	−3 −36	−18 −31	−14 −35	−24 −37	−20 −41	−31 −44	−27 −48	—	—	−33 −54
24	30										−37 −50	−33 −54	−40 −61
30	40	−12 −28	−8 −33	−3 −42	−21 −37	−17 −42	−29 −45	−25 −50	−38 −54	−34 −59	−43 −59	−39 −64	−51 −76
40	50										−49 −65	−45 −70	−61 −86
50	65	−14 −33	−9 −39	−4 −50	−26 −45	−21 −51	−35 −54	−30 −60	−47 −66	−42 −72	−60 −79	−55 −85	−76 −106
65	80						−37 −56	−32 −62	−53 −72	−48 −78	−69 −88	−64 −94	−91 −121
80	100	−16 −38	−10 −45	−4 −58	−30 −52	−24 −59	−44 −66	−38 −73	−64 −86	−58 −93	−84 −106	−78 −113	−111 −146
100	120						−47 −69	−41 −76	−72 −94	−66 −101	−97 −119	−91 −126	−131 −166
120	140	−20 −45	−12 −52	−4 −67	−36 −61	−28 −68	−56 −81	−48 −88	−85 −110	−77 −117	−115 −140	−107 −147	−155 −195
140	160						−58 −83	−50 −90	−93 −118	−85 −125	−127 −152	−119 −159	−175 −215
160	180						−61 −86	−53 −93	−101 −126	−93 −133	−139 −164	−131 −171	−195 −235
180	200	−22 −51	−14 −60	−5 −77	−41 −70	−33 −79	−68 −97	−60 −106	−113 −142	−105 −151	−157 −186	−149 −195	−219 −265
200	225						−71 −100	−63 −109	−121 −150	−113 −159	−171 −200	−163 −209	−241 −287
225	250						−75 −104	−67 −113	−131 −160	−123 −169	−187 −216	−179 −225	−267 −313
250	280	−25 −57	−14 −66	−5 −86	−47 −79	−36 −88	−85 −117	−74 −126	−149 −181	−138 −190	−209 −241	−198 −250	−295 −347
280	315						−89 −121	−78 −130	−161 −193	−150 −202	−231 −263	−220 −272	−330 −382
315	355	−26 −62	−16 −73	−5 −94	−51 −87	−41 −98	−97 −133	−87 −144	−179 −215	−169 −226	−257 −293	−247 −304	−369 −426
355	400						−103 −139	−93 −150	−197 −233	−187 −244	−283 −319	−273 −330	−414 −471
400	450	−27 −67	−17 −80	−6 −103	−55 −95	−45 −108	−113 −153	−103 −166	−219 −259	−209 −272	−317 −357	−307 −370	−467 −530
450	500						−119 −159	−109 −172	−239 −279	−229 −292	−347 −387	−337 −400	−517 −580

2. 螺　　纹

表 3　普通螺纹直径、螺距(GB/T193-2003)和基本尺寸(GB/T196-2003)　　(mm)

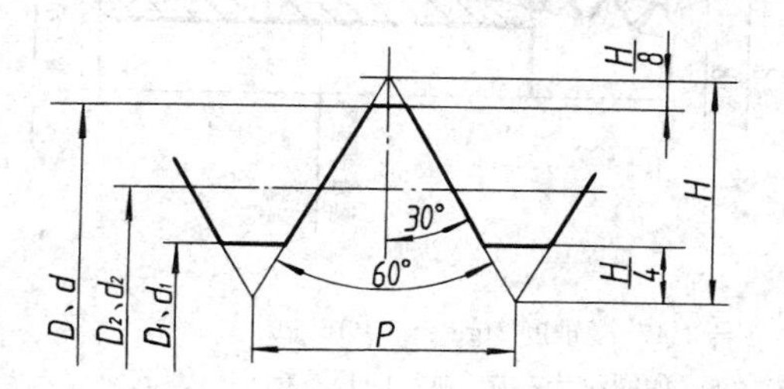

D、d——内、外螺纹的大径；
D_2、d_2——内、外螺纹的中径；
D_1、d_1——内、外螺纹的小径；
P——螺距；
H——原始三角形高度，$H=\frac{\sqrt{3}}{2}P$

标记示例：
M24：公称直径为 24mm 的粗牙普通螺纹；
M 24×1.5：公称直径为 24mm，螺距为 1.5mm 的细牙普通螺纹

公称直径 D、d	螺距 P 粗牙	螺距 P 细牙	中径 D_2、d_2 粗牙	中径 D_2、d_2 细牙	小径 D_1、d_1 粗牙	小径 D_1、d_1 细牙
3	0.5	0.35	2.675	2.773	2.459	2.621
(3.5)	(0.6)	0.35	3.110	3.273	2.850	3.121
4	0.7	0.5	3.545	3.675	3.242	3.459
(4.5)	(0.75)	0.5	4.013	4.175	3.688	3.959
5	0.8	0.5	4.480	4.675	4.134	4.459
[5.5]		0.5		5.175		4.959
6	1	0.75	5.350	5.513	4.917	5.188
		(0.5)		5.675		5.459
[7]	1	0.75	6.350	6.513	5.917	6.188
		(0.5)		6.675		6.459
8	1.25	1	7.188	7.350	6.647	6.917
		0.75		7.513		7.188
		(0.5)		7.675		7.459
[9]	(1.25)	1	8.188	8.350	7.647	7.917
		0.75		8.513		8.188
		(0.5)		8.675		8.495
10	1.5	1.25	9.026	9.188	8.376	8.647
		1		9.350		8.917
		0.75		9.513		9.188
		(0.5)		9.675		9.459
[11]	(1.5)	1	10.026	10.350	9.376	9.917
		0.75		10.513		10.188
		(0.5)		10.675		10.459
12	1.75	1.5	10.863	11.026	10.106	10.376
		1.25		11.188		10.647
		1		11.350		10.917
		(0.75)		11.513		11.188
		(0.5)		11.675		11.459
(14)	2	1.5	12.701	13.026	11.835	12.376
		1.25		13.188		12.647
		1		13.350		12.917
		(0.75)		13.513		13.188
		(0.5)		13.675		13.459
[15]		1.5		14.026		13.376
		(1)		14.350		13.917

公称直径 D、d	螺距 P 粗牙	螺距 P 细牙	中径 D_2、d_2 粗牙	中径 D_2、d_2 细牙	小径 D_1、d_1 粗牙	小径 D_1、d_1 细牙
16	2	1.5	14.701	15.026	13.835	14.376
		1		15.350		14.917
		(0.75)		15.513		15.188
		(0.5)		15.675		15.459
[17]		1.5		16.026		15.376
		(1)		16.350		15.917
(18)	2.5	2	16.376	16.701	15.294	15.835
		1.5		17.026		16.376
		1		17.350		16.917
		(0.75)		17.513		17.188
		(0.5)		17.675		17.459
20	2.5	2	18.376	18.701	17.294	17.835
		1.5		19.026		18.376
		1		19.350		18.917
		(0.75)		19.513		19.188
		(0.5)		19.675		19.459
(22)	2.5	2	20.376	20.701	19.294	19.835
		1.5		21.026		20.376
		1		21.350		20.917
		(0.75)		21.513		21.188
		(0.5)		21.675		21.459
24	3	2	22.051	22.701	20.752	21.835
		1.5		21.026		22.376
		1		21.350		22.917
		(0.75)		21.675		23.188
[25]		2		23.701		22.835
		1.5		24.026		23.376
		(1)		24.350		23.917
[26]		1.5		25.026		24.376
(27)	3	2	25.051	25.701	23.752	24.835
		1.5		26.026		25.376
		1		26.350		25.917
		(0.75)		26.513		26.188
[28]		2		26.701		25.835
		1.5		27.026		26.376
		1		27.350		26.917

注：1. 公称直径栏中不带括号的为第一系列，带圆括号的为第二系列，带方括号的为第三系列。应优先选用第一系列，第三系列尽可能不用。2. 括号内的螺距尽可能不用。

表 4　60°密封管螺纹基本尺寸(GB/T12716-2011)

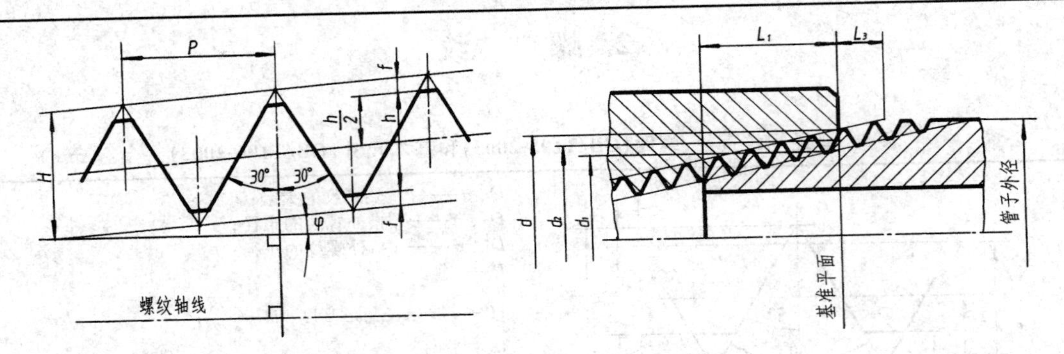

$P = 25.4/n$　$H = 0.866P$　$h = 0.8P$　$f = 0.033P$　$\varphi = 1°47'$　锥度 $2tg\varphi = 1:16$

标记示例:NPT3/8-LH:60°圆锥管螺纹,尺寸代号为 3/8,左旋(如螺纹为右旋,则"-LH"不标)

(mm)

尺寸代号 (in)	每 25.4mm 内的牙数 n	螺距 P	基面上的基本直径			基准距离		装配余量	
			大径 D、d	中径 D_2、d_2	小径 D_1、d_1	L_1	圈数	L_3	圈数
1/16 1/8	27	0.941	7.895 10.242	7.142 9.489	6.389 8.736	4.064 4.102	4.32 4.36	2.822	3
1/4 3/8	18	1.411	13.616 17.055	12.487 15.926	11.358 14.797	5.786 6.096	4.10 4.32	4.234	3
1/2 3/4	14	1.814	21.223 26.568	19.772 25.117	18.321 23.666	8.128 8.611	4.48 4.75	5.443	3
1 1¼ 1½ 2	11.5	2.209	33.228 41.985 48.054 60.092	31.461 40.218 46.287 58.325	29.694 38.451 44.520 56.558	10.160 10.668 10.668 11.074	4.60 4.83 4.83 5.01	6.627	3
2½ 3 3½ 4	8	3.175	72.699 88.608 101.316 113.973	70.159 86.068 98.776 111.433	67.619 83.528 96.236 108.893	17.323 19.456 20.853 21.438	5.46 6.13 6.57 6.75	6.350	2

3. 螺　　栓

表 5　六角头螺栓(GB/T5782-2000)、六角头螺栓—全螺纹(GB/T5783-2000)

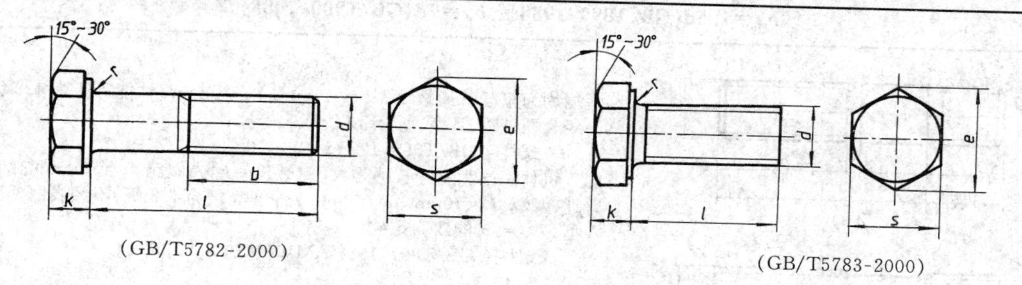

(GB/T5782-2000)　　(GB/T5783-2000)

标记示例：

螺纹规格 d = M12、公称长度 l = 80mm、性能等级为 8.8 级、表面氧化、产品等级为 A 级的六角头螺栓：

螺栓 GB/T5782 M12 × 80

(mm)

螺纹规格 d		M3	M4	M5	M6	M8	M10	M12	(M14)	M16	(M18)	M20	(M22)	M24	(M27)	M30
k 公称		2	2.8	3.5	4	5.3	6.4	7.5	8.8	10	11.5	12.5	14	15	17	18.7
S 公称 = max		5.5	7	8	10	13	16	18	21	24	27	30	34	36	41	46
e min	A 级	6.01	7.66	8.79	11.05	14.38	17.77	20.03	23.36	26.75	30.14	33.53	37.72	39.98	—	—
	B 级	5.88	7.50	8.63	10.89	14.20	17.59	19.85	22.78	26.17	29.56	32.95	37.29	39.55	45.2	50.85
b 参考	$l \leqslant 125$	12	14	16	18	22	26	30	34	38	42	46	50	54	60	66
	$125 < l \leqslant 200$	18	20	22	24	28	32	36	40	44	48	52	56	60	66	72
	$l > 200$	31	33	35	37	41	45	49	53	57	61	65	69	73	79	85
商品规格范围	l GB/T 5782	20～30	25～40	25～50	30～60	40～80	45～100	50～120	60～140	65～160	70～180	80～200	90～220	90～240	100～260	110～300
	l(全螺纹) GB/T 5783	6～30	8～40	10～50	12～60	16～80	20～100	25～120	30～140	30～200	35～200	40～200	45～200	50～200	55～200	60～200
l 长度系列		6, 8, 10, 12, 16, 20, 25, 30, 35, 40, 45, 50, 55, 60, 65, 70, 80, 90, 100, 110, 120, 130, 140, 150, 160, 180, 200, 220, 240, 260, 280, 300														

注：尽可能不采用括号内的规格。

4. 双头螺柱

表 6 双头螺柱 $b_m=1d$(GB/T897-1988)、$b_m=1.25d$(GB/T898-1988)、$b_m=1.5d$(GB/T899-1988)、$b_m=2d$(GB/T900-1988)

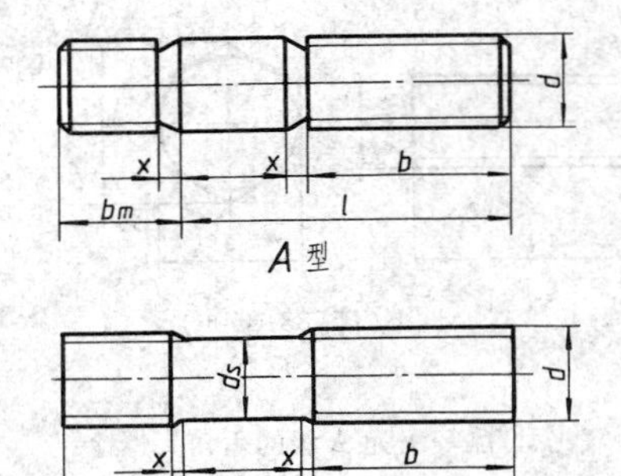

标记示例:

1. 两端均为粗牙普通螺纹, $d=10\text{mm}$、$l=50\text{mm}$、性能等级为 4.8 级、不经表面处理、B 型、$b_m=d$ 的双头螺柱:

   螺柱 GB/T897-1988 M10×50

2. 旋入机体一端为粗牙普通螺纹,旋螺母一端为螺距 $P=1\text{mm}$ 的细牙普通螺纹, $d=10\text{mm}$、$l=50\text{mm}$、性能等级为 4.8 级,不经表面处理、A 型、$b_m=d$ 的双头螺柱:

   螺柱 GB/T897-1988 AM10-M10×1×50

(mm)

螺纹规格 d	b_m				l/b
	GB/T897-1988	GB/T898-1988	GB/T899-1988	GB/T900-1988	
M2			3	4	(12~16)/6, (18~25)/10
M2.5			3.5	5	(14~18)/8, (20~30)/11
M3			4.5	6	(16~20)/6, (22~40)/12
M4			6	8	(16~22)/8, (25~40)/14
M5	5	6	8	10	(16~22)/10, (25~50)/16
M6	6	8	10	12	(20~22)/10, (25~30)/14, (32~75)/18
M8	8	10	12	16	(20~22)/12, (25~30)/16, (32~90)/22
M10	10	12	15	20	(25~28)/14, (30~38)/16, (40~120)/26, 130/32
M12	12	15	18	24	(25~30)/16, (32~40)/20, (45~120)/30, (130~180)/36
(M14)	14	18	21	28	(30~35)/18, (38~45)/25, (50~120)/34, (130~180)/40
M16	16	20	24	32	(30~38)/20, (40~55)/30, (60~120)/38, (130~200)/44
(M18)	18	22	27	36	(35~40)/22, (45~60)/35, (65~120)/42, (130~200)/48
M20	20	25	30	40	(35~40)/25, (45~65)/35, (70~120)/46, (130~200)/52
(M22)	22	28	33	44	(40~45)/30, (50~70)/40, (75~120)/50, (130~200)/56
M24	24	30	36	48	(45~50)/30, (55~75)/45, (80~120)/54, (130~200)/60
(M27)	27	35	40	54	(50~60)/35, (65~85)/50, (90~120)/60, (130~200)/66
M30	30	38	45	60	(60~65)/40, (70~90)/50, (95~120)/66, (130~200)/72, (210~250)/85
M36	36	45	54	72	(65~75)/45, (80~110)/60, 120/78, (130~200)/84, (210~300)/97
M42	42	52	63	84	(70~80)/50, (85~110)/70, 120/90, (130~200)/96, (210~300)/109
M48	48	60	72	96	(80~90)/60, (95~110)/80, 120/102, (130~200)/108, (210~300)/121
l (系列)	12, (14), 16, (18), 20, (22), 25, (28), 30, (32), 35, (38), 40, 45, 50, (55), 60, (65), 70, (75), 80, (85), 90, (95), 100, 110, 120, 130, 140, 150, 160, 170, 180, 190, 200, 210, 220, 230, 240, 250, 260, 280, 300				

注: 1. 尽可能不采用括号内的规格。

2. $d_s\approx$ 螺纹中径。

3. $x_{\max}=2.5P$(螺距)。

5. 螺　钉

表 7　开槽圆柱头螺钉(GB/T65-2000)、开槽盘头螺钉(GB/T67-2008)、开槽沉头螺钉(GB/T68-2000)

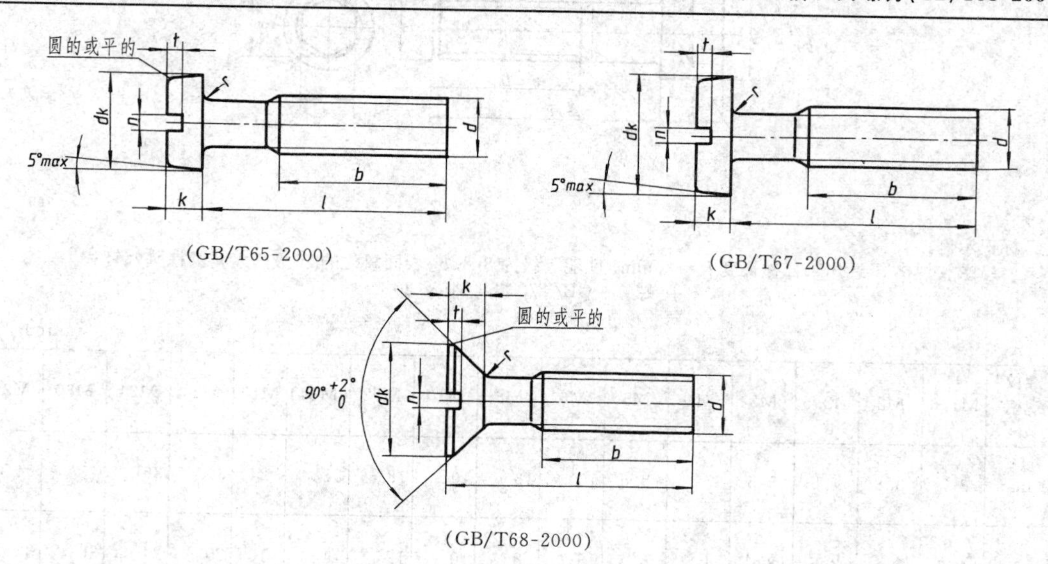

(GB/T65-2000)　(GB/T67-2000)

(GB/T68-2000)

标记示例：

螺纹规格 d = M5、公称长度 l = 20mm、性能等级为 4.8 级，不经表面处理的 A 级开槽圆柱头螺钉：

螺钉　GB/T65　M5 × 20

(mm)

螺纹规格 d		M1.6	M2	M2.5	M3	M4	M5	M6	M8	M10
GB/T65-2000	d_k 公称 = max	3	3.8	4.5	5.5	7	8.5	10	13	16
	k 公称 = max	1.1	1.4	1.8	2	2.6	3.3	3.9	5	6
	t min	0.45	0.6	0.7	0.85	1.1	1.3	1.6	2	2.4
	l	2～16	3～20	3～25	4～35	5～40	6～50	8～60	10～80	12～80
	全螺纹时最大长度	全　螺　纹					40	40	40	40
GB/T67-2000	d_k 公称 = max	3.2	4	5	5.6	8	9.5	12	16	20
	k 公称 = max	1	1.3	1.5	1.8	2.4	3	3.6	4.8	6
	t min	0.35	0.5	0.6	0.7	1	1.2	1.4	1.9	2.4
	l	2～16	2.5～20	3～25	4～30	5～40	6～50	8～60	10～80	12～80
	全螺纹时最大长度	全　螺　纹					40	40	40	40
GB/T68-2000	d_k 公称 = max	3	3.8	4.7	5.5	8.4	9.3	11.3	15.8	18.3
	k 公称 = max	1	1.2	1.5	1.65	2.7	2.7	3.3	4.65	5
	t min	0.32	0.4	0.5	0.6	1	1.1	1.2	1.8	2
	l	2.5～16	3～20	4～25	5～30	6～40	8～50	8～60	10～80	12～80
	全螺纹时最大长度	全　螺　纹					45	45	45	45
n		0.4	0.5	0.6	0.8	1.2	1.2	1.6	2	2.5
b		25				38				
l(系列)		2, 2.5, 3, 4, 5, 6, 8, 10, 12, (14), 16, 20, 25, 30, 35, 40, 45, 50, (55), 60, (65), 70, (75), 80								

表 8　内六角圆柱头螺钉(GB/T70.1-2000)

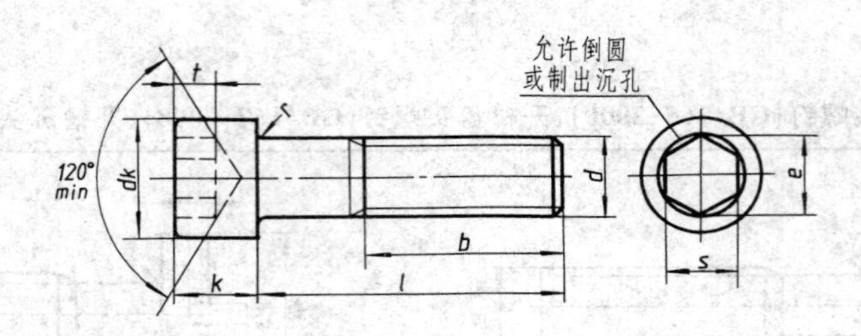

标记示例：

螺纹规格 d = M5，公称长度 l = 20mm，性能等级为 8.8 级，表面氧化的 A 级内六角圆柱头螺钉：

螺钉　GB/T70.1　M5×20

(mm)

螺纹规格 d	M1.6	M2	M2.5	M3	M4	M5	M6	M8	M10	M12	(M14)	M16	M20	M24	M30	M36
d_k max	3	3.8	4.5	5.5	7	8.5	10	13	16	18	21	24	30	36	45	54
k max	1.6	2	2.5	3	4	5	6	8	10	12	14	16	20	24	30	36
t min	0.7	1	1.1	1.3	2	2.5	3	4	5	6	7	8	10	12	15.5	19
S 公称	1.5	1.5	2	2.5	3	4	5	6	8	10	12	14	17	19	22	27
e min	1.73	1.73	2.3	2.87	3.44	4.58	5.72	6.86	9.15	11.43	13.72	16	19.44	21.73	25.15	30.85
b (参考)	15	16	17	18	20	22	24	28	32	36	40	44	52	60	72	84
l	2.5～16	3～20	4～25	5～30	6～40	8～50	10～60	12～80	16～100	20～120	25～140	25～160	30～200	40～240	45～300	55～300
全螺纹时最大长度	16	16	20	20	25	25	30	35	40	50	55	60	70	80	100	110
l 系列	2.5, 3, 4, 5, 6, 8, 10, 12, 16, 20, 25, 30, 35, 40, 45, 50, 55, 60, 65, 70, 80, 90, 100, 110, 120, 130, 140, 150, 160, 180, 200, 220, 240, 260, 280, 300															

注：尽可能不采用括号内的规格。

表 9　内六角平端紧定螺钉(GB/T77-2007)、内六角锥端紧定螺钉(GB/T78-2007)

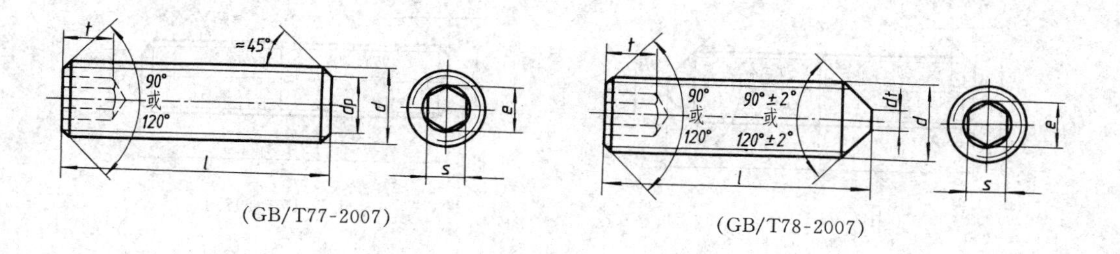

(GB/T77-2007)　　　　(GB/T78-2007)

标记示例：

螺纹规格 d = M6、公称长度 l = 12mm、性能等级为 45H 级、表面氧化的 A 级内六角平端紧定螺钉：

螺钉　GB/T77　M6 × 12

(mm)

螺纹规格 d		M1.6	M2	M2.5	M3	M4	M5	M6	M8	M10	M12	M16	M20	M24
d_p max		0.8	1	1.5	2	2.5	3.5	4	5.5	7	8.5	12	15	18
d_t max		0.4	0.5	0.65	0.75	1	1.25	1.5	2	2.5	3	4	5	6
e min		0.8	1	1.43	1.73	2.3	2.87	3.44	4.58	5.72	6.86	9.15	11.43	13.72
S 公称		0.7	0.9	1.3	1.5	2	2.5	3	4	5	6	8	10	12
t min		1.5 (0.7)	1.7 (0.8)	2 (1.2)	2 (1.2)	2.5 (1.5)	3 (2)	3.5 (2)	5 (3)	6 (4)	8 (4.8)	10 (6.4)	12 (8)	15 (10)
公称长度 l	GB/T 77	2～8	2～10	2～12	2～16	2.5～20	3～25	4～30	5～40	6～50	8～60	10～60	12～60	16～60
	GB/T 78	2～8	2～10	2.5～12	2.5～16	3～20	4～25	5～30	8～45	8～50	10～60	12～60	16～60	20～60
公称长度 l≤右表内值时的短螺钉，应按上图中所注 120°角制成，而 90°用于其余长度	GB/T 77	2	2.5	3	3	4	5	6	6	8	12	16	16	20
	GB/T 78	2.5	2.5	3	3	4	5	6	8	10	12	16	20	25
l 系列		2, 2.5, 3, 4, 5, 6, 8, 10, 12, 16, 20, 25, 30, 35, 40, 45, 50, 55, 60												

注：t_{min} 在括号内的值，用于 l≤上表内值时的短螺钉。

表 10 开槽锥端紧定螺钉(GB/T71-1985)、开槽平端紧定螺钉(GB/T73-1985)、开槽凹端紧定螺钉(GB/T74-1985)、开槽长圆柱端紧定螺钉(GB/T75-1985)

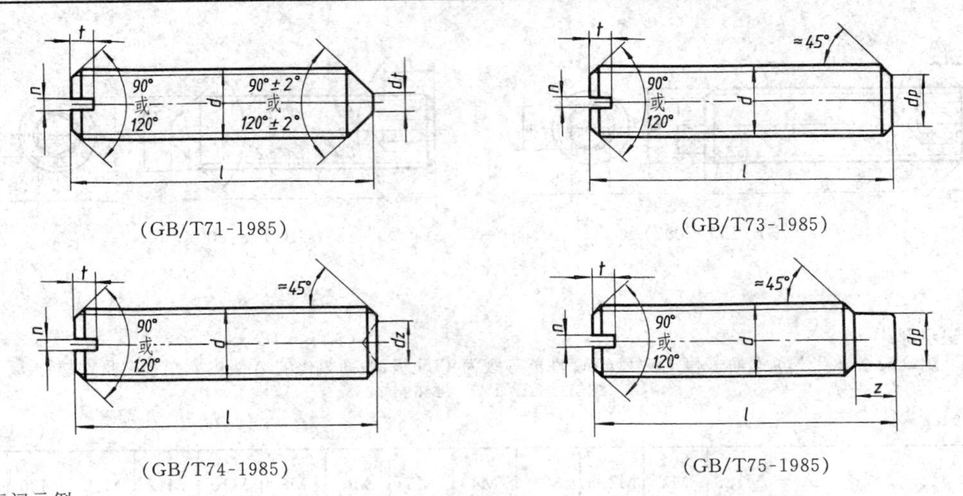

(GB/T71-1985) (GB/T73-1985)

(GB/T74-1985) (GB/T75-1985)

标记示例：

螺纹规格 $d=$ M5、公称长度 $l=12$mm、性能等级为 14H 级、表面氧化的开槽锥端紧定螺钉：

螺钉 GB/T71 M5×12

(mm)

螺纹规格 d		M1.2	M1.6	M2	M2.5	M3	M4	M5	M6	M8	M10	M12
n	公称	0.2	0.25	0.25	0.4	0.4	0.6	0.8	1	1.2	1.6	2
t	min	0.4	0.56	0.64	0.72	0.8	1.12	1.28	1.6	2	2.4	2.8
d_t	max	0.12	0.16	0.2	0.25	0.3	0.4	0.5	1.5	2	2.5	3
d_p	max	0.6	0.8	1	1.5	2	2.5	3.5	4	5.5	7	8.5
d_z	max		0.8	1	1.2	1.4	2	2.5	3	5	6	8
z	max		1.05	1.25	1.5	1.75	2.25	2.75	3.25	4.3	5.3	6.3
公称长度 l	GB/T71	2～6	2～8	3～10	3～12	4～16	6～20	8～25	8～30	10～40	12～50	14～60
	GB/T73	2～6	2～8	2～10	2.5～12	3～16	4～20	5～25	6～30	8～40	10～50	12～60
	GB/T74		2～8	2.5～10	3～12	3～16	4～20	5～25	6～30	8～40	10～50	12～60
	GB/T75		2.5～8	3～10	4～12	5～16	6～20	8～25	8～30	10～40	12～50	14～60
公称长度 $l\leqslant$ 右表内值时的短螺钉，应按上图中所注 120°角制成；而 90°用于其余长度	GB/T71	2	2.5		3							
	GB/T73		2	2.5	3	3	4	5	6			
	GB/T74		2	2.5	3	4	5	5	6	8	10	12
	GB/T75		2.5	3	4	5	6	8	10	14	16	20
l(系列)		2, 2.5, 3, 4, 5, 6, 8, 10, 12, (14), 16, 20, 25, 30, 35, 40, 45, 50, (55), 60										

注：尽可能不采用括号内的规格。

6. 螺　　母

表 11　六角螺母 C 级(GB/T41-2000)、1 型六角螺母(GB/T6170-2000)、六角薄螺母(GB/T6172.1-2000)

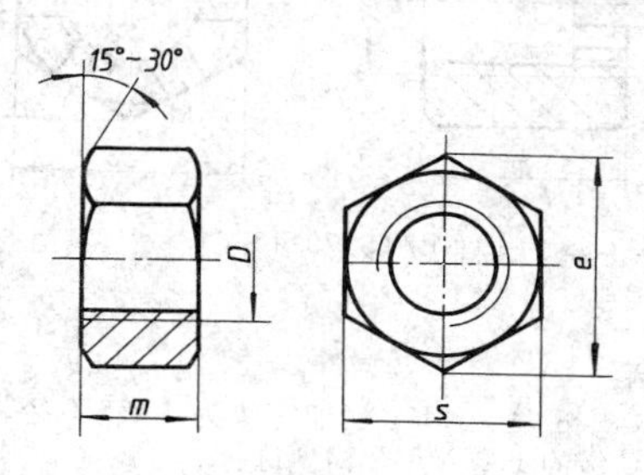

(GB/T41-2000)

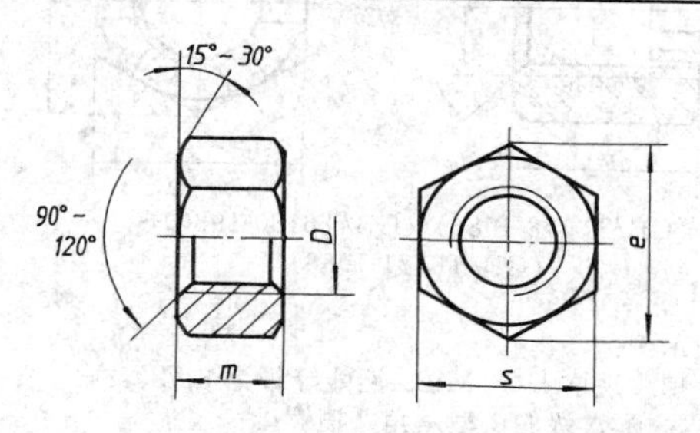

(GB/T6170-2000)、(GB/T6172-2000)

标记示例：

螺纹规格 D = M12、性能等级为 5 级、不经表面处理、产品等级为 C 级的六角螺母：

螺母　GB/T41　M12

标记示例：

螺纹规格 D = M12、性能等级为 8 级、不经表面处理、产品等级为 A 级的 1 型六角螺母：

螺母　GB/T6170　M12

螺纹规格 D = M12、性能等级为 04 级、不经表面处理、产品等级为 A 级的六角薄螺母：

螺母　GB/T6172.1　M12

(mm)

螺纹规格 D		M3	M4	M5	M6	M8	M10	M12	(M14)	M16	(M18)	M20	(M22)	M24	(M27)	M30	M36	M42	M48
e 近似		6	7.7	8.8	11	14.4	17.8	20	23.4	26.8	29.6	35	37.3	39.6	45.2	50.9	60.8	72	82.6
S 公称＝max		5.5	7	8	10	13	16	18	21	24	27	30	34	36	41	46	55	65	75
m max	GB/T 6170	2.4	3.2	4.7	5.2	6.8	8.4	10.8	12.8	14.8	15.8	18	19.4	21.5	23.8	25.6	31	34	38
	GB/T 6172	1.8	2.2	2.7	3.2	4	5	6	7	8	9	10	11	12	13.5	15	18	21	24
	GB/T 41			5.6	6.4	7.9	9.5	12.2	13.9	15.9	16.9	19	20.2	22.3	24.7	26.4	31.9	34.9	38.9

注：1. 表中 e 为圆整近似值。
2. 尽可能不采用括号内的规格。
3. A 级用于 $D \leqslant 16$ 的螺母；B 级用于 $D > 16$ 的螺母。

表 12 1 型六角开槽螺母 A 和 B 级(GB/T6178-1986)、1 型六角开槽螺母 C 级(GB/T6179-1986)、2 型六角开槽螺母 A 和 B 级(GB/T6180-1986)、六角开槽薄螺母 A 和 B 级(GB/T6181-1986)

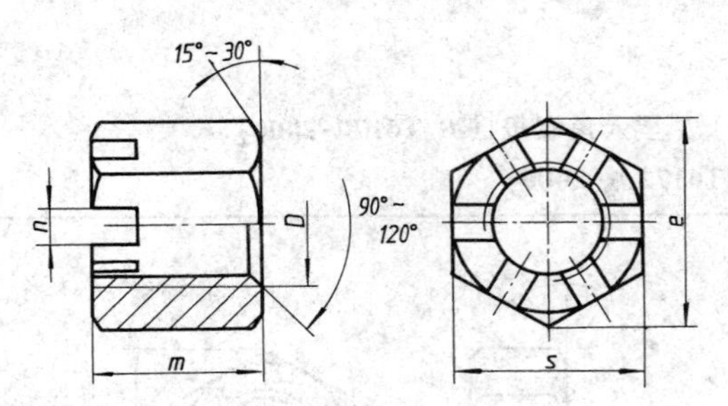

(GB/T6178-1986)、(GB/T6180-1986)、
(GB/T6181-1986)

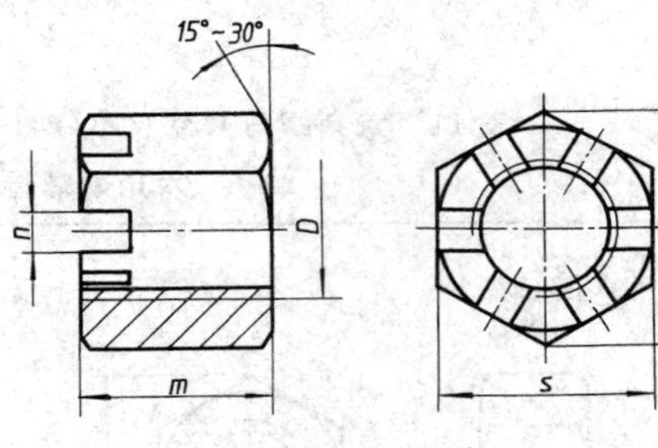

(GB/T6179-1986)

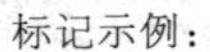

标记示例:

螺纹规格 D = M12、性能等级为 8 级、表面氧化、A 级的 1 型六角开槽螺母:

螺母 GB/T6178 M12

标记示例:

螺纹规格 D = M5、性能等级为 5 级、不经表面处理、C 级的 1 型六角开槽螺母:

螺母 GB/T6179 M5

螺纹规格 D = M12、性能等级为 04 级、不经表面处理、A 级的六角开槽薄螺母:

螺母 GB/T6181 M12

(mm)

螺纹规格 D		M4	M5	M6	M8	M10	M12	(M14)	M16	M20	M24	M30	M36
n	min	1.2	1.4	2	2.5	2.8	3.5	3.5	4.5	4.5	5.5	7	7
e	近似	7.7	8.8	11	14	17.8	20	23	26.8	33	39.6	50.9	60.8
S	max	7	8	10	13	16	18	21	24	30	36	46	55
m max	GB/T 6178	5	6.7	7.7	9.8	12.4	15.8	17.8	20.8	24	29.5	34.6	40
	GB/T 6179		7.6	8.9	10.94	13.54	17.17	18.9	21.9	25	30.3	35.4	40.9
	GB/T 6180		7.1	8.2	10.5	13.3	17	19.1	22.4	26.3	31.9	37.6	43.7
	GB/T 6181		5.1	5.7	7.5	9.3	12	14.1	16.4	20.3	23.9	28.6	34.7
开口销		1×10	1.2×12	1.6×14	2×16	2.5×20	3.2×22	3.2×26	4×28	4×36	5×40	6.3×50	6.3×65

注:1. 尽可能不采用括号内的规格。

2. 表中 e 为圆整近似值。

3. A 级用于 $D \leqslant 16$ 的螺母;B 级用于 $D > 16$ 的螺母。

表 13　圆螺母(GB/T812-1988)

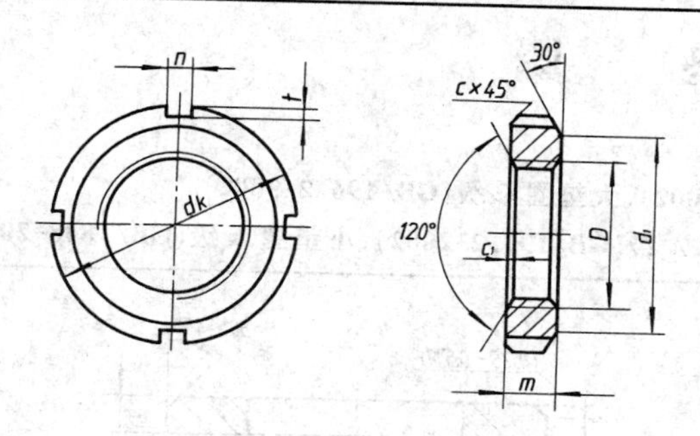

标记示例：

螺纹规格 D = M16×1.5、材料为 45 钢、槽或全部热处理后硬度 35～45HRC、表面氧化的圆螺母：

螺母　GB/T812　M16×1.5

(mm)

D	d_k	d_1	m	n min	t min	C	C_1
M10×1	22	16					
M12×1.25	25	19		4	2		
M14×1.5	28	20					
M16×1.5	30	22	8			0.5	
M18×1.5	32	24					
M20×1.5	35	27					
M22×1.5	38	30					
M24×1.5	42	34		5	2.5		
M25×1.5*	42	34					
M27×1.5	45	37				1	
M30×1.5	48	40					
M33×1.5	52	43					0.5
M35×1.5*	52	43	10				
M36×1.5	55	46					
M39×1.5	58	49		6	3		
M40×1.5*	58	49					
M42×1.5	62	53					
M45×1.5	68	59					
M48×1.5	72	61				1.5	
M50×1.5*	72	61					
M52×1.5	78	67					
M55×2*	78	67	12	8	3.5		
M56×2	85	74					
M60×2	90	79					1

D	d_k	d_1	m	n min	t min	C	C_1
M64×2	95	84					
M65×2*	95	84	12	8	3.5		
M68×2	100	88					
M72×2	105	93					
M75×2*	105	93		10	4		
M76×2	110	98	15				
M80×2	115	103					
M85×2	120	108					
M90×2	125	112					
M95×2	130	117				1.5	1
M100×2	135	122	18	12	5		
M105×2	140	127					
M110×2	150	135					
M115×2	155	140					
M120×2	160	145					
M125×2	165	150	22	14	6		
M130×2	170	155					
M140×2	180	165					
M150×2	200	180					
M160×3	210	190	26				
M170×3	220	200					
M180×3	230	210		16	7	2	1.5
M190×3	240	220	30				
M200×3	250	230					

注：1. 槽数 n：当 $D \leqslant$ M100×2 时，$n=4$；当 $D \geqslant$ M105×2 时，$n=6$。

2. 标有 * 者仅用于滚动轴承锁紧装置。

7. 垫　　圈

表14　平垫圈C级(GB/T95-2002)、大垫圈C级(GB/T96.2-2002)、平垫圈A级(GB/T97.1-2002)、平垫圈　倒角型A级(GB/T97.2-2002)、小垫圈A级(GB/T848-2002)

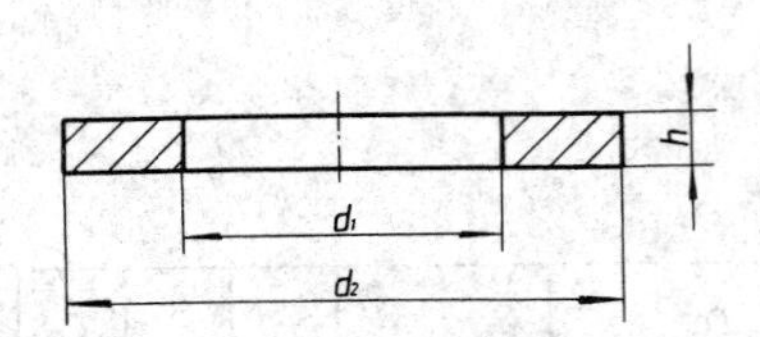

(GB/T95-2002)、(GB/T96.2-2002)
(GB/T97.1-2002)、(GB/T848-2002)

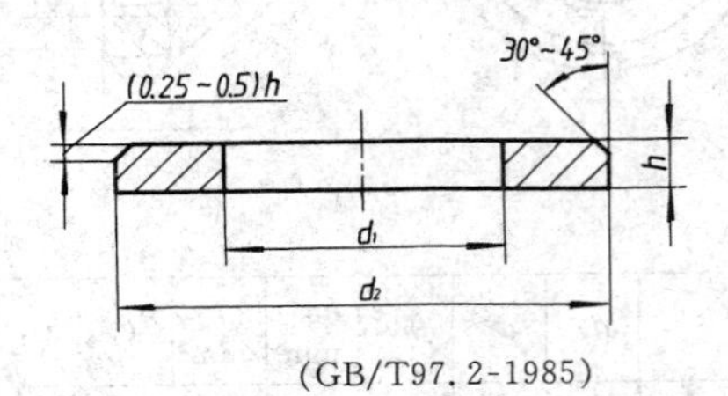

(GB/T97.2-1985)

标记示例:

标准系列、规格8mm、性能等级为100HV级,不经表面处理的平垫圈:

垫圈　GB/T95　8

标记示例:

标准系列、规格8mm、性能等级为140HV级、倒角型、不经表面处理的平垫圈:

垫圈　GB/T97.2　8

标准系列、规格8mm、性能等级为A140级、倒角型、不经表面处理的平垫圈:

垫圈　GB/T97.2　8　A140

(mm)

规格(螺纹大径) d	标准系列				大系列			小系列		
	GB/T95、GB/T97.1、GB/T97.2				GB/T96.2			GB/T848		
	d_2 公称 max	h 公称	d_1 公称 min (GB/T95)	d_1 公称 min (GB/T97.1、GB/T97.2)	d_1 公称 min	d_2 公称 max	h 公称	d_1 公称 min	d_2 公称 max	h 公称
1.6	4	0.3		1.7				1.7	3.5	0.3
2	5			2.2				2.2	4.5	
2.5	6	0.5		2.7				2.7	5	
3	7			3.2	3.2	9	0.8	3.2	6	0.5
4	9	0.8		4.3	4.3	12	1	4.3	8	
5	10	1	5.5	5.3	5.3	15	1.2	5.3	9	1
6	12	1.6	6.6	6.4	6.4	18	1.6	6.4	11	1.6
8	16		9	8.4	8.4	24	2	8.4	15	
10	20	2	11	10.5	10.5	30	2.5	10.5	18	
12	24	2.5	13.5	13	13	37	3	13	20	2
14	28		15.5	15	15	44		15	24	2.5
16	30	3	17.5	17	17	50		17	28	
20	37		22	21	22	60	4	21	34	3
24	44	4	26	25	26	72	5	25	39	4
30	56		33	31	33	92	6	31	50	
36	66	5	39	37	39	110	8	37	60	5

注:1. GB/T95、GB/T97.2,d的范围为5~36mm;GB/T96.2,d的范围为3~36mm;GB/T848、GB/T97.1,d的范围为1.6~36。

2. GB/T848主要用于带圆柱头的螺钉,其他用于标准的六角螺栓、螺钉和螺母。

表 15　标准型弹簧垫圈(GB/T93-1987)、轻型弹簧垫圈(GB/T859-1987)

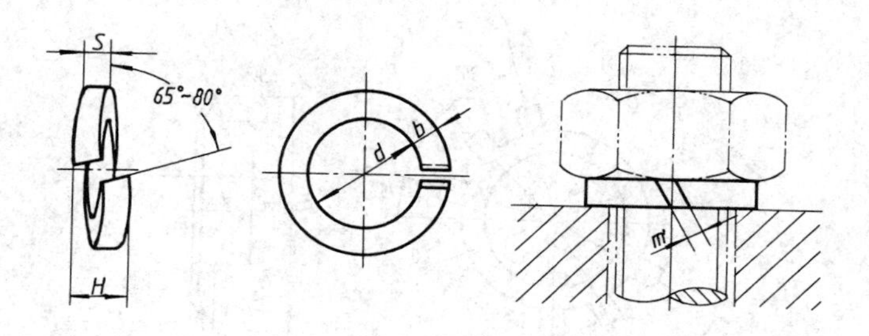

标记示例：

规格 16mm、材料为 65Mn、表面氧化的标准型弹簧垫圈：

垫圈　GB/T93　16

(mm)

规格（螺纹大径）	d min	GB/T93		GB/T859		
		$S=b$ 公称	$m'\leqslant$	S 公称	b 公称	$m'\leqslant$
2	2.1	0.5	0.25			
2.5	2.6	0.65	0.33			
3	3.1	0.8	0.4	0.6	1	0.3
4	4.1	1.1	0.55	0.8	1.2	0.4
5	5.1	1.3	0.65	1.1	1.5	0.55
6	6.1	1.6	0.8	1.3	2	0.65
8	8.1	2.1	1.05	1.6	2.5	0.8
10	10.2	2.6	1.3	2	3	1
12	12.2	3.1	1.55	2.5	3.5	1.25
(14)	14.2	3.6	1.8	3	4	1.5
16	16.2	4.1	2.05	3.2	4.5	1.6
(18)	18.2	4.5	2.25	3.6	5	1.8
20	20.2	5	2.5	4	5.5	2
(22)	22.5	5.5	2.75	4.5	6	2.25
24	24.5	6	3	5	7	2.5
(27)	27.5	6.8	3.4	5.5	8	2.75
30	30.5	7.5	3.75	6	9	3
36	36.5	9	4.5			
42	42.5	10.5	5.25			
48	48.5	12	6			

注：尽可能不采用括号内的规格。

表 16 圆螺母用止动垫圈(GB/T858-1988)

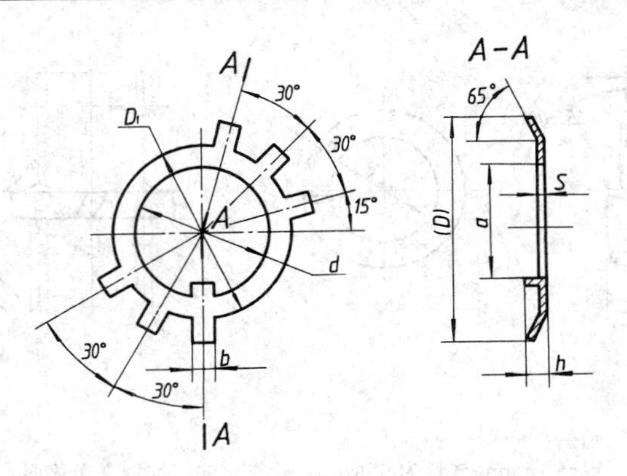

标记示例:

规格 16mm、材料为 Q215、经退火、表面氧化的圆螺母用止动垫圈:

垫圈 GB/T858 16

(mm)

规格(螺纹大径)	d	(D)(参考)	D_1	S	b	a	h	轴端		规格(螺纹大径)	d	(D)(参考)	D_1	S	b	a	h	轴端	
								b_1	t									b_1	t
14	14.5	32	20		3.8	11	3	4	10	55*	56	82	67			52			—
16	16.5	34	22			13			12	56	57	90	74			53			52
18	18.5	35	24			15			14	60	61	94	79		7.7	57	6	8	56
20	20.5	38	27			17			16	64	65	100	84			61			60
22	22.5	42	30	1		19	4		18	65*	66	100	84			62			—
24	24.5	45	34		4.8	21		5	20	68	69	105	88	1.5		65			64
25*	25.5	45	34			22			—	72	73	110	93			69			68
27	27.5	48	37			24			23	75*	76	110	93			71			—
30	30.5	52	40			27			26	76	77	115	98		9.6	72		10	70
33	33.5	56	43			30			29	80	81	120	103			76			74
35*	35.5	56	43			32			—	85	86	125	108			81			79
36	36.5	60	46			33			32	90	91	130	112			86			84
39	39.5	62	49		5.7	36	5	6	35	95	96	135	117		11.6	91	7	12	89
40*	40.5	62	49	1.5		37			—	100	101	140	122			96			94
42	42.5	66	53			39			38	105	106	145	127	2		101			99
45	45.5	72	59			42			41	110	111	156	135			106			104
48	48.5	76	61			45			44	115	116	160	140		13.5	111		14	109
50*	50.5	76	61		7.7	47		8	—	120	121	166	145			116			114
52	52.5	82	67			49	6		48	125	126	170	150			121			119

注:标有*仅用于滚动轴承锁紧装置。

8. 平　键

表 17　平键和键槽的剖面尺寸(GB/T1095-2003)、普通平键的型式尺寸(GB/T1096-2003)

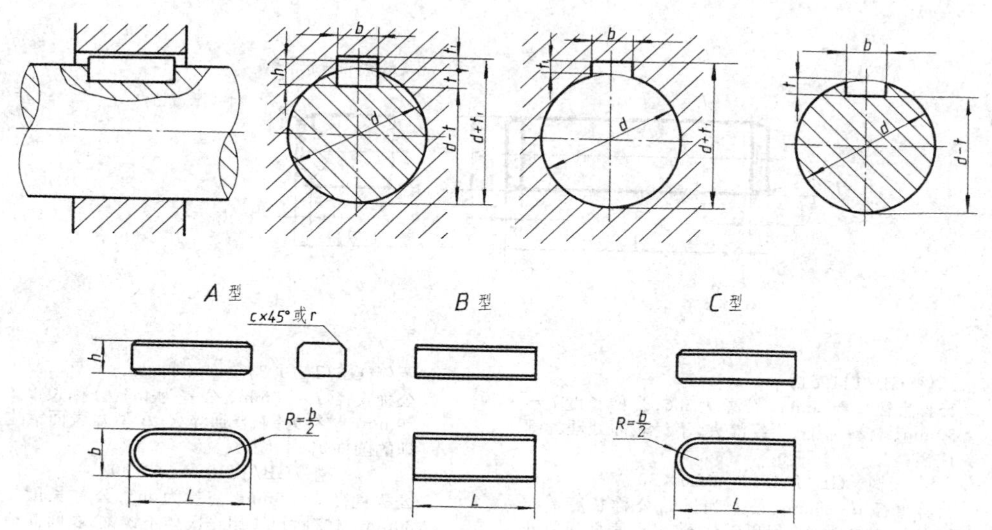

标　记　示　例

圆头普通平键(A型)$b=16$mm、$h=10$mm、$L=100$mm　键 GB/T1096 16×100

平头普通平键(B型)$b=16$mm、$h=10$mm、$L=100$mm　键 GB/T1096 B16×100

单圆头普通平键(C型)$b=16$mm、$h=10$mm、$L=100$mm　键 GB/T1096 C16×100

(mm)

轴	键		键槽											
公称直径 d	公称尺寸 $b\times h$	长度 L	宽度 b						深度				半径 r	
			公称尺寸 b	极限偏差					轴 t		毂 t_1			
				松联结		正常联结		紧密联结						
				轴 H9	毂 D10	轴 N9	毂 JS9	轴和毂 P9	公称尺寸	极限偏差	公称尺寸	极限偏差	最小	最大
自6～8	2×2	6～20	2	+0.025 0	+0.060 +0.020	−0.004 −0.029	±0.0125	−0.006 −0.031	1.2	+0.1 0	1	+0.1 0	0.08	0.16
>8～10	3×3	6～36	3						1.8		1.4			
>10～12	4×4	8～45	4	+0.030 0	+0.078 +0.030	0 −0.030	±0.015	−0.012 −0.042	2.5		1.8			
>12～17	5×5	10～56	5						3.0		2.3			
>17～22	6×6	14～70	6						3.5		2.8			
>22～30	8×7	18～90	8	+0.036 0	+0.098 +0.040	0 −0.036	±0.018	−0.015 −0.051	4.0	+0.2 0	3.3	+0.2 0	0.16	0.25
>30～38	10×8	22～110	10						5.0		3.3			
>38～44	12×8	28～140	12	+0.043 0	+0.120 +0.050	0 −0.043	±0.0215	−0.018 −0.061	5.0		3.3			
>44～50	14×9	36～160	14						5.5		3.8		0.25	0.40
>50～58	16×10	45～180	16						6.0		4.3			
>58～65	18×11	50～200	18						7.0		4.4			
>65～75	20×12	56～220	20						7.5		4.9			
>75～85	22×14	63～250	22	+0.052 0	+0.149 +0.065	0 −0.052	±0.026	−0.022 −0.074	9.0		5.4		0.40	0.60
>85～95	25×14	70～280	25						9.0		5.4			
>95～110	28×16	80～320	28						10.0		6.4			
>110～130	32×18	80～360	32						11.0		7.4			
>130～150	36×20	100～400	36	+0.062 0	+0.180 +0.080	0 −0.062	±0.031	−0.026 −0.088	12.0	+0.3 0	8.4	+0.3 0	0.70	1.0
>150～170	40×22	100～400	40						13.0		9.4			
>170～200	45×25	110～450	45						15.0		10.4			

注：1. $(d-t)$ 和 $(d+t_1)$ 两组组合尺寸的极限偏差按相应的 t 和 t_1 的极限偏差选取，但 $(d-t)$ 极限偏差应取负号(−)。

2. L 系列：6，8，10，12，14，16，18，20，22，25，28，32，36，40，45，50，56，63，70，80，90，100，110，125，140，160，180，200，220，250，280，320，330，400，450。

9. 销

表 18 圆柱销 不淬硬钢和奥氏体不锈钢(GB/T119.1-2000)、圆柱销 淬硬钢和马氏体不锈钢(GB/T119.2-2000)

末端形状,由制造者确定

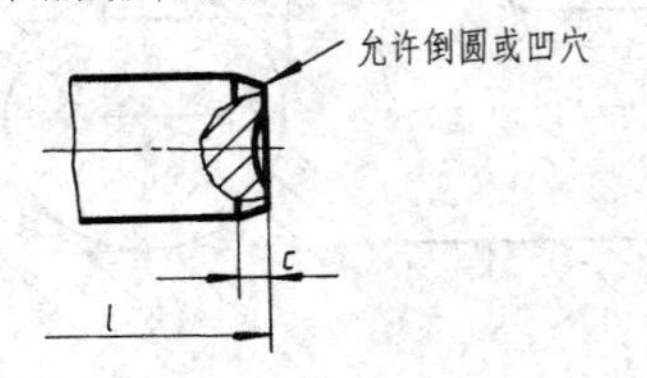

标记示例(GB/T119.1)

公称直径 $d=6$mm、公差为 m6,公称长度 $l=30$mm、材料为钢、不经淬火,不经表面处理的圆柱销:

销 GB/T119.1 6m6×30

公称直径 $d=6$mm、公差为 m6,公称长度 $l=30$mm、材料为 A1 组奥氏体不锈钢、表面简单处理的圆柱销:

销 GB/T119.1 6m6×30-A1

标记示例(GB/T119.2)

公称直径 $d=6$mm,公差为 m6,公称长度 $l=30$mm、材料为钢、普通淬火(A 型)、表面氧化处理的圆柱销:

销 GB/T119.2 6×30

公称直径 $d=6$mm、公差为 m6,公称长度 $l=30$mm、材料为 C1 组马氏体不锈钢、表面简单处理的圆柱销:

销 GB/T119.2 6×30-C1

(mm)

d(公称) m6/h8 (GB/T119.1) m6 (GB/T119.2)		2.5	3	4	5	6	8	10	12	16	20	25	30
c ≈		0.4	0.5	0.63	0.8	1.2	1.6	2	2.5	3	3.5	4	5
l	GB/T 119.1	6~24	8~30	8~40	10~50	12~60	14~80	18~95	22~140	26~180	35~200	50~200	60~200
	GB/T 119.2	6~24	8~30	10~40	12~50	14~60	18~80	22~100	26~100	40~100	50~100		
l(系列)	6, 8, 10, 12, 14, 16, 18, 20, 22, 24, 26, 28, 30, 32, 35, 40, 45, 50, 55, 60, 65, 70, 75, 80, 85, 90, 95, 100, 120, 140, 160, 180, 200												

表 19　圆锥销(GB/T117-2000)

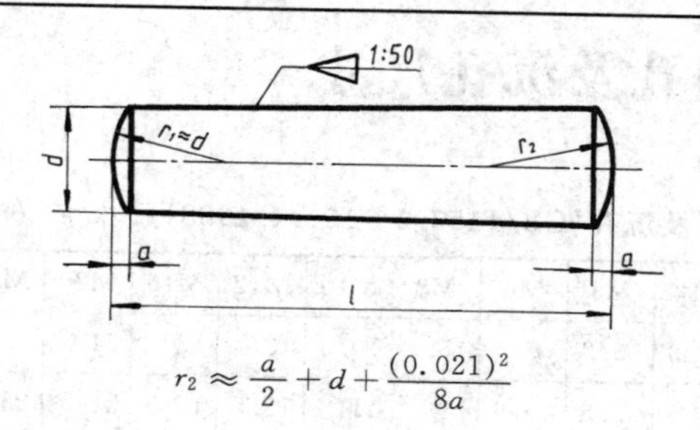

$$r_2 \approx \frac{a}{2} + d + \frac{(0.021)^2}{8a}$$

标记示例：

公称直径 $d = 6$mm、公称长度 $l = 30$mm、材料为 35 钢、热处理硬度 28～38HRC、表面氧化处理的 A 型圆锥销：

销　GB/T117　6×30

(mm)

d(公称)h10	2.5	3	4	5	6	8	10	12	16	20	25	30
$a\approx$	0.3	0.4	0.5	0.63	0.8	1.0	1.2	1.6	2	2.5	3.0	4.0
l	10～35	12～45	14～55	18～60	22～90	22～120	26～160	32～180	40～200	45～200	50～200	55～200
l(系列)	10, 12, 14, 16, 18, 20, 22, 24, 26, 28, 30, 32, 35, 40, 45, 50, 55, 60, 65, 70, 75, 80, 85, 90, 95, 100, 120, 140, 160, 180, 200											

表 20　开口销(GB/T91-2000)

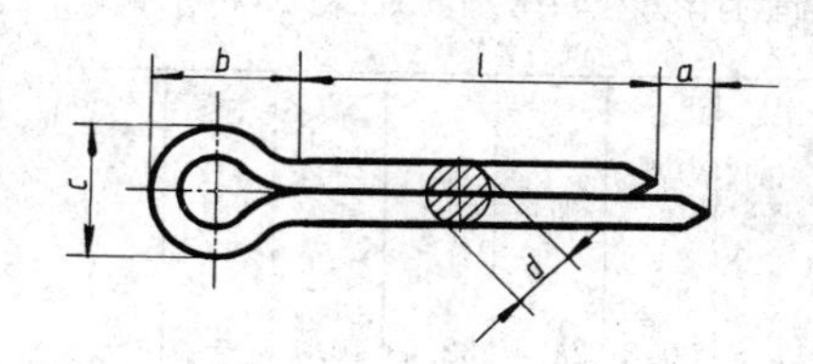

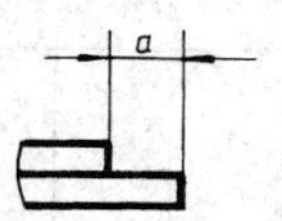

允许制造的型式

标记示例：

公称规格为 5mm、公称长度 $l = 50$mm、材料为 Q215 或 Q235、不经表面处理的开口销：

销　GB/T91　5×50

(mm)

公称规格		0.6	0.8	1	1.2	1.6	2	2.5	3.2	4	5	6.3	8	10
d	max	0.5	0.7	0.9	1	1.4	1.8	2.3	2.9	3.7	4.6	5.9	7.5	9.5
	min	0.4	0.6	0.8	0.9	1.3	1.7	2.1	2.7	3.5	4.4	5.7	7.3	9.3
a	max	1.6	1.6	1.6	2.5	2.5	2.5	2.5	3.2	4	4	4	4	6.3
b	≈	2	2.4	3	3	3.2	4	5	6.4	8	10	12.6	16	20
c	max	1	1.4	1.8	2	2.8	3.6	4.6	5.8	7.4	9.2	11.8	15	19
l		4～12	5～16	6～20	8～25	8～32	10～40	12～50	14～63	18～80	22～100	32～125	40～160	45～200
l(系列)		4, 5, 6, 8, 10, 12, 14, 16, 18, 20, 22, 25, 28, 32, 36, 40, 45, 50, 56, 63, 71, 80, 90, 100, 112, 125, 140, 160, 180, 200												

注：公称规格等于开口销孔的直径。

10. 紧固件通孔及沉孔尺寸

表 21　紧固件通孔(GB/T5277-1985)及沉孔(GB/T152.2～152.4-1988)尺寸　(mm)

螺纹直径 d		M3	M4	M5	M6	M8	M10	M12	M16	M20	M24	M30
螺栓和螺钉通孔直径 d_h (GB/T5277)	精装配	3.2	4.3	5.3	6.4	8.4	10.5	13	17	21	25	31
	中等装配	3.4	4.5	5.5	6.6	9	11	13.5	17.5	22	26	33
	粗装配	3.6	4.8	5.8	7	10	12	14.5	18.5	24	28	35
六角头螺栓和六角螺母用沉孔 (GB/T152.4)	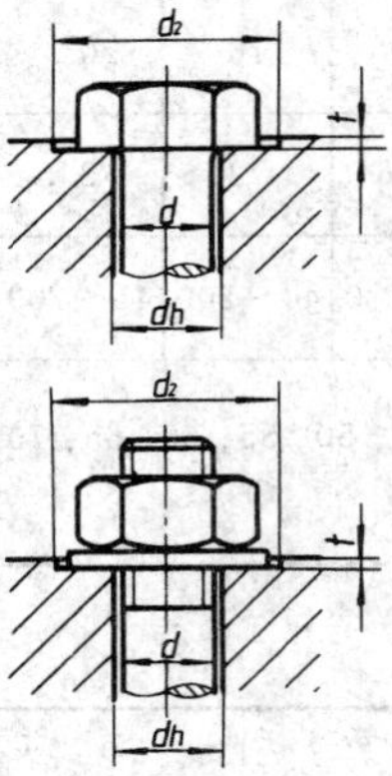 d_2	9	10	11	13	18	22	26	33	40	48	61
	t	t 值很小，主要是在不经机加工的铸造或锻造表面或不平整的表面加工一环形平面，使支承面垂直于螺栓轴线，保证连接质量和可靠性										
沉头螺钉用沉孔 (GB/T152.2)	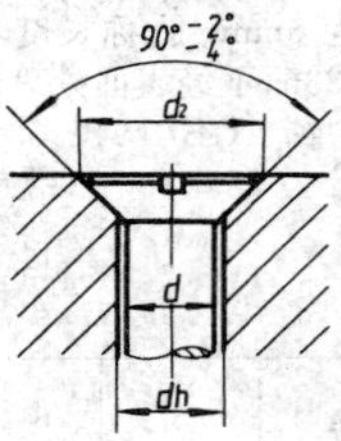 d_2	6.4	9.6	10.6	12.8	17.6	20.3	24.4	32.4	40.4	—	—
开槽圆柱头螺钉用沉孔 (GB/T152.3)	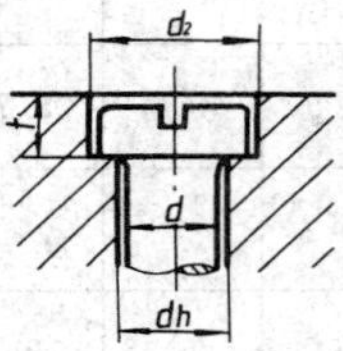 d_2	—	8	10	11	15	18	20	26	33	—	—
	t	—	3.2	4	4.7	6	7	8	10.5	12.5	—	—
内六角圆柱头螺钉用沉孔 (GB/T152.3)	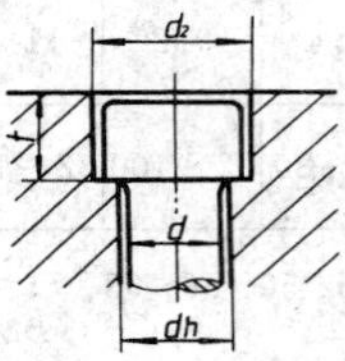 d_2	6	8	10	11	15	18	20	26	33	40	48
	t	3.4	4.6	5.7	6.8	9	11	13	17.5	21.5	25.5	32

11. 滚动轴承

表22　深沟球轴承(GB/T276-1994)

60000型

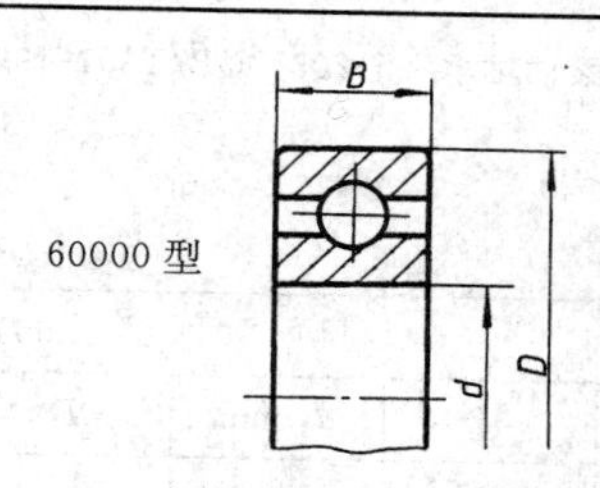

标记示例：

内径 $d=50$mm 的60000型深沟球轴承，尺寸系列为(0)2：

滚动轴承　6210　GB/T276-1994

轴承代号	尺寸 (mm)		
	d	D	B
(0)2 系列			
6200	10	30	9
6201	12	32	10
6202	15	35	11
6203	17	40	12
6204	20	47	14
6205	25	52	15
6206	30	62	16
6207	35	72	17
6208	40	80	18
6209	45	85	19
6210	50	90	20
6211	55	100	21
6212	60	110	22
6213	65	120	23
6214	70	125	24
6215	75	130	25
6216	80	140	26
6217	85	150	28
6218	90	160	30
6219	95	170	32
6220	100	180	34
(0)3 系列			
6300	10	35	11
6301	12	37	12
6302	15	42	13
6303	17	47	14
6304	20	52	15
6305	25	62	17
6306	30	72	19
6307	35	80	21

轴承代号	尺寸 (mm)		
	d	D	B
6308	40	90	23
6309	45	100	25
6310	50	110	27
6311	55	120	29
6312	60	130	31
6313	65	140	33
6314	70	150	35
6315	75	160	37
6316	80	170	39
6317	85	180	41
6318	90	190	43
6319	95	200	45
6320	100	215	47
(0)4 系列			
6403	17	62	17
6404	20	72	19
6405	25	80	21
6406	30	90	23
6407	35	100	25
6408	40	110	27
6409	45	120	29
6410	50	130	31
6411	55	140	33
6412	60	150	35
6413	65	160	37
6414	70	180	42
6415	75	190	45
6416	80	200	48
6417	85	210	52
6418	90	225	54
6420	100	250	58

表 23 推力球轴承(GB/T301-1995)

51000 型

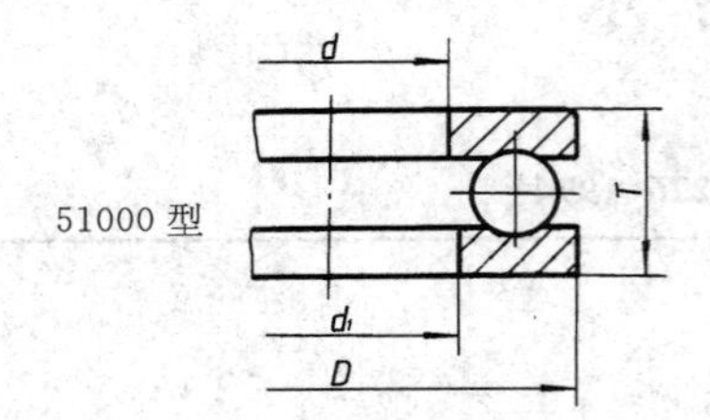

标记示例：

内径 $d=17$mm 的 51000 型推力球轴承，尺寸系列为 12：

滚动轴承 51203 GB/T301-1995

轴承代号	尺寸 (mm)			
	d	d_1 min	D	T
12 系列				
51200	10	12	26	11
51201	12	14	28	11
51202	15	17	32	12
51203	17	19	35	12
51204	20	22	40	14
51205	25	27	47	15
51206	30	32	52	16
51207	35	37	62	18
51208	40	42	68	19
51209	45	47	73	20
51210	50	52	78	22
51211	55	57	90	25
51212	60	62	95	26
51213	65	67	100	27
51214	70	72	105	27
51215	75	77	110	27
51216	80	82	115	28
51217	85	88	125	31
51218	90	93	135	35
51220	100	103	150	38
13 系列				
51305	25	27	52	18
51306	30	32	60	21
51307	35	37	68	24
51308	40	42	78	26
51309	45	47	85	28
51310	50	52	95	31
51311	55	57	105	35
51312	60	62	110	35
51313	65	67	115	36
51314	70	72	125	40
51315	75	77	135	44
51316	80	82	140	44
51317	85	88	150	49
51318	90	93	155	50
51320	100	103	170	55
14 系列				
51405	25	27	60	24
51406	30	32	70	28
51407	35	37	80	32
51408	40	42	90	36
51409	45	47	100	39
51410	50	52	110	43
51411	55	57	120	48
51412	60	62	130	51
51413	65	68	140	56
51414	70	73	150	60
51415	75	78	160	65
51417	85	88	180	72
51418	90	93	190	77

表 24　圆锥滚子轴承(GB/T297-1994)

30000 型

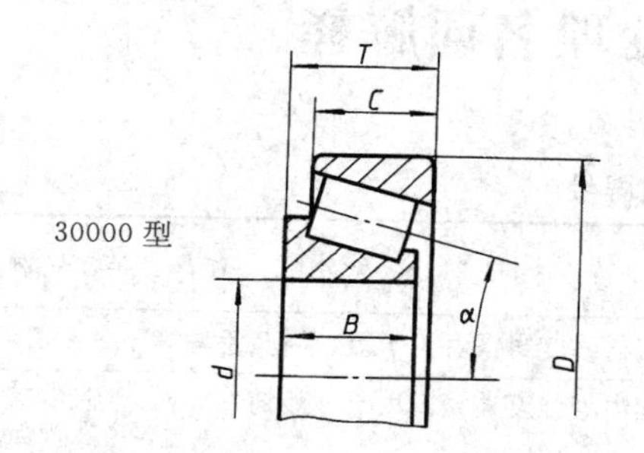

标记示例：

内径 $d=70$mm 的 30000 型圆锥滚子轴承，尺寸系列为 22：

滚动轴承 32214　GB/T297-1994

轴承代号	尺寸 (mm)					
	d	D	T	B	C	α
02 系列						
30203	17	40	13.25	12	11	12°57′10″
30204	20	47	15.25	14	12	12°57′10″
30205	25	52	16.25	15	13	14°02′10″
30206	30	62	17.25	16	14	14°02′10″
30207	35	72	18.25	17	15	14°02′10″
30208	40	80	19.75	18	16	14°02′10″
30209	45	85	20.75	19	16	15°06′34″
30210	50	90	21.75	20	17	15°38′32″
30211	55	100	22.75	21	18	15°06′34″
30212	60	110	23.75	22	19	15°06′34″
30213	65	120	24.75	23	20	15°06′34″
30214	70	125	26.25	24	21	15°38′32″
30215	75	130	27.25	25	22	16°10′20″
30216	80	140	28.25	26	22	15°38′32″
30217	85	150	30.50	28	24	15°38′32″
30218	90	160	32.50	30	26	15°38′32″
30219	95	170	34.50	32	27	15°38′32″
30220	100	180	37.00	34	29	15°38′32″
03 系列						
30302	15	42	14.25	13	11	10°45′29″
30303	17	47	15.25	14	12	10°45′29″
30304	20	52	16.25	15	13	11°18′36″
30305	25	62	18.25	17	15	11°18′36″
30306	30	72	20.75	19	16	11°51′35″
30307	35	80	22.75	21	18	11°51′35″
30308	40	90	25.25	23	20	12°57′10″
30309	45	100	27.25	25	22	12°57′10″
30310	50	110	29.25	27	23	12°57′10″
30311	55	120	31.50	29	25	12°57′10″
30312	60	130	33.50	31	26	12°57′10″
30313	65	140	36.00	33	28	12°57′10″
30314	70	150	38.00	35	30	12°57′10″
30315	75	160	40.00	37	31	12°57′10″
30316	80	170	42.50	39	33	12°57′10″
30317	85	180	44.50	41	34	12°57′10″
30318	90	190	46.50	43	36	12°57′10″
30319	95	200	49.50	45	38	12°57′10″
30320	100	215	51.50	47	39	12°57′10″
22 系列						
32204	20	47	19.25	18	15	12°28′
32205	25	52	19.25	18	16	13°30′
32206	30	62	21.25	20	17	14°02′10″
32207	35	72	24.25	23	19	14°02′10″
32208	40	80	24.75	23	19	14°02′10″
32209	45	85	24.75	23	19	15°06′34″
32210	50	90	24.75	23	19	15°38′32″
32211	55	100	26.75	25	21	15°06′34″
32212	60	110	29.75	28	24	15°06′34″
32213	65	120	32.75	31	27	15°06′34″
32214	70	125	33.25	31	27	15°38′32″
32215	75	130	33.25	31	27	16°10′20″
32216	80	140	35.25	33	28	15°38′32″
32217	85	150	38.5	36	30	15°38′32″
32218	90	160	42.5	40	34	15°38′32″
32219	95	170	45.5	43	37	15°38′32″
32220	100	180	49	46	39	15°38′32″

12. 常用材料及热处理名词解释

表 25　常用铸铁牌号

名　称	牌　号	牌号表示方法说明	硬　度 (HBW)	特　性　及　用　途　举　例
灰铸铁	HT100	“HT”是灰铸铁的代号,它后面的数字表示抗拉强度。(“HT”是“灰、铁”两字汉语拼音的第一个字母)	≤170	属低强度铸铁。用于盖、手把、手轮等不重要零件
	HT150		125～205	属中等强度铸铁。用于一般铸件如机床座、端盖、皮带轮、工作台等
	HT200 HT250		150～250	属高强度铸铁。用于较重要铸件如汽缸、齿轮、凸轮、机座、床身、飞轮、皮带轮、齿轮箱、阀壳、联轴器、衬筒、轴承座等
	HT300 HT350		200～275 220～290	属高强度、高耐磨铸铁。用于重要铸件如齿轮、凸轮、床身、高压液压筒、液压泵和滑阀的壳体、车床卡盘等
球墨铸铁	QT450-10 QT500-7 QT600-3	“QT”是球墨铸铁的代号,它后面的数字分别表示强度和延伸率的大小。(“QT”是“球、铁”两字汉语拼音的第一个字母)	160～210 170～230 190～270	具有较高的强度和塑性。广泛用于机械制造业中受磨损和受冲击的零件,如曲轴、凸轮轴、齿轮、气缸套、活塞环、摩擦片、中低压阀门、千斤顶底座、轴承座等
可锻铸铁	KTH300-06 KTH330-08 KTZ450-05	“KTH”、“KTZ”分别是黑心和珠光体可锻铸铁的代号,它们后面的数字分别表示强度和延伸率的大小。(“KT”是“可、铁”两字汉语拼音的第一个字母)	≤150 <160 150～200	用于承受冲击、振动等零件,如汽车零件、机床附件(如扳手等)、各种管接头、低压阀门、农机具等。珠光体可锻铸铁在某些场合可代替低碳钢、中碳钢及低合金钢,如用于制造齿轮、曲轴、连杆等

表 26　常用钢材牌号

名　称		牌　号	牌号表示方法说明	特　性　及　用　途　举　例
碳素结构钢		Q215-A Q215-A・F	牌号由屈服点字母(Q)、屈服点数值、质量等级符号(A、B、C、D)和脱氧方法(F—沸腾钢,b—半镇静钢,Z—镇静钢,TZ—特殊镇静)等四部分按顺序组成。在牌号组成表示方法中“Z”与“TZ”符号可以省略	塑性大,抗拉强度低,易焊接。用于炉撑、铆钉、垫圈、开口销等
		Q235-A Q235-A・F		有较高的强度和硬度,延伸率也相当大,可以焊接,用途很广是一般机械上的主要材料,用于低速轻载齿轮、键、拉杆、钩子、螺栓、套圈等
		Q255-A Q255-A・F		延伸率低,抗拉强度高,耐磨性好,焊接性不够好。用于制造不重要的轴、键、弹簧等
优质碳素结构钢	普通含锰钢	15	牌号数字表示钢中平均含碳量。如“45”表示平均含碳量为0.45%	塑性、韧性、焊接性能和冷冲性能均极好,但强度低。用于螺钉、螺母、法兰盘、渗碳零件等
		20		用于不经受很大应力而要求很大韧性的各种零件,如杠杆、轴套、拉杆等。还可用于表面硬度高而心部强度要求不大的渗碳与氰化零件
		35		不经热处理可用于中等载荷的零件,如拉杆、轴、套筒、钩子等;经调质处理后适用于强度及韧性要求较高的零件如传动轴等

（续表）

名称		牌号	牌号表示方法说明	特性及用途举例
优质碳素结构钢	普通含锰钢	45	牌号数字表示钢中平均含碳量。如“45”表示平均含碳量为0.45%	用于强度要求较高的零件。通常在调质或正火后使用,用于制造齿轮、机床主轴、花键轴、联轴器等。由于它的淬透性差,因此截面大的零件很少采用
		60		这是一种强度和弹性相当高的钢。用于制造连杆、轧辊、弹簧、轴等
		75		用于板弹簧、螺旋弹簧以及受磨损的零件
	较高含锰钢	15Mn	化学元素符号Mn,表示钢的含锰较高	它的性能与15号钢相似,但淬透性及强度和塑性比15号都高些。用于制造中心部分的机械性能要求较高,且须渗碳的零件。焊接性好
		45Mn		用于受磨损的零件,如转轴、心轴、齿轮、叉等。焊接性差。还可做受较大载荷的离合器盘、花键轴、凸轮轴、曲轴等
		65Mn		钢的强度高,淬透性较大,脱碳倾向小,但有过热敏感性,易生淬火裂纹,并有回火脆性。适用于较大尺寸的各种扁、圆弹簧,以及其他经受摩擦的农机具零件
合金钢	锰钢	15Mn2	①合金钢牌号用化学元素符号表示; ②含碳量写在牌号之前,但高合金钢如高速工具钢、不锈钢等的含碳量不标出; ③合金工具钢含碳量≥1%时不标出;＜1%时,以千分之几来标出; ④化学元素的含量＜1.5%时不标出;含量＞1.5%时才标出,如Cr17,17是铬的含量约为17%	用于钢板、钢管,一般只经正火
		20Mn2		对于截面较小的零件,相当于20Cr钢,可作渗碳小齿轮、小轴、活塞销、柴油机套筒、气门推杆、钢套等
		30Mn2		用于调质钢,如冷镦的螺栓及截面较大的调质零件
		45Mn2		用于截面较小的零件,相当于40Cr钢,直径在50mm以下时,可代替40Cr作重要螺栓及零件
	硅锰钢	27SiMn		用于调质钢
		35SiMn		除要求低温(−20℃),冲击韧性很高时,可全面代替40Cr钢作调质零件,亦可部分代替40CrNi钢,此钢耐磨、耐疲劳性均佳,适用于作轴、齿轮及在430℃以下的重要紧固件
	铬钢	15Cr		用于船舶主机上的螺栓、活塞销、凸轮、凸轮轴、汽轮机套环,机车上用的小零件,以及用于心部韧性高的渗碳零件
		20Cr		用于柴油机活塞销、凸轮、轴、小拖拉机传动齿轮,以及较重要的渗碳件。20MnVB、20Mn2B可代替它使用
	铬锰钛钢	18CrMnTi		工艺性能特优,用于汽车、拖拉机等上的重要齿轮,和一般强度、韧性均高的减速器齿轮,供渗碳处理
		35CrMnTi		用于尺寸较大的调质钢件
	铬钼铝钢	38CrMoAlA		用于渗氮零件,如主轴、高压阀杆、阀门、橡胶及塑料挤压机等
	铬轴承钢	GCr6	铬轴承钢,牌号前有汉语拼音字母“G”,并且不标出含碳量。含铬量以千分之几表示	一般用来制造滚动轴承中的直径小于10mm的钢球或滚子
		GCr15		一般用来制造滚动轴承中尺寸较大的钢球、滚子、内圈和外圈
铸钢		ZG200-400	铸钢件,前面一律加汉语拼音字母“ZG”	用于各种形状的零件,如机座、变速箱壳等
		ZG270-500		用于各种形状的零件,如飞轮、机架、水压机工作缸、横梁等。焊接性尚可
		ZG310-570		用于各种形状的零件,如联轴器气缸齿轮,及重负荷的机架等

表 27 常用有色金属牌号

名称		牌号	说明	用途举例
青铜	压力加工用青铜	QSn4-3	Q表示青铜,后面加第一个主添加元素符号,及除基元素铜以外的成分数字组来表示	扁弹簧、圆弹簧、管配件和化工器械
		QSn6.5-0.1		耐磨零件、弹簧及其他零件
	铸造锡青铜	ZQSn5-5-5	Z表示铸造,其他同上	用于承受摩擦的零件,如轴套、轴承填料和承受10个大气压以下的蒸汽和水的配件
		ZQSn10-1		用于承受剧烈摩擦的零件,如丝杆、轻型轧钢机轴承、蜗轮等
		ZQSn8-12		用于制造轴承的轴瓦及轴套,以及在特别重载荷条件下工作的零件
	铸造无锡青铜	ZQAl9-4		强度高,减磨性、耐蚀性、受压、铸造性均良好。用于在蒸汽和海水条件下工作的零件,及受摩擦和腐蚀的零件,如蜗轮衬套、轧钢机压下螺母等
		ZQAl10-5-1.5		制造耐磨、硬度高、强度好的零件,如蜗轮、螺母、轴套及防锈零件
		ZQMn5-21		用在中等工作条件下轴承的轴套和轴瓦等
黄铜	压力加工用黄铜	H59	H表示黄铜,后面数字表示基元素铜的含量。黄铜系铜锌合金	热压及热轧零件
		H62		散热器、垫圈、弹簧、各种网、螺钉及其他零件
	铸造黄铜	ZHMn58-2-2	Z表示铸造,后面符号表示主添加元素,后一组数字表示除锌以外的其他元素含量	用于制造轴瓦、轴套及其他耐磨零件
		ZHAl66-6-3-2		用于制造丝杆螺母、受重载荷的螺旋杆、压下螺钉的螺母及在重载荷下工作的大型蜗轮轮缘等
铝	硬铝合金	2A01	表示硬铝,后面是顺序号	时效状态下塑性良好。切削加工性在时效状态下良好;在退火状态下降低。耐蚀性中等。系铆接铝合金结构用的主要铆钉材料
		2B11		退火和新淬火状态下塑性中等。焊接性好。切削加工性在时效状态下良好;退火状态下降低。耐蚀性中等。用于各种中等强度的零件和构件、冲压的连接部件、空气螺旋桨叶及铆钉等
	锻铝合金	6A02	表示锻铝,后面是顺序号	热态和退火状态下塑性高;时效状态下中等。焊接性良好。切削加工性能在软态下不良;在时效状态下良好。耐蚀性高。用于要求在冷状态和热状态时具有高可塑性,且承受中等载荷的零件和构件
	铸造铝合金	ZL301	Z表示铸造,L表示铝,后面系顺序号	用于受重大冲击负荷、高耐蚀的零件
		ZL102		用于气缸活塞以及高温工作的复杂形状零件
		ZL401		适用于压力铸造用的高强度铝合金
轴承合金	锡基轴承合金	ZChSnSb9-7	Z表示铸造,Ch表示轴承合金,后面系主元素,再后面是第一添加元素。一组数字表示除第一个基元素外的添加元素含量	韧性强,适用于内燃机、汽车等轴承及轴衬
		ZChSnSb13-5-12		适用于一般中速、中压的各种机器轴承及轴衬
	铅基轴承合金	ZChPbSn16-16-2		用于浇注汽轮机、机车、压缩机的轴承
		ChPbSb15-5		用于浇注汽油发动机、压缩机、球磨机等的轴承

表 28　热处理名词解释

名词	标注举例	说明	目的	适用范围
退火	Th	加热到临界温度以上，保温一定时间，然后缓慢冷却(例如在炉中冷却)	1. 消除在前一工序(锻造、冷拉等)中所产生的内应力。 2. 降低硬度，改善加工性能。 3. 增加塑性和韧性。 4. 使材料的成分或组织均匀，为以后的热处理准备条件	完全退火适用于含碳量0.8%以下的铸锻焊件；为消除内应力的退火主要用于铸件和焊件
正火	Z	加热到临界温度以上，保温一定时间，再在空气中冷却	1. 细化晶粒。 2. 与退火后相比，强度略有增高，并能改善低碳钢的切削加工性能	用于低、中碳钢。对低碳钢常用以代替退火
淬火	C62(淬火后回火至60～65HRC) Y35(油冷淬火后回火至30～40HRC)	加热到临界温度以上，保温一定时间，再在冷却剂(水、油或盐水)中急速地冷却	1. 提高硬度及强度。 2. 提高耐磨性	用于中、高碳钢。淬火后钢件必须回火
回火	回火	经淬火后再加热到临界温度以下的某一温度，在该温度停留一定时间，然后在水、油或空气中冷却	1. 消除淬火时产生的内应力。 2. 增加韧性，降低硬度	高碳钢制的工具、量具、刃具用低温(150～250℃)回火。 弹簧用中温(270～450℃)回火
调质	T235(调质至220～250HB)	在450～650℃进行高温回火称“调质”	可以完全消除内应力，并获得较高的综合机械性能	用于重要的轴、齿轮，以及丝杆等零件
表面淬火	H54(火焰加热淬火后，回火至52～58HRC) G52(高频淬火后，回火至50～55HRC)	用火焰或高频电流将零件表面迅速加热至临界温度以上，急速冷却	使零件表面获得高硬度，而心部保持一定的韧性，使零件既耐磨又能承受冲击	用于重要的齿轮以及曲轴、活塞销等
渗碳淬火	S0.5-C59(渗碳层深0.5，淬火硬度56～62HRC)	在渗碳剂中加热到900～950℃，停留一定时间，将碳渗入钢表面，深度约0.5～2毫米，再淬火后回火	增加零件表面硬度和耐磨性，提高材料的疲劳强度	适用于含碳量为0.08～0.25%的低碳钢及低碳合金钢
氮化	D0.3-900(氮化深度0.3，硬度大于850HV)	使工作表面渗入氮元素	增加表面硬度、耐磨性、疲劳强度和耐蚀性	适用于含铝、铬、钼、锰等的合金钢，例如要求耐磨的主轴、量规、样板等
碳氮共渗	Q59(氰化淬火后，回火至56～62HRC)	使工作表面同时饱和碳和氮元素	增加表面硬度、耐磨性、疲劳强度和耐蚀性	适用于碳素钢及合金结构钢，也适用于高速钢的切削工具
时效处理	时效处理	1. 天然时效：在空气中长期存放半年到一年以上。 2. 人工时效：加热到500～600℃，在这个温度保持10～20小时或更长时间	使铸件消除其内应力而稳定其形状和尺寸	用于机床床身等大型铸件
冰冷处理	冰冷处理	将淬火钢继续冷却至室温以下的处理方法	进一步提高硬度、耐磨性，并使其尺寸趋于稳定	用于滚动轴承的钢球、量规等
发蓝、发黑	发蓝或发黑	氧化处理。用加热办法使工件表面形成一层氧化铁所组成的保护性薄膜	防腐蚀、美观	用于一般常见的紧固件

（续表）

<table>
<tr><th>名 词</th><th>标 注 举 例</th><th>说 明</th><th>目 的</th><th>适 用 范 围</th></tr>
<tr><td rowspan="3">硬度</td><td>HB(布氏硬度)</td><td rowspan="3">材料抵抗硬的物体压入零件表面的能力称“硬度”。根据测定方法的不同,可分布氏硬度、洛氏硬度、维氏硬度等</td><td rowspan="3">硬度测定是为了检验材料经热处理后的机械性能——硬度</td><td>用于经退火、正火、调质的零件及铸件的硬度检查</td></tr>
<tr><td>HRC(洛氏硬度)</td><td>用于经淬火、回火及表面化学热处理的零件的硬度检查</td></tr>
<tr><td>HV(维氏硬度)</td><td>特别适用于薄层硬化零件的硬度检查</td></tr>
</table>